Metallkleben

Grundlagen Technologie
Prüfung Verhalten Berechnung
Anwendungen

Herausgegeben von

Alexander Matting

Springer-Verlag　Berlin　Heidelberg　New York　1969

Dr.-Ing. habil. ALEXANDER MATTING

o. Professor em., Direktor des Instituts A für Werkstoffkunde und der Amtlichen Materialprüfanstalt für Werkstoffe des Maschinenwesens und Kunststoffe der Technischen Universität Hannover

Mit 328 Abbildungen

ISBN-13: 978-3-642-92983-0   e-ISBN-13: 978-3-642-92982-3
DOI: 10.1007/978-3-642-92982-3

Alle Rechte vorbehalten
Kein Teil dieses Buches darf ohne schriftliche Genehmigung des Springer-Verlages übersetzt oder in irgendeiner Form vervielfältigt werden
© by Springer-Verlag, Berlin/Heidelberg 1969
Softcover reprint of the hardcover 1st edition 1969

Library of Congress Catalog Card Number 70-80984

Die Wiedergabe von Gebrauchsnamen, Handelsnamen, Warenbezeichnungen usw. in diesem Buche berechtigt auch ohne besondere Kennzeichnung nicht zu der Annahme, daß solche Namen im Sinne der Warenzeichen- und Markenschutz-Gesetzgebung als frei zu betrachten wären und daher von jedermann benutzt werden dürften

Titel Nr. 1554

Mitarbeiterverzeichnis

Althof, Walter, Ing., Deutsche Forschungsanstalt für Luft- und Raumfahrt e. V., Braunschweig. *Die zerstörungsfreie Prüfung von Metallklebverbindungen. Die Festigkeit von Metallklebverbindungen unter zügiger Belastung.*

Brockmann, Walter, Dr.-Ing., Institut A für Werkstoffkunde der Technischen Universität Hannover. *Die Festigkeit von Metallklebverbindungen unter zügiger Belastung. Die Spannungsverteilung in Metallklebverbindungen. Berechnen und Bemessen von Metallklebverbindungen.*

Draugelates, Ulrich, Dr.-Ing., Fried. Krupp AG, Zentralinstitut für Forschung und Entwicklung, Essen. *Die Bindefestigkeit von Metallklebverbindungen unter dynamischer Belastung. Spannungsverteilung und Bruchvorgang in Metallklebverbindungen unter schwingender Last.*

Hennig, Gerhard, Ing., Verein Deutscher Ingenieure, Düsseldorf. *Verbindungsformen für geklebte Konstruktionen.*

Köhler, Rudolf, Dr. phil., Düsseldorf. *Die Adhäsion.*

Litz, Edmund, Dipl.-Ing., Vereinigte Leichtmetallwerke GmbH, Bonn. *Das Herstellen von Metallklebungen.*

Matting, Alexander, Prof. Dr.-Ing. habil., Institut A für Werkstoffkunde der Technischen Universität Hannover. *Einführung. Anwendungsbeispiele für Metallklebverbindungen.*

Meckelburg, Heinz, Ing., Vereinigte Flugtechnische Werke GmbH, Bremen. *Das Langzeitverhalten von Metallklebverbindungen unter statischer Last.*

Michel, Manfred, Dr. rer. nat., Kömmerling GmbH, Chemische Fabriken, Pirmasens. *Grundzüge der Klebstoffchemie. Die Verarbeitung der organischen Metall-Klebstoffe.*

Mittrop, Friedrich, Dr.-Ing., Kömmerling GmbH, Chemische Fabriken, Pirmasens. *Die zerstörende Prüfung von Metallklebverbindungen. Die Beständigkeit von Metallklebverbindungen gegen Klima, Korrosion und aggressive Medien.*

Steffens, Hans-Dieter, Priv.-Doz. Dr.-Ing:, Institut A für Werkstoffkunde der Technischen Universität Hannover. *Die Metalloberfläche als Haftgrund.*

Witt, Werner, Dr.-Ing., Institut A für Werkstoffkunde der Technischen Universität Hannover. *Die glaskeramischen Bindemittel und ihre Verarbeitung. Die Festigkeit von Metallklebverbindungen mit organischen und keramischen Klebern unter tiefen und hohen Temperaturen.*

Vorwort des Herausgebers

Zu den Aufgaben der technologischen Metallverarbeitung gehören — neben dem Bereitstellen geeigneter Werkstoffe — auch das Formgeben und der Zusammenbau. Lösbare und nicht lösbare Verbindungen kennzeichnen die Abwandlungsfähigkeit der Fügeverfahren. In den letzten Jahrzehnten hat als thermisches Fügen das Schweißen zu beträchtlichen technischen Fortschritten beigetragen und eine fast universelle Bedeutung erlangt. Andere Verfahren, lösbare wie unlösbare, stehen mit ihm im Wettbewerb, und es wird immer der Entscheidung des Ingenieurs bedürfen, welchem Prozeß der Vorzug zu geben ist. Den thermischen Fügeverfahren ist die Wärmebeeinflussung der zu verbindenden Werkstoffe eigentümlich, die sich dadurch zu ihrem Nachteil verändern können. Aus diesem Grunde erfahren die wärmearmen Verfahren zunehmende Beachtung, zumal dann, wenn sie ohne eine Schwächung des tragenden Querschnitts auskommen. — Immer werden Sicherheit, Güte, Wirtschaftlichkeit und der Beanspruchungsgrad eines Konstruktionselements den Ausschlag zu geben haben, welchem Fügeverfahren der Vorzug einzuräumen ist. Mehrere Fügearten nebeneinander anzuwenden, kann nützlich sein. Mechanische oder wärmearme Prozesse sind dann zu bevorzugen, wenn die Leistungsgrenzen der thermischen Methoden dies fordern.

Zu den wärmearmen Fügeverfahren gehört das Kleben. Diese seit Jahrtausenden geübte Technologie lieferte ein geeignetes Vorbild, einen solchen Verbund auch auf die metallischen Werkstoffe zu übertragen. Die Einfachheit des Klebvorgangs und die Unabhängigkeit von der Art des Baustoffs bildeten den Anreiz. Aber erst die Entwicklung synthetischer Klebstoffe gestaltete diesen Verbundprozeß so aussichtsreich, daß er sich inzwischen auf eine Vielzahl auch hochbeanspruchter Gebrauchsgüter erstreckt.

In seiner „Festlichen Ansprache" anläßlich der Einweihung des Deutschen Kunststoffinstituts in Darmstadt am 19. Juni 1957 sagte R. Vieweg u.a.: „Weiterhin interessieren diese neuen Möglichkeiten, Metalle untereinander, Kunststoffe untereinander und Metalle und Kunststoffe wechselseitig und mit fast beliebigen Partnern sicher und dauernd haltbar zu verbinden. Sogar als konstruktives Element fordert heute das Kleben Beachtung."

Mögen im Sinne dieses Leitworts die Fähigkeit zur Improvisation, die Bereitwilligkeit, ein Risiko zu übernehmen, und eine in zulässigen Analogien fundierte Empirie zunächst die auslösenden Ursachen dieser Entwicklung gebildet haben, bald machte tatsächlich die Fertigung auf breiter Basis hiervon Gebrauch, und damit stellte sich der Zwang ein, die exakte Wissenschaft zu Hilfe zu rufen. Erst das gelungene, praxisnahe, sinnvoll aufgebaute Experiment und die hieran bestätigte Theorie erlauben es, die stets gegebenen Leistungsgrenzen zu erkennen und hieraus Nutzanwendungen abzuleiten.

Das Metallkleben hat in den letzten Jahren im in- und ausländischen Schrifttum einen großen Raum eingenommen. Ein Nachteil besteht in der weiten Streuung der publizierten Erfahrungen, die es selbst dem Fachmanne schwer macht, sie zu verfolgen. Darüber hinaus ist es erwünscht, Wichtiges vom Unwichtigen in kritischer Sicht zu trennen oder das Gebotene in einer Weise zu analysieren, wie dies einem Fachbuch mit bestimmter Tendenz zukommt. Auch kann eine Interpretation für das Verständnis wichtig sein.

In der deutschen technischen Literatur sind bereits zahlreiche Arbeiten über das Metallkleben erschienen, denen jeweils eine spezifische Note zukommt. Bei dem schnellen Vorwärtsschreiten neuartiger Techniken besteht aber stets die Gefahr, daß Veröffentlichungen hierüber relativ schnell veralten. Trotzdem sollte es möglich sein, die wissenschaftlichen Grundlagen des Metallklebens so sorgfältig darzustellen, daß ihnen eine Allgemeingültigkeit auf längere Zeit verbleibt.

Die Erkenntnisse auf diesem neuen Fachgebiet haben sich gerade in letzter Zeit so verdichtet, daß eine zusammenfassende Darstellung geboten erscheint, um damit den derzeitigen Stand dieser Technik zu fixieren und diese Gelegenheit gleichzeitig dazu zu benutzen, Vor- und Rückschau anzustellen. Dies wird hier angestrebt, wobei es wegen der weit auseinanderliegenden Randgebiete als unerläßlich galt, diese Arbeit nicht allein zu unternehmen, sondern diese vielschichtige Aufgabe einem Verfasser-Konsortium zu übertragen. Allen mitbeteiligten Autoren sei an dieser Stelle für ihren Beitrag und ihre Mühe gedankt, desgleichen meinen Mitarbeitern, den Herren Dr.-Ing. U. Draugelates und Dr.-Ing. W. Brockmann, die mich bei den Arbeiten an diesem Buch wesentlich unterstützt haben.

Dieses Werk richtet sich an den anspruchsvollen Leser, der darin mehr sucht als einfache Rekapitulationen. In der Hoffnung, daß dies gelungen ist, übergebe ich unser gemeinsames Werk der Fachwelt.

Hannover, im Mai 1969

A. Matting

Inhaltsverzeichnis

1 Einführung 1

  1.1 Geschichtliche Entwicklung der Klebtechnik 1

    1.1.1 Das Kleben in der Natur 1
    1.1.2 Das Kleben als technologisches Fügeverfahren 1
    1.1.3 Klebstoffe aus Naturprodukten 2
    1.1.4 Metall-Nichtmetall-Klebkombinationen 2
    1.1.5 Das Abdichten von Rohren 5
    1.1.6 Ausgangsformen des Metallklebens 5
    1.1.7 Ausbesserungen an Gußeisen 6
    1.1.8 Das neuzeitliche Metallkleben 8

  1.2 Aufgaben des Metallklebens 10

  Literatur zum Kap. 1 15

2 Theoretische Grundlagen des Metallklebens 16

  2.1 Die Metalloberfläche als Haftgrund 16

    2.1.1 Struktur und Energiezustand metallischer Oberflächen 17
      2.1.1.1 Energie der Oberfläche 17
      2.1.1.2 Einfluß umgebender Medien auf die Oberflächenenergie 21
    2.1.2 Veränderungen der Oberfläche durch Vorbehandlungen 22
      2.1.2.1 Säubern der Oberfläche 22
      2.1.2.2 Mechanische Vorbehandlung 23
      2.1.2.3 Chemische Vorbehandlung 26
    2.1.3 Haftmechanismen 29

  2.2 Die Adhäsion 31

    2.2.1 Vorgänge an der Grenzfläche einer festen Phase 32
    2.2.2 Grenzflächenenergie fester Stoffe 37
    2.2.3 Adhäsionsenergie und Adhäsionskräfte 40
    2.2.4 Verhalten makromolekularer Stoffe an Grenzflächen 46
    2.2.5 Theorien der Klebung 50

  2.3 Grundzüge der Klebstoffchemie 54

    2.3.1 Aufbau der Klebstoffe 55
    2.3.2 Die chemischen Bindungen 66
      2.3.2.1 Die heteropolare Bindung 66
      2.3.2.2 Die homöopolare Bindung 66
      2.3.2.3 Die zwischenmolekularen Bindungen 69

2.3.3 Die Chemie der Metallklebstoffe 74
   2.3.3.1 Die Polymerisation 74
   2.3.3.2 Die Polyaddition 74
   2.3.3.3 Die Polykondensation 75
   2.3.3.4 Begriffsbestimmungen 76
2.3.4 Die Klebstoffe 79
   2.3.4.1 Klebstoffe auf Basis von Pheno- und Aminoplasten 81
   2.3.4.2 Klebstoffe auf Basis ungesättigter Polyester 83
   2.3.4.3 Klebstoffe auf Basis von Polyurethan 83
   2.3.4.4 Klebstoffe auf Basis von Epoxidharzen 85
   2.3.4.5 Klebstoffe auf Basis von Silikonen (Organopolysiloxane) 91
   2.3.4.6 Klebstoffe auf Basis von Thioplasten 92
   2.3.4.7 Klebstoffe auf Basis ungesättigter, monomerer Verbindungen .. 93
   2.3.4.8 Klebstoffe auf Basis von Plastisolen und Organosolen 94
   2.3.4.9 Entwicklungstendenzen 95
2.3.5 Kombinationen und Zusätze 95
Literatur zum Kap. 2 96

3 Technologie des Klebens 102

3.1 Die Verarbeitung der organischen Metallklebstoffe 102
   3.1.1 Vorbereitung 103
   3.1.2 Klebstoffauftrag 105
   3.1.3 Ablüftung 106
   3.1.4 Härtung 107
3.2 Das Herstellen von Metallklebungen 113
   3.2.1 Arbeitstechnische Vorbedingungen 113
      3.2.1.1 Allgemeine Fertigungsbedingungen 113
      3.2.1.2 Räumliche Fertigungsbedingungen 114
      3.2.1.3 Notwendige Betriebseinrichtungen 115
   3.2.2 Vorbeitungsarbeiten 118
      3.2.2.1 Klebvorrichtungen 118
      3.2.2.2 Fügeteilfertigung 120
      3.2.2.3 Montagekontrolle 121
      3.2.2.4 Kenndaten des Klebvorgangs 121
   3.2.3 Oberflächenvorbehandlung 122
      3.2.3.1 Entfettungsverfahren 122
      3.2.3.2 Mechanisches Aufrauhen 125
      3.2.3.3 Chemische Vorbehandlungen 125
      3.2.3.4 Anodisierverfahren für Aluminiumteile 129
      3.2.3.5 Spülverfahren und Trocknen 130
   3.2.4 Klebstoffauftrag 131
      3.2.4.1 Auftragen dünnflüssiger Klebstoffe 131
      3.2.4.2 Auftragen von Klebstoffen mittlerer Viskosität 132
      3.2.4.3 Auftragen hochviskoser Klebstoffe 133
      3.2.4.4 Auftragen fester Klebstoffe 133
      3.2.4.5 Auftragen pulverförmiger Klebstoffe 133
      3.2.4.6 Aufbringen von Klebfilmen 133
      3.2.4.7 Konservieren vorbehandelter Klebflächen 134

Inhaltsverzeichnis

3.2.5 Kleben 135
   3.2.5.1 Fügen und Fixieren 135
   3.2.5.2 Klebbedingungen 136
   3.2.5.3 Härten bei Raumtemperatur 139
   3.2.5.4 Härten bei erhöhter Temperatur 140
3.2.6 Weiterbearbeiten 144
3.2.7 Betriebsprüfungen 145

3.3 Die glaskeramischen Bindemittel und ihre Verarbeitung 145
  3.3.1 Grenzschichtreaktionen 151
  3.3.2 Das Verarbeiten glaskeramischer Klebstoffe 153

Literatur zum Kap. 3 158

4 Prüfung von Metallklebverbindungen 159

4.1 Die zerstörende Prüfung von Metallklebverbindungen 159
  4.1.1 Probekörper 159
  4.1.2 Statische Festigkeitsprüfung 160
     4.1.2.1 Die Prüfung der Bindefestigkeit 161
     4.1.2.2 Der Druckscherversuch 163
     4.1.2.3 Der Verdrehscherversuch 164
     4.1.2.4 Der Zugversuch 165
     4.1.2.5 Der Schälversuch 166
     4.1.2.6 Der Biegeversuch 172
     4.1.2.7 Der Zeitstandversuch 173
  4.1.3 Dynamische Festigkeitsprüfung 175
     4.1.3.1 Der Zugschwellversuch 176
     4.1.3.2 Der Umlaufbiegeversuch 177
     4.1.3.3 Der Wechselbiegeversuch 178
     4.1.3.4 Der Torsionsschwingungsversuch 179
  4.1.4 Prüfung bei schlagartiger Beanspruchung 179
     4.1.4.1 Der Schlagscherversuch 180
     4.1.4.2 Der Schlagzugscherversuch 181
     4.1.4.3 Der Schlagzugversuch 183

4.2 Die zerstörungsfreie Prüfung von Metallklebverbindungen 184
  4.2.1 Akustische Prüfverfahren 187
     4.2.1.1 Abklopfen 187
     4.2.1.2 Prüfen mit Ultraschall 187
         4.2.1.2.1 Prüfverfahren zum Messen von Frequenz- und Amplitudenänderungen 189
         4.2.1.2.2 Prüfverfahren zum Messen der Schallreflexion und -schwächung 194
  4.2.2 Röntgenprüfung 198
  4.2.3 Wärmeflußprüfverfahren 200
  4.2.4 Beurteilung der Prüfverfahren für die Klebtechnik 201

Literatur zum Kap. 4 203

Inhaltsverzeichnis

5 Verhalten von Metallklebverbindungen unter Last 205

5.1 Die Festigkeit von Metallklebverbindungen unter zügiger Belastung . . 205
   5.1.1 Die Bindefestigkeit 206
      5.1.1.1 Der Einfluß der geometrischen Abmessungen 206
      5.1.1.2 Einfluß des Fügeteilwerkstoffs 208
      5.1.1.3 Einfluß der Oberflächenvorbehandlung 209
      5.1.1.4 Bindefestigkeit von Klebungen verschiedener Metalle 212
   5.1.2 Die Zugfestigkeit 215
   5.1.3 Der Schälwiderstand 219
      5.1.3.1 Abhängigkeit des Schälwiderstands vom Klebstoff 222
      5.1.3.2 Abhängigkeit des Schälwiderstands vom Fügeteil 223
      5.1.3.3 Abhängigkeit des Schälwiderstands vom Abschälwinkel 224
   5.1.4 Die Verdrehscherfestigkeit 225

5.2 Das Langzeitverhalten von Metallklebverbindungen unter statischer Last 229
   5.2.1 Bruchverhalten bei statischer Dauerlast 229
   5.2.2 Zeitstandfestigkeit verschiedener Klebstoffe 230
   5.2.3 Zeitstandfestigkeit bei besonderen Umweltbedingungen 232
   5.2.4 Prüfmethoden für die Zeitstandfestigkeit 233
   5.2.5 Statistische Auswertung der Versuche 233
   5.2.6 Abkürzende Prüfverfahren 234

5.3 Die Bindefestigkeit von Metallklebverbindungen unter dynamischer Belastung 238
   5.3.1 Auswertungsverfahren für Schwingfestigkeitsversuche 239
   5.3.2 Einstufenversuche nach WÖHLER 242
   5.3.3 Temperatureinfluß auf Zeit- und Dauerfestigkeit 249
   5.3.4 Frequenzeinfluß auf die Schwingfestigkeit 251
   5.3.5 Blechbruch und Einfluß der Überlappungslänge 252
   5.3.6 Dauerfestigkeitsschaubilder 255
   5.3.7 Betriebsfestigkeit 258

5.4 Spannungsverteilung und Bruchvorgang in Metallklebverbindungen unter schwingender Last 267
   5.4.1 Schädigung durch Lastschwingungen 268
   5.4.2 Spannungszustand unter Schwinglast 270
   5.4.3 Bruchablauf 277

5.5 Die Beständigkeit von Metallklebverbindungen gegen Klima, Korrosion und aggressive Medien 285
   5.5.1 Klebverbindungen bei Klimaeinwirkung oder Wasserlagerung . . . 289
      5.5.1.1 Einfluß der Klebstoffeigenschaften und Fügeteilwerkstoffe . . . 290
      5.5.1.2 Einfluß der Oberflächenvorbehandlung 302
      5.5.1.3 Einfluß der Klebflächenabmessungen 305
      5.5.1.4 Kurzzeitprüfverfahren 308
   5.5.2 Festigkeit beim Einwirken von Ölen, Kraftstoffen oder Chemikalien 314
   5.5.3 Verhalten beim Einwirken der Temperatur 318
   5.5.4 Festigkeitseinfluß harter Strahlen 324

Inhaltsverzeichnis XI

5.5.5 Verhalten unter Zeitstandbelastung 326
    5.5.5.1 Zeitstandfestigkeit beim Einwirken des Klimas 326
    5.5.5.2 Zeitstandfestigkeit beim Einwirken erhöhter Temperaturen . . . 328
    5.5.5.3 Zeitstandfestigkeit beim Einwirken von erhöhter Temperatur und Wasser 330
5.6 Die Festigkeit von Metallklebverbindungen mit organischen und keramischen Klebern unter tiefen und hohen Temperaturen 332
    5.6.1 Festigkeit unter tiefen Temperaturen 333
    5.6.2 Festigkeit unter mäßig erhöhten Temperaturen 334
    5.6.3 Festigkeit unter hohen Temperaturen 336
Literatur zum Kap. 5 342

6 Klebgerechtes Konstruieren 346

6.1 Die Spannungsverteilung in Metallklebverbindungen 346
    6.1.1 Berechnung des Spannungsverlaufs nach VOLKERSEN und GOLAND/REISSNER 349
    6.1.2 Spannungsmessungen an einfach überlappten Metallklebverbindungen 354
    6.1.3 Spannungsoptisches Ermitteln der Spannungsverteilung 362
    6.1.4 Folgerungen 364
6.2 Berechnen und Bemessen von Metallklebverbindungen 366
    6.2.1 Berechnungsverfahren 368
        6.2.1.1 Verfahren von FREY 368
        6.2.1.2 Verfahren von TOMBACH 369
        6.2.1.3 Verfahren von EICHHORN und BRAIG 370
        6.2.1.4 Verfahren von WINTER und MECKELBURG 372
        6.2.1.5 Der Ausnutzungsfaktor 379
    6.2.2 Anwendbarkeit von Berechnungsverfahren 380
    6.2.3 Bemessen von Klebverbindungen in der Praxis 381
6.3 Verbindungsformen für geklebte Konstruktionen 383
    6.3.1 Geklebte Überlappstöße mit geraden, nicht verformten Fügeteilen . 384
    6.3.2 Nahtformen für Metallklebverbindungen mit verformten Fügeteilen 386
    6.3.3 Schichtbauweise 391
    6.3.4 Klebgerechtes Gestalten von Rohrverbindungen und Drehteilen . . 393
    6.3.5 Schalenbauweise 396
    6.3.6 Stützkernbauweise 397
6.4 Anwendungsbeispiele für Metallklebverbindungen 401
    6.4.1 Flugzeugbau 402
    6.4.2 Hubschrauberbau 408
    6.4.3 Raumfahrzeugbau 409
    6.4.4 Fahrzeugbau 409
    6.4.5 Leichtbau 413
    6.4.6 Feinwerktechnik und Gerätebau 415
    6.4.7 Maschinenbau 418
    6.4.8 Instandsetzungen 421
Literatur zum Kap. 6 423

Sachverzeichnis 425

1 Einführung

1.1 Geschichtliche Entwicklung der Klebtechnik

Von ALEXANDER MATTING, Hannover

1.1.1 Das Kleben in der Natur

Die Natur verfügt über zahllose Klebstoffe. Sie beschränken sich nicht auf die Welt der Pflanzen, wenn auch die vegetabilen Harze und Klebstoffe als weitverbreitetes Beispiel gelten können. Die Fauna und das Mineralreich sind hieran ebenfalls beteiligt. So verfügt der Seestern über einen wasserfesten Leim, mit dem er sich — neben seinen Saugfüßen — an schlüpfrigen Steinen festklammert. Das Wasser vermag diesen Stoff nicht aufzulösen, wohl aber ein eigenes Sekret, das das Tier absondert, sobald es seinen Platz wechseln will [1].

Dem Kleben kommt somit als verbindendem Prinzip originäre Bedeutung zu, und es lieferte dem gelehrigen Menschen ein in mancher Hinsicht noch unerreichtes Vorbild. In Anlehnung an die Naturvorgänge ist es von ihm übernommen worden und kann in diesem Sinne als eine uralte Technik gelten, so daß dem ,,Verbundgedanken in Natur und Technik" eine gemeinsame Idee zugrunde liegt [2].

1.1.2 Das Kleben als technologisches Fügeverfahren

Das Kleben als Herstellungsprozeß läßt sich bis in die Frühgeschichte der Menschheit zurückverfolgen. So diente bereits in der Steinzeit erhitztes Birkenharz zum Kleben von Pfeilschäften, Befestigen von Harpunenspitzen und zum Anfertigen von Rindeneimern. Das Harz wurde aus der Rinde dieses damals weit verbreiteten Baumes gewonnen [3]. Die Art der Gewinnung ist unbekannt. Vermutlich hat man die Birkenrinde in Meilern verschwelt. Beim Abbrand floß das Harz in Erdgruben zusammen. Seine Verarbeitung erfolgte flüssig mit Hilfe faustkeilartiger erhitzter Steine, die man wie Lötkolben handhabte. Offenbar bildeten diese Harze in der Vorzeit einen Universalrohstoff zum Kitten, Kleben und Dichten. Auch rostverhütende Pechüberzüge auf Schwertern der Eisenzeit bestanden aus Birkenrindenharz.

Bei den Ägyptern und anderen Kulturvölkern des Altertums war das Kleben weitverbreitet, wie zahlreiche Beispiele beweisen. Der ältere Plinius erwähnt in seiner umfangreichen Schriftreihe „Historia naturalis" den Fischleim als gewerbsmäßig angewandtes Klebemittel seiner Zeit [4; 5].

Bei den auf niedriger Kulturstufe stehenden Völkern unserer Zeit spielt das Kleben ebenfalls eine bedeutende Rolle: Eingeborenenstämme Südamerikas benutzten z. B. Bienenwachs zum Verkleben von Federn, zum Dichten von Körben u. ä. Weitere Beispiele sind dem Schrifttum zu entnehmen (vgl. u. a. [4; 5; 6]).

In allen Fällen kommt es darauf an, Klebstoffe zu finden oder zu fertigen, deren Haftfestigkeit genügt, um Fügeteile zu einem beanspruchbaren Verbund miteinander zu vereinigen.

1.1.3 Klebstoffe aus Naturprodukten

Die Zahl der aus Naturprodukten gewonnenen Klebmittel ist seit langem unübersehbar, und das handwerkliche Kleben bildet bis auf den heutigen Tag eine weitverbreitete Methode des täglichen Gebrauchs. Die älteren Klebstoffe sind tierischen oder pflanzlichen Ursprungs. Die meist aus der Gerüstsubstanz oder der Haut von Tierkörpern extrahierten, leimgebenden Stoffe auf Eiweißbasis, zu Glutinleimen verarbeitet, sind bis heute für die Papier- und Holzverleimung wichtig. Aber auch die Schleifmittelindustrie greift nach wie vor auf sie zurück. Mit kaltflüssigen Fischleimen befestigt man im Buchbindergewerbe Metallbuchstaben. Die bevorzugt aus der Kuhmilch gewonnenen Kaseinleime, deren Verbrauch erheblich zurückgegangen ist, haben sich vor allem in der Holzverarbeitung bewährt. Ähnliches gilt für die Blutalbuminleime.

Zu den aus pflanzlichen Rohstoffen stammenden, auf der Basis von Kohlehydraten aufgebauten Klebstoffen gehören die Dextrine und die Zelluloseklebstoffe. Sie finden — ebenso wie Gummiarabikum — hauptsächlich in der papierverarbeitenden Industrie Verwendung. Gummiarabikum ist ein Sammelbegriff für erhärtete Pflanzensäfte, die aus den Rinden überseeischer Akazien stammen und beträchtliche Qualitätsunterschiede aufweisen können [7].

Darüber hinaus sind modifizierte Naturharze, bituminöse Massen und Wachse, häufig mit Natur- oder Kunstharzen untermischt, sowie Sulfitablauge aus der Zellstofffabrikation als Kitte oder Klebstoffe mit vielseitiger Anwendung zu nennen. Ihnen ist jedoch die Fähigkeit, Metalle miteinander zu verbinden, nur bedingt zuzusprechen [7].

1.1.4 Metall-Nichtmetall-Klebkombinationen

Das moderne Metallkleben bedient sich in erster Linie der Kunstharze. Immerhin sind Klebarbeiten an Metallen keineswegs eine Erfindung des 20. Jahrhunderts. Bereits lange vordem hat man Metallteile

1.1 Geschichtliche Entwicklung der Klebtechnik

durch Haftsubstanzen und Kitte praktisch jeder Art mit anderen Metallen oder Nichtmetallen verbunden. Diese Tatsache ist z. B. durch die 1886/87 bei Breslau gefundenen, frühgeschichtlichen Gegenstände zu belegen, unter denen sich ein Eichenkästchen befand. Sein relativ gut erhaltener Deckel ist durch aufgeklebte römische Münzen verziert. Der hierzu verwendete Klebstoff besitzt eine hervorragende Haftkraft. Er dürfte aus einer Eiweiß-Kalk-Verbindung bestehen [8]. Vier der ursprünglich fünf Geldstücke haften nach mehr als einem Jahrtausend noch immer fest auf der hölzernen Unterlage.

Eine Sonderstellung an Vielseitigkeit nimmt unter den Fischleimen der Hausenblasenleim ein, der aus den zerkleinerten, perlmutterglänzenden Schwimmblasen von Hausen, Osseter, Sterlet oder Stör stammt und früher von Goldschmieden viel verwendet wurde [7]. Zu den besten Sorten gehörten die Saliansky-Hausenblase und die Beluga-Qualität. Sie wurden in Blatt- oder Fadenform gehandelt und meist zu Kitten verarbeitet. Der Hausenblasenkitt für Metalle bestand aus 100 Teilen einer rahmartig eingedickten Hausenblasenlösung und einem Teil gut untermischter Salpetersäure. Nach dem Verkitten verblieben die Metallteile 24 h in einem Trockenofen bei etwa 100 °C, um den Trockenprozeß abzukürzen. Abgewandelte Hausenblasenkitte sind ferner geeignet, Metalle mit Glas, Gummi, Leder, Holz oder Kork zu verbinden.

Klebmittel zum Befestigen von Papier auf Blech enthalten meist Stärkemehl. Dem gewöhnlichen Kleister aus gemahlenen Getreidekörnern und Wasser werden zusätzlich etwas Honig oder Glyzerin, Salmiakgeist, Weinsäure oder Aluminiumsulfat zugesetzt. Am besten soll sich eine Mischung von 100 g Kleister mit 8 bis 10 Tropfen Antimonchloridlösung bewähren [9]. Andere Kombinationen für den gleichen Zweck sehen Mischungen aus Roggenmehl, Leim, Leinölfirnis, Terpentinöl u. a. vor. Um das Anhaften der Kleister auf dem Metall zu verbessern, rieb man die Blechoberfläche vorher mit einer zerschnittenen Zwiebel oder Knoblauchknolle ein [9].

Harzkitte aus Naturharzen, Pflanzenausscheidungen meist von Nadelhölzern, stickstoffreie Verbindungen von Kohlenstoff, Wasserstoff und Sauerstoff, sind ebenfalls als Metallklebmittel zu benutzen. Sie werden miteinander verschmolzen oder in Ölen unter Zusatz vor allem von Schwefel gelöst, um ihre Härte und das Haften an den gereinigten und aufgerauhten Metallflächen zu steigern, die vorher mit einer hochviskosen Lösung von Kautschuk in Chloroform präpariert worden sind. Abarten vermögen Metallteile und Glas zusammenzuhalten.

Gleiche Aufgaben übernehmen Mischungen aus geschmolzenem Wachs, Harz und Pech, denen feinverteiltes Ziegelmehl beigegeben wird. Diese Kitte eignen sich auch zum Befestigen von Metall auf Holz [9]. Demselben Zweck dienten stangenförmige Kitte aus Wachs, Guttapercha, Schellack und Leinölfirnis. Die aufgerauhten Holz- und Blechteile wurden mäßig erwärmt, mit dem geschmolzenen Kitt bestrichen und 24 h zusammengepreßt.

Zum Aufbringen von Geweben, Leder, Holz oder Papieren auf Bleche und Folien sind neben der Nitrozellulose auch Klebstoffe auf Azethylzellulosebasis oder Mischungen beider herangezogen worden. Sie sind nicht feuergefährlich, kaum brennbar und wesentlich widerstandsfähiger gegen organische Lösungsmittel als Zellhorn. Außer Kleblösungen sind Kitte hieraus herstellbar. Ein weiteres Mittel, um Papier mit Blechoberflächen zu verbinden, besteht aus Kaliwasserglas und Zuckersirup.

Filz läßt sich auf Metall mit Hilfe von Stärke, Wasser, Schlämmkreide und Natronlauge kleben [9].

Ein moderner Weg, Leder auf Metall aufzubringen, besteht im Verwenden von Gemischen aus Nitrozellulose mit Polyvinyläthyl- oder methyläther [7], sofern nicht Phenolharze vorgezogen werden [10].

Metallbuchstaben auf Glas lassen sich ferner durch Kalkkitte befestigen. Hierzu wird einer im Wasserbade erwärmten Mischung aus Firnis, Terpentin, Terpentinöl und Marineleim gebrannter Kalk beigegeben. Ihr Aufkleben auf Pappe erfolgt dagegen noch häufig mit kaltflüssigen Fischleimen.

Verbindungen zwischen Glas, Porzellan und Metall sind mit Hilfe eines breiartigen Kitts herbeizuführen, der aus feinvermahlenen Porzellanscherben und Feldspat besteht, denen Natronwasserglas zuzusetzen ist. Auch Kaliwasserglas mit viel Schlämmkreide und einem Zusatz von gepulvertem Schwefelantimon werden unter den Metallkitten aufgeführt. Besser eignen sich die heutigen Polyvinylazetatkleber hoher Viskosität, die als Lösungen oder als Emulsion mit oder ohne Weichmacher vorliegen. Mit ihnen sind gute Klebungen auf Metallen, Glas, Holz und porösen Stoffen zu erreichen [10], doch ist ihre ausgeprägte Kriechneigung unter Last zu beachten.

Günstiger verhalten sich in dieser Hinsicht warmaushärtbare, gelöste Phenolformaldehydharze, die mit Ton oder Lehm angereichert sind. Auch kommen Thiokolpolysufidkleber hierfür in Betracht [10], sofern man nicht die Epoxidharze bevorzugt [6].

Schellack entsteht durch den Stich der Lackschildlaus in die jüngeren Triebe südasiatischer Feigenbäume. Ihnen entfließt ein Harzsaft, der entweder zu Körnerlack zerkleinert oder — auf Metallflächen ausgestrichen — abplatzt und Schellack genannt wird. Mit natürlichen oder künstlichen Harzen vermischt, ergibt er einen Kitt, der u. a. ebenfalls als brauchbares Klebmittel zum Aufbringen von Papier auf Metall anzusehen ist. Es dauert jedoch mehrere Stunden, bis dieser Kitt fest wird. Schellack, im Verhältnis 1 zu 10 mit Salmiakgeist versetzt, erlaubt ferner das Befestigen von Gummi auf Metall.

Verkleben von Metallen auf Kunststoffen gelingen mit Hilfe von Polyacryl- und Polymethacrylverbindungen [7], wogegen im Schalterbau und bei Schaltkupplungen Vinylbutyral-Phenolharz-Kleber überwiegen [10].

1.1.5 Das Abdichten von Rohren

Das Rohr als Medium zum Fortleiten fester, flüssiger oder gasförmiger Stoffe ist ein Konstruktionselement eigener Art, dessen Aufgabe es ist, derartige Transporte verlustlos zu gestalten. Aber auch zu Tragwerken wird es verwendet, deren Inneres oft korrosionsgeschützt sein muß. Daraus folgt ein Dichthalten oder Abdichten als technisches Prinzip, das sich durch Metallkleben lösen läßt.

Dies ist z. B. durch Harzkitte zu besorgen. Sie sind wasserbeständig und eignen sich zum Abdichten von Wasserleitungen. Dagegen vertragen sie keine höhere Erwärmung und versproden mit der Zeit.

Gasdicht und wasserfest verhalten sich die gleichfalls zum Abdichten von Rohrverbindungen verwendeten, richtig zusammengesetzten Leinölkitte. Als Rezepturen werden genannt [4]:

I. 50 Teile feingepulverter Graphit,
    50 Teile Bleiglätte,
    30 Teile Schwerspat und
    20 Teile feines Ziegelmehl, mit Leinölfirnis erhitzt und zu einem geschmeidigen Teig verarbeitet.

II. 100 Teile Bleiglätte,
    75 Teile Braunsteinpulver und
    100 Teile Graphitpulver, mit erwärmtem Leinölfirnis knetbar verrührt.

Diese Aufgaben werden heute bevorzugt durch Kautschukregeneratkitte oder Klebstoffe auf Polychloroprenbasis bewältigt.

1.1.6 Ausgangsformen des Metallklebens

Von gelegentlichen Klebarbeiten und hierbei erzielten Erfolgen ausgehend, bedurfte das berufsmäßige Metallkleben eines eigenen Ablaufs, um sich dem jeweiligen Stande der Technik anzupassen. Damit nahm das Verfahren seinen entsprechenden Verlauf.

Ein zunächst für das Kleben von Metallen üblicher Leim bestand aus [4]:
    46 g Bleizucker und
    46 g Alaun, in
    2 l warmem Wasser gelöst und mit
    76 g Gummiarabikum verrührt, denen schließlich
    500 g Weizenmehl beigemischt wurden.

Das ganze rührte man bis zum Aufkochen um. Zu dickflüssige Leime ließen sich mit alaunierter Gummilösung verdünnen.

Für das Metallkleben kam ferner Zelluloid (Zellhorn) in Frage. Zellhorn wird durch Lösen von Schießbaumwolle in geschmolzenem Kampfer unter Druck bei etwa 130 °C hergestellt. Bei erneutem Erwärmen auf 125 °C wird es wieder plastisch. Es entzündet sich leicht. Beimischungen vermögen die störenden Eigenschaften zu mildern. In Azeton, Äther, Alkohol u. a. ist Zellhorn löslich.

Das Verbinden von Metallteilen ging derart vor sich, daß eine aufgerauhte Zellhornfolie beiderseits mit Eisessig oder mit einer Lösung von Zelluloid in Eisessig bestrichen wurde. Handelte es sich um Weißblech, so erschien als Bindemittel eine warme Lösung von 25 Teilen Schellack in 30 Teilen Kampferspiritus besser geeignet.

1.1.7 Ausbesserungen an Gußeisen

Dem Metallkleben ist insofern zusätzlich eine lebensdauerverlängernde Funktion einzuräumen, als es nicht nur Neuanfertigungen erlaubt, sondern auch zu Instandsetzungen und zum Beseitigen von Herstellungsfehlern geeignet ist, wie sie sich z. B. relativ häufig an Gußkörpern ereignen. Dies wirkte sich bevorzugt auf die Wiederherstellbarkeit gußeiserner Bauteile aus.

Das Ausbessern von Fehlstellen in Gußkörpern geschah u. a. mit Kitten aus Gummilösungen, Gips, Eisenfeilspänen und Glaspulver, die sowohl der Feuchtigkeit als auch höherer Erwärmung zu widerstehen vermögen. Zum Beseitigen schadhafter Stellen in Gußeisen wurden weiter sogenannte Brennkitte empfohlen, die aus zusammengeschmolzenem Pech und Kolophonium bestehen, denen Eisenfeilspäne beigemischt waren und die angewärmt in Fehlstellen eingebracht wurden.

Eine weitere Möglichkeit bietet eine Mischung aus [4]:

5 Teilen Pariser Weiß,
5 Teilen gelber Ocker,
10 Teilen gemahlener Bleiglätte,
5 Teilen Mennige,
4 Teilen gemahlenem Braunstein und
2 Teilen Asbestpulver, die mit Leinölfirnis zu einem steifen Brei vermischt werden.

Dieser Kitt benötigt 4 h zum Aushärten. Er besitzt etwa den gleichen Ausdehnungskoeffizienten wie das Eisen und kann wechselnde Temperaturen vertragen.

Desgleichen sind Kitte aus feingemahlenem Graphit, Kreide und Schwerspat, mit Leinölfirnis zu einem streichfähigen Teig angerührt, zu Reparaturen an Gußeisen brauchbar.

Auf der Basis Leinöl oder Leinölfirnis finden weitere bleihaltige oder bleifreie Metallkitte Anwendung, die sich von den oben genannten nicht wesentlich unterscheiden [9]. Schließlich haben sich zum Ausbessern von Gußstücken auch Wachskitte eingeführt. Sie enthalten gelbes Wachs, Eisenfeilspäne, Talg und Fichtenharz im Verhältnis 15:50:2:4, die nach dem Schmelzen und Kochen einheitlich erstarren, sich dann in Löcher oder Poren einstreichen lassen, erhärten und nahezu die Farbe des Gußeisens annehmen [4].

Eisenkitte für hohe Temperaturen sind aus einem Teil Borax, 5 Teilen Zinkweiß und 10 Teilen Braunstein zusammengesetzt worden, die — mit Natronwasserglas zu einer pastösen Masse verarbeitet — nach dem Aufstrich langsam aushärten [4].

Als Kitte für Gußeisen kommen u. a. noch folgende Zusammensetzungen in Betracht [4]:

I. Borax, Kochsalz, Braunstein, Eisenfeilspäne und feingesiebter Lehm im Verhältnis 1:1:2:4:10 werden in Wasser zu einem steifen Gemenge angerührt, verarbeitet und erst nach völligem Erhärten der Hitze ausgesetzt.

II. 100 Teile Eisen in Pulverform werden mit wenig Wasser zu einem Teig verarbeitet und mit einer Drahtbürste auf die gereinigten Flächen aufgetragen.

Die eigentlichen Metallkitte enthalten als wirksame Substanzen Metalloxide oder Metalle und solche Mittel, die leicht Sauerstoff aufnehmen. Die in ihnen vorhandenen Eisenspäne rosten und bilden eine harte, widerstandsfähige Masse. Die Rostbildung wird — außer durch Wasser — durch Zusätze z. B. von Ammoniak beschleunigt. Auch Schwefelblume soll sich in diesen Rostkitten bewährt haben.

Als Beispiel für einen Rostkitt zum Ausbessern von Gußfehlern ist folgendes Rezept anzuführen [4]:

130 Teile Eisenfeilspäne,
5 Teile Schwefelblume,
5 Teile Salmiak und
2 Teile Schwefelsäure.

Sie werden mit Wasser durchfeuchtet. Dieses Bindemittel haftet auf Eisen äußerst fest und erhärtet nach einigen Tagen.

Als Metallkitt versprach ferner eine Kombination Erfolg, die aus zusammengeschmolzenem Kadmium und Zinn im Verhältnis 1:2 besteht [4]. Sie wird anschließend zerkleinert und mit Quecksilber in einen knetbaren Zustand überführt. Erzeugnisse, die inzwischen vor allem durch Epoxidharze und Kombinationen verdrängt worden sind.

1.1.8 Das neuzeitliche Metallkleben

Heute sind es in erster Linie aushärtende Harze, die zum Befestigen von Metall-Metallteilen dienen [11]. Sie vermögen Sicherungs-, Befestigungs- und Dichtungsaufgaben zu übernehmen und ersetzen Schrauben und Muttern, Preß- und Schrumpfsitze, Abdichtungen und Lötarbeiten oder verstärken ihre Funktionen. Im allgemeinen ist bei ihnen mit einem guten Vibrations- und Torsionswiderstand zu rechnen. So lassen sich Hämmer auf diese Weise an den Stielen befestigen und damit sichern.

Im Kontakt mit der Luft verbleiben spezifische Harze flüssig und verfestigen sich erst, sobald die Berührung mit dem Sauerstoff verlorengeht [11].

Im Bedarfsfalle bereitet das Lösen solcher Verbindungen keine Schwierigkeiten und geschieht in der Regel auf thermischem Wege.

Ein derartiger Verbund hat sich auch als Montageverfahren bewährt, zumal sich hierdurch Verbindungsspannungen vermeiden lassen, sowie Vorarbeiten weniger sorgfältig und die Toleranzen größer als üblich ausfallen können. Jeder Wärmeeinfluß sowie chemische Angriffe sind praktisch ausgeschaltet.

Was die neuzeitliche, konstruktive Metallklebtechnik anbetrifft, so erstreckte sie sich zunächst auf wenig beanspruchte Verbindungen, Der Flugzeugbau lieferte die ersten Anregungen. Der gelungene Verbund zwischen Stahlkörpern und Kautschuk als Folge einer Vulkanisation, der zu federnden Bauelementen mit der Bezeichnung Schwingmetall führte, dürfte zu weiteren Versuchen ermutigt haben; handelt es sich doch hierbei um einen ähnlichen Prozeß wie bei dem Beschichten von Stahl mit Hart- oder Weichgummibelägen, der ebenfalls über einen geeigneten Klebstoff — in der Regel Kautschukkleber — und anschließende Vulkanisation zustand kommen kann. Etwa gleichzeitige Experimente, vor allem in Deutschland und in Großbritannien, zunächst mit Kautschukprodukten, z. B. Neoprenharzklebern, dann mit Kunstharzen lösten eine noch nicht abgeschlossene Entwicklung aus [12].

Nachdem Holzkonstruktionen im Flugzeugbau den zunehmenden Beanspruchungen nicht mehr gewachsen waren, lag zunächst ein Übergang zu Metall-Holz-Konstruktionen nahe, zumal grundsätzliche Erfahrungen mit dem Verkleben derartiger Werkstoffkombinationen, wenn auch unter anderen Verhältnissen, bereits vorlagen. Nachdem dies an Segelflugzeugen gelang, erwies sich der Übergang zur konstruktiven Nur-Metall-Verklebung als aussichtsreich und erfuhr eine ständige Steigerung, die gleichzeitig für andere Industriezweige ein nachahmenswertes Beispiel bot [12].

1.1 Geschichtliche Entwicklung der Klebtechnik

Während zunächst mit den klassischen Klebmitteln operiert wurde, waren es später die modifizierten Phenolharze, die sich als überlegen erwiesen. N. A. DE BRUYNE und R. HOUWINK lieferten die hierfür erforderlichen grundlegenden Arbeiten [13]. Entscheidend war ferner die Entdeckung der kraftübertragenden Bindefunktionen der Epoxidharze ohne spezifischen Preßdruck durch E. PREISWERK [6].

Nach einer Anlaufphase, während der man sich mit einer Holz-Metall-Mischbauweise begnügte, sind es die bekanntesten Flugzeugtypen dieser Zeit, die teilgeklebte Konstruktionselemente aufweisen oder nahezu vollständig geklebt vorliegen. Angesichts der Tatsache, daß gerade der auf hohe Festigkeit und Sicherheit bedachte Flugzeugbau weitgehend vom konstruktiven Metallkleben Gebrauch macht, haben sich andere, zunächst die verwandten Industrien des Verkehrswesens, diesem Vorgehen angeschlossen. Vor allem bestätigen dies Beispiele aus dem Fahrzeug- und dem Behälterbau. Auf Grund dieser, vom Flugzeugbau stark beeinflußten Entwicklung lag es nahe, daß zunächst den Aluminium-Werkstoffen klebtechnisch die größte Aufmerksamkeit galt [14]. Der Maschinenbau und die Elektrotechnik folgten mit eigenen Problemen. Der Rohrleitungsbau, die Stahlblechverarbeitung und die Feinwerktechnik schlossen sich an, so daß damit kaum ein Industriezweig von der Metallklebtechnik völlig unberührt geblieben ist. Sie ermöglichte zwei neue Bauweisen: Die Stützkern- und die Schichtbauweise, von denen die eine beul- und torsionsfeste Bauelemente liefert, die andere den schichtweisen Aufbau von Bauteilen mit veränderlichem Querschnitt gestattet und dem Konstrukteur damit zu einer neuen Formgebung gesteigerter Leistungsfähigkeit verholfen hat.

Eindrucksvolle Beispiele moderner Metallklebtechnik, als Stadien erfolgreicher Entwicklungsarbeit anzusehen, denen damit historische Bedeutung zukommt, sind die geklebte Fußgänger- und Rohrbrücke über den Lippeseitenkanal in Marl-Hüls und die geklebte Tiefseetauchkugel des Forschers PICCARD aus der Schweiz.

Die Brücke wurde im Jahre 1955 erbaut und ist als Stahlkonstruktion mit einer Stützweite von etwa 56 m ausgeführt. Die Gurtungen sind aus U-Profilen zu Hohlträgern mit angeschweißten Flanschblechen zusammengefaßt. An den Flanschblechen sind die I-förmigen Diagonalträger mit Polyesterharzklebstoff befestigt. Vor dem Verbinden wurden die Fügeflächen sandgestrahlt und der Klebstoff mit einem Pinsel in einer 0,2 bis 0,6 mm dicken Schicht aufgetragen. Die Härtezeit für den Klebstoff betrug weniger als 60 min. Das Verkleben erfolgte teils in der Werkstatt, teils, selbst bei schlechtem Wetter, auf der Baustelle.

Aus Sicherheitsgründen und um ein Abschälen der Flanschbleche zu verhindern, zog man in die Fügeflächen zusätzlich Schrauben ein, die durch ein Bohrungsspiel von 2 mm nicht zum Tragen herangezogen wurden. Fortlaufendes Überprüfen der Klebverbindungen ergab, daß sie der etwa 12 Jahre dauernden Belastung ohne Schaden standzuhalten vermochten [15], bis diese Konstruktion wegen veränderter Aufgaben einer anderen Platz machen mußte.

Bei der Tiefseetauchkugel von PICCARD übernimmt die Klebverbindung der Schalenstücke und des Mittelrings neben der Kraftübertragung die Funktion des Abdichtens. Die bei früheren Kugeln übliche, aufwendige Flanschverbindung mit Bolzen und mehreren Dichtringen konnte durch die einfache Stumpfverklebung der Teile ersetzt werden. Am 23. Januar 1960 erreichte PICCARD eine Tauchtiefe von 11521 m, in der die Kugel einer Gesamtkraft von 172000 Mp ausgesetzt war. Die Klebverbindungen haben den Anforderungen in vollem Umfange entsprochen [16].

1.2 Aufgaben des Metallklebens
Von ALEXANDER MATTING, Hannover

Die von N. A. DE BRUYNE [13] eingeleitete Entwicklung einer modernen Metallklebtechnik ist von anderen weitergeführt worden. Anstelle der ersten Klebstoffe traten neue mit ergänzenden und erweiternden Eigenschaften, die in der Regel den synthetisch hergestellten Polyplasten angehören. Sie werden als Ein- oder Mehrkomponentenkleber fest, pulverförmig, pastös, flüssig oder — in Sonderfällen — als Filme geliefert. Hierzu gehören: modifizierte Phenolharze, ungesättigte Polyester-, Polyesteracrylat-, Epoxid-, Polyurethanharze, Polyamide sowie zahlreiche Mischpolymerisate, -kondensate und -addukte. Man unterscheidet zwischen Warm- und Kaltklebern, unter Druck oder drucklos verarbeitbaren Stoffen, bei denen die typischen Grenzen zwischen Duro- und Thermoplasten häufig nur noch wenig ausgeprägt in Erscheinung treten. Ihre wichtigste Eigenschaft besteht in der Fähigkeit, an den vorbereiteten Oberflächen der metallischen Fügeteile innerhalb bestimmter Leistungsgrenzen zu haften.

Die Kenntnis über das Zustandekommen von Adhäsionskräften ist noch ungenügend, obwohl Parallelen allerorts zu finden sind. So zeigte sich, daß bereits bei dem Haften von Staubteilchen auf Filterfasern van der Waals-Kräfte gegenüber den elektrostatischen und den kapillaren überwiegen [17].

In ihrer Wirkungsweise unterscheiden sich die Metallkleber dennoch beträchtlich von den Klebstoffen für Holz und Papier, die das Bindemittel in Poren aufzunehmen und aufzusaugen vermögen, während die Metalloberfläche einer Aktivierung bedarf, die zum mindesten in einem Entfetten zu bestehen hat, und sie erst befähigt, mit dem Klebstoff im Sinne von Neben- oder Hauptvalenzbindungen zu reagieren.

1.2 Aufgaben des Metallklebens

Die Kleberauswahl wird von vielen Faktoren beeinflußt. Sie wird oft von dem Konstrukteur allein nicht zu lösen sein. Neben der mechanischen und dynamischen Beanspruchbarkeit, sind äußere und innere chemische Einwirkungen zu beachten, z. B. die Neigung zu altern oder zu verspröden sowie Topfzeit, Arbeitsaufwand und Beständigkeit. Hinzu treten die Umweltbedingungen, die durch das Wetter, Feuchtigkeit, Salzwasser, Temperaturwechsel, das Klima, ultraviolette Strahlen, Sauerstoff, Ozongehalt, Korrosionsgefahren, biologische Faktoren usw. gegeben sind. Schließlich spielen gesundheitsschädigende Möglichkeiten eine Rolle. Da aber auch Lagerung, Art der Verarbeitbarkeit und die Arbeitsbedingungen die Klebereigenschaften berühren, werden hieraus Umfang und die spezifische Note dieser Kenntnisse ersichtlich.

Während man sich vor N. A. DE BRUYNE [13] mit Kaseinlösungen, Elastomerklebern auf Kautschukbasis, Naturharzen und anderen mehr oder weniger individuell zusammengesetzten Mischungen behalf, um Klebprobleme in Verbindung mit Metallen zu lösen, sind es heute bevorzugt modifizierte, duroplastische Kleber bzw. phenolisch-thermoplastische oder phenolisch-elastomere Kunststoffkombinationen, die Bindefunktionen zwischen Metallen und Nichtmetallen zu übernehmen vermögen und zur Gruppe der warmaushärtenden Lösungsmittelkleber gehören [7]. Derartige Gemische mit polaren und unpolaren Eigenschaften sind vielseitig einsetzbar.

Grundsätzlich sollen sämtliche Metallkleber gegen Wasser und andere Lösungsmittel auch bei unterschiedlichen Umwelteinflüssen beständig sein und ihr Haftvermögen nicht einbüßen. Der heterogene Aufbau eines geklebten Stoßes unterliegt aber auch in mechanisch-physikalischer Hinsicht adhäsionsgefährdenden Beanspruchungen, wie sie in den unterschiedlichen Festigkeiten, Wärmeausdehnungskoeffizienten, Dämpfungswerten und Temperaturbeaufschlagbarkeiten der beiden Partner zum Ausdruck kommen. Ihnen muß in erster Linie der Kleber angepaßt werden, um zu einem brauchbaren Kompromiß zu gelangen, verbunden mit einer „klebgerechten" Konstruktion. Der metallische Werkstoff ist in dieser Hinsicht weniger beeinflußbar. Zwar gehen auch seine Kennwerte in die Beanspruchbarkeit des Verbundkörpers ein, es hängt aber — abgesehen von der unerläßlichen Haftgrundvorbereitung der metallischen Fügeteile — die Wahl des Baustoffs für eine Konstruktion von anderen Überlegungen ab.

Immerhin steht bereits fest, daß jedes Metall als verklebbar anzusehen ist, sofern die geeignete Vorbehandlung und ein entsprechender Kleber gefunden wird. Hiervon machen weder die Eisenwerkstoffe, noch die Buntmetalle oder die Leichtmetalle eine Ausnahme, so daß dem Metallkleben eine vielschichtige Bedeutung zukommt, wenn auch in

Einzelfragen noch weitergehende Forschungsarbeit zu leisten ist, bei der dem praxisnahen Experiment ein ausschlaggebender Wert zukommt.

Die zukünftige Entwicklung wird darin bestehen, die Festigkeiten kraftschlüssiger Verbindungen noch zu steigern. Ob es gelingen wird, Stumpfstöße mit ausreichender Sicherheit einzusetzen, erscheint noch fraglich. Dagegen ist damit zu rechnen, die thermischen Einsatzgrenzen weiter hinauszuschieben. Keramische Metallkleber erlauben es bereits, bedeutend höhere Wärmegrade zuzulassen, als dies bei den unter diesen Umständen zu stärkerem Kriechen neigenden Kunststoffklebern der Fall ist, die sich oberhalb kritischer Grenzen zu zersetzen beginnen. In neuester Zeit ist es jedoch gelungen, vermittels Polyaromaten, den Polyimiden und Polybenzimidazolen als Basisharzen, die Einsatzgrenzen organischer Kleber auf Temperaturen von 350 °C bis 450 °C hinauszuschieben.

Weitere Aufgaben bestehen darin, jede Korrosionsanfälligkeit von Klebverbindungen auszuschließen. Schließlich bedarf die Dauerbeanspruchbarkeit geklebter Stöße noch eingehender Untersuchungen. Einen wesentlichen Beitrag lieferte in dieser Hinsicht U. DRAUGELATES [18].

Darüber hinaus ist das Wesen der Adhäsion noch gründlicher zu erforschen, ein Problem, dem sich in jüngster Zeit A. MATTING und W. BROCKMANN widmeten [19]. Dem Konstrukteur verbleibt es, neue Bauweisen mit Hilfe der Klebtechnik sowie entsprechende Berechnungsverfahren zu entwickeln [20], und der Fertigungsingenieur sollte dazu beitragen, dem Metallkleben zusätzliche Anwendungsgebiete zu erschließen.

Ein weiteres, mit dem Metallkleben in enger Beziehung stehendes Arbeitsgebiet schließt sich an: Das Kunststoffbeschichten von Metallen. Erste Versuche dieser Art begannen in den fünfziger Jahren mit der Absicht, die Oberflächen metallischer Werkstoffe mit Kunststoffolien zu überziehen, um sie vor Korrosion oder mechanischer Abnutzung zu bewahren oder um mit ihrer Hilfe bestimmte Dekorationseffekte zu erzielen.

Zunächst kamen hierzu Überzüge aus Polyvinylchlorid-hart und Polyisobutylen in Betracht. Inzwischen ist dieser Oberflächenschutz auch durch Zellulosederivate, Polyester, Polypropylen und Polyamide u. a. zu erreichen gewesen.

Voraussetzung für einwandfreies Beschichten auf diesem Wege ist ebenfalls das Vorhandensein von Klebstoffen, die sowohl das Haften am Grundmetall als auch eine gute adhäsive Bindung zum Folienwerkstoff gewährleisten. Die in der Gummiverarbeitung üblichen Bindemittel haben sich zwar als geeignet erwiesen, sie wurden aber zumeist durch vernetzende Kleber ersetzt, mit denen sich auch ein fester Verbund zwischen Metallen und schwer verklebbaren Folienwerkstoffen sowie Polyfluoräthylenpropylen (PEP), erzielen läßt [21; 22].

1.2 Aufgaben des Metallklebens

Hauptsächliche Verwender kunststoffbeschichteter Metalle sind der blechverarbeitende Apparatebau sowie der Rohrleitungs- und Behälterbau. Beschichtete Bleche werden ferner im Bauwesen gebraucht. Das Herstellen von Blechen mit Kunststoffbeschichtungen geschieht im industriellen Maßstabe mit Hilfe von Beschichtungsanlagen bei einem kontinuierlichen Durchlauf der Blechbänder [23].

Das Ziel des Metallklebens kann nicht darin bestehen, mit anderen Fügeverfahren in einen unsachlichen Wettbewerb zu treten. Als ausgeschlossen wird es z. B. erachtet, das Schweißen durch das Metallkleben zu verdrängen, wogegen ein Nebeneinander unter bestimmten Bedingungen denkbar erscheint. In erster Linie ist das Metallkleben dazu ausersehen, solche Lücken zu schließen, die von anderen Verfahren nicht zu beherrschen sind, um damit neue Möglichkeiten des Fügens zu schaffen. Ein deutlicher Unterschied zwischen dem Metallkleben — verglichen mit den thermischen Fügeverfahren — besteht z. B. in seiner Wärmearmut. Auch Gewichtsersparnisse und verminderte Kosten bei verlängerter Lebensdauer und erleichterter Reparatur sind ihnen gegenüber häufig zu verzeichnen, wodurch Umstellungen auf den Klebprozeß und die zusätzliche Übernahme neuartiger Fertigungen naheliegen.

Auf eine gründliche Ausbildung der hierfür eingesetzten Fachkräfte ist nicht zu verzichten. Jede Improvisation ist auf die Dauer auszuschließen. Folgerichtig sind Menschen und Maschinen den neuen Gedankengängen und Produktionsformen anzupassen, um mit größtmöglichem Wirkungsgrad tätig zu sein. Nahe liegt es, sich beim Metallkleben auf Fließprozesse und Serienarbeiten einzustellen, um rationeller zu fertigen. Die Neuentwicklung von Vorrichtungen und kräftesparenden Hilfseinrichtungen ist damit zu verbinden.

Arbeitsanweisungen sind aufzustellen und erweiterte Normenvorschriften abzufassen. Die sanitären und hygienischen Voraussetzungen sind einzuhalten.

Zu fordern sind darüber hinaus enge Kontakte mit den Verbrauchern, um durch Erfahrungsaustausch weitere Fortschritte zu ermöglichen. Theorie und Praxis, Wissenschaft und Betrieb müssen zusammenstehen, um ihrerseits ihnen adäquate Beiträge zu liefern, die der Sicherheit und der Zuverlässigkeit des neuen Fügeverfahrens zugute kommen, das sich von den konventionellen Verbindungsarten durch typische Merkmale unterscheidet: Der Grundwerkstoff wird hierdurch weder im thermischen noch im mechanischen Sinne geschwächt, und der tragende Querschnitt, die mit dem Bindemittel bestrichene Fläche, restlos ausgenutzt. Damit ist ein ungestörter Kraftfluß sichergestellt, Kombinationen mit anderen Fügeverfahren sind möglich. Dem Metallkleben sind glatte Oberflächen und aerodynamisch günstige Fügestöße eigentümlich, die sich leicht konservieren lassen.

Andererseits verlangen auch die Leistungsgrenzen des Metallklebens Beachtung: Die Bruchfestigkeit der Metallkleber liegt wesentlich unter derjenigen metallischer Fügeteile. Vorzugsweise sind Klebstöße auf Schub beanspruchbar. Die Adhäsion vermittelt allein den unerläßlichen Verbund. Die thermische Beaufschlagbarkeit ist begrenzt, Kriechvorgänge und Schälwirkungen können einen Bindebruch auslösen. Alterungserscheinungen stellen sich als Funktion der Zeit ein. Versprödungen sind nicht ausgeschlossen. Aber bei der Maximalbeanspruchung, die 15% der Bindefestigkeit nicht überschreitet, ist auch unter dynamischen Verhältnissen eine ausreichende Lebensdauer zu erwarten, sofern Korrosionsangriffe ausgeschlossen werden. Eine Berechnung von Klebstößen erscheint aussichtsreich, jedoch wird auf das praxisnahe Experiment kaum zu verzichten sein. Die Fertigung bedarf ausreichender Kontrollmaßnahmen.

Dem wärmearmen Metallkleben, definiert als das Fügen gleicher oder unterschiedlicher metallischer Werkstoffe mit Hilfe einer artfremden Zwischenschicht, die in der Regel aus einem organischen Kunststoffkleber besteht, ist auf jeden Fall eine wichtige Rolle im konstruktiven Ingenieurbau zugefallen.

In der VDI-Richtlinie 2229 vom Juni 1961 und in den Arbeitsblättern für das Metallkleben, die von der Aluminium-Zentrale, Düsseldorf, herausgegeben werden, findet man Hinweise auf die Konstruktion und Fertigung von Klebverbindungen. Dem Kleben sind weiterhin das Aluminium-Merkblatt V 6 „Verbinden von Aluminium durch Klebstoffe" sowie die amerikanischen Spezifikationen MIL−A−8331, MIL−A−5090, MIL−A−8431, MIL−A−25453 gewidmet.

Ein Merkblatt über das Kleben von Stahl ist von der Beratungstelle für Stahlverwendung, Düsseldorf, herausgegen. Deutsche Normenvorschriften für die Oberflächenvorbehandlung und die Prüfung von Klebverbindungen enthalten DIN 53 281 bis 53 286. In Gemeinschaftsforschung bearbeiten drei Hochschulinstitute in Aachen, Braunschweig und Hannover Probleme der Adhäsion und des Klebens. Durch eine Arbeitsgruppe „Metallkleben" fördert die Deutsche Forschungsgesellschaft für Blechverarbeitung und Oberflächenbehandlung, Düsseldorf, den Erfahrungsaustausch zwischen Forschung und Praxis.

Als wichtig wird weiterhin angesehen, der Klebtechnik zu einer einheitlichen Nomenklatur zu verhelfen. Man sollte sich z..B. daran gewöhnen, von Klebtechnik zu sprechen, soweit ein Fügeteil aus Metall besteht, und von Klebetechnik dann, wenn Nichtmetalle miteinander verbunden werden sollen.

Praktische Schulung, fachlicher Gedankenaustausch, Vortragswesen und Publikationen sowie die Aufnahme des Metallklebens in den Unterricht von Hoch- und Fachschulen werden dazu beitragen, es weiterhin bekannt zu machen, und dieser Technik zu der ihr gebührenden Stellung eines zuverlässigen und vielseitigen Verbindungsverfahren zu verhelften, dessen Leistungsgrenzen genau so zu beachten sind wie diejenigen anderer Arbeitsprozesse.

Literatur zum Kap. 1

1. DRÖSCHER, V. B.: Hann. Allg. Ztg. 23./34. 10. 1965.
2. MATTING, A.: Kunststoffe 55 (1965) 890.
3. SANDERMANN, W.: Umsch. 65 (1965) 270.
4. FELDHAUS, F. M.: Kulturgeschichte der Technik, Bd. I, Berlin: Otto Salle 1928.
5. FELDHAUS, F. M.: Die Technik der Antike und des Mittelalters, Potsdam: Akadem. Verlagsges. 1931.
6. PREISWERK, E.: technica 14 (1965) 247 u. 355.
7. PLATH, E., u. L. PLATH: Taschenbuch der Kitte und Klebstoffe, Stuttgart: Wissensch. Verlagsges. 1963.
8. MICKSCH, K.: Taschenbuch der Kitte und Klebstoffe, Stuttgart: Wissensch. Verlagsges. 1939.
9. BREUER, C.: Kitte und Klebstoffe, 2. Aufl., Leipzig: Jänecke 1922.
10. Machine Design 26 (1954) 143.
11. VDI-Nachr. 20 (1966) 4.
12. TRIETSCH, F. K.: Die Metallverklebung, Stuttgart: Deva Fachverlag 1960.
13. DE BRUYNE, N. A., u. R. HOUWINK: Adhesion and Adhesives, New York: Elsevier 1951.
14. PREISWERK, E., u. A. v. ZEERLEDER: Schweiz. Arch. angew. Techn. 12 (1946) 113.
15. TRITTLER, G.: VDI-Nachr. 17 (1963) 325.
16. v. D. LADEN, E.: VDI-Nachr. 14 (1960) 1 u. 4.
17. CLEIS, W.: VDI-Nachr. 19 (1965) 2.
18. DRAUGELATES, U.: Dissertat. TH Hannover 1967.
19. MATTING, A., u. W. BROCKMANN: Adhäsion 12 (1968) 343.
20. Merkbl. 382 Beratungsst. Stahlverwend., Düsseldorf.
21. ALTENPOHL, D.: Aluminium 42 (1966) 63.
22. KLANT, H.: Kunststoffe 54 (1964) 278.
23. MICHEL, M.: Mitt. Forschungsges. Blechverarb. (1966) 227.

2 Theoretische Grundlagen des Metallklebens

2.1 Die Metalloberfläche als Haftgrund

Von HANS-DIETER STEFFENS, Hannover

Zum Verbinden metallischer Körper sind unterschiedliche Techniken entwickelt worden, die metallurgische, mechanische sowie chemisch-physikalische Verfahren umfassen. Während die metallische Oberfläche der zu verbindenden Teile bei den mechanischen Verfahren nicht vorbehandelt zu werden braucht, bedingen einige metallurgische Verfahren ein Säubern der Oberflächen. Andere, mit hohen thermischen oder mechanischen Energien arbeitende Methoden können demgegenüber auf jede Vorbehandlung verzichten. Bei den wärmearmen chemisch-physikalischen Verfahren, zu denen das Metallkleben gehört, bedarf es einer Säuberung und in der Regel einer zusätzlichen Aktivierung der Oberfläche.

Hochenergetische, metallurgische Prozesse, wie z. B. das Schmelzschweißen, können auf eine Oberflächenvorbehandlung im allgemeinen deswegen verzichten, weil der Werkstoff in der zu verbindenden Zone eine Veränderung des Aggregatzustandes von der festen zur flüssigen Phase erfährt. Oberflächenverunreinigungen wandern in die Schlacke und stören den metallischen Verbund in der Schweißnaht dann nicht. Beim Preßschweißen wird das Fehlen einer flüssigen Phase dadurch ausgeglichen, daß man mit hohem Druck arbeitet und die in der Verbindungszone liegenden ursprünglichen Oberflächen nach außen preßt. Schon das Kaltpreßschweißen bei niedriger Temperatur aber schließt rein thermisch aktivierte Prozesse nahezu aus. Die physikalisch-chemischen Elementarvorgänge bei diesem Verfahren sind Volumen-, Oberflächen- und Korngrenzendiffusionen, Legierungs- und Verbindungsbildung, plastische Verformung, mechanische Erholung, Rekristallisation und Adhäsion im engeren Sinne. Im Regelfalle sind mehrere dieser Elementarprozesse nebeneinander wirksam.

Beim Metallkleben entfallen sämtliche thermisch aktivierten Prozesse, soweit sie die metallischen Fügeteile betreffen. Deren Aktivierungsenergie liegt selbst bei den Gebrauchsmetallen so hoch, daß die beim Polymerisieren von Metallklebern auftretenden Wärmetönungen im Regelfall nicht ausreichen, um Oberflächenbausteine thermisch anzuregen. Daher ergibt sich die Notwendigkeit einer Oberflächenvorbehandlung, um die Metalloberfläche strukturell und energetisch in einen haftgünstigen Zustand zu versetzen. Die Grundlagenforschung ist bemüht, die Adhäsion beim Metallkleben zu deuten. Eine der Voraussetzungen hierfür besteht in einer genauen Kenntnis der Eigenschaften metallischer Oberflächen und ihrer Veränderungen bei der Vorbehandlung.

2.1.1 Struktur und Energiezustand metallischer Oberflächen

2.1.1.1 Energie der Oberfläche

Die metallische Oberfläche stellt einen Teil des Raumgitters dar, in dem die Atome nur über einen ihrer Lage entsprechenden Bruchteil benachbarter Gitteratome verfügen. Sie unterscheiden sich von denen im Werkstoffinnern durch folgende Merkmale:

Die Bindeenergie steigt mit abnehmender Zahl nächster Nachbarn an. Daher bildet sich eine Oberflächenspannung aus, die mit einer resultierenden Druckspannung in den angrenzenden Gitterschichten verbunden ist [1; 2].

Die von den Bausteinen gespeicherte potentielle Energie begünstigt Sublimations-, Schmelz- und Auflösungsvorgänge sowie chemische Umsetzungen [3].

An der Oberfläche von Kristallen sammeln sich Verunreinigungen an [4].

Die Oberflächenatome stehen im Regelfall mit Fremdatomen und Molekülen in Berührung.

Die Dichte des „Elektronengases" wird im Vergleich zu der des Kristallinnern zum äußersten Rand hin schwächer, da eine Diskontinuität der Elektronendichte aus energetischen Gründen nicht bestehen kann [5]. Die Elektronen treten daher über die Oberfläche hinaus in die Umgebung, um dort ein abklingendes elektrostatisches Potential zu erzeugen.

Die Oberflächenatome eines Metalls stellen somit bevorzugte Gitterbausteine dar, die auf Grund ihrer Energielage mit ihrer Umgebung in Wechselwirkung treten können. Hinzu kommt, daß sie meist nicht einer geschlossenen Netzebene ihres Gitters entstammen, sondern Flächen, die zu dieser verschiedene Winkel einschließen. Es mag sich hierbei um kristallographisch bevorzugte Ebenen handeln, die je nach Kristallart auf Grund geometrischer Beziehungen entsprechend der Zahl nächster Nachbarn einen relativ niedrigen Energiezustand einnehmen. So sind als Flächen geringster Oberflächenenergie zu nennen

die Würfelfläche (100) beim kubisch-primitiven,
die Rhombendodekaederfläche (110) beim kubisch-raumzentrierten,
die Oktaederfläche (111) beim kubisch-flächenzentrierten,
und die Basisfläche (0001) beim hexagonal-dichtest gepackten Gitter.

Es kommen jedoch auch Flächen in Betracht, die anderen Ebenen zuzuordnen sind, ferner solche, die lokal extrem energiereiche Zonen aufweisen. Derartige Bereiche werden aktiv genannt, da man ihnen ein spontanes Reagieren mit Bestandteilen der Umgebung nachsagt, die sie aufgrund der in den freien Raum hinausragenden Kräfte anziehen. Je nach Art der Umgebung sowie der chemischen und physikochemischen Eigenschaften des Stoffes kann es sich um Adsorption, Adhäsion, Benetzen, Katalyse, chemische Reaktion mit unterschiedlichen Geschwindigkeiten usw. handeln. Im weiteren Verlauf der Reaktion werden dann auch weniger aktive Bereiche erfaßt. Derartige Vorgänge lassen sich z. B. mit der Abnahme der differentiellen Adsorptionswärme bei der Adsorption von Gasen an Feststoffen beweisen [6]. Beim Annähern von Gasmolekülen an einen Festkörper werden zunächst vorzugsweise die Punkte der stärksten Anziehungskraft besetzt. Der langsame Abfall der differentiellen Adsorptionswärme bedeutet, daß nach und nach auch die weniger aktiven Stellen der Oberfläche von den Gasmolekülen eingenommen werden.

Aktive Oberflächen gelten für das Metallkleben als vorteilhaft. Sie stellen jedoch nicht unbedingt einen Gegensatz zu chemischer Passivität dar. Chemisch passive Oberflächen lassen den Angriff bestimmter sauerstoffhaltiger Lösungsmittel nach einer gewissen Zeit zum Stillstand kommen, wobei das elektrochemische Potential der durch Sauerstoffbelegung entstehenden Oberflächenoxide gegenüber der Lösung edler wird. Eine im elektrochemischen Sinn passive Oberfläche kann, muß jedoch nicht gleichzeitig oberflächenphysikalisch aktiv sein.

Bei Passivierungsvorgängen ist der Einfluß auf die Haftfestigkeit von Klebverbindungen und anderen Fügestoffen von der Art der entstehenden Passivschicht abhängig. Hierbei können bereits bei ein- und demselben Blechwerkstoff erhebliche Unterschiede je nach den Bildungsbedingungen der Passivschicht auftreten, so z. B. infolge verschiedenen Sauerstoffpartialdrucks. Einen derartigen Einfluß kennt man im übrigen auch beim elektrochemischen Prozeß der Korrosion: Die Passivität nichtrostender Chromnickelstähle hängt beispielsweise in hohem Maße von den Entstehungsbedingungen der Deckschicht ab. Je nach Wirksamkeit des Oxydationsmittels bei der Passivschichtbildung vermag ein aggressives Korosionsmittel unter bestimmten Umständen keinen Angriff, eine mehr oder weniger starke gleichmäßige Korrosion oder Lochfraß zu erzeugen.

Energetisch unterschiedliche Zonen an einer Oberfläche bestehen nicht etwa nur im makroskopischen Bereich, sondern auch im atomaten. Es wird an Kristalloberflächen immer einige Atome mit hohem Energieniveau geben. Dieses kann so groß werden, daß sie sich unter

2.1 Die Metalloberfläche als Haftgrund

bestimmten Bedingungen vom Gitterverband lösen. Die Zahl dieser Atome nimmt mit der Temperatur entsprechend dem Dampfdruck zu. Die zum Ablösen eines Atoms von seinem Gitterplatz notwendige Energie nennt man Aktivierungsenergie der Ablösung oder Ablöseenergie. Abb. 1 stellt schematisch zwanzig Möglichkeiten der Atomanordnung an Oberflächen dar, die verschiedenen Ablöseenergien entsprechen [7].

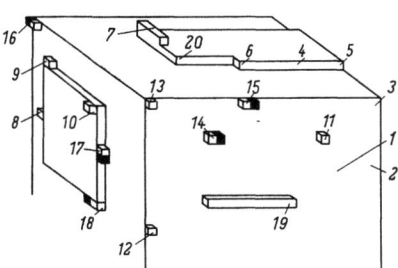

Abb. 1. Atomlagen an der Oberfläche eines Festkörpers (nach STRANSKI).

Am größten ist die Ablöseenergie für ein Atom in einer unverletzten Netzebene (Atom 1). Demgegenüber recht niedrig liegen die Werte für Atome in oder an unvollständigen Schichten (Atom 4 bis 20), da diese einen höheren Energieinhalt besitzen. Die schwachgebundenen Oberflächenbausteine gelten als außerordentlich oberflächenaktiv.

Wie das Beispiel der Aktivkohle zeigt, ist die Oberflächenaktivität eine Funktion der Oberflächengröße. Darüber hinaus bewirken jedoch Gitterverzerrungen eine Zunahme an Aktivität, da in elastisch gedehnten Bereichen potentielle Energie gespeichert werden kann.

Derartige energiereiche Zonen finden sich u. a. in der unmittelbaren Umgebung von Gitterfehlstellen. Als solche sind punktförmige sowie ein-, zwei- und dreidimensionale Bereiche anzusehen, die jeweils mehrere Arten umfassen können:

punktförmige (nulldimensionale) Fehlstellen:
    Gitterleerstellen,
    Zwischengitteratome,
    Substitutionsatome,
    kombinierte Fehler, wie Doppelleerstellen oder stabile Paare von gelösten Atomen und Leerstellen (Frenkel-Defekte);

linienförmige (eindimensionale) Fehlstellen:
    Stufenversetzungen,
    Schraubenversetzungen,
    Halbversetzungen (Stapelfehler),
    Lomer-Cottrell-Versetzungen u. a;

flächenförmige (zweidimensionale) Fehlstellen:

Phasengrenzflächen, z. B. Oberflächen,
Körnerberührungsebenen in gleichen Phasen (Korngrenzen),
Subkorngrenzen,
Zwillingsgrenzen;

dreidimensionale Fehlstellen:

Löcher, die durch äußere Einwirkung in oberflächennahen Gebieten oder im Innern entstehen,
Mikrohohlräume, Mikroporen, Mikrolunker usw.

Ferner lassen sich Gitterfehlstellen in thermodynamisch stabile und instabile unterteilen. Als stabil soll eine Atomanordnung gelten, in die sich jede andere freiwillig umzuwandeln trachtet und in der die Fähigkeit, äußere Arbeit zu verrichten, und damit die freie Energie des Systems abnimmt.

Die Aktivität energiereicher Zonen läßt mit der Zeit nach, was einem Altern entspricht. Das Altern kennnzeichnet das Bestreben unserer Metalle, sich in einen möglichst niedrigenergetischen Zustand zurückzuversetzen.

Wie die Flüssigkeiten, so besitzen auch Festkörper eine Oberflächenspannung. Wegen der geringen Beweglichkeit ihrer, der Ordnung eines Raumgitters unterliegenden Bausteine, kann sie nicht die Form des Körpers beeinflussen. Die Oberflächenenergie ist hier — wie bei der Flüssigkeit — die Energie, die zum Bilden der Flächeneinheit einer neuen Oberfläche erforderlich ist. Das direkte Messen bereitet im Gegensatz zu den Flüssigkeiten außerordentliche Schwierigkeiten, so daß man sich bislang mit Abschätzungen zufrieden geben muß. Hierzu geben das Messen von Randwinkeln mit entsprechenden Flüssigkeiten, deren Oberflächenenergie man kennt, und die Messung von Energien beim Spalten von Festkörpern Gelegenheit. Es gilt jedoch als erwiesen, daß die Oberflächenenergien kristallin fester Stoffe größer sind als die von Flüssigkeiten [8]. Bei derartigen Ergebnissen ist zu beachten, daß die Oberflächenenergie keine Stoffkonstante darstellt, sondern von unterschiedlichen Einflußgrößen abhängt. So ist sie z. B. in Anwesenheit eines Dampfes oder einer Flüssigkeit kleiner als im Vakuum, und die Oberflächenspannungen verschiedener Kristallflächen unterscheiden sich.

Freie Oberflächenenergie und Oberflächenspannung sind für Flüssigkeiten gleich. Das gilt für Festkörper, wenn sie so hohe Temperaturen aufweisen, daß die Atome beweglich werden. Dann ist die Kraft je Längeneinheit an einer senkrecht geschnittenen Oberfläche gleich der freien Oberflächenenergie [2].

2.1.1.2 Einfluß umgebender Medien auf die Oberflächenenergie

Obgleich sich die Oberflächenspannung leichter bestimmen läßt als die Energie, weisen entsprechende Werte im Schrifttum z. T. erhebliche Unterschiede auf. Deren Hauptursache scheint auf Verunreinigungen zurückzuführen zu sein, die bevorzugt bei Werkstoffen hoher Oberflächenenergie, wie Metallen, wirksam werden. Derartige Verunreinigungen können bereits im Metall enthalten sein oder aus dem umgebenden Medium adsorbiert werden.

Den Zusammenhang zwischen der Adsorption eines Fremdstoffes und der Erniedrigung der spezifischen freien Oberflächenenergie gibt die Gibbssche Differentialgleichung wieder; aus ihr läßt sich unter Zuhilfenahme der Gleichung für die idealisierte Langmuir-Isotherme die Größenordnung der Energieerniedrigung bestimmen. Sie liegt fast in der Größenordnung der Oberflächenenergie mancher reiner Kristalle. Auch an anderer Stelle wurde beobachtet, daß die Anwesenheit adsorbierter Gasschichten die Oberflächenenergie stark herabsetzt [2; 9]. Auf diese Weise lassen sich erhebliche Unterschiede beim Messen von Energien in der gesamten Metallkunde deuten, so z. B. beim Bestimmen der Stapelfehlerenergie von Metallen.

Die Adsorption als Primärvorgang bei jeder Einwirkung eines umgebenden Mediums auf einen festen Körper bestimmt weitgehend die physikalisch-chemischen sowie die mechanischen Eigenschaften. Dies gilt sowohl für niedrige als auch für höhere Temperaturen. Eine Adsorption erfolgt nicht nur an den Phasengrenzflächen Metall/Gas, sondern auch an inneren Oberflächen von Korngrenzen, Versetzungen und Leerstellen, zu denen das Medium durch Diffusion gelangen kann.

Stets überrascht die hohe Geschwindigkeit, mit der an der Oberfläche adsorbierte, dissoziierte und ionisierte Gase in beträchtliche Tiefen der Wirtsgitter eindringen können [10]. Es entstehen somit Änderungen der Kristalltracht bei Wachstumsvorgängen an der Oberfläche infolge Verschiebung des Flächenpotentials durch adsorbierte Schichten. Auch Streckgrenze, Elastizität, Plastizität, Dauerschwingungsverhalten sowie physikalische und chemische Eigenschaften werden entscheidend verändert. Die Fähigkeit zum Sintern hängt ebenfalls von der freien Oberflächenenergie und somit von der Reinheit der Substanzen ab. Das als nicht sinterbar geltende Zinn läßt sich z. B. diesem Prozeß unterziehen, wenn Verunreinigungen und Gasadsorption vermieden werden [11].

Das Metallkleben ist hiervon in hohem Maße betroffen. Die Adhäsion und die Größe der hierbei auftretenden Haftkräfte werden von derartigen energetisch-strukturellen Oberflächeneigenschaften weitgehend bestimmt.

Die Oberflächenveränderungen hängen u. a. von der Art des umgebenden Mediums und den sich daraus ergebenden Adsorptionsschichten ab. Es kann als erwiesen gelten, daß sämtliche metallischen Werkstoffe sich mit einer mehr oder weniger dicken, unterschiedlich dichten Oxidschicht überziehen. Diese Oxidhaut des Grundwerkstoffs bildet jedoch nicht die unmittelbare Grenzschicht gegen die Atmosphäre. Als Folge der freien Nebenvalenzkräfte werden im Regelfall noch Fremstoffe adsorptiv gebunden, die aus Staub, Fett, Gasen und vor allem einer fest haftenden Wasserhaut bestehen können. Sie setzen sämtlich die Aktivität der Oberfläche herab. Das Kraftfeld an der Oberfläche eines festen Körpers im Ultrahochvakuum wird stets durch das wesentlich schwächere des Adsorptionsfilms ersetzt. Eine starke Adhäsion von Klebstoffen kann somit nur dann erfolgen, wenn die Oberfläche sauber und rein ist. Der Vorbehandlung fällt die Aufgabe zu, derartige unerwünschte Fremstoffschichten zu beseitigen.

2.1.2 Veränderungen der Oberfläche durch Vorbehandlungen

2.1.2.1 Säubern der Oberfläche

Eine absolut reine Metalloberfläche läßt sich nicht oder nur kurzzeitig herstellen. Bei Gegenwart einer Gasphase oder bis zu einem Vakuum von 10^{-6} Torr ist die Oberfläche noch mit Oxidschichten oder Adsorptions- bzw. Chemisorptionsschichten bedeckt. Zwar lassen sich Oxidschichten bei vielen Metallen durch reduzierende Gase beseitigen, doch wird die Oberfläche dadurch noch keineswegs metallisch rein.

Die einfachste Methode ist das Entfernen von Verunreinigungen durch so hohes Erhitzen, daß alle physikalisch und chemisch adsorbierten Moleküle desorbiert werden. Gleichzeitig verschwinden dabei auch andere Verunreinigungen mit höherem Dampfdruck. Das Verfahren ist jedoch an so hohe Temperaturen gebunden, daß es auf eine Anzahl mehr oder weniger schwer schmelzbare Metalle beschränkt bleibt. Ferner sind die Dissoziationsdrucke der Metalloxide häufig so klein, daß die Schmelzpunkte der Metalle erreicht werden, bevor eine hinreichende Befreiung von Oxidschichten erfolgt.

Ein einfaches Abschälen der Metalloberfläche mit einem Messer unter Vakuum ist wegen der mechanischen Schwierigkeiten nur selten möglich. Auch ein Reinigen von Oberflächen durch Beschuß mit Gasionen ist technisch und wirtschaftlich als Vorbehandlung zum Metallkleben nicht denkbar. Somit beschränkt sich das Säubern auf ein gründliches Waschen der zum Kleben vorgesehenen Oberflächen mit fettlösenden Substanzen. Als alleinige Vorbehandlung für das nachfolgende Auftragen von Klebstoffen erweist es sich meist als unzureichend, und ein mechanisches oder chemisches Vorbehandeln hat zu folgen.

2.1.2.2 Mechanische Vorbehandlung

Jedes mechanische Bearbeiten der Oberfläche verändert die Struktur und den Energiezustand. So tritt nach einer mechanischen Kaltbearbeitung stets eine höhere Emission von Exoelektronen auf, die grundsätzlich bei exotherm verlaufenden Vorgängen im Metall beobachtet wird [12]. Die nach einer plastischen Verformung auftretende Exoelektronenemission wird mit den bei der Trennung entgegengesetzt geladener Spaltflächen kurzzeitig entstehenden, hohen elektrischen Feldern gedeutet, die zu einer Feldemission, d. h. einer Anregung der Spaltflächen führen. Da sie sich durch Spitzenzähler, Zählrohre oder Sekundärelektronenverstärker gut nachweisen lassen und empfindlich auf unterschiedliche Beschaffenheiten von Oberflächen reagieren, lag es nahe, eine Oberflächenaktivierung hiermit meßtechnisch zu erfassen. KRAMER führt die mittels Geiger-Spitzenzähler festgestellte erhöhte Emis-

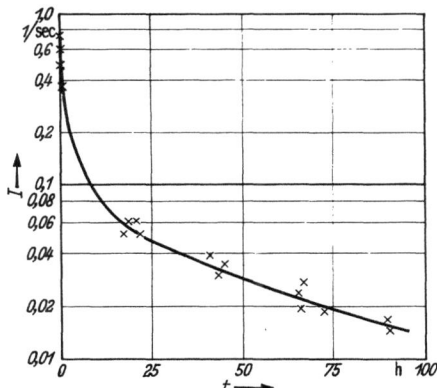

Abb. 2. Abklingen der Elektronenemission I einer geschmirgelten Aluminiumplatte.

sion langsamer Elektronen (Energie kleiner als 10 eV) auf den energiereicheren Zustand der „nichtmetallischen Phase" zurück, die sich durch Erholungsvorgänge dem metallischen Zustand wieder nähert. Die Emission klingt ab, Abb. 2 und 3, erreicht jedoch noch nicht den stabilen metallischen Zustand. Mit steigender Temperatur stellt sich wieder ein starker Anstieg ein, Abb. 4. J. KRAMER führt den sprunghaften Anstieg auf exotherme Umwandlungsvorgänge von der nichtmetallischen zur metallischen Phase zurück. Auf diese Weise deutet er die Struktur der Beilby-Schicht als nichtmetallische Phase.

Demgegenüber machen K. LINTNER und E. SCHMID nichtmetallische Deckschichten, z. B. Oxidhäute, für die Exoelektronenemission verantwortlich [13]. Zu einer ähnlichen Deutung gelangt J. LOHFF, indem er den plötzlichen Anstieg und das Abklingen der Emission mit dem Oxydationsvorgang identifiziert [14].

Zumindest ein Effekt bei der Elektronenemission konnte in der Vergangenheit geklärt werden: C. SCHAUB und W. LIEDTKE deuten die Erhöhung der Oberflächenaktivität bei plastischer Kaltverformung [15]. Sie führen sie auf die durch Gleiten entstandenen neuen, d. h. von Fremdatomen unbelegten Oberflächenelemente zurück. Die freien Bindekräfte werden durch Adsorption von Atomen oder Molekülresten aus der Luft abgesättigt. Sauerstoffmoleküle spalten sich in Atome auf, wobei ein Teil des Sauerstoffs mit dem Wasserdampf der Luft reagiert und H_2O_2 bildet. Unter Einfluß dieser Chemisorption treten aus dem Metall Exoelektronen aus.

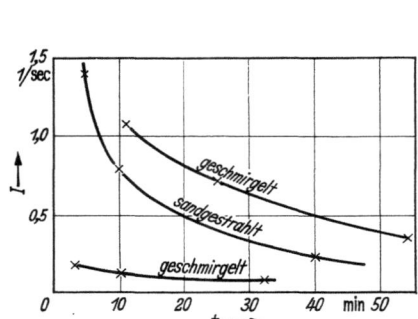

Abb. 3. Abklingen der Elektronenemission I von Eisen.

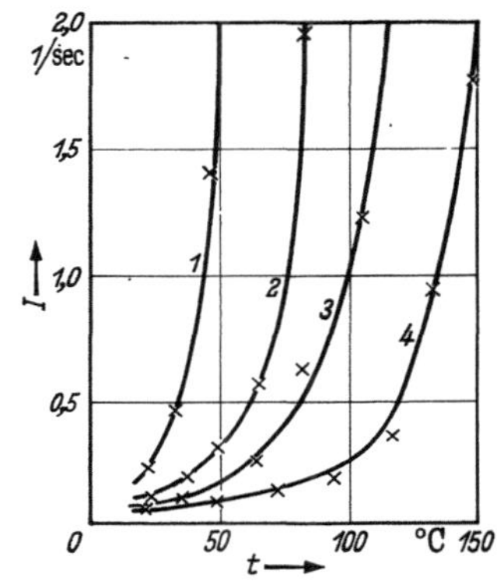

Abb. 4. Anstieg der Elektronenemission I beim Erwärmen einer Eisenplatte.

Auch J. KRAMERS Deutung der Beilby-Schicht beim Polieren von Metalloberflächen scheint nach Untersuchungen von L. E. SAMUELS nicht zuzutreffen [16]. Amorphe oder nichtmetallische Phasen können deswegen nicht vorhanden sein, weil sich bei der orientierten Abscheidung (Epitaxie) auf mechanisch polierten Metalloberflächen die Struktur des Grundmetalls im Niederschlag fortsetzt. Bei starker plastischer Deformation der Oberfläche durch Schleifen finden dagegen epitaktische Vorgänge nicht mehr statt. Entscheidend sind der aufgewendete Druck beim Polieren sowie die Härte des Metalls. Verformungszonen wurden in Abhängigkeit von der Härte beim maschinellen Schleifen bis zu einer Tiefe von 65 bis 135 μm, beim metallographischen Schleifen von Hand bis zu 10 bis 45 μm und beim Polieren von 0 bis 3 μm ermittelt [17].

Die Art, in der die Verformungstiefen von der Bearbeitungsmethode abhängen, stimmt auch mit der Abhängigkeit der Elektronenemission nach J. KRAMER überein, Abb. 3. Es liegt daher der Schluß nahe, daß Gitterstörungen direkt oder Adsorptions- bzw. Reaktionsprozesse die Aktivität einer metallischen Oberfläche und damit ihre freie Energie

2.1 Die Metalloberfläche als Haftgrund

kennzeichen. Starke mechanische Verformungen, z. B. durch Sandstrahlen, müssen daher das Energiepotential an oder dicht unter der Oberfläche beträchtlich erhöhen. Das Abklingen der Aktivität mit der Zeit muß somit eine Funktion des umgebenden Mediums sein, womit sämtliche experimentellen Befunde übereinstimmen.

Auf Grund der geringen Aktivierungsenergie der Diffusion von Einlagerungsatomen bzw. -ionen in gestörten Gitterbereichen kann eine Entlastungsdiffusion von Wasserstoff-, Stickstoff- und Sauerstoffatomen einsetzen [18]. Die Gitterenergie wird hierdurch beträchtlich erniedrigt, und die Störungen werden stabilisiert. Mit zunehmender Zeit wird auch ein Abbau der in Halbkristallage oder schwächer gebundenen Oberflächenbausteine einsetzen, was von der Temperatur sowie dem Partialdruck des für die Reaktion in Frage kommenden Gases abhängt.

Die Realstruktur einer sandgestrahlten Fläche ist in üblichen Querschliffen nicht erkennbar. Feine Verästelungen und Rauheitsspitzen werden beim Schleifen und Polieren nach Einbetten in geeigneten Kunststoffgießharzen entfernt, Abb. 5. Aufnahmen senkrecht auf die Oberfläche ergeben meist keine aufschlußreichen Abbildungen, da bei geringerer Vergrößerung zu wenig erkennbar ist, bei höherer dagegen die Schärfentiefe nicht ausreicht.

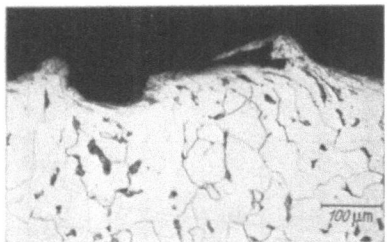 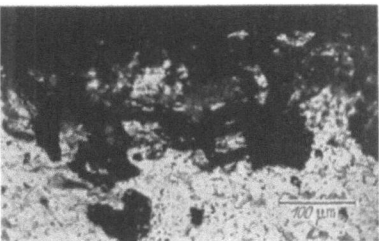

Abb. 5. Querschliff einer metallischen Oberfläche nach Sandstrahlen mit Hartgußkies (Körnung 34), Einbetten in Palatal P 6 sowie Schleifen und Polieren, 2% alk. HNO$_3$, 200:1.

Abb. 6. Struktur einer stark hartgußkiesgestrahlten Stahloberfläche (St 37), Polieren und Ätzen vor dem Strahlen, 2% alk. HNO$_3$, 200:1.

Es wurden daher ein anderer Weg beschritten, um die Realstruktur im Querschliff zu erkennen:

Ein allseitig geschliffener Stahlvierkant wurde einseitig poliert, geätzt und mit der fertig zubereiteten Oberfläche gegen eine zweite polierte Fläche gedrückt, die die erste um einige Millimeter überragte. Das Strahlen mit Hartgußkies beider aneinander geschraubter Körper schloß sich an, so daß die Arbeitsfläche anschließend im Querschliff ohne Einbetten und nachfolgende Fertigbearbeitung ein reelles Bild der Struktur hartgußkiesgestrahlter Stahloberflächen lieferte, Abb. 6. Es kann somit als erwiesen gelten, daß beim Oberflächenvorbehandeln durch Strahlen mit scharfkantigem Strahlgut stark zerfaserte Oberflächenbereiche hoher Energie entstehen, die nicht nur die Oberfläche beträchtlich vergrößern, sondern auch ein hohes Maß an Aktivität aufweisen.

2.1.2.3 Chemische Vorbehandlung

Beim Beizen werden je nach Werkstoff-Beize-Kombination artfremde sowie arteigene Oberflächenschichten entfernt. Es bildet sich eine dünne Beizhaut, die über ausreichend lange Zeiten eine hohe Aktivität aufrechtzuerhalten vermag. Das Wachstum und die Beschaffenheit dieser Schicht hängen im hohen Maße von dem Entfernungsverfahren einschließlich der Nachbehandlung ab. Über die außerordentlich verwickelten Vorgänge beim Beizen wurde festgestellt [19]:

Eine Beizhaut entsteht sowohl in sauren als auch in alkalischen Beizen. Mit Säuregemischen lassen sich besser reproduzierbare Ergebnisse erzielen als mit Alkalien. In Abhängigkeit von der Beizzeit kann die Dicke der Beizhaut ein Minimum durchlaufen.

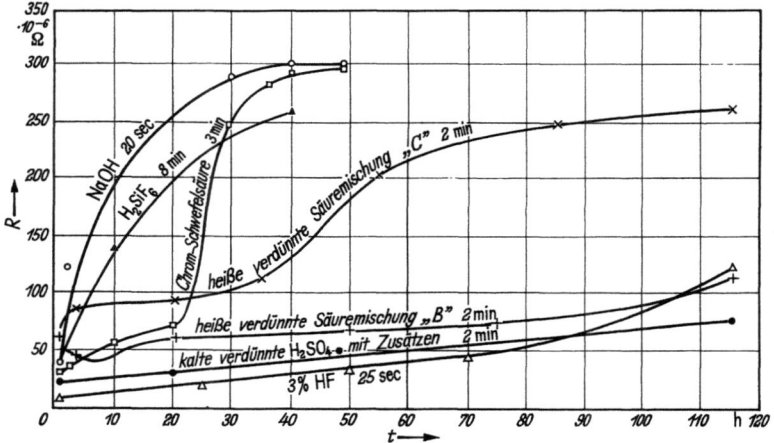

Abb. 7. Dickenzunahme der Oxidschicht von Reinaluminium, gemessen als Zunahme des elektrischen Widerstands R, in Abhängigkeit von der Lagerzeit t nach dem Beizen von Reinaluminium.

Das Nachwaschen in Wasser oder wäßrigen Lösungen erzeugt eine oxidhydratische Schicht, deren Dicke und Struktur stark von Temperatur, Dauer und pH-Wert bei der Behandlung im Nachspülbad sowie von den Trocknungsbedingungen abhängen.

Beim Lagern der gebeizten, nachgewaschenen und getrockneten Oberfläche wächst der Oxidfilm weiter, wobei die Wachstumsgeschwindigkeit je nach Beizverfahren erhebliche Unterschiede aufweisen kann, Abb. 7 [19].

Die Auswahl eines optimalen Beizverfahrens richtet sich nach der vorgesehenen Verwendung der Oberfläche. Je nach dem gewünschten Verbindungsverfahren ergeben sich unterschiedliche Voraussetzungen: So soll z. B. ein Beizprozeß als Vorbehandlung zum Punktschweißen auf einen geringen Kontaktwiderstand der aufeinandergepreßten Bleche hinzielen. Weder für das Metallspritzen noch für das Metallkleben ergibt sich eine ähnliche Fragestellung, und die optimale Vorbehandlungsmethode ist in beiden Fällen anders [20]. Für das Metallkleben kann z. B. von Bedeutung sein, daß Beizhäute auch eine katalytische Wirkung aufweisen können. Diese ist von Aluminiumoxiden bekannt [21].

Endgültige Aussagen über Art und Struktur von Beizhäuten sind dem Schrifttum nicht zu entnehmen. Es kann jedoch als erwiesen gelten, daß sie auf Grund ihrer chemischen Zusammensetzung gegebenenfalls zu erhöhter Oberflächenaktivität führen, wobei die geometrische Vergrößerung der Oberfläche nur eine untergeordnete Rolle zu spielen braucht. Die Aktivierung ist physikalischer Natur und beeinflußt in erster Linie solche Haftvorgänge, die auf zwischenmolekularen Dispersionskräften beruhen (von der Waals-Kräfte) [22].

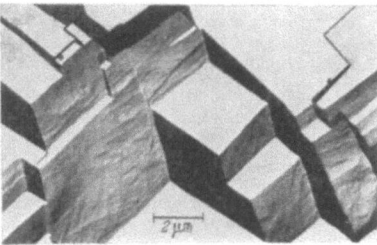

Abb. 8. Angeätzte Aluminiumoberfläche.

Geometrisch erfolgt der Abtrag beim Beizen je nach der Kombination von Werkstoff und Beize stark unterschiedlich; so können z. B. energetisch stabile Flächen in Facetten- oder Terrassenstruktur freigelegt werden. Da der Initialvorgang stets durch eine Adsorption gekennzeichnet ist, kann sich je nach Art von Adsorbens und Adsorbat die Kristalltracht ändern. Dies wirkt sich nicht nur beim Kristallwachstum, sondern auch beim Abtrag aus und führt zu einer unterschiedlichen Feinstruktur der Oberfläche. Ein Beispiel freigelegter, energetisch-stabiler Flächen in Terassenform gibt Abb. 8. Im Regelfall sind beim Beizen hohe Vergrößerungen nötig, um Rauheiten im Querschliff erkennen zu können, Abb. 9 [23]. Elektronenoptische Oberflächenaufnahmen geben auch über die Oberflächengestalt bei einem für das Metallkleben häufig verwendeten Beizverfahren, dem Pickling-Prozeß, Auskunft,

Abb. 10. Es entstehen muldenförmige Vertiefungen (muschelförmige Grübchen), deren Durchmesser das Zwei- bis Sechsfache der Rauhtiefe beträgt [23]. Im Grübchengrund zeichnen sich submikroskopische Aufrauhungen ab, Abb. 11. Die Vorbehandlung mit einer alkalischen Beize

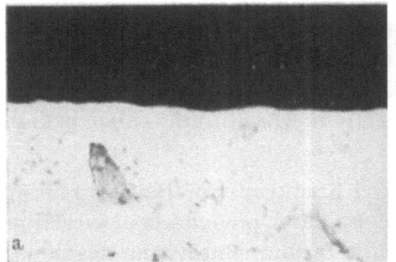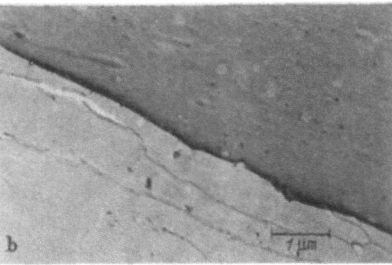

Abb. 9. Querschliff einer Klebverbindung von AlCuMg 2 pl mit Araldit I, nach PICKLING gebeizt. a) Lichtoptische Aufnahme, 200:1; b) elektronenoptische Aufnahme, Triafol-Abdruck, SiO-bedampft, 16 000:1.

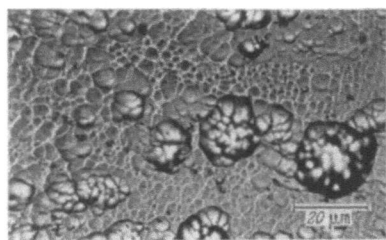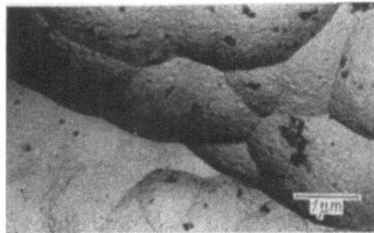

Abb. 10. Elektronenoptische Aufnahme einer nach PICKLING gebeizten Aluminiumoberfläche, 1000:1.

Abb. 11. Elektronenoptische Aufnahme einer nach PICKLING gebeizten Aluminiumoberfläche, Eigenhautabdruck, 1,5-fach nachvergrößert, 16 000:1.

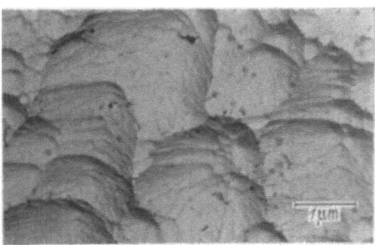

Abb. 12. Elektronenoptische Aufnahme einer mit Grisal K gebeizten Aluminiumoberfläche, Eigenhautabdruck, 1,5fach nachvergrößert, 16 000:1.

(Grisal K) läßt eine derartige Feinstaufrauhung vermissen, Abb. 12. Sie ergibt auch im Zugversuch geringere Festigkeiten als sie solche Klebverbindungen besitzen, bei denen die Leichtmetalloberfläche mit dem Pickling-Verfahren vorbereitet wurde.

2.1.3 Haftmechanismen

Grundsätzlich kann die Adhäsion eines Stoffes an einer metallischen Unterlage auf folgenden Mechanismen beruhen:

mechanische Verklammerung,
sekundäre physikalische Bindung (van der Waals-Kräfte),
primäre Hauptvalenzbindung (Chemisorption, Epitaxie) und metallurgische Bindung (Diffusion, Reaktion usw.).

Aus Gründen der Beschaffenheit der zu verbindenden Phasen beim Metallkleben kommen lediglich die Mechanismen der mechanischen Verklammerung sowie der sekundären und primären Valenzbindungen in Betracht. Hier besitzen die Vorgänge der mechanischen Verklammerung, der van der Waals-London-Kräfte und der Chemisorption vergleichsweise die größte Wahrscheinlichkeit.

Aus Gründen, die den vorigen Abschnitten zu entnehmen sind, kann es als unwahrscheinlich gelten, daß die mechanische Verklammerung eine überwiegende Rolle beim Haften von Klebstoffen auf Metallen spielt. Somit besitzt die physikalische Adhäsion die größte Wahrscheinlichkeit. Mathematische Abschätzungen beweisen, daß die van der Waals-Kräfte die experimentell beobachteten Festigkeiten durchaus erklären können [22]. Dies trifft auch dann noch zu, wenn die Oberflächenvergrößerung durch Vorbehandlungen sowie Strukturfehler unberücksichtigt bleiben. S. J. CZYZAK berechnete einige Beispiele von theoretischen Adhäsionsfestigkeiten an Metallen, wobei die Anteile der Dipol- und der Dispersionskräfte an der Gesamtadhäsion gegenübergestellt wurden. Danach kommt den Dispersionskräften zumindest die gleiche Bedeutung wie den Dipolkräften zu [24]. Diese und Induktionskräfte scheiden sogar aus, wie Beispiele mit Polyäthylen, das als unpolar gilt, beweisen sollen [25]. Gelegentlich wurden auch elektrostatische Kräfte für die Adhäsion verantwortlich gemacht [26, 27]. Die für eine Adhäsion notwendig vorausgehenden Adsorptionsvorgänge dienen dabei der Neuverteilung von Elektronen in der Grenzfläche und führen zur Ausbildung einer elektrischen Doppelschicht. Während das Metall als Elektronendonator wirkt, reichern sich Elektronen in der Grenzfläche des Klebstoffs an, die ihn als Akzeptor negativ aufladen. Diese Theorie kann heute jedoch nicht alle Erscheinungen der Adhäsion widerspruchsfrei deuten.

Häufig wird auch eine Chemisorption als Erklärung für die Adhäsion herangezogen. Sie führt zu Bindungszuständen, die der chemischen Bindung in Molekülen entsprechen. Ihr geht eine physikalische Adsorption voraus, wobei die zur Chemisorption nötige Aktivierungsenergie aus der chemischen Reaktion folgt. In diesem Fall müßten jedoch unterschiedliche Klebstoffe stark voneinander abweichende Zugscherfestigkeiten ergeben. Die Chemisorption ist bei jedem Werkstoff an die spezifischen Voraussetzungen und Bedingungen orientierter Substanzabscheidungen gebunden, die unterschiedliche Ergebnisse erwarten lassen [28]. Nach experimentellen Erfahrungen können jedoch alle Metalle verklebt werden [29]. Der Erfolg ist lediglich von einer optimalen Oberflächenbehandlung und einer optimalen Werkstoffauswahl abhängig. Die Vorbehandlung muß eine ausreichende Aktivierung zur Folge haben [30]. Sie ist lediglich spezifisch an den Fügeteilwerkstoff und nicht an den Metallkleber gebunden. Unterschiedliche Metallkleber ergeben an einem Fügeteilwerkstoff stets bei der gleichen Vorbehandlung mit dem höchsten Aktivierungsgrad ihre Maximalfestigkeiten [31]. Eine Adhäsionsreihenfolge der Metalle läßt sich ebensowenig aufstellen wie Analogien zur elektrischen Leitfähigkeit oder elektrochemischen Spannungsreihe der Metalle erkannt werden können.

Aus diesen und anderen Gründen [32; 33; 34] läßt sich folgern, daß die Chemisorption nur in einzelnen Fällen eine bestimmende Rolle spielen kann. Die vielfältige Anwendungsmöglichkeit neuzeitlicher Metallkleber läßt sich nicht immer durch eine chemische Bindung zwischen Klebstoff und Fügeteil erklären. Auch würden bereits der Luftsauerstoff oder andere monomolekulare Fremdstoffschichten ausreichen, um freie Valenzen einer Festkörperoberfläche abzusättigen.

Nebenvalenzkräfte genügen dagegen, um sämtliche gemessenen Haftfestigkeiten zu erklären. Dabei werden Dispersionskräfte durch Dipole und ihre Spiegelbilder unterstützt. Der strukturelle Aufbau des metallischen Haftgrundes beeinflußt die Anordnung der adsorbierten Klebstoffmoleküle wahrscheinlich im Sinne der orientierten Substanzabscheidung. Ferner sind Elektronenübergänge zwischen Metall und Kunststoff möglich, die über elektrische Doppelschichten die Adhäsion verstärken. Die zur Ablösung der Elektronen erforderliche Energie liefert dabei der exotherme Benetzungsvorgang [23].

Zusammenfassend kann also gesagt werden: Die metallische Oberfläche stellt nur dann einen Haftgrund für molekulare Fremdsubstanzen dar, wenn ihre Oberfläche in einen strukturell und energetisch günstigen Zustand versetzt wird. Die Energie einer Oberfläche läßt sich durch verschiedene Behandlungsmethoden erhöhen. Bei sämtlichen Aktivierungsprozessen ist jedoch zu berücksichtigen, daß die umgebenden Medien in Form von adsorbierten Gasmolekülen oder Wasserhäuten auf die Oberflächenenergie vermindernd einwirken. Aus diesem Grunde entfällt die optimale Vorbehandlungsmethode einer vollkommenen Reinigung der Oberfläche. Diese ist mit einem technisch vertretbaren Aufwand für das Metallkleben nicht einsetzbar. Somit muß sich die Säuberung auf ein

Entfernen von leicht zu beseitigenden Fremdsubstanzen, wie Fett und Schmutz, beschränken, an die sich in der Regel eine mechanische oder chemische Vorbehandlung anschließen sollte.

Obwohl mechanische Oberflächenvorbehandlungen für andere Haftprozesse einen optimalen Erfolg gewährleisten, lassen Experimente erkennen, daß für das Metallkleben an Leichtmetallen die chemische Vorbereitung die höchsten Haftfestigkeiten garantiert. Strukturelle Untersuchungen weisen dabei nach, daß die Oberflächenvergrößerung allein diese Tatsache nicht zu erklären vermag. Die tatsächliche Oberfläche dürfte beim Sandstrahlen größer als nach dem Beizen sein. Somit ist es offensichtlich die Aktivierung der Oberfläche in Verbindung mit einer submikroskopischen Feinstaufrauhung, die die gebeizte Metalloberfläche als Haftgrund für Metallkleber empfiehlt. Setzt man als Haftmechanismus die physikalische Adsorption über van der Waals-Kräfte voraus, so stimmen die experimentellen Ergebnisse mit den theoretischen Erwartungen gut überein.

2.2 Die Adhäsion

Von RUDOLF KÖHLER, Düsseldorf

Die Aufgabe der Adhäsionsforschung ist die Untersuchung derjenigen Vorgänge an den Grenzflächen fester Phasen mit anderen flüssigen oder festen Phasen, die zu einer Bindung von Materie an der Grenzfläche führen. Es liegt nahe, daß Ergebnisse dieses Arbeitsgebietes für die Technik des Klebens von größter Bedeutung sind. Bei einer Klebverbindung werden bekanntlich zwei Werkstücke durch einen zwischen ihnen liegenden Film eines Klebstoffes verbunden, der als Flüssigkeit aufgebracht wird oder während der Herstellung der Klebverbindung den flüssigen oder einen annähernd flüssigen Zustand durchläuft und durch einen Abbindeprozeß in den festen Zustand übergeht.

Die Festigkeit einer Klebverbindung ist bestimmt durch die Festigkeit der Haftung des Klebfilms an den zu verbindenden Werkstoffen, also die Adhäsion, und die innere Festigkeit des Klebfilms, insbesondere unter den Beanspruchungsbedingungen. Die Güte der Adhäsion ist demnach eine wichtige, wenn auch nicht die einzige Voraussetzung für die Wirksamkeit einer Klebverbindung.

In den folgenden Ausführungen wird es sich im wesentlichen darum handeln, die von der festen, zu klebenden Oberfläche auf den Klebfilm wirkenden Kräfte aufzuzeigen und nach Möglichkeit zahlenmäßig abzuschätzen, wobei infolge der Lücken unserer Kenntnisse weitgehend Modellvorstellungen herangezogen werden müssen.

2.2.1 Vorgänge an der Grenzfläche einer festen Phase

Von der Oberfläche einer festen Phase, die an eine flüssige oder gasförmige Phase angrenzt, gehen Kräfte aus, die dort zu einer gewissen Bindung von Materie führen. Diese Tatsachen kann man sich, wie bereits M. FARADAY [37] bekannt war, in elementarer Weise verständlich machen. Für den Zusammenhalt eines festen, aus irgendwelchen Molekülen aufgebauten Festkörpers sind zwischenmolekulare Kräfte verantwortlich. Diese von den Molekülen aus nach allen Richtungen wirkenden Kräfte können aber bei den an der Grenzfläche liegenden Molekülen nur soweit abgesättigt sein, wie sie nach innen gerichtet sind. Nach außen müssen sie über die Grenzfläche hinaus wirken und Moleküle der angrenzenden Phase festhalten.

Diese Kräfte sind ihrer Natur nach offensichtlich identisch mit denen, deren anziehende Wirkung man zwischen Molekülen auch in anderem Zusammenhange beobachtet, z. B. bei den durch die bekannte Formel von VAN DER WAALS

$$\left(p + \frac{a}{v^2}\right)(v - b) = RT$$

ausgedrückten Abweichungen von den Gesetzen der idealen Gase. In dieser Gleichung, in der p, v und T die Zustandsgrößen Druck, Volumen und Temperatur des Gases, R die Gaskonstante und a und b weitere Konstanten sind, ist a ein Maß für zwischenmolekulare Kräfte. Es hat sich zeigen lassen, daß anziehende Kräfte zwischen Molekülen dann auftreten, wenn in diesen die positiven und negativen elektrischen Ladungen im molekularen Bereich nicht zusammenfallen. Es gibt drei verschiedene Arten, diese Bedingung zu verwirklichen.

Moleküle organischer Stoffe, die elektronegative Elemente wie Sauerstoff, Stickstoff oder Halogene enthalten, sind permanente Dipole. Sie entfalten die stärksten zwischenmolekularen Kräfte. Diese werden in gewissen Fällen, z. B. bei Vorhandensein von Hydroxylgruppen, so verstärkt, daß fast eine Art chemische Bindung entsteht. Da in diesen Fällen Protonen eine ähnliche Rolle spielen wie Elektronen bei der chemischen Bindung, nennt man diesen Sonderfall Wasserstoffbindung.

Bei solchen Molekülen, die keine permanenten Dipole sind, kann durch äußere Einflüsse eine Polarisation, d. h. eine temporäre Bildung von Dipolen eintreten.

Schließlich kann man in allen Molekülen eine Art von gewissermaßen fluktuierenden Dipolen infolge der Bewegung der Elektronen annehmen. In dem zuletzt genannten Falle spricht man von Dispersionskräften oder — nach ihrem ersten Bearbeiter — von London-Kräften [35].

Die von permanenten Dipolen ausgehenden Kräfte werden vielfach van der Waals-Kräfte genannt, wenn auch die van der Waalssche Formel sich auf beliebige zwischenmolekulare Kräfte ohne Unterschied ihrer Natur bezieht.

Bei den Oberflächen von aus Ionengittern aufgebauten Stoffen sind nach außen wirkende Kräfte leicht verständlich, da in der Oberfläche positive und negative Ladungen getrennt nebeneinander liegen. Auch bei elektrisch leitenden Stoffen, wie Metallen oder Kohlenstoff, ist eine Anziehung verständlich. Nach den Gesetzen der Elektrostatik verhält sich ein an eine leitende Fläche herangebrachter Dipol so, als ob hinter der Metalloberfläche eine Spiegelbild des Dipols läge. Erstmalig benutzten R. LORENZ und A. LANDÉ [36] derartige „Bildkräfte" zur Deutung der Anziehung von Molekülen an Metalloberflächen.

Aus den obigen Bemerkungen, die die Natur der Oberflächenkräfte nur andeuten können, geht hervor, daß diese nicht nur von der Art des festen Stoffes, sondern auch von der Natur der angrenzenden Phase abhängig sein sollten. Man kann demnach von einer Wechselwirkung sprechen. Da indessen der Einfluß der festen Phase weit überwiegt, genügt es im allgemeinen, wenn nur dieser beachtet wird [37].

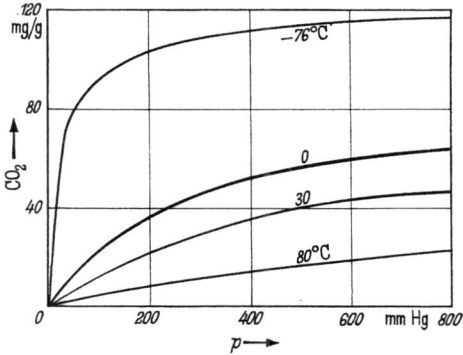

Abb. 13. Isothermen für die Adsorption von CO_2 an Holzkohle bei verschiedenen Temperaturen.

Eine besonders auffällige Erscheinung, die auf die Wirkung dieser Grenzflächenkräfte zurückzuführen ist, ist die Adsorption von Gasen. Liegen oberflächenreiche, feinpulvrige Stoffe vor, so kann diese zu einer erheblichen und leicht meßbaren Druckverminderung führen, aus der sich die Menge des adsorbierten Stoffes berechnen läßt. Die Gasadsorption ist bestens bekannt und untersucht. Hier genügt der Hinweis auf einige grundlegende Gesetzmäßigkeiten.

Bei Darstellung der je Gewichts- der Oberflächeneinheit des Adsorbens adsorbierten Menge in Abhängigkeit vom Gasdruck bei konstanter Temperatur ergeben sich charakteristische Kurven, die man als Adsorptionsisothermen bezeichnet. Die adsorbierten Mengen steigen mit fallender Temperatur. In Abb. 13 sind einige Isothermen für die Adsorption von CO_2 an aktiver Kohle bei verschiedenen Temperaturen wiedergegeben. Die Adsorption ist demnach ein exothermer Vorgang. Man unterscheidet die durch die gesamte Wärmemenge bei Aufnahme einer bestimmten Gasmenge durch 1 g Adsorbens definierte integrale Adsorptionswärme und die durch das Verhältnis von Wärmezuwachs zum Zuwachs an adsorbierter Gasmenge bestimmte differentielle Adsorptionswärme. Bei niederen Gasdrucken muß man die Existenz einer Lage von Molekülen an der adsorbierten Fläche annehmen. Bei höheren Drucken vermehrt sich die adsorbierte Menge darüber hinaus, jedoch sind die über die erste Moleküllage hinaus aufgenommenen Mengen nur lose gebunden.

Eine Deutung der Adsorptionsisothermen ist bereits vor längerer Zeit von J. LANGMUIR [38] gegeben worden. Er nahm an, daß die Adsorptionsschicht aus einer Lage von Molekülen besteht, wobei im allgemeinen nicht alle verfügbaren Plätze besetzt sind, und daß im Gleichgewicht ebensoviele Moleküle die Adsorptionsschicht verlassen, wie aus dem Gasraum in diese Schicht eintreten. Langmuir fand die Gleichung

$$\frac{x}{x_m} = \frac{Bp}{1 + Bp},$$

in der x die Anzahl der durch adsorbierte Moleküle besetzten Plätze, x_m die Anzahl der verfügbaren Plätze bedeuten. x/x_m ist der je Gewichtseinheit des Adsorbens adsorbierten Menge proportional. Die Konstant B hängt exponentiell von der differentiellen Adsorptionswärme ab.

Die Langmuirsche Gleichung gibt die Adsorptionsisothermen oft gut wieder. Es bestehen jedoch nicht selten Abweichungen.

Eine Erweiterung der Langmuirschen Überlegung ist von S. BRUNAUER, P. H. EMMETT und E. TELLER [39] gegeben worden, auf die nur hingewiesen werden kann. Als ein die Adsorptionsisothermen beeinflussender Faktor ist von R. ZSIGMONDY [40] schon sehr früh in gewissen Fällen eine Kondensation der adsorbierten Schicht zur Flüssigkeit erkannt worden. Man nennt diese Erscheinung Kapillarkondensation. Es bestehen Einflüsse der chemischen Natur von Adsorbens und Adsorbat. Man kann — wenn auch mit Abweichungen — feststellen, daß von einem Adsorbens um so größere Gasmengen adsorbiert werden, je größer die van der Waalssche Konstante a ist und je höher Siedepunkt und kritische Temperatur des adsorbierten Gases liegen.

Die Vorgänge bei der Gasadsorption weisen auf eine geringe Reichweite der Oberflächenkräfte hin (s. S. 32). Über die erste Moleküllage hinaus bestehen nur verhältnismäßig lose Bindungen. Man kann annehmen, daß für die Adhäsion praktisch nur die auf die erste Moleküllage ausgeübten Kräfte von Bedeutung sind.

Bringt man an die Grenzfläche einer festen Phase einen einheitlichen flüssigen Stoff, dann sind grundsätzlich dieselben Vorgänge wie bei der Gasadsorption zu erwarten. Mangels einer Konzentrationsänderung, die sich bei Gasen durch Abnahme des Druckes zu erkennen gibt, sind sie jedoch weniger einfach zu beobachten. In stärkerem Maße als bei der Gasadsorption machen sich ferner spezifische Einflüsse der chemischen Natur von fester und flüssiger Phase geltend, die die auffälligen Erscheinungen der unterschiedlichen Benetzung der festen Phase durch Flüssigkeiten zur Folge haben.

Die Verhältnisse lassen sich am besten durch eine seit langem bekannte, auf Th. Young [41] und A. Dupré [42] zurückgehende Überlegung übersehen. Infolge der über die Phasengrenzfläche hinauswirkenden Kräfte hat jede feste oder flüssige Phase das Bestreben, ihre Grenzfläche zu vermindern. Es besteht daher eine senkrecht zur Grenzlinie gerichtete, in der Grenzfläche liegende Kraft, die diese zu verkleinern

Tabelle 1

Stoff	Oberfl.-spannung γ_L (dyn/cm)
Wasser	72,6
Äthylalkohol	22,0
Benzol	28,9
Diäthyläther	16,6
Glycerin (30°)	64,7
Quecksilber	471,6

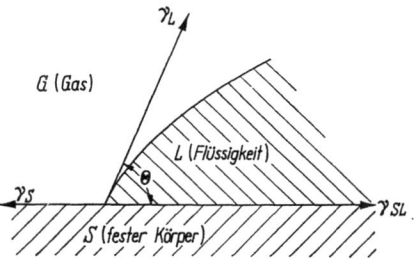

Abb. 14. Unvollständige Benetzung eines festen Stoffes durch eine Flüssigkeit.

sucht. Man nennt diese auf die Einheit der Grenzlinie bezogene Kraft Grenzflächenspannung oder Oberflächenspannung, wenn es sich um die Grenzfläche einer Phase gegenüber ihrem gesättigten Dampf, gegebenenfalls bei Anwesenheit von indifferenten Gasen wie Luft, handelt. Aus dieser Überlegung folgt weiterhin, daß die Vergrößerung einer Grenzfläche immer mit einem Arbeitsaufwand verbunden ist, der auf die Einheit der Grenzfläche bezogen und als Grenzflächenenergie bzw. Oberflächenenergie bezeichnet wird. Die Grenzflächenspannung und die Grenzflächenenergie sind dimensionsmäßig äquivalent (dyn/cm bzw. erg/cm²) und zahlenmäßig gleich. Die Grenzflächenenergie hat in diesem Zusammenhang die Bedeutung einer freien Energie oder einer reversiblen Arbeit. Einige Zahlenwerte von Oberflächenspannungen bei 20 °C sind in Tab. 1 verzeichnet.

Beim Aufbringen einer Flüssigkeit auf eine feste Oberfläche stellt sich im allgemeinen Fall das in Abb. 14 schematisch dargestellte Gleichgewicht ein. Es wird ein Tropfen erhalten, dessen Oberfläche am Festkörper mit einem bestimmten Randwinkel Θ ansetzt. Es gilt die Beziehung

$$\gamma_S = \gamma_{SL} + \gamma_L \cos \Theta,$$

worin γ_S die Oberflächenspannung des festen Stoffes (Solidus), γ_L die Oberflächenspannung der Flüssigkeit (Liquidus) und γ_{SL} die Grenzflächenspannung zwischen festem Stoff und Flüssigkeit bedeutet. Zu berücksichtigen ist, daß nur die Oberflächenspannung der Flüssigkeit und der Randwinkel direkt meßbar sind.

Die Benetzung ist um so besser, je kleiner der Randwinkel ist. Bei $\Theta = 0$ besteht vollständige Benetzung. Die Flüssigkeit breitet sich spontan über die ganze Fläche des festen Stoffes aus. Dieser Fall ist dann zu erwarten, wenn man Gründe hat, γ_S als besonders groß anzusehen.

Bringt man eine Lösung an eine feste Phase, dann wird neben der Bindung von Molekülen des Lösungsmittels auch eine der Adsorption von Gasen analoge Anlagerung des gelösten Stoffes an die Oberfläche zu beobachten sein. Da diese mit einer Änderung der Konzentration der Lösung verbunden ist, ist sie leicht zu beobachten. Dabei sind im wesentlichen die gleichen Gesetzmäßigkeiten wie bei der Adsorption von Gasen maßgebend. Es gilt, wenn auch mit Ausnahmen, die Regel, daß ein gelöster Stoff in um so stärkerem Maße adsorbiert wird, je größer seine Moleküle sind und je geringer die energetischen Wechselwirkungen zwischen gelöstem Stoff und Lösungsmittel sind. Auch die Adsorption aus Lösungen ist an zahlreichen Beispielen untersucht worden.

Nach den vorstehenden Darlegungen sollte man starke anziehende Kräfte auch zwischen zwei feste Phasen erwarten, wenn diese in Kontakt gebracht werden. Der Grund dafür, daß diese im allgemeinen nicht beobachtet werden, liegt offenbar in den auf jeder Oberfläche eines festen Stoffes vorhandenen Unebenheiten. Zwei feste Oberflächen können deshalb nur in verschwindend kleinen Bereichen einander so nahegebracht werden, daß die Oberflächenkräfte zur Wirkung kommen. Es gibt aber spezielle Beispiele, bei denen man bei Berührung zweier fester Phasen erhebliche Anziehungskräfte festgestellt hat. Es sei auf Versuche von D. TABOR [43] über die Adhäsion von Metallen, insbesondere weichen Metallen an festen Flächen, und auf Arbeiten von G. BÖHME, H. KRUPP, W. KLING, H. LANGE und anderen [44 bis 46] über das Anhaften kleiner Teilchen an festen Oberflächen hingewiesen. Bei den zuletzt genannten Versuchen wurden sehr kleine Teilchen von Gold, Eisen, Kohlenstoff und Eisenoxyd auf Platten oder Folien verschiedenartiger Materialien wie Quarz, Polyamid oder Gold aufgebracht. Die Haftfestigkeit ließ sich durch eine Zentrifugenmethode messen. Es ergaben sich erhebliche Haftenergien, die zwischen 250 und 3 200 erg/cm² lagen.

Starke anziehende Kräfte zwischen zwei festen Phasen sind offensichtlich die Voraussetzung für das Bestehen einer Klebverbindung. Wie oben festgestellt worden war, wird bei einer Klebung der feste Klebfilm über den Umweg des flüssigen oder annähernd flüssigen Zustandes erhalten. In diesem Zusammenhang kommt offensichtlich dem Vorgang des Übergangs dieses zunächst flüssigen Films in den festen Zustand, der als Abbindung bezeichnet worden ist, besondere Bedeutung zu. Auf diese Weise gelingt es, die beiden festen Phasen, Klebfilm und Substrat, über große Flächen einander so nahe zu bringen, daß sich die Oberflächenkräfte auswirken können.

2.2.2 Grenzflächenenergie fester Stoffe

In der Young-Dupré-Formel, S. 36, erscheint neben der Oberflächenspannung der Flüssigkeit und der Grenzflächenspannung zwischen Flüssigkeit und festem Körper auch die Oberflächenspannung des benetzten Festkörpers. Diese ist, wie bei den Flüssigkeiten, als die Kraft definiert, die senkrecht zur Begrenzungslinie der Oberfläche wirkt und sie zu verkleinern sucht. Sie hat an sich kaum anschauliche Bedeutung, da die Starrheit eines festen Körpers im allgemeinen viel zu groß ist, um einen Einfluß der Oberflächenspannung auf die Größe der Oberfläche wie bei den Flüssigkeiten zuzulassen. Man wird deshalb in einem solchen Falle besser die ihr zahlenmäßig gleiche freie Oberflächenenergie pro Flächeneinheit verwenden. Diese Größe kann man als ein Maß der von der festen Oberfläche nach außen wirkenden Kräfte ansehen, die zu den zuvor beschriebenen Erscheinungen führen. Sie hat den Vorteil einer thermodynamisch definierten Größe, bei deren Anwendung über die Natur der zwischenmolekularen Kräfte nichts bekannt zu sein braucht.

Eine zahlenmäßige Angabe der freien Oberflächenenergie fester Stoffe ist nicht einfach. Es gibt eine Anzahl voneinander unabhängiger Methoden zu ihrer Bestimmung, die zumindest angenäherte und für den vorliegenden Zweck ausreichende Zahlenwerte ergeben. Eine Übersicht geben P. J. Sell und W. A. Neumann [47]. Eine Methode, die in anschaulicher Weise analog zur Bestimmung der entsprechenden Größe bei Flüssigkeiten zur Oberflächenspannung fester Metalle führt, wurde von H. Udin und Mitarbeitern [48] entwickelt. Wenige Grade unterhalb des Schmelzpunktes wurde die durch die Oberflächenspannung bewirkte Deformation dünner Drähte verfolgt. Die Autoren kamen z. B. für Silber, Gold und Kupfer zu Zahlenwerten zwischen 1100 und 1700 erg/cm²).

W. Fricke [44, 50] berechnete für Metallsalze, Oxide und ähnliche anorganische Stoffe aus Messungen der Sublimationswärmen freie Oberflächenenergien. Für die Edelmetalle fand er Zahlenwerte, die etwas über den von H. Udin gefundenen liegen, für Eisen z. B. 3000 bis 4000 erg/cm². Für die weichen Metalle, z. B. Magnesium, Kadmium oder Blei, werden Werte unter 1000 erg/cm² angegeben. Salze ergaben Oberflächenenergien von 120 bis 400 erg/cm², Oxide, wie Magnesiumoxid oder Kalziumoxid, 1200 bis 1400 erg/cm². Einen außerordentlich hohen Wert für Diamant geben W. D. Harkins und G. Jura [51] an. Die genannten Zahlen sind je nach der betrachteten Ebene im Kristallgitter etwas verschieden.

Man hat in der letzten Zeit auch versucht, von organischen polymeren Stoffen aus Untersuchungen des Schmelzverhaltens Zahlenwerte über die freien Oberflächenenergien zu erhalten. So fanden bei Polyäthylen J. B. Jackson, P. J. Flory und R. Chiang [52] 70 erg/cm², D. Kokkott [53] je nach der Richtung 16 bis 31 erg/cm², B. Wunderlich und Mitarbeiter [54] 81 bis 96 erg/cm² und J. Heber [55] 5 bis 75 erg/cm² J. D. Hoffmann und J. J. Weeks [56] erhielten bei Polychlortrifluoräthylen je nach der Richtung 5 bis 3,6 erg/cm².

Diese Beispiele zeigen, daß die freien Oberflächenenergien von festen Phasen und damit die von der festen Oberfläche ausgehenden Kräfte außerordentlich verschieden sein können. Harte, hochschmelzende, anorganische Stoffe, einschließlich der Metalle, haben freie Oberflächenenergien, die die von Flüssigkeiten um fast zwei Größenordnungen übersteigen. Bei weichen Metallen oder Salzen sind sie meist wesentlich niedriger. Für Polyäthylen und seine halogenierten Derivate liegen die Zahlenwerte niedriger als bei Wasser und haben etwa die gleiche Größenordnung wie die von organischen Flüssigkeiten.

Es erhebt sich die Frage, ob man aus Benetzungsmessungen selbst Schlüsse auf die freie Oberflächenenergie des festen Stoffes ziehen kann. Hierzu ist auf zahlreiche Untersuchungen von W. A. Zisman [57] über den Einfluß der chemischen Natur der festen Oberflächen auf die Benetzung zu verweisen. Er fand eine bemerkenswerte Gesetzmäßigkeit, wenn für eine bestimmte feste Oberfläche der Cosinus des Randwinkels gegenüber der Oberflächenspannung der benetzenden Flüssigkeit für verschiedene benetzende Flüssigkeiten aufgetragen wurde. Ein Beispiel für die Oberfläche von Polyvinylchlorid ist in Abb. 15 angegeben. Man erhält bei dieser Darstellung in etwa gerade Linien, die die Parallele zur Abzissenachse im Abstand $\cos \Theta = 1$ schneiden. Dies bedeutet, daß eine Flüssigkeit mit einer Oberflächenspannung, die kleiner ist als diesem Schnittpunkt entsprechend, die feste Oberfläche vollständig benetzt. Bei Flüssigkeiten mit größerer Oberflächenspannung beobachtet man unvollständige Benetzung unter Ausbildung eines Randwinkels.

Nach W. A. Zisman wird diese Oberflächenspannung, bei der gerade eben Benetzung der festen Oberfläche eintritt, als kritische Oberflächenspannung γ_c bezeichnet. γ_c ist eine für die betreffende Oberfläche charakteristische Konstante. Einige Zahlenwerte sind in Tab. 2 zusammengestellt [57].

Die Annahme, daß die kritische Oberflächenspannung γ_c in einem Zusammenhang mit der freien Oberflächenenergie der festen Oberfläche steht, ist naheliegend. E. WOLFRAM [58] und — anscheinend unabhängig — V. R. GRAY [59] führen Gründe an, die Oberflächenspannung

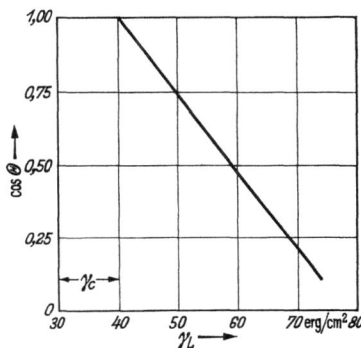

Abb. 15. Zusammenhang zwischen dem Randwinkel Θ und der Oberflächenspannung γ_L einer benetzenden Flüssigkeit für Polyvinylchlorid (nach ZISMAN).

Tabelle 2

Polymerer Stoff	krit. Oberfl.-Spannung γ_c (dyn/cm)
Polyhexafluorpropylen	16,2
Polytetrafluoräthylen	18,5
Polytrifluoräthylen	22
Polyvinylidenfluorid	25
Polyvinylfluorid	28
Polyäthylen	31
Polystyrol	33
Polyvinylalkohol	37
Polyvinylchlorid	40
Polyvinylidenchlorid	40
Kondensationsprodukt aus Adipinsäure und Hexamethylendiamin	46

bzw. die freie Grenzflächenenergie des festen Stoffes der kritischen Oberflächenspannung γ_c gleichzusetzen. Auch P.-J. SELL und A. W. NEUMANN [47] behaupten Gleichheit beider Größen. Ein Beweis dafür ist indessen nicht erbracht worden. Die Vermutung, die kritische Oberflächenspannung könne nicht sehr verschieden von der Oberflächenspannung des festen Körpers sein, ist von W. A. ZISMAN selbst geäußert worden. V. R. GRAY hat die kritische Oberflächenspannung verschiedener Hölzer gemessen und findet Werte von 80 bis 80 dyn/cm, die er der freien Oberflächenenergie gleichsetzt.

Nach H. SCHONHORN [60] gilt die von E. WOLFRAM, V. R. GRAY und anderen behauptete Gleichheit der freien Grenzflächenenergie des festen Stoffes und seiner kritischen Oberflächenspannung nur für amorphe feste Stoffe. Bei kristallisierten festen Stoffen sind nach H. SCHONHORN Abweichungen zu erwarten.

Ein Vergleich der aufgeführten Zahlenwerte läßt erkennen, daß die freie Oberflächenenergie fester Stoffe entsprechend der eingangs erwähnten elementaren Überlegung in irgendeiner Weise mit ihrer Kohäsion zusammenhängt. Man kann qualitativ feststellen, daß ein Stoff um so höhere, durch die freie Oberflächenenergie dargestellte Oberflächenkräfte ausübt, je härter er ist. Die höchsten Werte werden für Diamant angegeben. Von den Metallen zeigen harte Metalle Oberflächenenergien, die über 1000 erg/cm² liegen, während die entsprechenden Zahlen für weiche Metalle, z. B. Blei, kleiner als 1000 erg/cm² sind.

Für organische Kunststoffe kann man diesen Zusammenhang etwas präziser fassen. So zeigt Abb. 16 die Abhängigkeit der kritischen Oberflächenspannung γ_c von der nach M. MAGAT [61] definierten Kohäsionsenergiedichte [62]. Der Verlauf beider Größen ist symbat, was zu erwarten war. An Stelle der Kohäsionsenergiedichte kann man auch in ganz einfacher Weise die nach M. DUNKEL [63] berechneten Molkohäsionen verwenden und erhält fast die gleiche Kurve.

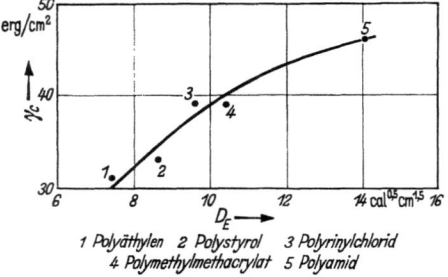

1 Polyäthylen 2 Polystyrol 3 Polyvinylchlorid
4 Polymethylmethacrylat 5 Polyamid

Abb. 16. Zusammenhang zwischen der kritischen Oberflächenspannung γ_c und der nach Magat definierten Kohäsionsenergiedichte D_E von Polymeren (nach GORDON).

Schon an dieser Stelle sei im Hinblick auf die großen Unterschiede der freien Oberflächenenergien fester Stoffe festgestellt, daß man, wie dies zuerst von W. A. ZISMAN getan worden ist, die Substrate für Klebstoffe in zwei grundlegend verschiedene Gruppen einteilen kann: in Stoffe hoher Oberflächenenergie, zu denen vor allem Silikate und Metalle gehören, und in Stoffe niedriger Oberflächenenergie, deren Vertreter organische Kunststoffe, wie insbesondere Polyäthylen oder dessen halogenierte Derivate, z. B. etwa Polytetrafluoräthylen, sind. Stoffe hoher Oberflächenenergie sind leicht verklebbar. Stoffe niedriger Oberflächenenergie dagegen schwierig oder gar nicht verklebbar. Metalle sind daher leicht verklebbar, jedoch nur unter der Voraussetzung einer reinen Oberfläche. Diese letztere Bedingung ist nicht immer einfach zu erfüllen, denn genau wie Klebfilme werden auch Verunreinigungen, z. B. Fettschichten, die den Charakter der Metalloberfläche grundlegend ändern, intensiv festgehalten.

2.2.3 Adhäsionsenergie und Adhäsionskräfte

Für Stoffe mit hoher Oberflächenenergie sind aus direkten kalorimetrischen Messungen noch weitere Aussagen über die Energien zu gewinnen, die Flüssigkeitsschichten an der Oberfläche fester Phasen binden. Im folgenden ist eine Überlegung von G. KRAUS [64], die auf Arbeiten von W. D. HARKINS und seinen Mitarbeitern [65] zurückgeht, wiedergegeben.

Nach dem Vorschlag von W. D. HARKINS werden alle auf die Oberflächeneinheit bezogenen Energiegrößen mit kleinen Buchstaben bezeichnet. Als Adhäsionsenergie e_A wird die Änderung der inneren Energie bei isothermer Aufhebung des Kontaktes von zwei Phasen definiert. Wenn einer der beiden Stoffe fest und der andere flüssig ist, dann gilt für die Adhäsionsenergie $e_{A(SL)}$ bei der Trennung der beiden Phasen

$$e_{A(SL)} = e_S + e_L - e_{(SL)},$$

worin sich die Indizes S und L wiederum auf die feste (Solidus) und die flüssige Phase (Liquidus) und SL auf die Grenzfläche zwischen fester und flüssiger Phase beziehen. Bei diesem Gedankenversuch verschwindet die Grenzfläche zwischen der festen und der flüssigen Phase, und die Oberflächen der festen und der flüssigen Phase werden neu gebildet.

Taucht man jedoch die feste Phase in die Flüssigkeit ein, so verschwindet die Oberfläche der festen Phase, und die Grenzfläche fest/flüssig wird neu gebildet. Die Oberfläche der flüssigen Phase ändert sich dabei nicht. Der exotherme Tauchvorgang ist mit dem Freiwerden der Immersionsenergie $e_{I(SL)}$ verbunden:

$$e_{I(SL)} = e_{(SL)} - e_S.$$

Da der Tauchvorgang nicht mit einer Volumenänderung verbunden ist, kann man die Immersionsenergie $e_{I(SL)}$ der meßbaren Benetzungswärme $w_{I(SL)}$ gleichsetzen:

$$e_{I(SL)} = w_{I(SL)}.$$

Durch Addition folgt

$$e_{A(SL)} + e_{I(SL)} = e_L.$$

Da die Oberflächenenergie der Flüssigkeit e_L die Bedeutung einer inneren Energie hat, die freie Oberflächenenergie der Flüssigkeit aber der Oberflächenspannung γ_L gleich ist, kann man die Gibbs-Helmholtz-Beziehung anwenden und erhält

$$e_L = \gamma_L - T\frac{\partial \gamma_L}{\partial T}.$$

Daraus ergibt sich für die Adhäsionsenergie

$$e_{A(SL)} = -w_{I(SL)} + \gamma_L - T\frac{\partial \gamma_L}{\partial T}.$$

In dieser Gleichung sind alle Größen der rechten Seite meßbar, so daß auf diese Weise ein Zahlenwert für die Adhäsionsenergie gewonnen werden kann. Die Adhäsionsenergie ist demnach gleich der algebraischen Summe der Benetzungswärme und der inneren Oberflächenenergie der Flüssigkeit. Da Druck- und Volumenänderungen bei dieser Betrachtung zu vernachlässigen sind, kann man diese als Änderungen der inneren Energie definierten Größen auch als Enthalpieänderungen bezeichnen, was gelegentlich geschieht.

Von W. D. HARKINS, G. E. BOYD und ihren Mitarbeitern [66] und einigen anderen Autoren sind eine größere Anzahl Adhäsionsenergien kalorimetrisch bestimmt worden, die von G. KRAUS zusammengestellt wurden. Sie beziehen sich alle, abgesehen von Messungen an Graphit, auf anorganische Stoffe mit Ionengittern, wie TiO_2, SiO_2, SnO_2, $BaSO_4$ und ähnliche Stoffe. Voraussetzung für die Meßbarkeit der Adhäsionsenergie ist das Vorliegen der festen Stoffe in sehr fein verteilter Form und die Kenntnis der Größe der Oberfläche. Die zu messenden Wärmemengen sind sehr klein, auch wenn extrem feine Pulver untersucht werden. Deswegen ist eine äußerst empfindliche kalorimetrische Methodik erforderlich.

Eine Auswahl derartiger Adhäsionsenergien ist in Tab. 3 verzeichnet. Sie liegen zwischen 100 und 3000 erg/cm^2. Bei Benetzung der Pulver mit Wasser oder organischen Dipolflüssigkeiten werden höhere Benetzungsenergien gefunden, bei Anwendung von Kohlenwasserstoffen, wie Benzol, Heptan oder Octan, niedrigere Energien. Extrem hohe Werte, wie sie von F. W. HOWARD und I. L. CULBERTSON [67] gefunden worden sind, sind nach Meinung dieser Autoren auf chemische Reaktionen an der Oberfläche zurückzuführen.

Tab. 3 enthält weiterhin einige von W. A. ZISMAN angegebene Werte der freien Energie bei Benetzung. Diese Zahlen stellen die bei der Benetzung zu gewinnende reversible Arbeit dar. Sie sind aus Messungen der Oberflächenspannung und der Adsorption des Dampfes der betreffenden Flüssigkeit nach D. H. BANGHAM und R. J. RAZOUK [68] zu erhalten und im allgemeinen etwa halb so groß wie die Benetzungsenergien oder Benetzungsenthalpien, was infolge der Entropieabnahme des Gesamtsystems durch die Bildung der Adhäsionsschicht verständlich erscheint.

In Tab. 4 sind von W. A. ZISMAN angegebene Werte über die reversiblen Benetzungsarbeiten von metallischen Flächen durch Wasser und organische Flüssigkeiten aufgeführt. Sie liegen zwischen etwa 70 und 300 erg/cm^2. Man kann annehmen, daß die Benetzungsenergien an den Metallflächen annähernd doppelt so groß sind und z. B. zwischen 150 und 600 erg/cm^2 liegen.

Die in den Tab. 3 und 4 angegebenen Zahlenwerte sind Energiegrößen. Sie sagen noch nichts aus über die Kraft, die die Adhäsionsschicht mechanisch von der Grenzfläche der festen Phase abziehen würde, wenn dies möglich wäre. Eine Schätzung dieser Kräfte erscheint nach

2.2 Die Adhäsion

Tabelle 3

Fester Stoff	Flüssigkeit	Adhäsionsenergie erg/cm²	reversible Benetz.-Arb. erg/cm²
TiO_2 (Anatas)	Wasser	640	370
	Äthanol	550	.
	n-Propanol	.	138
	Benzol	220	144
	n-Heptan	.	78
	i-Oktan	155	.
SiO_2	Wasser	720	388
	Äthanol	570	.
	n-Propanol	.	158
	Benzol	220	110
	n-Heptan	230	79
SnO_2	Wasser	800	364
	n-Propanol	.	128
	n-Butanol	550	.
	Benzol	290	.
	n-Heptan	.	94
	i-Oktan	170	.
$BaSO_4$	Wasser	610	390
	n-Propanol	.	125
	n-Butanol	410	.
Graphit	Wasser	385	136
	Äthanol	300	.
	n-Propanol	.	108
	Benzol	295	96
ZnS	Wasser	2170	.
PbS	Wasser	2750	.
CaF_2	Wasser	1170	.

Tabelle 4

Metall	Flüssigkeit	reversible Benetz.-Arb. erg/cm²
Quecksilber	Wasser	174
	n-Propanol	132
	Benzol	148
Kupfer	n-Heptan	69
Blei	n-Heptan	77
Eisen	n-Heptan	89
Zinn	Wasser	317
	n-Propanol	90
	n-Heptan	129

N. A. DE BRUYNE [69] in erster Näherung möglich, wenn man annimmt, daß die Entfernung der Adhäsionsschicht von der festen Oberfläche etwa 3 Å beträgt. Die Entfernung dürfte größenordnungsmäßig richtig sein als Abstand von Molekülen in festen Körpern ohne Bestehen einer chemischen Bindung. Es ergeben sich bei einer Adhäsionsenergie von von 500 erg/cm² Abreißkräfte von 15000 kp/cm², die um einige Größenordnungen über der Festigkeit technischer Klebungen liegen. Eine Verfeinerung dieser Betrachtung ist von G. KRAUS und J. E. MANSON [70] versucht worden. Diese Autoren berücksichtigen den Potentialverlauf der Adhäsionsenergie und nehmen eine Gleichung der Form

$$V = \frac{B}{r^m} - \frac{A}{(2r)^n}$$

an, worin V das Potential, r die Entfernung der adhärierenden Moleküle von der festen Oberfläche und A, B, m und n Konstanten bedeuten. Dies führt zu einer Potentialkurve nach Abb. 17, wenn man plau-

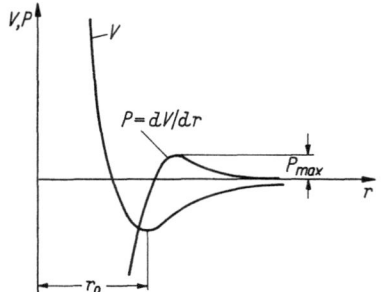

Abb. 17. Verlauf des Potentials V und der zum Abreißen erforderlichen Kraft F bei einem an der Festkörperoberfläche adhärierenden Molekül (nach KRAUS).

sible Werte für die Konstanten einsetzt. Die Ableitung der Potentialkurve bedeutet dann die Kraft, die notwendig ist, um das abzureißende Molekül auf die Entfernung r zu bringen. Sie hat ein Maximum, dessen Wert ein Maß für die Abreißfestigkeit sein sollte. Aus den von G. KRAUS und J. E. MANSON [70] eingesetzten Zahlenwerten ergibt sich das Maximum

$$P_{max} = \frac{V_0}{r_0} \cdot 1{,}46.$$

Die Abreißkräfte würden demnach noch um etwa 50% größer sein als die rohe Schätzung von N. A. DE BRUYNE vermuten läßt. Es liegt auf der Hand, daß es sich bei allen diesen Abreißkräften nur um Näherungen handeln kann, auf deren Zahlenwerte kein übermäßiges Gewicht zu legen ist.

Zu einer Abschätzung der Bindungskräfte adhärierender Moleküle kann man auch nach S. J. CZYZAK [24] durch die eine eingangs erwähnte Betrachtung des Verhaltens von Dipolmolekülen an elektrisch leitenden Oberflächen von R. LORENZ und A. LANDÉ [36] kommen. Dieser Ansatz gilt naturgemäß nur für Metalloberflächen. Ein an eine leitende Oberfläche herangebrachter Dipol verhält sich so, als ob sich hinter dieser Fläche ein Spiegelbild des Dipols befände. Auf Grund dieser Vorstellung ergibt sich das Potential, d. h. die beim Heranbringen des Dipols aus dem Unendlichen auf die Entfernung r seines Mittelpunkts von der Metalloberfläche aufzuwendende bzw. zu gewinnende Energie, zu

$$V = - \frac{\mu^2]}{r^3} (1 + \cos^2 \alpha),$$

worin μ das Dipolmoment und α der Winkel der Dipolachse mit der Senkrechten zur Oberfläche ist. Normalerweise haben Dipole die Neigung, sich entsprechend dem Potentialminimum senkrecht zur Oberfläche zu stellen. Die Temperaturbewegung wird indessen diese senkrechte Stellung stören, und es werden beliebige Winkel auftreten. Der erste Fall der senkrechten Anordnung $\alpha = 0$ dürfte für sehr tiefe Temperaturen, der der regellosen Verteilung für hohe Temperaturen zutreffen. Das Potential beträgt für tiefe Temperaturen

$$V_{\min} = - 2 \frac{\mu^2}{r^3},$$

für hohe Temperaturen

$$V_{\max} = - \frac{3}{4} \frac{\mu^2}{r^3}.$$

Im Bereiche der Raumtemperatur dürfte das Potential zwischen den beiden extremen Werten liegen. Den Temperatureinfluß berücksichtigt S. J. CZYZAK durch Anwendung der Boltzmannschen Verteilung. Für die Größe R nimmt er an, daß sie aus dem Radius der Atome des Metalls der Adhäsionsfläche additiv zusammengesetzt ist.

S. J. CZYZAK [24] hat diese Rechnung für den Fall der Adhäsion an Eisen- und Bleioberflächen für eine Anzahl von Dipolmolekülen wie Ammoniak, Wasser, Methanol, Äthanol, Triäthylamin, Äther, Inden und Vinylazetat durchgeführt und findet dabei Werte, die zwischen etwa 0,4 und $2 \cdot 10^{-13}$ erg schwanken. Rechnet man diese Werte von einem Molekül auf einen mit Molekülen dicht belegten Quadratzentimeter Oberfläche um und dividiert durch die Entfernung R, so erhält man für eine Energie von etwa $1,5 \cdot 10^{-13}$ erg pro Molekül, wie sie z. B. für Methanol bei Zimmertemperatur gefunden worden ist, eine Abreißkraft von etwa 5000 kp/cm², d. h. einen größenordnungsmäßig ähnlichen Wert, wie er aus den im vorigen Abschnitt dargelegten Untersuchungen folgt.

S. J. CZYZAK hat darüber hinaus die Rechnung unter Zuhilfenahme quantenmechanischer Überlegungen verfeinert. Da jedoch größenordnungsmäßig keine anderen Ergebnisse erhalten wurden und in vorliegendem Zusammenhang nur angenäherte Zahlenwerte interessant erscheinen, sei darauf nicht näher eingegangen. Es ist nur festzustellen, daß man auch nach dieser Theorie eine Bindung von Dipolmolekülen an der Metalloberfläche findet, die die Festigkeit technischer Klebungen größenordnungsmäßig übersteigt.

2.2.4 Verhalten makromolekularer Stoffe an Grenzflächen

Da Klebfilme stets aus makromolekularen Stoffen aufgebaut sind, sind die Sondereffekte makromolekularer Substanzen bei der Adsorption an Grenzflächen von besonderem Interesse. Es liegt eine größere Anzahl von Untersuchungen über die Adsorption makromolekularer gelöster Stoffe mit Kettenmolekülen vor, die sich mit diesem Problemkreis sowohl experimentell wie theoretisch beschäftigen.

In der ersten experimentellen Untersuchung dieser Art verfolgten E. JENCKEL und B. RUMBACH [74] die Adsorption von Polymethacrylsäuremethylester, Polystyrol und Polyvinylchlorid an Pulvern von Aluminium, Quarz und Glas. Es wurde festgestellt, daß hierbei Adsorptionsschichten von erheblicher und bis dahin unbekannter Dicke gebildet werden. Ein Belegungsfaktor wurde definiert, der formal angibt,

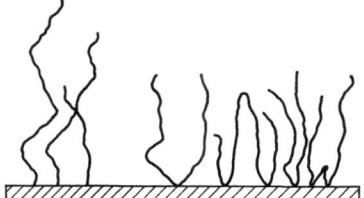

Abb. 18. Adsorption makromolekularer Kettenmoleküle aus Lösungen (nach JENCKEL und RUMBACH).

wieviel Monomermoleküle übereinander in der Adsorptionsschicht anzunehmen sind. Der Belegungsfaktor schwankt zwischen 5 und 70; meist wurden Werte zwischen 20 und 30 gefunden. In Anbetracht der geringen Reichweite der Oberflächenkräfte war hieraus der Schluß zu ziehen, daß sich Makromoleküle bei der Adsorption aus verdünnten Lösungen nicht flach an die Oberfläche der festen Phase anlegen, sondern nur Teile dieser Makromoleküle adsorbiert werden und andere Kettenteile in die Lösung hineinragen. Letztere sind zwar nicht adsorbiert, aber sie sind kinetisch nicht unabhängig. JENCKEL und RUMBACH bezeichnen diesen Effekt als „Adsorption in Schlaufen" und geben das in Abb. 18 dargestellte Bild.

Die Befunde von E. JENCKEL und B. RUMBACH wurden durch Messungen anderer Autoren bestätigt. So fanden J. KORAL, R. ULMAN und F. R. EIRICH [72] bei der Adsorption von Polyvinylazetat an Metallen, wie Eisen, Zinn und Aluminium, unter Anwendung verschiedener Lösungsmittel Adsorptionsschichten von 20 bis 40 Lagen des Monomeren. Diese Autoren kamen zu dem Schluß, daß im Maximum nur 10% aller monomeren Einheiten des Polyvinylazetats adsorbiert sein können und die übrigen Anteile in der von JENCKEL und RUMBACH beschriebenen Weise nicht adsorbiert in die Lösung hineinragen.

Zu der gleichen Auffassung einer Adsorption von Teilen der Kettenmoleküle gelangten ferner B. J. FONTANA und J. R. THOMAS [73] durch infrarot-spektroskopische Messungen an Schichten von Polyalkylmethacrylaten, die an SiO_2 adsorbiert waren. Ähnliche Schlußfolgerungen aus optischen Messungen der Dicke von an Metallen adsorbierten Schichten von Polystyrolen zogen R. R. STROMBERG, D. J. TUTAS und E. PASSAGLIA [74]. Demgegenüber kommen J. S. BINFORD und A. M. GESSLER [75] bei Versuchen über die Adsorption von Butylkautschuk und Polyisobutylen an Rußen zur Annahme eines flachen Aufliegens der adsorbierten Ketten ohne Schleifen.

Versuche über die Adsorption von Makromolekülen unter Verwendung einer abgewandelten Versuchsmethodik sind von F. PATAT, C. SCHLIEBENER und Mitarbeitern [76; 77] durchgeführt worden. Diese Autoren beschäftigten sich mit der Adsorption aus Lösungen makromolekularer Stoffe an Folien, z. B. von Metallen, Zellulosehydrat oder Polyäthylen, wobei nach einem speziellen Verfahren die Gewichtszunahme der Folien im Gleichgewichtszustand gemessen werden konnte. Erfaßt wurde die Adsorption von Polyvinylazetat, Polyvinylalkohol, Polyvinylpyrollidon, Polyäthylenoxyd und Polymethacrylsäuremethylester unter Verwendung zahlreicher Lösungsmittel. Auch diese Autoren stellten Adsorptionsschichten von ganz erheblicher Dicke fest, die diejenige der früher genannten Autoren übertraf. Auch bei der Präzisionsviskosimetrie von Lösungen makromolekularer Stoffe, wie Polystyrol in dünnen Glaskapillaren, wurden Erscheinungen gefunden, die sich nur durch das Vorhandensein von Adsorptionsschichten einer Dicke bis zu 1500 Å deuten lassen. Beobachtungen dieser Art stammen von O. E. ÖHRN [87] sowie von H. G. FENDLER, H. ROHLEDER und H. A. STUART [97].

Die experimentell festgestellte Art der Adsorption makromolekularer Kettenmoleküle ist auch theoretisch zu begründen. In einer grundlegenden Arbeit haben R. SIMHA, H. L. FRISCH und F. R. EIRICH [80] gezeigt, daß die Anordnung von adsorbierten linearen Makromolekülen an einer festen Grenzfläche in Schleifen so zu erwarten ist, wie dies z. B. E. JENCKEL und B. RUMBACH zur Deutung ihrer Versuche angenommen hatten. Ausgegangen wurde von dem Segmentmodell eines biegsamen geknäuelten Kettenmoleküls nach W. KUHN [81], bei dem man eine Anzahl von Monomereinheiten zu einem Kettensegment zusammenfaßt. Unter der Annahme, daß das erste Segment der Kette adsorbiert ist, konnte nach den Regeln der statistischen Mechanik die Wahrscheinlichkeit dafür berechnet werden, daß irgendein weiteres Kettensegment adsorbiert oder nicht adsorbiert vorliegt. Diese Rechnungen wurden von den Autoren später ergänzt und modifiziert [82 bis 86]. Das Ergebnis ist immer eine Adsorption in Schleifen, wobei die Adsorption durch höhere Adsorptionsenergie und stärkere Biegsamkeit der Kette gefördert wird. Dadurch nimmt die Anzahl der adsorbierten Segmente zu, und die nicht adsorbierten Schleifen werden kleiner. Temperaturerhöhung bewirkt im allgemeinen das Gegenteil. Bei schlechten Lösungsmitteln sollte die Zahl der adsorbierten Segmente größer sein als bei guten.

Ähnliche statistische Rechnungen über die Adsorption biegsamer Makromoleküle haben noch andere Autoren durchgeführt, von denen hier R. E. GILLILAND und E. B. GUTOFF [87], W. L. HIGUCHI [88], W. C. FORSMAN und R. E. HUGHES [89] und A. SILBERBERG [90] genannt seien. In allen Fällen wurde gefunden, daß grundsätzlich eine Adsorption der Makromoleküle in Schleifen erfolgt. Eine gewisse Sonderstellung nehmen die teilweise abweichenden Ergebnisse von SILBERBERG ein, der insbesondere die Abhängigkeit der Art der Adsorption der Kettenmoleküle von der Dichte der adsorbierenden Zentren auf der Oberfläche und der Adsorptionsenergie ausführlich diskutiert. Wenn alle aktiven Zentren adsorbieren und alle Kettensegmente adsorbierbar sind, dann sollten auch bei niedriger Adsorptionsenergie die Schleifen nur kurz sein oder die Ketten ohne nicht adsorbierte Schleifen flach auf der Oberfläche liegen. Lange Schleifen sollten nur bei teilweise adsorbierbaren Ketten etwa von Heteropolymeren und bei nicht vollständiger Besetzung der Adsorptionszentren vorkommen.

Die Ableitungen von A. SILBERBERG sind nicht ohne Kritik geblieben. So kamen C. H. HOEVE, D. A. DI MARZIO und P. PEYSER [91] im Gegensatz zu SILBERBERG auf Grund ihrer Rechnungen zu einer breiten Verteilungsfunktion für die Schleifen nicht adsorbierter Anteile. Vor allem bei niedriger Adsorptionsenergie und bei wenig biegsamen Kettenmolekülen werden große Schleifen vorausgesetzt.

Eine kritische zusammenfassende Darstellung der Experimente und Theorien zur Adsorption makromolekularer Stoffe aus Lösungen geben F. PATAT, E. KILLMANN und C. SCHLIEBENER [92].

Man kann diese Ergebnisse etwa folgendermaßen zusammenfassen: Die treibende Kraft der Adsorption der Kettenmoleküle ist die Energie der Wechselwirkung zwischen den Kettensegmenten und der adsorbierenden Oberfläche. Diese führt zu einer Adsorption der Ketten. Ihr entgegen wirkt der Einfluß der Entropie. Große Wechselwirkungsenergie führt zu einer Verflachung der adsorbierten Molekülknäuel. Je stärker diese Verflachung ist, um so größer ist die Verminderung der Entropie, die dieser entgegenwirkt. Die Größe der nicht adsorbierten Schleifen und die Anzahl der Verankerungsbereiche stellt sich diesen gegenläufigen Wirkungen von Adsorptionsenergie und Entropieabnahme entsprechend ein. Die Einflüsse von Temperatur, Güte des Lösungsmittels und Biegsamkeit folgen aus diesen Überlegungen.

Die in diesem Kapitel wiedergegebenen experimentellen und theoretischen Ergebnisse beziehen sich nur auf die Adsorption makromolekularer Stoffe aus verdünnten Lösungen. Es ist jedoch anzunehmen, daß die konzentrierten Lösungen technischer Klebstoffe sich zumindest grundsätzlich ähnlich verhalten werden. Eine Adsorption mit adsorbierten Segmenten, die durch Kräfte von der im vorigen Abschnitt beschriebenen Art und Größenordnung festgehalten werden, und nicht adsorbierten Schleifen, die aus der Adsorptionsschicht herausragen, ist wahrscheinlich, wenn auch die konzentrierten Lösungen bisher einer experimentellen und theoretischen Behandlung noch nicht zugänglich gewesen sind.

Schließlich sind noch die Erscheinungen bei der Bildung makromolekularer Stoffe an Grenzflächen von Interesse. Die Frage lautet: Sind adsorbierte oder adhärierende Moleküle reaktionsfähig, und wie ist das Verhalten der daraus etwa entstehenden Makromoleküle an der Grenzfläche?

In diesem Zusammenhang ist auf Arbeiten von A. BLUMSTEIN [93] hinzuweisen. Er untersuchte die Polymerisation von Acrylnitril, Methylmethacrylat und Methylacrylat, wobei die Monomeren an Montmorillonit adsorbiert waren. Montmorillonit ist aus einem Schichtengitter aufgebaut, bei dem der Zusammenhang zwischen den Schichten verhältnismäßig lose ist, so daß niedermolekulare Stoffe in die Zwischenräume zwischen den Schichten eindringen können. Aus den oben genannten Monomeren wurden ,,Insertionsverbindungen" in Montmorillonit erhalten, die nach der röntgenographischen Analyse zwei Moleküllagen der Monomeren enthielten. Die Insertionsverbindungen wurden entweder durch Behandlung des Montmorillonits mit den flüssigen Monomeren oder durch Adsorption des Monomeren aus der Dampfphase hergestellt. Durch Auswaschen mit Alkohol und anschließende Trocknung ließen sich die Monomeren aus der Insertionsverbindung leicht entfernen. Stellte man jedoch die Insertionsverbindungen der Monomeren aus einem mit Polymerisationskatalysatoren, wie Benzoylperoxyd oder Azoisobuttersäurenitril, vorbehandelten Montmorillonit her und erhitzte dann vorsichtig, so ließ sich aus der Insertionsverbindung nichts mehr entfernen. Offensichtlich war eine Polymerisation eingetreten.

A. BLUMSTEIN gelang es, Polymere dieser Art aus Methylacrylat und Methylmethacrylat dadurch in für eine Untersuchung ausreichender Menge herzustellen, daß er das Substrat Montmorillonit mit Flußsäure zerstörte. Die Polymeren wurden dadurch nicht angegriffen. Die auf diese Weise erhaltenen Präparate von Polymethylacrylat und Polymethylmethacrylat waren sehr hochmolekular, unterschieden sich jedoch von den nach üblichen Methoden gewonnenen Polyacrylaten und Polymethacrylaten durch starke Verzweigung. So erhaltene Polymere stellen nach BLUMSTEIN gewissermaßen ein Abbild der inneren Oberflächen des Montmorillonits dar.

Aus den Versuchen von A. BLUMSTEIN geht mit Sicherheit hervor, daß adsorbierte polymerisationsfähige Moleküle auch in der Adsorptionsschicht reaktionsfähig bleiben, daß das erhaltene Polymere nach der Reaktion adsorbiert bleibt und mit der Oberfläche der festen Phase verbunden ist, und daß das Polymere auch die feinsten Strukturen der adsorbierenden Oberflächen wiedergibt. Dieser Befund erscheint für eine Deutung der Adhäsion von Klebstoffen, die durch eine chemische Reaktion abbinden, bemerkenswert. Man kann annehmen, daß in diesem Falle vor dem Abbinden eine Adsorption und eine Bindung der Moleküle durch die oben gekennzeichneten starken Kräfte erfolgt und diese feste Bindung während der Abbindereaktion auf das ganze System des dadurch entstehenden makromolekularen Stoffes übertragen wird. Eine Ausdehnung der Versuche auf andere Adsorbentien und andere Reaktionen, vor allem auf Kondensations- und Additionsreaktionen, wäre erwünscht.

2.2.5 Theorien der Klebung

Die in der Technik angewandten Klebstoffe und Klebungen sind derart verschiedener Natur, daß eine ordnende Übersicht notwendig erscheint. In Tab. 5 ist dies nach der Art des Abbindens der Kleber versucht worden. Alle aufgeführten Arten von Klebern werden auch zum Kleben von Metallen benutzt. Hohe Festigkeiten von Metallklebungen, wie sie für das Verkleben von Metallen untereinander meist erforderlich sind, kann man nur mit den durch eine chemische Reaktion abbindenden Klebern erzielen. Es sind dies die Kleber, die in der englisch-amerikanischen Literatur die Bezeichnung ,,structural adhesives" führen. Die anderen Klebverfahren dienen bei der Metallklebung nur dem Verbinden von Metallen mit anderen Werkstoffen, wobei oft, z. B. bei der sogenannten Kaschierung von Aluminiumfolien mit Papier mit Hilfe von Stärkeklebstoffen, nur geringste Festigkeiten gefordert werden. Eine gewisse Bedeutung für das Kleben von Metallen untereinander haben unter den ohne chemische Reaktion abbindenden Klebern die als ,,Plastisole" bezeichneten Gemische von Polyvinylchlorid mit Weichmachern. Der Abbindeprozeß besteht dabei in der ,,Gelatinierung" des Polyvinylchlorids beim Erhitzen. Auch diese Kleber erreichen nicht die Festigkeit der chemisch abbindenden Klebstoffe.

Tabelle 5. *Arten der Klebungen und der Klebstoffe*

Bezeichnung	Chemische Basis (Beispiele)	Kennzeichen der Klebung	Anwendungsbeispiele für Metallklebung
Haftkleber	Kautschuke mit weichen Harzen, niederpolymere Formen von Polyvinyläthern	Momentane Klebung meist ohne Zerstörung des Substrates mechanisch lösbar, wenig spezifische Klebung auf allen Flächen, wenn auch mit verschiedener Intensität	Geringe Bedeutung für Metallklebung, Klebebänder, Etiketten
Kontaktkleber	Synthetische Kautschuke, z. B. Polychlorbutadien, Copolymere von Acrylnitril und Butadien mit Lösungsmitteln	Bestreichen beider zu verbindender Flächen, Verdampfen des Lösungsmittels, bei kurzem Zusammendrücken sofortige Klebung	Verbindung von Metallen mit Holz, Kunststoffen, Festigkeit begrenzt
Physikalisch abbindende Kleber	Thermoplastische Polymere, gegebenenfalls mit Weichmachern, natürliche oder synthetische Harze	Abbindung durch Schmelzen und Erstarren, durch Einwirkung von Weichmachern oder durch andere Effekte, oft spezielle Art des Erhitzens, z. B. im Hochfrequenzfeld	Metallklebung für spezielle Anforderungen, Festigkeit begrenzt
Lösungskleber	Lösungen verschiedenartiger makromolekularer Stoffe in Wasser oder organischen Lösungsmitteln	Abbindung durch Verdampfen des Lösungsmittels	Klebung von Papier und Holz, für Metallklebung geringe Bedeutung, z. B. Kaschieren von Metallfolien und Papier
Chemisch abbindende Kleber	Kondensationsprodukte von Phenolen mit Formaldehyd, Epoxidverbindungen mit Aminen, ungesättigte Polyester mit Styrol, Polyisocyanate mit OH-Verbindungen	Abbindung durch chemische Reaktionen, die meist zu Vernetzung führen, seltener zu linearen Polymeren	Metallklebung für hohe Ansprüche an Festigkeit und chemische Beständigkeit

Eine theoretische Deutung der Klebung ist unter verschiedenen Gesichtspunkten versucht worden. Eine frühzeitig vertretene Auffassung bestand darin, daß man eine durch Eindringen des flüssigen Klebstoffes in Poren des zu verklebenden Werkstoffes und durch seine Erhärtung bewirkte mechanische „Verdübelung" als wesentlich für den Klebvorgang ansah. Wenn auch diese Vorstellung gelegentlich noch in neuerer Zeit diskutiert worden ist, so kamen bereits die ersten Autoren von systematischen Arbeiten über die Holzverleimung, wie S. W. McBain [94], F. L. Browne und T. R. Truax [95; 96] zu dem Schluß, daß darüber hinaus Adsorptionsvorgänge von wesentlicher Bedeutung sein müßten. Für die Verdübelungstheorie schien zu sprechen, daß mechanisches Aufrauhen eines Werkstoffes die Klebung im allgemeinen beträchtlich verbessert. Dies ist jedoch auch durch eine unter Umständen sehr starke Vergrößerung der klebenden Oberfläche zu erklären. Die Adsorption ist in der letzten Zeit in steigendem Maße zur Deutung von Klebvorgängen herangezogen worden, wobei jedoch meist präzise Vorstellungen über die Kraftübertragung zwischen geklebtem Werkstoff und Klebfilm nicht geäußert worden sind.

Hiervon abweichende Vorstellungen sind von sowjetischen Autoren entwickelt worden. So sieht B. V. Deryagin [97] als wesentliche Kraft bei der Adhäsion eines Klebfilms auf seinem Untergrund eine elektrostatische Anziehung an. S. S. Voyutskii [98; 99] glaubt, daß eine Adhäsion durch Diffusionsvorgänge zwischen Klebfilm und Unterlage zu deuten sein. Wenn auch die Argumente dieser Autoren und ihrer Mitarbeiter nicht immer leicht zu verstehen sind, so scheinen vor allem in den Auffassungen von Voyutskii und seinen Schülern interessante Ansätze zu liegen, auf die noch zurückzukommen ist.

Bei dem Versuch einer Deutung der Klebvorgänge nehmen die in der Tab. 5 zuerst genannten, als Haftkleber bezeichneten Klebsysteme eine Sonderstellung ein. Diese sind Flüssigkeiten extrem hoher Viskosität, wobei der Abbindungsprozeß fehlt oder weitgehend zurücktritt. Ihre Klebwirkung ist entsprechend einem Vorschlag von N. A. de Bruyne nach einem hydrodynamischen Mechanismus zu deuten, der von J. Stefan [100] bereits vor langer Zeit für das Haften von zwei ebenen Platten, zwischen denen sich ein dünner Flüssigkeitsfilm befindet, klargestellt worden ist. Die zum Auseinanderreißen von zwei kreisförmigen Platten erforderliche Kraft ist gegeben durch

$$P = \frac{3\eta a^4}{4th^2},$$

worin h der Abstand der Platten, a ihr Radius, η die Viskosität der Flüssigkeit und t die Zeit ist. Alle nach dieser Auffassung zu erwartenden Einflüsse, wie Zeitabhängigkeit und Unabhängigkeit vom Material der

Platten, sind bei Haftklebern gegeben, wenn auch bei technischen Haftklebern noch weitere Faktoren zu berücksichtigen sind.

Bei den übrigen in Tab. 5 aufgeführten Arten der Klebung erscheint es notwendig, vor allem die Oberflächenkräfte der zu verklebenden Werkstoffe zu berücksichtigen und zwischen Klebvorgängen an Oberflächen hoher und niedriger Energie zu unterscheiden, wie dies von W. A. ZISMAN vorgeschlagen worden ist. Metalle und silikatische Werkstoffe haben Oberflächen hoher Energie. Bei diesen bestehen sehr hohe Adhäsionskräfte (s. S. 44). Es ist daher nicht schwierig, die ausgezeichneten Klebfestigkeiten zu deuten, die bei der technischen Metallklebung beobachtet werden. Das gleiche gilt für das Kleben silikatischer Werkstoffe, das ebenfalls hohe Klebfestigkeiten liefert.

Organische Kunststoffe haben Oberflächen niedriger Energie. Es ist bekannt, daß die Oberflächen von Polyäthylen, Polyvinylchlorid und von anderen halogenhaltigen Kunststoffen meist außerordentlich schwierig zu kleben sind. Ist bei derartigen Oberflächen eine sehr feste Klebung möglich, wie z. B. beim Kleben von Hartpolyvinylchlorid mit Lösungen von Polyvinylchlorid in Tetrahydrofuran, dann ist eine Diffusion zwischen Klebfilm und zu verklebendem Werkstoff anzunehmen, wie dies von S. S. VOYUTSKII und seinen Mitarbeitern an zahlreichen Beispielen nachgewiesen worden ist. Im Idealfall verschwindet hierbei die Grenzfläche. So ist es u. a. gelungen, derartige Diffussionen auch durch Versuche mit C_{14}-markierten Präparaten nachzuweisen, wie von S. E. BRESLER, G. M. ZAKHAROV und S. V. KERILLOV [101] und F. BUECHE, W. M. CASHIN und P. DEBYE [102] gezeigt worden ist. Demnach ist der Adsorptionstheorie vor allem für das Verkleben von Oberflächen hoher Energie eine Gültigkeit zuzuschreiben. Die Voyutskiische Diffusionstheorie trifft für spezielle Fälle der Klebung von Oberflächen niedriger Energie zu, Es liegt auf der Hand, daß es dazwischen alle möglichen Übergangserscheinungen gibt.

Zur Deutung der Kraftübertragung zwischen geklebtem Werkstoff und Klebfilm sei eine Modellbetrachtung angeführt, die sich jedoch nur auf Oberflächen hoher Energie bezieht. Wie auf S. 44 ausgeführt wurde, ist bei derartigen Oberflächen mit außerordentlich festhaftenden Adhäsionsschichten zu rechnen. Für die Zerreißfestigkeit der Bindung Adhäsionsschicht — feste Oberfläche waren im Idealfall größenordnungsmäßig 10 000 bis 100 000 kp/cm² gefunden worden.

Wie auf S. 46ff gezeigt wurde, werden lineare makromolekulare Stoffe so adsorbiert, daß gewisse Teile der Ketten an der Grenzfläche festhaften, während andere, nicht adsorbierte Teile von der Grenzfläche abstehen. Es ist anzunehmen, daß die Kräfte, die die adsorbierten Teile der Kettenmoleküle binden, in der gleichen Größenordnung liegen wie die Bindekräfte der Adhäsionsschicht niedrigmolekularer Stoffe. Läßt man dann das Lösungsmittel verdampfen, dann dürften die adsorbierten Teile der Kettenmoleküle nicht beeinflußt werden. Entlang den nicht adsorbierten Teilen der Ketten und der Masse der überhaupt nicht adsorbierten Kettenmoleküle werden die zwischenmolekularen Kräfte wirksam werden, auf die die Festigkeit des makromolekularen Stoffes zurückzuführen ist. Linear aufgebaute Kettenmoleküle dienen in vielen Fällen als Klebstoffe. Man kann sich in diesem Falle die Klebung als eine Übertragung von Kräften aus der an der Grenzfläche festgebundenen Adhäsions- oder Adsorptionsschicht in die Masse des Klebfilmes durch die chemischen Hauptvalenzbindungen der langen Kettenmoleküle vorstellen. Diese Vorstellung läßt sich auf die Metallkleber übertragen, die durch eine chemische Reaktion abbinden. Es handelt sich hierbei immer um Stoffe, die während des Auftragens auf die Metallfläche noch keine makromolekularen Stoffe sind. Es ist anzunehmen, daß sich an der Metalloberfläche eine festgebundene Adhäsionsschicht bildet, wie dies auf S. 41ff. auseinandergesetzt worden ist.

Von dieser Adhäsionsschicht ist nach den auf S. 49 diskutierten Versuchen von A. BLUMSTEIN anzunehmen, daß ihre Moleküle reaktionsfähig sind. Wenn sich bei dem Abbinden des Klebers ein nach allen Richtungen des Raumes vernetztes System von Materie bildet, so sollten die Moleküle der Adhäsionsschicht in dieses System eingebaut werden. Auch in diesem Falle wäre also die Klebung als die Übertragung von Kräften aus der Adhäsionsschicht in die Masse des vernetzten Systems durch chemische Hauptvalenzbindungen aufzufassen.

2.3 Grundzüge der Klebstoffchemie

Von MANFRED MICHEL, Pirmasens

Die Herstellung von Metallklebverbindungen erfordert, daß artfremde Zwischenschichten zwischen den Fügeteilen geschaffen werden müssen. Die Klebstoffchemie bemüht sich um folgende Eigenschaften dieser Schichten:

ein adhäsives Verhalten zu den Metalloberflächen, d. h. das Herbeiführen einer „Haftfestigkeit",
kohäsive Kräfte in den Klebstoffen, mit denen die innere Festigkeit und die damit verbundene Wärmebeständigkeit zu erreichen sind, und mechanische Gütewerte sowie physikalische Daten, wie E-Modul, Wärmeausdehnung, Wärmeleitfähigkeit usw., die für die praktische Verwertbarkeit der Metallklebstoffe unerläßlich sind.

Die theoretischen Grundlagen der Adhäsion sind auf S. 41ff. ausführlich behandelt worden. Die daraus für den Aufbau von Klebstoffen resultierenden Konsequenzen sollen sich hier anschließen.

Die adhäsiven Eigenschaften der Klebstoffe hängen von folgenden Faktoren ab:

den physikalischen und chemischen Grenzflächenerscheinungen,
der chemischen Struktur der Klebstoffe und
der Struktur der metallischen Oberfläche.

Diese drei Faktoren überlagern und beeinflussen sich gegenseitig. Die physikalischen Vorgänge an den Grenzflächen sind Funktionen der Oberflächenspannung und des rheologischen Verhaltens der Klebstoffe; die chemischen hängen von ihrer Struktur ab. Für die chemische Struktur der Klebstoffe sind sowohl der makromolekulare Aufbau als auch die Zusammensetzung entscheidend. Die Struktur der Oberfläche ist nicht nur eine Folge des physikalisch-chemischen Aufbaus der Metalle, sie ist auch weitgehend durch die Oberflächenvorbehandlung bedingt.

2.3.1 Aufbau der Klebstoffe

Bevor diese Faktoren behandelt werden, ist es notwendig, eine Vorstellung von den Stoffen zu gewinnen, mit deren Hilfe eine Klebverbindung zustande kommt. Bei den Metallklebstoffen handelt es sich gewöhnlich um organisch-chemische Verbindungen mit makromolekularer Struktur, d. h. um Kunststoffe. Eine theoretische Betrachtungsweise kann deshalb weitgehend auf das Verhalten der Kunststoffe zurückgreifen. Hierzu ist zunächst der Begriff „Kunststoff" zu definieren.

Ein Kunststoff ist ein Agglomerat synthetischer organischer Makromoleküle. Unter Makromolekülen versteht man eine Verbindungsklasse, die aus einer Vielzahl von Einzelmolekülen durch chemische Reaktion unter Ausbildung von Hauptvalenzbindungen entsteht. Außer von der chemischen Konstitution der Ausgangssubstanzen hängen die mechanischen, physikalischen und technischen Eigenschaften der Kunststoffe fast ausschließlich von dem strukturellen Aufbau dieser Makromoleküle ab. Vor allem sind diese Zusammenhänge für die in der Technologie der Klebstoffe bedeutsame Kohäsion verantwortlich.

Bevor näher auf die Struktur der Kunststoffe eingegangen wird, seien einige fundamentale, äußere Merkmale der Kunststoffe vorangestellt.

Bekannt ist die Unterscheidung der hochpolymeren Werkstoffe nach ihrem deformations-mechanischen Verhalten in drei Gruppen mit jeweils charakteristischen technologischen Eigenschaften [103]:

a) Hochpolymere, die bei Raumtemperatur hart-spröde bis zäh-elastisch sind; Stoffe dieser Gruppe erweichen in der Wärme sowie bei Dauerbelastung und zeigen dann plastische, d. h. irreversible Formänderungen; sie sind thermoplastisch und werden als Plastomere bezeichnet;

b) Hochpolymere, die bei Raumtemperatur mit kleinen Kräften hohe reversible Dehnungen zu lassen; sie sind hochelastisch und die Hochelastistizität steigt mit der Temperatur an, sie werden als Elastomere bezeichnet;

c) Hochpolymere, die bei Raumtemperatur mit großen Kräften nur sehr geringe, aber reversible Dehnungen zulassen; sie sind hartelastisch; sie erweichen in der Wärme nicht, es sei denn unter Zersetzung, und werden als Duromere bezeichnet.

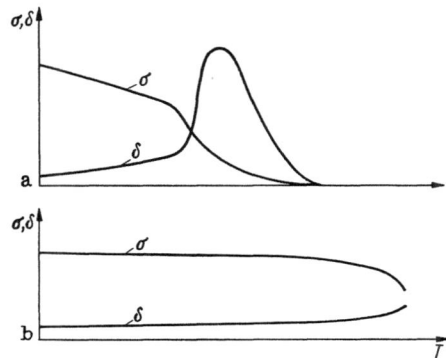

Abb. 19. Spannungs-Verformungs-Verhalten (σ, δ) von thermoplastischen (a) und duroplastischen Kunststoffen (b).

Zwischen den Grenzbereichen der absoluten thermo- bzw. duroplastischen Zustände, wie sie in ihrem Zugspannungs- bzw. Bruchdehnungsverhalten unter denselben Bedingungen in Abb. 19 dargestellt werden, gibt es demnach alle Arten von deformations-mechanischen Übergangs- bzw. Zwischenzuständen, die vor allem das elastische Verhalten einschließen. Hochpolymere Werkstoffe können gleichzeitig viskose und elastische Verformungen aufweisen, weshalb man sie auch als viskoelastische Stoffe bezeichnet.

Die Ursachen dieses Verhaltens der Hochpolymeren sind in ihrer chemischen Konstitution und ihrer morphologischen Struktur zu suchen, auf die noch näher einzugehen sein wird. Im Augenblick sei nur erwähnt, daß es sich beim deformations-mechanischen Verhalten der Hochpolymeren um reversible und irreversible Platzwechselvorgänge im molekularen Bereich handelt, wobei im ersten Fall mechanische Energie übertragen werden kann, während im zweiten Fall mechanische Energie nicht übertragen, sondern unter dem Abbau der deformierenden Kräfte in Wärme umgewandelt wird.

Aus thermodynamischer Sicht kann zu den im elastischen Bereich zu unterscheidenden Verhaltensweisen hart- bzw. hochelastisch bemerkt werden: Können sich deformierende Kräfte nur auf die interato-

2.3 Grundzüge der Klebstoffchemie

maren Schwingungen auswirken, was bei tiefen Temperaturen der Fall ist, dann ändert sich nur die innere Energie bzw. Enthalpie der Stoffe, und man spricht von der Enthalpie-Elastizität (hart-elastischer Zustand; hoher E-Modul; praktisch temperaturunabhängig). Von einer bestimmten Temperatur an, der für jeden hochpolymeren Werkstoff charakteristischen Einfriertemperatur, werden von den deformierenden Kräften auch Rotations- und Translationsbewegungen der Kettenmoleküle erfaßt. Hieraus ergeben sich die Mikro- und Makro-Brownschen Bewegungen, wobei ein thermokinetischer Widerstand gegen die Orientierung in Richtung der deformierenden Kräfte erzeugt wird. Dadurch ist mit der Deformation eine Entropieänderung der Stoffe verbunden, und man spricht von der Entropie-Elastizität (hochelastischer Zustand; niedriger E-Modul; die Elastizität nimmt in diesem Bereich mit der Temperatur zu).

Eine für alle Werkstoffe charakteristische und für die Technologie bedeutsame Konstante ist der Elastizitätsmodul E. Er gibt das Verhältnis zwischen elastischer Dehnung und der entsprechenden Spannung wieder (Hookesches Gesetz) [104; 105; 106]:

$$E = \frac{\sigma}{\varepsilon}.$$

Im Gegensatz zu den Metallen, denen man praktisch im Sinne dieser Beziehung vollkommene Elastizität in einem gewissen Bereich zusprechen kann, die nahezu temperaturunabhängig ist und bei denen der E-Modul im praktischen Bereich als Materialkonstante benutzt werden kann, entspricht das elastische Verhalten der Kunststoffe nicht dem Hookeschen Gesetz. Bei den Kunststoffen ist der E-Modul erstens weitgehend zeit- und temperaturabhängig, wie in Abb. 20 an einem Beispiel für Elastomere gezeigt wird. Er wird weiterhin von anderen Parametern, wie Art und Höhe der Beanspruchung und dem strukturellen Ordnungszustand der Stoffe, beeinflußt [103; 107; 108]. Auf letztere Zusammenhänge wird noch besonders einzugehen sein.

Die aus Zug-, Druck- oder Biegeversuch ermittelten Elastizitätswerte desselben Kunststoffs sind unterschiedlich. Diese Erscheinungen sind aus dem bereits erwähnten visko-elastischen Verhalten der Kunststoffe zu erklären, die auf dem Zusammenwirken von elastischen und plastischen Formveränderungen beruhen. Aus diesem Grunde wird oft mit einem komplexen E-Modul

$$E = E_1 + iE_2$$

manipuliert, der sich aus dem realen elastischen Anteil E_1 und dem imaginären plastischen Anteil iE_2 des Verhaltens bei Formveränderungen zusammensetzt.

Besonders augenfällig ist der Einfluß der Temperatur auf den E-Modul, wobei dieser Einfluß wiederum stark von dem strukturellen Ordnungszustand des makromolekularen Aufbaus und von dem Vernetzungsgrad abhängt. Generell kann man die Kurve, die das Verhalten des E-Moduls in Abhängigkeit von der Temperatur beschreibt, Abb. 20, in fünf Bereich gliedern, die sich durch die verschiedenen temperaturabhängigen atomaren und molekularen Bewegungszustände der Hochpolymere deuten lassen, Abb. 20 a, [109]: Bei niedriger Temperatur hat der E-Modul hohe Werte und verändert sich relativ wenig in Abhängigkeit von der Temperatur (hartelastischer Zustand, Bereich I). Im anschließenden Erweichungsintervall, in dem die Einfriertemperatur liegt, ist ein beträchtlicher Abfall des E-Moduls zu beobachten, der in der Regel einige Zehnerpotenzen beträgt (Bereich II). Im folgenden Temperaturbereich bleibt der E-Modul relativ konstant (hochelastisches Plateau, Bereich III). Bei weiterer Temperatursteigerung fällt nach Durchlaufen eines Übergangsgebietes (Bereich IV) der E-Modul stark ab (Bereich V). Hier treten viskose Fließvorgänge auf.

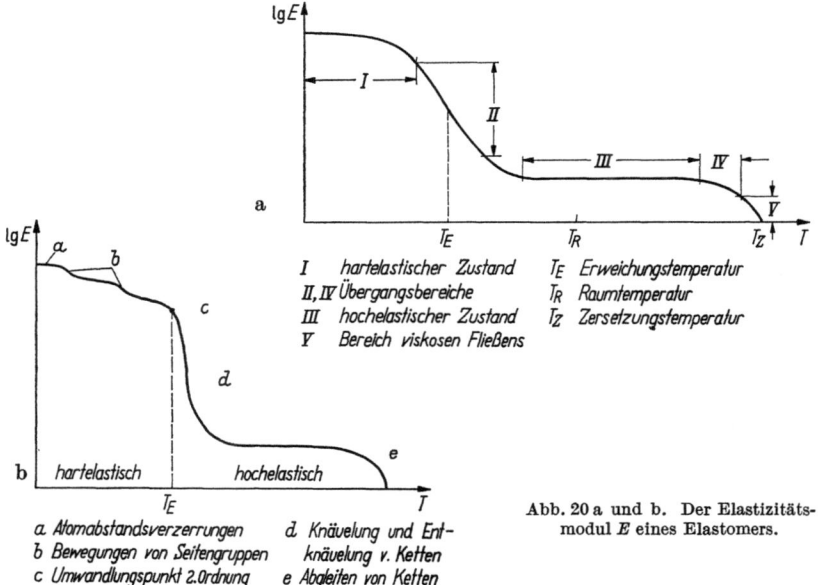

Abb. 20 a und b. Der Elastizitätsmodul E eines Elastomers.

Durch zunehmende Vernetzung von Makromolekülen werden Makro-Brownsche Bewegungen immer mehr unterbunden. Die Folge davon ist zunächst eine Ausweitung des hochelastischen Plateaus auf Kosten der Fließbereiche, bei die optimaler Vernetzung schließlich ganz verschwinden. Die Neigung verschiedener Hochpolymerer, kristalline Struktur anzunehmen, bewirkt eine geringere Abnahme des E-Moduls bis zum Fließpunkt.

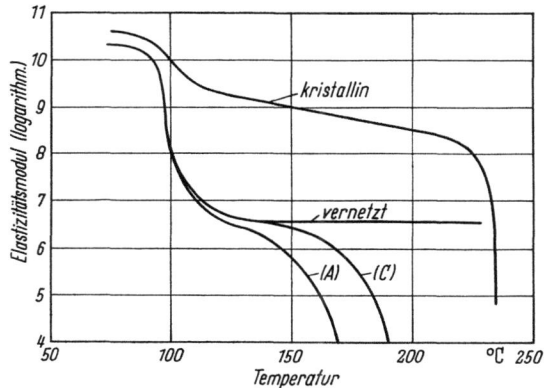

Abb. 21. Einfluß von Vernetzung, Kristallinität und Molekulargewicht auf die log E/Temp. Funktion von Polystyrol. (A)=geringes, (C)=höheres Molekulargewicht.

Abb. 21 enthält z. B. den Einfluß von Vernetzung, Kristallinität und Molekulargewicht auf die log E-Temperatur-Funktion von Polystyrol. Tab. 6 bringt einen Vergleich zwischen den E-Moduln einiger Werkstoffe [103; 110].

Tabelle 6

Stoff	E-Modul kp/cm²
Polyolefine	$1,2 \cdot 10^3 - 1 \cdot 10^4$
Polystyrol	$2 \cdot 10^4 - 3 \cdot 10^4$
Phenoplaste	$10^4 - 10^5$
Aminoplaste	$6 \cdot 10^4 - 2 \cdot 10^5$
Aluminium	$6 \cdot 10^5 - 7 \cdot 10^5$
Stahl	$10^6 - 2 \cdot 10^6$

Ein weiteres äußeres Merkmal der Kunststoffe ist die Erscheinung, daß die Zugfestigkeit eine Funktion des Molekulargewichts ist. Zumindest für lineare Polymere gilt die Beziehung

$$\sigma = \sigma_\infty - \frac{c}{\overline{DP}_n}.$$

Sie besagt, daß die Zugfestigkeit σ bei dem mittleren Polymerisationsgrad $\overline{DP}_n$ gleich der Zugfestigkeit σ_∞ bei unendlich hohem Polymerisationsgrad ist, vermindert um einen Quotienten, der eine für den Kunststoff charakteristische Konstante c und den zahlenmäßig mittleren Polymerisationsgrad $\overline{DP}_n$ enthält.

Die idealisierte Darstellung dieser Beziehung enthält Abb. 22. Man sieht, daß meßbare mechanische Eigenschaften erst von einem bestimmten Polymerisationsgrad an zu erwarten sind und daß dann die Festigkeit zunächst steil ansteigt, um sich asymptotisch einem Endwert zu nähern. Kettenverzweigungen und die noch zu besprechenden strukturellen Ordnungsprinzipien der Makromoleküle lassen die Beziehungen jedoch nur in erster Näherung gelten. Abb. 23 zeigt die reale Beziehung zwischen Molekulargewicht und Zugfestigkeit einiger Kunststoffe [111].

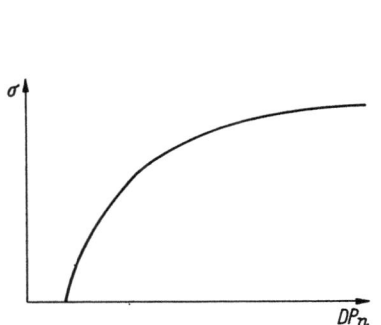

Abb. 22. Zugfestigkeit σ in Abhängigkeit vom Polymerisationsgrad DP_n.

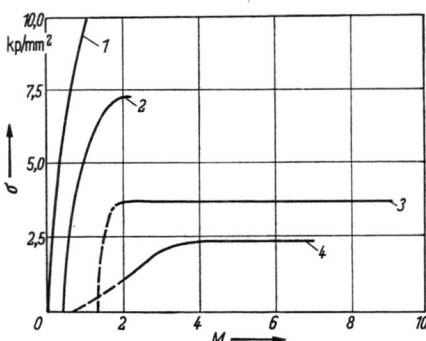

Abb. 23. Zugfestigkeit σ in Abhängigkeit vom Molekulargewicht M.

Um aus diesem Zusammenhängen praktische Konsequenzen ziehen zu können, ist es wichtig, das Verhalten zwischen mittlerem Polymerisationsgrad und der wahren Molekulargewichtsverteilung zu kennen. Aus Abb. 24 geht die Molekulargewichtsverteilung zweier makromolekularer Stoffe hervor. Kurve I gibt die der Praxis entsprechenden Verhältnisse ungefähr wieder, während Kurve II das idealisierte, unwirkliche Modell eines wesentlich einheitlicheren Stoffes darstellt, wor-

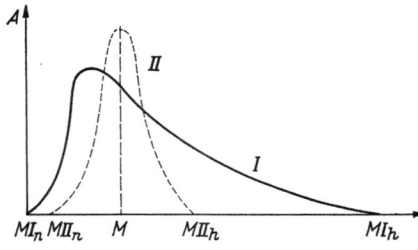

Abb. 24. Ideale und reale Molekulargewichtsverteilung bei Hochpolymeren.

aus vor allem die engere Begrenzung der niedrig- und höhermolekularen Anteile $M\,II_n$ und $M\,II_h$ zu erkennen ist. Der Zahlenmittelwert ergibt sich aus der Gleichung

$$\overline{M}_n = \frac{\Sigma\, n_x \cdot M_x}{\Sigma\, n_x},$$

wobei n_x die Anzahl der Moleküle und M_x das Molekulargewicht des x-meren Stoffes bedeuten.

Wie sieht nun der strukturelle Aufbau der Kunststoffe aus, welche Faktoren verursachen und beeinflussen das Ordnungsprinzip, und welche Beziehungen existieren zwischen Struktur, Ordnung und mechanischen Eigenschaften? Hierzu muß voraus bemerkt werden, daß die Strukturanalyse und die Morphologie der Kunststoffe ein äußerst weitläufiges und an Erkenntnissen noch nicht abgeschlossenes Gebiet geworden ist, das sich einer kurzgefaßten, einheitlichen und übersichtlichen Darstellung entzieht. Sowohl physikalische und chemische als auch mechanische Untersuchungen und Überlegungen werden zur Veranschaulichung des makromolekularen Aufbaus der Kunststoffe herangezogen. Auch bedarf es vor allem noch verfeinerter Untersuchungsmethoden, um diese Zusammenhänge restlos zu klären bzw. um alle Erscheinungen und Beobachtungen exakt zu deuten. An dieser Stelle können lediglich einige fundamentale Bemerkungen gemacht werden.

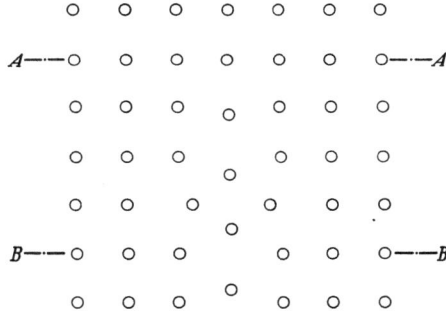

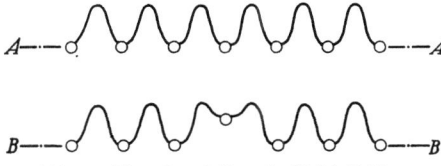

Abb. 25. Energieverteilung im Kristallgitter.

Es ist bekannt, daß das plastische Verhalten von Metallen auf Gitterfehlstellen und sog. Linearversetzungen zurückzuführen ist, die bei Formveränderung durch Platzwechselvorgänge kompensiert werden. Die relativ leichte Deformierbarkeit ist dabei darauf zurückzuführen, daß die an den Fehlstellen befindlichen Teilchen infolge des dort gestörten Gitterpotentials ein höheres Potential an freier Energie besitzen und daher ohne hohen Arbeitsaufwand aus ihrer energetischen Potentialmulde herausgehoben werden können. In vereinfachter Form sind diese Verhältnisse in Abb. 25 dargestellt. Sie enthält ein Kristallgitter mit einer unbesetzten Fehlstelle, den Potentialverlauf innerhalb einer ungestörten (A—A) und einer gestörten Reihe (B—B) einer Gitterebene.

Der noch wesentlich mehr gestörte Strukturaufbau der Kunststoffe verhält sich analog, weshalb diese Werkstoffe entweder einen wesentlichen plastischen Anteil oder ein anderes, temperatur- und zeitabhängiges Elastizitätsverhalten aufweisen. Man spricht deshalb auch z. B. von der Energie-Elastizität der Metalle und der Entropie-Elastizität der Hochpolymeren.

Auch die geringere Wärmebeständigkeit der Kunststoffe im Vergleich zu Stoffen mit idealer Gitterstruktur ist hiermit erklärbar. Die Wahrscheinlichkeit des Platzwechsels zwischen zwei Gitterteilchen gehorcht der Beziehung

$$W_P = \nu e^{-\Delta U / kT},$$

worin ν die Zahl der Wärmeschwingungen in der Sekunde, ΔU die bei einem Platzwechsel zu überwindende Potentialschwelle, k die Boltzmann-Konstante und T die absolute Temperatur bedeuten. Bei einer höheren Zahl von Teilchen mit niedriger Potentialschwelle steigt das Fließverhalten mit der Temperatur [112].

Es ist jedoch bekannt, daß Kunststoffe (z. B. Polyamide, Polyäthylen oder Polystyrol) durch Reckprozesse wie Kalt- bzw. Warmstreckung wesentlich günstigere Eigenschaften hinsichtlich Festigkeit, Flexibilität und Elastizität erhalten können [113]. Abb. 26 zeigt z. B. das Verhältnis zwischen dem logarithmischen Dekrement der Torsionsschwingung und der Temperatur bei ungedehnter und gedehnter Polyäthylenfolie.

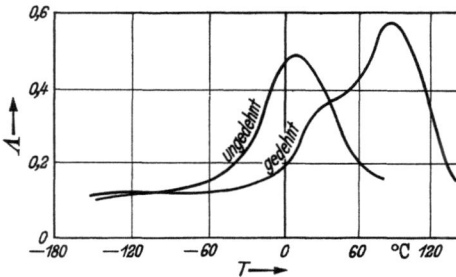

Abb. 26. Mechanische Dämpfung (logarithmisches Dekrement Λ) einer Polyäthylenfolie in Abhängigkeit von der Temperatur T.

Die Nahorientierung und der dadurch bedingte strukturelle Aufbau der Kunststoffe wird durch dieselben zwischenmolekularen Kräfte bewirkt, wie sie auf S. 66 dargestellt wurden. Es gelten für diese Kräfte selbstverständlich auch hier dieselben physikalischen und energetischen Gesetze und Ableitungen. Und wie bei der Adsorption ist für die Ausbildung dieser Kräfte und für ihre Größe die Möglichkeit der Annäherung und der freien Beweglichkeit ausschlaggebend. Es ist evident, daß diese Faktoren weitgehend von dem chemischen Aufbau der Makromoleküle abhängen. Im einzelnen sind folgende Zusammenhänge zu erkennen:

a) Molekültyp. Schon der Grundtyp der Monomeren läßt auf das spätere Verhalten im polymeren Zustand schließen, wobei man zwischen drei Assoziationstypen unterscheidet [114; 115]: dem Dispersionstyp, dem polaren Typ und dem nebenvalenten Typ, dargestellt in Tab. 7 mit den Beispielen Polystyrol, Polyvinylchlorid und Epoxidharz.

Tabelle 7

Dispersionstyp

polarer Typ

nebenvalenter Typ

Die zwischenmolekularen Kräfte des Dispersionstyps besitzen geringere Reichweite als die der beiden anderen Typen. Beim polaren Typ sind die Dipole regelmäßig auf die einzelnen Substituenten der ursprünglichen Monomere verteilt, während sich beim Nebenvalenztyp die Polarität auf bestimmte Molekülkettenpunkte konzentriert. Beim Dispersionstyp ist die Kompressibilität größer, dagegen der Elastizitätsmodul bei höheren Temperaturen kleiner als beim polaren Typ. Die physikalischen und mechanischen Eigenschaften des Nebenvalenztyps resultieren in erster Linie aus dem Vernetzungsgrad [116].

b) Sterischer Einfluß. Allerdings werden die soeben beschriebenen Verhältnisse durch den Einfluß der Größe der Substituenten überlagert, wie Tab. 8 durch Vergleich der Substituenten und der Einfriertemperatur der entsprechenden Polymeren zeigt [111].

Man sieht, daß bei Vinylpolymeren die Einfriertemperatur mit der Größe der Substituenten steigt; die aus der Reihe fallenden Werte für die Substituenten Chlor bzw. Nitrilgruppe erklären sich aus der Überlagerung des Polaritätseinflusses.

c) Regelmäßigkeit. Es ist verständlich, daß nicht nur das Verhältnis zwischen wahrer und mittlerer Kettenlänge der Makromoleküle, sondern auch die Verteilung der Ausgangsmonomeren im Makromolekül bei Ko- bzw. Mischpolymerisaten eine Rolle spielen. Ob es sich um stark unsymmetrische Blockpolymerisate oder um weitgehend regelmäßig alternierende Mischpolymerisate handelt, ist von ausschlaggebender Bedeutung. Noch weit interessanter und markanter werden die Verhält-

Tabelle 8

Substituent	Stoff	Einfriertemp.
—H	Äthylen	−70 °C
—C(=O)—O—C$_4$H$_9$	Acrylsäurebutylester	−45 °C
—C(=O)—O—C$_2$H$_5$	Acrylsäureäthylester	−25 °C
—O—CH$_3$	Vinylmethyläther	−20 °C
—C(=O)—O—CH$_3$	Acrylsäuremethylester	0 °C
—O—C(=O)—CH$_3$	Vinylacetat	+25 °C
—Cl	Vinylchlorid	+80 °C
—C$_6$H$_{11}$	Styrol (ataktisch, amorph)	+92 °C
—CN	Acrylsäurenitril	+150 °C
—N(Carbazolyl)	Vinylcarbazol	+200 °C

nisse beim Vergleich zwischen normalen homologen Polymeren und solchen, die durch stereospezifische Katalysatoren hergestellt wurden. Im ersten Falle liegt zwar eine gleichmäßige alternierende Reihe vor, jedoch unterliegt die räumliche Richtungsorientierung der Substituenten keinem symmetrischen Prinzip, Abb. 27a, und man spricht von einer ataktischen Struktur.

Sind dagegen die Substituenten auch noch räumlich gleichmäßig alternierend richtungsorientiert, Abb. 27b, so liegt eine syndiotaktische Struktur vor. Die Unterschiede der mechanischen Eigenschaften zwischen diesen beiden unterschiedlichen stereochemischen Strukturmöglichkeiten sind erstaunlich. So liegt z. B. der Erweichungspunkt von ataktischem Polystyrol bei 90 °C, während isotaktisches Polystyrol erst über 200 °C schmilzt. Ataktisches Polypropylen ist bei Normaltemperatur eine zähe, klebrige Masse, während die isotaktische Substanz hochkristallinen Charakter besitzt.

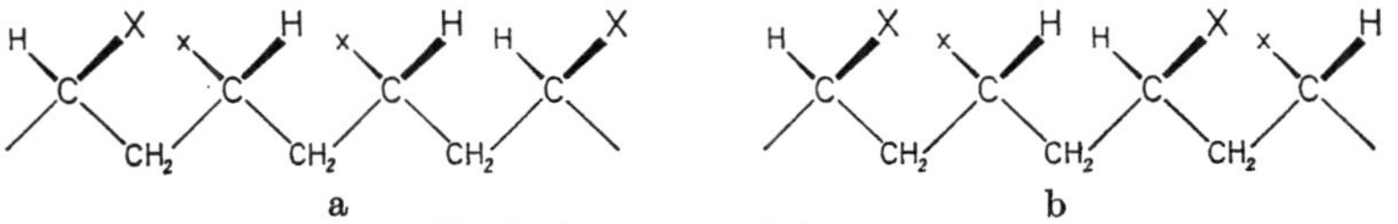

Abb. 27. Struktur von Polymeren.

d) Zusatzstoffe. Bestimmte Füllstoffe mit gleichdispersem Charakter und mit bestimmten Grenzflächenkräften sind in der Lage, die Energiepotentialfelder von Störstellen zu senken und dadurch zum Gesamtverhalten des Stoffes beizutragen. So ist bekannt, daß sich die Elastizitätswerte von Kunststoffen durch Zusatz entsprechender mineralischer Stoffe, z. B. gleichdisperses Quarzmehl, um mehr als eine Zehnerpotenz verbessern lassen. Außerdem werden mechanische Festigkeit und Wärmebeständigkeit wesentlich erhöht.

Schließlich hängt die Ausbildung der zwischenmolekularen Kräfte noch in hohem Maße von den Freiheitsgraden der Beweglichkeit ab. Es ist evident, daß der zeitabhängige Aufbau einer Kristallstruktur eine Funktion der Abkühlungsgeschwindigkeit ist, mit der das entscheidende Temperaturintervall durchschritten wird. Man kann auch sagen: Der erreichte Zustand ist abhängig vom Weg. So kann z. B. an die Stelle der Abkühlungsgeschwindigkeit die in der Klebtechnik ebenfalls bedeutsame Verdunstungsgeschwindigkeit der Lösungsmittel treten.

Zusammenfassend kann bezüglich des makromolekularen Aufbaus und den daraus resultierenden kohäsiven Eigenschaften der Kunststoffklebstoffe folgendes festgestellt werden: Ein hochpolymerer Stoff kann weder rein thermodynamisch noch rein statistisch beschrieben werden. Er stellt kein thermodynamisches Gleichgewicht dar, weshalb sich sowohl reversible als auch irreversible Vorgänge abspielen können, die das mechanische und physikalische Verhalten des Stoffes beeinflussen. Das Ordnungsprinzip des strukturellen Aufbaus hängt vom typologischen Aufbau der chemischen Grundbausteine ab und wird außerdem von einer Reihe von anderen Einflußgrößen überlagert. Diese Faktoren haben wesentlichen Einfluß auf die sich ausbildenden zwischenmolekularen Kräfte, deren Ausbildung ihrerseits eine Funktion der Freiheitsgrade der Beweglichkeit ist, was nicht zuletzt durch den Weg bestimmt wird, auf dem dieser Zustand erreicht wurde. Sämtliche Atome eines Makromoleküls sind durch abgesättigte, chemische Hauptvalenzen miteinander verbunden. Da diese Art der Bindung für das thermodynamische und energetische Verhalten makromolekularer Stoffe eine wesentliche Rolle spielt, sind ihr einige Betrachtungen zu widmen.

2.3.2 Die chemischen Bindungen

Unter Hauptvalenzbindung oder Bindung erster Art versteht man die chemische Bindung zwischen Atomen als Folge einer direkten Wechselwirkung ihrer elektronischen Konfiguration. Sie beruht nach der Elektronentheorie der Valenz auf dem Bestreben der einzelnen Atome, die Edelgaskonfiguration anzunehmen. Man unterscheidet dabei die heteropolare, die homöopolare und die Metallbindung. Gemeinsames thermodynamisches Kennzeichen dieser Bindungsart ist, daß durch ein bestimmtes, gegenseitiges Fixieren der elektronischen Konfiguration ein günstiger, energiearmer Zustand entsteht, der zugleich ein Maß für Festigkeit bzw. Thermostabilität der Verbindung darstellt [117].

2.3.2.1 Die heteropolare Bindung,

auch Ionenbindung genannt, besteht in der Aufnahme bzw. Abgabe von Elektronen, die ein Ändern der Ladungszahl der Elektronenhülle hervorruft und damit den Übergang in den Ionenzustand des Rumpfatoms oder Moleküls bewirkt. Die entgegengesetzt geladenen Ionen orientieren sich gegenseitig unter Freigabe von elektrostatischer Energie, der sog. Coulomb-Kraft, und bilden Ionengitter. Diese Gitterenergie, die mit Hilfe des sog. Haber-Bornschen Kreisprozesses, der auf der Heßschen Gleichung beruht, aus den Wärmetönungen der Bildungsreaktionen ermittelt werden kann, ist ein Maß für die Thermostabilität der in dieser Art aufgebauten Stoffe und erklärt z. B. die hohen Schmelzpunkte anorganischer Verbindungen [118].

2.3.2.2 Die homöopolare Bindung,

auch Atombindung oder Kovalenz genannt, zeigt wesentlich anders liegende Verhältnisse. Die homöopolare Bindung ist für die organische Chemie und damit für die Kunststoffchemie von ausschlaggebender Bedeutung. Nach der Elektronentheorie der Valenz beruht die homöopolare Bindung auf der Austauschbarkeit von Elektronen, wobei sich orientierte, elektrostatische Kräfte einstellen, die für diese Bindung verantwortlich sind. Im Gegensatz zum Ionengitter, in dem die Valenzen nicht richtungsorientiert sind und die Valenzelektronen nicht den einzelnen Ionen zugeordnet werden können, bilden sich hier zwischen den Atomen bestimmte Winkel, die definierte Bindungen, so auch Doppel- bzw. Dreifachbindungen, hervorrufen können.

Eine kovalente Bindung kommt durch die Austauschbarkeit zweier Elektronen zustande. Aus diesem Grunde ordnet man dieser Valenz immer zwei Elektronen zu; man kommt auf diesem Wege von der norma-

2.3 Grundzüge der Klebstoffchemie

len Valenzstrichschreibweise zu der Punktschreibweise, in der jeweils zwei Punkte das Elektronenpaar und damit die Bindung symbolisieren:

$$\begin{array}{c} H \\ | \\ H-C-H \\ | \\ H \end{array} \qquad \begin{array}{c} H \\ \cdot\cdot \\ H:C:H \\ \cdot\cdot \\ H \end{array}$$

Auch in diesem Falle sind die Atome bestrebt, die Edelgaskonfiguration zu erlangen. Dies kommt in dem Bemühen jedes einzelnen Atoms zum Ausdruck, vier Elektronenpaare in der Außenschale zu besitzen oder nach der sog. Lewisschen Oktettregel zumindest ein fehlendes Paar mit einem anderen Partner zu teilen. Ein aliphatischer Kohlenwasserstoff sieht nach dieser Darstellung folgendermaßen aus:

$$\cdots: \overset{H}{\underset{H}{C}} : \overset{H}{\underset{H}{C}} : \overset{H}{\underset{H}{C}} : \overset{H}{\underset{H}{C}} :\cdots$$

Die hier nicht angedeutete räumliche Anordnung, Zick-zack-Kette und richtungsorientierte Wasserstoffbindung, ist dabei auf den weiter unten beschriebenen elektronischen Aufbau des C-Atoms zurückzuführen.

Energetisch gesehen bedeuten die Überlegungen, daß sich die Atome im Zustand einer gegenseitigen Schwingung befinden. Aus der Überlagerung der abstoßenden und anziehenden Kräfte läßt sich graphisch eine Energiepotentialkurve in Abhängigkeit von dem Abstand der Atome

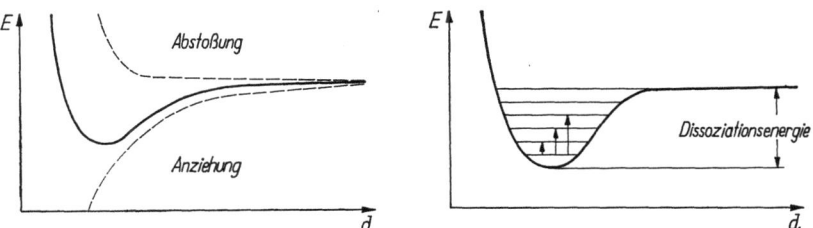

Abb. 28. Energiepotentialkurven E in Abhängigkeit vom Atomabstand a.

ableiten, Abb. 28. Die gegenseitigen Schwingungen, die gequantelt sind, dargestellt durch die den einzelnen Energiestufen entsprechenden Striche, können am besten mit einer in der „Energiemulde" hin- und herrollenden Kugel verglichen werden. Bei Energien, die höhere Beträge ausmachen als die Dissoziationsenergie, rollt die Kugel aus der Mulde heraus, d. h. die Verbindung wird thermisch gespalten. Bei diesem vereinfachten Gedankenmodell ist zu berücksichtigen, daß sich die Verhältnisse in Wahrheit ungleich komplizierter gestalten, da sich dem in Abb. 28 dargestellten Schwingungszustand der sog. Grundniveaus noch

Schwingungsniveaus energiereicherer, angeregter Zustände überlagern, und noch Mesomerie-, Torsions-, Rotations- und andere Energien berücksichtigt werden müssen [119].

Stellt man die Frage, welche Elektronen eines Atoms eine Bindung eingehen können, so ist auf die Quantenmechanik und das Paulische Ausschließungsprinzip zu verweisen. Ausgehend von verschiedenen Energiezuständen, welche die Ladungsverteilungen entweder kugelsymmetrisch (s-Zustand) oder axialsymmetrisch (p-, d-Zustände usw.) beschreiben, kann die Elektronenanordnung für das Kohlenstoffatom, das hier bevorzugt interessiert, wie folgt beschrieben werden. Die Pfeile geben dabei die Richtung des Spins an:

$$\underset{\underbrace{\begin{matrix}\uparrow\downarrow & \uparrow & \uparrow\uparrow\uparrow\end{matrix}}_{sp^3}}{\begin{matrix}1s & 2s & 2p\end{matrix}}$$

Demnach müßten sich bei Kohlenstoff ein kugelsymmetrisches s-Elektron und drei aufeinander senkrecht stehende p-Elektronen-Valenzen betätigen können. Zwischen den vier Elektronen besteht jedoch eine Art Mesomerie, wodurch sich die einzelnen Zustandsfunktionen auf die Elektronen gleichmäßig verteilen. Man nennt einen solchen Zustand Hybrid und bezeichnet ihn im Falle des Kohlenstoffs als sp^3-Zustand. Die vier Hybridelektronen erstrecken sich nach den vier Ecken eines Tetraeders, Abb. 29a.

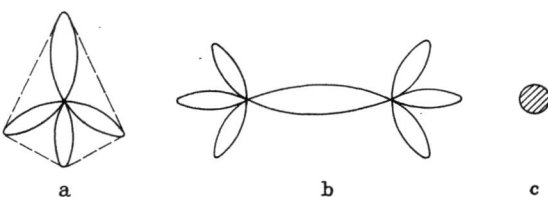

Abb. 29. Schema einer σ-Bindung.

Die C—C-Bindung entsteht durch ein Überlappen von zwei Hybridelektronen, Abb. 29b. Diese Bindung ist, wie Abb. 29c andeutet, zylindrisch. Sie besitzt keine Knotenebene. Man nennt sie σ-Bindung.

Das Äthylen ist durch eine Kohlenstoffdoppelbindung gekennzeichnet. Zur Bindung der H-Atome werden je C-Atom zwei s-Elektronen gebraucht. Je ein p-Elektron der beiden C-Atome bilden zusammen die σ-Bindung. Demnach bleiben noch je ein p-Elektron übrig, das senkrecht auf der σ-Bindungsachse stehen muß, Abb. 30a. Diese beiden Elektronenbahnen überlappen sich, d. h. sie bilden eine gemeinsame Elektronenwolke, Abb. 30b. Es entsteht eine Bindung mit einer Knotenebene, Abb. 30c, die π-Bindung. Abb. 30d vermittelt das Schema seines Bindungsgerüsts.

Die π-Bindung ist schwächer als die σ-Bindung, d. h. sie liegt energetisch etwas niedriger, wie aus den Verbrennungswärmen hervorgeht:

C—C (σ-Bindung): 71 cal,

C=C (π-Bindung): 119 cal.

Der Anteil der π-Bindung beträgt demnach nur 48 Kalorien.

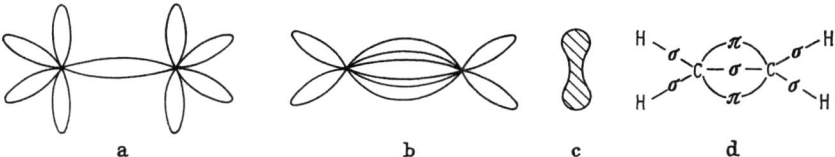

a b c d

Abb. 30. Schema einer C—C-Doppelbindung.

Diese Darstellungen lassen erkennen, daß die Thermostabilität organischer Verbindungen den Energiezuständen der einzelnen kovalenten Bindungen entspricht. Wie bei einer Kette, deren schwächstes Glied die Gesamtbelastbarkeit bestimmt, ist die Stabilität des chemischen Kunststoffgerüsts durch den relativ höchsten Energiezustand einer Bindung festgelegt. Die Grundgerüste der meisten Klebstoffe sind auf Kohlenstoffketten aufgebaut. Durch mathematisch-thermodynamische Überlegungen lassen sich für die Kräfte, die zur Spaltung einer C—C-Bindung bei Normaltemperatur erforderlich sind, Werte im Bereich von 10^{-14} dyn/Bindung ermitteln. Die Höchstwerte der Temperaturbeständigkeit liegen nicht wesentlich über 300 °C. Daß in der Praxis sowohl die Festigkeitswerte als auch die Temperaturbeständigkeiten meist beträchtlich tiefer liegen, findet seine Erklärung einmal in der Überlagerung durch andere Energiemomente, zum anderen aber in dem wichtigeren Grunde, daß neben den chemischen Bindungen in großem Umfange van der Waals-Kräfte, d. h. zwischenmolekulare Bindungen, für die Festigkeit verantwortlich sind. Die Festigkeit von Kunststoffen wird ausschlaggebend durch die Energiegrößen der van der Waals-Bindungen und der Wasserstoffbrücken bestimmt.

2.3.2.3 Die zwischenmolekularen Bindungen

Wie eingangs erwähnt, besteht ein Kunststoff aus einem Agglomerat organischer Makromoleküle. Die durch Hauptvalenzbindungen zusammengeschlossenen Makromoleküle, die aus etwa 50 bis 10^7 Einzelmolekülen zusammengesetzt sein können und sich meist in kolloidaler Größenordnung bewegen, sind unter sich durch die sog. Nebenvalenzbindungen verbunden. Darunter versteht man zwischenmolekulare, energetische Wechselbeziehungen, die allgemein als Van-der-Waals-Kräfte bezeichnet werden.

Beim Studium der Eigenschaften realer Gase, die in ihrem thermodynamischen Verhalten von der idealen Gasgleichung erheblich abweichen, führte VAN DER WAALS diese Abweichungen auf molekulare Anziehungskräfte zurück. Durch das Einführen von Korrekturgliedern, den van der Waals-Konstanten, welche die intramolekularen Kräfte berücksichtigen, gelang es ihm, eine Gleichung aufzustellen, durch die sich das Verhalten der realen Gase in erster Näherung beschreiben läßt. Eine ähnliche Erscheinung besteht in dem Abweichen der Flüssigkeiten vom Raoultschen Gesetz. Auch hier läßt sich durch das Einführen von Korrekturgliedern, die zwischenmolekulare Kräfte zum Ausdruck bringen, eine annähernde Übereinstimmung mit den gemessenen Werten erzielen. Die Temperaturabhängigkeit solcher Nebenvalenzkräfte erkennt man z. B. daran, daß es für jedes Gas eine Temperatur gibt, die sog. Boyle-Temperatur, bei der es sich annähernd ideal verhält.

Damit ist die Natur dieser zwischenmolekularen van der Waals-Kräfte noch nicht geklärt. Die zuletzt beschriebenen Erscheinungen lassen darauf schließen, daß es sich hierbei um eine Art von Anziehung handelt, die sich im Gegensatz zu den chemischen Valenzkräften nicht absättigen läßt. Immerhin beruht auch sie auf einer elektrostatischen Wirkung, die mit dem Aufbau der Atome und Moleküle aus Elektronen und positiven Kernen zu erklären ist.

Mathematische Ableitungen, die von den Coulomb-Kräften, von permanenten und induzierten Dipolen, die u. a. Dispersions-, London-, Debye-, Keesom-Kräfte genannt werden, und schließlich von wellenmechanischen Überlegungen ausgehen, stammen von VAN DER WAALS, EUKEN, LONDON, HEITLER, DEBYE, SCHÄFER und anderen. Wegen der Vielzahl gegenseitiger Einwirkungen ist es jedoch nicht möglich, die van der Waals-Kräfte einheitlich mathematisch darzustellen [130 bis 128]. Man pflegt sie in Dipol-Dipol, Dipol-Induktions- und Dispersionskräfte aufzuteilen.

Für die Kunststoffchemie sollen aus der Tatsache dieser Sekundärbedingungen lediglich einige theoretisch-mathematische Folgerungen gezogen werden.

In gleicher Weise wie es gelang, die potentielle Wechselwirkungsenergie zwischenmolekularer Kräfte dadurch zu beschreiben, Abb. 28, daß kovalent gebundene Atome als gegeneinander schwingende Energiepotentiale anzusehen sind, bei denen der fixierte Bindungs- bzw. Annäherungszustand mit einer Energieabnahme dieses Systems, bezogen auf den getrennten Zustand, verbunden ist, und ferner von den energetischen Verhältnissen in physikalischen Übergangszuständen ausgehend, wie sie bei veränderten Mol- und Atomwärmen, z. B. bei Sublimation, Erstarrung usw. zum Ausdruck kommen, ist es möglich, auch die Größen der Nebenvalenzkräfte in absoluten Werten zu ermitteln.

Sie liegen im Mittel bei 10^{-6} dyn/Molekül bzw. bei 1000 bis 5000 cal/Mol. Auf mechanische Dimensionen übertragen bedeutet dies, daß die Kraft, die erforderlich ist, um Nebenvalenzen zu trennen, in dem Bereich von 20 kp/mm² liegt. Daß Werte in dieser Größenordnung in der Praxis meist nicht erreicht werden, findet seine Erklärung in den Zusammenhängen zwischen Adhäsion und dem rheologischen Verhalten der Klebstoffe und darin, daß theoretische Berechnungen von fehlerfreien Modellen ausgehen.

Den Sonderfall einer zwischenmolekularen Bindung stellt die sog. Wasserstoffbrückenbindung dar. Diese Bindungsart liegt in ihren Bindeenergien erheblich über den Werten aller übrigen Nebenvalenzbindungstypen. Sie findet sich oft bei wasserstoffhaltigen — und zwar ideal zwischen gleichartigen — Verbindungen. Im Prinzip handelt es sich hierbei um die Orientierung von Dipolen. Dabei können jedoch, wie z. B. bei der (HF)$_2$-Verbindung

$$\underset{+}{\overset{-}{HF}} + \underset{+}{\overset{-}{HF}}$$

Mesomerien folgender Art auftreten:

$$H:F:H:F: \rightleftharpoons [H:\ddot{F}:H]^+ + [:\ddot{F}:]^-$$

Diese Erscheinungen sind auch an dimerisierten Fettsäuren gut zu beobachten:

$$R-C\underset{O-H\cdots O}{\overset{O\cdots H-O}{\diagup\diagdown}}C-R$$

Die dabei gewonnenen Mesomerienenergien sind derart hoch, daß eine solche Bindung energetisch zwischen die Hauptvalenzbindung und die van der Waals-Kräfte eingeordnet werden muß [129].

Die quantitativen Folgerungen, die sich aus der thermodynamisch-mathematischen Behandlung der verschiedenartigen Bindungsarten ziehen lassen, ergeben folgendes Bild: Die Energiepotentiale der chemischen Hauptvalenzbindungen sind etwa 60 bis 100mal größer als die der van der Waals-Kräfte; bei den Wasserstoffbrückenbindungen liegt der Wert etwa 10mal höher. Diese Werte sind auch bedeutsam für die adhäsiven Eigenschaften der Klebstoffe.

Diese Vergleichszahlen lassen erkennen, daß die intermolekularen Kräfte für das kohäsive und thermische Verhalten der Kunststoffe wichtig sind. Damit wird verständlich, weshalb die auf S. 69 genannten Festigkeitswerte und Wärmebeständigkeiten nicht erreicht werden; hierfür ist im wesentlichen der Anteil an Nebenvalenzkräften verantwortlich zu machen, die weitgehend das Schmelzverhalten sowie die Löslichkeit von Kunststoffen bestimmen.

Bevor jedoch auf den chemischen Aufbau der Thermo- und Duroplaste eingegangen wird, sind zunächst die adhäsiven und rheologischen Eigenschaften dieser Stoffe zu behandeln.

Über das Wesen der Adhäsion von organisch-chemischen Klebstoffen an Metalloberflächen liegen zahlreiche Theorien vor. Die theoretisch-mathematischen Grundlagen der Adhäsion wurden im Kap. 2.2 abgehandelt. An dieser Stelle sollen hieraus nur die für die Klebstoffchemie wichtigen Folgerungen gezogen werden.

Das Phänomen der Adhäsion wird fast ausnahmslos als eine Wechselwirkung zwischenmolekularer Kräfte betrachtet, wie sie für die Kohäsionskräfte gelten. In bezug auf makromolekulare Gebilde wird angenommen, daß die Kohäsion hauptsächlich auf Dispersionskräfte der Hauptketten zurückzuführen ist, während für die Adhäsion die Dipole der Seitenketten verantwortlich gemacht werden können. So ließ sich z. B. beobachten, daß eine durch Substitution des C—C-Ketten bewirkte Variation der im Molekül ausgelösten Dipolmomente das Adhäsionsvermögen beeinflußt. Während ein unpolares Makromolekül von der Form

$$\begin{array}{c} \text{H} \quad \text{H} \quad \text{H} \quad \text{H} \quad \text{H} \\ | \quad | \quad | \quad | \quad | \\ -\text{C}-\text{C}-\text{C}-\text{C}-\text{C}- \\ | \quad | \quad | \quad | \quad | \\ \text{H} \quad \text{H} \quad \text{H} \quad \text{H} \quad \text{H} \end{array}$$

kein Dipolmoment besitzt und daher auch so gut wie kein Adhäsionsvermögen aufweist, vermag sich bereits unter dem Einfluß von Seitenketten

$$\begin{array}{c} \text{H} \quad \text{R} \quad \text{H} \quad \text{R} \quad \text{H} \\ | \quad | \quad | \quad | \quad | \\ -\text{C}-\text{C}-\text{C}-\text{C}-\text{C}- \\ | \quad | \quad | \quad | \quad | \\ \text{H} \quad \text{H} \quad \text{H} \quad \text{H} \quad \text{H} \end{array}$$

der adhäsive Charakter wesentlich zu steigern. Besitzen diese Seitenketten polare Struktur, wie dies z. B. für Carboxylgruppen oder Halogene zutrifft, so wird das Adhäsionsvermögen in vielen Fällen weiterhin erheblich heraufgesetzt, eine Erscheinung, auf die bei der Oberflächenspannung und der Benetzungsfähigkeit von Klebstoffen zurückzukommen ist. Bisher ist es noch nicht gelungen, das Maß der Dipolmomente von Makromolekülen als direkte Funktion der spezifischen Adhäsion zu beschreiben; zum mindesten kommen erhebliche Abweichungen von dieser Regel vor [190 bis 195].

Da die intermolekularen Bindekräfte mit der negativen vierten Potenz der Entfernung abnehmen, ihre Reichweite beträgt etwa 3 bis 4 Å, muß, damit solche Bindezustände überhaupt entstehen, zunächst eine physikalische Adsorption angenommen werden. Die Grundlagen für die Adsorptionstheorie [196 bis 199] ergeben sich aus einer mathematischen

Betrachtung des Phänomens der Oberflächenspannung von Grenzflächensystemen. Die physikalischen Voraussetzungen hierzu wurden ausführlich auf S. 35 behandelt.

Werden die bei der Adsorption ablaufenden Vorgänge und ihre thermodynamischen Auswirkungen, wie sie für die molare Oberflächenspannung und Verdampfungswärme gemäß dem Satz von STEPHAN und den Regeln von TROUTON, EÖTVÖ, von dem Parachor u. a. gelten, mit energetischen Überlegungen und Betrachtungen der Mikro- und Makrostruktur von Hochpolymeren kombiniert, so gelingt es, hieraus Rückschlüsse auf die Zerreißfestigkeit adhäsiver Verbindungen zu ziehen. Solche theoretischen Überlegungen bedingen äußerst komplizierte Verhältnisse, die bis herzu praktisch reproduzierbaren Ergebnissen nur in flüssigen Systemen geführt haben. In fest/fest-Systemen sind diese Beziehungen weitgehend von anderen Phänomenen, wie Spannung, Verformung usw., überlagert [125 bis 127; 138].

Die für die Adhäsionsenergien ableitbaren Werte nehmen Größenordnungen an, die den nebenvalenzabhängigen Kohäsionskräften entsprechen. Sollen diese theoretischen Gedankengänge auf die Praxis übertragen werden, so ist noch eine wesentliche Feststellung zu treffen: die Oberflächen der Metalle sind in bezug auf die atomaren und molekularen Dimensionen, die für den Fall des Klebens in Betracht kommen, nicht „glatt", sondern sie besitzen beträchtliche Höhenunterschiede, die einem Oberflächen-„Gebirge" gleichkommen. Diese Tatsache bereitet nicht nur bei der Bestimmung der realen Oberflächen Schwierigkeiten, sondern es breitet sich auch der Klebstoff in Abhängigkeit von seiner Oberflächenspannung über die „Täler" aus, so daß zwischen der wirklichen und der wirksamen Oberfläche zu unterscheiden ist [137].

Ist der chemische Aufbau des Klebstoffs derart beschaffen, daß Seitenketten, unter Umständen durch induzierte Dipole, seine Oberfläche deformieren, so kann dadurch die Zahl der im zwischenmolekularen Bereich wirksamen Adhäsionskräfte erheblich erhöht werden.

Hieraus ergeben sich folgende Konsequenzen: Damit ein Klebstoff seine Adhäsionseigenschaften, d. h. zwischenmolekulare Kräfte, entwickeln kann, muß eine Adsorption vorausgegangen sein. Diese Voraussetzung wird nur dann erfüllt, wenn der Klebstoff flüssig ist, oder wenn während des Verklebens ein Übergang in den flüssigen Zustand stattfindet. Der Grad der Benetzung wird dabei von den Grenzflächenverhältnissen bestimmt, die von der Oberflächenspannung, der Viskosität und der Temperatur abhängen. Zahl und Größe der sich in der Folge ausgebildeten Valenzen hängen von dem chemischen Aufbau des Klebstoffs, von dem chemischen Aufbau des Metalls und von der Struktur seiner Oberfläche ab.

2.3.3 Die Chemie der Metallklebstoffe

Makromolekulare Verbindungen unterscheiden sich deutlich durch die Art der chemischen Reaktion bei ihrer Entstehung. Im wesentlichen sind drei Arten von Bildungsreaktionen bekannt.

2.3.3.1 Die Polymerisation

Hierbei reagieren reaktionsfähige ungesättigte Moleküle, sog. Monomere, unter katalytischem Einfluß miteinander, indem sie sich zu langen Ketten, den linearen Makromolekülen, vereinigen. Diese bilden die Strukturelemente der Polymerisate. Ein typisches Beispiel für eine Polymerisation ist die Bildung von Polyvinylchlorid aus einzelnen Vinylchloridmolekülen:

$$CH_2=CH + CH_2=CH + CH_2=CH + \cdots \longrightarrow \cdots -\underset{H}{\underset{|}{C}}-\underset{Cl}{\underset{|}{C}}-\underset{H}{\underset{|}{C}}-\underset{Cl}{\underset{|}{C}}-\underset{H}{\underset{|}{C}}-\underset{Cl}{\underset{|}{C}}- \cdots$$
$$|||$$
$$ClClCl$$

Je nachdem, ob es sich beim Ausgangsprodukt um gleichartige oder voneinander verschiedene Moleküle handelt, unterteilt man sie in Homo- und Co- bzw. Mischpolymerisate. Den Linearpolymerisaten können nachträglich auf verschiedene Weise Seitenketten anpolymerisiert werden; man nennt sie dann Propfpolymerisate. Je nach der Verfahrenstechnik lassen sich mehr oder weniger Monomere zu einem Makromolekül vereinigen, d. h. es können Polymerisate mit im Mittel längeren oder kürzeren Ketten entstehen. Die durchschnittliche Kettenlänge übt Einfluß auf die Lösungsviskosität aus, die in dem sog. K-Wert zum Ausdruck kommt. Dieser Wert beeinflußt das physikalischer Verhalten des Materials, seine Löslichkeit, den Schmelzpunkt usw. Die durch Polymerisation entstandenen Produkte sind in der Regel Thermoplaste.

Die für die Klebstoffchemie wichtigsten polymeren Plaste sind: Polyvinylchlorid und -Copolymerisate, Polyvinylazetat, Polyvinylazetale, Polyvinyläther, Polyacryl- und -methacrylsäureester sowie Polymerisate und Mischpolymerisate von Butadien und seinen Derivaten (Polyisoprene, Polychloroprene, Acrylnitrilbutadienstyrol-Polymerisate, Butylkautschuk usw.).

2.3.3.2 Die Polyaddition

Bei dieser Bildungsart verbinden sich zwei in ihren funktionellen Gruppen voneinander verschieden geartete Moleküle, die bereits größer sein können, z. B. Polykondensate oder Polyaddukte, dadurch miteinander, daß durch chemische Reaktion eine Verlagerung von Atomen oder Atomgruppen stattfindet. Ein hierfür typisches Beispiel ist die Reaktion von Polyisocyanaten mit Polyolen:

$$O=C=N-(CH_2)_n-N=C=O + HO-(CH_2)_m-OH \longrightarrow O=C=N-(CH_2)_n-NH-COO-(CH_2)_m-OH$$

Das so gebildete Molekül vermag mit den Molekülen der Ausgangsstoffe weiter zu reagieren, weshalb die Reaktion auch stufenweise vor sich gehen kann. Je nachdem, ob die Moleküle der Ausgangsprodukte zwei oder drei reaktionsfähige Gruppen enthalten, entstehen lineare oder räumlich vernetzte Produkte, die von den Thermo- bis zu den Duroplasten reichen.

Die für die Klebstoffchemie wichtigsten Polyaddukte sind die Polyurethane und die Epoxidharze.

2.3.3.3 Die Polykondensation

Für diese Reaktionsart ist kennzeichnend, daß das Makromolekül beim Zusammenlagern reaktionsfähiger Moleküle, z. B. durch Veresterung, unter Abspalten eines niedrigmolekularen Bestandteils (Wasser, Formaldehyd usw.) entsteht. Ein Beispiel ist die Veresterung eines mehrwertigen Alkohols mit einer mehrwertigen Säure:

$$HO-(CH_2)_n-OH + HOOC-(CH_2)_m-COOH \longrightarrow HO-(CH_2)_n-OOC-(CH_2)_m-COOH + H_2O$$

Auch hier kann, wie bei der Polyaddition, die Reaktion stufenweise ablaufen, d. h. das entstehende Molekül kann mit den Molekülen der Ausgangsprodukte weiter reagieren. Bei Verwendung bifunktioneller Moleküle entstehen Thermoplaste. Liegen höherfunktionelle Moleküle vor, so bilden sich Duromere.

Zu den Polykondensationsprodukten, die in der Klebstoffchemie von Bedeutung sind, gehören Phenolharze (Phenoplaste), Amid- und Aminformaldehydharze (Aminoplaste), wie Melamin-, Harnstoffharze usw., Polyesterharze, Polyamide und damit auch Ausgangsprodukte für spätere Polyadditionsreaktionen (Thioplaste).

Obwohl diese Einteilung kein exaktes Abgrenzen der Produkte gegeneinander erlaubt und sich sogar überschneidet — denn es sind verschiedene Ausgangsprodukte sowohl durch Polyaddition als auch durch Polykondensation zu erzeugen —, so ermöglicht sie doch in den meisten Fällen eine brauchbare Klassifikation. Klebstoffe auf der Basis von Polymerisationsprodukten sind meist Duroplaste. Die Polyaddition erlaubt ein Vernetzen in lösungsmittelfreier Umgebung praktisch ohne Volumenveränderung.

2.3.3.4 Begriffsbestimmungen

Von den Begriffen, die in den Sprachgebrauch der Klebstoffchemie Eingang gefunden und dort eine bestimmte Bedeutung erlangt haben, seien hier die wichtigsten erläutert:

Einkomponentenklebstoffe werden in organischen Mitteln gelöst, wenn sie nicht als wäßrige Dispersion oder als Schmelze vorliegen. Die Möglichkeit, Adhäsionskräfte, d. h. ,,Klebwirkung" zu entwickeln, hängt von dem Adsorptionsverhalten und der Viskosität der Lösung, der Dispersion bzw. der Schmelze ab. Nach den auf S. 102 abgeleiteten Zusammenhängen ist das Benetzungsvermögen bei lösungsmittelhaltigen Systemen sowohl von den Lösungsmitteln als auch vom Bindemittel abhängig. Adhäsionskräfte, die die eigentliche Haftarbeit leisten, formieren sich dabei in einem Stadium, bei dem der größte Teil der Lösungsmittel bereits verdunstet ist. Dasselbe gilt für die Kohäsionskräfte, die bei diesen Klebstoffen in erster Linie auf der Orientierung nach einer energetisch begünstigten Nahordnung beruht. Bei den als Schmelze vorliegenden Bindemitteln ist es nach den theoretischen Vorbemerkungen verständlich, daß aus dem Zusammenhang zwischen Adsorptionswärme und Temperaturabhängigkeit der Viskosität ein Optimum der Verarbeitungstemperatur resultieren muß.

Im Gegensatz hierzu stehen die Mehrkomponenten-Reaktionsklebstoffe. Diese Klebstoffe benötigen zwei oder mehrere, getrennt aufzubewahrende Substanzen, die ,,Komponenten", die erst kurz vor dem Gebrauch gemischt werden. Durch eine chemische Reaktion (Polymerisation, -addition oder -kondensation) entsteht erst das eigentliche Bindemittel. Die Ausgangsprodukte dieser Klebstoffe können in Lösungsmitteln gelöst sein; die Reaktion, die sog. Aushärtung, geht dann sowohl in der Lösung als auch nach dem Ablüften der Lösungsmittel vor sich. In den meisten sind jedoch — und das ist der große Vorteil dieser Klebstoffe — die Ausgangsprodukte selbst flüssig, so daß ein lösungsfreies Klebstoffsystem vorliegt. Das Reaktionsprodukt ist fest, die Aushärtung geht in vielen Fällen ohne Substanzverlust — praktisch schwundfrei — vor sich. Bei diesen Systemen können wesentlich günstigere Kohäsionsbedingungen vorausgesetzt werden als dies bei den Einkomponentenklebstoffen der Fall ist. Infolge der chemischen Aushärtereaktion wird der Anteil an Nebenvalenzbindungen zu Gunsten der Hauptvalenzen wesentlich geringer. Auch bietet das mono- oder niedrigmolekulare Ausgangsstadium die Möglichkeit einer energetisch günstigeren Nahorientierung, der sog. Textur. Auch auf die Adhäsionskräfte im Grenzflächenbereich können sich diese Tatsachen positiv auswirken. Der Aufbau der Makromoleküle geht erst dann vor sich, wenn sich die Adhäsionsvalenzen orientiert haben. Dies führt wiederum zu energetisch be-

2.3 Grundzüge der Klebstoffchemie

günstigten Zuständen, wie sie in Einkomponentensystemen nicht möglich sind. Auch hier bestimmt das Adsorptionsverhalten die anschließenden Adhäsionsverhältnisse.

Liegen Mehrkomponenten-Reaktions-Systeme bereits gemischt als Einheit vor, so bedarf das Aushärten nach der Verklebung äußerer Einflüsse; dann wird sie durch Wärmezufuhr, Zutritt von Luftfeuchtigkeit usw. ausgelöst. Eine Beschreibung dieser Systeme folgt auf S. 94. Solche Klebstoffe bezeichnet man am besten als ,,Einkomponenten-Reaktions-Systeme'' im Gegensatz zu den einfachen Einkomponentenklebstoffen.

Auch den Einkomponentenklebstoffen können Zusätze beigegeben werden, die bis zu einem gewissen Grade in einem längeren Zeitraum eine chemische Reaktion mit dem Bindemittel eingehen und die Eigenschaften der Klebstoffe verbessern, indem sie höhere Adhäsion, Warmfestigkeit usw. bewirken. Sie unterscheiden sich von den Mehrkomponentensystemen jedoch dadurch, daß sie auch ohne diese Zusätze vollständige Klebsysteme darstellen, und daß diese Zusätze nicht in stöchiometrischen Mengen zugegeben werden müssen.

Die technischen Begriffe, soweit sie die Zusätze und die Handhabung der Zweikomponenten-Reaktions-Systeme betreffen, sind — vor allem in der Praxis — nicht immer eindeutig. Deshalb wird angeregt, zu einer präzisen Definition zu gelangen.

Die Praxis bezeichnet als Härter oft eine der Komponenten eines Zweikomponentensystems, ohne eine wesentliche Unterscheidung zu treffen: es gibt Zweikomponentensysteme, deren beide Reaktionspartner nebeneinander vorliegen können, ohne daß eine Reaktion einsetzt. Dazu bedarf es eines Katalysators oder eines ganzen Katalysatorensystems. Ein typisches Beispiel bildet die Reaktion von ungesättigten Polyestern mit Styrol, die nur in Gegenwart von organischen Peroxiden, bei Kalthärtung ihrerseits durch Kokatalysatoren angeregt, vor sich geht. Der ,,Härter'' ist in diesem Falle das organische Peroxid, das die Reaktion nur einleitet und nicht in stöchiometrischen Mengen daran teilnimmt. Auf keinen Fall bildet er eine Komponente des Klebsystems. Dasselbe gilt z. B. auch für Systeme auf Polysulfidbasis.

Anders liegen die Verhältnisse, wenn beide Komponenten bereits ohne Katalysatoren miteinander reagieren, wie dies z. B. beim Aushärten von Epoxidharzen mit Polyamiden der Fall ist. Auch hier wird in vielen Fällen eine der beiden Komponenten als ,,Härter'' bezeichnet, meist die volumenmäßig kleinere, was jedoch nicht korrekt ist. Exakter wäre es zu sagen: Komponente I und II oder A und B.

Eine andere Aufgabe haben die Beschleuniger oder Akzeleratoren. Dies sind spezifische Zusätze, welche die Geschwindigkeit der einzelnen Reaktionen in positivem Sinne zu beeinflussen vermögen, d. h., in ihrer Gegenwart geht die Härtung rascher oder schon bei tieferen Temperaturen vor sich. Auch hier sind die Begriffe nicht einheitlich. So wird z. B. für das Katalysatorensystem, welches die Reaktion von ungesättigten Polyestern mit Styrol auslöst, der Ausdruck Beschleuniger verwendet, weil die Reaktion auch ohne Kokatalysator — wenn auch mit kaum meßbarer Geschwindigkeit — vor sich geht. Man sollte jedoch bei Wahl dieser Begriffe immer im Bereich der Praxis bleiben. Dasselbe gilt für den Begriff „Aktivator", der — streng genommen — nur an die Stelle von „Härter" treten dürfte.

Mit den Beschleunigern bzw. Härtern verwechselt oder fälschlicherweise als solche bezeichnet werden in vielen Fällen auch die Verstärker. Dies sind Zusätze, z. B. Isocyanate oder Amine, welche vor allem bei Kautschukklebstoffen die Wärmefestigkeit erhöhen oder andere Eigenschaften verbessern. Solche Verstärker fügt man ebenfalls in nicht stöchiometrischen Mengen (meist 3 bis 10%) hinzu. Sie werden jedoch durch chemische Reaktionen in das System eingebaut. Isocyanate können in anderen Fällen auch als Reaktionskomponenten dienen, z. B. bei den Polyurethanklebern.

Bei lösungsmittelhaltigen Klebstoffen muß das Verkleben nach Einhalten einer Mindestablüftzeit und vor Beendigung der offenen Zeit erfolgen. Die Mindestablüftzeit ist einzuhalten, um den Hauptanteil der Lösungsmittel verdunsten zu lassen. Die Bindemittelanteile gehen in diesem Stadium in den Zustand einer Nahordnung über. Dieser Zeitpunkt ist für das Verkleben als optimal anzusehen. Im Zustand der Nahordnung können sich die Molekülverbände gegeneinander orientieren und so die Voraussetzung für optimale adhäsive und kohäsive Eigenschaften des Bindemittels schaffen [134; 140]. Bei einigen Kautschuktypen, z. B. den Polychloroprenen, spielen sich die Vorgänge der Nahorientierung in Form einer Kristallisation ab [141]. Gehen sie im Augenblick des Zusammenfügens zwischen zwei Klebstoffilmen unmittelbar vor sich, so spricht man von Kontaktklebstoffen. Nach Überschreiten der offenen Zeit sind diese Vorgänge innerhalb der einzelnen Klebschichten zu weit fortgeschritten, so daß keine komplexe Verbindung mehr zustandekommt.

Eine Möglichkeit, Einkomponentenklebstoffe nach dem Überschreiten der offenen Zeit wieder in den kontakbereiten Zustand zu überführen, besteht durch das Reaktivieren, das bei einer Vielzahl dieser Klebstofftypen möglich ist. Diese Reaktivierung kann mit Hilfe von Lösungsmitteln oder durch Wärme erfolgen. Im letzteren Falle spricht man von Heißsiegelklebstoffen. Diese dürfen jedoch nicht mit den sog. Schmelzklebern verwechselt werden, die im Lieferzustand in fester Form als Block, Strang, Folie oder Pulver vorliegen, vor dem Gebrauch geschmolzen und direkt aus der Schmelze heraus verarbeitet werden. Auch

Zweikomponentensysteme lassen sich auf diese Weise handhaben, wobei das Aushärten im Schmelzfluß vor sich geht.

Mit der offenen Zeit ist der Begriff Topfzeit oder potlife nicht zu verwechseln. Diese Ausdrücke kennzeichnen die Zeit, innerhalb der ein Mehrkomponentensystem nach dem Mischen verarbeitet werden muß. Später ist wegen der fortschreitenden Reaktion ein Verarbeiten des Klebstoffs nicht mehr möglich, oder es sind andere Nachteile, wie nachlassendes Adhäsionsvermögen zu befürchten.

2.3.4 Die Klebstoffe

Aus der großen Anzahl der Klebstofftypen sind diejenigen nicht abgrenzbar, die bevorzugt als Metallklebstoffe in Frage kommen. Die Definition ,,Metallklebstoff" erweist sich als schwierig. Dies rührt einerseits daher, daß Klebstoffe, die zum Kleben von Metallen dienen, auch zum Verbinden anderer Materialien heranziehbar sind und sich dabei hervorragend bewähren. Andererseits ist es schwierig, eine genaue Grenzlinie dort zu ziehen, wo Klebstoffe zu Metalloberflächen zwar ausgezeichnete adhäsive Eigenschaften besitzen, die Festigkeitswerte jedoch unter das für Metallverbindungen notwendige Maß sinken. Solche Klebstoffe haben trotzdem für die Praxis häufig beachtliche Bedeutung und sollten daher nicht ganz unerwähnt bleiben.

Am zweckmäßigsten erscheint es, diejenigen Klebstoffe, die sich auf Grund ihrer Klebeigenschaften auch zum Verbinden von Metallen eignen, in zwei Gruppen einzuteilen:

I. Klebstoffe, die gute adhäsive Eigenschaften an Metalloberflächen aufweisen und sich zum Verkleben von Metallen mit andern Materialien — z. B. Kunst- und Naturstoffen — eignen, deren physikalische und mechanische Prüfwerte aber nicht für die Planung und beim Bau tragender Konstruktionen verwendet werden können. Zu diesen Produkten gehören in erster Linie die thermoplastischen Einkomponentensysteme auf Polymerisat- und Kautschukbasis.

II. Klebstoffe mit vergleichsweise hohen Festigkeitswerten, deren physikalische und mechanische Daten, Zugfestigkeit, E-Modul, Wärmeausdehnung usw., für Konstruktionen quantitativ zu verwerten sind.

Solche Klebstoffe werden meist als Metallklebstoffe, hochfeste Klebstoffe, in der angelsächsischen Literatur als structural adhesives bezeichnet. Vorgeschlagen wird, diese Produkte als Klebstoffe mit konstruktiven Merkmalen, kürzer konstruktive Klebstoffe oder ,,Konstruktionsklebstoffe" zu bezeichnen. Die Klebstofftypen dieser Gruppe sind meist duroplastische Mehrkomponenten-Reaktionssysteme.

Für die Klassifizierung der einzelnen Klebstofftypen bieten sich mehrere Möglichkeiten: So kann man sie z. B. nach der Art ihrer Lieferform (lösungsmittelhaltige Kleber, Dispersionskleber, lösungsmittelfreie Kleber usw.) oder nach der Art ihrer Verarbeitung (Kontaktkleber, Heißsiegelkleber, Schmelzkleber usw.) ordnen. Eine solche Einteilung ist jedoch wenig übersichtlich. Am zweckmäßigsten erscheint eine Klassifizierung, die von der chemischen Basis der Klebstoffe ausgeht, obwohl auch dabei als Folge von Überschneidungen und Kombinationen verschiedener Systeme nicht immer ein exaktes Zuordnen eines jeden Klebstoffs möglich ist. Trotzdem soll hier nach diesem Prinzip verfahren werden.

a) Klebstoffe ohne konstruktive Merkmale sind die unter I. beschriebenen. Da sie für das Metallkleben weniger bedeutsam sind, mag ein zusammengefaßter Überblick genügen.

Bei den Rohstoffen für diese Klebstoffe handelt es sich in der Regel um makromolekulare Verbindungen, die aus Teilchen von kolloider Größenordnung zusammengesetzt sind. Die ihnen zugrundeliegenden Makromoleküle besitzen fast ausnahmslos lineare Ketten- oder Fadenstruktur. Ihr Haftvermögen auf metallischen Oberflächen ist auf die benetzenden Eigenschaften sowie auf den chemischen Aufbau ihrer Moleküle zurückzuführen. Wie auf S. 72 beschrieben, wirkt sich hier der Einfluß von Seitenketten nachhaltig aus. Ihre kohäsiven Eigenschaften werden weitgehend von den Nebenvalenzkräften bestimmt, s. S. 69.

Die Rohstoffe sind meist nicht oder nur gering vernetzte Polymerisations- oder Kondensationsprodukte, unter ihnen überwiegen synthetische Kautschuktypen. Die darauf aufgebauten Klebstoffe gehören durchweg zu den Lösungsmittel-, den Heißsiegel- oder den Schmelzklebern.

Von den Polymerisationsprodukten seien genannt: Polyvinylazetat, Polyvinylchlorid und Polyvinylchloridmischpolymerisate, z. B. mit Polyvinylazetat, Maleinsäure usw., Polyvinylazetat in Verbindung mit Phenolformaldehydharzen, Polyacryl- und -methacrylsäureester, Polyvinyläther. Diese Substanzen liegen nicht in reiner Form als Klebstoffe vor, sondern sie müssen modifiziert und mit Harzen gemischt werden. Ferner enthalten sie Weichmacher, Füllstoffe, Stabilisatoren usw., welche ihnen die spezifischen Eigenschaften verleihen, die sich auf die offene Zeit, Elastizität, Klebrigkeit, Beständigkeit usw. beziehen.

Dasselbe gilt für die Kautschuke und kautschukähnlichen Typen. Hierbei kann in vielen Fällen der kohäsive Charakter durch Zusätze wesentlich verbessert werden, die eine nach dem Verkleben einsetzende Vernetzung oder Vulkanisation bewirken. Kombinationen mit reaktiven und modifizierten Phenolharzen, s. S. 82, führen zu Klebstoffen mit ausgezeichneten Eigenschaften, wie hoher Kohäsion, Elastizität und guter Warmbeständigkeit. Neben Naturkautschuk, der hierfür geringere Bedeutung besitzt, werden vor allem Kunstkautschuktypen auf der Basis von Polychloropren und Acrylnitril herangezogen. Von den kautschukähnlichen Stoffen spielen Polymerisate des Butadiens und

Isobutylens sowie ihre Derivate (Butadien-Acryl-Nitril-Polymerisate, Butylkautschuk usw.) eine gewisse Rolle.

b) Klebstoffe mit konstruktiven Merkmalen lassen sich ebenfalls schwierig systematisch ein- oder zuordnen. Weder die Art ihrer chemischen Konstitution (z. B. Polyester), noch ihr Reaktionsmechanismus (z. B. Kondensation) oder die Form der Ausgangsprodukte (z. B. ungesättigte Monomere) lassen eine befriedigende Aufteilung zu. Am zweckmäßigsten erscheint eine Aufzählung auf Grund der Charakteristiken ihres chemischen Aufbaus bzw. ihrer Reaktionsweisen, nach denen sie in der Literatur beschrieben und unter der entsprechenden Kennzeichnung bekannt geworden sind.

2.3.4.1 Klebstoffe auf der Basis von Pheno- und Aminoplasten

Diese Klebstoffe sind in der Umgangssprache zumeist als Phenolharzkleber bekannt. Sie sind vorwiegend auf Phenolformaldehydharz aufgebaut, das durch Kondensation von Phenol mit Formaldehyd entsteht.

Diese Kondensationsreaktionen verlaufen meist unübersichtlich und sind nicht eindeutig zu beschreiben. Wesentlich an ihnen ist, daß durch Verknüpfen der Phenolkerne mittels Methylen- bzw. Dimethylenätherbrücken räumlich vernetzte Makromoleküle entstehen und daß diese fortschreitenden Bildungsreaktionen, die sog. Härtung, unterbrochen werden und in einzelnen Stufen ablaufen können. Man unterscheidet dabei je nach dem Vernetzungsgrad zwischen dem flüssigen bzw. leicht schmelzbaren Resol (A-Stadium), dem schwerer schmelzbaren Resitol (B-Stadium) und schließlich dem unschmelzbaren Resit (C-Stadium), welches den Endzustand darstellt [142 bis 145]. Die Überführung in das Resitol bzw. Resit kann u.a. durch Hitze geschehen, wovon man bei Verwendung dieses Produkts als Metallklebstoff Gebrauch macht. Das vorkondensierte Resol wird unter Hitze und Druck in der Klebfuge in den Resitzustand überführt. Der Druck soll verhindern, daß die bei bei der Reaktion entstehenden flüchtigen Bestandteile zu einer vorübergehenden Volumenvergrößerung führen.

Erwähnt seien noch die in saurem Milieu und bei überschüssigem Phenol sich bildenden Novolake. Diese Produkte, die kein Methylol, sondern nur Methylbrücken enthalten, sind löslich und nicht eigenhärtend. Auch sie spielen in Metallklebstoffen als Reaktionspartner, z. B. von Epoxidharzen, eine Rolle.

Da die Phenolharze wegen ihrer zu großen Sprödigkeit, ihrer zu geringen Löslichkeit und Verträglichkeit allein nicht als Klebstoffe in Frage kommen, werden sie entweder in modifizierter Form oder in Verbindung flexibilisierenden Produkten eingesetzt.

Die Modifikation kann darauf beruhen, daß kein reines, sondern in Parastellung mit Alkylresten substituiertes Phenol verwendet wird, was zu den Alkylphenolharzen führt, oder daß die Eigenschaft der im Phenolharz vorkommenden Saligeninform ausgenutzt wird, mit Kohlenwasserstoffdoppelbindungen in der Hitze über die Chinomethidstufe unter Bildung von Chromanringen zu reagieren:

In der Praxis werden zu diesem Zweck veresterte Naturharze, z. B. Abietinsäurederivate, oder ungesättigte fette Öle, wie Holzöle, verwendet. Dies führt dann zu den Harz- bzw. ölmodifizierten Phenolharzen [146].

Als flexibilisierende Produkte haben sich Nitrilkautschuk und Polychloroprenkautschuk bewährt, von denen vor allem der erstere zu brauchbaren Metallklebstoffen verholfen hat. Erhöhte Bedeutung besitzt die Kombination von Phenolharzen mit Polyvinylacetalen, die sich vor allem in der Flugzeugindustrie bewährt haben [147; 148].

Die Aminoplaste reagieren in gleicher Weise wie die Phenoplaste. Ihre Kondensation beruht im Grunde auf einer Reaktion zwischen der Aminogruppe und Formaldehyd [149].

$$-\overset{|}{\underset{|}{C}}-NH_2 + HCHO \longrightarrow -\overset{|}{\underset{|}{C}}-NHCH_2OH$$

Die dabei entstehende Verbindung liefert das Ausgangsprodukt für die zur Verharzung führende Polykondensation, wie aus dem Gerüstschema des Harnstoffformaldehydharzes zu ersehen ist:

Resole bzw. Resitole dieser Harze sind ferner in Verbindung mit Epoxidharzen bedeutsam.

2.3.4.2 Klebstoffe auf Basis ungesättigter Polyester

Die Ausgangsprodukte für diese Klebstoffe bilden die linearen Polyester mit Kohlenstoffdoppelbindungen. Sie sind demnach ungesättigt und weisen schematisch folgende Struktur auf:

$$\cdots-\overset{O}{\underset{\|}{C}}-O-(CH_2)_n-O-\overset{O}{\underset{\|}{C}}-CH=CH-\overset{O}{\underset{\|}{C}}-O-(CH_2)_m-O-\overset{O}{\underset{\|}{C}}-CH=CH-\cdots$$

Diese Stoffe können schon in der Hitze oder mit Hilfe von Polymerisationskatalysatoren eine Vernetzung eingehen. In der Praxis werden diese Polyester jedoch in einem ungesättigten, polymerisationsfähigen Monomeren, meist in Monostyrol, einer Flüssigkeit mit hohem Lösungsvermögen, oder in Acrylsäurederivaten gelöst. Man erreicht dadurch, daß zwei Reaktionspartner nebeneinander vorliegen. Der eine von ihnen gilt als Lösungsmittel, der andere ist der gelöste Stoff, obwohl das Monomere, z. B. das Styrol, kein echtes Lösungsmittel im Sinne eines Lösungsmittelklebers ist, denn es wird bei der Reaktion effektiv in das entstehende Polymerisat eingebaut:

Die Polymerisation selbst verläuft nach radikalischem Mechanismus und wird durch organische Peroxide, die sog. Härter, ausgelöst. Um eine bei Normaltemperatur ausreichende Reaktionsgeschwindigkeit zu gewährleisten, werden außerdem Kokatalysatoren, manchmal auch Aktivatoren oder Akzeleratoren genannt, eingebaut, wie z. B. tertiäre Amine oder Metallsalze. Diese bilden mit den Peroxiden ein Redoxsystem und beschleunigen dabei deren radikalischen Zerfall [150 bis 154].

Die meisten ungesättigten Polyestersysteme enthalten demnach in der einen Komponente den im Monomeren, vorwiegend Styrol, gelösten ungesättigten Polyester und gegebenenfalls den Kokatalysator, in der anderen Komponente das organische Peroxid, das meist in einem Weichmacher angepastet ist und Härterpaste genannt wird.

2.3.4.3 Klebstoffe auf Basis von Polyurethan

Die durch eine Polyadditionsreaktion entstehenden Klebstofftypen beruhen auf der Fähigkeit der Isocyanatgruppe, mit aktiven Wasserstoffen zu reagieren:

$$-N=C=O + HO-R \longrightarrow -\underset{|}{\overset{H}{N}}-\underset{|}{\overset{O-R}{C}}=O$$

Als Reaktionspartner dienen dabei in der Regel Hydroxylgruppen tragende, verzweigte Polyester, auch Polyole genannt. Damit eine Vernetzung stattfinden kann, muß die Isocyanatgruppen tragende Verbindung zwei Isocyanatgruppen (Diisocyanate) oder mehr (Polyisocyanate) enthalten. Ein typischer Vertreter dieser Gruppe ist die Verbindung

$$O=C=N-\bigcirc-\underset{\underset{\underset{N=C=O}{\bigcirc}}{|}}{\overset{H}{\underset{|}{C}}}-\bigcirc-N=C=O$$

Die Struktur der einzelnen Isocyanate sowie der Aufbau der verschiedenen Polyester und die Zahl ihrer Hydroxylgruppen bestimmen die Eigenschaften des vernetzten Endprodukts. Auf diese Weise können harte bis hochelastische Kleber in allen Abstufungen entstehen [155 bis 157].

Sowohl Isocyanat als auch Polyester können als feste Substanzen vorliegen, die zur Verarbeitung in Lösungsmitteln gelöst werden müssen. Klebstoffe dieser Art sind nach dem Mischen wie Lösungsmittelklebstoffe zu behandeln, d. h. sie bedürfen einer Mindestablüftzeit. Andererseits können aber auch beide Reaktionspartner in lösungsmittelfreier Form als hochviskose Öle vorliegen. Die Aushärtung geht dann praktisch schwundfrei vor sich.

Die Bildungsreaktion der Polyurethane beruht auf einer Umsetzung der Isocyanatgruppe mit aktivem Wasserstoff. Dies bedeutet, daß auch mit Wasser eine Umsetzung stattfinden kann, wobei Kohlendioxid entsteht. Aus diesem Grunde sind Klebstoffe dieser Art sehr feuchtigkeitsempfindlich. Luftfeuchtigkeit kann die Verklebungseigenschaften schon beeinträchtigen; größere Feuchtigkeitsmengen führen zu aufgeschäumten, zum Kleben unbrauchbaren Filmen.

Diese Wasserempfindlichkeit der Isocyanate macht man sich zunutze, um auf einem Zweikomponenten-Reaktionssystem einen „Einkomponenten-Reaktionskleber" auf Polyurethanbasis aufzubauen: mit Diisocyanaten im Überschuß behandelte Polyole besitzen an den Kettenenden NCO-Gruppen. Geringe Mengen von Wasser bewirken dann die folgenden Reaktionen:

$$R-N=C=O + H_2O \longrightarrow R-NH_2 + CO_2$$

$$R-NH_2 + R-N=C=O \longrightarrow \underset{R-NH}{\overset{R-NH}{\diagdown}}C=O$$

Die auf diese Weise entstandenen Harnstoffbrücken können, da sie aktiven Wasserstoff besitzen, mit weiteren NCO-Gruppen reagieren und so eine Vernetzung zustande bringen. In der Praxis geht man so vor, daß das mit Isocyanaten vernetzte Produkt luftdicht verpackt und bei Verwendung wie ein Einkomponentenklebstoff gehandhabt wird. Die Feuchtigkeit der Luft genügt, um die Reaktion einzuleiten. Für die Metallklebstoffe sind diese Systeme jedoch nur von untergeordneter Bedeutung.

Eine andere Möglichkeit, Polyurethane als Einkomponenten-Reaktionssysteme zu verwenden, besteht darin, die Isocyanatgruppe durch chemische Verbindungen zu „blockieren". So entstehen z. B. durch das Umsetzen von Isocyanaten mit Phenolen Phenylurethane:

$$R-N=C=O + HO-\bigcirc \longrightarrow R-NH-\overset{O}{\underset{}{C}}-O-\bigcirc$$

zu denen z. B. eine Verbindung mit folgender Struktur gehört:

Erst bei Temperaturen über 160 °C spalten solche Verbindungen das Phenol unter Rückbildung der Isocyanatgruppe wieder ab, wodurch die Vernetzungsreaktion einsetzen kann. Auch in diesem Falle können Isocyanat und Polyester schon im Gemisch vorliegen; man spricht dann von verkappten Isocyanatsystemen. Zur Verklebung bedürfen sie Temperaturen über 160 °C, um aktiviert zu werden.

2.3.4.4 Klebstoffe auf Basis von Epoxidharzen

Die dieser Klebstoffgruppe angehörenden Harze werden auch Epoxid- oder Äthoxylinharze genannt und verdanken ihren Namen der äußerst reaktionsfähigen Epoxidgruppe:

$$R-CH-CH_2 \atop \diagdown O \diagup$$

Das erste Patent zur Herstellung härtbarer Kunstharze auf Epoxidbasis wurde am 31. August 1940 dem Schweizer Chemiker PIERRE CASTAN erteilt [158].

Die Zahl der Möglichkeiten, verschiedenartige Epoxidgruppen tragende Harze aufzubauen, ist groß. Durch die Reaktionsfreudigkeit dieser Gruppe bedingt, führen viele dieser Verbindungen als Reaktionspartner zu Vernetzungen. Dies sind auch die Gründe, weshalb die Gruppe der Epoxidharze zur größten unter den Metallklebstoffen geworden ist. Die Vielzahl der Variationsmöglichkeiten erschwert eine geordnete Übersicht, und eine Beschränkung auf die wesentlichsten Merkmale ist unerläßlich. Zum eingehenderen Studium sei auf die äußerst umfangreiche Fachliteratur, vor allem auf [159; 160] hingewiesen.

Fast alle für die Klebstoffherstellung in Betracht kommenden Epoxidharze sind auf Polyglycidyläthern aufgebaut, die durch eine über Zwischenstufen verlaufende Polykondensationsreaktion zwischen Epichlorhydrin

$$CH_2-CH-CH_2Cl$$
$$\diagdown O \diagup$$

und 4,4'-Dihydroxy-diphenyl-2,2-Propan („Bisphenol A")

$$HO-\bigcirc-\underset{CH_3}{\overset{CH_3}{\underset{|}{C}}}-\bigcirc-OH$$

hergestellt werden. Auch Resorcin und Hydrochinon lassen sich für diese Reaktion verwenden. Die auf diese Weise entstandenen Produkte besitzen folgende Struktur:

$$CH_2-CH-CH_2-\left[O-\bigcirc-\underset{CH_3}{\overset{CH_3}{\underset{|}{C}}}-\bigcirc-O-CH_2-\underset{OH}{\overset{}{CH}}-CH_2\right]_n-O-CH_2-CH-CH_2$$

Es handelt sich somit um bifunktionelle Polyglycidyläther, bei denen außer den Epoxid- auch die Hydroxylgruppen für die späteren Vernetzungsreaktionen herangezogen werden können. Quantitativ wird die Reaktionsfähigkeit dieser beiden funktionellen Gruppen in den einzelnen Harzen durch den sog. Epoxidwert gekennzeichnet, der die Anzahl der Mole Epoxidgruppen je 100 g Harz angibt. Das Epoxidäquivalent drückt die Harzmenge in g aus, die 1 Mol Epoxidgruppen enthält. Aus dem Hydroxylwert ergibt sich die Zahl der Mole Hydroxyl je 100 g Harz.

2.3 Grundzüge der Klebstoffchemie

Höherfunktionelle Polyepoxide können durch Umsetzung von Novolaken mit Epichlorhydrin erhalten werden, wobei Produkte entstehen, denen schematisch folgende Struktur zukommt:

$$CH_2-CH-CH_2 \quad CH_2-CH-CH_2 \quad CH_2-CH-CH_2$$

Von der Vielzahl der Arten, Epoxidharze chemisch zu modifizieren, sei die Möglichkeit der Herstellung ungesättigter Polyepoxide erwähnt. Ferner sind die Kombination von Epoxidverbindungen mit Carbon- und Sulfonsäuren, mit Polyestern, mit stickstoffhaltigen Verbindungen, mit Phenolformaldehydharzen, mit Silikonharzen, Butadienmischpolymerisaten usw. zu nennen.

Die Nomenklatur innerhalb dieser Verbindungsklasse weist eine Schwierigkeit auf: Alle bisher beschriebenen Verbindungen sind höhermolekulare, bi- oder höherfunktionelle, Epoxidgruppen tragende Verbindungen, die mit den noch zu beschreibenden Reaktionspartnern erst zu den Epoxidharzen aushärten. Streng genommen handelt es sich demnach zunächst um ,,Epoxidharzvorprodukte". Diese Unterteilung ist jedoch im allgemeinen Sprachgebrauch und meist auch in der Fachliteratur nicht üblich.

Diese für die spätere Vernetzung vorgesehenen Produkte können einerseits hochviskose Öle sein, deren Viskosität durch monofunktionelle Verdünner noch weiter zu senken sind und auf denen sich lösungsmittelfreie Reaktionssysteme aufbauen lassen. Andererseits können sie als feste Substanzen vorliegen, die zunächst in polaren, organischen Lösungsmitteln gelöst werden müssen. Die Möglichkeit, feste Epoxidverbindungen zusammen mit festen Reaktionspartnern zu Einkomponenten-Reaktionsklebstoffen zu kombinieren, wird später beschrieben.

Die Vernetzung oder Härtung der Epoxidharze ist auf verschiedene Weise möglich. Grundsätzlich kann man drei Arten von Härtungsreaktionen unterscheiden:

I. Eigenvernetzung der Epoxide, wobei durch ionisierend wirkende Polymerisationskatalysatoren (Amine, Friedel-Crafts-Verbindungen wie Bortrifluorid u. a.) die Reaktion an der Epoxidgruppe initiiert wird. Dabei handelt es sich um eine Polyaddition, die über dieselbe Stufe verläuft wie die weiter unten beschriebenen Reaktionen mit anderen vernetzenden Reaktionspartnern. Bei dieser Härtungsart macht man sich überdies die Fähigkeit der Friedel-Crafts-Katalysatoren zunutze, relativ stabile, erst bei höheren Temperaturen zerfallende Komplexe zu bilden. Solche Komplexverbindungen, z. B. BF_3-Monoäthylamin, BF_3-Pyridin, BF_3-Harnstoff, ergeben, den Epoxidgruppen tragenden Verbindungen zugesetzt, über längere Zeiträume stabile Gemische. Sie härten erst bei den Zerfallstemperaturen der Komplexe aus, die bei einigen über 200 °C liegen [161; 162].

Darüber hinaus gibt es bei höheren Temperaturen ohne Katalysatoren härtende Harze, bei denen in das Polyglycidyläther-Makromolekül bereits aktiver Wasserstoff in Form von sekundären Aminogruppen eingebaut ist. Ihre Reaktion gleicht dem weiter unten an Polyaminen beschriebenen Vorgang.

II. Reaktion der Epoxidgruppen mit anderen Verbindungen in Form einer Polyaddition, die auf der Sprengung des Oxiranrings unter Ausbildung einer Hydroxylgruppe und ihrer Verbindung mit dem den Wasserstoff liefernden Partnern beruht:

$$R'-CH-CH_2 + H-R'' \longrightarrow R'-CH-CH_2-R''$$
$$\underset{O}{\diagdown\diagup}\underset{OH}{|}$$

Als Reaktionskomponente kommen viele Verbindungen in Frage. Die sich innerhalb dieser Gruppe abspielenden Reaktionen und ihre Produkte sind für die Metallverklebungen bei weitem die bedeutungsvollsten. Zu den wichtigsten gehören:

a) Polycarbonsäuren. Diese addieren sich an die Epoxide unter Ausbildung von Esterbrücken:

$$R'-CH-CH_2 + HO-\overset{O}{\underset{\|}{C}}-R'' \longrightarrow R'-\underset{OH}{\underset{|}{CH}}-CH_2-O-\overset{O}{\underset{\|}{C}}-R''$$

Da jedoch mit den Hydroxylgruppen der Reaktionspartner auch eine Veresterung unter Kondensationsbedingungen unter Wasseraustritt möglich ist, geht man von den Säureanhydriden aus. Von diesen bevorzugt man die „sperrigen", die Beweglichkeit hindernden und dadurch die Wärmestabilität erhöhenden Vertreter, z. B. Methylnadicsäureanhydrid (I), Hetsäureanhydrid (II) oder Pyromellithsäureanhydrid (III)

I II III

2.3 Grundzüge der Klebstoffchemie

Die mit den Anhydriden ablaufenden Vernetzungsreaktionen lassen sich strukturell durch folgendes Schema darstellen:

In Wirklichkeit verlaufen diese Reaktionen nicht so übersichtlich. Um mit den Epoxidgruppen reagieren zu können, muß der Carbonsäureanhydridring erst aufgespalten werden, was durch Wasser, Salze usw. geschehen kann. In der Hauptsache dürfte aber vermutlich eine Hydroxylgruppe den Reaktionspartner bilden:

Nunmehr kann die verbleibende Carboxylgruppe die Reaktion mit der Epoxidgruppe eingehen [163].

b) Polyamine. Auch mit Aminogruppen reagiert die Epoxidgruppe in der für sie charakteristischen Weise, indem aus den sekundären Aminen durch Reaktion mit einer weiteren Epoxidgruppe tertiäre Amine entstehen können:

$$R'-\underset{\underset{O}{\diagdown\diagup}}{CH-CH_2} + H_2N-R'' \longrightarrow R'-\underset{\underset{OH}{|}}{CH}-CH_2-NH-R''$$

$$R'-\underset{\underset{O}{\diagdown\diagup}}{CH-CH_2} + R'-\underset{\underset{OH}{|}}{CH}-CH_2-NH-R'' \longrightarrow R'-\underset{\underset{OH}{|}}{CH}-CH_2-\underset{\underset{CH_2-\underset{\underset{OH}{|}}{CH}-R'}{|}}{N}-R''$$

Sind mehrfunktionelle Amine vorhanden, so erfolgt die Vernetzung. In die Praxis haben sich Verbindungen wie Diäthylentriamin. Triäthylentetramin, Phenolendiamin, Melamin, Dicyandiamid usw. eingeführt [164; 165]. Diese bei Normaltemperatur rasch aushärtenden Systeme besitzen für die Metallverklebung den Nachteil, daß die vernetzten Produkte zu spröde sind und Schälbeanspruchungen schlecht ertragen. Außerdem verhalten sich die meisten Polyamine physiologisch nicht unbedenklich, da sie bei allergischen Personen zu Hautschäden Anlaß geben können. Diese Nachteile sind bei den in der nächsten Gruppe beschriebenen Produkten wesentlich geringer.

c) Polyaminoamide. Bei der Kondensation von Polyaminen mit dimerisierten Pflanzenölfettsäuren entstehen polymere Verbindungen mit Amidstruktur. Diese Produkte haben sich als Härtungspartner für Epoxidharze bewährt. Sie sind ungiftig, meist in flüssiger Form lieferbar und erlauben den Aufbau leicht zu handhabender, lösungsmittelfreier Zweikomponenten-Reaktionssysteme. Die Vernetzung mit den Epoxiden verläuft im Prinzip gemäß Stufe II der bei den Polyaminen beschriebenen Reaktion [166; 167].

Die langen Fettsäurereste wirken im vernetzten Harz flexibilisierend, was sich auf die Schälfestigkeit von Klebverbindungen günstig auswirkt. Ein weiterer Vorzug der Polyaminoamide besteht darin, daß das Mischungsverhältnis beim Ansetzen der beiden Komponenten nicht genau in den stöchiometrischen Grenzen gehalten werden muß — ein Vorteil, der beim Verarbeiten nicht zu unterschätzen ist. Die Systeme sind gegen Schwankungen im Mengenverhältnis relativ unempfindlich; so wirkt z. B. auch ein größerer Überschuß von Polyamid auf das Reaktionsprodukt lediglich etwas weichmachend.

Außer den lösungsmittelfreien, flüssigen Systemen lassen sich auf diese Weise auch feste Reaktionsgemische herstellen, deren Aushärtung oberhalb des Schmelzpunktes vor sich geht. Die Klebstoffe dieser Art können als Folie, Strang oder als Pulver vorliegen. Auch ist es möglich, Polyamide und Epoxide bis zu einem gewissen Grad vorreagieren zu lassen. Das feste Zwischenprodukt wird dann während der Verklebung bei erhöhter Temperatur endgültig vernetzt.

d) **Pheno- und Aminoplaste.** Auch mit Phenol-Formaldehydharzen, sowohl mit Novolaken als auch mit härtbaren Resolen, sind Vernetzungsreaktionen möglich; sie verlaufen unübersichtlich. Vermutlich finden außer der Eigenhärtung der Resole Additionen der Epoxidgruppen an Methylolgruppen und an phenolischen Hydroxylgruppen sowie Kondensationsreaktionen der Methylgruppen mit dem Hydroxylen der Epoxidverbindungen statt [159].

Dem gleichen Schema entsprechen auch die Härtungsreaktionen mit den Resolen der Aminoplaste aus Harnstoff- und Melaminharzen.

e) **Verschiedene Reaktionspartner.** Weitere Vernetzungsmöglichkeiten sollen hier nicht behandelt werden. Erwähnenswert erscheinen lediglich die Reaktionen mit organischen Metallverbindungen, wie Aluminiumalkoholat, Kobaltnaphthenat und anderen, sowie die Möglichkeiten einer Kombination von Epoxiden mit Sulfonsäuren, Isocyanaten, polymerisationsfähigen Verbindungen, Dithiolen, Polysulfidprodukten und mit Silikonen.

III. Als letzte, den Epoxidharzvorprodukten gegenene Möglichkeit, Vernetzungsreaktionen einzugehen, ist die der Polykondensation über die Epoxid- und Hydroxylgruppen zu erwähnen. Sie wird zur Veresterung der Epoxidharze mit Fettsäuren trocknender und nicht trocknender Öle benutzt. Produkte dieser Art haben hauptsächlich als Lacke Bedeutung und gehören nicht direkt zu den Metallklebstoffen; sie können jedoch als Zusätze Verwendung finden.

2.3.4.5 Klebstoffe auf Basis von Silikonen (Organopolysiloxane)

Diese Verbindungsklasse unterscheidet sich von allen bisher beschriebenen Produkten in einem wesentlichen Punkt: Während es sich bei den bisher beschriebenen Makromolekülen um organische Verbindungen nach der klassischen Definition handelte, d. h. um Verbindungen, deren Gerüst aus Kohlenstoffatomen besteht, ist das Strukturelement der Silikone das Siliziumatom. Siliziumatome besitzen Alkylsubstituenten, während sie miteinander durch Sauerstoffbrücken verbunden sind. Es handelt sich demnach um silizium-organische Verbindungen, die meist als Polysiloxane bezeichnet werden und die folgende schematische Struktur besitzen:

$$\cdots-[-\underset{\underset{R}{|}}{\overset{\overset{R}{|}}{Si}}-O-\underset{\underset{R}{|}}{\overset{\overset{R}{|}}{Si}}-O-\underset{\underset{R}{|}}{\overset{\overset{R}{|}}{Si}}-]_n-\cdots$$

Die Substituenten bestehen dabei meist aus Methyl- oder Phenylgruppen.

Verbindungen dieser Art zeichnen sich durch hohe Flexibilität, gute Chemikalienbeständigkeit und vor allem durch eine hohe Warmfestigkeit aus, die mit über 200 °C weit über der Beständigkeit der Polymeren auf rein organischer Basis liegt.

Ausgangsprodukte für Klebstoffe dieser Art sind reine oder modifizierte Silanole, die durch Kondensation unter Wasseraustritt vernetzen:

$$\left[HO-\underset{R}{\overset{R}{Si}}-OH + HO-\underset{R}{\overset{R}{Si}}-OH + HO-\underset{R}{\overset{R}{Si}}-OH \right]_n \longrightarrow HO-\left[-\underset{R}{\overset{R}{Si}}-O-\underset{R}{\overset{R}{Si}}-O-\underset{R}{\overset{R}{Si}}- \right]_n -OH + n-1\,H_2O$$

Je nach der Funktionalität, der Zahl der OH-Gruppen je Molekül, entstehen lineare oder räumlich mehr oder weniger vernetzte Gebilde. Das Vernetzen kann durch Wärmezufuhr eingeleitet oder durch auf Peroxiden aufgebaute Katalysatorensysteme initiiert werden [168 bis 172].

Eine Möglichkeit, kalthärtende Einkomponenten-Reaktionssysteme aufzubauen, besteht darin, die Hydroxylgruppen der Silanole zu blockieren. Dies kann z. B. durch Veresterung mit Essigsäure oder durch Umsetzen mit Aminen geschehen:

$$R''-O-\underset{\underset{O=C-R'}{O}}{\overset{\overset{O=C-R'}{O}}{Si}}-O-R'' \quad \text{oder} \quad R''-O-\underset{\underset{NH}{\underset{R'}{|}}}{\overset{\overset{R'}{\overset{|}{NH}}}{Si}}-O-R''$$

Bringt man diese Verbindungen mit dem Katalysatorensystem zusammen, so setzt keine Reaktion ein. Wird dem Gemisch jedoch Wasser zugeführt, so werden unter Abspalten von Essigsäure bzw. Aminen die Ester verseift, und die nun wieder reaktionsfähigen Silanole vernetzen sich. Da bei dieser Vernetzungsreaktion Wasser entsteht, genügen zur Initiierung solcher Systeme geringe Mengen von Wasser, z. B. die Luftfeuchtigkeit. Sie reagieren dann bis zur vollständigen Durchhärtung selbständig weiter.

Verbindungen dieser Art finden ferner als adhäsionsfördernde Vorstriche und Zusätze Verwendung [173; 174].

2.3.4.6 Klebstoffe auf Basis von Thioplasten

Bei der Polykondensation von chlorierten, meist sauerstoffhaltigen Kohlenwasserstoffen, in der Regel Bis-(2-Chlordiäthyl)-Formal, mit Natrium-Polysulfiden (Na_2S_x) entstehen Alkylpolysulfide, denen man im Prinzip folgende Summenformel zuschreiben kann:

$$\cdots-[-CH_2-CH_2-O-CH_2-O-CH_2-CH_2-S_x-]-\cdots$$

Dabei kann x von 1 bis 5 variieren.

2.3 Grundzüge der Klebstoffchemie

Durch reduzierende Spaltung dieser Substanzen entstehen Verbindungen mit endständigen Thiolgruppen, deren durchschnittliche Zusammensetzung folgendermaßen dargestellt werden kann:

$$HS-(C_2H_4-O-CH_2-O-C_2H_4-S-S-)_{23}-C_2H_4-O-CH_2-O-C_2H_4-SH$$

Die Möglichkeit, diese Verbindungen nicht nur linear, sondern in geringem Maße auch quer zu vernetzen, wird durch den Einbau trifunktioneller Komponenten, z. B. Trichlorpropan, erreicht.

Diese Polythiole zeichnen sich als Folge ihrer endständigen SH-Gruppen durch eine starke Reaktionsfähigkeit aus. So vernetzen diese Verbindungen z. B. in Gegenwart von sauerstoffabgebenden Katalysatoren, wie Bleidioxid, organischen Peroxiden, z. B. Cumolhydroperoxid, oder p-Chinondioxim, in folgender Weise:

$$R-SH + PbO_2 + HS-R \longrightarrow R-S-S-R + H_2O + PbO$$
$$R-SH + [O]_{organ.\ Peroxid} \longrightarrow R-S-S-R + H_2O$$
$$R-SH + HO-N\!=\!\!\left\langle\!\!\!\bigcirc\!\!\!\right\rangle\!\!=\!N-OH \longrightarrow R-S-S-R + H_2N-\!\!\left\langle\!\!\!\bigcirc\!\!\!\right\rangle\!\!-NH_2$$

In dieser Art lassen sich Zweikomponenten-Reaktionssysteme aufbauen, die zu gummiähnlichen Elastomeren mit hoher Oxydations- und Chemikalienbeständigkeit führen. Als Metallklebstoffe sind solche Systeme in reiner Form selten. Doch ermöglichen die äußerst reaktiven Thiolgruppen Kombinationen mit Polyester-, Phenol-, Formaldehyd- und Epoxidharzen. Mit diesen geht die Reaktion, zu deren Initiierung aliphatische oder aromatische Amine notwendig sind, schematisch folgendermaßen vor sich:

$$R-SH + R'_3N \rightleftharpoons R-S^{(-)} + R'_3NH^{(+)}$$
$$R-S^{(-)} + CH_2-CH-R'' \longrightarrow R-S-CH_2-CH-R''$$
$$\phantom{R-S^{(-)} + }\!\!\setminus\!\!O\!\!/ |\\\phantom{R-S^{(-)} + CH_2-CH-R'' \longrightarrow R-S-CH_2-CH-R''}O^{(-)}$$
$$R-S-CH_2-CH-R'' + R'_3NH^{(+)} \longrightarrow R-S-CH_2-CH-R'' + R'_3N$$
$$|\phantom{R'' + R'_3NH^{(+)} \longrightarrow R-S-CH_2-CH}|\\O^{(-)}\phantom{R'' + R'_3NH^{(+)} \longrightarrow R-S-CH_2-CH}OH$$

Kombinationen dieser Art finden als Metallklebstoffe Verwendung. Die Klebstoffilme verfügen über höhere Flexibilität als die reiner Epoxidharzsysteme [175 bis 179].

2.3.4.7 Klebstoffe auf Basis ungesättigter, monomerer Verbindungen

Es lag nahe, die Polymerisation monomerer Moleküle zu hochpolymeren Verbindungen, wie dies bei der Herstellung von Kunststoffen der Fall ist, unmittelbar in die Klebschicht zu verlegen, um auf diesem Wege zu einer brauchbaren Verklebung zu gelangen. Solche „Verklebungs-Polymerisationen" aus Monomeren sind tatsächlich möglich. Sie werden mit Styrol, Vinylestern, Acryl- und Methacrylsäureestern usw. vorgenommen. Vor allem sind Kombinationen mit ungesättigten Polyestern üblich. Mehrere dieser Verfahren haben zu brauchbaren Klebstoffen geführt [180 bis 185].

Als Beispiel sei die Polymerisation von monomeren Methyl- bis Amylestern der α-Cyanoacrylsäure angeführt, deren Verbindungen folgender Art sind:

$$H_2C=C(CN)-C(=O)-O-R$$

Diese Verbindungen verhalten sich äußerst reaktiv; die ionisch ablaufende Polymerisation wird durch Basen oder Feuchtigkeit in katalytischen Mengen ausgelöst. Ein Kontakt mit alkalischen Flächen oder Luftfeuchtigkeit genügt, um die äußerst rasch ablaufenden Polymerisationen in Gang zu setzen. Diese Eigenart macht man sich zunutze, um das unter Luftabschluß verpackte reine Monomere als Einkomponenten-Reaktionskleber zu verwenden: Nach Aufbringen des Klebstoffs auf die zu verklebenden Flächen müssen die Fügeteile rasch zusammengebracht werden. Die Aushärtung geht dann selbsttätig innerhalb weniger Sekunden vonstatten.

Bei solchen Verbindungen, bei denen die Polymerisation radikalisch verläuft (z. B. bei Tetraäthylenglykoldimethacrylat) wird sie durch den Sauerstoff der Luft vollständig inhibiert; auf diese Weise kann ebenfalls ein Einkomponenten-Reaktionsklebersystem entstehen. Erst wenn sich der Klebstoff zwischen den Metallflächen befindet, wo ein Zutritt von Sauerstoff ausgeschlossen ist, beginnt die Polymerisation [196; 197]. Diese Eigenschaften, zusammen mit einem hervorragenden Adhäsionsvermögen, hat diese Verbindungsklasse zu wertvollen Metallklebstoffen werden lassen. Ihr Nachteil besteht in geringer Warmfestigkeit und geringer Beständigkeit gegen organische Lösungsmittel.

2.3.4.8 Klebstoffe auf Basis von Plastisolen und Organosolen

Plastisole sind lösungsmittelfreie Gemische von Polymeren und Weichmachern. Unter den Polymeren ist Polyvinylchlorid das weitaus bedeutendste. Organosole sind Plastisole, die geringe Mengen von Lösungsmitteln enthalten. Diese zweiphasigen Systeme gelieren in der Wärme (zwischen 120 und 180 °C) zu festen, homogenen Produkten, ohne dabei chemisch zu reagieren. Die Verfestigung geht durch eine Lösung der dispergierten, kolloidalen Kunststoffteilchen im Weichmacher vor sich, der eine inter- und intramicellare Quellung vorausgeht. Als Weichmacher können fast alle in der Kunststoffverarbeitung üblichen Typen verwendet werden.

Die Haftung der Plastisole auf Metallen läßt sich durch Beigabe von Epoxidharzen, härtbaren Phenolharzen, ungesättigten Polyestern oder polymerisierbaren Monomeren, z. B. Methacrylsäureester u. a., erhöhen. Außerdem enthalten sie Hitze-, Licht- und Oxydationsstabilisatoren — meist epoxidierte, höhere Ester und Ba—Cd—Zn-Phosphit-Phenollatverbindungen — und verschiedene andere Hilfsstoffe.

Obwohl es sich bei ihnen um keine chemisch vernetzten Produkte handelt und sie bei strengem Maßstab nach der Unterteilung auf S. 79 nur zwischen die unter I. bzw. II. beschriebenen Gruppen einzuordnen sind, können sie doch Metallklebstoffe von beachtlicher Festigkeit abgeben. Sie finden hauptsächlich in der Automobilindustrie als kombinierte Kleb- und Dichtungsmassen Verwendung [188, 189].

2.3.4.9 Entwicklungstendenzen

Mit den hier beschriebenen Produkten wird die Entwicklung der Klebstoffe nicht zu Ende sein. Neue Kunststoffe werden die weitere Verbesserungen der Klebstoffeigenschaften zur Folge haben. Es sei hier besonders auf die Steigerung der Warmfestigkeit hingewiesen, die durch den Einsatz aromatischer hochpolymerer Basisharze zu erzielen ist. Bewährt haben sich von diesen bereits die Polybenzimidazole, die Polyimide und aromatische Epoxidharze [190; 191]. Durch Verwenden von Polybenzothiazolen und Phenylensulfiden ist ein weiteres Steigern der thermischen Beständigkeit zu erwarten.

Niemals wird es jedoch den „Klebstoff an sich", d. h. einen universalen Kleber für jede Verbindungsart geben. Das verbieten thermodynamische, chemische und mechanische Gesetze.

2.3.5 Kombinationen und Zusätze

Nach dem Versuch, den formalen Aufbau der Metallklebstoffe zu beschreiben, ihre Reaktionsweisen grundsätzlich darzulegen und die einzelnen Verbindungsarten schematisch zu behandeln, ist zu betonen, daß die in der Praxis eingesetzten Klebstoffe in den meisten Fällen nicht nur einer der abgehandelten Verbindungsarten entsprechen oder auf nur einem der genannten Reaktionssysteme aufgebaut sein müssen, sondern daß sie Kombinationen verschiedenster Art darstellen können: So sind z. B. die fast unübersehbare Zahl von Härtungsmitteln für Epoxidharze und die Epoxidmodifizierung ungesättigter Polyester zu erwähnen, ferner die Kombinationsmöglichkeiten, welche die Polyisocyanate mit fast allen anderen Systemen bieten. Die Zahl der Variationsmöglichkeiten bei den ungesättigten Monomeren sowie bei den mit ihnen meist in Verbindung gebrachten Polyestern ist groß und umfaßt u. a. das Kombinieren mit Phenol- und Aminharzen sowie anderen Duround auch Thermoplasten [192 bis 195].

Darüber hinaus kennt man in der Klebstoffchemie eine große Anzahl von Hilfsstoffen, die bestimmte Aufgaben wie Flexibilisierung, Adhäsionssteigerung, Alterungsschutz, Stabilisierung, Flammhemmung, Erhöhen der Warmfestigkeit, Viskositätsregulierung, Härtungsverzögerung usw., zu erfüllen haben. Füllstoffe unterstützen diese Wirkungen nicht unwesentlich [196; 197].

Diese Kombinations- und Zusatzmöglichkeiten haben zu einer fast unübersehbaren Zahl von Klebstoffen geführt, wovon die äußerst umfangreiche Patentliteratur Zeugnis ablegt. Für ein vertieftes Studium sei auf diese und auf das Schrifttum verwiesen [198; 200].

Literatur zum Kap. 2

1. UHLIG, H. H.: Metal Surface Phenomena, In: Metal Interfaces, Cleveland/Ohio 1952, 312—335.
2. KINGERY, W. D.: Property Measurements at High Temperatures, New York: J. Wiley & Sons 1959.
3. WOLD, K. L.: Physik und Chemie der Grenzflächen, Berlin/Göttingen/Heidelberg: Springer 1957.
4. KNACKE, O., u. I. N. STRANSKI: Z. Elektrochem., Ber. Bunsenges. phys. Chem. 60 (1956) 816.
5. HERRING, C.: The Atomistic Theory of Metallic Surfaces. In: Metal Interfaces, Cleveland/Ohio 1952, 1—19.
6. GREGG, S. J.: Oberflächenchemie fester Stoffe, Berlin 1952.
7. SEITH, W.: Diffusion in Metallen, Berlin/Göttingen/Heidelberg: Springer 1955.
8. POHL, R. W.: Einführung in die Physik, Bd. I, Berlin/Göttingen/Heidelberg: Springer 1962.
9. SEMENCHENKO, V. K.: Surface Phenomena in Metals and Alloys, New York: Pergamon Press 1961.
10. KARPENKO, G. W.: Z. phys. Chem. 208 (1958) 309.
11. FRIEMEL, W., O. KNACKE u. I. N. STRANSKI: Z. Metallk. 49 (1958) 404.
12. KRAMER, J.: Der metallische Zustand, Göttingen: Vandenhoeck & Ruprecht 1950.
13. LINTNER, K., u. E. SCHMIDT: Radex-Rdsch. 1 (1956) 23.
14. LOHFF, J.: Z. Phys. 146 (1956) 436.
15. SCHAUB, C., u. W. LIEDTKE: Z. Metallkde. 44 (1953) 570.
16. SAMUELS, L. E.: J. Inst. Met. 86 (1958) 43.
17. SAMUELS, L. E., u. G. R. WALLWORK: J. Inst. Met. 86 (1958) 48.
18. ERDMANN-JESNITZER, F., u. E. VOGLER: Metall 10 (1956) 1008.
19. DURKIN, D. E.: Materials & Methods 27 (1948) 82.
20. STEFFENS, H.-D.: Haftung und Schichtaufbau beim Lichtbogen- und Flammspritzen, Dissertat. TH Hannover 1963.
21. BROOCKMANN, K.: Farbe u. Lack 65 (1956) 317.
22. KRUPP, H., G. SANDSTEDE u. K.-H. SCHRAMM: Chem.-Ing. Techn. 32 (1960) 99.
23. ULMER, K.: Dissertat. TH Hannover 1963.
24. CZYZAK, S. J.: On the Theory of Adhesion, In: Adhesion and Adhesives, London 1954, S. 16—20.
25. KRAUS, G., u. J. E. MANSON: J. Polymer Sci. 6 (1950) 625.

26. DERJAGIN, B. W., N. A. KROTOVA u. V. V. KARASER: Doklady Akad. Nauk SSSR 24 (1956) 728.
27. DERJAGIN, B. W., u. N. A. KROTOVA: Adhäsion (Adgesia), Moskau 1949.
28. NEUHAUS, A.: Orientierte Substanzabschneidungen, In: Fortschr. Mineral. Bd. 29 u. 30, Stuttgart 1952.
29. WEGMANN, R. F., u. M. I. BODNAR: Machine Design 31 (1959) 139.
30. MATTING, A., u. K. ULMER: Metall 16 (1962) 6.
31. BOWDEN, F. P., u. G. W. ROVE: Proc. Roy. Soc. (A) 233 (1956) 429.
32. DE BRUYNE, N. A.: J. Appl. Chem. 6 (1956) 303.
33. JENCKEL, E., u. B. RUMBACH: Z. Elektrochem. 55 (1951) 612.
34. FARADAY, M.: Selected Researches on Electricity, 1833.
35. LONDON, F.: Z. Phys. 63 (1930) 245; Z. physik. Chem. 11B (1930) 222.
36. LORENZ, R., u. A. LANDÉ: Z. anorg. Chem. 125 (1922) 47.
37. GREGG, S. J.: Surface Chemistry of Solids. 2. Ed., London 1961, 14.
38. LANGMUIR, J.: J. Am. Chem. Soc. 38 (1916) 2219; 40 (1918) 1361.
39. BRUNAUER, S., u. P. H. EMMETT u. E. TELLER: J. Am. Chem. Soc. 60 (1938) 309.
40. ZSIGMONDY, R.: Z. anorg. Chem. 71 (1911) 356.
41. YOUNG, TH.: Phil. Trans. Roy. Soc. (London) 95 (1805) 65.
42. DUPRÉ, A.: Théorie Méchanique de la Chaleur. Paris 1869, 369.
43. TABOR, D.: Friction and Adhesion between Metals and other Solids. In: Eley, D. D., Adhesion, Oxford Univ. Press 1961, 115.
44. BÖHME, G., W. KLING, M. KRUPP, H. LANGE u. G. SANDSTEDE: Z. angew. Phys. 16 (1964) 486.
45. KRUPP, H., u. G. SPERLING: Z. angew. Phys. 19 (1965) 259.
46. BÖHME, G., W. KLING, H. KRUPP, H. LANGE, G. SANDSTEDE u. A. WALTER: Z. angew. Phys. 19 (1965) 265.
47. SELL, P. J., u. A. W. NEUMANN: Angew. Chem. 78 (1966) 321.
48. UDIN, H., u. a.: J. Metals Trans. (1949) 186.
49. FRICKE, W.: Kolloid-Z. 96 (1941) 213.
30. FRICKE, W.: Handbuch der Katalyse, Bd. IV, 1943, S. 116.
51. HARKINS, W. D., u. G. JURA: In Alexander, J., Colloid Chemistry, Theoretical and Applied, Vol. VI, New York 1946, S. 4.
52. JACKSON, J. B., P. J. Flory u. R. CHIANG: Trans. Farad. Soc. 59 (1963) 1906·
53. KOCKOTT, D.: Kolloid-Z. 198 (1964) 17.
54. WUNDERLICH, B., u. a.: J. Polym. Sci. A1 (1963) 3581.
55. HEBER, J.: J. Polym. Sci. A2 (1964) 1291.
56. HOFFMANN, J. D., u. J. J. WEEKS: J. Chem. Phys. 37 (1962) 1923.
57. ZISMANN, W. A.: In: Weiß, P., Adhesion and Cohesion, Amsterdam/London/New York 1962, S. 176.
58. WOLFRAM, E.: Kolloid-Z. 182 (1962) 75.
59. GRAY, V. R.: FOREST Prod. J. 12 (1962) 452.
60. SCHONHORN, K.: J. Phys. Chem. 69 (1965) 1084.
61. MAGAT, M.: J. Chem. Phys. 46 (1949) 344.
62. GARDON, J. L.: J. Phys. Chem. 67 (1963) 1935.
63. DUNKEL, M.: Z. physik. Chem. A138 (1928) 42.
64. KRAUS, G.: In: Adhesion and Adhesives, London/New York 1954, S. 45.
65. HARKINS, W. D., u. H. K. LIVINGSTON: J. Chem. Phys. 10 (1942) 342.
66. HARKINS, W. D., u. G. E. BOYD: J. Am. Chem. Soc. 64 (1942) 1195.
67. HOWARD, F. W., u. J. L. CULBERTSON: J. Am. Chem. Soc. 72 (1950) 1185.
68. BANGHAM, D. H., u. R. J. RAZOUK: Trans. Farad. Soc. 33 (1937) 805.

69. DE BRUYNE, N. A.: Nature 180 (1954) 262.
70. KRAUS, G., u. J. E. MANSON: J. Polymer Sci. 6 (1951) 625; 8 (1952) 448.
71. JENCKEL, E., u. B. RUMBACH: Z. Elektrochem. 55 (1956) 622.
72. KORAL, J., R. ULMAN u. F. R. EIRICH: J. Phys. Chem. 62 (1958) 541.
73. FONTANA, B. J., u. J. R. THOMAS: J. Phys. Chem. 65 (1961) 480.
74. STROMBERG, R. R., D. J. TUTAS u. E. PASSAGLIA: J. Phys. Chem. 69 (1965) 3955.
75. BINFORD, J. S., u. A. M. GESSLER: J. Phys. Chem. 63 (1959) 1376.
76. PATAT, F., u. C. SCHLIEBENER: Makrom. Chem. 44—46 (1961) 643.
77. PATAT, F., u. L. ESTUPINAN: Makrom. Chem. 49 (1961) 182.
78. ÖHRN, O. E.: J. Polym. Sci. 17 (1905) 137.
79. FENDLER, H. G., H. ROHLEDER u. H. A. STUART: Makrom. Chem. 18/19 (1956) 383.
80. SIMHA, R., H. L. FRISCH u. F. R. EIRICH: J. Phys. Chem. 57 (1953) 584.
81. KUHN, W.: Kolloid-Z. 68 (1934) 2.
82. FRISCH, H. L., R. SIMHA u. F. R. EIRICH: J. Chem. Phys. 21 (1953) 365.
83. FRISCH, H. L., u. R. SIMHA: J. Phys. Chem. 58 (1959) 507.
84. FRISCH, H. L.: J. Phys. Chem. 59 (1935) 633.
85. FRISCH, H. L., u. R. SIMHA: J. Chem. Phys. 24 (1956) 652.
86. FRISCH, H. L., u. R. SIMHA: J. Chem. Phys. 27 (1957) 102.
87. GILLILAND, R. E., u. E. B. GUTOFF: J. Phys. Chem. 64 (1960) 407.
88. HIGUCHI, W. L.: J. Phys. Chem. 65 (1961) 486.
89. FORSMAN, W. C., u. R. E. HUGHES: J. Chem. Phys. 38 (1963) 2123 u. 2130.
90. SILBERBERG, A.: J. Phys. Chem. 66 (1962) 1873 u. 1884.
91. Hoeve, C. H., D. A. DI MARZIO u. P. PEYSER: J. Chem. Phys. 42 (1963) 2558.
92. PATAT, F., E. KITTMANN u. C. SCHLIEBENER: Makrom. Chem. 49 (1961) 200.
93. BLUMSTEIN, A.: Bull. Soc. Chem. de France 1961, S. 899 u. 914.
94. MCBEIN, J. W., u. D. G. HOPKINS: J. Phys. Chem. 29 (1925) 188.
95. BROWNE, F. L., u. T. R. TRUAX: Coll. Symp. Monograph. 4 (1926) 258.
96. BROWNE, F. L., u. D. BROUSE: Ind. Eng. Chem. 21 (1928) 80.
97. DERJAGIN, B. V., u. N. A. KROTOWA: Doklady Akad. Nauk. SSSR 61 (1948) 849; Ref.: Chem. Abstr. 43 (1949) 2842.
98. VOYUTSKII, S. S., u. V. L. VAKULA: J. appl. Polym. Sci. 7 (1963) 475.
99. VOYUTSKII, S. S.: Autohesion and Adhesion of High Polymers. New York/London/Sydney 1963.
100. STEFAN, J.: Sitzungsber. Akad. Wiss. Wien Math. naturw. Klasse 69 (1874) 713.
101. BRESSER, S. E., G. M. ZAKHAROW u. S. V. KIRILLOW: Vysokomol. Svedin. 3 (1961) 1072.
102. BUECHE, F., W. M. CASHIN u. P. DEBEYE: J. Chem. Phys. 20 (1952) 1956.
103. TIMM, B., u. E. THIES: Kautsch. u. Gummi 14 (1961) 233.
104. DIN 1602.
105. CARLOWITZ, B.: Tabellarische Übersicht über die Prüfung von Kunststoffen, Frankfurt: Umschau 1966.
106. OBERST, H. u. a.: Elastische und viskose Eigenschaften von Werkstoffen, Berlin 1963.
107. VOLLMERT, B.: Grundriß der makromolekularen Chemie, Berlin/Göttingen/Heidelberg: Springer 1962.
108. PEUKERT, H.: Kunststoffe 8 (1961) 213.
109. STUART, H. A.: Die Physik der Hochpolymeren, Berlin/Göttingen/Heidelberg: Springer-Verlag 1956.

110. WdK-Leitlinie 950 „Elastomere" Frankfurt: Wirtschaftsverlag d. dt. Kautschuk-Industrie 1963.
111. JACOBI, H. R.: Klepzig-Fachber. 67 (1959) 385.
112. KÄSTNER, S.: Plaste u. Kautsch. 9 (1962) 579.
113. BROOCKMANN, K.: Farbe u. Lack 65 (1959) 317.
114. STÄGER, H.: Kunststoffe 49 (1959) 589.
115. MÜLLER, F. H.: Kunststoffe 41 (1951) 41.
116. STÄGER, H.: Techn. Mitt. 50 (1957) 414.
117. KETELAAR, J. A. A.: Die chemische Konstitution, Braunschweig: Vieweg & Sohn 1964.
118. EGGERT, J.: Lehrbuch der physikalischen Chemie, Leipzig: Hirzel 1948.
119. FINKELNBURG, W.: Einführung in die Atomphysik, Berlin/Göttingen/Heidelberg: Springer 1965.
120. DE BRUYNE, N. A., u. R. HOUWINK: Klebtechnik, Stuttgart: Berliner Union 1957.
121. STECHER, H.: Adhäsion 6 (1962) 1.
122. VOGEL, R. E.: Adhäsion 2 (1958 1.
123. BARTUSCH, W.: Kunststoffe 46 (1956) 274.
124. SEIDLER, P. O.: Adhäsion 10 (1963) 503.
125. WAKE, W. C., u. R. M. VASENIN: Adhesives Age 8 (1965) 18 u. 30.
126. BOCK, E.: Adhäsion 9 (1965) 289.
127. SCHÄFER, K.: Zwischenmolekulare Kräfte. Dechema-Monographien, B. 51, Weinheim: Verlag Chemie 1964.
128. YUREK, D. A.: Adhesives Age 8 (1965) 22.
129. KLAGES, FR.: Lehrbuch der organischen Chemie, Berlin: de Gruyter 1954.
130. HAMANN, K.: Die Chemie der Kunststoffe, Berlin: de Gruyter 1960.
131. JENCKEL, E. u. H. HUHN: Das Verkleben von Aluminium mit carboxylsubstituierten Polystyrolen. Forschungsber. d. Wirtsch. u. Verkehrsminist. Nordrh. Westf., Köln/Opladen: Westdeutscher Verlag 1958.
132. WEISS, P.: Der Einfluß der Veränderungen der chemischen Zusammensetzung auf die Adhäsion von Polymeren, Dechema-Monograph., Bd. 51, Weinheim: Verlag Chemie 1964.
133. MÜLLER, G.: Adhäsion 7 (1963) 307.
134. EICH, T., u. F. HAARLAMMERT: Farbe u. Lack 62 (1956) 581.
135. THINIUS, K., u. G. GROSSE: Plaste u. Kautsch. 5 (1958) 418.
136. PRUTTON, C. F., u. S. H. MARON: Fundamental Principles of Physical Chemistry, New York: Macmillan 1954.
137. WOLF, K. L., O. DRIEDGER, A. W. NEUMANN u. P.-J. SELL: Über Adhäsion, Randwinkel und Grenzflächenspannungen, Dechema-Monogr. Bd. 51, Weinheim: Verlag Chemie 1964.
138. MARK, H. F.: Künftige Entwicklungsrichtlinien zur Verbesserung der Kohäsions- und Adhäsionsfestigkeit von Polymeren, Dechema-Monogr. Bd. 51, Weinheim: Verlag Chemie 1964.
139. WOLF, K. L.: Physik und Chemie der Grenzflächen, Berlin/Göttingen/Heidelberg: Springer 1957.
140. STUART, H. A.: Kunststoffe 42 (1952) 266.
141. BOSTRÖM, S.: Kautschuk-Handbuch, Bd. 1, Stuttgart: Berliner Union 1959.
142. HULTZSCH, K.: Chemie der Phenolharze, Berlin/Göttingen/Heidelberg: Springer 1950.
143. HULTZSCH, K.: Kunststoffe 41 (1952) 109.

144. HOUWINK, R.: Chemie und Technologie der Kunststoffe, Bd. 2, Leipzig: Akadem. Verlagsges. 1956.
145. KÄMMERER, H.: Kunststoffe 56 (1966) 154.
146. WAGNER, H. u. H. SARX: Lackkunstharze, München: Hanser 1959, S. 50.
147. DBP 808476.
148. DBP 963179.
149. FAHRENHORST, H.: Kunststoffe 45 (1955) 43 u. 219.
150. WEIGEL, K.: Katalytische Lackhärtung und ihre Rohstoffe, Stuttgart: Wissensch. Verlagsges. 1962.
151. BEHNKE, E.: Adhäsion 4 (1960) 65.
152. WEIGEL, K.: D. Farben-Z. (1960) 56, 149, 357, 440 u. 476.
153. AP 2255313.
154. AP 967265.
155. BAYER, O.: Das Diisocyanat-Polyadditionsverfahren, München: Hanser 1963.
156. MÖLLER, E.: Kunststoffe 41 (1951) 13.
157. Bayer-Kunststoffe, Taschenbuch der Farbenfabriken Bayer, 3. Aufl. 1963.
158. Schw. P. 211116.
159. PAQUIN, A. M.: Epoxydverbindungen und Epoxydharze, Berlin/Göttingen/Heidelberg: Springer 1958.
160. PAQUIN, A. M.: Kunststoff-Rdsch. 5 (1958) 147, 191, 234 u. 287.
161. NOWAK, P., u. M. SAURE: Kunststoffe 54 (1964) 557.
162. LIDARIK, M., u. S. STARY: Plaste und Kautsch. 11 (1964) 586.
163. JELLINEK, K.: Kunststoffe 55 (1965) 74.
164. LIDARIK, M., u. J. PETERKA: Plaste u. Kautsch. 11 (1964) 598.
165. THINIUS K., u. G. WERNER: Plaste u. Kautsch. 8 (1964) 175.
166. FLOYD, D. E., D. E. PEERMANN u. H. WITTCOFF: J. appl. Chem. 7 (1957) 250.
167. NIEMANN, H., u. J. GÜNTHER: Adhäsion 5 (1961) 449.
168. ROCHOW, E. G.: Einführung in die Chemie der Silikone, Weinheim: Verlag Chemie 1952.
169. DATHE, CHR.: Plaste u. Kautsch. 9 (1962) 1.
170. KRAUSS, W., u. R. KUBENS: D. Farben-Z. 10 (1956) 1.
171. Wacker-Chemie München: Kaltvulkanisierender Silikonkautschuk, 1964.
172. FP 1235721.
173. STERMANN, S., u. J. B. TOOGOOD: Adhesives Age 8 (1965) 34.
174. Union Carbide Europa Genf: Silan-Haftvermittler.
175. GÖBEL, G.: Flüssige Polysulfid-Polymere, Kunststoffe 49 (1959) 56.
176. Thiokol-Gesellschaft Mannheim: Thiokol-Nachrichten Nr. 250.
177. HOCKENBERGER, L.: Chem. Ing. Techn. 36 (1964) 1046.
178. FP 935415.
179. DACHSELT, E.: Plaste u. Kautsch. 9 (1962) 431.
180. DBP 960030.
181. DBP 963995.
182. DBP 976064.
183. DBP 1014254.
184. AP 2628178.
185. AP 2895950.
186. AP 2748050.
187. AP 2763585.
188. WEINMANN, K.: D. Farben-Z. 19 (1965) 93.
189. DAS 1056308.
190. WALLENBERGER: F. T.: Angew. Chem. 76 (1964) 484.
191. MATTING, A. u. W. BROCKMANN: Angew. Chem. 80 (1968) 641.

192. THINIUS, K.: Kunststoffe 37 (1947) 36.
193. DIMTER, L., H. SCHULZ u. K. THINIUS: Plaste u. Kautsch. 9 (1962) 318.
194. DIMTER, L., u. K. THINIUS: Plaste u. Kautsch. 11 (1964) 328.
195. FRIE, K.: Plaste u. Kautsch. 12 (1965) 90.
196. SCHLEGEL, H., u. W. SEYFARTH: Plaste u. Kautsch. 8 (1959) 368.
197. MITTROP, F.: Ind.-Anz. 83 (1961) 360.
198. LÜTTGEN, C.: Die Technologie der Klebstoffe, Berlin: Pansegrau 1959.
199. PLATH, E., u. L. PLATH: Taschenbuch der Kitte und Klebstoffe, Stuttgart: Wissensch. Verlagsges. 1959.
200. FOERST, W.: Ullmans Encyclopädie der technischen Chemie, München/Berlin: Urban & Schwarzenberg 1953.

3 Technologie des Klebens

3.1 Die Verarbeitung der organischen Metallklebstoffe

Von Manfred Michel, Pirmasens

Das Verarbeiten von Metallklebstoffen verlangt ein gewisses Maß von Kenntnissen über den chemischen Aufbau der Klebstoffe sowie die physikalischen und chemischen Vorgänge während des Abbinde- oder Aushärteprozesses; erst aus ihnen sind die Voraussetzungen für das Zustandekommen einer brauchbaren Verklebung abzuleiten.

Die theoretischen, physikalischen und chemischen Grundlagen des Klebvorgangs wurden auf S. 32 eingehend behandelt mit dem Ergebnis, daß bei Herstellung von Metallklebverbindungen ein chemisches System verwendet werden muß, welches zunächst ein Optimum an Haftarbeit zu leisten hat und das dann unter Ausbildung eines energetisch günstigen Bindungs- und Orientierungszustandes zur Bildung hoher kohäsiver Eigenschaften befähigt ist. Es wurde gezeigt, daß in diese Beziehungen, die einmal die Zusammenhänge der physikalischen Adsorption (d. h. die des Grenzflächensystems Klebstoff—Oberfläche) und zum anderen die thermodynamischen Grundgedanken der Haft- und Kohäsionsarbeit beschreiben, sowohl Faktoren eingehen, die stoffgebunden sind (chemischer und makromolekularer Aufbau der Klebstoffe, Eigenschaften der Metallflächen usw.), als auch solche, die von den Verarbeitungsbedingungen abhängen und variabel sind (Druck, Temperatur, Viskosität usw.).

Für die Ausbildung der Adhäsionskräfte ist vor allem das Benetzungsvermögen ausschlaggebend. Dieses hängt — außer von den gegebenen physikalischen Daten des Klebstoffs und dem daraus resultierenden Verhalten des Grenzflächensystems Klebstoff — Oberfläche (Randwinkelbildung) — weitgehend von den Verarbeitungsbedingungen ab. Die Verarbeitung der organischen Metallklebstoffe muß darauf ausgerichtet sein, das Benetzungsvermögen des Klebstoffs optimal auszunutzen. Damit erfährt das rheologische Verhalten des Klebstoffs eine ausschlaggebende Bedeutung. Da die Metallklebtechnik lösungsmittelhaltige, lösungsmittelfreie oder Klebstoffe im Schmelzzustand verwendet, ergeben sich hieraus unterschiedliche Verfahrensweisen.

Einheitlich für alle diese Verfahren gilt, daß ein gleichmäßiger, zusammenhängender, dünner Klebfilm von möglichst definierter Dicke entstehen muß. Dies ist die Grundbedingung für einwandfreie Kohäsion. Andererseits wird — sobald der Klebstoff die Oberfläche benetzt— die Haftarbeit in der Regel größer sein als die Kohäsion. Diese beiden Faktoren sind die Voraussetzung für eine gute Verklebung und legen damit das Maß ihrer Festigkeit fest.

Unter dem Aspekt der Verarbeitung läßt sich demnach das Entstehen einer Metallklebverbindung folgendermaßen beschreiben:

a) Stadium der physikalischen Adsorption. Für den Klebstoff sind zu fordern: möglichst gute Benetzbarkeit, d. h. flüssiger bzw. niedrigviskoser Zustand und Aufrechterhalten günstiger Grenzflächenverhältnisse Klebstoff — Oberfläche. Diese Faktoren sind temperatur- und, unter Umständen, konzentrationsabhängig.

b) In dieses Stadium integriert sich das Stadium der Haftarbeit. Für den Klebstoff bedeutet dies: möglichst viele Freiheitsgrade der Beweglichkeit im Sinne mono- oder oligomerer Zustände. Auch sie sind temperaturabhängig.

c) Es folgt das Stadium der Kohäsionsarbeit. Für den Klebstoff bedeutet dies: möglichst viele Freiheitsgrade der Beweglichkeit, also niedrigmolekular, und ungestörte Möglichkeit zur Nahorientierung, die meist mit dem Übergang fest/flüssig verbunden ist. Diese Faktoren sind zeit- bzw. temperaturabhängig, in manchen Fällen auch druckabhängig.

Dem Stadium der physikalischen Adsorption entspricht in der Praxis der Klebstoffauftrag; dem Stadium der Kohäsionsarbeit die Aushärtung. Die von dem System zu leistende Haftarbeit kann durch Warmaushärten nachträglich erhöht werden. Da nach der CLAUSIUS-CLAPEYRONschen Gleichung die Wärmetönung der physikalischen Adsorption negativ temperaturabhängig ist und umgekehrt das rheologische Verhalten und demnach Viskosität und Benetzungsvermögen des Klebstoffs eine positive Funktion der Temperatur darstellen, müßte es für alle Klebstoffe ein Optimum der Verarbeitungstemperatur geben. Die in der Praxis angewendeten Temperaturen liegen aber wegen der Stabilität der Klebstoffe und aus Gründen der Verfahrenstechnik durchweg unter diesem theoretisch optimalen Wert.

Diese Zusammenhänge und die sie bestimmenden Faktoren sollen im folgenden unter den verarbeitungstechnischen Gesichtspunkten beschrieben werden.

3.1.1 Vorbereitung

Abgesehen von der Vorbehandlung der Oberflächen müssen die Klebstoffe in ihre verarbeitungsfertige Form gebracht werden. Wie bereits beschrieben, handelt es sich bei den meisten Metallklebstoffen um Mehrkomponenten-Reaktionssysteme. In den meisten Fällen werden diese Klebstoffe mit getrennten Komponenten geliefert und müssen vor der Verarbeitung gemischt werden. Von großer Bedeutung ist hierbei das exakte Einhalten des vorgeschriebenen Mischungsverhältnisses. Je nach dem chemischen Aufbau der einzelnen Klebstofftypen hat das Abweichen von dem vorgeschriebenen Mischungsverhältnis sehr unterschiedliche Folgen:

So wirkt sich z. B. bei einem ungesättigten Polyester, bei dem die aushärtende Komponente lediglich den Katalysator für die Polymerisationsreaktion darstellt, eine Variation des Mengenverhältnisses in erster Linie nur auf die Aushärtezeit aus, während die Bindefestigkeiten und auch die physikalischen und chemischen Eigenschaften des Klebfilms weniger beeinflußt werden. Dagegen kann eine Abweichung vom stöchiometrischen Mengenverhältnis der Reaktionspartner, z. B. bei Epoxidharzen, eine nachhaltige Wirkung auf die verschiedensten Eigenschaften des Klebfilms ausüben. Nicht nur die Bindefestigkeit wird beeinflußt, sondern auch die Warmfestigkeit, die Beständigkeit gegenüber Wasser, organischen Lösemitteln u. a. ändert sich meist im negativen Sinne. Daher ist eine zuverlässig funktionierende Dosierung unbedingt vorauszusetzen.

Dasselbe gilt für den Mischvorgang, durch den eine absolute Durchmischung und Homogenisierung erreicht werden muß. Damit das Stadium der vollständigen Durchmischung besser zu erkennen ist, besitzen viele Klebstofftypen unterschiedlich eingefärbte Komponenten (z. B. schwarz und weiß), wobei das Homogenisieren an der einheitlichen Mischfarbe zu erkennen ist. Noch besser geht dies an Klebstoffen mit eingebauten Indikatoren hervor, die mit einem deutlichen Farbumschlag reagieren.

Eine wesentlich höhere Sicherheit und Rationalisierung bieten die meist automatisch arbeitenden Zweikomponenten-Misch- und Dosierungsgeräte. Diese Geräte fördern die genau dosierten, zur Viskositätsregulierung meist erwärmten, einzelnen Komponenten in einen Mischkopf, aus dem das fertige Gemisch entweder ausgespritzt oder diskontinuierlich in dosierten Mengen entnommen werden kann. Abgesehen von Rationalität und Sicherheit besitzen diese Geräte den Vorteil, daß der Klebstoff in heißem Zustand aufgebracht werden kann. Mit solchen Geräten lassen sich Klebstoffe mit Viskositäten bis zu 40 000 cP verarbeiten.

Daß nach dem Mischen die chemische Aushärtereaktion einsetzt, welche die sog. Topfzeit des Klebstoffs bedingt, wurde bereits beschrieben (s. S. 79). Nach ihr richten sich die anzusetzenden Klebstoffmengen. Außerdem sind die Zusammenhänge zwischen Topfzeit und Klebstoffauftrag zu beachten.

3.1.2 Klebstoffauftrag

a) **Flüssige Systeme.** Hierbei kann es sich entweder um feste, in organischen Mitteln gelöste Substanzen (auch Zweikomponentensysteme), oder um lösungsmittelfreie, aus Monomeren bzw. Oligomeren bestehende Produkte handeln.

Im ersten Falle dürfen die Fügeteile erst nach dem Abdunsten des größten Teils der Lösungsmittel zusammengebracht werden, wobei eine Nahorientierung der Makromoleküle und das Ausbilden von Nebenvalenzbindungen vor sich geht. Dies ist der Zustand zwischen Mindestablüftezeit und offener Zeit. Die Haftarbeit solcher Systeme kann dabei auch eine Funktion der Konzentration sein. Da auch nach der offenen Zeit noch Lösemittel im Klebstoffilm enthalten sind, müssen solche Klebstoffe stets unter Druck ausgehärtet werden. Bei lösungsmittelhaltigen Zweikomponentensystemen bedarf die Topfzeit erhöhter Beachtung, da die Gefahr, sie zu überschreiten, wegen der Anwesenheit von Lösungsmitteln, durch die die Viskosität zunächst nur wenig zunimmt, hier sehr groß ist. Bei lösungsmittelfreien, flüssigen Mehrkomponentensystemen ist keine Mindestablüftezeit bzw. offene Zeit zu beachten, doch spielt auch hier die Topfzeit eine wesentliche Rolle: Bei den meisten Systemen setzt die chemische Reaktion unmittelbar nach dem Mischen ein, wodurch sich das Molekulargewicht und die Viskosität erhöhen. Dies hat zur Folge, daß die Haftarbeit des Systems abnimmt. Fortschreitende Härtung vor dem Klebstoffauftrag bedeutet also eine verminderte Haftfähigkeit des Klebstoffs [1].

Die Auftragsmethodik muß in den einzelnen Fällen den Produktionsbedingungen angepaßt werden, wobei man zwischen kontinuierlicher Flächenbeschichtung und diskontinuierlicher Stückbeschichtung unterscheiden muß.

Bei kontinuierlicher Flächenbeschichtung kann mit den üblichen Auftragsarten durch Walzen (am besten Reverse-Roll-Coater), Gießen, Streichen oder unter Umständen Spritzen gearbeitet werden. Bei der — bedeutend häufigeren — Stückbeschichtung muß in den meisten Fällen, sofern nicht ein Mehrkomponenten-Misch- und Dosiergerät Verwendung findet, der Klebstoff von Hand mit Pinsel, Spachtel oder dgl. aufgetragen werden. In einigen Fällen ist der Auftrag aus Spritz- oder Fadenpistolen möglich. Verschiedene Klebstofftypen und Fügeteile erlauben auch ein Tauchen. Ein ebenso einfacher Klebstoffauftrag, um einzelne ebene Flächenstücke mit pastösen Klebstoffen zu beschichten, kann mit einem feststehenden Rakel erreicht werden. Der Rakel ist frei beweglich so aufzuhängen, daß sich mit einem als Hebelarm ausgebildeten Gewichthalter der von ihm ausgeübte Druck regulieren läßt. Eine größere Menge Klebstoff wird auf das erste, zu beschichtende

Metall aufgebracht, welches dann — zuletzt mit Hilfe des nächsten Teils — unter dem Rakel durchzuschieben ist. Der Klebstoff ist dadurch kontinuierlich in Wülsten oder Raupen, die in bestimmten Abständen voneinander liegen, aufzubringen. Abstand und Größe der Wülste läßt sich empirisch so genau dimensionieren, daß beim Anpressen des Gegenstücks ein gleichmäßiger, in der Stärke definierter Klebstofffilm entsteht.

b) Feste Systeme. Bei ihnen gilt es zu unterscheiden zwischen den reinen Schmelzklebstoffen und den festen Mehrkomponenten-Reaktionssystemen. Im ersten Falle wird das feste Klebharz lediglich zum Schmelzen und — unter Umständen — auf eine Viskosität gebracht, welche die optimalen Voraussetzungen einer guten Benetzung bietet. In diesem Zustande muß das Zusammenbringen der Fügeteile erfolgen. Nach dem Abkühlen ist der Klebeprozeß beendet.

Anders liegen die Verhältnisse bei festen Mehrkomponenten-Reaktionssystemen. Hier ermöglicht der Schmelzvorgang nicht nur die Adsorption, sondern es spielt sich auch gleichzeitig die chemische Reaktion des Härtungsprozesses ab, der weiter unten gesondert behandelt wird.

Der Auftrag dieser festen Klebstoffe kann auf verschiedene Weise erfolgen und richtet sich in den meisten Fällen nach der Lieferform des Klebstoffs. Man kennt Klebstoffe dieser Art in Form von Folien mit und ohne Trägermaterial, in Form von Pulver, das aufgestreut wird, in Form von Strängen, die aufgeschmolzen werden, und andere. Auch gibt es Klebstoffe, bei denen eine flüssige Komponente in der üblichen Weise aufgetragen und eine feste Komponente anschließend aufgestreut wird. Dabei kann die flüssige Komponente entweder ein Vernetzungspartner oder nur eine elastifizierende Komponente des Klebstoffs sein. Bei einigen Klebstofftypen besteht die Möglichkeit, den einen Reaktionspartner auf eine der zu verklebenden Flächen, den anderen auf die Gegenfläche aufzubringen. In allen diesen Fällen wird die Adhäsionsarbeit jedoch erst nach dem Erhitzen über die Schmelztemperatur des Klebstoffs geleistet. Die in jedem Einzelfall optimalen Temperaturen werden empirisch ermittelt und sollten möglichst genau eingehalten werden. Zu niedrige Temperaturen beeinträchtigen in starkem Maße die Benetzungsfähigkeit, zu hohe Temperaturen vermögen einmal eine chemische Zersetzung des Klebstoffs auszulösen, zum anderen erniedrigen sie unter Umständen die Viskosität allzu stark, was ein Auslaufen aus der Klebefuge zur Folge hat.

3.1.3 Ablüftung

Ein Ablüften, manchmal nicht ganz richtig „Vortrocknen" genannt, ist nur bei lösungsmittelhaltigen Klebstoffen erforderlich und dient dazu, die Lösungsmittel weitgehend abdunsten zu lassen. Die hierfür erforderlichen Zeiträume hängen weitgehend von der Zusammensetzung der Klebstoffe und den äußeren Einflüssen (Temperatur, Luftbewegung usw.) ab und basieren in den meisten Fällen auf empirisch festgestellten Daten. Meist lassen sich die Lösungsmittel nicht restlos entfernen, doch nehmen die Ablüftediagramme fast aller Klebstoffe einen charakteristischen Verlauf, wie aus Abb. 31 am Beispiel eines lösungsmittelhaltigen Polyurethanklebstoffs hervorgeht.

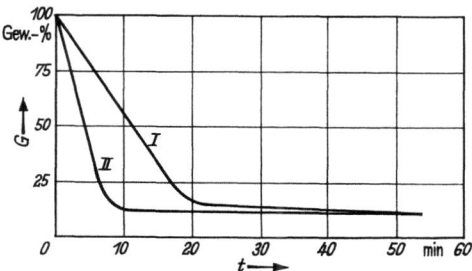

Abb. 31. Lösungsmittelabgabe einer Klebschicht in Abhängigkeit von der Ablüftezeit t bei Raumtemperatur (I) und bei erhöhter Temperatur (II).

Man erkennt, daß die Ablüftekurve von der Temperatur fast unabhängig bei einem bestimmten Lösungsmittelanteil einen scharfen Knick aufweist; der dann noch verbleibende Lösungsmittelrest ist offensichtlich adsorptiv gebunden, und es bedürfte einer wesentlich größeren Energie, um diesen Rest noch zu entfernen. Dieser Lösungsmittelrest beeinflußt jedoch — sowohl bei Kalt- als auch bei Warmhärtung — die Festigkeit der Klebverbindungen nicht nachteilig, und so kann im allgemeinen der Knickpunkt der Ablüftekurve als der Zeitpunkt der Mindestablüftung angesehen werden. Diese Werte sind für die einzelnen Klebstofftypen vom Hersteller angegeben [2].

3.1.4 Härtung

Auf die Aushärtung von Klebverbindungen nehmen drei Faktoren maßgeblichen Einfluß: Zeit, Druck und Temperatur. Diese Faktoren sollen im folgenden behandelt werden.

a) Zeit. Nach der formalen Reaktionskinetik ist die Geschwindigkeit einer chemischen Reaktion eine Funktion von Konzentration (bzw. Druck) und Zeit. Da es sich bei den chemischen Härtungsreaktionen der Klebstoffe in den meisten Fällen um bimolekulare Reaktionen, d. h. solche 2. Ordnung handelt, gilt für sie, Abb. 32:

$$\ln \frac{x}{a(a-x)} = k \cdot t$$

mit a als Ausgangsmenge, x als nach der Zeit t entstandenes Reaktionsprodukt und k als Geschwindigkeitskonstante. Diese zunächst formale Beziehung sagt für die Praxis folgendes aus: Sämtliche Klebstoff-

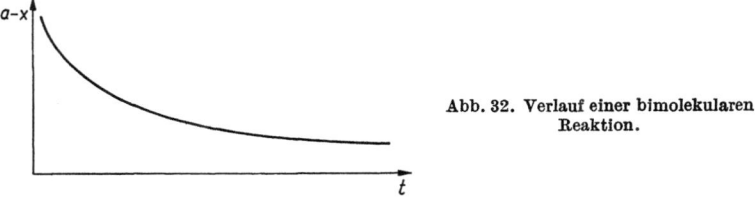

Abb. 32. Verlauf einer bimolekularen Reaktion.

systeme härten bei einer bestimmten Temperatur mit einer definierten, für das jeweilige System charakteristischen, reproduzierbaren Geschwindigkeit aus, bzw. der Härteprozeß ist nach einer bestimmten Zeit beendet.

Diese Zusammenhänge lassen sich den Härtungsdiagrammen von Zweikomponentensystemen entnehmen. Da es sich hierbei durchweg um exotherm verlaufende Reaktionen handelt, kann der Reaktionsverlauf bei Kalthärtung als Funktion der Wärmetönung beschrieben werden [3].

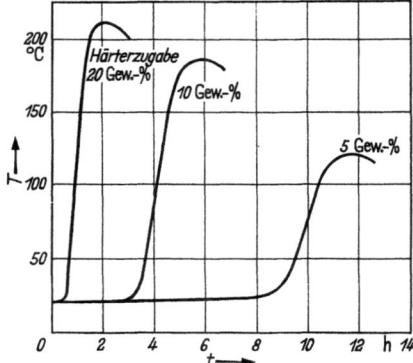

Abb. 33. Verlauf der Härtung von Polyestern bei verschiedenen Härtermengen.

Abb. 33 gibt den Verlauf der Härtung eines ungesättigten Polyesters in Abhängigkeit von der Zugabe verschieden großer Härtermengen an. Da in diesem Falle das zur Auslösung der Reaktion zugegebene Produkt nur die Rolle eines Katalysators bzw. Beschleunigers spielt, kann durch Variation der Menge der Zeitpunkt des Beginns der Reaktion beeinflußt werden. Anders liegen die Verhältnisse, wenn es sich bei den Klebstoffkomponenten um Reaktionspartner handelt. Da das Mischungsverhältnis aus stöchiometrischen Gründen festliegt, kann kein Einfluß auf den Ablauf der Reaktion ausgeübt werden. Wohl läßt sich die Reaktionsgeschwindigkeit durch Variation der Reaktionspart-

3.1 Die Verarbeitung der organischen Metallklebstoffe

ner beeinflussen, wie dies aus Abb. 34 an der Aushärtung eines Epoxidharzes mit verschiedenen Aminen hervorgeht, jedoch handelt es sich dabei im Grunde bereits um voneinander verschiedene Klebstoffe mit unterschiedlichen Eigenschaften.

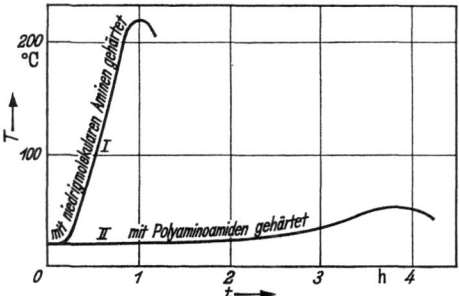

Abb. 34. Verlauf der Härtung eines Epoxidharzes mit verschiedenen Aminen.

Mit der fortschreitenden Härtung ist eine Zunahme der Viskosität der Klebstoffe verbunden, d. h., die sich verändernde Viskosität ist ebenfalls eine Funktion der Zeit. Diese Zusammenhänge stehen in folgender Beziehung zueinander:

$$\mu = \mu_0 e^{\alpha t}.$$

Sie ist beim Behandeln der Beziehung zwischen Viskosität und Preßdruck wichtig und besagt, daß mit fortschreitender Härtung eine Zunahme der Festigkeit von Klebverbindungen verbunden ist.

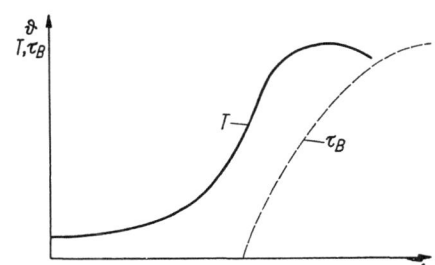

Abb. 35. Reaktionstemperatur T und Bindefestigkeit τ_B eines Epoxidharzes in Abhängigkeit von der Zeit t.

Abb. 35 verdeutlicht die Beziehung zwischen dem Aushärtediagramm und der Zugscherfestigkeit eines amingehärteten Epoxidharzklebstoffs. Man sieht, daß sich bereits vor beendigter Aushärtung meßbare und praktisch verwertbare Bindefestigkeiten einstellen. Für die Praxis bedeutet dies, daß Klebverbindungen unter Umständen bereits vor Beendigung des Aushärteprozesses weiterverarbeitet werden können.

b) Metallklebverbindungen werden stets unter Preßdruck ausgehärtet, wobei aber die Höhe des Drucks stark von den einzelnen Klebstofftypen abhängt. Um sich ein Bild von den hierbei gültigen Zusammenhängen machen zu können, ist es notwendig, einmal die Aufgaben, die dem Preßdruck bei der Herstellung von Klebverbindungen zufallen, zu beschreiben und zum anderen das Verhalten der verschiedenen Klebstoffe während des Ablaufs der chemischen Reaktion zu betrachten. Dem Preßdruck fallen folgende Aufgaben zu:

Fixieren der Fügeteile. In vielen Fällen kann ein gegenseitiges Fixieren der Fügeteile nur unter Preßdruck erfolgen. Da der Klebstoff bereits physikalisch adsordiert ist, aber noch keine Kohäsionsarbeit geleistet hat, wirkt der Klebstoff in diesem Stadium wie ein Schmiermittel. Der Preßdruck muß daher so dimensioniert sein, daß die Fügeteile nicht aufeinander gleiten.

Einfluß auf die Adsorption. Sowohl in die Adsorptionsisotherme als auch in die CLAUSIUS-CLAPEYRONschen Gleichung geht der Druck als funktioneller Faktor ein. Es ist daher verständlich, daß die Haftarbeit unter anderem eine Funktion des Preßdrucks ist. Daß es ein Optimum gibt, geht aus dem folgenden Abschnitt hervor.

Einfluß auf die Schichtdicke. Die Schichtdicke des Klebfilms nimmt maßgeblich Einfluß auf die Bindefestigkeiten und auf das Festigkeitsverhalten bei verschiedenen Belastungen. Da die Schichtdicke eines ausgehärteten Klebfilms in hohem Maße vom Preßdruck während der Aushärtung abhängt, ist diesem Zustand bei der Verarbeitung weitgehend Rechnung zu tragen.

Während der Aushärtung unterliegen die Klebstoffe einer chemischen Reaktion und einer Veränderung verschiedener physikalischer Eigenschaften. Diese Vorgänge müssen beim Festlegen des Preßdrucks wie folgt berücksichtigt werden.

Abgesehen von der physikalischen Ausdehnung beim Erwärmen, kann die chemische Aushärtereaktion sowohl mit einer Volumenkontraktion als auch -expansion verbunden sein. Der erste Fall tritt z. B. beim Aushärten von ungesättigten Polyestern ein, die in Monostyrol gelöst sind. Diese sog. Härtungs-Schrumpfung kann in diesem Falle bis zu 15% des Ausgangsvolumens betragen. Eine Expansion des Klebefilms findet dagegen statt, wenn bei der Reaktion Spaltprodukte in Form von Gas oder Wasserdampf entstehen, wie dies z. B. bei den Kondensationsreaktionen der Phenolharze der Fall ist. Da der Dampfdruck exponentiell von der Temperatur abhängt, müssen solche Klebstoffe bei einem Druck ausgehärtet werden, der höher liegt als der Dampfdruck bei der Aushärtetemperatur. So ergibt sich nach der Dampfdruckkurve des Wassers, daß z. B. der Preßdruck bei 150 °C mindestens 5 kp/cm^2, bei 170 °C mindestens 8,4 kp/cm^2 betragen muß [4].

3.1 Die Verarbeitung der organischen Metallklebstoffe

Preßdruck und Viskosität stehen ebenfalls in einen funktionellen Zusammenhang. Wie auf S. 109 beschrieben, kann man die Viskositätszunahme eines Klebstoffs als Exponentialfunktion der Zeit beschreiben. Unter der Annahme, daß sich die Klebstoffe wie eine NEWTONsche Flüssigkeit verhalten, läßt sich hieraus eine Gleichung ableiten, welche bei einem Klebstoff von bekannter Viskosität die Beziehung zwischen Preßdruck und Schichtdicke des Klebefilms beschreibt [5]:

$$p = \frac{3\pi b^2 \mu_0 \alpha}{2h^2},$$

mit b als Streifenbreite, μ als Viskosität des Klebstoffs und h als Schichtdicke.

Auf Grund dieser Umstände und Zusammenhänge ist es verständlich, daß es für jeden Klebstofftyp ein Druckoptimum gibt, welches empirisch ermittelt werden muß. Für die Praxis bedeutet dies, daß vor allem ein Druckminimum zu beachten ist, während ein Überschreiten des optimalen Drucks meist keine wesentliche Verschlechterung der Bindefestigkeiten mit sich bringt, Abb. 36.

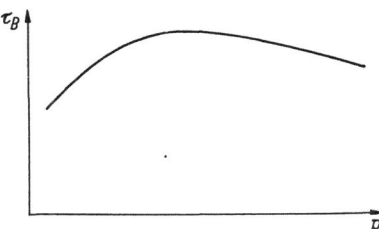

Abb. 36. Bindefestigkeit τ_B in Abhängigkeit vom Anpreßdruck p.

c) Temperatur. Die nach der formalen Reaktionskinetik abgeleiteten funktionalen Zusammenhänge zwischen der Reaktionsgeschwindigkeit und der Zeit bezogen sich jeweils auf eine bestimmte Temperatur. Die Geschwindigkeit chemischer Reaktionen ist jedoch außerdem abhängig von der Temperatur, und zwar wird diese Abhängigkeit von der ARRHENIUSschen Gleichung beschrieben:

$$k = a e^{-q/RT}.$$

Hierin ist k die Geschwindigkeitskonstante, a ein stoffabhängiger Faktor und q eine Aktivierungsenergie.

Wie man aus der integrierten Form dieser Gleichung

$$\ln k = -\frac{q}{RT} + c$$

bzw. aus der hieraus entwickelten graphischen Darstellung in Abb. 37 erkennen kann, ist die Reaktionsgeschwindigkeit eine Exponentialfunktion der Temperatur. Aus diesem Zusammenhang leitet sich die

Faustregel ab, daß die Geschwindigkeit einer chemischen Reaktion bei Erhöhung der Temperatur um 10 °C ungefähr um das doppelte ansteigt, Abb. 38. In der Praxis können zwar erhebliche Abweichungen von dieser Regel vorkommen. So vermag z. B. das hohe Wärmeleitvermögen, verbunden mit großer Wärmekapazität der Fügeteile, die Geschwindigkeit einer stark exotherm verlaufenden Reaktion bei Kalthärtung erheblich in negativer Weise zu beeinflussen.

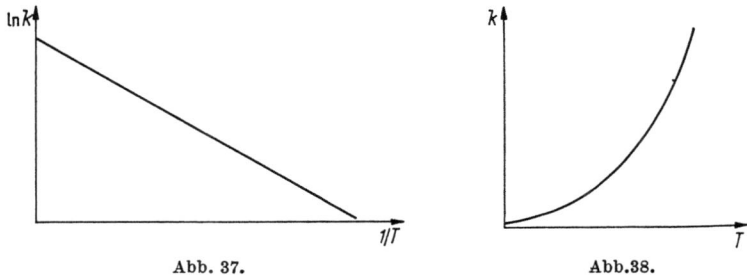

Abb. 37.   Abb. 38.

Abb. 37 und 38. Reaktionsgeschwindigkeit $\ln k$, k in Abhängigkeit von der Temperatur $1/T$, T

Erhöhte Temperaturen dienen jedoch nicht nur zur Beschleunigung der Aushärtung. Ihr rheologisches Verhalten befähigt die Klebstoffe weitgehend dazu, Haft- und Kohäsionsarbeit zu leisten. Es wurde nachgewiesen, daß das Bindungssystem des Klebstoffs um so günstiger gestaltet werden kann, je größer die Zahl der Freiheitsgrade ist. Dies ist der Grund, warum heißgehärtete Zweikomponentensysteme fast durchweg höhere Werte für die Bindefestigkeit erbringen als kaltgehärtete. Dabei genügt es bei vielen Klebstofftypen, mit einem sog. Wärmestoß zu arbeiten, d. h. die Klebverbindung wird zunächst für kurze Zeit, meist einige Sekunden, auf erhöhte Temperatur gebracht und dann bei Normaltemperatur einer Nachhärtung überlassen. Mit dieser Methode kommt man in vielen Fällen den bei vollkommener Heißhärtung erreichbaren maximalen Bindefestigkeiten sehr nahe, doch müssen feste Klebstoffsysteme bis zum Ende der Reaktion heiß durchgehärtet werden.

3.2 Das Herstellen von Metallklebungen

Von EDMUND LITZ, Bonn

Das Metallkleben besitzt im Vergleich zu den konventionellen Fügeverfahren andere Wesensmerkmale und verlangt besondere Einrichtungen und Hilfsmittel für den Fertigungsablauf. Hierbei ist insbesondere die chemische Prozeßführung zu beachten, die die Güte der Bindung entscheidend beeinflußt.

3.2.1 Arbeitstechnische Vorbedingungen

Art und Umfang der notwendigen Betriebsmittel sowie der Fertigungsablauf sind den jeweiligen technischen und wirtschaftlichen Forderungen anzupassen. In Anbetracht ihrer Mannigfaltigkeit ist es daher schwierig, allgemeingültige Richtlinien aufzustellen. Eine Unterteilung in Gruppen, den jeweiligen Anforderungen entsprechend, verschafft eher die Möglichkeit, die notwendigen betrieblichen Voraussetzungen zu überblicken. Eine vereinfachte Übersicht der einzelnen Arbeitsvorgänge gibt eine Einteilung in die folgenden Beanspruchungsgruppen:
Einfache Metallklebungen mit geringer statischer, dynamischer, Umwelt- oder zeitlicher Beanspruchung;
Metallklebungen von mittlerer Beanspruchbarkeit;
Metallklebungen mit entweder tragender Funktion oder hoher Beanspruchung durch Umwelteinflüsse oder für lange Lebensdauer bei mittlerer Beanspruchung;
Metallklebungen für hochbeanspruchte Konstruktionen.
Neben der Beanspruchungsart wird im folgenden auch der jeweilige Auslastungsgrad der Fertigungsanlagen berücksichtigt.

3.2.1.1 Allgemeine Fertigungsbedingungen

Einige Richtlinien gelten für jedes Herstellen von Metallklebungen, unabhängig davon, welche Stoffe geklebt, wie die fertige Klebung beansprucht werden soll und welche Menge zu kleben ist: Die Klebflächen der Fügeteile müssen nicht nur sauber sein, sondern es ist auch dafür Sorge zu tragen, daß sie sauber bleiben, bis der Klebstoff aufgetragen ist und die Fügeteile zusammengelegt sind. Dies bedeutet, daß die Klebflächen vor Staub oder sonstigen Verunreinigungen geschützt werden müssen. Die Klebflächen der Fügeteile müssen nicht nur vor dem Auftragen des Klebstoffs völlig trocken sein, sondern sie sollten bis zum Zusammenlegen auch gegen Feuchtigkeit geschützt werden. Dies bedeutet z. B. für eine Fertigung im Freien, daß Metallklebungen bei Regenwetter nur unter einem Schutzdach hergestellt werden sollten. Bei hoher Luftfeuchtigkeit oder im Nebel bedarf die Arbeitsstelle einer zusätzlichen Beheizung.

Nicht alle Klebstoffe sind physiologisch völlig ungefährlich. Zum Schutz der Arbeiter sollte man sich daher rechtzeitig über eine mögliche physiologische Gefährdung durch den verwendeten Klebstoff, die Art seiner festen Substanz, seine flüchtigen Bestandteile sowie über die sich beim Aushärten abspaltenden Bestandteile unterrichten. Ist mit einer physiologischen Gefährdung durch den Klebstoff zu rechnen, so müssen die vom Hersteller empfohlenen Schutzmaßnahmen unbedingt vor Aufnahme der Fertigung in vollem Umfange ergriffen werden, z. B. die Hinweise über die gesetzlichen Vorschriften betreffend den Umgang mit Lösungsmitteln.

Im Falle einer Gefährdung genügt meist das Einreiben der Hände mit einer Schutzsalbe vor Arbeitsbeginn oder das Tragen von Schutzhandschuhen. Weitergehende Maßnahmen bestehen im Absaugen der Klebstoffdämpfe am Arbeitsplatz. In wenigen Fällen kann ein Atemschutz notwendig sein.

Einzelne Arbeiter reagieren selbst beim Berühren unschädlicher Klebstoffe allergisch; sie erleiden z. B. einen Hautausschlag an den Händen. In solchen Fällen sollten sie sofort abgelöst werden. Grundsätzlich empfiehlt es sich, vor jeder Essenpause oder nach beendeter Klebarbeit die Hände gründlich mit Seife zu waschen. Alle Schutzmaßnahmen gelten sowohl für die Klebfertigung in der Serie als auch für Laborarbeiten oder bei einmaligem Gebrauch einer geringen Menge.

3.2.1.2 Räumliche Fertigungsbedingungen

Die Güte einer Metallklebung hängt nicht zuletzt von dem exakten Befolgen der jeweils notwendigen Arbeitsanweisungen ab. Je höher die Anforderungen an die fertige Metallklebung sind, um so sorgfältiger muß gefertigt werden. Die Art der Arbeitsräume vermag dies wesentlich mitzubestimmen.

Beim Herstellen von Metallklebungen für geringe Beanspruchung genügt es, die vom Klebstoffhersteller empfohlenen Arbeitsvorschriften möglichst genau einzuhalten, ohne an die Arbeitsräume erhöhte Anforderungen zu stellen.

Die Fertigung von Metallklebungen für mittlere Beanspruchungen erfordert einen größeren Aufwand. Wenn viele Metallklebungen hergestellt werden, empfiehlt es sich, die Arbeitsräume dementsprechend einzurichten. Ist dies unwirtschaftlich, so sollten die für die Klebfertigung mitbenutzten Arbeitsräume zumindest einige Grundforderungen erfüllen, die insbesondere an die Raumluft zu stellen sind. Sie sollte möglichst frei von Staub, Fremdgasen oder Flüssigkeitsbestandteilen sein.

Die erhöhte Sorgfalt, die an konstruktive Metallklebungen mit langer Lebensdauer zu verwenden ist, verlangt das Bereitstellen von Räumen, die ausschließlich dieser Fertigung zu dienen haben. Sie sollten staubbindende Böden besitzen; der Arbeitsbereich für die Oberflächenbehandlung mit seinen Entfettungs- und Beizbädern muß über eine ausreichend dimensionierte Absaugung verfügen. Dies gilt ebenfalls für die Arbeitsplätze, an denen das Auftragen des Klebstoffs stattfindet, und den Raum für die Aushärtung, die zumindest ausreichend be- und entlüftet sein müssen. Für alle Räume hat sich eine mittlere Arbeitstemperatur zwischen 15 und 26 °C bewährt. Der relative Feuchtigkeitsgehalt der Luft soll 80% nicht übersteigen. In Gegenden mit stark schwankender Temperatur und Luftfeuchtigkeit empfiehlt es sich, die Arbeitsräume zu klimatisieren.

Das Herstellen hochbeanspruchter Klebkonstruktionen, z. B. Flugzeugbauteile, erfordert in jedem Falle besteingerichtete Arbeitsräume mit staubbindenden Böden, Luftabsaugungen sowohl über den Bädern als auch beim Klebstoffauftragen und beim Aushärten. Lufttemperatur und relative Luftfeuchtigkeit ist innerhalb enger Grenzen (18 bis 25 °C bzw. 50 bis 75% rel. Feuchte) konstant zu halten. Nur mit größtmöglicher Sorgfalt unter günstigen räumlichen Bedingungen hergestellte Metallklebungen gewährleisten maximale Festigkeit, Beständigkeit und Sicherheit.

In ähnlicher Weise ist bei Laborklebungen vorzugehen. Den Aufgaben entsprechend sind für das Laboratorium selbst und die zu erledigenden Arbeiten die gleichen Voraussetzungen zu erfüllen: Die klimatischen Bedingungen sind konstant zu halten oder den im Fertigungsbetrieb herrschenden anzupassen (z. B. bei Prüfungen oder Betriebskontrollen). Einzelheiten über das Normalklima enthält DIN 50 014. Beim Umgang mit dem noch nicht ausgehärteten Klebstoff muß für eine ausreichende Absaugung entstehender Dämpfe gesorgt werden. Die Laboranten sollen möglichst bei allen Kleboperationen Handschuhe tragen; zumindest ist darauf zu achten, daß die Klebflächen nach der Oberflächenvorbehandlung nicht mehr mit den Händen berührt werden.

3.2.1.3 Notwendige Betriebseinrichtungen

Für das Metallkleben sind zahlreiche Einrichtungen, Vorrichtungen bzw. Ausrüstungen notwendig. Welche betrieblichen Installationen für die jeweilige Fertigung im einzelnen vorhanden sein müssen, hängt von folgenden Fakten ab:

Beschaffenheit der zu klebenden Teile, z. B. Werkstoff, Abmessungen, Gestalt.

Erforderliche Oberflächenbehandlung. Sie richtet sich nach den Anforderungen an die Güte und den Werkstoff der zu fertigenden Klebungen. In einigen Fällen genügt einfaches Entfetten, in anderen soll die Oberfläche mechanisch aufgerauht werden oder die Fügeteile sind in chemischen Bädern vorzubehandeln. Unter bestimmten Umständen ist ein Anodisieren erforderlich. Vielfach muß gespült und getrocknet werden.

Art des Klebstoffauftrags. Hierbei entscheidet, in welcher Form und Konsistenz der zu verarbeitende Klebstoff vorliegt: Flüssige Klebstoffe können mit Pinseln, Bürsten oder Walzen aufgetragen werden. Sehr dünnflüssige Klebstoffe lassen sich vorteilhaft aufspritzen, vor allem, wenn es sich um größere Flächen handelt. Bei hochviskosen oder pastösen Klebstoffen empfiehlt sich ein Auftragen mittels Spachtel oder Rakel, sofern dies nicht durch Walzen geschehen kann. Klebstoffe in Stangenform sind auf angewärmte Klebflächen aufzuschmelzen, pulverförmige werden meist mit Hilfe eines Siebes aufgestreut. Klebfilme werden zugeschnitten auf die zu klebenden Flächen gelegt.

Art des Aushärtens. Dies ist eine Funktion des verwendeten Klebstofftyps. Die für das Aushärten maßgebenden Faktoren Temperatur, Zeit und Druck bestimmen im Zusammenhang mit der Größe und Gestalt der zu klebenden Teile den betrieblich erforderlichen Aufwand.

Kontaktklebstoffe bedürfen einer geringen Fertigungszeit. Damit verringert sich auch der Raumbedarf. Das Aufbringen des Kontaktdrucks geschieht meist mit einfachen Vorrichtungen oder Hilfsmitteln.

Die bei Raumtemperatur aushärtenden Klebstoffe benötigen meistens längere Fertigungszeiten und erfordern dementsprechend genügend Raum. Vielfach reicht es aus, die Fügeteile zu fixieren bzw. ihre Klebflächen zum Anliegen zu bringen, ohne einen Preßdruck von bestimmter Höhe oder gleichmäßiger Flächenverteilung aufzubringen. Andere kalthärtende Klebstoffe verlangen einen derartigen Druck, so daß meist mechanisch oder hydraulisch betätigte Pressen erforderlich werden.

Im Gegensatz zu den kalthärtenden Klebstoffen erfordern die bei erhöhter Temperatur härtenden Klebstoffe einen größeren betrieblichen Aufwand, obwohl die Fertigungszeit wesentlich kürzer ist. Entsprechend den für warmhärtende Klebstoffe gültigen Härtebedingungen sind die Grundeinrichtungen in der Regel so auszulegen, daß Temperatur und Druck sich weitgehend und unabhängig voneinander variieren lassen. Das Fixieren und das Übertragen von Wärme und Druck setzt vielfach Vorrichtungen oder Hilfsmittel voraus, deren Ausdehnungskoeffizienten dem der zu klebenden Teile möglichst nahe kommen. Für die Klebhärtung von ebenen oder einfach gekrümmten Bauteilen eignen sich vorzugsweise hydraulische Pressen, die entweder mit Dampf oder elektrisch beheizt und überwiegend mit Wasser gekühlt werden. Zur Fertigung von sphärisch oder mehrdimensional geformten sowie noch komplizierter beschaffenen Bauteilen würden die notwendigen Vorrichtungen zum Pressen zu teuer ausfallen. In diesen Fällen sind Druckautoklaven zu bevorzugen, in denen ein allseitig gleichmäßiger Druck auf die Oberflächen der Bauteile über ein erhitztes Gas, meist Druckluft, übertragen wird. Die Druckluft kann vorgewärmt sein, doch ist der Innenraum des Autoklaven meist beheizt. Außer hydraulischen Pressen und Druckautoklaven sind Pressen mit Unterdruck (Teilvakuum), Luftdruckkissen oder mechanische Spannbänder im Gebrauch, bei denen die erhöhte Temperatur durch Dampf-, Elektro-, Infrarot- oder Ofenheizung erzeugt wird, Abb. 39.

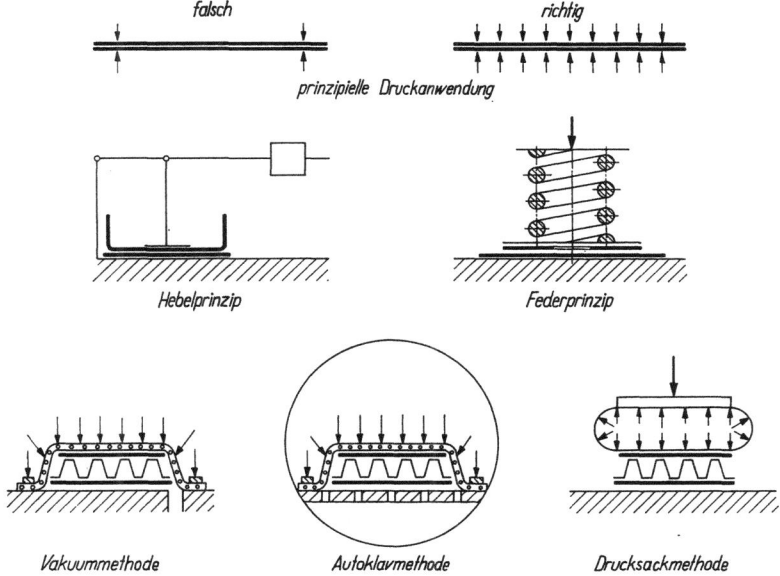

Abb. 39. Möglichkeiten der Druckaufbringung beim Metallkleben.

Sämtliche Warmhärteeinrichtungen müssen im allgemeinen mit schreibenden Meßinstrumenten für Temperatur und Druck ausgestattet sein, die gleichfalls die Zeiten auf Kontrollstreifen vermerken. Darüber hinaus bedarf es einer — vielfach selbsttätigen — Regelung von Temperatur und Druck. Die Schwankungsbreite der Temperatur darf nicht größer als $\pm 3\,°C$, maximal $\pm 5\,°C$ sein. Schließlich sind Kühlvorrichtungen vorzusehen (meist mittels Kaltwasser), um lange Verweilzeiten in den Warmhärteeinrichtungen zu vermeiden.

3.2.2 Vorbereitungsarbeiten

3.2.2.1 Klebvorrichtungen

Die Klebfertigung benötigt vielfach Vorrichtungen, die für jeden Fall gesondert anzufertigen sind, sofern Behelfe nicht genügen oder mit einem Zusatz auszukommen ist. Die Entscheidung hierüber hängt im wesentlichen von den Abmessungen des zu fertigenden Bauteils ab oder davon, ob es sich um kleine oder große Flächenklebungen handelt. Ferner ist dabei zu berücksichtigen, ob das Bauteil parallele Außenflächen geringer Dicke (flach—eben) oder größerer Höhe, mit geformter Außenkontur (flach—gekrümmt) oder mit unregelmäßiger Außenkontur besitzt. Schließlich können kombinierte Formen vorliegen, die quadratische, rechteckige, streifenförmige, kreisrunde, ovale oder unregelmäßige Formate aufweisen. Die Anzahl der zu klebenden gleichen, gleichwertigen oder ähnlichen Teile beeinflußt ebenfalls die Art der Werkstattausrüstung.

Das Klebstoffsystem und die Härtebedingungen bestimmen je nachdem, ob Raumtemperatur oder erhöhte Temperaturen erforderlich sind, ob ohne oder mit definiertem Druck bei kurzer oder längerer Härtezeit gearbeitet werden kann, die spätere Beanspruchbarkeit des fertigen Bauteils und müssen deshalb bereits bei der Vorbereitung berücksichtigt werden. Der Kostenaufwand und die Wirtschaftlichkeit der Fertigung gehen in diese Überlegungen ebenfalls ein.

In Anbetracht dieser zahlreichen Faktoren und der Vielfalt möglicher Kombinationen lassen sich über die notwendigen Vorrichtungen zum Kleben nur grundsätzliche Aussagen machen. Hinweise soll die folgende Übersicht vermitteln, in der die hauptsächlich verwendeten Vorrichtungen verzeichnet sind.

I. Kleinteile mit parallelen Außenflächen, geringer Dicke, eben:

a) Härtung bei Raumtemperatur ohne definierten Druck: Gewichte, Klammern, Klemmen, Zwingen, Spannbänder; Hilfsmittel, die entweder direkt oder über Zwischenlagen (Platten, Futter) auf das Bauteil wirken. Weiterhin werden angewendet: Fixierrahmen, Unterlagen mit Anschlägen, z. B. Klötzchen und Leisten, oder Paßstifte mit Paßlöchern, teils in den Bauteilen selbst, teils zusammen mit Unterlagen, wie dies z. B. für die Herstellung von Probekörpern nach DIN 53281, Bl. 2, vorgesehen ist. Hierbei werden die fixierten Fügeteile entweder beim Durchlauf durch ein Walzenpaar mit einmaligem Kontaktdruck in einer Presse oder auch mit Futter in einem Schraubstock zum Anliegen ihrer Klebflächen gebracht. Größere Mengen derartiger Kleinteile sind mit den gleichen Hilfsmitteln, Vorrichtungen und Geräten nacheinander zu fertigen oder übereinander anzuordnen, wobei die Einzelteile durch Zwischenlagen, z. B. Ölpapier, voneinander zu trennen sind.

b) Härtung bei erhöhter Temperatur ohne definierten Druck: Das Härten kann unter Verwendung gleicher Hilfsmittel wie zuvor im Wärmeschrank oder im Ofen geschehen. Die notwendige Temperatur läßt sich auch mit einer Quarzlampe oder durch Infrarotheizstrahler erzeugen, sofern keine beheizte Presse vorhanden ist.

c) Härtung bei Raumtemperatur unter definiertem Druck: Hierzu werden gleichmäßig verteilte Gewichte benötigt oder Zwingen mit Druckanzeige, Spannbänder mit Zuganzeige sowie geeichte Druckfedern, Fixierrahmen, Unterlagen mit Anschlagklötzen, Paßstifte. Vielfach wird Durchlauf durch ein Walzenpaar oder Flächenpressung angewandt. Bei der Herstellung von Blechprobekörpern haben sich Vorrichtungen bewährt, deren schneidengelagerter Hebelarm mit Gewichtauflage und Druckplatte auf die Klebfläche wirkt. Größere Mengen gleichwertiger Teile lassen sich hintereinander oder übereinander herstellen.

d) Härtung bei erhöhter Temperatur unter definiertem Druck: Zusätzliche Wärmezufuhr durch Wärmeschrank oder Ofen, Quarzlampe oder Infrarotheizstrahler sowie beheizte Pressen.

II. Kleinteile mit parallelen Außenflächen, größerer Dicke, ebene oder gekrümmte Klebflächen:

Beim Einsatz der Vorrichtungen und Geräte ist die Dicke der Fügeteile zu berücksichtigen. Insbesondere ist die längere Anwärmdauer auf eine erhöhte Aushärtetemperatur zu beachten.

III. Kleinteile mit geformter Außenkontur, ebene und gekrümmte Klebflächen:

Hierfür haben sich zusätzlich Formklötze bewährt, die Anschläge und Paßstifte für eine exakte Fügeteilaufnahme besitzen. Für das Aushärten bei erhöhter Temperatur sind elektrisch beheizte Formen zu empfehlen.

IV. Großteile mit parallelen Außenflächen, geringer Dicke, flach und eben:

Zur Anwendung kommen ebene, steife Unterlagen sowie plane Auflagen, die gegebenenfalls mit Anschlagklötzchen, -leisten oder Paßstiften versehen sind. Die Teile werden durch Klammern, Klemmen, Klemmleisten, Zwingen oder Spannbänder festgehalten, häufig auch durch Gewichtsauflagen beschwert oder mit ebenen Vorrichtungen in Flächenpressen eingelegt. Das Warmhärten erfolgt durch elektrisches Beheizen der Unterlagen und gegebenenfalls zusätzliches Bestrahlen durch Quarzlampen oder eine Infrarotheizung. Meist bevorzugt man beheizte Flächenpressen, seltener wird im beheizten Druckautoklav gearbeitet. Bei Kontaktdruck genügt häufig ein Anwärmen der zusamm engelegten Fügeteile und der anschließende Durchlauf durch ein Walzenpaar.

V. Großteile mit parallelen Außenflächen, größerer Dicke, ebene oder gekrümmte Klebflächen:
Sie bedürfen, sofern es sich um eigensteife Teile handelt, keiner Unterlage, andernfalls ist eine Unterlage mit seitlichen Anschlägen, Rahmen oder Paßstiften vorzusehen. Das Warmhärten erfolgt durch Bestrahlung, in beheizter Presse oder im Ofen (Autoklav).

VI: Großteile mit geformter Außenkontur, ebene und gekrümmte Klebflächen: Verwendung finden Formklötze, Form-Einsätze in Pressen, Form-Vorrichtungen in Autoklaven, Gummikissen und Hilfsmittel wie zuvor beschrieben.

Ist beim Aushärten ein definierter Druck notwendig, so muß eine gleichmäßige Druckverteilung gewährleistet sein. Das gleiche gilt von der Wärmeverteilung. In allen Fällen ist vor Beginn des Klebprozesses zu überprüfen, ob die benötigten Vorrichtungen und sämtliche Hilfsmittel volle Funktionsbereitschaft aufweisen.

3.2.2.2 Fügeteilfertigung

Zu den Vorbereitungsarbeiten gehört es ferner, die Fügeteile zum Kleben herzurichten. Dies bezieht sich sowohl auf ihre Form als auch ihre Abmessungen und die Anzahl ungeachtet der Tatsache, daß sich die Form bestimmter Bauteile auch im Zuge der Klebfertigung selbst ergeben kann. Nicht auszuschließen ist ferner, daß sich die endgültigen Abmessungen eines Arbeitsstückes erst beim Herausschneiden aus größeren geklebten Teilen ergeben. In jedem Falle aber ist es unerläßlich, die zu klebenden Zuschnitte paßgerecht so herzurichten, daß sie kontinuierlich in die Vorrichtungen einzusetzen sind.

Fügeteile mit parallelen Außenflächen und geringer Dicke werden gewöhnlich aus Blechen oder Bändern geeigneter Abmessungen ausgeschnitten oder gesägt und anschließend gerichtet. Die Kanten der Klebflächen sind zu entgraten.

Der Fertigungsgang mehrfach gekrümmter Fügeteile und solcher mit kleinen Krümmungshalbmessern soll hier unberücksichtigt bleiben. Der endgültige Zuschnitt erfolgt oft erst nach dem Kleben.

Blechfügeteile eines geringen Verformungsgrades und solche mit einfacher Krümmung können in der Klebvorrichtung selbst geformt werden. Das Endformat und die Fertigabmessungen ergeben sich häufig aus der vorher festgelegten Blechabwicklung.

Fügeteile mit größerer Dicke lassen sich oftmals mit Hilfe von Kurvenschablonen, Urlehren u. ä. herstellen. Die Kanten der Klebflächen sind zu entgraten.

3.2.2.3 Montagekontrolle

Die einfachste Klebart besteht im Verbinden von zwei oder mehr Fügeteilen mit ebenen Flächen von quadratischem, rechteckigem, streifenartigem, kreisrundem, ovalen oder ähnlichem Format. In allen Fällen erfordert die Klebfertigung eine Montagekontrolle. Die Maße der miteinander zu klebenden Flächen sollten übereinstimmen. Bei geformten Bauteilen ist die Kontrolle der Passung aufwendiger. Hierbei ist zu berücksichtigen, daß die sich später bildende Klebschicht ein Versetzen der Fügeteile bewirken kann. Dementsprechend erhalten die geformten Klebflächen geringfügig voneinander abweichende Krümmungshalbmesser. Bewegen sich diese außerhalb der Toleranz, so liegen die Flächen beim Passungsversuch nicht genügend eng an. Deshalb ist hierbei zwischen die Klebflächen eine Kunststoffolie einzulegen, deren Dicke annähernd der Dicke der späteren Klebschicht entspricht. Die Montagekontrolle an Bauteilen mit Stützkernen muß die Eigenschaften der verschiedenen Stützkernwerkstoffe berücksichtigen, die sich u. a. in unterschiedlichen Dickentoleranzen ausdrücken können.

3.2.2.4 Kenndaten des Klebvorgangs

Die Güte einer Metallklebung, gemessen am Prüfergebnis, hängt von vielen Faktoren ab. Um dies beurteilen bzw. die Klebfertigung überwachen zu können, bedarf es einer Kenntnis der wichtigsten Klebdaten. Aus diesem Grunde sind die hauptsächlichen Kenndaten in einem Betriebsbuch aufzuzeichnen und entsprechend zu berücksichtigen.

Die in der Norm DIN 53281, Bl. 3, für die Prüfung festgelegten Kenndaten gelten sinngemäß auch für die betriebliche Klebfertigung.

Sie umfassen:
Bezeichnung, Herkunft, Eingang und Lagerung von Klebstoff, Härter usw. mit Lieferform, Lieferfirma, Zeitangaben usw.;
Ansatz des Klebstoffs mit Angaben über Komponenten, Mischvorgang, Zeiten usw.;
Auftragen des Klebstoffs mit Auftragsart und -menge, Zeiten, Prüfraumklima bzw. Klima im Fertigungsraum;
Härtevorgang mit Art der jeweiligen Klebeinrichtung, Temperatur, Druck, Zeit usw.

Schließlich sind in das Protokoll die nach DIN 53281, Bl. 1, gewählten Phasen der Oberflächenvorbehandlung aufzunehmen.

Falls bei der Herstellung oder bei der Oberflächenvorbehandlung von den in den Normen festgelegten Bedingungen abgewichen wird, ist dies in das Fertigungsprotokoll aufzunehmen.

3.2.3 Oberflächenvorbehandlung

Die Metalloberflächen sind in der Regel nicht frei von Fremdbestandteilen, wie Öl, Fett, Zunder, Rost, Oxiden, Schmutz u. ä. Diese verhindern z. T. das Benetzen der Oberfläche durch den Klebstoff, so daß an diesen Stellen keine genügende Haftung erreicht wird. Deshalb ist das Entfernen aller Fremdsubstanzen von den Oberflächen durch Vorbehandlung unerläßlich.

Die Oberflächenvorbehandlung ist für die Haftfestigkeit von ausschlaggebender Bedeutung. Nicht nur die Güte der fertigen Klebung hängt hiervon ab, auch ihre Genauigkeit, d. h. die Streuung und die Reproduzierbarkeit der Bindefestigkeit werden in hohem Maße davon beeinflußt, in welcher Weise vorbehandelt worden ist. Die Wirksamkeit der chemisch-physikalischen Bindekräfte zwischen der Metalloberfläche und der Klebstoffschicht ist um so größer, je einwandfreier die zu klebenden Metallflächen vorbehandelt sind. Deshalb sind nicht nur die auf der Metalloberfläche haftenden organischen Fremdstoffe, insbesondere Öl und Fett, vor dem Auftragen des Klebstoffs zu entfernen, sondern es sind auch die eingelagerten Fremdstoffe, z. B. eingewalzte Zunderteile, Ölverbrennungsrückstände, Staub und sonstige Fremdkörper, möglichst zu beseitigen. Erst damit wird die Oberfläche genügend aufbereitet, d. h. klebtechnisch „aktiviert" und ihr Haftvermögen entsprechend gesteigert.

Das Erhöhen der Haftfähigkeit kann mechanisch oder auf chemischem Wege hervorgerufen werden. Die mechanischen Verfahren führen häufig zu gewissen Unsicherheiten, da Reste der abgearbeiteten Fläche und Partikel der Behandlungsmittel an der Oberfläche zurückbleiben. Die chemischen Verfahren zur Steigerung der Haftfähigkeit (sog. Beizen) bewirken — vor allem bei Leichtmetallen — eine gleichmäßig saubere Oberfläche. Sie sind meist den mechanischen Verfahren überlegen. Für Versuchsklebungen an Leichtmetallen empfiehlt sich unter allen Umständen ein chemisches Verfahren.

Im Fertigungsbetrieb muß jeder Arbeitsgang den technischen und wirtschaftlichen Notwendigkeiten entsprechen. Daher sollte aus der Vielzahl der bekannten Verfahren zur Oberflächenvorbehandlung stets die jeweils beste Kombination, ggf. durch Versuche, ausgewählt werden.

Vor Beginn der Vorbehandlung kann ein Vorreinigen notwendig sein, durch das grobe Verunreinigungen, wie Schmutz, Farbreste, loser Zunder, Rost u. ä., mit geeigneten Mitteln zu entfernen sind.

3.2.3.1 Entfettungsverfahren

Für gering beanspruchte Metallklebungen, z. B. aufgeklebte Schilder, die weder der Witterung, der Feuchtigkeit noch erhöhten Temperaturen ausgesetzt sind, genügt es, die Klebflächen mit einem Entfettungsmittel gründlich abzureiben, bevor der Klebstoff aufgetragen wird. Ein anderes Verfahren besteht darin, die Klebflächen mit Kreide abzureiben, die fettige Verunreinigungen aufnimmt. Die Kreidereste sind anschließend mit einer Bürste zu entfernen.

Unterliegen die Klebungen mittleren Beanspruchungen, erfordert dies eine aufwendigere Vorbehandlung. Sofern die herzustellenden Teile klein sind, z. B. Probekörper, werden sie in einem Bad aus organischen Lösungsmitteln für die Dauer von etwa 2 bis 3 min bei langsamem Hin- und Herbewegen entfettet. Anschließend sollten die Klebflächen senkrecht über das Bad gehalten und mit frischem Lösungsmittel abgesprüht werden. Für größere Teile sind Bodenwannen zu bevorzugen, in denen die zu behandelnden Teile stehen. Die Klebflächen lassen sich dann mit Pinsel, Bürste oder Schwamm, die mit dem Lösungsmittel zu tränken sind, von oben nach unten abreiben. Zuletzt sind sie mit frischem Lösungsmittel abzusprühen. Als Lösungsmittel[1] ist wegen seines relativ geringen Dampfdruckes Perchloräthylen zu bevorzugen.

Dieses Verfahren kann auch für höher beanspruchte Metallklebungen dann in Betracht kommen, wenn es sich um Einzelfertigungen oder um die Herstellung von Prototypen handelt. In diesen Fällen sollte die Haftfähigkeit der Klebflächen durch ein zusätzliches mechanisches Aufrauhen oder durch ein chemisches Beizverfahren gesteigert werden. Auch nach einer mechanischen Behandlung wird ein abschließendes Entfetten durch Absprühen der Klebflächen von oben nach unten mit frischem Lösungsmittel empfohlen. Danach ist mit Wasser zu spülen. Das Entfetten in Serienfertigung oder in einem Betrieb, der mit Klebungen aller Art beschäftigt ist, erscheint nur dann wirtschaftlich, wenn ihm eine vollständige Entfettungsanlage mit Bädern zur Verfügung steht. Für hochbeanspruchte Metallklebungen ist eine derartige Anlage unerläßlich.

---

[1] Über den Umgang mit Lösungsmitteln gelten folgende gesetzliche Vorschriften:

a) Unfallverhütungsvorschrift über die Verwendung gesundheitsschädlicher, flüchtiger, nicht brennbarer Lösungsmittel zum Entfetten von Metallwaren und für Reinigungszwecke (VBG 87);

b) Grundsätze für die Durchführung der Polizeiverordnung über den Verkehr mit brennbaren Flüssigkeiten vom 15. 12. 1930; Sonderbeilage zu Stück 1 des Amtsbl. Reg. Arnsberg, Jahrg. 1931;

c) Verordnung über die Kennzeichnung gesundheitsschädlicher Lösungsmittel und lösemittelhaltiger anderer Arbeitsstoffe — Lösemittelverordnung vom 26. 2. 1954;

d) Verordnung über brennbare Flüssigkeiten vom 18. 2. 1960 (BGBl. I, S. 83);

e) Tri-Merkblatt und Sicherheitsregeln für den Umgang mit Tri, Per und Tetra; herausgegeben vom Hauptverband der gewerblichen Berufsgenossenschaften, Zentralstelle für Unfallverhütung.

Geeignete Lösungsmittel organischer Art sind: Perchloräthylen, Trichloräthylen, Tetrachlorkohlenstoff, Methylenchlorid. Als anorganische Reinigungsmittel dienen meist gepufferte alkalische Lösungen (z. B. Grisal K Extra oder P 3) und Spezialmischungen.

Bei dem Gebrauch organischer Lösungsmittel kann im Tauchbad oder im Dampfbad entfettet werden. Die dampfbadentfetteten Teile verlassen die Anlage ohne anhaftende Lösungsmittelreste trocken und sind für die Weiterverarbeitung fertig, während der Tauchbadentfettung mindestens ein einmaliges Spülen und Trocknen in einem Wasserbad mit zusätzlicher Trockenanlage zu folgen hat. Das Tauchbadentfetten erfordert mehr Platz und mehrere Arbeitsgänge und ist damit zeitraubender als eine Dampfbadentfettung. Ihre Beschaffung ist zwar teurer, doch nimmt ihre Wirtschaftlichkeit mit steigendem Durchsatz zu.

Das Entfetten mit anorganischen Reinigungsmitteln erfolgt ausschließlich im Tauchbad mit nachfolgendem Spül- und Trockenvorgang. Anorganische Bäder verlangen, von wenigen Ausnahmen abgesehen, erhöhte Temperaturen, die z. B. für Aluminiumlegierungen bis zu 65 °C, für andere Metalle bis zu 95 °C betragen. Trotz des durch das Beheizen derartiger Bäder zusätzlichen Aufwandes werden sie doch vielfach den Tauch- oder Dampfbädern mit organischen Lösungsmitteln vorgezogen. Nicht nur, weil ihr Verbrauch geringer ist und das anorganiche Bad durchweg einen höheren Effekt erbringt, sondern weil häufig auch gleichzeitig die Haftfähigkeit der Klebflächen gesteigert wird. Außerdem ist die Betriebssicherheit beim Arbeiten mit anorganischen Bädern wesentlich größer und der Aufwand zum Vernichten unbrauchbar gewordener Lösungen geringer.

Beim Entfetten im Tauchbad mit organischen Lösungsmitteln ist es zweckmäßig, die Fügeteile hin- und herzubewegen oder das Bad durch fettfreie Preßluft oder Ultraschall zu bewegen. Das Lösungsmittel reichert sich während seines Gebrauchs mit Fett an. Deshalb muß es ständig auf seinen Fettgehalt überprüft werden. Durch Regenerieren oder rechtzeitiges Erneuern läßt sich die Wirksamkeit des Entfettungsbades aufrecht erhalten. Beim Tauchbadentfetten mit anorganischen Reinigungsmitteln genügt meist die durch das Beheizen hervorgerufene Badbewegung.

Die Wahl des Entfettungsverfahrens hängt von der Menge der zu entfettenden Teile, dem Platzbedarf, der Arbeitszeit und dem angestrebten Effekt ab. Art und Umfang einer Entfettungsanlage sind auf die Erfordernisse des Betriebes abzustimmen.

Das Beschicken der Bäder erfolgt in der Regel durch eine eigene Krananlage, seltener manuell. Dies kommt vorzugsweise für kleinere Fügeteile in Betracht. Sie können an Haken aufgehängt sein, in Gestellen stehen oder auch, sofern die Größenverhältnisse dies zulassen, in Drahtkörbe gelegt werden. Um das Verunreinigen des Bades oder Korrosionsangriffe zu vermeiden, bestehen sämtliche Vorrichtungen vorwiegend aus rostfreien Stählen, sofern nicht wegen der Kosten oder aus chemischen Gründen ein anderer Werkstoff zu bevorzugen ist.

Die von einem Entfettungsbad aufsteigenden Dämpfe sind durch eine ausreichend dimensionierte Absauganlage ins Freie abzuführen, zumindest ist durch gute Be- und Entlüftung des Arbeitsraums dauernd für Frischluft zu sorgen. Die an der Entfettungsanlage tätigen Arbeiter sollen vorschriftsmäßige Schutzkleidung tragen, insbesondere sind Gummihandschuhe zweckmäßig. Auf jeden Fall muß vermieden werden, die entfetteten Klebflächen mit bloßen Händen zu berühren.

Zur Kontrolle einer ausreichenden Entfettung sind Betriebsprüfungen notwendig.

3.2.3.2 Mechanisches Aufrauhen

Die Haftfähigkeit von Klebflächen läßt sich durch eine weitergehende Behandlung der metallischen Oberfläche mit größerer Tiefenwirkung als das Entfetten z. T. erheblich steigern. Mechanische Aufrauhverfahren entfernen nicht nur eingelagerte Fremdstoffe, sie vergrößern auch die wirksame Oberfläche. Der zulässige Rauheitsgrad ist hauptsächlich eine Funktion des verwendeten Klebstoffs bzw. seiner Konsistenz. Je dünnflüssiger ein Klebstoff ist oder unter Wärmeeinfluß wird, desto eher kann er in die Rauhtiefen eindringen und damit auch diese Bereiche der Oberfläche erfassen, um die gewünschte chemisch-physikalische Bindung mit ihm einzugehen. Die mechanische Oberflächenvorbehandlung wird vorzugsweise für Stahl, Bunt- und andere Schwermetalle angewendet.

Beim mechanischen Aufrauhen von Fügeteilen aus Stahl überwiegt trockenes oder nasses Strahlen mit fettfreiem und feinkörnigem Sand oder Drahtkorn. Weniger verbreitet ist das Aufrauhen mit Stahldrahtbürsten oder mit Schmirgelpapier der Körnung 100 bis 150 nach DIN 69100.

Für Aluminium ist das Aufrauhen mit feinen Stahldrahtbürsten im Kreuzschliff am vorteilhaftesten. Bei plattierten oder verzinkten Blechen darf die äußere Schicht nicht durchbrochen werden. Einige Halbzeughersteller liefern auf Wunsch fertiggebürstete Bleche.

Nach dem mechanischen Vorbehandeln sind sämtliche Reste von der Oberfläche zu entfernen. Zu empfehlen ist ein Abspülen mit Wasser. Benetzungskontrolle und Trocknen haben zu folgen.

3.2.3.3 Chemische Vorbehandlungen

An Aluminium und seinen Legierungen ist höchste Haftfähigkeit auf chemischem Wege zu erreichen. Die chemischen Verfahren, Tab. 9, ergeben weder für jedes Metall noch für jeden Klebstoff und auch nicht

Tabelle 9. *Chemische Oberflächenbehandlungsverfahren (aus VDI-Richtlinie 2229 und nach DIN 53281 Bl. 1)*

Verfahren	vorzugsweise anzuwenden bei	Vorbehandlung	Beizlösung	Beiztemp. °C	Beizdauer min	Nachbehandlung
Schwefelsäure-Natriumdichromat-Verfahren (Pickling-Prozeß)	Aluminium und seinen Legierungen	Reinigen, Entfetten, Spülen	27,5 Gew.-% konz. Schwefelsäure (Dichte 1,82), 7,5 Gew.-% Natriumdichromat, Rest Wasser	60 bis 65	20 bis 30	Spülen, Trocknen
Abgewandeltes Schwefelsäure-Natriumdichromat-Verfahren	Aluminium und seinen Legierungen	Reinigen, Entfetten, Spülen	Erster Beizvorgang: 0,5 bis 1 Gew.-% Natrium- oder Kaliumfluorid, 15 bis 20 Gew.-% konz. Salpetersäure, Rest Wasser	etwa 20	etwa 1	Spülen mit fließendem Wasser
			Zweiter Beizvorgang: 27,5 Gew.-% konz. Schwefelsäure (Dichte 1,82), 7,5 Gew.-% Natriumdichromat, Rest Wasser	60 bis 65	etwa 1	Spülen, Trocknen

3.2 Das Herstellen von Metallklebungen

Tabelle 9. (Fortsetzung). Chemische Oberflächenbehandlungsverfahren (aus VDI-Richtlinie 2229 und nach DIN 53281 Bl. 1)

Verfahren	vorzugsweise anzuwenden bei	Vorbehandlung	Beizlösung	Beiztemp. °C	Beizdauer min	Nachbehandlung
Salpetersäure-Kaliumdichromat-Verfahren	Magnesiumlegierungen	Reinigen, Entfetten, Spülen	20 Gew.-% konz. Salpetersäure, 15 Gew.-% Kaliumdichromat, Rest Wasser	etwa 20	etwa 1	Spülen, Trocknen
Schwefelsäure-Oxalsäure-Verfahren	Stahl, nicht rostendem Stahl	Reinigen, Entfetten, Spülen	10 Gew.-% konz. Schwefelsäure (Dichte 1,82), 10 Gew.-% Oxalsäure, Rest Wasser	60	30	Spülen, Trocknen
Salzsäure-Verfahren	hochlegiertem Stahl, nichtrostendem Stahl	Reinigen, Entfetten, Spülen	30 Gew.-% konz. Salzsäure, 70 Gew.-% Wasser	20	15	Spülen, Trocknen
Alkalische Verfahren	verschiedenen Metallen	unterschiedlich nach Behandlungsmitteln, teilweise mit Entfetten kombiniert (nach Vorschrift des Herstellers)	Gepufferte alkalische Lösungen, z. B. Grisal K Extra oder P 3	nach Vorschrift des Herstellers	nach Vorschrift des Herstellers	nach Vorschrift des Herstellers

für jede Metall-Klebstoff-Kombination ein gleich gutes Ergebnis. Im allgemeinen ist bekannt, für welches Metall sich diese Verfahren am besten eignen. Wo Zweifel bestehen, wenn z. B. ein modifiziertes oder neues Verfahren angewendet werden sollen, empfiehlt sich eine Laboruntersuchung.

Durch chemisches Beizen sollen ebenfalls alle in die Außenhaut eingelagerten Fremdstoffe entfernt und die wirksamen Oberflächen vergrößert werden. Eine Tiefenätzung, z. B. ein zu starker chemischer Angriff entlang der Korngrenzen oder auf die Kornfelder, ist auch in diesem Falle zu vermeiden. Daher sind stark aggressive Beizlösungen, z. B. ungepufferte Natronlauge, für Teile aus Aluminium unzulässig. Mehrere dieser Verfahren benötigen erhöhte Temperaturen. Dementsprechend muß das Beizbad beheizbar sein. Am zweckmäßigsten geschieht dies mit einem für die Solltemperatur ausgelegten elektrischen Tauchsieder.

Der durch Beizen erzielbaren Wirkung bedarf es nicht in allen Beanspruchungsfällen, denen Metallklebungen unterworfen sind. Wegen der hohen Kosten für ein Beizbad sollte das Beizen nur für solche Metallklebungen herangezogen werden, die hohen Anforderungen zu genügen haben, die tragende Funktion erfüllen müssen, kritischen Umwelteinflüssen ausgesetzt sind oder einer langen Lebensdauer bedürfen.

Zum chemischen Beizen wird immer eine geeignete Wanne benötigt, die einem Angriff durch das Beizmittel widersteht. Über die benötigten Einzelheiten einer Badausrüstung sowie über die beste Werkstoffwahl erteilen die Hersteller von Beizmitteln Auskunft.

Dem chemischen Beizverfahren soll ein Entfetten der Fügeteile mit gutem Abspülen vorangehen. Es empfiehlt sich, das Beizbad mit dem Entfettungsbad, dem anschließenden Wasserspülbad sowie einem weiteren Spülbad, das dem Beizen folgt, und dem sich den Naßbehandlungen anschließenden Trocknen in einem Ofen zu einer gesamten Oberflächenvorbehandlungsanlage zusammenzufassen. Ihre Beschickung kann ein Kran mit dem gesamten Zubehör (Gestellen, Körben usw.) übernehmen. Dabei wird hingenommen, daß sich die in das Beizbad dauernd eintauchenden Gegenstände mehr oder weniger schnell abnutzen.

Der Inhalt des Beizbades ist ständig auf seine chemische Zusammensetzung zu überprüfen und gegebenenfalls zu regenerieren oder von Zeit zu Zeit zu erneuern. Die von dem Beizbad aufsteigenden Dämpfe sollten durch einen Abzug ins Freie geleitet werden. Ein nichtbenutztes Beizbad ist abzudecken.

Im Laborbetrieb werden für das Beizen von Probekörpern meist Behälter aus Glas oder aus rostfreiem Stahl verwendet. Sind erhöhte Temperaturen erforderlich, so kann das Bad entweder durch einen

Tauchsieder mit vorgeschaltetem Widerstand, auf einer Heizplatte oder über einer Gasflamme erwärmt werden. Die Wärmequelle ist so zu regulieren, daß die Solltemperatur des Bades mit einer Toleranz von ± 3 °C konstant bleibt. Die Badtemperatur ist während des gesamten Beizprozesses zu kontrollieren.

3.2.3.4 Anodisierverfahren für Aluminiumteile

Die der Haftgrundvorbereitung und dem Steigern des Haftvermögens von Metalloberflächen dienenden Verfahren sollen sich auf die Güte der Metallklebungen günstig derart auswirken, daß die statischen und dynamischen Festigkeitswerte die gewünschte Höhe erreichen und ihre Streubereiche klein bleiben. Einen geringeren Einfluß üben diese Verfahren jedoch auf die Beständigkeit der Metallklebungen gegenüber Umwelteinflüssen aus, von denen Lebensdauer und Sicherheit ebenfalls abhängen. In dieser Hinsicht ist die Wahl des Klebstoffs und sein Härtungsablauf von wesentlich größerer Bedeutung. Außerdem können sowohl Beständigkeit, lange Lebensdauer als auch Sicherheit einer Klebung durch eine Nachbearbeitung beeinflußt werden.

Die Sicherheit von Flugzeugbauteilen aus Aluminium oder seinen Legierungen kann durch eine weitere Oberflächenvorbehandlung, das Anodisieren, heraufgesetzt werden, weil damit eine wesentlich bessere Beständigkeit gegen Angriffe durch Wasser, Wasserdampf oder andere chemische Flüssigkeiten bzw. Gase erzielt wird.

Beim Anodisieren wird die oberflächliche Oxidhaut des Aluminiums künstlich verstärkt und bei Aluminiumlegierungen gegebenenfalls mit eingelagerten Legierungsbestandteilen zusätzlich durchsetzt. Der vorhergehende Beizprozeß muß gewährleisten, daß störende Fremdkörper aus der Oberfläche herausgelöst werden. Insbesondere wegen der hohen Beständigkeit des im Grundwerkstoff fest verankerten Oxids gegen viele Arten eines äußeren Angriffs wird das Anodisieren von solchen Aluminiumbauteilen, die einer hohen Widerstandsfähigkeit und einer langen Lebensdauer bedürfen, oft angewandt. Von diesem Prozeß sind die Eloxal-Verfahren und von diesen das GS-(Gleichstrom-Schwefelsäure)-Verfahren sehr verbreitet. Weniger angewendet wird das Bengough-(Chromsäure)-Verfahren.

Die beim Anodisieren erzeugte künstliche Oxidschicht enthält Poren von geringem Durchmesser. Beim GS-Verfahren fällt das Porenvolumen größer aus, andererseits nimmt die Schichtdicke meist stärker zu als beim Bengough-Verfahren. Es ergeben sich somit gewisse ,,Rauheits''-Unterschiede. Beim abschließenden Verdichten schließen sich die Poren zwar weitgehend, es bleiben jedoch bestimmte Unterschiede in der Porigkeit beider Anodisierverfahren bestehen.

Die Beständigkeit der Anodisierschichten ist in beiden Fällen annähernd die gleiche. Die Haftfähigkeit des Klebstoffs auf AlCuMg-Legierungen liegt jedoch nach dem Bengough-Verfahren höher, zumindest ist der Streubereich erzielbarer Festigkeiten kleiner und damit wird die Sicherheit heraufgesetzt. Aus diesem Grunde wendet der Flugzeugbau, falls ein zusätzliches Anodisieren verlangt wird, nur das Verfahren nach Bengough an.

In der Fertigung anodisiert man die ganzen Fügeteile, verdichtet sie jedoch zunächst nicht. Der Klebstoff wird auf die gut getrockneten Fügeflächen aufgetragen. Die vom Klebstoff nicht bestrichenen Bereiche werden dann im Zuge der Warmhärtung z. B. durch die sich aus Polykondensationsklebstoffen abspaltenden flüchtigen Bestandteile oder von zusätzlich verdunstendem Wasser, d. h. in einer künstlich erzeugten Atmosphäre hoher Luftfeuchte, verdichtet. Damit sind gleichzeitig die freien Metallflächen gegen alle Angriffe durch die Umwelt geschützt.

Vielfach wird das Kleben von GS-anodisierten Aluminiumbauteilen, vornehmlich im Bauwesen, angestrebt. Die in der Praxis meist unbefriedigenden Festigkeitsergebnisse bzw. deren großer Streubereich haben verschiedene Ursachen, die sich unter bestimmten Fertigungsbedingungen vermeiden lassen:

Verwendung von gepufferter Natronlauge zum Beizen, da sie den Rauheitsgrad herabsetzt; möglichst kurze Anodisierzeit, obwohl dadurch die Forderung, die freien Metallflächen durch genügend dicke Oxidschichten stärker zu schützen, nicht erfüllt wird; Verdichten in Wasserdampf; gründliches Trocknen.

3.2.3.5 Spülverfahren und Trocknen

Die aus einem Tauchbad kommenden Fügeteile sind naß, d. h. sie sind mit einem Flüssigkeitsfilm überzogen. Dieser muß vor jeder Weiterverarbeitung entfernt werden. An Blechen oder Bändern werden Flüssigkeitsreste durch ein Rollenpaar zurückgehalten oder durch Anblasen mit Luft entfernt. In jedem Fall ist mit Wasser zu spülen, z. B. in einem Wasserbad unter Hin- und Herbewegen der Fügeteile. Bei Kleinteilen und Prototypen empfiehlt sich ein Abspritzen.

Nach der Vorbehandlung sollte sich ein abschließendes Spülen der Fügeteile unter einer Dusche mit entsalztem oder destilliertem Wasser anschließen, um Rückstände auf den Klebflächen unter allen Umständen auszuschließen. Das Spülen mit warmem Wasser erleichtert das nachfolgende Trocknen. Für Aluminiumlegierungen sollte die Temperatur etwa 60 bis 65 °C, für andere Metalle etwa 80 bis 95 °C betragen. Bei diesem letzten Spülen ist auf ein vollständiges und gleichmäßiges

Benetzen der Klebflächen durch das Wasser zu achten, das als nicht unterbrochener Film ablaufen soll.

Zum Trocknen von Kleinteilen genügen Wärmeschränke oder Kammeröfen. Die Teile werden in Drahtkörben oder Gestellen eingeschoben. Größere Einzelteile können, wenn kein geeigneter Ofen vorhanden ist, unter einem Warmluftgebläse getrocknet werden. Vielfach befinden sich Tieföfen neben den Bädern, so daß das Beschicken von oben mit den gleichen Hilfsvorrichtungen möglich ist. Beim Trocknen sollten die Temperaturen für Aluminiumlegierungen 60 bis 65 °C nicht übersteigen, bei Stahl oder anderen Metallen können sie höher liegen. Die mit Luftumwälzung auszustattenden Trockenöfen sind mit einem Abzug für die wasserdampfgesättigte Luft zu versehen und sollen sauber und staubfrei arbeiten.

3.2.4 Klebstoffauftrag

Nach der Oberflächenvorbehandlung sollte die Lagerzeit bis zum Auftragen des Klebstoffs für hochbeanspruchte Klebungen nicht über 40 Stunden, für geringe Beanspruchung höchstens bis zu 24 Stunden betragen.

Es ist für das rechtzeitige Bereitstellen des Klebstoffs bzw. seiner Komponenten zu sorgen, wobei die erforderliche Anwärmdauer des Klebstoffs von Lagertemperatur auf Verarbeitungstemperatur zu berücksichtigen ist. Bei Zweikomponentenklebstoffen sind die Bestandteile im vorgesehenen Mischungsverhältnis (nach Gewichts- oder Volumenteilen) abzumessen. Besteht die Absicht, mit Klebfilmen zu arbeiten, so sind diese auf die gewünschten Flächenmaße zuzuschneiden.

Bereitzustellen sind ferner alle für das Auftragen des Klebstoffs benötigten Hilfsmittel in gebrauchsfertigem Zustand. Hierzu gehören z. B. eine Spritzpistole einschließlich einer ausreichend gefüllten Druckluftflasche, Pinsel, Bürsten, Lammfellrollen, Spachtel, Rakel oder sonstige dem Klebstofftyp entsprechende Hilfsmittel. Ist ein maschinelles Auftragen des Klebstoffs vorgesehen, muß die Funktionsfähigkeit der Maschinen in allen Einzelteilen sichergestellt sein.

Nach der Form des zu verarbeitenden Klebstoffs und der Auftragsart richten sich die Kosten für die zum Auftragen benötigten Hilfsmittel und die Arbeitszeit. Viele Klebstoffe werden in mehreren Formen (flüssig, zähflüssig, fest oder als Klebfilm) geliefert und verarbeitet. Damit ergeben sich für das Auftragen auch wirtschaftliche Gesichtspunkte.

3.2.4.1 Auftragen dünnflüssiger Klebstoffe

Einkomponentenklebstoffe sind meist im Anlieferungszustand verwendbar. Zweikomponentenklebstoffe sind unmittelbar vor dem Auftragen im vorgeschriebenen Verhältnis zu mischen. Dies kann von Hand oder maschinell mit einem Mischgerät geschehen. In jedem Fall ist auf ein vollständiges Vermischen der Komponenten Wert zu legen, was meist an der Färbung des fertigen Gemisches zu erkennen ist. Die Verarbeitungszeit der Mischung ist begrenzt. Diese sog. Topfzeit beträgt wenige Minuten bis zu $^1/_2$ bis 1 h, in anderen Fällen erstreckt sie sich auf mehrere Stunden. Daher sind jeweils nur die innerhalb der Topfzeit verarbeitbaren Mengen anzusetzen.

Viele Ein- und Zweikomponentenklebstoffe werden durch Zumischen von Verdünnern mehr oder weniger dünnflüssig, z. T. sogar verspritzbar. Unabhängig von der Größe der Klebfläche erfolgt das Auftragen eines dünnflüssigen Klebstoffs meistens mit dem Pinsel.

An kleinen Teilen, z. B. Probekörpern, wird der Klebstoff im Labor häufig mit dem Spachtel aufgetragen. Auf größere Klebflächen läßt sich ein dünnflüssiger Klebstoff auch mit Hilfe einer Lammfellrolle aufwalzen. Bei serienmäßigen Großflächenklebungen ist das Aufspritzen des Klebstoffs wirtschaftlich, während sich bei kleinen Teilen die Spritzverluste meist ungünstig auswirken. Handelt es sich um Körper unterschiedlicher Gestalt oder Abmessung, so empfiehlt sich ein Spritzen von Hand. In der Serienfertigung ebener Teile gleicher oder ähnlicher Größe ist das maschinelle Aufspritzen vorteilhafter. Kleine Arbeitsstücke können in den dünnflüssigen Klebstoff getaucht werden.

3.2.4.2 Auftragen von Klebstoffen mittlerer Viskosität

Bei viskosen Klebstoffen ist der Gebrauch eines Pinsels nicht immer möglich. An seine Stelle tritt dann die Lammfellrolle. Darüber hinaus werden folgende Auftragsverfahren angewendet: Aufspachteln bzw. Aufstreichen mittels Rakel. Ein Rakel ähnelt einem rechteckigen Spachtel und besteht aus flexiblem Polyvinylchlorid oder festem Polyäthylen. An der unteren Kante ist er mit einer Dreiecks- oder Halbrundzahnung versehen. Mit dieser wird der Klebstoff auf die Metallfläche gestrichen, indem der Rakel etwas zum Klebstoff hin geneigt ist. Durch die Tiefe und den Abstand der Zähne sowie durch den Winkel lassen sich die Auftragsmenge und damit die Schichtdicke gut einstellen. Die hinter dem Rakel verbleibenden Klebstoffstränge verlaufen schnell zu einer gleichmäßigen Schicht. Der Klebstoffauftrag mittels Rakel gelingt bei großflächigen, ebenen Körpern auch maschinell. Hierzu wird der Rakel an der oberen Kante drehbar gelagert und mit einem regulierbaren Gewicht in die zweckmäßige Winkelstellung gebracht. Bei ebenen oder einfach gekrümmten, dünnen Fügeteilen läßt sich der Klebstoff maschinell aufwalzen, ähnlich wie dies seit langem in der Holzindustrie geschieht.

3.2.4.3 Auftragen hochviskoser Klebstoffe

Die meisten hochviskosen Klebstoffe sind nach dem Zumischen von Verdünnern streichfähig. Ist dies nicht möglich oder zweckmäßig, oder handelt es sich um pastöse Klebstoffe, so bleiben ausschließlich Spachtel oder Rakel für den Auftrag. Dies gilt gleichermaßen für große und kleine Klebteile. Ein maschineller Auftrag gelingt selten ohne den Zusatz von Verdünnern.

3.2.4.4 Auftragen fester Klebstoffe

Feste Klebstoffe, meist in Stangenform, können gewöhnlich auf die vorgewärmten Klebflächen aufgeschmolzen werden. Diese Methode überwiegt bei Kleinteilen. Wegen der Notwendigkeit des Vorwärmens werden die anderen Arten den festen Klebstoffen meist vorgezogen. In der Großserienfertigung haben sich auch bereits tablettierte feste Klebstoffe bewährt, deren Dosierung maschinell vorgenommen werden kann.

3.2.4.5 Auftragen pulverförmiger Klebstoffe

Pulverförmige Klebstoffe streut man mit Hilfe von Sieben oder Streubüchsen auf die Klebflächen auf. Beim Anwärmen der Fügeteile verflüssigen sich die Pulver und bilden nach dem Zusammenfließen eine gleichmäßige Klebstoffschicht.

Häufig liegen kombinierte Klebstofftypen vor. Sie bestehen aus einer flüssigen Komponente, die zuerst aufzustreichen, und einer pulverförmigen, die auf die vorgestrichenen Klebflächen gestreut wird. Beim Kleben von Kleinteilen, z. B. von Prüfkörpern, können die mit der flüssigen Komponente behafteten Fügeteile in die pulverförmige Komponente eingetaucht werden. Überschüssiges Pulver ist durch einfaches Abklopfen zu entfernen.

3.2.4.6 Aufbringen von Klebfilmen

Zum Herstellen großflächiger Klebungen haben sich Klebfilme zunehmend eingeführt. Die Kosten sind höher als die flüssiger Klebstoffe gleicher Zusammensetzung, jedoch lassen sich Klebfilme schneller und leichter verarbeiten. Außerdem bieten sie die Gewähr einer gleichmäßigen Verteilung über die gesamte Klebfläche mit gleicher Schichtdicke und mit gleichmäßigem Gewicht. Sie gewährleisten daher in der Regel Klebungen höherer Genauigkeit und größerer Sicherheit. Die Ausschußquote liegt niedriger.

In der Fertigung von Stützkernelementen werden fast ausschließlich Klebfilme verwendet. Für das Kleben von Kleinteilen sind Klebfilme nur dann angebracht, wenn zugleich größere Flächen zu kleben sind. Vor dem Auflegen auf die Klebflächen erhalten die Filme durch Zuschnitt die Flächenmaße. Klebfilme werden mindestens auf einer Seite durch eine dünne Kunststoffolie geschützt. Diese Folie muß vor dem späteren Zusammenlegen der Fügeteile abgezogen werden. Klebfilme sind ausschließlich warmhärtend. In allen Fällen ist Anpreßdruck beim Härten aufzubringen. Unter Wärme und Druck durchlaufen Klebfilme eine Phase niedriger Viskosität. Dies genügt jedoch nicht immer, um die Klebflächen ausreichend zu benetzen, d. h. eine befriedigende chemisch-physikalische Bindung mit den beiden Klebflächen einzugehen. Daher empfiehlt es sich, die Klebflächen mit einer dünnen Schicht aus einer reinen, aber stark verdünnten Klebstoffsubstanz zu bespritzen (primern). Die Klebfilme werden anschließend eingelegt und gehen während der Härtung mit dem aufgespritzten Material eine kohäsive Bindung ein.

3.2.4.7 Konservieren vorbehandelter Klebflächen

Fügeteile, deren Oberflächen vorbehandelt sind, können oftmals nicht sofort weiterverarbeitet werden. Darüber hinaus ist es oft notwendig, Lagerzeiten und Transportwege zwischen dem Vorbehandeln der Klebflächen und dem Klebstoffauftrag einzufügen.

Insbesondere im Flugzeugbau läßt es sich meist nicht vermeiden, das Auftragen des Klebstoffs als Folge bestimmter Arbeiten an den häufig komplizierten und großen Bauteilen zu verzögern. Dies gilt vor allem für die Stützkernbauweise mit Klebfilmen, für die der Klebstoffauftrag und der zeitraubende Zusammenbau nicht in einem Arbeitsgang möglich sind. Da sich aber das längere Handhaben der vorbehandelten Bauteile nachteilig auf die Güte, Genauigkeit und Sicherheit der Klebungen auswirkt, muß vorgeschlagen werden, die Klebflächen kurz nach dem Vorbehandeln zu schützen.

Bei dem Einsatz von Abziehlacken bleiben kleine Lackteile an den Klebflächen hängen und beeinträchtigen die anschließende Klebung. Außerdem sind Abziehlacke nicht wasser- und dampfdicht, so daß Verunreinigungen der vorbehandelten Metalloberfläche trotz der Abziehlackschicht zu erwarten sind. Abziehlacke als Konservierungsmittel zu verwenden ist daher nicht empfehlenswert.

Die beste Konservierung besteht in dem Aufspritzen einer dünnen Klebstoffschicht kurz nach der Vorbehandlung. Diese Klebstoffschicht ist in einem Ofen unter Wärmezufuhr vorzutrocknen. Die Temperatur darf jedoch nicht so hoch sein, daß sie zur Vernetzung führt. Anschließend lassen sich die Teile längere Zeit lagern oder transportieren. Zusätzliche Schutzhüllen aus Kunststoffolie sind empfehlenswert, aber nicht unerläßlich. Sollen die Teile weiterverarbeitet werden, ist abgelagerter Staub zu entfernen und eine zweite dünne Klebstoffschicht aufzuspritzen. Bedenken, konservierte und vorgetrocknete Fügeteile, auf denen sich Staub u. ä. abgelagert hatte, könnten hierdurch in ihren Klebeigenschaften beeinträchtigt sein, sind unnötig. Es ist allenfalls zu erwarten, daß sich derartige Fremdkörper beim Härten ohne Auswirkung in die Klebschicht einlagern.

Nach der Vorfertigung von Wabenstützkernen werden diese vielfach aus Gründen der Sicherheit vor der endgültigen Verwendung durch nochmaliges Entfetten einschließlich Spülen und Trocknen vorbehandelt. Ein Schutz vor Verunreinigung besteht darin, zugeschnittene Klebfilme auf die Wabenkerne zu legen und kurze Zeit unter leichter Wärmezufuhr, z. B. mit einem Bügeleisen, anzudrücken. Hierbei sind die Schutzfolien auf der Außenseite der Klebfilme zu belassen. Derartig geschützte Wabenkerne erleiden dann auch keine Beschädigung der Waben selbst, ferner sind die sonst scharfkantigen Stücke leichter zu handhaben.

Eine andere Art des Konservierens vorbehandelter Fügeteile sieht vor, diese in einen Sack aus fettfreier Kunststoffolie zu verpacken, der zu verschließen und zu evakuieren ist.

3.2.5 Kleben

Das feste Verbinden von zwei oder mehreren Fügeteilen durch Kleben beruht auf einer chemischen Reaktion. Der aufgetragene Klebstoff verbindet sich adhäsiv mit der Metallfläche und vernetzt nach dem Zusammenlegen der Fügeteile kohäsiv zu einer festen Klebschicht. Dieser Gesamtablauf ist für alle Reaktionsklebstoffe gleich. Unterschiede beim Abbinden oder Härten ergeben sich, soweit dies Temperatur, Zeit, Druck und die Arbeitsweise betrifft, lediglich durch die verschiedenen Klebstoffzusammensetzungen.

Abweichende Prozesse ergeben sich dagegen dann, wenn zu Dispersionsklebstoffen, Thermoplasten oder Plastisolen übergegangen wird, die in Zukunft eine größere Bedeutung erlangen dürften.

3.2.5.1 Fügen und Fixieren

Die mit Klebstoff versehenen Fügeteile werden anschließend zusammengelegt und gegen Verschieben gesichert. Die hierzu benötigte Zeit hängt von den Eigenarten des jeweiligen Klebstofftyps ab. Einige Klebstoffe härten sofort nach dem Mischen ihrer Komponenten aus, andere beginnen hiermit erst nach dem Hinzutreten von Luft. In der Regel ist ein schnelles Arbeiten beim Fügen und Fixieren erforderlich. Einfache und schnell zu bedienende Klebvorrichtungen sind zu empfehlen. Dies gilt vor allem dann, wenn die Güte der fertigen Klebung von der Verarbeitungszeit abhängt. Klebstoffe, die zum leichteren Auftragen Verdünner enthalten, benötigen zwischen Auftrag und Fügen eine Ablüftezeit, während der der Verdünner aus der offenliegenden Klebstoffschicht abdampft. Sie liegt etwa zwischen 10 und 30 min. Während dieser Zeit können die Teile bereits in die Klebvorrichtung eingelegt werden.

Klebstoffe, deren chemische Reaktion langsam abläuft oder die mit dem Abbinden erst unter bestimmten Bedingungen beginnen, z. B. unter erhöhter Temperatur, erleichtern den Fertigungsablauf. Das Fügen kann dann sofort nach dem Auftragen bzw. nach Ablauf der „offenen Zeit" einsetzen oder wahlweise nach einigen Stunden, Tagen oder Wochen erfolgen, sofern die Klebstoffschichten vor Verunreinigungen geschützt sind. Daher werden diese Klebstoffe dann bevorzugt, wenn Größe, Form oder der Zusammenbau verschiedener Fügeteile längere Zeit für das Fügen und Fixieren erfordern.

Zum Fixieren der Fügeteile in den Klebvorrichtungen genügen vielfach einfache Hilfsmittel, wie Klammern, Zwingen o. ä. Oft wird mit Spannbändern aus Gummi oder Metall sowohl fixiert als auch gleichzeitig Druck aufgebracht. Dies gilt ebenfalls für das Auflegen von Gewichten. Das Fixieren größerer Bauteile besorgen mit den Vorrichtungen verbundene Klemmleisten. Durch Paßstifte an den Vorrichtungen und entsprechende Paßlöcher in den Fügeteilen ist ein gegenseitiges Verschieben zu verhindern. Verbreitet sind Fixierrahmen oder Unterlagen mit Anschlagklötzen oder -leisten. In manchen Fällen haben sich kombinierte Bauweisen durch Kleben und Nieten bewährt, in denen die Niete entweder die Aufgabe des Fixierens übernehmen oder zusätzlich während des Härtens Druck aufbringen, um schließlich während der späteren Betriebsbeanspruchung die Klebränder gegen Abschälen zu sichern. In der Fertigung geformter Bauteile wird oft mit allseits geschlossenen Vorrichtungen gearbeitet, die ein gesondertes Fixieren erübrigen.

3.2.5.2 Klebbedingungen

Die Güte einer Klebung ist weitgehend von den Arbeitsbedingungen selbst abhängig, d. h. insbesondere von Temperatur, Zeit, Druck und der Oberflächenvorbehandlung. Bei manchen Klebstoffen üben auch die Umweltbedingungen, z. B. die Luftfeuchtigkeit, einen Einfluß aus.

a) Temperatur. Die Temperatur ist sowohl für den Klebstoffauftrag, das Fügen und Fixieren als auch für das Abbinden oder Härten wesentlich. Man unterscheidet das Kalthärten und Warmhärten. Unter Kalthärten wird im allgemeinen das Abbinden bei der jeweils in der Umgebung herrschenden Temperatur, im Regelfalle bei Raumtemperatur, verstanden. Diese Begriffsbestimmung ist jedoch zu ungenau und daher gefährlich.

Die kalt, d. h. bei Raumtemperatur härtenden Klebstoffe erfordern mit wenigen Ausnahmen beim Abbinden eine Mindesttemperatur, wenn die Klebung befriedigen soll. Für Fügeteile und Umgebung sind als untere Grenze $+15\,°C$ anzusetzen. Dies bedeutet, daß der Arbeitsraum nicht beliebig kalt sein darf. Das Kleben im Freien erfordert häufig, unter einem Schutzdach mit Heizung zu arbeiten und die Fügeteile anzuwärmen.

Andererseits kann sich eine erhöhte Temperatur auch nachteilig auf die Klebung auswirken. Mit ansteigenden Wärmegraden verläuft der Abbindeprozeß schneller. Der Klebstoff vermag dann vorzeitig zu gelieren, womit seine Benetzungsfähigkeit und damit die adhäsive Bindung an die Metalloberfläche abnehmen. Im allgemeinen gelten als obere Grenze für den Klebstoffauftrag $26\,°C$ bis zum Fügen, während beim Abbinden höhere Temperaturen zulässig sind.

Die meisten kalthärtenden Klebstoffe können sowohl bei Raumtemperatur als auch bei zugeführter Wärme (bis etwa $80\,°C$) abbinden. Eine erhöhte Temperatur hat mehrere Vorteile: kürzere Abbindezeit, im Regelfalle höhere Festigkeit und Beständigkeit; andererseits kann die Elastizität der zu warm gehärteten Klebschicht abnehmen.

Die warmhärtenden Klebstoffe binden grundsätzlich nur bei erhöhten Temperaturen ab. Der Temperaturbereich liegt zwischen 120 und $180\,°C$. In Sonderfällen kann auch bei Temperaturen bis zu etwa $220\,°C$ gehärtet werden. Für jeden Klebstoff gibt es eine untere und eine obere Temperaturgrenze für den Abbindeprozeß. Innerhalb dieser Spanne erbringt eine Temperatur das Optimum an Bindefestigkeit. Nach dem Überschreiten der maximal zulässigen Abbindetemperatur beginnt sich die Klebschicht thermisch zu zersetzen und verliert damit ihre Bindefestigkeit.

b) Zeit. Die chemische Reaktion eines jeden Klebstoffs verläuft zeitabhängig. Hierbei verhalten sich die einzelnen Klebstoffarten unterschiedlich. Der für jeden Klebstoff optimale zeitliche Reaktionsablauf muß dem Verarbeiter bekannt sein, um die Fertigung dementsprechend einzurichten. Andererseits läßt sich bei vielen Klebstoffen durch bestimmte Maßnahmen der Abbindevorgang zeitlich in bestimmten Grenzen wunschgemäß steuern.

Über die jeweiligen Eigenarten der Klebstoffe sowie die zeitlichen Einflußgrößen beim Abbinden geben die Klebstoffhersteller Auskunft. Im allgemeinen gilt für kalthärtende Klebstoffe: Beginnt die chemische Reaktion des Abbindens sofort, so verläuft sie entweder zunächst schnell und klingt langsam ab oder sie setzt zunächst stetig ein, um dann ebenfalls mehr und mehr abzunehmen. Der zeitliche Ablauf der

Härtungsreaktion ist durch Unterkühlen zu verzögern. Bei Zwei- und Mehrkomponenten-Klebstoffen kann der zeitliche Ablauf durch das Zumischen eines Beschleunigers gesteuert werden. Ein so abgeändertes Mischungsverhältnis beeinflußt jedoch in vielen Fällen die Eigenschaften des Klebstoffs negativ.

Völlig anders verhalten sich die warmhärtenden Klebstoffe. Für sie gilt im allgemeinen, daß der Reaktionsprozeß erst anläuft, sobald er hierzu angeregt wird. Das auslösende Moment ist die Wärme. Je höher die Temperatur, um so schneller läuft der Prozeß ab. Somit bestehen zwischen Härtetemperatur und Härtezeit für jeden warmhärtenden Klebstoff bestimmte Beziehungen. Die Härtezeit bei einer bestimmten Härtetemperatur hat definierte Eigenschaften der Klebung zur Folge. Je kürzer diese Zeit ist, um so elastischer verhält sich die Klebschicht. Mit längerer Härtezeit versprödet sie mehr und mehr.

Verschiedene Härtezeiten bei konstanter Härtetemperatur wirken sich geringer aus als unterschiedliche Temperaturen bei konstanter Härtezeit. Daher fällt der zulässige Bereich für die Zeittoleranz bis zum Erreichen der Härtetemperatur relativ breit aus. Das Optimum der jeweils gewünschten Eigenschaften einer fertigen Klebung ist zu erwarten, sofern die Temperatur- und Zeitbedingungen des Klebstoffherstellers innerhalb der vorgeschriebenen Bereiche liegen. Für die Temperatur betragen sie im allgemeinen $\pm 5\,°C$. Meist lassen sich $\pm 3\,°C$ ohne Schwierigkeiten einhalten. Für die Härtezeit beträgt der Bereich durchschnittlich $\pm 5\%$, für die Anwärmzeit meist ± 10 bis 20%.

c) Druck. Beim Kleben kann das Anwenden von Druck auf die Klebflächen aus zwei Gründen notwendig sein. Einige Klebstoffe verlangen während des Härtens einen definierten Druck auf die gesamte Klebfläche, um sie gleichmäßig und konstant zu belasten. Hierzu gehören insbesondere die Klebstoffe, die einen Polykondensationsprozeß durchlaufen und dabei flüchtige Bestandteile abspalten. Durch den Druck sollen Poren und Blasen sowie Nester im gehärteten Klebstoff verhindert bzw. eine gleichmäßig verteilte, kontinuierlich zusammenhängende Klebschicht mit zufriedenstellenden Adhäsions- und Kohäsionseigenschaften erzwungen werden. In fast allen Fällen ist — außer dem Druck — eine erhöhte Temperatur beim Härten notwendig.

Form und Abmessungen vieler Bauteile verlangen das Aufbringen von Druck während des Härtens, um — entsprechend der Größe der Klebflächen — eine genügende Paßgenauigkeit zu erzielen. Dies ist selbst dann wünschenswert, wenn die Klebstoffe aushärten, ohne Abspaltungsprodukte abzusondern. In jedem Falle muß ein festes und gleichmäßiges Anliegen der Klebflächen gewährleistet sein. Gegebenenfalls ist dies durch örtliches oder über die gesamte Fläche wirkendes

Anpressen herbeizuführen. Dies gilt insbesondere für Klebflächen mit größeren Abmessungen und für dünnwandige Fügeteile.

Auch die Gruppe der Kontaktklebstoffe verlangt das Anwenden von Druck. Dieser ist zunächst notwendig, um eine genügende Paßgenauigkeit zu erreichen. Andererseits dient er dazu, daß der auf beide Fügeteile aufgetragene Klebstoff über ihre gesamte Fläche gleichmäßig zu einer kraftschlüssigen Schicht vereinigt wird. Die Druckhöhe ist oft nicht genau anzugeben. Sie liegt normalerweise zwischen 2 und 5 kp/cm².

Eine wesentliche Bedeutung kann der Dauer des einwirkenden Drucks zukommen. Bei Kontaktklebstoffen genügt durchweg ein kurzzeitiger Druck von 1 sec bis 3 min. Bei kalthärtenden Klebstoffen sollte der Druck solange wirksam bleiben, bis etwa 30 bis 50% des Abbindeprozesses abgelaufen sind. Bei schnellreagierenden Klebstoffen entspricht dies einer Zeit von 1 bis 2 h. Für langsam reagierende Klebstoffe genügen meist 8 bis 12 h, im Maximalfall etwa 24 h. Bei warmhärtenden Klebstoffen darf erst dann entlastet werden, wenn unter die für den jeweiligen Klebstoff zulässige Temperatur abgekühlt ist.

3.2.5.3 Härten bei Raumtemperatur

Die Härteverfahren bei Raumtemperatur unterscheiden sich durch Art und Typ des Klebstoffs und den vom Klebstoff abhängigen Arbeitsaufwand.

I. Kontaktkleben. Kontaktklebstoffe erfordern durchweg einen Auftrag auf die Oberflächen beider Fügeteile. Werden diese zusammengelegt, so tritt an allen Berührungsstellen sofort kohäsive Bindung ein. Genaue Passungen mit gleichmäßig gutem Kontakt über die gesamte Fläche und damit inniges Verbinden der beidseitigen Schichten erfordern kurzzeitiges Anpressen, für das etwa 2 bis 5 kp/cm² während 1 sec bis 3 min zu veranschlagen sind. Die entstehende Bindung ist so fest, daß ein Verschieben der Fügeteile, um die Passung zu verbessern, außerordentlich schwer, wenn nicht unmöglich ist. Ebenso lassen sie sich kaum trennen. Die Fügeteile müssen deshalb sogleich in die richtige Lage gebracht werden.

Für die Fertigung von größeren Stückzahlen empfehlen sich Vorrichtungen mit allseitigen Anschlägen.

Das Fertigen einer Kontaktklebung nimmt wenig Zeit in Anspruch. Der Aufwand an Arbeitszeit und — bei größeren Stückzahlen — an Vorrichtungen ist gering. Kontaktklebungen sind jedoch nicht immer vorteilhaft. Ihre Festigkeit und besonders ihre Beständigkeit gegen Umwelteinflüsse sind oft verhältnismäßig gering.

II. Kalthärten. Das Härten des Klebstoffs bei Raumtemperatur, das sog. Kalthärten, erfolgt meist durch eine chemische Reaktion nach dem Vermischen von zwei oder mehreren Komponenten, bei Einkomponentenklebern in wenigen Fällen durch ein Reagieren mit Sauerstoff der umgebenden Luft oder der Feuchtigkeit auf den Fügeteilen nach dem Auftragen. Der Härteprozeß kann bei fast allen Klebstoffen durch Ändern des Mischungsverhältnisses oder durch Zumischen eines teils mitreagierenden, teils katalytisch wirkenden Stoffs beschleunigt werden, der deshalb Beschleuniger heißt. Bei diesen Klebstoffen beginnt das Härten sofort nach dem Ansetzen der Mischung oder nach dem Auftragen. Daher müssen alle Arbeitsvorgänge, wie Auftragen, Fügen, Fixieren und ggf. Aufbringen von Druck, innerhalb einer bestimmten Zeitspanne beendet sein, soll eine feste und dauerhafte Klebung erzielt werden.

Die mit kalthärtendem Klebstoff bestrichenen Fügeteile lassen sich vor dem Aushärten noch relativ leicht gegeneinander verschieben; daher ist Fixieren unerläßlich.

Das Fertigen bei Raumtemperatur erfordert einen verhältnismäßig großen Zeit- und — bei größeren Stückzahlen — Platzaufwand als Folge der meist langen Verweilzeiten in den Vorrichtungen. Trotzdem sind im Vergleich zu anderen Fügeverfahren die Kosten für Kaltklebungen meist geringer oder zumindest tragbar. Die Festigkeit einer Kaltklebung ist in der Regel ausreichend, ihre Beständigkeit, zumal gegen Wasserdampf, nicht immer befriedigend.

3.2.5.4 Härten bei erhöhter Temperatur

Die zum Aushärten notwendige Wärmezufuhr erfolgt entweder direkt, z. B. durch beheizte Platten, Stempel, Formen o. ä., oder indirekt, z. B. in einem Ofen, durch Strahlungsheizung bzw. durch Heißluft. Vorteile ergeben sich auch durch induktives Erwärmen der Fügeteile.

Die meisten warmhärtenden Klebstoffe benötigen neben Wärme einen definierten Druck auf die Klebfläche. Unabhängig von dieser klebstoffbedingten Notwendigkeit muß bei allen größeren Bauteilen, insbesondere bei dünnwandigen und geformten Körpern, Druck während des gesamten Härtevorganges gleichmäßig auf die Klebflächen einwirken. Es darf erst dann entlastet werden, wenn die Klebung unter 70 °C abgekühlt ist.

Warmhärtende Klebstoffe verlangen verhältnismäßig aufwendige Einrichtungen und Vorrichtungen. Zum besseren Auslasten dieser Betriebsmittel empfiehlt es sich, die Verweilzeit in den Vorrichtungen durch Kühlmittel abzukürzen.

a) Ofenhärten. Die einfachste und meist billigste Art des Warmhärtens ist die Ofenhärtung. Zweckmäßig ist es, die Luft umzuwälzen und einen Abzug vorzusehen, um die Wärme im Ofenraum gleichmäßig zu verteilen sowie das Abziehen von Abspaltprodukten, z. B. Wasserdampf, zu ermöglichen. Öfen verwendet man vornehmlich zum Härten von Kleinteilen. Der notwendige Druck wird hierbei mit Hilfe von Vorrichtungen und Hilfsmitteln aufgebracht. Da diese im Ofen mit erwärmt werden, sind ihre Wärmedehnungen zu beachten.

b) Härten mit Heizstrahlern. Konstruktionselemente geringer Dicke, eben oder verformt, vor allem solche größerer Abmessung, lassen sich mit Heizstrahlern, wie Quarz- oder Infrarotlampen, härten. Meist werden sie nur von einer Seite bestrahlt. Die Temperatur läßt sich entweder durch Regelung der Strahlungsintensität oder durch den Abstand der Heizstrahler einstellen.

c) Härten in Pressen. Sehr vorteilhaft ist das Warmhärten mit heizbaren mechanisch oder hydraulisch betriebenen Pressen. Sie können eine oder mehrere Etagen aufweisen. Ebene Bauteile werden, zusammen mit Zulageblechen und Fixierrahmen, zwischen die Preßplatten gelegt. Für ein- oder zweidimensional geformte Teile sind Formeinsätze vorzuziehen, die an den Preßplatten fest montiert werden. Bei geringen Krümmungen der Formen lassen sie sich aus Vollmaterial herstellen. Bei stärkeren Krümmungen empfehlen sich hohle Einsätze mit Heiz- und Kühlanschluß.

Für die Fertigung langgestreckter Formteile verwendet man oftmals hydraulische Pressen mit Formstempeln. Ist die Form der zu klebenden Bauteile unterschiedlich, die Gestalt jedoch ähnlich, unterscheiden sie sich z. B. durch den Krümmungsradius, so wird ein Preßstößel von mittlerer Form gewählt und an diesen ein der Bauteilform entsprechender Preßstempel befestigt. Der Preßstößel (Hauptdruckbalken) ist grundsätzlich hohl. Er wird mit Dampf beheizt und mit Kaltwasser gekühlt. Beidseitig geformte Körper benötigen je einen Ober- und einen Unterstempel. Spezielle Formpressen sind für alle Arten von Formbauteilen zwar zweckmäßig, aus wirtschaftlichen Gründen jedoch nur für große Stückzahlen empfehlenswert. Sie werden fast ausschließlich mit Dampf beheizt und durch Kaltwasser gekühlt.

d) Härten mit Gummikissen. Das Härten bereitet bei Formbauteilen oft Schwierigkeiten. Darüber hinaus verursachen Druckformen in vielen Fällen, vor allem bei kleinen Stückzahlen, erhebliche Kosten. Hier haben sich mit Druckluft gefüllte Gummikissen, Schläuche, Formsäcke o. ä. als vorteilhaft erwiesen. Das Gummikissen kann sich der äußeren Form des Bauelements direkt anpassen oder über Zwischenlagen auf den Körper einwirken. Gummikissen benötigen ein Gegenlager. Der auf das geformte Arbeitsstück wirkende Druck ist gleichmäßig verteilt und bleibt bei Wärmedehnung konstant.

Gummikissen lassen nur ein einseitiges Beheizen des Bauteils zu, z. B. durch Heizstrahler oder eine feste Unterform. Diese Formen können elektrisch beheizt werden, oder sie sind mit einem Röhrensystem für Dampfbeheizung und Wasserkühlung versehen, sofern sie nicht als Hohlkörper mit Dampf- und Kaltwasseranschluß ausgestattet sind.

e) Härten in Vakuumvorrichtungen. Geformte Bauteile mit größeren Klebflächen können während des Härtens im Vakuum oder Teilvakuum den notwendigen Druck erfahren. Wabengestützte Formteile sind vorteilhaft im Vakuum warmaushärtbar. Bauteile dieser Art lassen sich mit einer Vakuumpumpe evakuieren, sofern es sich um perforierte Waben handelt, die einen Druckausgeleich innerhalb des Bauteils ermöglichen. Seine Beheizung erfolgt von außen, z. B. durch Heizstrahler.

f) Härten in Autoklaven. Hochbeanspruchte Bauteile, in erster Linie mehrdimensional geformte oder stark gekrümmte sowie große Konstruktionselemente von Luftfahrzeugen, werden bevorzugt im Autoklav gehärtet. Die Klebtechnik bezeichnet hiermit heiz- und kühlbare Druckkessel, die mit Druckluft von mehreren Atmosphären gefüllt und in bestimmten Teilen evakuiert werden können. Sie haben meist eine zylindrische Form oder sind muldenförmig. Jeder Autoklav besitzt Meß- und Regeleinrichtungen für Temperatur, Druck und Unterdruck sowie Mehrfachschreiber zum Aufzeichnen aller Arbeitsvorgänge, Abb. 40.

Abb. 40. Autoklav mit Regeleinrichtung zum Härten von geklebten Großbauteilen.

Der zu härtende Körper wird mit seiner Vorrichtung in den Autoklav geschoben bzw. im geöffneten Autoklaven in der Vorrichtung gefügt. Nach dem Verschluß wird der Innenraum unter Druck gesetzt und durch erwärmte Druckluft und elektrisch beheizt. Die Kühlung erfolgt nach Abschalten der Heizung über ein Kaltwasserkühlaggregat im Kessel.

Bei eigensteifen, meist dickwandigen Werkstücken genügt es, sie punktweise auf eine Unterlage zu legen. Die Luft im Autoklav drückt sie fest an und gibt allen Klebstellen den notwendigen Halt. Dünnwandige Bauteile können auch auf Schienen befestigt werden. Vielfach empfiehlt es sich, sie einerseits in eine Konturschale zu legen, um eine toleranzgenaue Außenkontur zu erhalten. Hierbei bedient man sich meist einer Unterform mit Bohrlöchern und Rillen, durch die das Bauteil fest auf die Unterform gesaugt wird. Das Ansaugen erfolgt über Anschlüsse im Innern des Autoklaven durch eine Vakuumpumpe.

Die Klebfertigung von Wabenkern-Verbund verlangt ein Abdichten und Evakuieren der gefügten Teile. Hierzu bedient man sich hauptsächlich zweier Verfahren:

I. Das Bauteil wird auf einer Unterform meist durch Ansaugen fixiert und mit einer Folie aus Aluminium oder Kunststoff überzogen. Die Ränder der Folie sind dann mit der Unterform luftdicht zu verbinden, was mit einem elastischen Klebstoff oder mit Gummischnüren und Klemmen bzw. Klemmleisten geschehen kann. Der abgeschlossene Raum zwischen Unterform und Folie, der das Bauteil aufnimmt, wird anschließend innerhalb des Autoklaven evakuiert. Ist der Körper an seiner Oberseite stark uneben, empfiehlt es sich, die Vertiefungen aufzufüllen, um den zu evakuierenden Raum klein zu halten. Zum Auffüllen verwendet man Formkörper oder Aluminiumgranulat.

II. Das Bauteil wird in einen allseitig geschlossenen Sack aus Kunststoffolie getan, der im Autoklav evakuiert wird. Das Abdichten des Foliensacks übernimmt ein elastischer Klebstoff. Hierbei ist darauf zu achten, daß die Kunststoffolie zwischen Bauteil und Vorrichtung glatt anliegt.

Vorrichtungen sollen leicht und einfach zu handhaben sein. Auf gute Zugänglichkeit und einfache Bedienbarkeit ist zu achten. Jede Vorrichtung muß einen unbehinderten Wärmefluß, gleichmäßige Temperaturverteilung sowie einen konstanten Druck gewährleisten.

Wärmedehnungen dürfen keine unzulässigen Spannungen, bleibende Verformungen oder Formungenauigkeiten hervorrufen. Formbauteile mit verschiedenartigen Krümmungen können sich als Folge von Wärmedehnungen unter Druck, z. B. in Formpressen, ungleichmäßig verschieben, indem sie örtlich teils ungenügenden, teils unzulässig hohen Druck erhalten. In solchen Fällen bedarf es einer Vorrichtung mit zwischengelegten Druckluftgummikissen, wenn nicht zu mittelbarem Pressen durch Druckluft, z. B. im Autoklaven, überzugehen ist.

Welchem Warmhärteverfahren und welchen Vorrichtungen der Vorzug zu geben ist, hängt von den zu klebenden Bauteilen, den an sie gestellten Forderungen sowie von den zu fertigenden Stückzahlen ab. Teure Grundeinrichtungen sollten nur dann beschafft werden, wenn ihre Auslastung gewährleistet ist.

3.2.6 Weiterbearbeiten

Häufig sind geklebte Bauteile anschließend weiterzubearbeiten, bevor sie verwendet werden. Zumindest sind sie zu säubern, oft chemisch zu behandeln oder mechanisch zu bearbeiten. Gelegentlich muß nach dem Härten verformt werden.

Geklebte Metallteile unterliegen häufig einer Nacharbeit an einzelnen Stellen, z. B. wenn sie an andere Bauteile angepaßt, mit anderen verbunden oder geändert werden sollen. Grundsätzlich sind nahezu alle spanenden Verfahren unter bestimmten Bedingungen ohne Beeinträchtigung der Klebung anwendbar. Beim Sägen, Fräsen, Hobeln, Bohren und Drehen sind hohe Schnitt- und geringe Vorschubgeschwindigkeiten zu empfehlen. Bei allen Bearbeitungsarten sollten übermäßiges Erwärmen, vor allem der geklebten Zonen, vermieden werden. Ggf. muß gekühlt werden, z. B. mit Methylalkohol, keinesfalls aber mit Öl oder Emulsion. Biegebeanspruchungen, die sich an den Stoßkanten als Schälbeanspruchung auswirken, sind zu vermeiden.

Punktschweißen ist durchweg, Schmelzschweißen nur in bestimmtem Abstand von der Klebung möglich. Grundsätzlich ist das mechanische Bearbeiten oder Schweißen von geklebten Metallbauteilen dann unbedenklich, wenn die Klebung innerhalb der zulässigen statischen, dynamischen oder thermischen Beanspruchungsgrenzen belastet wird.

Ein nachträgliches Verformen ist nur für dünnwandige Blechklebungen mit verhältnismäßig großen Biegeradien möglich. Es ist erforderlich, daß sich die Klebschicht genügend elastisch verhält bzw. der Gleitmodul des gehärteten Klebstoffs ausreicht, um die Biegebeanspruchung ohne Abschälen zu ertragen. Geringfügiges Erwärmen der Biegezone auf etwa 50 bis 60 °C erleichtert das Verformen. Bindefehler lassen sich durch ein Stützen der Klebung außerhalb der Biegezone vermeiden. In jedem Falle empfiehlt sich ein Vorversuch.

Komplizierte Konstruktionen lassen sich nicht immer in einem Arbeitsgang miteinander verbinden. Soll ein geklebtes Bauteil mit anderen durch Kleben verbunden werden, so liegt für den zweiten Klebeprozeß zunächst ein Kaltkleben nahe. Für hochbeanspruchte Konstruktionen ist jedoch auch ein Warmkleben im zweiten Prozeß durchführbar, wenn geeignete Klebstoffkombinationen und Härtebedingungen in beiden Zyklen gewählt werden. Zum Beispiel kann im ersten Prozeß kalt und im zweiten warm gehärtet werden. Bei doppeltem Warmkleben ist die Härtezeit im ersten Prozeß abzukürzen, um Übertemperung zu vermeiden. Für große Bauteile empfiehlt sich beim zweiten Zyklus örtliches Warmhärten, z. B. durch Heizstrahler.

Gegen chemische Angriffe, insbesondere gegen Wasserdampf, sind Klebungen nicht immer beständig. Dies gilt in erster Linie für kaltgehärtete Verbindungen. Ein Schutz der Klebkanten vermag die Beständigkeit zu erhöhen. Einen Schutz bildet u. a. an den Rändern ausgetretener Klebstoff, sofern dieser Wulst nicht oder nur wenig hygroskopisch ist. Bei glatten Klebkanten ist ein Überzug z. B. aus Lack möglichst auf Acrylatbasis, aus dauerelastischen Dichtmassen oder aus Klebbändern wirksam. Dieser Schutz ist von Zeit zu Zeit zu kontrollieren und gegebenenfalls zu erneuern.

3.2.7 Betriebsprüfungen

Art und Umfang der durchzuführenden Betriebsprüfungen richten sich nach Art, Höhe und Dauer der Beanspruchung der herzustellenden Klebungen. Besonders dann, wenn tragende, langzeitbeanspruchte oder hochbelastete Bauteile geklebt werden sollen, empfehlen sich Betriebsprüfungen, die die Qualitätskontrolle des verwendeten Klebstoffs, das Überprüfen der Oberflächenvorbehandlung und die Überwachung des Klebvorgangs einschließen müssen. Eine Endkontrolle der Verbindungsfestigkeit durch Stichprobenentnahme aus der Produktion zur zerstörenden Prüfung oder durch lückenlose zerstörungsfreie Prüfung ist dringend zu empfehlen.

3.3 Die glaskeramischen Bindemittel und ihre Verarbeitung
Von WERNER WITT, Hannover

Hochwertige Werkstoffe bedürfen geeigneter Verbindungsmöglichkeiten, die ihren physikalischen und technologischen Eigenschaften entsprechen, um technisch verwendbar zu bleiben, d. h. bei optimaler Bauweise den von ihnen zu fordernden Beanspruchungen im Betrieb zu genügen. Ein Werkstoff, der thermisch, mechanisch oder korrosionschemisch beaufschlagt werden soll, hat sich durch die Schmelztemperaturen, wie sie für einen schweißtechnischen Verbund erforderlich sind, häufig in einem ungünstigen Sinne verändert, weshalb ein thermisches Fügen kritisch zu beurteilen ist. Das Kleben bietet demgegenüber Vorteile, jedoch lassen sich Verbindungen mit Hilfe organischer Klebstoffe nur im Ausnahmefalle bis etwa 400 °C mechanisch belasten. Der Übergang zu anorganischen Bindemitteln erwies sich daher als notwendig, sofern nicht doch zum Hochtemperaturlöten oder zu schweißtechnischen Sonderverfahren übergegangen werden muß.

Die anorganischen Bindemittel führen im Schrifttum häufig die Bezeichnung „keramische Klebstoffe". Versuche mit ihnen beschränkten sich zunächst auf handelsübliche Prototypen, die in einigen Fällen mit Isolierkitten identisch waren [6; 7]. Sie enthielten Tonmineralien und lagen in kristalliner Form vor. Ihr Fügeverhalten befriedigte jedoch nicht. Dem komplizierten Fügeprozeß standen nur geringe Bindefestigkeiten gegenüber, die unter optimalen Arbeitsbedingungen 0,5 kp/mm² nicht überschritten, Abb. 41. Günstigere Resultate sind erst glaskeramischen Erzeugnissen zu verdanken, deren Zusammensetzung den an-

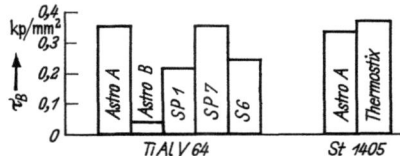

Abb. 41. Bindefestigkeit τ_B keramischer Klebstoffe.

organischen Gläsern nahekommt. Obwohl für derartige Kombinationen der Begriff „keramischer Klebstoff" nicht mehr zutrifft, wurde er in Anlehnung an die angelsächsische Bezeichnung „ceramics", die auch die Gläser umfaßt, häufig beibehalten. Derartige glaskeramische Klebstoffe sind in den meisten Fällen Borsilikatgläser mit unterschiedlichen Anteilen an Netzwerkwandlern, Tab. 10.

Sechs dieser Klebstoffe stellten eine Auswahl aus amerikanischen Entwicklungen dar [8 bis 11]. C 1, C 2 und C 6 können als reine Borosilikatgläser bezeichnet werden, die sich durch Anteile von Fe_2O_3 und Na_2O unterscheiden. Nur geringe Borgehalte, dagegen erhebliche Mengen an Netzwerkwandlern, wiesen die Produkte C 3 und C 4 auf. Auffällig ist bei C 6 der hohe Gehalt an Bariumoxid.

Tabelle 10

Verbindung	C 1	C 2	C 3	C 4	C 5	C 6
SiO_2	26,0	26,0	27,0	25,0	26,0	34,0
B_2O_3	69,0	71,0	3,5	3,5	65,0	10,5
Na_2O	3,0	3,0	19,5	21,0	4,0	—
K_2O	—	—	7,0	6,5	—	—
CaO	—	—	5,5	4,5	5,0	3,0
BaO	—	—	4,0	5,5	—	42,0
Na_2SiF_6	—	—	5,0	4,5	—	—
Al_2O_3	—	—	12,0	11,0	—	1,0
V_2O_5	—	—	3,0	3,0	—	—
P_2O_5	—	—	3,0	3,5	—	—
Fe_2O_3	2,0	—	—	2,0	—	—
ZnO	—	—	10,5	10,0	—	5,0
ZrO	—	—	—	—	—	4,5

Das Gemenge wird im Tiegelofen erschmolzen und anschließend in Wasser abgegossen. Eine weitere Möglichkeit besteht darin, das Glas nach dem Schmelzen im Tiegel abzukühlen und — ebenso wie die abgegossenen Kombinationen — bis zu einer Feinheit von kleiner als 125 μm Korngröße zu mahlen.

3.3 Glaskeramische Bindemittel und ihre Verarbeitung

Oberflächenspannung und Ausdehnungskoeffizienten dieser erschmolzenen Kombinationen lassen sich angenähert aus denen der Einzelbestandteile errechnen. Wendet man die Additivregel an, so ergeben sich für die ersten und letzten beiden Kombinationen Ausdehnungskoeffizienten von etwa $50 \cdot 10^{-7}$/grd. Diese Werte weichen von den dilatometrisch ermittelten Beträgen, die zwischen (60 und 70) $\cdot 10^{-7}$/grd liegen, ab. Dagegen stimmen bei den Chargen C 3 und C 4 rechnerischer und gemessener Wert von $125 \cdot 40^{-7}$/grd gut überein. Vermutlich führt die Borsäureanomalie bei den erstgenannten Kombinationen zu den Abweichungen.

Da sich große Gehalte an Bor in allen Fällen recht unübersichtlich auf die Eigenschaften auswirken, lassen sich die Werte für Oberflächenspannungen nur angenähert angeben. Die Klebstoffe C 1, C 2 und C 5 erreichen nicht mehr als 200 dyn/cm, während die von C 3, C 4 und C 6 zwischen 235 und 350 dyn/cm liegen.

Die Transformationspunkte nehmen in der Reihenfolge der aufgeführten Chargen zu. Sie liegen für C 1 und C 2 bei 365 °C, für C 4 bei 420 °C und für C 6 bei etwa 650 °C.

Wie sich im Verlaufe eigener Versuche herausgestellt hat, bestimmt die Viskosität des Bindemittels die Fügetemperatur und die obere Grenze der thermischen Belastbarkeit. Bei Zimmertemperatur schwankt die Viskosität um 10^{19} P, am Transformationspunkt liegt sie bei 10^{13} P.

Für eine Metall-Glas-Verbindung ist noch die Erweichungstemperatur des Glases von Bedeutung, weil darüber hinaus jede Belastbarkeit entfällt. Die Zähigkeit beträgt hier $10^{7,65}$ P. Die Praxis hat jedoch ergeben, daß auch im Bereich von 10^{13} bis $10^{7,65}$ P Kräfte nur kurzzeitig aufgenommen werden. Die Verarbeitungstemperatur liegt bei den technischen Gläsern bei 10^4 P. Dem würden für die Kombinationen C 4 bis C 6 Temperaturen von 800 bis 880 °C entsprechen, Abb. 42. Tatsächlich sind jedoch Fügetemperaturen von 900 bis 1100 °C oder Viskositäten unter 10^2 P erforderlich, um maximale Bindefestigkeiten zu erzielen.

Der Fügeprozeß, d. h. das Verbinden zweier Fügeteile durch die artfremde Zwischenschicht, beginnt damit, daß das in Methanol aufgeschlämmte Pulver auf die Fügefläche gestrichen oder — bei großen Serien — gespritzt und bei 400 °C getrocknet wird. Nach dem anschließenden Aufschmelzen bei Fügetemperatur entsteht eine geschlossene Glasschicht. Als Wärmequellen können Ofenheizung, Quarzstrahler oder die Induktionsspule dienen. Die Fügeteile werden dann mit ihren Klebflächen aufeinandergelegt. Das nochmalige Aufschmelzen führt zum Verbinden der Klebschichten, darüber hinaus setzen sich die Vorgäng in den Grenzschichten Klebstoff/Metall zugunsten der erwünschten Bindekräfte weiter fort.

Die zwischen Klebstoff und Metall hervorgerufenen Bindekräfte kommen dadurch zustande, daß zwischen den Molekülen der disponierten Partner ein engster Kontakt eintritt, der einen Austausch von Hauptvalenzen, zumindest jedoch ein Zusammenwirken von Nebenvalenzen zuläßt. Voraussetzung für diesen innigen Kontakt ist günstiges Benetzungsverhalten, das als Funktion der Oberflächenspannungen und der Viskosität anzusehen ist.

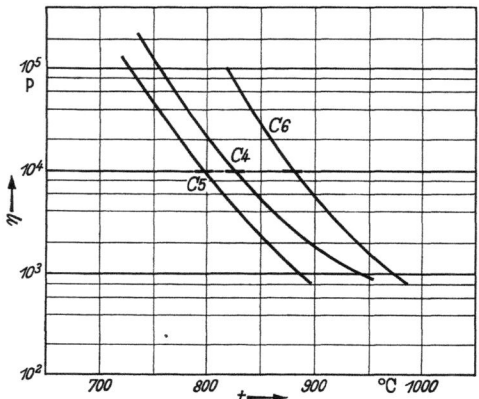

Abb. 42. Viskosität dreier glaskeramischer Klebstoffe.

Hinzu treten bei den hier zu verwendenden hohen Fügetemperaturen zusätzliche chemische Reaktionen. Diese haben zur Ursache, daß für einen die Metalloberfläche benetzenden Tropfen nicht die Gleichgewichtsbedingung nach YOUNG gelten kann, die die Grenzflächenspannungen und den Benetzungswinkel zueinander in Beziehung setzt.

Bei Benetzungsversuchen kann daher nur so vorgegangen werden, daß ein ungeformtes Stück Glas, wie es sich beim Abgießen in Wasser ergibt, auf dem Fügeteilwerkstoff mit diesem erwärmt wird. Abhängig von der Zusammensetzung lassen sich die Temperaturen variieren, um dieses Stück zu erweichen. Daraus ergeben sich unterschiedliche Zeiten, die erforderlich sind, bis sich das ungeformte Teil zu einem im Regelfall sphärischen Segment umformt. Die Grenzflächenverhältnisse lassen in den meisten Fällen nicht zu, daß sich ein Tropfen bildet, dessen Benetzungswinkel 90° überschreitet. Ist dieses Segment erst einmal entstanden, so breitet sich das Glas auf der Fläche aus. Dabei nimmt der Benetzungswinkel ab, d. h. der Winkel, den die Tangente an das Segment mit der Blechoberfläche beschreibt.

Setzt man bei konstantem Tropfenvolumen den Benetzungswinkel zu der jeweils benetzten Fläche in Beziehung, so führt eine graphische Darstellung zu einem hyperbolischen Verlauf, wobei Abszisse und Or-

3.3 Glaskeramische Bindemittel und ihre Verarbeitung

dinate die Asymptoten bilden. Ersetzt man auf der Abszisse den Flächenmaßstab durch einen geeigneten Zweitmaßstab, so ergibt sich ein ähnlicher Verlauf. Daß sich die Kurven nicht den Abszissen angleichen, ist darauf zurückzuführen, daß mit den Oberflächenspannungen von Festkörpern und Flüssigkeit die Viskosität sowie chemische Reaktionen wirksam werden, Abb. 43.

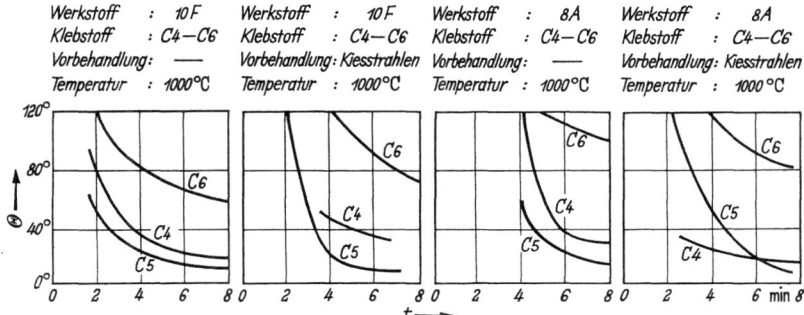

Abb. 43. Benetzungsverhalten dreier Klebstoffe.

Die Winkeländerung als Funktion der Zeit umfaßt den Augenblick, in dem sich aus dem ungeformten, abgeschreckten Glasstück ein sphärisches Segment gebildet hat bis zu dem Zeitpunkt, an dem sich der aus dem Segment entstandene Tropfen nicht weiter ausbreitet. Dieses Ausbreiten des Tropfens auf dem Metall ist die Folge unterschiedlicher Oberflächenkräfte. Ihre Wirksamkeit läßt sich so veranschaulichen, daß die dem Betrage nach von der Metalloberfläche ausgehende größere Oberflächenkraft den benetzenden Tropfen auseinanderzieht.

Beim Ausbreiten des Tropfens benötigt dessen Verformung Energie, deren Betrag sich nach der Viskosität richtet. Da jeder Körper versucht, dem Zustand geringster Oberflächenenergie und damit der Kugelform zuzustreben, hängt die Annäherung an diese Form, sofern keine anderen Oberflächenkräfte wirken, allein vom Verformungswiderstand ab. Das bedeutet für den benetzenden Tropfen, daß der anfänglich mit dem Blech gebildete Winkel mit sich verringernder Viskosität, z. B. durch Erhöhen der Temperatur, zunimmt, zumal die Oberflächenspannung nicht im gleichen Maße wie die Viskosität abnimmt. Eine hohe Oberflächenspannung des Festkörpers und chemische Reaktionen verkleinern dagegen den Benetzungswinkel. Reaktionen sind dann zu erwarten, wenn die zu benetzende Oberfläche Oxide aufweist, für die das Glas erhöhte Lösungsneigung besitzt. Diese Lösungsneigung wird bevorzugt deutlich, wenn die gelösten Bestandteile auf dem benetzenden Stoff die Oberflächenspannung erniedrigen. Unterschiede im Benetzungsverlauf, wie dies für die Stähle X 10 Cr Al 18 (10 F) und X 12 Cr Ni Ti 18 9 (8 A) zutrifft, kommen auf diese Weise zustande. Obwohl diese Stähle im unbehandelten Zustande vorlagen, d. h. ihre Walzhaut noch aufwiesen, ordnen sich die Kurven gemäß den Oberflächenspannungen, die den benetzenden Klebstoffen 4 bis 6 bei 100 °C entsprechen, Abb. 43.

Der Vergleich mit dem Benetzungsverlauf auf der Oberfläche, von der die Oxide durch Kiesstrahlen weitgehend beseitigt waren, deckte Unterschiede im Benetzungsverlauf auf. Den Bindemitteln, die auf Grund ihrer Zusammensetzung mit den Oberflächenoxiden reagieren konnten und sie daher günstig benetzten, fehlten nunmehr die chemischen Reaktionen. Klebstoff 5 und 6 erhöhten dadurch ihre Anfangswinkel auf der kiesgestrahlten Fläche, obwohl gleichzeitig eine höhere Festkörperoberflächenspannung vorlag. Diese nimmt jedoch nur Einfluß auf die wenig reaktionsfreudigen Bindemittel, wie die Abnahme des Benetzungswinkels bei Charge 4 belegt, Abb. 43.

Bei Benetzungstemperaturen von 1 000 °C erwiesen sich die Viskositätsunterschiede bei einem Vergleich der einzelnen Klebstoffe miteinander als gering. Man kann daher die abweichenden Endwinkel auf die unterschiedliche Größe der Oberflächenspannungen zurückführen. Für eine hohe Flüssigkeitsoberflächenspannung bedeutet dies einen hohen Endwinkel. Grundsätzlich ist es zulässig, eine günstiges Benetzungsverhalten als Voraussetzung für ein Maximum an wirksamen Bedingungen zu fordern. Im Hinblick hierauf erscheinen solche Klebstoffe am geeignet-

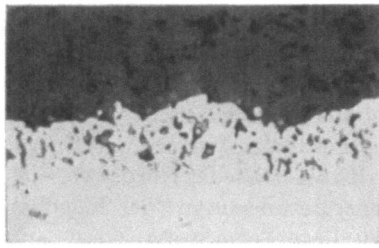 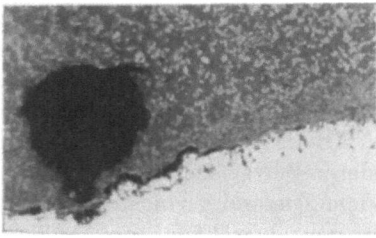

Abb. 44. Übergang vom Stahl X 10 CrAl 18 zum Klebstoff C 1.

Abb. 45. Nichtgelöste Bestandteile im Glas.

sten, die bei Fügetemperatur geringe Viskositäten und Oberflächenspannungen bei größter Lösungsneigung für auf der Metalloberfläche vorhandene Oxide besitzen. In diesem Sinne ist darauf hinzuweisen, daß nicht nur unbehandelt, sondern auch kiesgestrahlte Flächen mit Oxiden bedeckt sind, und zwar mit solchen, die sich beim Aufheizen des Fügeteils neu gebildet haben, bevor die Fügefläche benetzt worden ist, Abb. 44. Zu bevorzugen sind deshalb diejenigen Fügeteilwerkstoffe, deren Oxide das Glassystem als Netzwerkwandler einzubauen vermag.

Das Glas reagiert mit den Metalloxiden jedoch auch derart, daß es Salze oder „intermediäre" Spinelle, wie Fayalite, bildet, die als unlösliche Bestandteile zusammen mit unlöslichen Oxiden und Spinellen in der Klebschicht verbleiben. Dazu gehören die borsäurereichen, kieselsäurehaltigen Klebstoffe, die auf Bestandteile aus Fe_2O_3, NiO oder CoO auf der Metalloberfläche treffen. Nicht löslich sind dagegen Spinelle, wie $FeCr_2O_4$, oder das Doppelspinell Ni $(FeCr)_2O_4$.

3.3.1 Grenzschichtreaktionen

Hat der glaskeramische Klebstoff die Fügefläche benetzt und eine geschlossene Schicht gebildet, so laufen die Reaktionen an der Metalloberfläche weiter, an denen vor allem der durch die Klebschicht diffundierende oder im Klebstoff vorhandene, freie Sauerstoff teilnimmt. Entstehen dabei nichtlösliche chemische Verbindungen, so erscheint im Übergang vom Grundwerkstoff zum Klebstoff eine Zwischenschicht, Abb. 45. Diese löst sich von Zeit zu Zeit ab und wandert — in kleine Partikel aufgeteilt — in das Glas.

Die Dicke dieser Reaktionsschicht hängt ab von den Ausheizbedingungen, hauptsächlich von der Temperatur, dem umgebenden Medium und der Zeit. Sie unterliegt aber auch der Zusammensetzung der glaskeramischen Klebstoffschicht und deren Dicke. Diese Schichtdicke nimmt zum Rande der Fügefläche hin ab. In diesem Bereich führt das größere Angebot an diffundierendem Sauerstoff zu einer hohen Oxydationsrate. Die sich ablösenden Oxide schließen sich im Glase wieder in fester, geometrischer Form zusammen. Dabei scheinen sich die Oxide an der Metalloberfläche von den rhomboedrisch aufgebauten Kristallen im Glase analytisch zu unterscheiden, Abb. 46.

Unter mechanischer Beanspruchung bei Raumtemperatur bleiben die ungelösten Oxide ohne Einfluß. Sie beteiligen sich nur insofern, als sie die effektive Viskosität erhöhen, sobald der glaskeramische Klebstoff bei höheren Temperaturen infolge abnehmender Viskosität den äußeren Kräften einen geringen Verformungswiderstand entgegensetzt. Dadurch verschiebt sich die Grenze der mechanischen Belastbarkeit mit ansteigender Temperatur. Diese Änderungen der Viskosität rufen jedoch nicht nur die ungelösten Oxide hervor, sondern auch Zugaben von Metallpulvern aus Nickel, Kobalt, Eisen usw. Derartige Metallpulver beeinflussen, sofern sie beim Fügen nicht aufschmelzen, die Grenzschichtreaktion zwischen Glas und Metall und damit deren Verbund. Diese Bindung beruht auf primären und sekundären Valenzkräften, von denen die letzteren bereits im unteren Temperaturbereich stark abnehmen, woraus ein Abfall der Festigkeit bis etwa 300 °C resultiert. Ist eine oxidische Zwischenschicht vorhanden, so haftet diese dank primärer

Valenzkräfte sowohl am Glas als am Metall. Auf Grund der hohen Zahl von Fehlern in der Oxidschicht erweist sie sich aber als das schwächste Glied der Verbindung. Die übertragbaren Lasten sind somit bei Vorhandensein einer oxidischen Zwischenschicht stets geringer als bei einem direkten Glas—Metall-Übergang.

 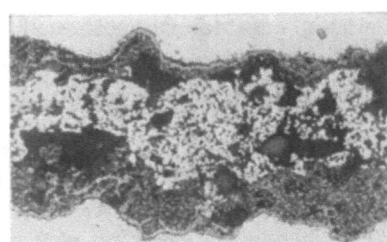

Abb. 46. Glas-Metall-Reaktionen am Probenrand.   Abb. 47. Metallpulverzugaben zum glaskeramischen Klebstoff.

Metallpulverzugaben führen in der Regel zu sonst nicht zu erwartenden Schichten zwischen dem mit ihnen gefüllten Glas und dem Fügeteil, Abb. 47. Unter diesem Umständen bewirken sie im unteren Temperaturbereich, in dem nicht die effektive Viskosität den Verformungswiderstand des Klebstoffs und damit die Festigkeit des geklebten Stoßes bestimmt, einen Abfall der Festigkeit.

Metallpulverzusätze zum glaskeramischen Klebstoff, deren Schmelzpunkt unter der Fügetemperatur liegt, übernehmen die Funktion von Loten, die in der Klebschicht metallische Brücken zwischen den Fügeteilen bilden. Die glaskeramischen Bindemittel treten dann an die Stelle von Flußmitteln, sofern sie ausreichend Anteile an Bor und Natrium enthalten. Festigkeit und Grenze der thermischen Belastbarkeit werden dann durch die Eigenschaften des Lotes bestimmt.

Es läßt sich zusammenfassend feststellen, daß die mechanische Belastbarkeit kristalliner keramischer Klebstoffe unbefriedigend ist. Wesentlich günstiger verhalten sich die neuentwickelten Bindemittel auf Glasbasis. Bei der Adhäsion zwischen dem metallischen Fügeteil und der glaskeramischen Klebschicht sind physikalische Nebenvalenzkräfte des van der Waal-Typs und chemische Bindekräfte wirksam, was sowohl für Verbindungen mit als auch ohne eine oxidische Schicht zwischen Klebstoff und Metall gilt.

Der Fügeprozeß läßt sich in zwei Vorgänge gliedern:

I. Benetzung. Der Benetzungsvorgang ist als Funktion von Zeit und Temperatur aufzufassen. Anfangs- und Endwinkel des spreitenden Materials variieren unter dem Einfluß der Oberflächenspannungen der beiden Partner. Sie unterliegen der Wirkung von Fremdschichten und der Geometrie der Oberfläche.

II. Glas—Metall-Reaktion. Das Benetzen leitet die Reaktion zwischen den an der Metalloberfläche vorhandenen Oxiden und dem glaskeramischen Klebstoff ein. Lösliche Oxide wandern in das Glas, unlösliche belassen eine Schicht zwischen Glas und Metall.

Auch nach dem Bedecken der Fügefläche setzen sich die Reaktionen fort, an denen durch die Schicht diffundierender und im Glas vorhandener freier Sauerstoff beteiligt ist.

Metallpulverzugaben zum Klebstoff sind unterschiedlich zu bewerten. Schmelzen sie bei Fügetemperatur auf, so verhalten sie sich wie Lote, und das Glas reagiert wie ein Flußmittel. Liegt ihr Schmelzpunkt oberhalb der Fügetemperatur, ändern sie die Eigenschaften der Klebschicht sowie die Reaktionen entlang der Grenzflächen.

3.3.2 Das Verarbeiten glaskeramischer Klebstoffe

Die in der Kugelmühle feingemahlenen glaskeramischen Klebstoffe werden zusammen mit ihren metallischen oder nichtmetallischen Zusätzen gemischt und anschließend auf die Fügefläche aufgestrichen oder aufgespritzt. Anschließend werden die Fügeteile getrennt auf eine geeignete Temperatur oberhalb der Verarbeitungstemperatur des Glases erwärmt, um eine gleichmäßige Benetzung der Fügefläche zu erreichen.

Die mit Klebstoff behafteten Teile werden entsprechend der gewünschten Verbindungsform gefügt und anschließend auf die zum Erweichen der Klebschicht erforderliche Temperatur im Ofen oder durch Heizelemente gebracht. Bei dünnen Teilen ist dabei ein Fixieren unter einem Anpreßdruck von mindestens 1 kp/cm² unerläßlich. Die erzielbaren Festigkeiten hängen ab vom Vorbehandeln der Fügeflächen, optimaler Kombination von Werkstoff und Kleber sowie genauer Wahl der Fügetemperatur des beim Ausheizen umgebenden Mediums.

Bereits bei Versuchen, metallische Bauteile mit organischen Klebstoffen zu verbinden, hatten A. MATTING und K. ULMER [12] festgestellt, daß das Aufrauhen durch Kiesstrahlen die Oberflächen am stärksten aktiviert, ein Befund, der an den Aluminiumwerkstoffen nur übertroffen wird von der Wirksamkeit gleichermaßen gerauhter und anschließend gebeizter Oberflächen. Eine beim Benetzen metallischer Bauteile mit glaskeramischen Klebstoffen auf die Weise erzielbare erhöhte Aktivität bleibt dagegen ohne unmittelbaren Einfluß auf die Haftfestigkeit. Die Glas—Metall-Reaktionen stellen selbst einen chemischen Prozeß dar, bei dem mehr Valenzen frei und erneut gebunden werden als dies nach dem Aktivieren z. B. durch Kiesstrahlen geschieht. Die Oberflächenaktivität wirkt sich auf organische Klebstoffe unmittelbar nach dem Kiesstrahlen oder Schleifen usw. am stärksten aus. Entsprechend hoch liegen die ermittelten Haftfestigkeiten. Mit zunehmender Lagerzeit zwischen dem Aktivieren und Kleben nimmt die Festigkeit wieder ab. Eine entsprechende Abklingzeit der Festigkeit ließ sich bei den Glas—Metall-Verbindungen nicht nachweisen, Abb. 48.

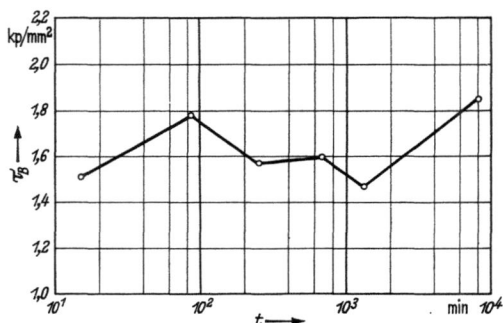

Abb. 48. Bindefestigkeit τ_B nach unterschiedlichen Abklingzeiten t.

Dem Kiesstrahlen kommt somit als Verfahren zum Aktivieren der Oberflächen keine Bedeutung zu. Sein Wert besteht vielmehr darin, die Oberflächenoxide zu beseitigen, die sonst mit den glaskeramischen Klebstoffen reagieren und ihrerseits den Übergang vom Glas zum Metall bestimmen. Als Nachteil muß erwähnt werden, daß dieses mechanische Verfahren — abhängig vom Druck auf den Trägerstahl — zu Verformungen und Eigenspannungen im Bereich des auftreffenden Kieses führt. Als deren Folge kommt es bei dünneren Fügeteilen häufig sofort nach der Oberflächenbehandlung zu Verwerfungen, die sich in Einzelfällen erst beim Erwärmen auf Fügetemperatur auslösen. Das Kiesstrahlen ist daher nur für dickere, die Form einhaltende Fügeteile zu empfehlen. Dünne Fügeteile sind in jedem Fall durch Beizen vorzubereiten.

Für die Legierung René 41 (18 Cr 10 Co 9 Mo 5 Fe 3 Ti 1,4 Al, Rest Ni) ergibt ein Dampfentfetten in Trichloräthylen mit anschließendem Beizen (10 min) bei etwa 75 bis 98 °C in einer alkalischen Lösung günstigste Werte [10]. Dieses Verfahren wird ebenfalls für die nichtrostenden Stähle PH 15—7 Mo, 17—7 PH und X 12 Cr Ni Ti 18 9 empfohlen. Für diese Stähle hat sich ein Beizen in einem Bad, bestehend aus 10 Gew.-% H_2SO_4 und 3 Gew.-% $Na_2Cr_2O_7$ bei 65 °C als geeignet erwiesen [8].

Weitere Verfahren der Oberflächenvorbereitung bestehen im Aufspritzen eines metallischen Films auf die unbehandelte Oberfläche, einer elektrolytischen Reinigung oder sogar in einer Voroxydation der Oberfläche [11; 13].

Die glaskeramischen Klebstoffe werden in den meisten Fällen in Alkohol oder Wasser aufgeschlämmt und anschließend aufgestrichen oder aufgespritzt.

3.3 Glaskeramische Bindemittel und ihre Verarbeitung

Versuche an Stahl X 10 CrAl 18 haben ergeben, daß Methylalkohol als Schlämmittel zu höherer Bindefestigkeit führt als das Aufbringen der trockenen Fritte. Auf Titan verbesserte Methanol als Schlämmflüssigkeit, verglichen mit Wasser, die Festigkeit und setzte sie von 180 auf 280 kp/cm².

Die aufgeschlämmte Schicht wird bei 200 bis 400 °C getrocknet. Das anschließende Hochheizen auf Fügetemperatur bewirkt, ähnlich wie beim Vorbrennen von Email, ein Zusammenschmelzen der Pulverschicht. Im Regelfalle reichen zum Vorbrennen 1070 °C aus; bei niedrigeren Temperaturen, z. B. 900 °C, ist nicht für alle Bindemittel ein einwandfreies Aufschmelzen zu erwarten, Tab. 10.

Der Bindeprozeß zwischen den Fügeteilen und dem „Klebstoff" ist bereits durch das Vorbrennen eingeleitet, sobald die Bauteile mit den bestrichenen Fügeflächen aneinandergelegt worden sind. Das Hochheizen auf Fügetemperatur bewirkt ein Verschmelzen der beiden Klebschichten. Außerdem setzen sich die Reaktionen entlang den Grenzschichten fort. Dünne Fügeteile, die durch Kiesstrahlen oder voraufgegangene Kaltverformung, z. B. Walzen oder Tiefziehen, Eigenspannungen aufweisen, müssen während des Fügeprozesses gegeneinander fixiert werden, Abb. 49. Hierzu empfehlen sich Preßdrücke zwischen 1 bis 4 kp/cm². Dickere Bleche, bei denen ein gleichmäßiges Anliegen der Fügeflächen gewährleistet ist, bedürfen keines Anpreßdrucks.

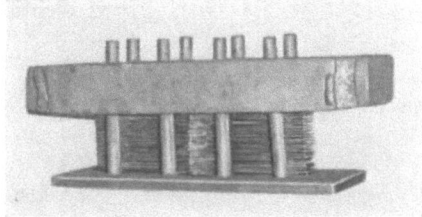

Abb. 49. Ausheizvorrichtung für einfach überlappt geklebte Proben.

Die Fügetemperatur hängt in erster Linie von der Viskosität des Bindemittels und damit von dessen Zusammensetzung ab. Sie wird jedoch gleichzeitig von den Eigenschaften des Fügeteilwerkstoffs, der Ausheizzeit und der hierbei herrschenden Atmosphäre beeinflußt. Für das Verarbeiten von technischem Glas ist im Regelfalle eine Viskosität von 10^4 P erforderlich. Dem würden für die Kombinationen C 1 bis C 3, Tab. 10, Temperaturen von 730 bis 800 °C entsprechen. Tatsächlich muß die Temperatur soweit angehoben werden, daß die Viskosität unter 10^2 P sinkt.

Versuche mit dem ferritischen Chromstahl X 10 CrAl 18 steigerten die Bindefestigkeit, sobald die Fügetemperatur von 800 auf 1100 °C anstieg, Abb. 50. Die Ausheiztemperatur ist jedoch nicht eine Funktion der Viskosität das Glases, sondern sie hängt gleichzeitig auch von der Zusammensetzung des Fügeteilwerkstoffs ab. Der austenitische Stahl X 12 CrNi Ti 189 verband sich mit Klebstoff erst ab 900 °C im Vergleich zum X 10 CrAl 18, der bereits ab 800 °C eine nennenswerte Bindefestigkeit erzielte, Abb. 51.

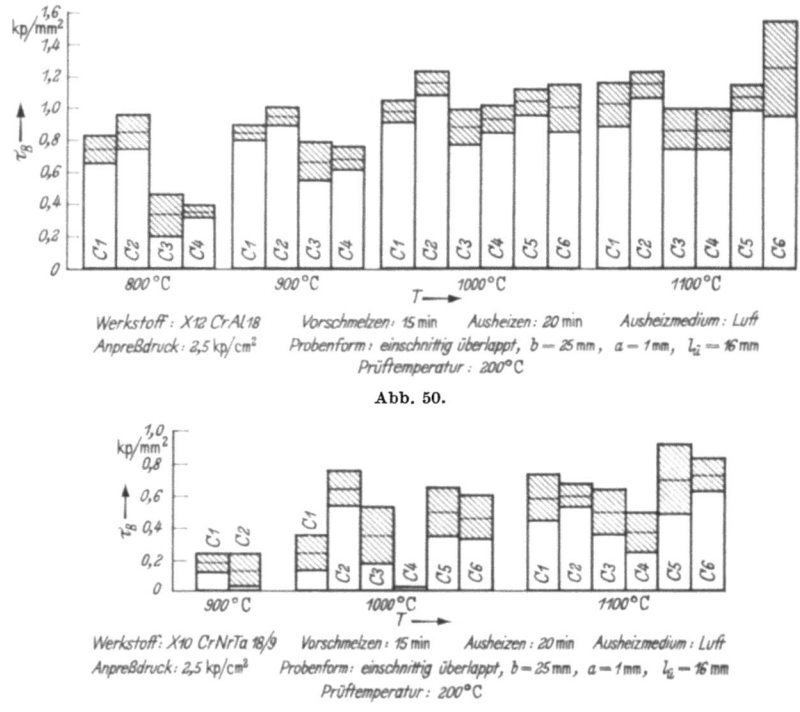

Abb. 50 und 51. Einfluß der Ausheiztemperatur T auf die Bindefestigkeit τ_B verschiedener Stähle.

Dieses Verhalten ist hauptsächlich damit zu begründen, daß die Werkstoffe mit dem Bindemittel unterschiedlich reagieren. Es wird jedoch auch durch das Verhältnis der Ausdehnungskoeffizienten der Partner in der Grenzschicht und den daraus resultierenden Eigenspannungen bestimmt. Diese Eigenspannungen entstehen beim Abkühlen von Fügetemperatur unterhalb des Transformationsbereichs und sind zu unterscheiden von denen beim Vorbehandeln durch Kiesstrahlen hervorgerufenen, die während des Fügeprozesses abgebaut werden. Die als Folge des Kiesstrahlens weiterhin verbleibende Rauheit vermag jedoch die Höhe der auf Grund eines unterschiedlichen thermischen Ausdehnungsvermögens gegebenen Eigenspannungen zu beeinflussen.

Auf geschliffenem oder poliertem Untergrund wirken die Eigenspannungen über die gesamte Fügefläche. Ihre Höhe entspricht den Abmessungen der Fläche. Das Kiesstrahlen teilt sie in Einzelflächen auf, die gegen die Hauptebene unterschiedlich geneigt sind. Die auf sie wirkenden Eigenspannungen verringern sich ihrem Anteil an der Gesamtfläche entsprechend. Zumal sie unterschiedliche Richtungen aufweisen, können sie sich — auf die gesamte Fügefläche bezogen — sogar aufheben. Derart läßt sich erklären, daß der austenitische Stahl, bei dem die Differenz zum Ausdehnungskoeffizienten des Glases (etwa $6 \cdot 10^{-6}$/grd) noch wesentlich höher ist als beim ferritischen Chromstahl, nur an gestrahlter Fläche sicher am Klebstoff haftete, sonst aber häufig abplatzt.

Ungünstiger noch als der Stahl 8 A verhalten sich in der Belastbarkeit der ebenfalls austenische Stahl ATS 28 (Werkstoff-Nr. 4980) und Titan, auf deren Haftfestigkeit zusätzliche Reaktionen Einfluß nehmen, Abb. 52.

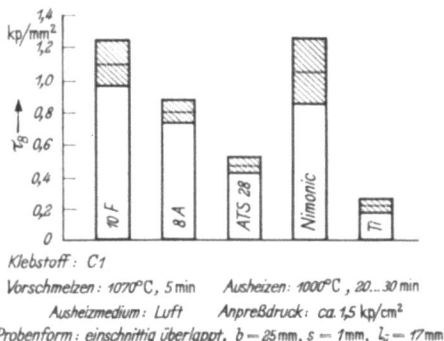

Abb. 52. Bindefestigkeit τ_B in Abhängigkeit vom Fügeteilwerkstoff.

Als Hafträger fungiert der Sauerstoff bei allen Klebstoffen. Das gilt für die beiden möglichen Bindungen mit und ohne oxidische Zwischenschicht. Gläser mit nur geringen Anteilen an Netzwerkwandlern besitzen im Regelfalle eigenen Sauerstoff in ausreichender Menge, so daß Luftsauerstoff während des Ausheizprozesses nicht erforderlich ist. Sie lassen sich auch in Schutzgas und im Vakuum verarbeiten. Erst ein Vakuum von 10^{-3} Torr verhindert bei ihnen die Brückenbildung zwischen Glas und Metall und ruft keine zufriedenstellenden Bindekräfte hervor.

Die Bindemittel wie C 3 und C 4, Tab. 10 lassen sich unter Schutzgas auf Grund ihrer hohen Anteile an Netzwerkwandlern nicht mehr zufriedenstellend verarbeiten. Sie benötigen Luft als Ausheizmedium und sind daher nur für solche Werkstoffe geeignet, die die hohen Fügetemperaturen an Luft ertragen.

Die Ausheizzeit für eine Klebstoff-Metall-Kombination setzt sich zusammen aus Vorbrenn- und Fügezeit. Für den Stahl X 10 CrAl 18 hatten sich z. B. 30 min Gesamtzeit als ausreichend erwiesen, wenn auch eine längere Dauer die Haftfestigkeit noch weiter hätte anheben können; dies unterblieb aber mit Rücksicht auf den Werkstoff selbst. Ausreichend vorgebrannte Schichten eriauben sogar ein Verbinden mit Hilfe von Quarzstrahlern oder induktiven Systemen, die die Fügezeit auf 1 bis 2 min verringern. Im Regelfalle empfiehlt sich für Kleinteile die Ofenheizung, die reproduzierbare Verhältnisse gewährleistet und auch ein Arbeiten unter Schutzgas oder im Vakuum zuläßt.

Literatur zum Kap. 3

1. EGGERT, J.: Lehrbuch der physikalischen Chemie, Leipzig: Hirzel 1948.
2. MICHEL, M.: Physikalische Chemie, Skriptum nach der Vorlesung von G. M. Schwab, Photodruck Univ. München 1955.
3. STECHER, H.: Adhäsion 6 (1962) 1.
4. FINKELNBURG, W.: Einführung in die Atomphysik. Berlin/Göttingen/Heidelberg: Springer 1965.
5. DE BRUYNE, N. A., u. R. HOUWINK: Klebtechnik, Stuttgart: Berliner Union 1957.
6. Adhesive Products Corporation, Bronx, N. Y.: Thermostix Cement.
7. Schweizerische Isola-Werke, Basel.
8. LONG, R. A., u. W. BASSET: WADC-Techn. Rep. 59—82, Juni 1959, S. 110.
9. LEFORT, H. G., u. D. W. BENNET: J. Amer. Ceram. Soc. 41 (1958) 476.
10. BROWN, A.: ASD—TDR—631, Wright Patterson.
11. ROBBINS, W. P.: Product Engng. 33 (1962) Nr. 9, S. 75.
12. MATTING, A., u. K. ULMER: Z. Kautsch. u. Gummi, Kunstst. 16 (1963) 280.
13. ROSATO, D. V.: Adhesives Age 3 (1960) Nr. 12, S. 38.

4 Prüfung von Metallklebverbindungen

4.1 Die zerstörende Prüfung von Metallklebverbindungen

Von Friedrich Mittrop, Pirmasens

In der in- und ausländischen Literatur sind für die Untersuchungen an Metallklebverbindungen zahlreiche Prüfverfahren beschrieben. Die Versuchsbedingungen der einzelnen Prüfmethoden stimmen aber häufig in wesentlichen Punkten nicht überein, so daß ein Vergleich der jeweils erzielten Prüfergebnisse nicht zulässig ist. Die schnelle Entwicklung des Metallklebens brachte es zwangsläufig mit sich, daß die vorwiegend von der Prüftechnik metallischer Werkstoffe übernommenen Verfahren unterschiedlich abgeändert wurden. Für viele Prüfverfahren sind aber nunmehr genormte Richtlinien festgelegt, die reproduzierbare Versuchsbedingungen gewährleisten. Die Prüfvorschriften stützen sich auf langjährige Erfahrungen von Forschungsinstituten und Industrieunternehmen. Berücksichtigt wurden ebenfalls ausländische Erfahrungen.

4.1.1 Probekörper

Bei der Prüfung von Klebungen ist zu beachten, daß ein Verbundkörper mit inhomogenem Aufbau untersucht wird. Er besteht aus mindestens zwei wesensfremden Körperteilen: Metall und Kunstharz, die unterschiedliche mechanische, physikalische und chemische Eigenschaften besitzen. Hinzu kommt, daß der Bindemechanismus zwischen Kunstharz und Metall als eine der wichtigsten Einflußgrößen auf die Güte der Klebung noch keine eindeutig beweisbare Erklärung gefunden hat. Die Auswertung der Prüfergebnisse erfordert daher besonders große Sorgfalt.

Die Untersuchungen an Verbindungen und Klebstoffen werden gewöhnlich an eigens für die Prüfung hergestellten Probekörpern vorgenommen. Über die Form und die Abmessungen der Probekörper von Metallklebungen sind in der Norm DIN 53281, Bl. 2, für einige Prüfungen Richtlinien festgelegt. Die empfohlenen Probenformen weichen in vielen Fällen von denen der amerikanischen Norm ab. Da die Festigkeitswerte von der Gestalt und Abmessung des Prüfkörpers abhängen, müssen die vorgeschriebenen Probenformen genau eingehalten werden.

Für die Probekörper wird eine unverletzte und gratfreie Oberfläche gefordert, um insbesondere bei Zeitstand- und Dauerschwingversuchen

Kerbwirkungen auszuschließen. Auch die Ränder der Fügeteile müssen bearbeitet sein. Schneidwerkzeuge sind so auszubilden, daß keine Abflachung der Kanten auftritt. Die Proben sind so herzustellen, daß die Kraftangriffsrichtung längs zur Walzrichtung der Bleche oder Ziehrichtung der Profile bzw. Rohre verläuft.

Als Voraussetzung für die Genauigkeit gilt weiterhin eine fachgerechte, sorgfältige und reproduzierbare Oberflächenvorbehandlung. Soweit nicht Sondervorschriften erlassen werden, sind die genormten Verfahren einzusetzen.

Die Kenndaten der Vorbehandlung und der anschließenden Verklebung sind in einem Versuchsbericht darzustellen. Dieser sollte alle Angaben enthalten, die für eine spätere Interpretation der Prüfergebnisse wichtig erscheinen. In erster Linie muß über die Art und den Zustand des Klebstoffs sowie über die Verarbeitungsdaten berichtet werden. Eine schematische Form für einen Prüfbericht enthält DIN 53281, Bl. 3.

Probekörper aus Blech werden entweder aus entsprechend zugeschnittenen Blechstücken einzeln hergestellt oder erst nach dem Kleben aus vorgeschlitzten Probetafeln ausgeschnitten. Das letztere wird insbesondere für überlappte Klebungen und Proben für den Schälversuch in der Norm DIN 53281, Bl. 2, empfohlen. Die Einzelprobenherstellung ist jedoch oft erheblich genauer und weniger aufwendig, wenn unter Druck und bei erhöhten Temperaturen ausgehärtet werden muß.

Die Auswertung der Meßergebnisse und eine lückenlose Prozeßkontrolle bei der Probenherstellung sollte bevorzugt mit statistischen Methoden vorgenommen werden. Nur mit ihrer Hilfe lassen sich reproduzierbare Werte und objektive Aussagen mit den im folgenden beschriebenen Prüfverfahren erarbeiten.

Nach dem Kleben sind die Probekörper bei Raumtemperatur zu lagern, sofern keine besonderen Lagerbedingungen vorgeschrieben werden. Die Lagerdauer bis zur Prüfung soll entsprechend DIN 53281, Bl. 2, bei kaltaushärtenden Klebstoffen insgesamt mindestens 7 Tage, bei warmaushärtenden Klebstoffen insgesamt mindestens 24 h betragen. Da die Eigenschaften und die Festigkeit der aushärtenden Kunstharzklebstoffe durch Temperatur und Feuchtigkeit beeinflußt werden, müssen die Klebverbindungen in Schiedsfällen unter einheitlichen Klimabedingungen gelagert und geprüft werden, um vergleichbare Ergebnisse zu erhalten.

4.1.2 Statische Festigkeitsprüfung

Die wichtigsten zerstörenden Prüfmethoden zum Ermitteln und Beurteilen der Eigenschaften von Metallklebungen sind statische, dynamische und solche bei schlagartiger Beanspruchung.

4.1 Zerstörende Prüfung von Klebverbindungen

Bei den statischen Prüfverfahren ist für das Aufbringen und Steigern der Prüflast eine verhältnismäßig geringe Geschwindigkeit vorgeschrieben, die keinen oder einen vernachlässigbaren Einfluß auf das Ergebnis hat. Die statischen Prüfmethoden umfassen Kurzzeit- und Langzeitversuche. Gerade das Alterungsverhalten der Klebverbindungen gegenüber chemischen, thermischen und klimatischen Einflüssen wird oft mit Hilfe statischer Prüfverfahren bestimmt. Die Probekörper werden unbelastet oder belastet den angreifenden Umwelteinflüssen in bestimmten Zeit- oder Lagerungsfolgen ausgesetzt und anschließend wird ihre statische Kurzzeitfestigkeit geprüft.

4.1.2.1 Die Prüfung der Bindefestigkeit

Zur Untersuchung von Metallklebverbindungen wird der Zugversuch an einschnittig überlappten Klebungen am häufigsten durchgeführt, da diese Verbindungsform für das Kleben von Blechen die größte praktische Bedeutung hat. Genaue Richtlinien für die Versuchsdurchführung sind in der Norm DIN 53283 festgelegt. Nach dieser Norm wird das Prüfverfahren

zum Beurteilen der Brauchbarkeit und Güte von Metallklebstoffen;
zum vergleichenden Beurteilen von Einflüssen auf die Bindefestigkeit, die von den Klebbedingungen verursacht sein können;
und zum vergleichenden Beurteilen von Einflüssen auf die Bindefestigkeit, die durch Lagerung und Behandlung der Probekörper nach der Klebung hervorgerufen werden,

angewendet. In DIN 53281, Bl. 2, werden für diesen Versuch Probekörper mit den Abmessungen $l_ü = 12$ mm, $b = 25$ mm und $a = 1,5$ mm empfohlen. Als Ergebnis des Zugversuchs ergibt sich die Bindefestigkeit τ_B durch Bezug der Bruchlast auf die Klebfläche, die durch die Überlappungslänge und die Probenbreite bestimmt wird:

$$\tau_B = \frac{P_{max}}{l_ü \cdot b}.$$

Die Bindefestigkeit hängt bei gleicher Überlappungslänge unter anderem von der Dicke der Fügeteile ab. Wenn die Bindefestigkeit der Klebungen an Blechen oder Werkstoffkombinationen anderer Dicke bestimmt werden soll, muß die Überlappungslänge $l_ü$ mit der Blechdicke a etwa in dem Verhältnis verändert werden, daß der Gestaltfaktor

$$f = \frac{\sqrt{a}}{l_ü}$$

in einem begrenzten Dickenbereich gleich bleibt. Die Ergebnisse sind dann untereinander vergleichbar. Der Gestaltfaktor für $a = 1,5$ mm und $l_ü = 12$ mm ergibt sich zu $f = 0,102$. Dieser von N. A. DE BRUYNE [1] eingeführte Vergleichswert kann jedoch nur bei geringen Blechdicken als annähernder Richtwert gelten [2; 3]. Da die Gleichung nicht als Ähnlichkeitsgesetz bewiesen werden konnte, ist ihre Anwendung nicht zu empfehlen [4]. Soll die Überlappungslänge nur so groß sein, daß während des Zerreißversuchs die Streckgrenze $\sigma_{0,2}$ des Werkstoffs nicht überschritten wird, so ist nach der ASTM-Richtlinie D 1002-53T (Strength Properties of Adhesives in Shear by Tension Loading, Metal to Metal) die größte zulässige Überlappungslänge abzuschätzen nach:

$$l_{ü} = \frac{\sigma_{0,2} a}{c},$$

worin $c = 150\%$ der geschätzten mittleren Zugscherfestigkeit der Klebung ist.

Bei der Prüfung werden die Proben mit einer freien Einspannlänge

$$l_e = l_{ü} + 2 \cdot 50 \text{ mm}$$

in die Prüfmaschine gespannt und mit einer Vorschubgeschwindigkeit von 15 mm/min belastet.

In der Versuchsauswertung sollte neben der Bindefestigkeit immer eine Beschreibung des Bruchbildes (Kohäsions-, Adhäsions- oder Fügeteilbruch) angegeben werden. Die erreichten Festigkeitswerte sind bei Kenntnis der Bruchart sicherer zu beurteilen.

Der Zugversuch wird nicht nur an einschnittig überlappten Klebungen durchgeführt, sondern auch an anderen Verbindungsformen. Bei der Prüfung dieser Klebungen gelten die gleichen Richtlinien wie für die einschnittige Überlappung. Für die Berechnung der Bindefestigkeit wird die jeweilige Klebfläche eingesetzt.

Für die Ermittlung der Bindefestigkeit von Klebverbindungen bei erhöhten und tiefen Temperaturen sind Zusatzvorrichtungen notwendig. Die Probekörper müssen von einer gut isolierten Temperaturkammer allseitig umschlossen sein. Entsprechend DIN-Vorschrift 53 286 ist die Kammer so auszuführen, daß die Klebflächen der Probekörper gleichmäßig temperiert werden. Diese Norm sieht weiterhin vor, daß die Temperatur innerhalb von 5 bis 10 min erreicht sein soll und dann bis zum Beginn der Prüfung 3 min konstant einwirkt.

Temperaturen über 20 °C kann man in einfacher Weise mit Warmluftgebläsen, z. B. Warmgasschweißgeräten, oder mit Heizwicklungen bzw. Infrarotstrahlern erreichen. Ein am Probekörper im Bereich der Klebstelle angebrachtes Thermoelement steuert über einen Temperaturregler die Prüftemperatur.

Für Versuche bei Temperaturen unter 20 °C vermag kalte Luft die Probekörper auf die geforderte Prüftemperatur abzukühlen. Zum Abkühlen der Luft kann ein Kältetauscher mit einer Trockeneis (CO_2-

Schnee)-Alkohol-Mischung dienen. Es lassen sich hiermit Prüftemperaturen bis zu − 60 °C erreichen. Die Temperaturregelung erfolgt durch Änderung der durchströmenden Luftmenge. Sollen die Versuche bei tieferen Temperaturen durchgeführt werden, verwendet man verflüssigte Gase, z. B. Stickstoff oder Sauerstoff. In diesem Fall wird eine Kühlmantelkammer, die den ganzen Probekörper umschließt, an der unteren Probenhälfte befestigt und die Klebstelle direkt mit dem Kühlmittel in Berührung gebracht.

Die Temperaturstufen sind nach DIN 50013 auszuwählen. Metallklebverbindungen sind gemäß DIN 53286 vorzugsweise bei den Temperaturstufen − 55, − 25, + 20, + 55, + 80, + 105, + 155, + 260, + 300, + 350, + 400, + 450, + 500 und + 600 °C zu prüfen. Die temperaturabhängigen Eigenschaften der verschiedenartigen Kunstharze können bei dieser Temperaturwahl und durch Extrapolation bzw. Interpolation mit ausreichender Genauigkeit ermittelt werden.

Die zeitabhängigen Eigenschaftsänderungen von Metallklebverbindungen werden nach bisher vorliegenden Untersuchungen fast ausschließlich im Zugscherversuch ermittelt [5 bis 11]. Die Proben können hierbei den verschiedensten Einflüssen ausgesetzt sein: natürlicher oder künstlicher Bewitterung, Feuchtigkeit, Treibstoffen, energiereichen Strahlen, hohen oder tiefen Temperaturen usw. Prüfungen dieser Art erfordern eine sorgfältige Wahl der Versuchseinrichtungen, um vergleichbare und reproduzierbare Ergebnisse mit großer Aussagefähigkeit zu erhalten. Empfehlungen zur Bestimmung der Eigenschaftsänderungen von Metallklebstoffen und Metallklebungen durch Lagerung in Flüssigkeiten sind in DIN 53287 angegeben.

4.1.2.2 Der Druckscherversuch

Der Druckscherversuch an zweischnittig überlappten Klebungen nach Abb. 53 ist besonders geeignet für die Prüfung von Klebverbindungen aus dicken Blechen, spröden Werkstoffen und Werkstoffkombinationen von z. B. Stahl und Kunststoffen. Die bei einschnittigen Klebverbindungen infolge der exzentrisch einwirkenden Kraftlinien auftretenden Fügeteilverformungen entfallen. Die Steifigkeit der Fügeteile hat bei dieser Versuchsanordnung keinen entscheidenden Einfluß auf das Ergebnis. Es wird in diesem Falle die reine Scherfestigkeit der Klebverbindung ermittelt.

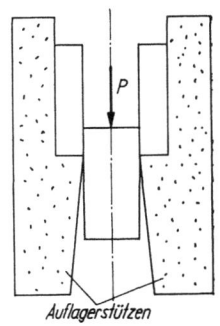

Abb. 53. Probekörper für den Druckscherversuch.

Die Druckscherfestigkeit errechnet sich aus dem Quotienten von Bruchlast und Klebfugenfläche:

$$\tau_B = \frac{P_{max}}{2 l_ü b}.$$

Form und Abmessung der Probekörper sowie genaue Prüfbedingungen sind bisher nicht genormt. Diese Prüfung kann ebenfalls in Abhängigkeit von der Prüftemperatur, vom Alterungsverhalten nach bestimmten Lagerungsfolgen usw. durchgeführt werden.

4.1.2.3 Der Verdrehscherversuch

Für den Verdrehscherversuch oder auch Torsionsversuch verwendet man als Probekörper stumpf geklebte Proben in Form eines Hohlzylinders, Abb. 54. Diese Prüfkörper werden mit einer Prüfvorrichtung, wie sie z. B. von W. ALTHOF [5], Abb. 55, oder E. A. CORNELIUS und W. MÜLLER [12] entwickelt wurde, durch ein Verdrehmoment beansprucht. Das für den Bruch erforderliche Verdrehmoment wird gemessen.

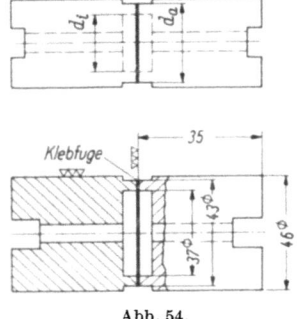

Abb. 54.
Form und Abmessung der Probekörper für den Verdrehscherversuch.

Abb. 55. Einspannvorrichtung für den Verdrehscherversuch.

Das Messen der Vorformung kann auf verschiedenartige Weise erfolgen. Werden Meßuhren verwendet, sollen sie eine Skalenteilung von 1/1000 mm aufweisen. Man erhält hiermit eine für die Berechnung der Schubverformung von Klebschichten ausreichende Anzeige [13].

Es treten in der Klebschicht nur Schubspannungen auf, deren Wirkungslinien um die Probeachse liegen. Diese Spannungen werden nicht durch Querkontraktionskräfte beeinträchtigt. Die Prüfmethode ist daher besonders geeignet, um die Eigenschaften des Klebstoffes in der Klebschicht zu bestimmen. Bei anderen Probenarten, den Überlappungsverbindungen, den Stirnzugproben usw., entsteht infolge der Fügeteilverformung und Querkontraktionsbehinderung meist ein mehrachsiger Spannungszustand, der rechnerisch nicht immer sicher festgelegt werden kann.

Mit dem Verdrehscherversuch lassen sich sowohl Kurzzeitversuche als auch Langzeitversuche, z. B. unter konstanter Last, durchführen [13].

4.1.2.4 Der Zugversuch

Im Zugversuch wird die Festigkeit von Metallverbindungen bestimmt, die senkrecht zur Klebfuge beansprucht werden. Die Art des Bruches — Kohäsions- oder Adhäsionsbruch — gibt Aufschluß über die Festigkeitseigenschaften des Klebstoffes oder die Adhäsionswirkungen zwischen dem Klebstoff und Fügeteilhaftgrund. Die Ergebnisse sind somit ein geeignetes Kriterium für die Güte der Vorbehandlung des Haftgrundes [14]. Die im Zugversuch ermittelten Festigkeitseigenschaften des Klebstoffes sind jedoch durch die zusätzlich in der Klebfuge auftretenden Querkontraktionsspannungen verfälscht.

Die Berechnung dieser Spannungen, die abhängig sind von der Klebschichtdicke und den unterschiedlichen E-Moduln und Querkontraktionszahlen der Metalle und Kunstharze, ist schwierig [13].

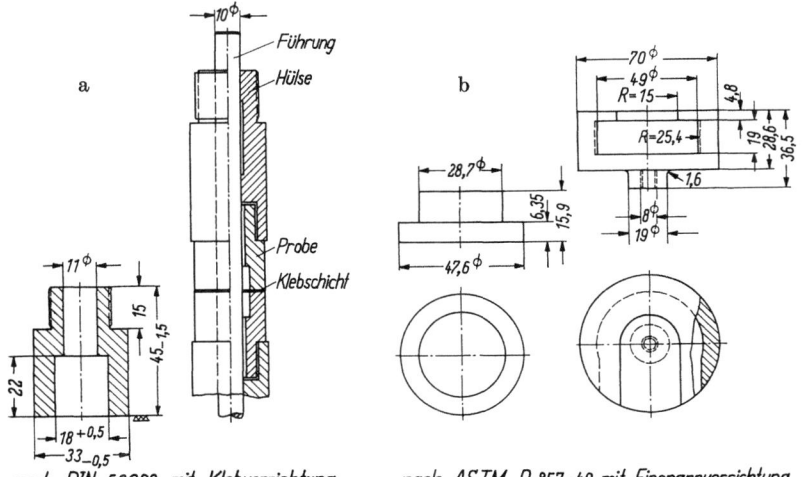

Abb. 56. Probekörper für den Zugversuch.

Angaben über die Probekörperform, die Probenherstellung und Versuchsdurchführung sind im Normblatt DIN 53288 enthalten. Nach dieser DIN-Vorschrift werden zwei gleiche, rohrförmige Fügeteile, Abb. 56a, zusammengeklebt und für die Prüfung in eine Einspannvorrichtung eingeschraubt. Die ASTM-Richtlinie D 897—49 (Tensile Properties of Adhesives) schlägt zylindrische Probenhälften aus Vollmaterial vor, Abb. 56b, die in Greifklauen eingeschoben werden. Es muß bei diesem Versuch die Gewähr gegeben sein, daß die Prüfkraft senkrecht und momentenfrei am Probekörper angreift. Die Probestäbe lassen sich nach dem Zerreißen für weitere Versuche verwenden, wenn die Klebflächen gesäubert und wiederum vorbehandelt werden.

Die Zugfestigkeit errechnet sich zu

$$\sigma_B = \frac{P_{max}}{F}.$$

Anwendung findet der Zugversuch häufig bei der Untersuchung über geeignete Oberflächenvorbehandlungen zum Kleben von Werkstoffen, die infolge ihrer geringen mechanischen Festigkeit, z. B. Blei, ihres Verarbeitungszustandes, z. B. der Plattierung, oder ihres Preises nicht selbst als Vollproben ausgebildet werden können [15; 16]. Der Einfluß der Haftgrundvorbereitung wird in diesen Fällen im Stirnabzugversuch an Plättchen aus dem zu untersuchenden Werkstoff ermittelt, die zwischen die stumpf verbundenen Fügeteile aus einem festen Werkstoff, z. B. Stahl, geklebt sind. Die Probe ist auch auf Kombinationen zwischen Metall und anderen Werkstoffen übertragbar.

4.1.2.5 Der Schälversuch

Beim Schälversuch wird der Widerstand von Metallklebungen gegen abschälende, möglichst senkrecht zur Klebfuge wirkende Kräfte ermittelt. Die Belastung verteilt sich bei dieser Beanspruchungsart nicht auf die ganze Fläche der Klebung, sondern konzentriert sich auf eine Linie quer zur Zugachse und läuft je nach Bruchart mehr oder weniger kontinuierlich über die ganze Klebfläche weiter. Durch diese linienhafte Krafteinwirkung entstehen in der Klebschicht hohe Spannungsspitzen, die geringe Unterschiede im elastisch-plastischen Verhalten des Klebstoffes, in der Beschaffenheit der Klebschicht und der Haftwirkung Klebstoff-Fügeteilwerkstoff weitaus besser erkennen lassen als flächenhafte Beanspruchungen. Metallklebstoffe unterschiedlicher chemischer Basis können nach diesem Prüfverfahren vergleichend beurteilt werden. Breite Anwendung finden Schälversuche heute bei Entwicklungsversuchen und zur Überwachung von Klebprozessen. Die ermittelten Schäldiagramme ermöglichen im Zusammenhang mit der Betrachtung des Bruchbildes u. a. eine Aussage über die vorausgegangenen Vorbehandlungen des Haftgrundes, die Aushärtebedingungen des Klebstoffes, inhomogene Stellen, hervorgerufen z. B. durch zu hohe Luftfeuchtigkeit beim Kleben, und die Eigenspannungen, verursacht z. B. durch zu schnelles Abkühlen.

Aus der Literatur sind eine Anzahl verschiedenartiger Prüfverfahren für den Schälversuch an Metallklebverbindungen bekannt geworden. Von diesen Prüfmethoden werden in Deutschland der Rollenschälversuch und der Winkelschälversuch am häufigsten eingesetzt.

4.1 Zerstörende Prüfung von Klebverbindungen

Der Rollenschälversuch wurde von der Aero Research Ldt., Duxford (England), speziell für den Klebstoff Redux entwickelt [17]. Er wird heute aber auch für andere Klebstofftypen eingesetzt und findet neben Entwicklungsversuchen bevorzugt Anwendung für die Überwachung von Klebprozessen in der europäischen Flugzeugbauindustrie.

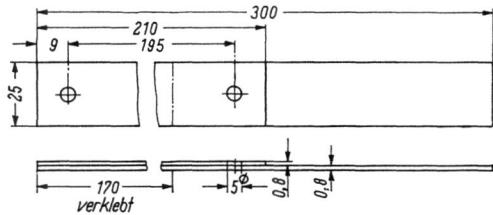

a Form und Abmessung des Probekörpers

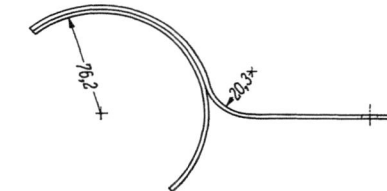

b für den Versuch vorbereiteter Probekörper

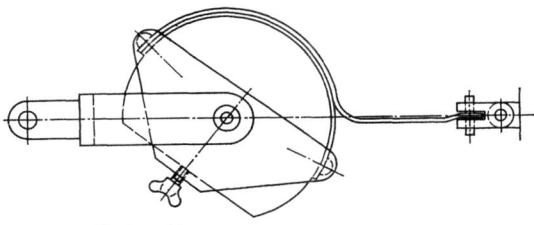

c Prüfvorrichtung

Abb. 57. Der Rollenschälversuch.

Bleche aus dem Werkstoff AlCuMg 2 pl werden zu Probekörpern mit der in Abb. 57a angegebenen Form und Abmessung verklebt. Sie werden vor der Prüfung mittels einer Walze oder Rolle in der Form nach Abb. 57b umgebogen und auf die Prüfvorrichtung nach Abb. 57c aufgespannt. Die anschließende Prüfung erfolgt mit einer Schälgeschwindigkeit von 50,8 mm/min (2″/min). Die Schälkraft wird in ein Schäldiagramm aufgenommen, aus dem die mittlere Schälkraft oder, bezogen auf die Probenbreite, der mittlere Schälwiderstand bestimmt wird. Je 15% am Anfang und Ende des Schäldiagramms werden nicht ausgewertet. N. A. DE BRUYNE [17] gibt an, daß Änderungen der Adhäsions- oder Kohäsionskräfte des Klebstoffs von 1% Änderungen der

Schälkräfte von 6% ergeben. Die Schäldiagramme zeigen daher einen sehr unregelmäßigen Verlauf.

Der Winkelschälversuch wurde aus der Sandwich-T-Schälprüfung für Lötverbindungen abgeleitet [1]. Die Probekörperherstellung, Prüfbedingungen usw. für diesen Schälversuch sind in DIN 53282 festgelegt. Die Probekörper mit den nach dem Kleben rechtwinklig abgebogenen Einspannenden haben die in Abb. 58 a angegebene Form und Ab-

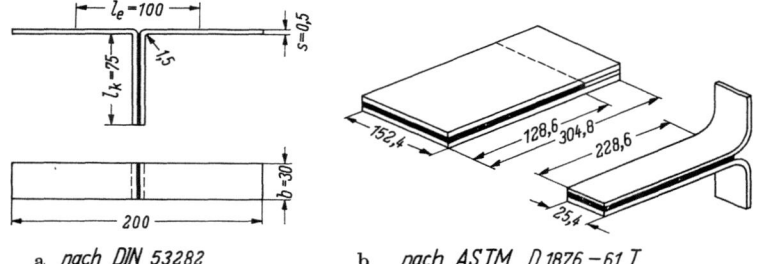

Abb. 58. Probekörper für den Winkelschälversuch.

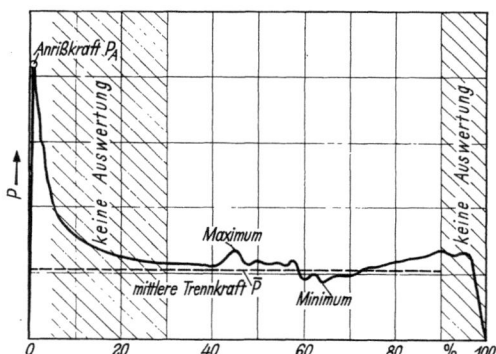

Abb. 59. Beispiel und Auswertung eines Schäldiagrammes nach dem Winkelschälversuch.

messung. Sie werden mit einer Vorschubgeschwindigkeit von 20 mm/min auseinandergebogen und ergeben den in Abb. 59 schematisch dargestellten Trennkraftverlauf. Dem Schäldiagramm können als Kennwerte die Anrißkraft P_A und die mittlere Trennkraft $\bar{P}$ entnommen werden, woraus sich, bezogen auf die Breite b, der Anrißschälwiderstand p_A und der Schälwiderstand p errechnen lassen:

$$p_A = \frac{P_A}{b},$$

$$p = \frac{\bar{P}}{b}.$$

Die Anrißkraft ergibt eine für die Konstruktion von Klebverbindungen wichtige Aussage, während die mittlere Trennkraft für die Qualitätskontrolle von Bedeutung ist.

Ein dem Winkelschälversuch ähnliches Prüfverfahren ist auch in die ASTM-Richtlinie D 1876—61 T (Peel Resistance of Adhesives, T-Peel-Test) aufgenommen. Die aus geklebten Platten geschnittenen Probekörper haben die in Abb. 58b gezeigten Abmessungen. Als Werkstoff für die Fügeteile soll irgendein Material gewählt werden, das ohne Riß- oder Bruchgefahr bis 90° umgebogen werden kann. Für Klebstoffe mit hoher Bindefestigkeit werden 0,8 mm (0,032″) dicke Bleche aus der Legierung AlCuMg 2 pl vorgeschlagen. Das Abschälen erfolgt mit einer Vorschubgeschwindigkeit von 254 mm/min, was einer Abschälgeschwindigkeit von etwa 127 mm/min entspricht. Aus dem Schäldiagramm ist auf eine Länge von 127 mm nach dem anfänglichen Spitzenwert die mittlere Schällast zu ermitteln. Aus dieser Größe wird, bezogen auf die Breite, der Schälwiderstand als Kennwert bestimmt.

In den amerikanischen Prüfnormen ist ein weiterer Schälversuch festgelegt. Das Verfahren nach ASTM D 903—49 (Peel or Stripping Strength of Adhesives) ist in Abb. 60 schematisch wiedergegeben. Die Prüfanordnung besteht aus dem Probekörper, 203 mm lang, 25,4 mm breit und etwa 1,6 mm bis maximal 3,2 mm dick, auf den ein leicht biegsamer, 305 mm langer Blechstreifen in einer Länge von 152 mm aufgeklebt ist. Dieser biegsame Streifen wird um 180° gebogen und mit einer Vorschubgeschwindigkeit von 150 mm/min von der Probeplatte abgezogen. Eine biegesteife Stützplatte verhindert während der Prüfung das Ausbiegen der Klebung. Die zum Abschälen erforderliche Trennkraft wird dabei über dem Schälweg aufgezeichnet. Als Kenngrößen lassen sich hieraus die mittlere Schälkraft und, bezogen auf die Klebbreite, der mittlere Schälwiderstand ermitteln.

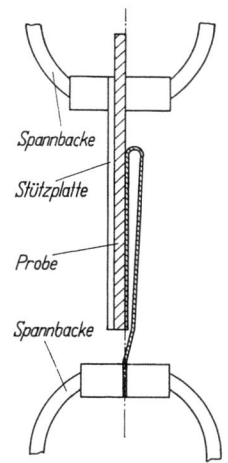

Abb. 60. Versuchsanordnung für den Schälversuch nach ASTM D 903—49.

Bei dieser Prüfanordnung wird die für Schälversuche häufig gestellte Forderung nach einem konstanten Schälmoment nahezu erfüllt. Die notwendigen dünnen Bleche mit ihrer geringen Festigkeit schränken jedoch die Einsatzmöglichkeit dieses Verfahrens ein.

Eine dritte aus den USA bekannt gewordene Schälprüfung ist der 1954 vom Forest Products Laboratory [18] entwickelte Climbing Peel Test, der in der ASTM-Richtlinie D 1781—60 T (Climbing Drum Peel Test for Adhesives) ausführlich beschrieben wird. Dieses Prüfverfahren war ursprünglich nur für Untersuchungen an Verbundbauteilen vorgesehen, wird heute aber auch häufig für einfache Metallklebungen angewandt. Es soll in diesem Versuch nicht so sehr die Haftwirkung zwischen Klebstoff und Fügeteil ermittelt werden als vielmehr der Schälwiderstand der Klebung zwischen einem biegsamen Blech und einer steifen Unterlage.

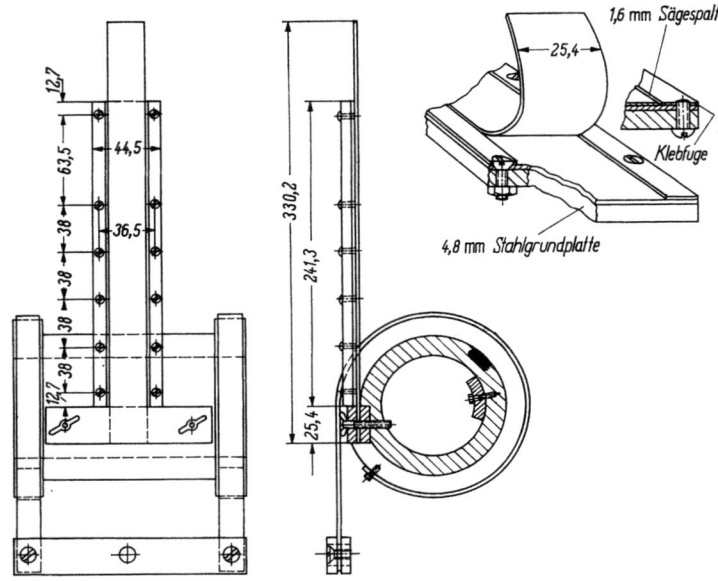

Abb. 61. Form und Abmessung der Probekörper sowie Versuchsanordnung für den Schälversuch nach ASTM D 1781—60 T.

In Abb. 61 sind die Prüfanordnung und die Form sowie Abmessung der Probekörper für die Schälprüfung von Verbundbauteilen dargestellt. Bei Blech-Blech-Klebungen hat der Probekörper die gezeigten Abmessungen. Vor dem Versuch muß die Prüfvorrichtung geeicht werden. Es ist festzustellen, welche Last erforderlich ist, um den Widerstand des Gewichtes von Trommel und Einspannklemme und Gegengewicht zu überwinden. Dies geschieht, indem man den Probekörper durch zwei dünne Seile ersetzt und soviel Last anhängt, daß die Trommel hochgezogen wird. Diese Last soll etwa viermal so groß sein wie das Gewicht der Trommel mit ihren Zusätzen. Soll zusätzlich noch bestimmt werden, welche Kräfte erforderlich sind, die beim Versuch durch das Aufrollen des Decklagenmaterials entstehen, ist genau der gleiche Decklagenwerkstoff einzuspannen und die Trommel an diesem Material aufzurollen. Die ermittelte Last ist aber nur annähernd richtig, da bei geklebten Decklagen im allgemeinen größere Kräfte erforderlich sind.

Im Versuch wird die Anordnung auseinandergezogen, wobei sich die Bänder von den Flanschen abwickeln und damit zwangsläufig eine Rotation der Trommel und ein Aufwickeln der an ihr befestigten Bleche hervorrufen. Die Vorschubgeschwindigkeit soll etwa 25 mm/min betragen, was einer Schälgeschwindigkeit von etwa 100 mm/min entspricht.

Aus dem aufgenommenen Schäldiagramm wird mittels Planimeter oder Ablesung die zwischen 25 und 150 mm Diagrammlänge erhaltene mittlere Schällast bestimmt. Hieraus läßt sich das spezifische Schälmoment (peel torque) errechnen:

$$p = \frac{r_0 - r_i}{b} [\bar{P} - (P_T + P_D)],$$

worin r_0 der Radius der Flanschen plus halbe Belastungsbanddicke, r_i der Radius der Trommel plus halbe Decklagendicke, b die Probenbreite, $\bar{P}$ die mittlere Schällast, P_T die Kraft zur Überwindung des Trommelgewichts und P_D die Kraft zur Biegung des Deckbleches sind.

Im Abschälpunkt gleicht der Biegeradius nicht dem Trommelradius. Es bildet sich an dieser Stelle in Abhängigkeit vom Fügeteilwerkstoff ein Spalt zwischen der Blechoberfläche und der Biegetrommel, der das gemessene Schälmoment beeinflußt.

Eine Schälprüfung, die bisher seltener eingesetzt wurde, ist der von F. K. TRIETSCH [19] angegebene Biegeschälversuch. Die Form und Abmessung der Probekörper sowie die Versuchsanordnung sind Abb. 62 zu entnehmen. Diese Prüfmethode dient insbesondere dazu, bei Klebverbindungen die zulässigen Biegebelastungen für Übergangsstellen von einem steifen zu einem weniger steifen Teil festzulegen. Derartige Beanspruchungen treten z. B. auf, wenn geklebte Teile abgekantet werden müssen [15].

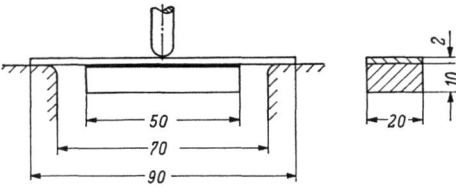

Abb. 62. Probekörper und Versuchsanordnung für den Biegeschälversuch nach TRIETSCH.

Bei keinem der angegebenen Schälprüfverfahren ist es möglich, die beim Abschälen auf die Verbindung einwirkenden Spannungen genau zu definieren. Aus der Literatur sind aber einige theoretische Überlegungen hierzu bekannt geworden [20 bis 24]. Die Ergebnisse aus den Schälversuchen können daher nicht für die Festigkeitsberechnung eingesetzt werden; sie geben jedoch wertvolle Aufschlüsse für die Wahl des für einen bestimmten Einsatz geeigneten Klebstoffes.

4.1.2.6 Der Biegeversuch

Biegeversuche an Metallklebverbindungen, ausgenommen Verbundbauteile (Sandwich), werden nur selten durchgeführt. Alle Klebungen, überlappte, geschäftete, gelaschte, stumpf gestoßene usw., sind gegenüber Biegebeanspruchungen sehr empfindlich.

Die einfachste Biegeprüfung ist in der US Air Force Specification 14164 angegeben. Als Biegeprobe dient die einschnittig überlappte Klebung. Sie wird im Dreipunktbiegeversuch in der Mitte der Überlappung mit einem Stempel durchgebogen, Abb. 63. Auf diese Weise können in Abhängigkeit von der Auflagelänge, Überlappungslänge, vom Fügeteilwerkstoff usw. für jeden Klebstoff Grenzbiegeverformungen und Grenzbiegelasten ermittelt werden.

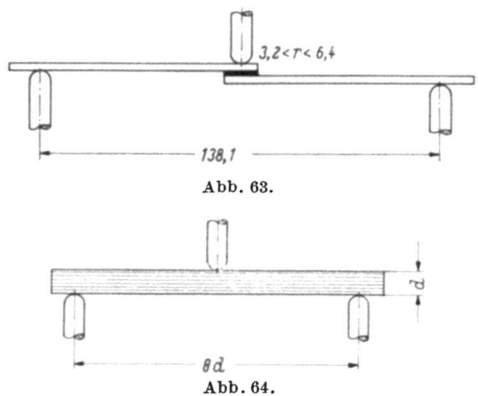

Abb. 63.

Abb. 64.

Abb. 63 und 64. Probekörper und Versuchsanordnung für den Biegeversuch nach US Air Force Specification 14164 (Abb. 63) und nach ASTM D 1184—55 (Abb. 64).

In der ASTM-Richtlinie D 1184—55 (Strength of Adhesives on Flexural Loading) ist ein Biegescherversuch an geklebten Blechpaketen angegeben. Acht 0,25 mm dicke biegesteife Bleche werden geschichtet zusammengeklebt und anschließend in rechteckige Prüfkörper mit den Abmessungen [(25,4 bis 38) · (19 bis 25)] mm aufgeteilt. Die Prüfung erfolgt im Dreipunktbiegeversuch, Abb. 64, mit einer Prüfgeschwindigkeit

$$v = \frac{c l_s^2}{6a},$$

worin l_s Auflagelänge, a die Probendicke und c eine Konstante (0,01/min) sind. Die größten Scherspannungen entstehen bei dieser Prüfung in der neutralen Phase. Damit eine Klebschicht diesen größten Beanspruchungen ausgesetzt ist, muß die Biegeprobe aus geradzahligen Blechschichten zusammengeklebt sein. Die mittlere Schicht ist besonders sorgfältig herzustellen, um aussagefähige Ergebnisse zu erhalten.

Aufgabe und Zweck dieser Prüfung ist es, in Vergleichsversuchen die Eigenschaften von Klebstoffen zu ermitteln, die hohen Scherspannungen ausgesetzt sind. Im Gegensatz zu anderen Biegeversuchen verringern sich die Scherspannungen in der Klebschicht bei dieser Prüfung nicht. Die Ergebnisse liefern keine Berechnungsunterlagen.

4.1.2.7 Der Zeitstandversuch

Der Einsatz von Metallklebverbindungen innerhalb tragender Konstruktionen erfordert Kenntnisse über das Zeitstandverhalten dieser Verbindungsstellen. Derartige Klebungen kommen in den meisten Fällen als einschnittige Überlappungen vor. Die bisher bekannt gewordenen Zeitstandversuche [6; 13; 25 bis 28] wurden daher auch vorwiegend an einschnittig überlappten Probekörpern durchgeführt.

In der DIN-Vorschrift 53284 sind Prüfrichtlinien für diesen Versuch angegeben. Zur Ermittlung der Zeitstand- und Dauerstandfestigkeit werden einschnittig überlappte Probekörper vorgeschlagen, die einer dauernden Zugbeanspruchung ausgesetzt sind. Hierbei versteht man unter der Zeitstandfestigkeit die auf die Klebfläche bezogene ruhende Belastung, die nach bestimmter Versuchsdauer zum Bruch der Probe führt. Handelt es sich um eine Belastung, die die Probe „unendlich lange" ohne Trennung der Fügeteile ertragen kann, so spricht man von der Dauerstandfestigkeit. Die Standzeiten der geklebten Bleche werden bei verschiedenen vorgegebenen Laststufen ermittelt. Für jede Laststufe müssen mindestens fünf Probekörper vorgesehen werden, um den allgemein bei Zeitstandbelastungen auftretenden großen Streubereich zu erfassen.

Für Versuche bei Raumtemperatur oder erhöhten Temperaturen werden Zeitstandprüfgeräte verwendet, die die Belastung durch Gewichte über Hebel aufbringen. In vielen Fällen haben sich auch einfache federbelastete Prüfgeräte bewährt, Abb. 65. Durch die Erschütterungen beim Bruch einer Probe dürfen andere Probekörper nicht in Mitleidenschaft gezogen werden. Jede Klebung ist daher einzeln zu belasten. Weiterhin müssen beim Bruch Hebel und Gewichte aufgefangen werden. Der Abstand zwischen den Überlappungsenden und den Klemmkanten der Einspannung soll jeweils 50 mm betragen. Die Probekörper werden zusammen mit Beilagen entsprechend der Fügeteildicke eingespannt, um eine möglichst mittige Krafteinleitung in die Klebfuge zu erhalten.

Die Fügeteilverschiebung, d. h. das Kriechen der Klebschicht, kann mit mechanischen oder optischen Dehnungsmeßgeräten bestimmt werden. Es kommen hier Längenänderungsmessungen von 1 μm in Betracht. Mechanische Meßgeräte, wie Huggenberg-Tensometer, Abb. 65, Martens-Spiegelgerät usw., werden nach der Belastung aufgesetzt. Eine exakte Bestimmung der Fügeteilverschiebung ist mit diesen Meßgeräten nicht möglich, da die unmittelbar nach der Belastung auftretenden Längenänderungen nicht registriert werden und das Kriechen des Fügeteilwerkstoffs innerhalb der Aufsetzschneiden dieser Geräte in die Messung mit eingeht. Da aber die mechanischen Eigenschaften der Kunstharze stärker von der Beanspruchungszeit abhängen als die der Fügeteilwerk-

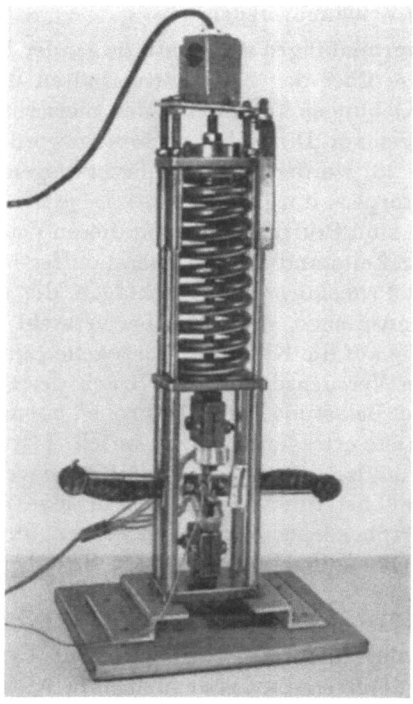

Abb. 65. Zeitstandanlage mit Lastaufbringung durch eine Feder; am Probekörper sind ein Huggenberg-Tensometer und zwei Lötkolbenheizelemente befestigt.

stoffe und die Klebschichten weitaus größere Kriechwege aufweisen als die Metalle, liefern die mechanischen Meßgeräte insbesondere bei langen Belastungszeiten und vergleichenden Versuchen Ergebnisse mit hinreichender Aussagefähigkeit. Genauere Verschiebungsmessungen ermöglichen berührungslose optisch-fotografische Meßeinrichtungen [27], s. S. 354.

Die in Zeitstandversuchen ermittelten Werte werden zweckmäßig im doppellogarithmischen Koordinatensystem eingetragen, um Inter- und Extrapolationen mit ausreichender Sicherheit vornehmen zu können. Das gleiche gilt auch für die Ergebnisse der Verschiebungsmessung. Wenn die Fügeteilverschiebungen der unter gleichen Bedingungen hergestellten und geprüften Klebverbindungen große Unterschiede aufweisen, sollten der besseren Beurteilung wegen statt eines Mittelwertes die Werte jeder einzelnen Probe einer Versuchsreihe im Diagramm eingezeichnet werden.

Für die Versuche bei erhöhten Temperaturen hat sich neben einer Aufheizung der Probekörper innerhalb einer Kammer auch die Direktbeheizung der Proben als geeignet erwiesen. Es werden im letzteren Fall Heizelemente oberhalb und unterhalb der Überlappung aufgeklemmt, Abb. 65. Die Temperatur muß bei den Zeitstandversuchen genau eingehalten werden und sollte Abweichungen von $\pm 3\,°C$ nicht überschreiten.

4.1.3 Dynamische Festigkeitsprüfung

Bei den dynamischen Prüfverfahren sind die Probekörper einer dauernd einwirkenden wechselnden oder schwingenden Beanspruchung ausgesetzt. Die den Beanspruchungszustand charakterisierenden Kennwerte und deren Bezeichnung sind in DIN 50100 festgelegt. Kennzeichnend für diese Beanspruchungen ist, daß sich der Verformungszustand durch die Lastwechsel im Gegensatz zur zügigen Beanspruchung ständig ändert. Durch die rasch wechselnden Vorgänge entstehen in der Klebschicht oder im geklebten Blech feine Risse, die nicht mehr ausheilen, sondern nach einer bestimmten Anzahl von Belastungen und Entlastungen den Bruch herbeiführen, ohne daß bleibende Formänderungen vorausgegangen sind. Die erforderliche Zeit zu dieser Zerrüttung des Werkstoffs hängt dabei ab vom Fügeteilwerkstoff und Klebstoff, von der Höhe der Belastung, der Probekörperform und den einwirkenden Umweltbedingungen.

Bei den dynamischen Versuchen wird die Grenzbelastung gesucht, welche die geprüfte Klebverbindung auch bei ,,unendlich großer" Zahl der Beanspruchungen gerade noch ertragen kann. Diese Belastung ist dann gegeben, wenn die durch die schwingende Beanspruchung hervorgerufene Verfestigung des Werkstoffes durch Platzwechselvorgänge usw. größer ist als die zerrüttende Wirkung. Es werden gleichartige Proben bei jeweils konstanter, für die einzelnen Probekörper aber verschieden hoch gewählter Schwingbeanspruchung bis zum Bruch oder bis zu einer vorgegebenen Lastspielzahl geprüft. Trägt man die Werte in ein Wöhler-Schaubild mit logarithmisch geteilter Abszisse (Lastspielzahl) und metrisch geteilter Ordinate (dynamische Beanspruchung) ein, so strebt die Kurve mit zunehmender Lastspielzahl asymptotisch dem gesuchten Grenzwert zu. Unterhalb dieses Grenzwertes ist praktisch nicht mehr mit einem Bruch infolge der Schwing- oder Wechselbeanspruchung zu rechnen.

Bei der Auswahl der Prüfverfahren und Prüfeinrichtungen muß auf die besonderen Eigenarten einer Klebverbindung Rücksicht genommen werden. Hiermit sind nicht nur die Probekörperformen gemeint, sondern vor allem die verschiedenartigen Eigenschaften der Fügeteile als Metalle und der Klebschichten als Kunststoffe. Die Kunststoffe besitzen neben einer geringen Wärmeleitfähigkeit ein verhältnismäßig hohes Dämpfungsvermögen und großes Relaxationsbestreben. Sie setzen also bei wechselnden Verformungen einen Teil der aufgenommenen Energien durch innere Reibung in Wärme um. Das gilt insbesondere für hohe Prüffrequenz. Wenn die Klebschichten auch normalerweise sehr dünn sind und durch die Metalle eine gute Wärmeableitung erfahren, sollte der Einfluß der Prüffrequenzhöhe nicht unbeachtet bleiben.

4.1.3.1 Der Zugschwellversuch

Die Dauerschwingversuche an Metallklebverbindungen können nach den drei Hauptbeanspruchungsarten — Zug bzw. Druck, Biegung, Verdrehung — jeweils allein oder kombiniert durchgeführt werden. Die größte Bedeutung hiervon hat bisher der Dauerschwingversuch zur Bestimmung der Zugschwellfestigkeit von einschnittig überlappten Klebungen erlangt. In dem Normblatt DIN 53285 sind die Probekörper, Prüfgeräte, Versuchsdurchführung und Versuchsauswertung für diesen Versuch beschrieben. Probekörper gemäß DIN 53283 aus der Aluminiumlegierung AlCuMg 2 pl F 43, die für den Zugscherversuch verwendet werden, eignen sich nicht für die hier vorgeschlagene dynamische Prüfung. Je nach Klebstoff brechen sie häufig schon vor Erreichen des in der Norm vorgeschlagenen Grenzwertes von $5 \cdot 10^7$ Lastwechseln neben der Klebstelle und ermöglichen keine Beurteilung des Klebstoffes. Für diesen Versuch haben sich Probekörper aus den Fügeteilwerkstoffen Stahl oder nichtrostender Stahl besser bewährt [29].

Die Proben werden bei verschiedenen Beanspruchungsstufen, beginnend mit etwa 50% der statischen Bindefestigkeit abwärts, der Zugschwellbeanspruchung unterworfen und die Lastspielzahl bis zum Bruch der Klebung festgestellt. Die freie Einspannlänge beträgt $2 \cdot 50$ mm $+ l_{\ddot{u}}$. Die Lastspielfrequenz soll zwischen 1500 und 4000 min^{-1} liegen. Die Unterspannung darf in keinem Fall den Druckbereich erfassen, da dünne Fügeteile hier leicht ausknicken.

Für die Zugschwellprüfung können handelsübliche Zug-Druck-Pulser oder Universalprüfmaschinen mit Pulsator benutzt werden. Der Kraftbereich ist so zu wählen, daß die auftretenden Kräfte nicht kleiner als 15% und nicht größer als 85% des Prüfmaschinenmeßbereiches sind.

Außer den einschnittig überlappten Klebungen lassen sich im Zugschwellversuch unter gleichen Gesichtspunkten geschäftete, gelaschte oder doppelt überlappt geklebte Prüfkörper untersuchen. Die Gefahr eines Fügeteilbruches ist bei diesen Verbindungsformen geringer, da keine zusätzlichen Biegemomente auftreten.

4.1 Zerstörende Prüfung von Klebverbindungen

Dauerschwingversuche an stumpf verklebten Rundkörpern können nicht nur im Zugschwellbereich, sondern ohne Gefahr des Probekörperausknickens auch im Wechselbereich und Druckschwellbereich durchgeführt werden. Für die vergleichende Beurteilung von Metallklebstoffen sind diese letztgenannten Kennwerte häufig von großer Bedeutung. Die Probekörper für diesen Versuch bestehen aus zwei miteinander verklebten Rundkörperhälften mit den in Abb. 66 vorgeschlagenen Abmessungen. Bei der Versuchsdurchführung muß besonders auf die momentfreie Einspannung der Probekörper geachtet werden.

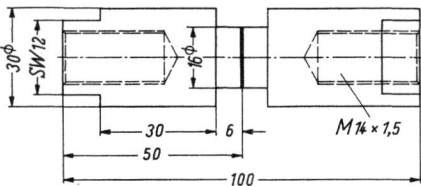

Abb. 66. Form und Abmessung der Probekörper und deren Einspannung für Dauerschwingversuche an stumpfverklebten Rundstäben.

Die genannten Dauerschwingversuche können sowohl im Einstufenversuch, bei dem die einmal eingestellte Beanspruchung während der ganzen Prüfung unverändert bleibt, als auch im Mehrstufenversuch mit einer stufenweisen Steigerung der Belastung an derselben Probe durchgeführt werden. Die Mehrstufenverfahren umfassen natürlich auch Versuche mit betriebsähnlichen Belastungsfolgen. Ob die Dauerfestigkeit der Klebungen durch ein langsames, gleichmäßiges Steigern der Belastung, gewissermaßen ein „Trainieren", erhöht werden kann, wie es z. B. von Stählen bekannt ist, wurde bisher noch nicht nachgewiesen.

4.1.3.2 Der Umlaufbiegeversuch

Stumpf verklebte Rundstähle mit den in Abb. 67 empfohlenen Abmessungen finden für den Umlaufbiegewechselversuch Anwendung. Die beiden Probekörperhälften werden vor dem Verkleben in je einen Aufnahmekörper aus Stahl gepreßt und nach dem Kleben mit Hilfe dieser Probenhalterungen in die Umlaufbiegemaschine eingespannt. Die Exzentrizität darf nicht mehr als 0,005 mm betragen. Prüfmaschinen für diesen Versuch sind handelsüblich.

Bei der Prüfung wirkt über die ganze Prüflänge der Probe ein konstantes Biegemoment. Infolge dieses Biegemomentes durchläuft während einer Umdrehung des Probekörpers jede Stelle des Querschnitts einen sinusförmigen Zug-Druck-Spannungswechsel. Die Ergebnisse aus dieser Prüfung sind für spezielle Einsatzgebiete des Metallklebens wichtig und können sowohl für die Dimensionierung der entsprechenden Klebkonstruktionen als auch für die vergleichende Beurteilung von Metallklebstoffen herangezogen werden.

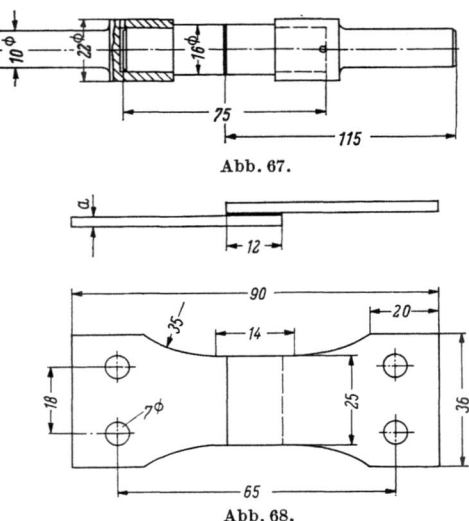

Abb. 67.

Abb. 68.

Abb. 67 und 68. Form und Abmessung der Probekörper für den Umlaufbiegewechselversuch (Abb. 67) und den Wechselbiegeversuch (Abb. 68).

4.1.3.3 Der Wechselbiegeversuch

Die Wechselbiegemaschinen besitzen Flachbiegeeinspannvorrichtungen, die für einschnittig oder doppelt überlappte, geschäftete oder gelaschte Klebverbindungen geeignet sind. Durch einen umlaufenden, ein-

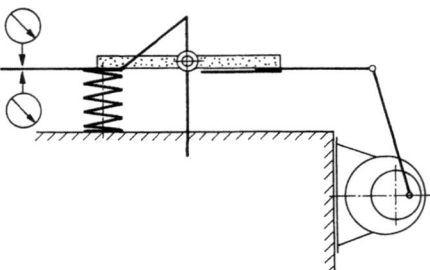

Abb. 69. Schematische Darstellung einer Wechselbiegemaschine.

stellbaren Exzenter werden die Probekörper nach Abb. 68 über Stoßstangen einer Zwangsverformung unterworfen, Abb. 69. Sie werden durch ein in einer Ebene ausgerichtetes Biegemoment beansprucht. Die auf die Proben einwirkenden Normalspannungen sind im Vergleich zur größten auftretenden Biegespannung vernachlässigbar klein [30].

Wechselbiegemaschinen mit einem Gleichstrommotor bieten gegenüber Maschinen mit einem Wechselstrommotor den Vorteil, daß die Frequenz stufenlos regelbar ist, z. B. im Bereich von 0 bis 25 Hz.

Bei den überlappten und gelaschten Klebverbindungen läßt sich der Spannungsverlauf infolge der unterschiedlichen Blechdicken und sprunghaften Dickenänderungen nicht sicher festlegen. Die Ergebnisse dieser Prüfung können daher auch nicht als Berechnungsunterlage dienen. Sie ermöglichen aber eine vergleichende Beurteilung der untersuchten Klebstoffe, Fügeteilwerkstoffe, Verbindungsformen usw. und geben der Praxis wertvolle Anhaltswerte für die Einsatzmöglichkeiten geklebter Verbindungen.

4.1.3.4 Der Torsionsschwingungsversuch

Für dynamische Torsionsschwingungsversuche verwendete W. BRAIG [13] Probekörper nach Abb. 70, die bei Wechsellast und Schwellast auf einer Flachbiege-Torsionsmaschine geprüft wurden. Die Belastung erfolgte dabei über ein Kurbelgetriebe mit einem Verstellexzenter, der über einen polumschaltbaren Asynchronmotor mit 1400 oder 2800 U/min angetrieben wurde.

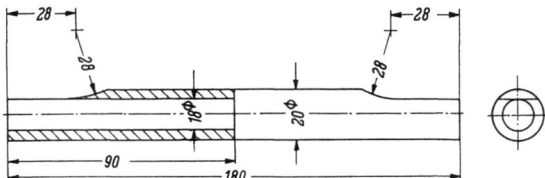

Abb. 70. Form und Abmessung der Probekörper für den Torsionsschwingungsversuch.

Die Ergebnisse dieser Versuche liefern neben grundsätzlichen Klebstoffkennwerten wertvolle Konstruktionsunterlagen für viele Anwendungen.

Das Festigkeitsverhalten von Metallklebverbindungen bei dynamischen Beanspruchungen ist bisher fast ausschließlich unter Normalklimabedingungen ermittelt worden. Es kann in gleichem Maße aber auch beim zusätzlichen Einwirken klimatischer, thermischer oder chemischer Einflüsse untersucht werden.

4.1.4 Prüfung bei schlagartiger Beanspruchung

In der Metallkunde wird der Schlagversuch bei unterschiedlichen Temperaturen als ein geeignetes Prüfverfahren für die Zähigkeit angesehen. Die Kerbschlagzähigkeit-Temperatur-Kurven mit der Hochlage im Bereich steigender Temperatur und der davon durch den Steilabfall getrennten Tieflage in Richtung tiefer Temperatur ergeben Kennwerte für die Sprödigkeit und Zähigkeit eines Werkstoffes. Die gefundenen Ergebnisse können nicht für die Festigkeitsberechnung verwendet werden, sondern sind nur für die Wahl des für einen entsprechenden Einsatz geeigneten Werkstoffes von Bedeutung. Die in diesem Abschnitt behandelten Prüfungen werden daher getrennt aufgeführt und nicht als statische Kurzzeitversuche bei hohen Verformungsgeschwindigkeiten angesehen oder zu den dynamischen Prüfverfahren gezählt, wie man es in der Literatur häufiger findet [30].

4.1.1.4 Der Schlagscherversuch

Für Schlagversuche an Metallklebverbindungen sind in den deutschen Normen keine Prüfrichtlinien angegeben. In USA empfiehlt man den in der ASTM-Richtlinie D 950—54 (Impact Strength of Adhesives) festgelegten Schlagscherversuch. Probekörper aus Aluminium, Stahl, Kupfer oder anderen Metallen nach Abb. 71 werden mit der hier gezeigten Haltevorrichtung in das Pendelschlagwerk eingespannt und geprüft.

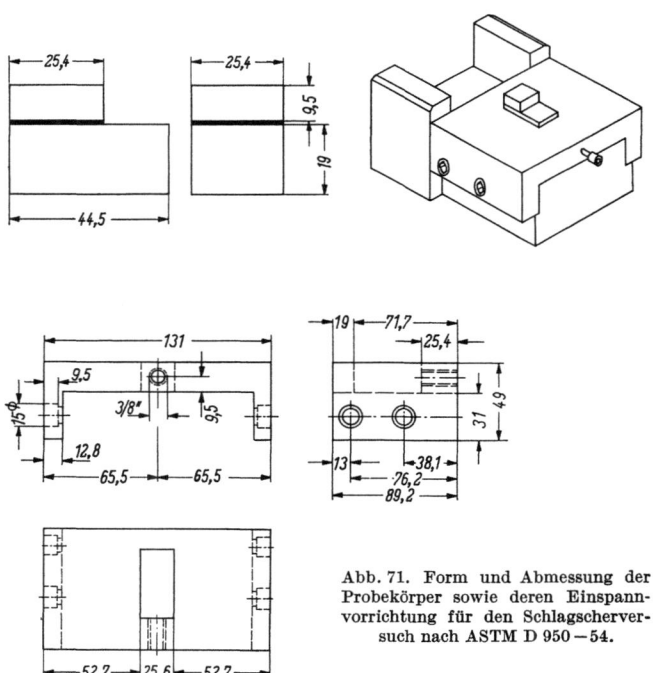

Abb. 71. Form und Abmessung der Probekörper sowie deren Einspannvorrichtung für den Schlagscherversuch nach ASTM D 950—54.

Der Izod-Pendelhammer muß die Probe in einem Abstand von 0,8 mm von der Klebnaht treffen, damit die Klebstelle möglichst nur auf Scherung beansprucht wird. Die Hammergeschwindigkeit beträgt 3,3 m/sec.

Die Schlagzähigkeit oder spezifische Schlagarbeit A_s wird erhalten, indem man die verbrauchte Energie A durch die Klebfläche F teilt:

$$A_s = \frac{A}{F}.$$

Diese Definition gilt auch für andere Prüfverfahren mit schlagartiger Beanspruchung der Klebverbindungen unabhängig von der Verbindungsform. Infolge der großen Streuungen sollten für jeden Versuchspunkt immer 10 Probekörper eingesetzt werden.

4.1.4.2 Der Schlagzugscherversuch

Für die Durchführung des Schlagzugscherversuches an überlappten oder gelaschten Klebverbindungen sind mehrere Vorrichtungen zur Befestigung des Probekörpers bekannt geworden. H. WINTER und H. MEKKELBURG [31] sowie A. MATTING und K. ULMER [32] schlagen vor, den Probekörper am Pendelhammer anzubringen, Abb. 72. An den Probekörper werden zwei Klemmen angeschraubt, von denen die eine am Pendelhammer befestigt wird. Die andere ist mit einer Traverse versehen, die beim Durchlauf durch die Nullage gegen die Anschlagbacken des Pendelschlagwerkes schlägt.

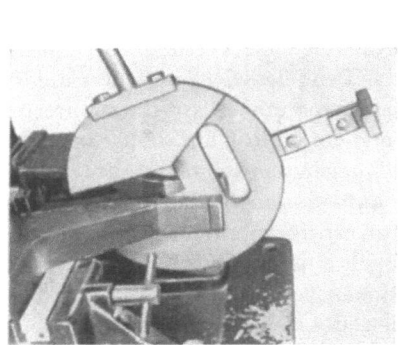

Abb. 72. Probekörper und dessen Befestigung am Pendelhammer für den Schlagzugscherversuch.

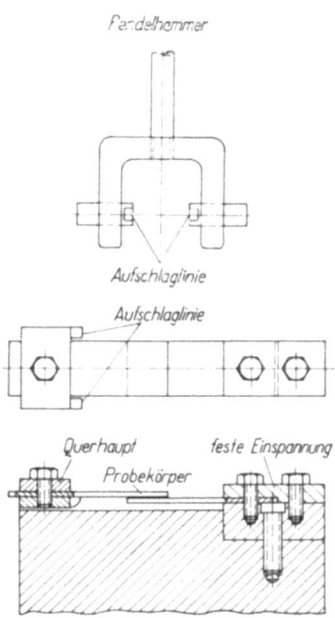

Abb. 73.
Einspannvorrichtungen der Probekörper auf dem Pendelschlagwerk für Schlagzugscherversuche.

Durch diese zusätzlich am Pendelhammer angebrachten Vorrichtungen wird es notwendig, die Schwerpunktfallhöhe neu zu bestimmen und die Schlagmittellinie zu überprüfen. Bei der Berechnung der von der Probe aufgenommenen Schlagarbeit sind diese Korrekturen zu berücksichtigen.

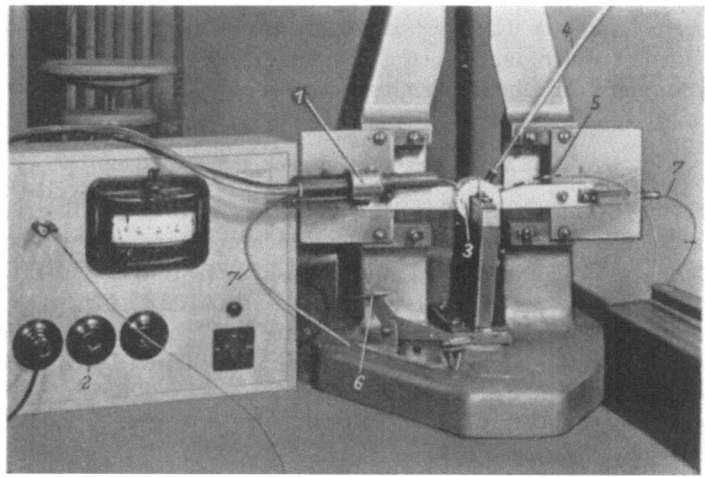

Abb. 74. Versuchsanordnung für den Schlagzugscherversuch bei erhöhten Temperaturen.
1 Warmluftgerät (Warmgasschweißgerät); *2* Temperaturregler; *3* Temperierkammer (geschlossen); *4* Thermometer; *5* Thermoelement; *6* Fußhebel; *7* Bowdenzüge.

Bei der von F. MITTROP [6] vorgeschlagenen Versuchsvorrichtung für den Schlagzugscherversuch wird das Pendelgewicht nicht verändert. Der Probekörper ist nach Abb. 73 im Einspannbock auf dem Unterteil des Schlagwerkes befestigt. Er wird mit einem lose auf dem Einspannbock liegenden Querhaupt verschraubt, gegen das der aufgeteilte Schlagbolzen des Izodhammers schlägt. Die aufgenommene Schlagarbeit kann ohne Korrektur unmittelbar als Kennwert übernommen werden. Diese Probekörperbefestigung ermöglicht auch eine einfache Versuchsanordnung für die Prüfung bei unterschiedlichen Temperaturen. Um den Probekörper wird eine Kammer geschoben, die elektrische Heizungen enthält oder in die kalte oder warme Luft geblasen werden kann, Abb. 74. Diese Kammer ist in der Mitte geteilt und läßt sich über Bowdenzüge durch Druck auf einen Fußhebel gleichzeitig mit dem Auslösen des Pendels, was von Hand erfolgt, zu den Seiten hin wegziehen. Während der Fallzeit des Hammers von etwa 0,2 sec ändert sich die Prüftemperatur in der Klebschicht des nun frei liegenden Probekörpers nicht. Die Ergebnisse werden geringfügig verfälscht durch die Arbeit zum Fortschleudern des Querjochs mit der darin eingespannten Probenhälfte. Für Vergleichsversuche braucht diese Schleuderarbeit nicht berücksichtigt zu werden, da sie immer gleich groß ist. Der Wert der Schleuderarbeit kann aber an einem fortgeschleuderten Teil, das nur lose aufliegt, bestimmt werden, so daß sich auch exakte Werte für das Zerreißen der Probekörper errechnen lassen.

Bei allen Schlagzugscherversuchen mit überlappt geklebten Probekörpern werden die Fügeteile infolge des exzentrischen Lastangriffs an den Überlappungsenden je nach Festigkeit der Verbindung mehr oder weniger plastisch verbogen. Die hierfür notwendige Formänderungsarbeit geht in die gemessenen Ergebnisse mit ein und kann nicht eliminiert werden. Hieraus ergibt sich jedoch kein Fehler für die Beurteilung einzelner Klebstofftypen, da die plastische Verformung der Fügeteile um so größer ist, je besser sich der Klebstoff bei schlagartiger Beanspruchung verhält.

4.1.4.3 Schlagzugversuch

Für den Schlagzugversuch kann die gleiche Versuchsanordnung eingesetzt werden wie für den Schlagzugscherversuch. Die für diesen Versuch vorgeschlagenen Proben, Abb. 75, sind aus Rundstäben hergestellt.

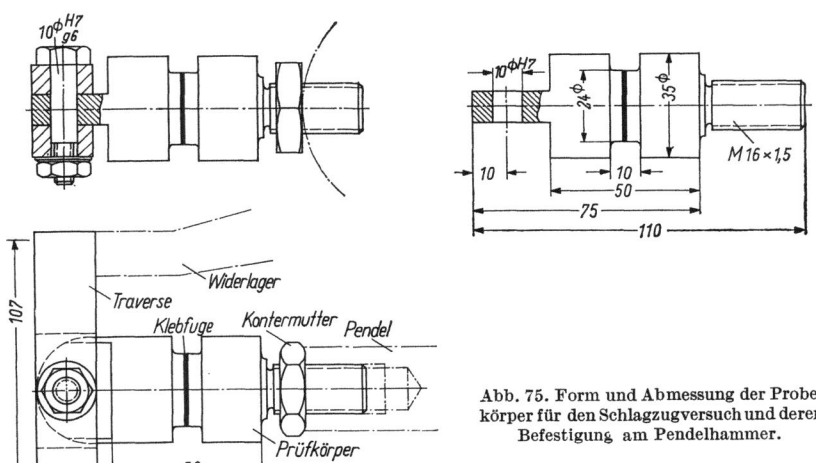

Abb. 75. Form und Abmessung der Probekörper für den Schlagzugversuch und deren Befestigung am Pendelhammer.

Bei der Prüfung muß auf eine momentenfreie Einspannung geachtet werden.

Aus der Literatur sind noch mehrere andere Prüfverfahren mit schlagartiger Lastaufbringung für Metallklebverbindungen bekannt geworden [33]. Sie haben für die Beurteilung der Schlagzähigkeit von Metallklebungen aber nur geringe Bedeutung erlangt und sollen hier lediglich der Vollständigkeit halber erwähnt werden.

A. HARTMANN [34] prüfte stumpf verklebte Vierkantstäbe mit dem Charpy- und Izod-Schlagwerk entsprechend dem Kerbschlagbiegeversuch nach DIN 50115, wobei die Klebnaht statt einer Kerbe die Schwachstelle im Probekörper bildet. A. H. FALK [35] gibt eine Prüfmethode an, bei der ein definiertes Schlaggewicht über eine Gleitbahn senkrecht zur

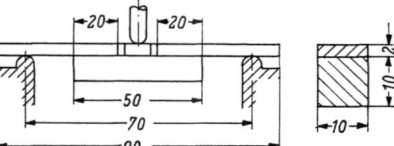

Abb. 76. Form und Abmessungen des Probekörpers sowie Versuchsanordnung für den Schlagbiegeversuch nach Ros.

Klebfläche auf einen stumpf verklebten Probekörper fällt, der unten an der Gleitbahnführung befestigt ist. Er ermittelt auf diese Weise die zulässige Schlagzugbeanspruchung der Klebung. M. Ros [36] schlägt einen Schlagbiegeversuch an Probekörpern nach Abb. 76 vor. Diese Prüfmethode hat große Ähnlichkeit mit dem Biegeschälversuch, Abb. 62, und kann nach F. K. TRIETSCH [19] vorteilhaft für Vergleichsversuche von Klebstoffen untereinander herangezogen werden.

4.2 Die zerstörungsfreie Prüfung von Metallklebverbindungen

Von WALTER ALTHOF, Braunschweig

Zerstörungsfreie Prüfverfahren werden dort angewendet, wo Bauteile auf Fehler untersucht werden sollen, die von außen nicht sichtbar sind und deren Vorhandensein die Festigkeit oder die Funktion des Bauteils beeinträchtigen kann. Sie ermöglichen eine lückenlose Fertigungskontrolle an den einbaufertigen Bauteilen und an komplizierten technischen Konstruktionen. Auf Grund dieser Vorteile hat man frühzeitig nach wirksamen Verfahren gesucht. Das Metallkleben bedarf in besonderem Maße solcher Prüfverfahren, weil die zu prüfende Klebschicht von den metallischen Fügeteilen verdeckt wird. Außerdem ist die Qualität einer Klebung von vielen Faktoren abhängig, die durch Einzelprüfungen nicht alle erfaßt werden können. Die zerstörungsfreie Prüfung von Metallklebverbindungen sollte deshalb am Ende einer jeden Fertigung stehen, da sie zusammenfassend alle Arbeitsgänge beim Kleben zu überwachen vermag.

Die Festigkeit einer Metallklebung und damit die Qualität der Verbindung wird u. a. von der Geometrie der Klebverbindung, den technologischen Eigenschaften der Fügeteile, der Verformbarkeit und Eigenfestigkeit der Klebschicht, von der Klebschichtdichte, von der Haftung des Klebstoffs auf den Fügeteilen und von der Schichtdicke beeinflußt. Hiervon können bisher jedoch nur die Klebschichtdicke und Klebschichtdichte zerstörungsfrei gemessen werden.

Fehlstellen in Klebverbindungen sind nach dem Kleben nicht sichtbar. Sie werden hervorgerufen, wenn Trennmittel zwischen den Fügeteilen verbleiben, wenn Klebstoff fehlt oder wenn sperrige Fügeteile beim Kleben auseinanderklaffen. Solche Fehlstellen, an denen die Fügeteile nicht verbunden sind, können ebenfalls zerstörungsfrei aufgefunden werden.

Adhäsionsunterschiede, die durch die Oberflächenvorbehandlung der Fügeteile entstehen können, sind durch zerstörungsfreies Prüfen der Klebfuge nicht feststellbar. Sie müssen durch Festigkeitsprüfungen von Vergleichsklebungen ermittelt werden.

Vielfach müssen Bauteile in gewissen Zeitabständen überprüft werden, z. B. Flugzeugzellen nach genau festgelegten Betriebsstunden. In solchen Fällen lassen sich Klebschichtschäden infolge mechanischer Überbelastung oder Korrosion der Fügeteile durch zerstörungsfreies Prüfen der Klebverbindungen ermitteln.

Die mit den verschiedenen zerstörungsfreien Prüfverfahren gemessenen Werte reichen zum Beurteilen der Qualität einer Klebung allein nicht aus. Diese Prüfung kann nur ein Teil einer Reihe von Kontrollmaßnahmen sein, mit denen der gesamte Fertigungsablauf beim Kleben zu überwachen ist. Diese Fertigungskontrolle muß sicherstellen, daß die verwendeten Klebstoffe in einwandfreiem Zustande angeliefert wurden, daß durch die Oberflächenvorbehandlung der Fügeteile eine optimale Haftung des Klebstoffs auf dem Fügeteil erreichbar ist, und daß die Abbindebedingungen, Abbindetemperatur und -zeit, eingehalten werden. Wenn abschließend durch die zerstörungsfreie Prüfung keine Fehlstellen in der Klebschicht gefunden werden, ist eine gute Qualität der Klebverbindung zu erwarten.

Die Festigkeit der Klebung ist durch die zerstörungsfreie Prüfung direkt nicht meßbar. Auf Grund von Erfahrungswerten gelingt es jedoch, sie abzuschätzen, wenn die beschriebenen Voraussetzungen erfüllt sind.

Der Erfolg der zerstörungsfreien Prüfung von Klebverbindungen hängt somit weitgehend von der Kenntnis des Klebvorgangs ab. Die Prüfung soll deshalb nur von Prüfern vorgenommen werden, denen die Metallklebtechnik vertraut ist. Erst dann ist die Gewähr gegeben für ein werkstoffgerechtes Auswerten der zerstörungsfrei ermittelten Meßergebnisse.

4 Prüfung von Metallklebverbindungen

Die Werkstoffprüfung bedient sich verschiedener zerstörungsfreier Prüfverfahren, die sich in vier Gruppen unterteilen lassen, Abb. 77.

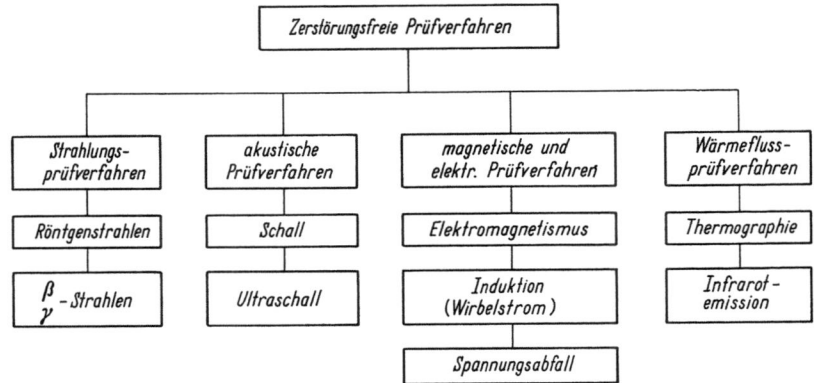

Abb. 77. Gliederung der zerstörungsfreien Prüfverfahren.

Die Strahlungsprüfverfahren beruhen auf der Tatsache, daß energiereiche Strahlung die Werkstoffe durchdringt. Die durchgelassene Strahlung wird auf einem strahlungsempfindlichen Empfänger sichtbar gemacht, und es entsteht ein Schattenbild des Prüfobjektes.

Akustische Prüfverfahren sind dadurch gekennzeichnet, daß das Werkstück örtlich zu Schwingungen angeregt wird. Bei geringen Frequenzen sind die Schwingungen hörbar, bei hohen Frequenzen nicht. Die Schwingungsform und die Schwingungsfortpflanzung im Werkstück folgt bekannten Gesetzen, so daß bei Differenzierungen ein Rückschluß auf Fehler im Prüfling möglich ist.

Magnetische Prüfverfahren dienen dem Nachweis von Rissen in ferromagnetischen Werkstoffen. Bei der Prüfung wird das magnetisierte Werkstück von einer Flüssigkeit umspült, in der magnetisierbares Pulver enthalten ist. An Fehlstellen ändert sich der Magnetisierungsgrad; das Pulver sammelt sich dort und kennzeichnet den Fehlerverlauf.

Bei Wirbelstromprüfverfahren wird das Prüfstück in das magnetische Feld einer von Wechselstrom durchflossenen Spule gebracht. Die in der Probe erzeugten Wirbelströme verändern das ursprüngliche elektrische Feld der Prüfspule. Die Veränderung ist abhängig von den elektrischen und magnetischen Eigenschaften der Probe und vom Vorhandensein von Fehlern, Rissen, Lunkern u. a.

Verfahren, bei denen der Spannungsabfall zwischen zwei auf die Probe aufgesetzten Polen gemessen wird, werden ebenfalls für die Rißprüfung verwendet.

Bei den Wärmeflußprüfverfahren wird der Probekörper einseitig erwärmt, und der durch vorhandene Materialfehler gestörte Wärmefluß zur anderen Probenseite wird mit geeigneten Verfahren gemessen oder sichtbar gemacht.

Für das zerstörungsfreie Prüfen von Metallklebverbindungen scheiden die magnetischen und elektrischen Verfahren aus, da der Klebstoff in der Regel nur eine sehr geringe elektrische Leitfähigkeit besitzt. Akustische, Strahlungs- und Wärmeflußverfahren sind jedoch zum Untersuchen von Metallklebungen geeignet.

Im folgenden werden solche Prüfverfahren und Prüfgeräte beschrieben, die gebräuchlich sind.

4.2.1 Akustische Prüfverfahren
4.2.1.1 Abklopfen

Das Abklopfen ist das älteste akustische Prüfverfahren. Der beim Abklopfen entstehende Ton ist charakteristisch für das geprüfte Werkstück. Bei Metallklebungen ändert sich die Tonhöhe, wenn zwischen den Fügeteilen infolge von Fehlstellen keine feste Verbindung vorhanden ist.

Das Abklopfen von Hand schließt subjektive Einflüsse nicht aus. Mechanische Klopfwerke sind deshalb vorzuziehen. Mit diesen Geräten werden die durch periodische Schläge angeregten elastischen Schwingungen des Prüflings von einem piezoelektrischen Empfänger in elektrische Signale umgewandelt und können an einem Zeigerinstrument abgelesen werden [37].

Mechanische Klopfwerke können zum Prüfen von einfach aufgebauten Blech-Blech-Klebungen und Deckblech-Wabenkern-Klebungen Verwendung finden. Diese Geräte gestatten jedoch nur ein Auffinden grober Bindefehler.

4.2.1.2 Prüfen mit Ultraschall

Mechanische und periodische Schwingungen eines Stoffes, die oberhalb der Wahrnehmungsgrenze des menschlichen Ohres liegen (über 20 kHz), werden als Ultraschall bezeichnet. Durch zunehmende Frequenz wird die Wellenlänge der Schwingung kleiner. Ist die Wellenlänge sehr klein gegenüber den Abmessungen eines Werkstücks, kann Schall gebündelt in das Werkstück eingestrahlt werden.

Die Ultraschallwellen gehen von Schallköpfen aus, in denen periodische hochfrequente Wechselspannungen Schwingquarze oder andere piezoelektrische Stoffe zu mechanischen Schwingungen anregen (reziproker piezoelektrischer Effekt). Ein Ankopplungsmedium, Öl, Wasser oder Fett, überträgt die Schwingungen auf das Werkstück. Das Ausbreiten der Schallwellen geschieht nach den Gesetzen der Akustik [38].

Ultraschallwellen werden beim Durchgang durch einen Stoff geschwächt, an der Grenze zweier Medien reflektiert und haben je nach Werkstoffart unterschiedliche Ausbreitungsgeschwindigkeiten. Die geschwächten oder reflektierten Schallwellen werden nach Durchlaufen des Werkstücks von einem zweiten Schallkopf aufgenommen. Der Schallempfänger besteht ebenfalls aus einem Schwingquarz, der die mechanischen Schwingungen in elektrischen Wechselspannung zurückverwandelt (piezoelektrischer Effekt). Mit geeigneten Instrumenten, bestehend aus Zeigergerät, Kathodenstrahlröhre und Schreiber, kann dann die Schallschwächung, die Schallaufzeit oder die Resonanzfrequenz des Werkstücks gemessen werden. Die Ultraschallprüfgeräte unterscheiden sich somit durch die Art der mit ihnen ermittelten Meßgrößen.

Abb. 78 gibt einen Überblick über die Prüfmöglichkeiten von Metallklebungen auf Grund unterschiedlicher Meßgrößen sowie abweichender Prüftechnik und Schallkopfanordnung.

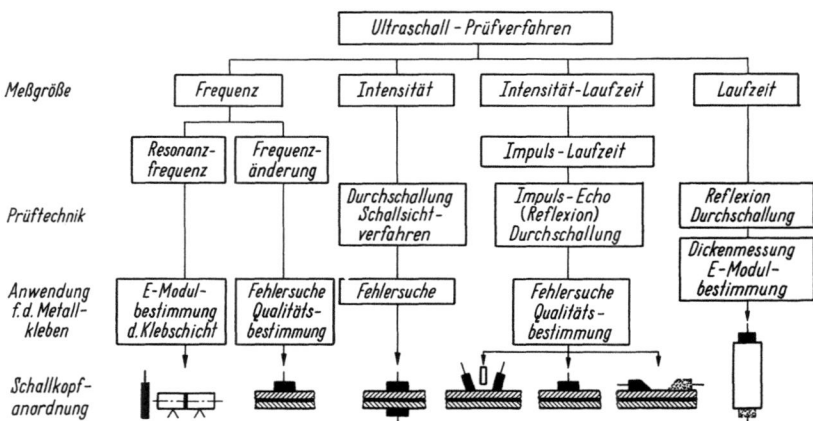

Abb. 78. Ultraschallverfahren zum Prüfen von Metallklebungen; schematische Unterteilung nach Meßgröße, Prüftechnik und Schallkopfanordnung.

Die Änderungen der Resonanzfrequenz und der Schwingamplitude eines Systems Schallkopf-Fügeteil-Klebschicht-Fügeteil als Folge von Dichte- oder Dickenunterschieden innerhalb der Klebschicht sind Meßgrößen bei der Fehlersuche und Qualitätsbestimmung. Resonanzfrequenzmessungen dienen außerdem zum Bestimmen des Elastizitätsmoduls einer Klebschicht zwischen zwei starren Fügeteilen.

Schallintensitätsänderungen beim Durchlaufen der Klebschicht sind mit Schallsichtgeräten aufzuzeichnen und ermöglichen das Auffinden von Fehlstellen. Die Schallintensität und die Schallaufzeit sind Bestimmungsgrößen beim Impuls-Echo-Verfahren. Je nach Schallkopfanordnung durchlaufen die Schallwellen eine Klebverbindung in unterschiedlicher Richtung, werden durch sie beeinflußt und gelangen zum Schallkopf zurück. Die Änderungen der Meßgrößen erlauben Rückschlüsse auf die Klebschicht.

Die Laufzeit einer Schallwelle in einem homogenen Körper ist eine Bestimmungsgröße für das Berechnen der Dicke oder des Elastizitätsmoduls dieses Körpers.

Von den obigen Prüfverfahren sind zwei für das Prüfen von Metallklebungen gut geeignet und sollen hier näher besprochen werden.

4.2.1.2.1 Prüfverfahren zum Messen von Frequenz- und Amplitudenänderungen

Ein Schwingquarz wird durch eine Wechselspannung infolge des reziproken piezoelektrischen Effektes zu einer Schwingung angeregt. Die Abmessungen und die Werkstoffkonstanten des Quarzes bestimmen seine Eigenfrequenz und Schwingungsamplitude. Durch Ankoppeln einer zusätzlichen Masse an den Schwinger mit Hilfe einer dünnen Ölschicht entsteht ein neues Schwingungssystem mit veränderter Eigenfrequenz und veränderter Schwingungsamplitude.

Beim Ankoppeln einer Metallklebverbindung an einen Schwinger besteht das Schwingungssystem aus Schwinger-Fügeteil-Klebschicht-Fügeteil. In diesem System reagieren die Fügeteile als starre Masse und die Klebschicht als masselose Feder. Die Änderung der Eigenfrequenz und der Amplitude des Systems ist somit abhängig von der „Federsteifigkeit" der Klebschicht, weil die Massen konstant bleiben. Je nach Klebschichtdichte und -dicke ist die Federsteifigkeit unterschiedlich, so daß aus der Änderung der Eigenfrequenz und der Amplitude des Systems Rückschlüsse auf den Klebschichtzustand möglich sind.

Die Anzeige der Frequenz- und Amplitudenänderung gelingt auf verschiedene Weise. Die im folgenden beschriebenen drei Prüfgeräte, die speziell für das Prüfen von Metallklebungen entwickelt wurden, unterscheiden sich nur in der Art der Meßwertanzeige.

I. Fokker-Bond-Tester. Das Prüfgerät „Fokker-Bond-Tester" der Königlich Niederländischen Flugzeugwerke Fokker, Amsterdam, Abb. 79, hat zwei Anzeigeinstrumente: den Bildschirm eines Kathodenstrahlrohres (A-Skala) und ein Ampèremeter (B-Skala). Auf dem Bildschirm erfolgt das horizontale Auslenken des Leuchtpunkts proportional einer veränderlichen Frequenz, mit der der Schwingquarz (Bariumtitanatkristall) im Schallkopf angeregt wird. Die Vertikalauslenkung ist ein Maß für die Impedanz des Schwingkreises, wie im folgenden erläutert wird.

Bei Resonanz des Schwingkreises wird eine Leuchtpunktauslenkung nach oben und unten beobachtet, Abb. 80. Die Auslenkung nach oben kennzeichnet die Frequenz der Antiresonanz des Schwingkreises; die Impedanz durchläuft ein Maximum. Beim Auslenken nach unten tritt Serienresonanz ein; die Impedanz ist minimal. Der Unterschied zwischen maximaler und minimaler Impedanz wird von der B-Skala angezeigt und ist indirekt ein Maß für die Amplitude der Schwingung. Das Auftreten von zwei Resonanzfrequenzen ist eine Eigenschaft der Schwingquarze; der Zusammenhang zwischen den Resonanzfrequenzen und den Impedanzmaxima und -minima kann mit Hilfe elektrischer oder mechanischer Ersatzschaltbilder erklärt werden [39; 40]. Von den beiden Resonanzstellen ist die Serienresonanz am ausgeprägtesten, d. h. die Leuchtpunktauslenkung weist eine deutliche Spitze nach unten auf. Deshalb wird nur dieser Meßwert beobachtet.

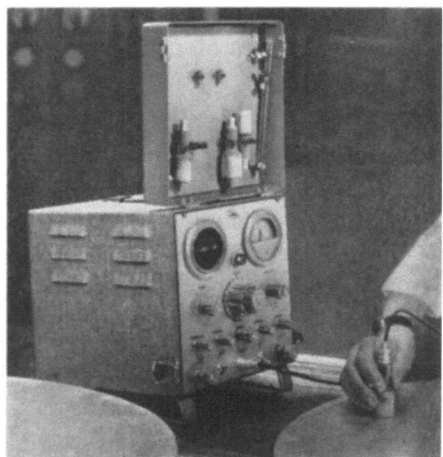

Abb. 79. Fokker-Bond-Tester (Fokker Flugzeugwerke).

Nach Ankoppeln des Schallkopfes an eine Klebverbindung wird eine Resonanzfrequenz angezeigt, die sich von der Resonanzfrequenz eines Bezugsschwingungssystems unterscheidet. Die Bezugsfrequenz, auf die Bildschirmmitte als Nullwert eingestellt, ist die Resonanzfrequenz eines Schwingungssystems, das aus dem Schallkopf und einer angekoppelten, ungeklebten Blechplatte von der Dicke der zu verklebenden Fügeteile besteht, Abb. 80. Der Resonanzfrequenzunterschied zwischen dem Nullwert und der geprüften Klebverbindung, die sog. Spitzenverschiebung, wird jedoch nicht als Frequenzwert, sondern als Links- bzw. Rechtswert von der Bildschirmskala abgelesen. Die Skala ist dazu von 0 bis 30 geteilt. Abb. 80 gibt schematisch Schirmbilder von fehlerfreien und fehlerhaften Klebverbindungen wieder.

Beim Prüfen von Blech—Blech-Klebungen muß die Wellenspitze auf der A-Skala in einem Bereich liegen, der auf Grund von Kontrollmessungen an einwandfreien Klebungen festgelegt wird. Abweichungen der Klebschichtdichte, der Klebschichtdicke und Bindefehler werden durch ein Auswandern der Wellenspitze nach rechts oder links angezeigt. Deckblechklebungen auf Wabenkernen beeinflussen die Resonanzfrequenz des Schwingungssystems Schallkopf—Deckblech durch die geringe Masse der Wabenkerne relativ wenig. Die Impedanzunterschiede werden jedoch auf der B-Skala mit ausreichender Genauigkeit angezeigt, weil die Geräteverstärkung variabel ist. Deshalb liest man beim Prüfen von Wabenkernplatten nur die B-Skala ab. Als Bezugsschwingungssystem dient die Messung am ungeklebten Blech, mit dessen Hilfe die B-Skala auf Vollausschlag (100) einzustellen ist; die Wellenspitze auf der A-Skala muß dabei auf Null stehen. Einwandfreie Klebverbindungen zwischen Wabenkern und Deckblech ergeben niedrige Zahlenwerte, wogegen fehlende Bindung Werte nahe 100 zur Folge haben.

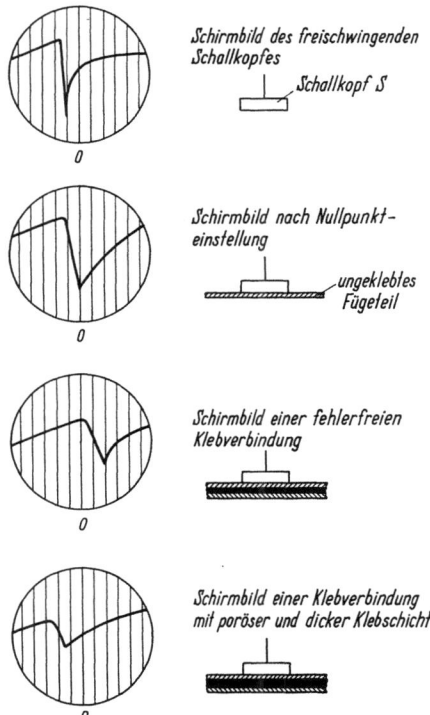

Abb. 80. Geräteanzeigen des Fokker-Bond-Testers beim Prüfen von Blech–Blech-Klebungen.

Die Spitzenverschiebung auf dem Bildschirm des Fokker-Bond-Testers ist eine Resonanzfrequenzdifferenz, die bei gleichem Fügeteilwerkstoff und bei gleicher Fügeteilgeometrie nur von der Federsteifigkeit der Klebschicht abhängt. Die Federsteifigkeit läßt sich aus den bekannten Werten der Dichte, Dicke und Resonanzfrequenz des Schallkopfes, der Masse der Fügeteile und der gemessenen Frequenzänderung berechnen [41].

Besteht ein Zusammenhang zwischen der Steifigkeit der Klebschicht und der Festigkeit der Klebverbindung, so ist die Spitzenverschiebung ein Maß für die Festigkeit der Klebung. Für die meisten Klebstoffe und für einfach aufgebaute Klebverbindungen, wie ein- und zweischnittige Überlappklebungen, konnte ein solcher Zusammenhang nachgewiesen werden [41]. Abb. 81 enthält ein Diagramm der Korrelation zwischen der Geräteanzeige und der Festigkeit von Überlappklebungen.

In ähnlicher Weise lassen sich auch Korrelationsdiagramme für die Festigkeit von Deckblechklebungen auf Wabenkernen aufstellen, Abb. 82. Diese Diagramme haben jedoch nur Gültigkeit, wenn sicher ist, daß die Adhäsionsfestigkeit zwischen

Fügeteil und Klebschicht größer ist als die Kohäsionsfestigkeit des Klebers, d. h. daß Festigkeitsunterschiede der Verbindung nur durch Klebschichtdicken- und -dichtedifferenzen hervorgerufen wurden [42].

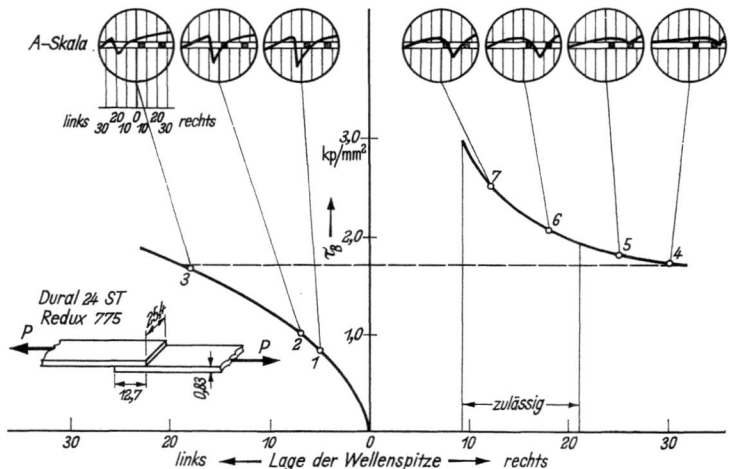

Abb. 81. Korrelationsdiagramm für Blech–Blech-Klebungen.

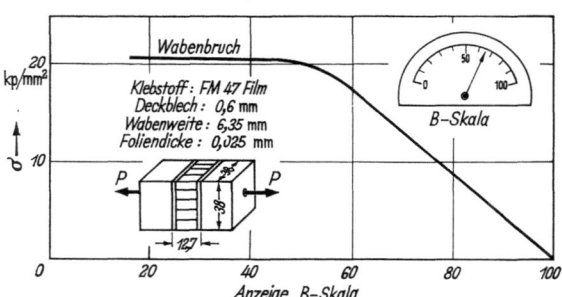

Abb. 82. Korrelationsdiagramm für geklebte Wabenkernplatten.

Auf Grund seiner guten Aussagefähigkeit ist der Fokker-Bond-Tester in der Fertigungskontrolle des Flugzeugbaus weit verbreitet. Durch Zusatzgeräte lassen sich große Klebflächen punktförmig automatisch abtasten. Fehlstellen werden durch Farbmarkierungen gekennzeichnet, oder der Prüfer wird durch optische und akustische Signale auf Stellen aufmerksam gemacht, an denen das Gerät eine Abweichung von der Normalklebung anzeigt.

II. Coinda-Scope. In Abb. 83 ist das Prüfgerät „Coinda-Scope" der Pioneer Industries Division, Almar-York Company, West Vickery, Forth Worth, mit dem Bildschirm eines Kathodenstrahlrohres als Anzeigeinstrument dargestellt. Als Schwingungserreger im Schallkopf des Geräts wirkt ein Bariumtitanatkristall. Seine Schwingungsfrequenz kann mit Hilfe eines Stellknopfes verändert werden. Die Horizontalauslenkung des Bildschirmleuchtpunkts verhält sich proportional zur Frequenz, wobei die Bildschirmbreite jeweils ein bestimmtes Frequenzband inner-

Lit. S. 203]   4.2 Zerstörungsfreie Prüfung von Klebverbindungen   193

halb des einstellbaren Frequenzbereichs umfaßt. Die Vertikalauslenkung ist proportional der Schwingamplitude des Schallkopfes. Je nach der Größe einer Masse, die an den Schallkopf angekoppelt wird, und je nach Frequenz der Schwingung ändert sich die Amplitude; im Resonanzfall entspricht ihr ein Maximum. Auf dem Bildschirm wird somit ein Frequenz-Amplituden-Spektrum abgebildet.

Abb. 83. Coinda-Scope (Pioneer Industries Div.).

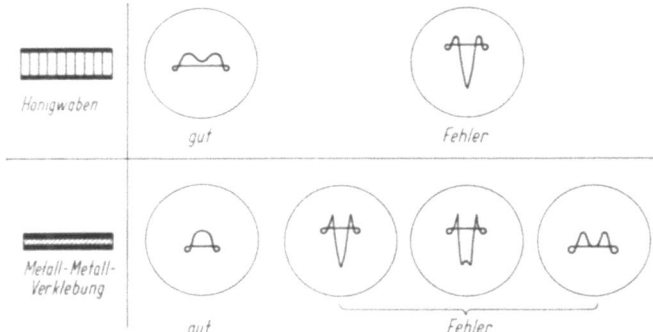

Abb. 84. Coinda-Scope-Anzeigen.

Das Prüfen der Klebverbindungen besteht im Vergleich einer fehlerhaften Klebung mit der zu prüfenden Verbindung [43]. Mit Hilfe dieser Vergleichsklebung, in der sich eine Stelle ohne Bindung zwischen den Fügeteilen befindet, stellt man am Prüfgerät das Frequenzband ein, wodurch sich eine maximale Vertikalauslenkung am Bildschirm anzeigt. Die Auslenkung läßt sich so einstellen, daß sie oberhalb und unterhalb der Bildschirmmitte gleich hoch ist und an den Grenzmarken einer vertikalen Bildschirmskala endet.

Mit der beschriebenen Geräteeinstellung wird geprüft. Das Spektrum einwandfreier Klebungen unterscheidet sich deutlich von demjenigen der Fehlstelle, Abb. 84. Zwischenstufen zeigen Variationen des Klebschichtzustandes an. Durch Vergleichsklebungen ist zu ermitteln, welche Schirmbilder bestimmten Klebschichtparametern zugeordnet werden können.

Die Prüfung mit dem ,,Coinda-Scope" ist eine Vergleichsprüfung. Quantitatives Auswerten ist nur möglich, wenn die maximalen Horizontal- und Vertikalauslenkungen des Leuchtpunktes auf einer Bildschirmskala abzulesen sind. Da jedoch unterschiedliche Schirmbilder die gleiche Ausdehnung haben können, empfiehlt sich ein fotografisches Registrieren.

III. Stub-Meter. Das Prüfgerät ,,Stub-Meter 6" der Stanford Research Institute, Menlo Park, Cal., erregt den Bariumtitanatschwinger im Schallkopf mit einer konstanten Frequenz, Abb. 85. Der Schallkopf liegt als Steuerelement im Stromkreis eines Röhrengenerators (quarzgesteuerter Oszillator). Nach Ankoppeln einer Masse an den Schallkopf werden die Schwingkreisvariablen verändert, dadurch ändern sich Amplitude und Frequenz des Röhrengenerators. Diese Änderung wird von einem Zeigerinstrument (Mikroampèremeter) registriert.

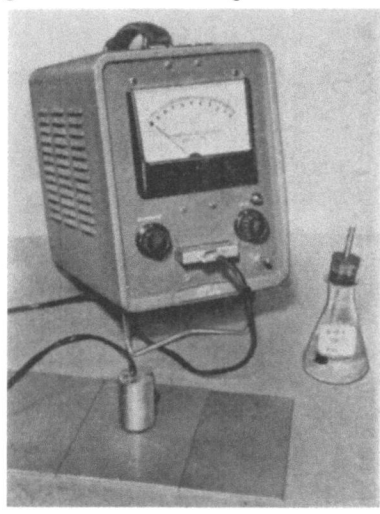

Abb. 85. Stub-Meter Modell 6 (Stanford Research Institute).

Zum Prüfen von Metallklebungen setzt man zuerst den Schallkopf auf ein Blech, das die gleiche Dicke hat wie eine der zu verklebenden Fügeteilhälften. Danach bringt man mit einem Stellknopf den Instrumentenzeiger auf Vollausschlag, d. h. das System schwingt mit großer Amplitude und Frequenz. Anschließend wird der Schallkopf auf eine fehlerfreie Vergleichsklebung gesetzt und mit einem zweiten Bedienungsknopf das Zeigerinstrument auf Nullstellung gebracht, d. h. das System schwingt mit kleinerer Amplitude und Frequenz.

Klebverbindungen mit Qualitäten zwischen einer einwandfreien Klebung und nicht verklebten Fügeteilen führen zu Anzeigen zwischen Null und Vollausschlag. Die Instrumentenskala ist deshalb umgekehrt von 10 bis 0 linear geteilt; die Anzeige ,,10" bedeutet eine gute Klebung, die Anzeige ,,0" kennzeichnet eine Klebung, bei der keine Bindung zwischen den Fügeteilen besteht.

4.2.1.2.2 Prüfverfahren zum Messen der Schallreflexion und -schwächung

I. Impuls-Echo-Geräte. Die Ultraschall-Impuls-Echo-Geräte, deutsche Herstellerfirmen: Deutsch, Wuppertal; Lehfeld & Co., Heppen-

4.2 Zerstörungsfreie Prüfung von Klebverbindungen

heim; Krautkrämer, Köln; Siemens AG, Karlsruhe, sind wegen ihrer universellen Anwendbarkeit in der zerstörungsfreien Werkstoffprüfung weit verbreitet. Mit diesen Geräten können die Schallreflexionen eines Schallstrahls in einem Prüfling, die Schallaufzeit und die Schallschwächung gemessen werden [44].

Ein Schallkopf strahlt kurzzeitige Schallimpulse in den Prüfling ein. Sie durchlaufen das Werkstück in einer bestimmten Richtung. Die Schallimpulse werden von den natürlichen Grenzflächen des Prüflings oder von inneren Störungen, wie Rissen, Lunkern, Dopplungen u. ä., reflektiert und gelangen zum Schallkopf als „Echo" zurück. Der Schallkopf arbeitet wechselweise als Sender oder Empfänger und wandelt die reflektierten Schallwellen in elektrische Wechselspannung um. Das zeitliche Spektrum der Sende- und Empfangssignale wird von einem Kathodenstrahlrohr sichtbar gemacht, d. h., die zeitlich nacheinander eintreffenden reflektierten Schallwellen einer Störstelle und der dem Schallkopf gegenüberliegenden Werkstückgrenzfläche erscheinen nebeneinander als vertikale Leuchtpunktablenkung („Zacke") auf dem Bildschirm. Die Horizontalablenkung des Leuchtpunkts kann proportional der Schallgeschwindigkeit eingestellt werden, so daß der Abstand des Fehlers von der Werkstückoberfläche auf dem Bildschirm direkt ablesbar ist.

Die Höhe der Vertikalablenkung, die „Echohöhe", ist proportional der Empfangsintensität und damit ein Maß für die Schwächung des Schalls beim Durchlaufen des Werkstücks. Fehler im Inneren des Prüflings verringern die Schallintensität, so daß die Höhe des Empfangssignals kleiner ist als das Empfangssignal des fehlerfreien Werkstücks.

In Metallklebverbindungen werden die Schallwellen an den Grenzflächen zwischen Fügeteil und Klebschicht reflektiert und durch die Klebschicht geschwächt; die Schwächung ist abhängig von der Klebschichtdicke und -dichte.

Für das Prüfen mit Impuls-Echo-Geräten sind verschiedene Schallkopfanordnungen am Werkstück möglich:

Der Schallkopf dient als Sender und Empfänger und ist nur an einer Seite des Werkstücks angeordnet;

in einem Schallkopf sind je ein Sender und ein Empfänger vereinigt (SE-Schallkopf), Anordnung an einer Seite des Werkstücks, Abb. 86;

je ein Schallkopf wird als Sender und Empfänger auf den gegenüberliegenden Seiten des Werkstücks angeordnet.

Beim Prüfen von Metallklebungen haben sich die SE-Schallköpfe wegen ihres guten Nahauflösungsvermögens am besten bewährt, weil die Klebschichten in Klebverbindungen relativ dicht unter der Werkstückoberfläche liegen.

In Klebverbindungen ist die Fügeteildicke groß gegenüber der Klebschichtdicke, und die Schallwellenlänge ist in den meisten Fällen größer als die Fügeteildicke. Ein Beispiel erläutert die Zusammenhänge:

übliche Erregerfrequenz von SE-Schallköpfen: 4   MHz,
Schallwellenlänge in Aluminium: 1,6 mm,
Fügeteildicke: 1,5 mm,
Klebschichtdicke: 0,2 mm.

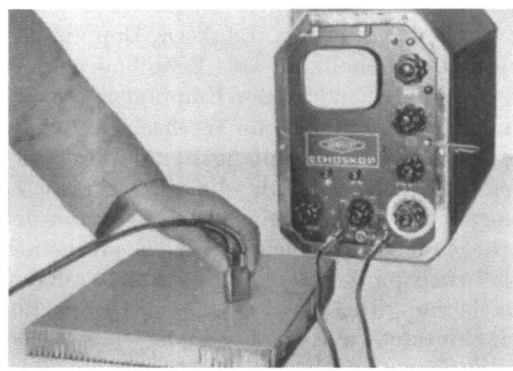

Abb. 86. Prüfung einer Wabenkernplatte mit dem Impuls-Echo-Gerät (Lehfeld & Co).

Weil die Wellenlänge größer ist als die Fügeteildicke, werden auf dem Bildschirm die aufeinanderfolgenden Reflexionsechos der dem Schallkopf gegenüberliegenden Werkstückgrenzfläche nicht mehr getrennt, und es entsteht durch Überlagerungen ein Echobild.

Abb. 87 enthält Beispiele von Echobildern beim Prüfen einer Blech-Blech-Klebung mit einem SE-Schallkopf. Die Schirmbilder wurden bei gleicher Geräteeinstellung fotografiert. Schirmbild *1* kennzeichnet eine einwandfreie Klebung. Schirmbild *4* entsteht, wenn in der Klebschicht eine Kunststoffolie eingebettet ist. Diese Fehler können durch unsachgemäßes Abdecken der Fügeteile mit Kunststoffolie während des Klebens im Autoklaven entstehen. Ein niedriger Preßdruck erzeugt eine poröse Klebschicht; die entsprechende Geräteanzeige gibt Schirmbild *5* wieder. Die Schirmbilder *2* und *3* ergeben sich, wenn die Klebschicht nur die jeweiligen Einzelkomponenten des verwendeten Phenolpolyvinylklebstoffs enthält. Fehlt der Klebstoff in der Klebverbindung, erscheinen die Schirmbilder *6* oder *7*; sie sind mit den Schirmbildern der ungeklebten Bleche identisch. Ähnliche Schirmbilder entstehen beim Prüfen von Klebverbindungen zwischen Deckblechen und Wabenkernen.

Das Beispiel kennzeichnet den grundsätzlichen Nachteil der Impuls-Echo-Geräte beim Prüfen von Klebverbindungen: Das Schirmbild erlaubt kein exaktes quantitatives Auswerten. Jede Klebverbindung hat je nach Fügeteildicke, Klebstoff, Klebschichtdicke und Klebschichtzustand ein charakteristisches Schirmbild [45]. Die Empfindlichkeit der Anzeige ist am größten bei Klebverbindungen, in denen keine Bindung zwischen den Fügeteilen vorhanden ist, sowie bei Klebstoffen mit hohem Dämpfungsvermögen (Phenolpolyvinyl-, Nitril- oder Epoxidnylonklebstoffe) oder bei wesentlichen Unterschieden in der Klebschichtdicke.

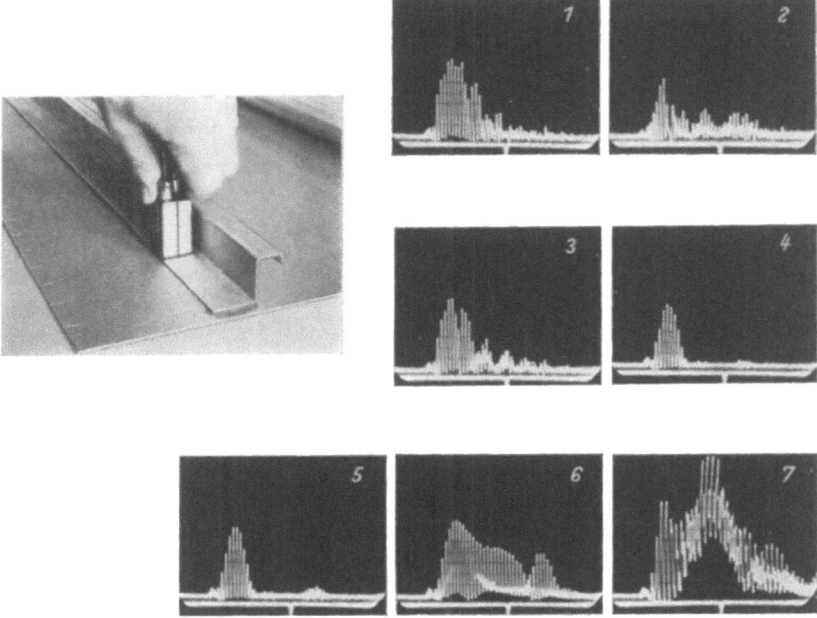

Abb. 87. Echobilder beim Prüfen einer Blech—Blech-Klebung.

Das Beurteilen der Qualität einer Klebverbindung ist deshalb ein vergleichendes Verfahren. Mit Hilfe von Vergleichsbildern jeder vorkommenden Variation der Klebverbindung kann ein erfahrener Prüfer feststellen, ob Bindungsfehler, Unterschiede in der Klebschichtdicke, -dichte oder ob poröse Klebschichten vorhanden sind.

II. Schallsichtgeräte. Die Schwächung des Schallstrahls in einem Prüfling kann sichtbar gemacht werden, sofern die auf der Rückseite eines Werkstücks austretenden Schallwellen von einem Schallempfänger in solche elektrischen Signale umgewandelt werden, die zum Aussteuern eines Fernsehbildschirms oder zum Schwärzen eines Spezialpapiers geeignet sind. Dadurch entsteht eine Abbildung des Werkstücks, die einem Röntgenbilde ähnlich ist.

In Abb. 88 ist ein Schallsichtgerät dargestellt. Prüfling, Schallsender und -empfänger befinden sich in einem Wasserbade, um gleiche Ankopplungsbedingungen zu gewährleisten. Schallsender und -empfänger werden kontinuierlich über das Werkstück geleitet. Auf einem Papierstreifen erscheint das Schattenbild des Prüflings.

Abb. 88. Schallsichtgerät (Boeing Comp.).

Bei Metallklebverbindungen schwärzen Bindefehler, dicke oder poröse Klebschichten das Empfangsbild unterschiedlich [43]. Durch Prüfen von Vergleichsklebungen muß man jedoch ermitteln, ob die Aussagefähigkeit der Schallsichtbilder genügt, um Klebschichtunterschiede erkennbar werden zu lassen. Der apparative Aufwand der Schallsichtgeräte ist groß. Sie finden daher für das Prüfen von Metallklebungen nur selten Verwendung.

4.2.2 Röntgenprüfung

Röntgenstrahlen gelangen in der zerstörungsfreien Werkstoffprüfung zum Einsatz, um Risse, Lunker und Dopplungen in metallischen Werkstücken aufzufinden [46]. Die Röntgenstrahlen durchdringen das Werkstück und erfahren je nach Werkstoffart, Dichte, Dicke und beim Vorhandensein von Fehlstellen eine unterschiedliche Schwächung. Die durchgeleiteten Strahlen können entweder auf einer fotografischen Schicht, auf einem Fluoreszenzschirm oder durch elektronisches Abtasten sichtbar gemacht werden. Auf dem Röntgenbild zeichnen sich dann die Konturen des Prüfobjektes und die Stellen unterschiedlicher Dicke, Dichte oder die Fehlstellen deutlich ab.

Röntgenstrahlen durchdringen ebenfalls Klebschichten. Ihre Dicke ist jedoch gering im Vergleich zur Fügeteildicke, so daß die Röntgenstrahlen beim Durchgang durch sie nicht beeinflußt werden. Eine Prüfung der Klebverbindung mit Rückschlüssen auf die Klebschicht ist deshalb auf diese Weise nicht möglich, es sei denn, dem Klebstoff sind metallische Bestandteile beigefügt, die Röntgenstrahlen abschwächen.

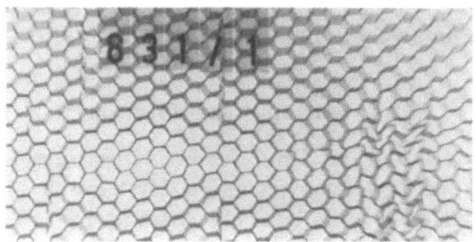

Abb. 89. Röntgenaufnahme einer fehlerhaften Wabenkernplatte.

Die Röntgenprüfung wird trotzdem im Flugzeugbau bei der Fertigungskontrolle von geklebten Wabenkernkonstruktionen angewendet. Die Prüfung erstreckt sich dabei aber nicht auf die Bindung zwischen Wabenkern und Deckblech, sondern auf die Gleichmäßigkeit der Wabenstruktur, die die Festigkeit der Wabenkernkonstruktion bestimmt.

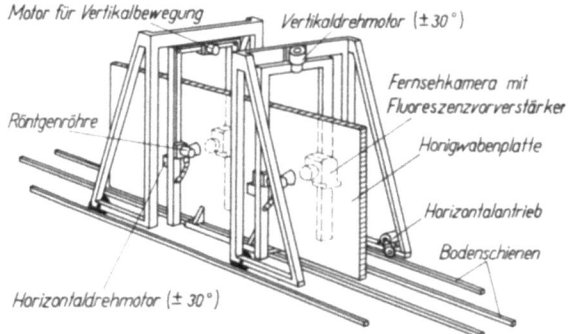

Abb. 90. Röntgenprüfung mit Fernsehkamera.

Wabenkernrisse, -quetschungen und fehlerhafte Wabenstöße sind im Röntgenbild gut sichtbar. Derartige Fehler können entstehen, wenn beim Kleben komplizierter Bauteile Druckunterschiede innerhalb des Wabenkerns bestehen. In Abb. 89 ist die Röntgenaufnahme einer fehlerhaften Wabenkernplatte wiedergegeben. In der rechten Bildhälfte sind Quetschungen des Wabenkerns deutlich erkennbar.

Für die Röntgenprüfung von geklebten Wabenkernkonstruktionen eignen sich handelsübliche Röntgenprüfgeräte zum visuellen Beobachten oder zur Röntgenfotografie. Bei Serienfertigung läßt sich der Prüfvorgang automatisieren. In Abb. 90 ist eine solche Prüfeinrichtung schematisch dargestellt [43]. Die Röntgenröhren werden automatisch über die Wabenkernplatte geführt. Das Röntgenbild nimmt eine der Röhre gegenüberliegende Spezialfernsehkamera auf. Es kann dann auf einem Fernsehbildschirm betrachtet werden, der an einer vor Röntgenstrahlen geschützten Stelle aufzustellen ist. Solche Prüfeinrichtungen sind aufwendig und werden deshalb nur in Sonderfällen angeschafft.

4.2.3 Wärmeflußprüfverfahren

Wird ein Probestück mit Bindefehlern einseitig aufgeheizt, so wird der Wärmefluß zur gegenüberliegenden Seite durch die Fehlstelle gestört, weil die Wärmeleitung dort schlechter ist als an Stellen einwandfreier Bindung. Über einer Fehlstelle ist die Temperatur auf der der Wärmequelle zugewandten Oberfläche höher als in der Umgebung der Fehlstelle; auf der abgewandten Seite ist sie niedriger. Das Beobachten oder Messen der Temperaturverteilung auf einer der Probenoberflächen erlaubt somit Rückschlüsse auf die Qualität der Klebung.

Die Wärmeflußprüfverfahren unterscheiden sich durch die Art des Messens der Temperaturverteilung auf der Probenoberfläche. Im einfachsten Fall werden temperaturempfindliche Substanzen auf die Proben aufgebracht. In der Fluoreszenzthermographie sind dies Phosphore mit temperaturabhängigen Fluoreszenzeigenschaften beim Bestrahlen mit ultraviolettem Licht [47]. Beim Bondcheck-Verfahren [43] fließt die aufgebrachte Substanz von warmen Zonen ab und konzentriert sich an Stellen mit niedriger Temperatur. Andere Substanzen ändern je nach Temperatur sprunghaft ihre Farbe. Mit den Infrarotverfahren kann dagegen die Temperaturverteilung völlig berührungslos gemessen werden. Ein Infrarotstrahler heizt die Probenoberfläche auf, und die emittierte Wärmestrahlung wird von einem Infrarotdetektor aufgenommen. Der Detektor wandelt die Infrarotemission in ein temperaturproportionales elektrisches Signal um, das einen Schreiber betreibt, die Helligkeit eines Kathodenstrahlrohrs steuert oder zum Belichten einer Infrarotkamera dient.

In Abb. 91 ist das Prinzip einer Infrarotkamera dargestellt. Mit einer Lochscheibe oder einem Kippspiegel wird die Infrarotemission der Probenoberfläche punktförmig abgetastet und dem Radiometer zugeleitet. Im Radiometer befindet sich der Infrarotdetektor und ein elektronisches Verstärkungssystem, das die Helligkeit einer Glühlampe steuert. Das Lichtsignal wird proportional der Bewegung der Abtasteinrichtung auf den Film einer Polaroidkamera gelenkt, auf dem dann die Temperaturverteilung der gemessenen Probenoberfläche abgebildet wird. Je nach Empfindlichkeit des Infrarotdetektors können Temperaturdifferenzen bis zu 0,1 °C sichtbar gemacht werden.

Infrarotkameras werden in den USA bisher vorwiegend für das Prüfen der Bindung von festen Raketentreibstoffen an der Behälterwand angewendet. Über das Prüfen von Metallklebverbindungen liegen erst wenige Erfahrungen vor [48]. Ein Vorteil des Prüfens mit Infrarotkameras ist das völlig berührungsfreie Messen mit punktförmigem Abtasten der Oberfläche. Nachteile sind das erforderliche Aufheizen, die Abnahme der Fehlererkennbarkeit mit zunehmendem Abstand des Fehlers von der Oberfläche und der Einfluß der Oberflächenrauhigkeit auf die Infrarotemission.

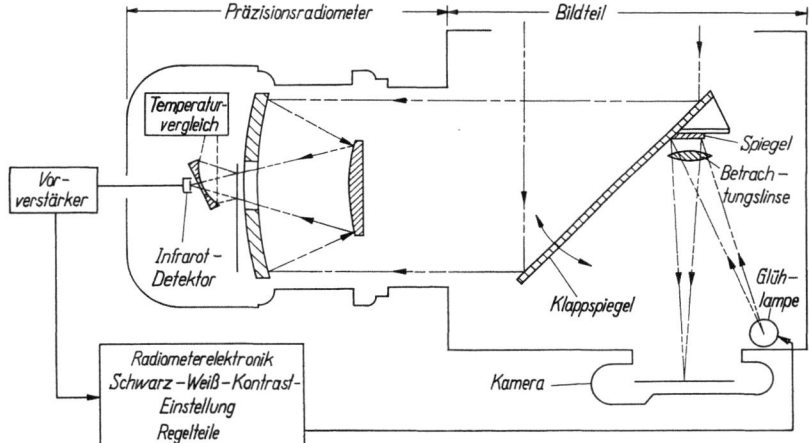

Abb. 91. Prinzip einer Infrarotkamera (Barnes Engineering Comp.).

4.2.4 Beurteilung der Prüfverfahren für die Klebtechnik

Im praktischen Gebrauch der beschriebenen Verfahren und Geräte zur zerstörungsfreien Prüfung von Metallklebverbindungen hat sich gezeigt, daß eine Qualitätskontrolle an Klebverbindungen am besten auf akustischem Wege möglich ist. Von den akustischen Methoden gestalten sich die Ultraschallprüfverfahren am vorteilhaftesten, weil sie auf die meisten der möglichen Klebschichtvariationen ansprechen.

Ultraschallprüfgeräte reagieren auf Änderungen der Klebschichtdicke, der Klebschichtdichte und der Porosität sowie auf mangelhafte Bindung zwischen den Fügeteilen. Adhäsionsunterschiede zwischen Fügeteil und Klebschicht und Kohäsionsunterschiede, hervorgerufen durch Unter- oder Überschreiten der Abbindetemperatur beim Kleben, sind mit Ultraschallprüfgeräten dagegen nicht erfaßbar zu machen. Es ist deshalb zu fragen, welche Bedeutung den einzelnen Geräteanzeigen im Hinblick auf die Praxis zukommt.

Beim Metallkleben erzeugen während des Abbindens meist Autoklaven oder hydraulische Pressen, die elektrisch oder mit Dampf beheizt werden, Wärme und Preßdruck. Die Temperaturverteilung in den Autoklaven und in den Preßtischen ist im allgemeinen gleichmäßig. Die Konstruktion der Klebvorrichtungen wird auf Grund langer Erfahrung so ausgelegt, daß die Temperaturdifferenzen in der Vorrichtung in den Grenzen bleiben, die der Klebstoffhersteller fordert. Außerdem ist eine Kontrolle der Abbindetemperatur durch Thermoelemente an verschiedenen Stellen der Klebung möglich. Beim Kleben treten deshalb örtliche große Temperaturunterschiede nur in den seltensten Fällen auf. Somit ist es von geringerer Bedeutung, wenn die zerstörungsfreie Prüfung Klebschichtunterschiede nicht erfaßt, die durch Temperaturunterschiede beim Kleben hervorgerufen werden.

Die Mehrzahl der Metallklebstoffe erfordert beim Abbinden einen Anpreßdruck, um eine homogene Klebschicht zu erzeugen und eine gleichmäßige Klebschichtdicke zu gewährleisten. In großen Klebvorrichtungen ist jedoch durch die Sperrigkeit der Fügeteile und durch unvermeidbare Maßtoleranzen zwischen Fügeteil und Klebvorrichtung stets mit einem unterschiedlich hohen Preßdruck auf die Klebfuge zu rechnen, obgleich der auf die Vorrichtung ausgeübte Preßdruck gleichmäßig ist. Solche Preßdruckunterschiede können die Klebschichtdicke verändern und in bestimmten Klebstofftypen poröse Schichten hervorrufen. Die Empfindlichkeit der Ultraschallprüfverfahren verhält sich bei solchen Klebschichtänderungen zufriedenstellend. Die Ultraschallprüfung gestattet es, Fehlerstellen, an denen die Fügeteile keine Bindung miteinander eingegangen sind, in jedem Falle aufzufinden.

Ein Beurteilen der verschiedenen Ultraschallprüfgeräte muß unter dem Gesichtspunkt erfolgen, in welchem Umfange die Klebverbindungen geprüft werden sollen. Bei der Prüfung hochbeanspruchter Klebverbindungen sind Prüfgeräte mit quantitativer Meßwertangabe vorteilhafter, weil das Erfassen und Registrieren von Meßwerten einfach ist und mitunter eine Aussage über die Festigkeit der Klebung zuläßt. An niedrig beanspruchten Klebungen genügt vielfach die Prüfung auf mögliche Fehlerstellen in der Klebschicht, so daß die Prüfgeräte mit qualitativer Anzeige ausreichen.

Die Röntgenprüfung gilt als Sonderfall in der Prüftechnik des Flugzeugbaus. Sie wird nur an Wabenkernkonstruktionen angewendet, an die bestimmte Festigkeitsanforderungen zu stellen sind. Zur Röntgenprüfung eignen sich alle handelsüblichen Geräte.

Die Anwendung der Wärmeflußprüfverfahren beschränkt sich zur Zeit ebenfalls auf einige Sonderfälle, weil die Geräteentwicklung noch nicht abgeschlossen ist. Es ist jedoch zu erwarten, daß bei ausreichender

Erprobung dieser Verfahren auch Metallklebverbindungen erfolgreich geprüft werden können.

Zusammenfassend kann die zerstörungsfreie Prüfung von Metallklebverbindungen als ein vergleichendes Meßverfahren bezeichnet werden, dessen Aussage stets auf einen Vergleichswert, der an einem Probekörper mit definierten Eigenschaften ermittelt ist, bezogen werden muß. Die Deutung der Prüfaussage erfordert deshalb große Erfahrung und eine genaue Kenntnis von der Wirkungsweise der Prüfgeräte, um Fehldeutungen zu vermeiden. Ohne diese Voraussetzungen ist jede Aussage über die Qualität der geprüften Klebung unzuverlässig.

Literatur zum Kap. 4

1. DE BRUYNE, N. A., u. R. HOUWINK: Klebtechnik — Die Adhäsion in Theorie und Praxis. Stuttgart: Berliner Union 1957.
2. WINTER, H., u. H. MECKELBURG: Stahlbau 30 (1961) 16.
3. WINTER, H., u. H. MECKELBURG: Industr.-Anz. 83 (1961) 364.
4. DRAUGELATES, U., u. W. BROCKMANN: Adhäsion 10 (1966) 483.
5. ALTHOF, W.: DLR FB 64—41, Braunschweig 1964.
6. MITTROP, F.: Dissertat. TH Aachen 1966.
7. BURSZTYN, I.: Plaste u. Kautsch. 4 (1957) 250.
8. SCHWARZ, H., u. H. SCHLEGEL: Plaste u. Kautsch. 6 (1959) 3.
9. BUSER, K.: Plaste u. Kautsch. 6 (1959) 184.
10. MITTROP, F.: Mitt. Forschungsges. Blechverarb. 1962, 328.
11. MECKELBURG, H., H. SCHLOTHAUER u. G. NEUMANN: DFL-Ber. 179, Braunschweig 1962.
12. CORNELIUS, E. A., u. G. MÜLLER: Aluminium 35 (1959) 695.
13. BRAIG, W.: Dissertat. TH Stuttgart 1964.
14. MÜLLER, G.: Dissertat. TU Berlin 1958.
15. MITTROP, F.: Werkst. u. Korros. 17 (1966) 586.
16. WIEGAND, H., u. H. SPECKHARDT: Metallische Überzüge auf Kunststoffen, München: Hanser 1966.
17. DE BRUYNE, N. A.: Redux in Aircraft, Ciba Comp., New York, N. Y., 1953.
18. EICKNER, H. W., u. F. WARREN: Modern Plastics 34, 1956.
19. TRIETSCH, F. K.: Konstruktion 6 (1954) 135.
20. SPIES, G. H.: The Peeling Test on Redux-Bonded Joints. Aircr. Engng. 1953, März.
21. BIKERMANN, J. J.: J. Appl. Phys. 28 (1957) 1184.
22. BIKERMANN, J. J.: J. Appl. Polym. Sci. II (1959) 216.
23. INONE, Y., u. Y. KOBATAKE: Appl. Sci. Res. A. 8 (1959) 321.
24. HEISE, O.: DFL-Ber. 196, Braunschweig 1963.
25. REMBOLD, U.: Dissertat. TH Stuttgart 1957.
26. HAHN, K. F.: Dissertat. TH Hannover 1958.
27. MATTING, A., u. K. ULMER: Kautsch. u. Gummi, Kunstst., Asbest 16 (1963) 213, 280, 334 u. 387.
28. MECKELBURG, H., u. W. ALTHOF: DFL-Ber. 229, Braunschweig, 1963.
29. MITTROP, F.: Schweiß. u. Schneid.
30. EISENKOLB, F.: Einführung in die Werkstoffkunde, Bd. II; Berlin: Verlag Technik 1961.
31. WINTER, H. u. H. MECKELBURG: Aluminium 36 (1960) 17.

32. MATTING, A. u. K. ULMER: Materialprüf. 3 (1961) 441.
33. PEUKERT, H., u. O. SCHWARZ: Aluminium 34 (1958) 665.
34. HARTMANN, A.: N. L. L. Rap. M 1257 u. M 1475.
35. FALK, A. H.: ASTM Bull. 42, 1946.
36. ROS, M.: Sheet Metal Industr. 26, 1949.
37. SEMERDJEW, ST.: Adhäsion 10 (1966) 210.
38. BERGMANN, L.: Der Ultraschall und seine Anwendung in Wissenschaft und Technik, Stuttgart: Hirzel 1954.
39. RINT, C.: Handbuch für Hochfrequenz- und Elektrotechniker, Bd. II, Berlin: Verl. für Radio-Foto-Kinotechn. 1953.
40. HARRIS, C. M., u. CH. E. CREDE: Shock and Vibration Handbook, Vol. I, New York/Toronto/London: McGraw-Hill 1961.
41. DE JONGE, J. B.: NLR-TN M 2098, 1962.
42. SCHLIEKELMANN, R. J.: Industr.-Anz. 83 (1961) 575.
43. Bonding Inspection, Quality Control Digest No. 5, Washington: Federal Aviation Agency 1960.
44. KRAUTKRÄMER, J., u. H. KRAUTKRÄMER: Werkstoffprüfung mit Ultraschall, Berlin/Göttingen/Heidelberg: Springer 1961.
45. ALTHOF, W.: Materialprüf. 6 (1964) 56.
46. MÜLLER, E. A. W.: Handbuch der zerstörungsfreien Materialprüfung, München: Oldenbourg 1959/60.
47. BYLER, W. H., u. F. R. HAYS: Nondestr. Test. 19 (1961) 177.
48. MUNDRY, E.: Materialprüf. 9 (1967) 296.

5 Verhalten von Metallklebverbindungen unter Last

5.1 Die Festigkeit von Metallklebverbindungen unter zügiger Belastung

Von Walter Brockmann, Hannover (S. 205 bis 215)
und Walter Althof, Braunschweig (S. 215 bis 228)

Der Wert einer Metallklebverbindung als kraftübertragendes Element in einem Bauwerk läßt sich durch zwei Größen kennzeichnen. Einerseits kann er an dem werkstofflichen und fertigungstechnischen Aufwand gemessen werden, der gegenüber anderen Fügeverfahren zum Herstellen der Verbindung notwendig ist. Zweite, den Konstrukteur vorzüglich interessierende Größe ist die Festigkeit, die von einer Klebverbindung erwartet werden kann.

Erst ein sorgfältiges Abwägen dieser beiden kennzeichnenden Größen gegeneinander im Vergleich mit anderen Fügeverfahren lassen die Vorzüge und Nachteile des Metallklebens deutlich erkennen.

Über den fertigungstechnischen Aufwand beim Herstellen von Klebverbindungen ist bereits ausführlich berichtet worden. Aufgabe dieses und der folgenden Kapitel ist es, anhand einer größeren Zahl von Beispielen zu erläutern, welchen Gegenwert, gekennzeichnet durch die Festigkeit, Metallklebverbindungen für den Aufwand ihrer Herstellung bieten.

Der Begriff Festigkeit ist eine komplexe Größe, weil darunter kurzzeitige Belastbarkeit bis zum Bruch der Verbindung ebenso wie langdauernde Widerstandsfähigkeit gegen statische und dynamische Belastung sowie das Verhalten gegenüber Einwirkung von Temperatur oder anderen schädigenden Umwelteinflüssen verstanden wird. Daher ist das Kapitel nach diesen Gesichtspunkten unterteilt.

Als bekannteste technologische Kenngröße eines Werkstoffs oder einer Verbindung gilt die Festigkeit unter zügiger Belastung bis zum Bruch, die aus der zum Zerstören des Prüflings erforderlichen Last und dem Querschnitt, in dem der Bruch verläuft, als mittlere Bruchbeanspruchung errechnet wird. Für Klebverbindungen ergibt sich aus der Art der möglichen Beanspruchungen eine Unterteilung dieser Bruchspannungen in Zug-, Scher- und Schälspannungen.

Die im Vergleich zu den Metallen geringe Eigenfestigkeit der Klebstoffe verlangt im allgemeinen Verbindungsformen, in denen sich im Vergleich zu den Fügeteilquerschnitten große Klebflächen mit entsprechend kleineren Beanspruchungen verwirklichen lassen. Das gelingt, wenn die Klebflächen in Richtung der zu übertragenden Last gelegt werden. Die Klebschichten haben die Last dann als Schubbeanspruchung zu ertragen. Von der Vielzahl der schubbeanspruchten Verbindungsformen, einfache und doppelte Überlappungen, Laschenverbindungen und Schäftungen, wird die einfache Überlappung am häufigsten verwendet. Es lag daher nahe, die Festigkeit von Metallklebungen an derartigen Verbindungen zu bestimmen und als technologische Kenngröße in der Klebtechnik zu verwenden.

5.1.1 Die Bindefestigkeit

Die an einfach überlappten Klebungen ermittelte Bruchlast bezogen auf die Klebfläche wird entsprechend DIN 53283 als Bindefestigkeit bezeichnet. Die Bindefestigkeit ist ein rechnerischer Scherspannungsmittelwert, der über die tatsächliche Beanspruchung der Klebung an den einzelnen Orten der Klebfuge wenig aussagt. In Klebverbindungen bildet sich auf Grund der verschiedenartigen physikalischen und technologischen Eigenschaften der Verbundpartner Metall—Klebstoff unter Last ein ungleichmäßiger Spannungszustand aus. An Stellen hoher Spannungskonzentrationen kann daher die Festigkeit oder das Verformungsvermögen eines Verbundpartners bereits erschöpft sein, wenn die rechnerische mittlere Spannung noch gering ist. Ein Bruch an hochbeanspruchten Stellen beschleunigt die Zerstörung der Gesamtverbindung. Damit ist die Spannungsverteilung ein Kriterium für die Festigkeit.

Wesentlichste Einflußgrößen auf die Spannungsverteilung und damit die Bindefestigkeit sind die geometrischen Abmessungen der Klebverbindung sowie die Eigenfestigkeit und Verformbarkeit von Fügeteilen und Klebstoff. Schon daraus wird deutlich, daß der Begriff der Bindefestigkeit keine so allgemeine Gültigkeit besitzt wie z. B. der Wert der Zugfestigkeit für Metalle, der in weiten Bereichen von der Geometrie des belasteten Körpers unabhängig ist und mit dem sich die Belastbarkeit verschiedener Bauteile einfach errechnen läßt.

5.1.1.1 Der Einfluß der geometrischen Abmessungen

Daß dagegen die Bindefestigkeit einer bestimmten Klebung nicht auf Verbindungen anderer Abmessungen übertragen werden kann, auch wenn gleiche Fügeteilwerkstoffe und Kleber verwendet werden, ist in Abb. 92 deutlich zu erkennen, in dem die gemessene Festigkeit an Stahlverklebungen unterschiedlicher Überlappungslängen für die Kleb-

5.1 Die Festigkeit unter zügiger Belastung

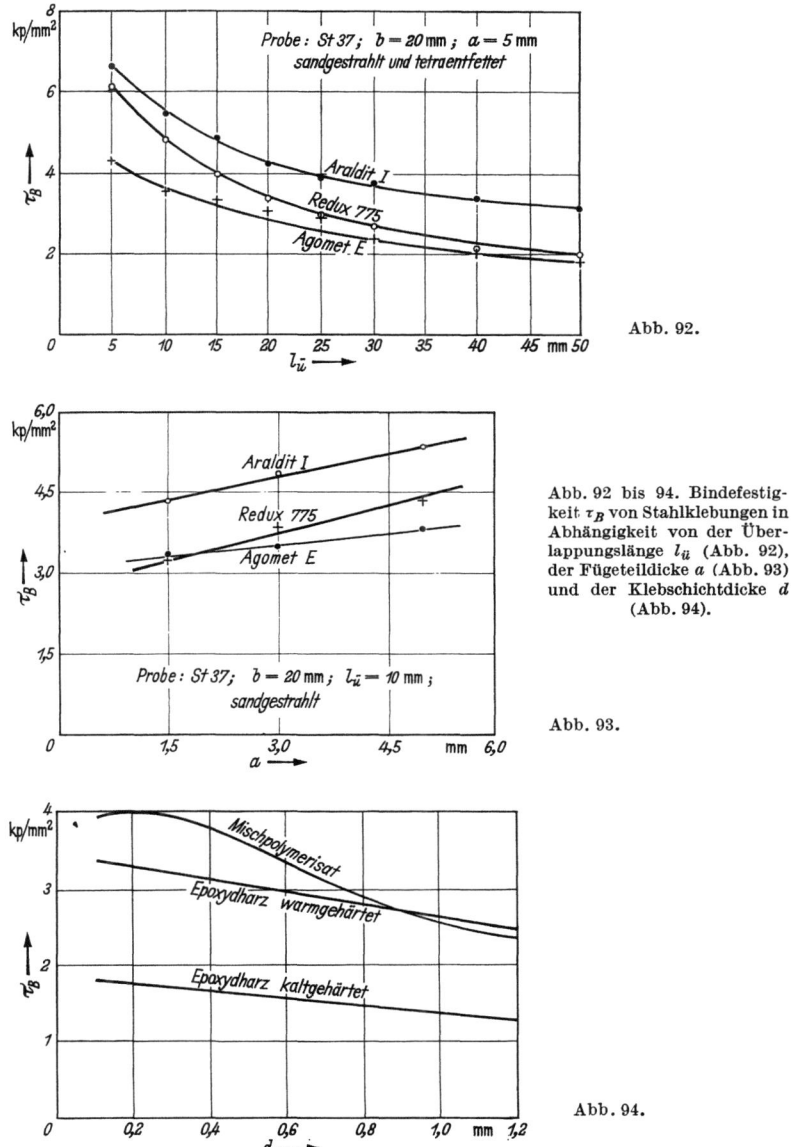

Abb. 92.

Abb. 92 bis 94. Bindefestigkeit τ_B von Stahlklebungen in Abhängigkeit von der Überlappungslänge $l_{\ddot{u}}$ (Abb. 92), der Fügeteildicke a (Abb. 93) und der Klebschichtdicke d (Abb. 94).

Abb. 93.

Abb. 94.

stoffe als Funktion der Überlappungslänge aufgetragen sind. Zwar steigt mit zunehmender Überlappungslänge wegen der damit verbundenen Klebflächenvergrößerung die übertragbare Gesamtlast, jedoch nicht proportional der Klebflächengröße. Das bedeutet ein Absinken der Bindefestigkeit und damit eine weniger gute Ausnutzung der vorhandenen Klebfläche. Der Abfall der Bindefestigkeit ist für die einzelnen Klebstoffe verschieden steil. Ursache dafür ist, daß sich der mit steigender Überlappungslänge offensichtlich ungünstigere Spannungsverlauf in der Fuge auf die Klebstoffe verschieden auswirkt.

Ähnliches ist auch festzustellen, wenn man die Bindefestigkeit von Klebungen ermittelt, die sich ausschließlich durch die Dicke ihrer Fügeteile unterscheiden, Abb. 93, die mit steigender Fügeteildicke ebenfalls steigt. Das ist verständlich, wenn man berücksichtigt, daß sich dickere Fügeteile unter einer bestimmten Last weniger verformen als dünne, in denen höhere Spannungen wirken. Sie zwingen damit dem Klebstoff geringere Verformungen auf, wodurch extreme Spannungsspitzen vermieden werden [1; 2].

Als dritte geometrische Größe, die die Bindefestigkeit beeinflußt, bleibt die Dicke der Klebschicht zu nennen. Es war bereits angedeutet worden, daß der Klebstoff den Verformungen der Fügeteile unter Last folgen muß, wobei am jeweiligen Überlappungsende ein belastetes Fügeteil mit großen Dehnungen dem entlasteten Fügeteil mit geringeren Dehnungen gegenüberliegt, die der Klebstoff durch Gleitverformung ausgleicht. Je geringer die Schichtdicke ist, desto größer muß die Gleitung des Klebers und damit seine Beanspruchung sein. Die Folgerung daraus, daß die Bindefestigkeit also mit zunehmender Klebschichtdicke, d. h. abnehmender Gleitverformung steigt, trifft jedoch nicht zu, Abb. 94. Die mit steigender Schichtdicke abnehmende Bindefestigkeit ist dadurch zu erklären, daß bei zunehmender Schichtdicke die Verformungsbehinderung des Klebstoffs und damit seine größere Schubfestigkeit abnimmt. Schichtdicken von 0,1 bis 0,3 mm haben sich als günstig erwiesen.

Schließlich ist noch hervorzuheben, daß die Breite einfach überlappter Klebungen auf die Bindefestigkeit nahezu keinen Einfluß ausübt.

Aus den hier angeführten Beispielen geht hervor, daß sich Werte der Bindefestigkeit nur dann vergleichen lassen, wenn gleiche geometrische Abmessungen der Verbindungen vorliegen. Der Versuch, die geometrischen Einflußgrößen in einem Gestaltfaktor zusammenzufassen, um Vergleichbarkeit zu erreichen, führt zu keinem Erfolg, s. S. 365. Die DIN-Norm 53283 schreibt daher für vergleichende Untersuchungen von Metallklebungen bestimmte Abmessungen der Probekörper vor.

5.1.1.2 Einfluß des Fügeteilwerkstoffs

Wenn man davon ausgeht, daß die Fügeteilverformung einen entscheidenden Einfluß auf die Bindefestigkeit besitzt, wie am Beispiel der Fügeteildicke bereits gezeigt, so ist zu erwarten, daß auch die Ver-

5.1 Die Festigkeit unter zügiger Belastung

formungseigenschaften der Fügeteile auf Grund des unterschiedlichen Elastizitätsmoduls der Metalle sich auf die Festigkeit von Klebungen auswirkt. Das ist tatsächlich der Fall, wie die Festigkeitswerte der Tab. 11 beweisen. An ihnen ist jedoch zu erkennen, daß offensichtlich zwischen dem Elastizitätsmodul und der Bindefestigkeit kein einfacher

Tabelle 11. *Festigkeit einfach überlappter Klebverbindungen aus unterschiedlichen Metallen. Dicke der Fügeteile a = 1,5 mm Überlappungslänge lü = 10 mm Klebstoff: Araldit I, Oberflächenzustand: blank, entfettet.*

Werkstoff	Bindefestigkeit kp/mm²
AlCuMg 2 pl	3,9
SD—Cu F 25	2,3
MS 63 F 38	3,2
Titan, (Tikrutan RT 18)	3,3
Stahl RSt 1303	2,2

Zusammenhang besteht, da bei AlCuMg 2 pl trotz seines gegenüber R—St 1303 geringeren E-Moduls, also größeren Dehnungen, höhere Festigkeiten zu erreichen sind als bei diesem.

Vergleicht man dagegen die Bindefestigkeit von Werkstoffen verschiedener Festigkeit, in diesem Falle drei Stahlsorten, so ist zu erkennen, daß mit steigender Fügeteilfestigkeit, gekennzeichnet durch den $\delta_{0,2}$-Wert, die Bindefestigkeit ebenfalls steigt, Abb. 95 [3].

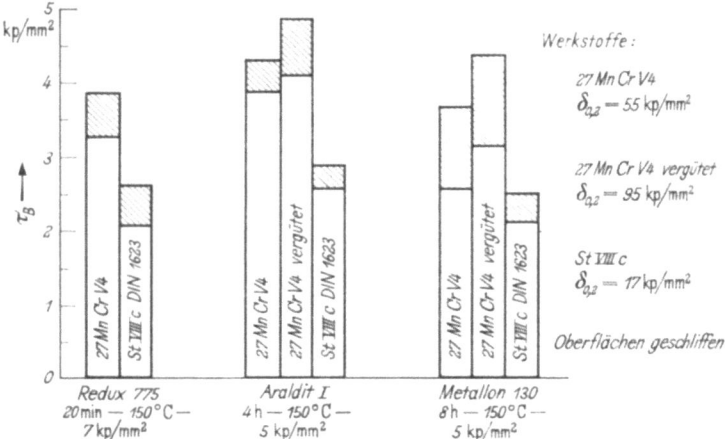

Abb. 95. Bindefestigkeit τ_B bei Fügeteilwerkstoffen unterschiedlicher Festigkeit.

5.1.1.3 Einfluß der Oberflächenvorbehandlung

Die Vielzahl der Faktoren, die die Bindefestigkeit beeinflussen, erschweren vergleichendes Beurteilen, inwieweit eine der wichtigsten Grundvoraussetzungen, die Haftung zwischen Klebstoff und Metall, sich auf das Festigkeitsverhalten auswirken. Das gelingt nur, wenn man an Klebungen gleicher Abmessungen, gleicher Fügeteilwerkstoffe und gleicher Klebstoffe, jedoch verschiedenartiger Oberflächenvorbehandlung die Festigkeit bestimmt. Die Ergebnisse solcher Untersuchungen sind in Abb. 96 für Messingblech aufgetragen. Aus der Darstellung kann für die Praxis sofort die Folgerung gezogen werden, daß sich beim Verkleben von Messing aufwendige chemische Vorbehandlungsverfahren nicht lohnen, weil etwa gleiche Festigkeiten auch bei entfettetem oder geschmirgeltem Blech zu erzielen sind [4].

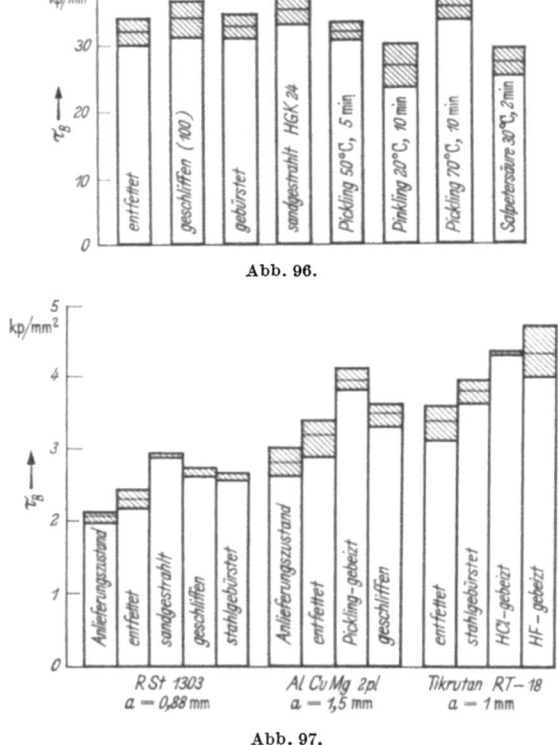

Abb. 96 und 97. Bindefestigkeit τ_B von Messingklebungen (Abb. 96) und von Aluminiumklebungen (Abb. 97) nach unterschiedlichen Oberflächenvorbehandlungsverfahren.

Ein solcher Schluß nun läßt sich nicht auf andere Metalle übertragen, Abb. 97, weil beispielsweise bei Aluminium AlCuMg 2 pl das Beizen in Chromschwefelsäure, das sog. pickling-Beizen, gegenüber dem Entfetten sichtlich Vorteile erbringt, die sich nicht nur in erhöhter Festigkeit, sondern auch in kleinerer Streuung der Ergebnisse (schraffierter

Bereich) bemerkbar machen. Beim Stahl dagegen erweist sich das Sandstrahlen gegenüber anderen mechanischen Vorbehandlungen als erfolgreich, wenn als Klebstoff ein Epoxidharz Verwendung findet.

Es genügt jedoch nicht, den Einfluß der Oberflächenvorbehandlung auf die Bindefestigkeit mit nur einem Klebstoff zu ermitteln, sondern es ist erforderlich, eine größere Zahl von Bindemitteln in derartige Untersuchungen mit einzubeziehen. Wählt man als Fügeteilwerkstoff wiederum Messing Ms 63 F38, so ist nicht zu übersehen, daß unterschiedliche Klebstoffe auf verschiedene Oberflächenvorbehandlungsverfahren sehr differenziert reagieren, Abb. 98. Während bei Araldit 106 ein Sandstrahlen gegenüber dem Entfetten Nachteile erbringt, ist es bei Verwenden von 3 M EC 2186 oder Agomet E zum Verbessern der Festigkeit durchaus zweckmäßig.

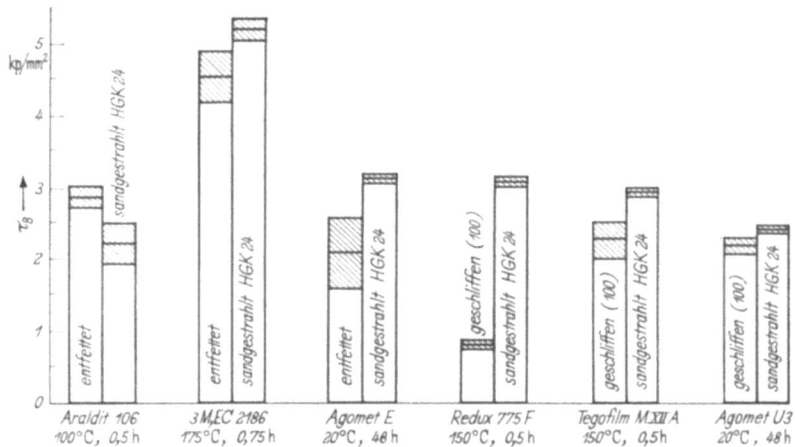

Abb. 98. Bindefestigkeit τ_B von Messingklebungen mit verschiedenen Klebstoffen und Oberflächenvorbehandlungsverfahren.

Daraus ergibt sich eine weitere wichtige Tatsache, die oft vernachlässigt wird: Es ist unzweckmäßig, Bindemittel nach ihren Basisharzen, z. B. in Epoxidharz, Phenolharz oder Mischpolymerisatkleber, einzuteilen, weil die Art des Basisharzes mit ihren Klebeigenschaften und ihrer Reaktion auf unterschiedliche Oberflächenvorbehandlungsverfahren in keinem direkten Zusammenhang stehen. Um das zu verdeutlichen, sei erwähnt, das Araldit 106 und EC 2186 Epoxidharzklebstoffe sind, während Redux 775 F und Tegofilm M XII A als Polyvinylphenolharze zu bezeichnen sind. Trotz gleicher Basisharze verhalten sich die Kleber jedoch sehr unterschiedlich gegenüber verschiedenartiger Oberflächenvorbehandlung der Fügeteile.

14*

5.1.1.4 Bindefestigkeit von Klebungen verschiedener Metalle

Aufgabe dieses Kapitels ist es jedoch nicht nur, die Einflußgrößen auf die Bindefestigkeit von Klebungen darzustellen, sondern einen Überblick darüber zu geben, welche Festigkeiten beim Verkleben unterschiedlicher Metalle zu erreichen sind, wenn geeignete Oberflächenvorbehandlungen und Klebstoffe herangezogen werden.

Leichtmetallwerkstoffe lassen sich erfahrungsgemäß mit praktisch allen Metallklebstoffen verbinden, wobei als Oberflächenvorbehandlung der Fügeteile in den meisten Fällen ein Entfetten oder mechanisches Reinigen genügt. Nur für höhere Ansprüche empfiehlt sich das Beizen nach dem pickling-Verfahren. Unsicherheiten dagegen bestehen, wenn die Aufgabe gestellt ist, andere Metalle, etwa Stahl, Buntmetalle oder Zink und verzinkte Stahlbleche, miteinander oder auch untereinander zu verkleben. Im folgenden soll daher an Hand von Untersuchungsergebnissen gezeigt werden, daß auch diese Metalle zum Verkleben geeignet sind.

Aus Abb. 99a—d geht hervor, daß Stahlbleche sich mit handelsüblichen Klebstoffen ohne Schwierigkeiten verbinden lassen. Als Oberflächenvorbehandlung genügt in vielen Fällen ein gründliches Entfetten, wenn die Fügeteile metallisch blank, z. B. walzblank oder nach spanabhebender Bearbeitung vorliegen. Höchste Festigkeiten jedoch lassen sich erreichen, wenn die Klebflächen sandgestrahlt werden [3]. Die chemische Vorbehandlung des Phosphatierens dagegen, aus der Lackiertechnik als bewährte Vorbehandlung bekannt, eignet sich für das Kleben nicht. Ursache dafür ist, daß die Haftung der Phosphatschicht auf dem Grundwerkstoff den Festigkeitsanforderungen der Klebtechnik nicht genügt. Der Bruch der Klebverbindungen phosphatierter Stahlbleche verläuft in der Grenzschicht Phosphat—Grundmetall.

Ähnliche Erscheinungen sind auch zu beobachten, wenn brünierte Stahlteile verklebt und belastet werden, Abb. 100. Immerhin ist jedoch die Haftfestigkeit der Brünierschichten auf dem Grundmetall so hoch, daß nach dem Brünieren gleiche oder sogar etwas höhere Bindefestigkeiten sich ergeben als bei nur entfetteten Teilen. Es ist beim Verkleben brünierter Bleche jedoch zu beachten, daß das Öl, das nach dem Brüniervorgang aufgetragen wird, durch ein geeignetes Entfettungsverfahren, etwa im Tetrachlorkohlenstoffbad unter Einwirken von Ultraschall, entfernt wird [5].

Bestehen die Fügeteile aus verzinktem Stahl, so lassen sich ebenfalls Klebverbindungen ausreichender Festigkeit herstellen, Abb. 101. Der Vorteil des Klebens beschichteter Werkstoffe besteht darin, daß die Beschichtung durch das Fügeverfahren nicht verletzt wird und ihr Korrosionsschutz auch in der Verbindung vollständig erhalten bleibt.

213

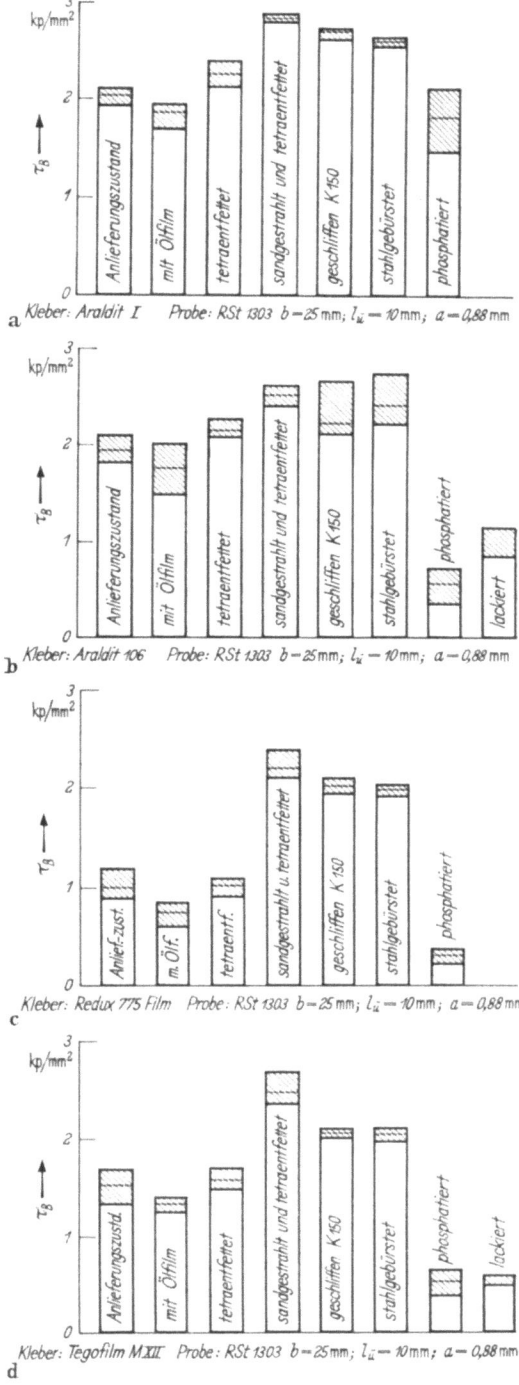

Abb. 99. Bindefestigkeit τ_B von Stahlklebungen mit verschiedenen Klebstoffen und Oberflächenvorbehandlungsverfahren.

Man sollte daher auf mechanische Vorbehandlung, die keine wesentliche Steigerung der Bindefestigkeit herbeiführt, verzichten, da durch sie die Schutzschichten leicht zerstört werden.

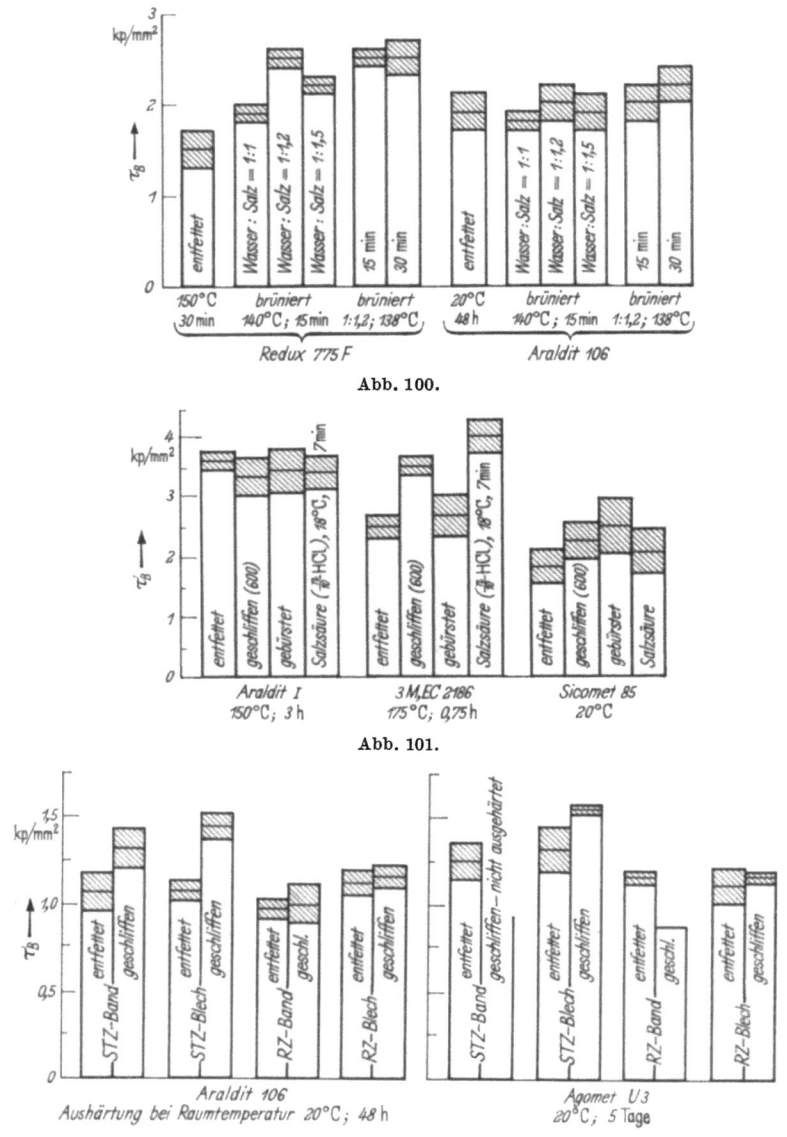

Abb. 100.

Abb. 101.

Abb. 102.

Abb. 100 bis 102. Bindefestigkeit τ_B von Klebungen brünierter Stahlbleche (Abb. 100), verzinkter Stahlbleche (Abb. 101) und Zinkbleche (Abb. 102).

Da die Klebstoffe auf den Zinkschichten gut haften, ist zu erwarten, daß sich auch reine Zinkbleche zufriedenstellend verkleben lassen. Auch in diesem Fall genügt als Vorbehandlung ein Entfetten, Abb. 102. Zum Verbinden von Zink sollten jedoch nur kalthärtende Kleber verwendet werden, da Zink bereits bei niedrigen Temperaturen rekristallisiert. Werden Klebstoffe verwendet, die durch Zugabe von Katalysatoren härten, z. B. Mischpolymerisate, kann es vorkommen, daß der Klebstoff auf dem Zink nicht vollständig aushärtet. Das ist vermutlich auf Reaktionen des Katalysators mit dem Zink zurückzuführen. Diese Schwierigkeit ist zu umgehen, wenn Klebstoffe mit andersartigen Härtungsmechanismen, z. B. Epoxidharze, eingesetzt werden [5].

Am Beispiel des Messings war bereits zu erkennen, daß auch Buntmetalle sich klebtechnisch verbinden lassen. In Abb. 103 ist dargestellt, daß das auch für Kupfer gilt, bei dem Entfetten oder leichtes Aufrauhen als Vorbehandlung genügt, während chemische Beizverfahren zu schlechten Ergebnissen führen [4].

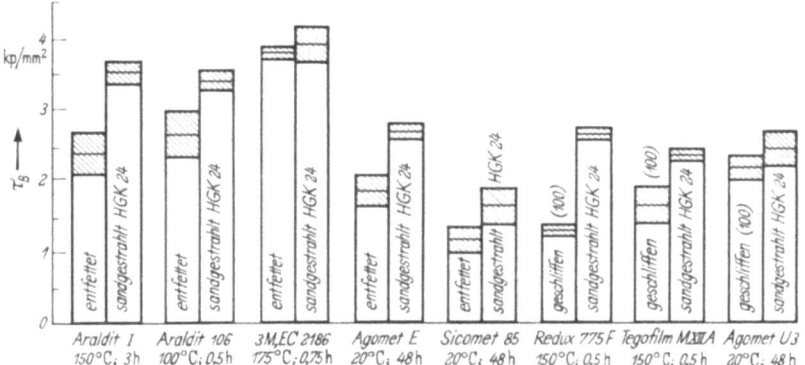

Abb. 103. Bindefestigkeit τ_B von Kupferklebungen nach unterschiedlichen Oberflächenvorbehandlungsverfahren.

Praktisch alle technisch wichtigen Metalle lassen sich mit Klebstoffen verbinden. Anhand der angegebenen Festigkeitswerte kann der Konstrukteur bereits eine Auswahl geeigneter Klebstoffe und Oberflächenvorbehandlungsverfahren treffen. Die statische Bindefestigkeit ist jedoch eine komplexe Größe, die durch mehrere Einflußfaktoren bestimmt wird. Sie reicht zur umfassenden Beurteilung von Klebverbindungen hinsichtlich ihrer technologischen Eigenschaften nicht aus und muß durch weitere Kenngrößen ergänzt werden.

5.1.2 Die Zugfestigkeit

Die Zugfestigkeit einer Klebverbindung ist als weitere Größe zur Kennzeichnung eines Klebstoffs anzusehen. Um diesen Kennwert zu ermitteln, bedarf es eines reinen Zugspannungszustandes (einachsiger Zug) in der Klebschicht. Das ist jedoch aus den noch zu beschreibenden Gründen nicht möglich, so daß die Zugfestigkeit eines Klebstoffs keinen Absolutwert, sondern eine Veränderliche darstellt, die insbesondere von der Haftfestigkeit des Klebstoffs auf der Fügeteiloberfläche und von der Klebschichtdicke abhängt. Der erste Faktor ist auszuschalten, wenn durch die Oberflächenvorbehandlung erreicht wird, daß der Bruch der Verbindung stets in der Klebschicht erfolgt. Der Einfluß der Klebschichtdicke ergibt sich aus den folgenden Betrachtungen.

Eine dicke Klebschicht befindet sich zwischen zwei zylindrischen Fügeteilen, Abb. 104a. Bei einer Zugspannung σ werden die Querschnitte infolge der Querkontraktion kleiner. Der Fügeteilradius r verringert sich nach J. J. BIKERMANN [6] zu

$$r' = r\left(1 - \frac{\mu_f \sigma}{E_f}\right),$$

und der Radius der Klebschicht wird

$$r'' = r\left(1 - \frac{\mu_k \sigma}{E_k}\right).$$

Hierin bedeuten μ_f die Querzahl des Fügeteilwerkstoffs, μ_k die Querzahl des Klebstoffs, E_f den E-Modul des Fügeteilwerkstoffs, E_k den E-Modul des Klebstoffs.

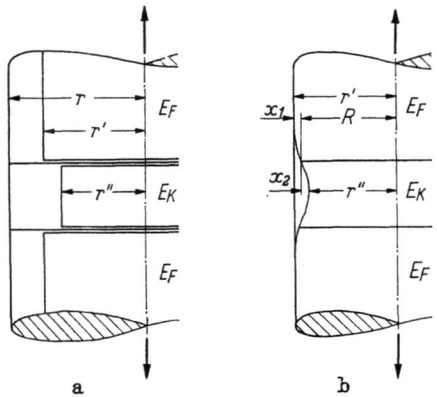

Abb. 104. Fügeteil- und Klebschichtdeformation bei Zug.

Der E-Modul des Klebstoffs kann bis zu zwei Größenordnungen kleiner sein als der E-Modul des Fügeteils, so daß der Klebstoff stärker kontrahiert als das Fügeteil. An der Grenzfläche Fügeteil–Klebstoff behindern sich beide Vorgänge gegenseitig, so daß sich ein mittlerer Radius R einstellt, Abb. 104b. Die Fügeteilkontraktion beläuft sich dann auf

$$x_1 = r - \frac{r \mu_f \sigma}{E_f} - R$$

5.1 Die Festigkeit unter zügiger Belastung

und die Klebstoffdilatation auf

$$x_2 = R - r + \frac{r\mu_k \sigma}{E_k}.$$

Mit abnehmender Klebschichtdicke nimmt die Querkontraktion des Klebstoffs ebenfalls ab, bis sie bei sehr dünnen Klebschichten, wie sie der Praxis entsprechen, eine völlige Behinderung der Querkontraktion erfahren. Vernachlässigt man die Querkontraktion der Fügeteile, dann errechnet sich bei rein elastischem Verformen der Klebschicht die Zugspannung im Klebstoff nach G. MÜLLER [7] zu

$$\sigma_x = \frac{E_k \varepsilon_x}{1 - \dfrac{2\mu_f^2}{1-\mu_f}},$$

worin E_k den E-Modul des Klebstoffs ohne Querkontraktionsbehinderung, $\varepsilon_x = \Delta d/d$ die Dehnung der Klebschicht unter Zugspannung σ_x und d die Klebschichtdicke bedeuten.

Für eine elastische Verformung ohne Querkontraktionsbehinderung gilt

$$\sigma_x = E_k \varepsilon_x.$$

Da $\sigma_x = \sigma_x' = P/F$ ist mit P als Zuglast und F als Querschnittsfläche der Klebschicht, muß mit zunehmender Behinderung der Querkontraktion der E-Modul der Klebschicht zunehmen. In Abb. 105 sind Ergebnisse gemessener E-Moduln wiedergegeben, gefunden an Klebschichten rohrförmiger Probekörper aus Aluminiumlegierung und aus Stahl. Mit zunehmender Klebschichtdicke und damit zunehmender Fähigkeit, sich in Querrichtung einzuschnüren, wird der E-Modul der Klebschicht kleiner und nähert sich asymptotisch dem E-Modul eines Probestabs aus der Klebstoffsubstanz.

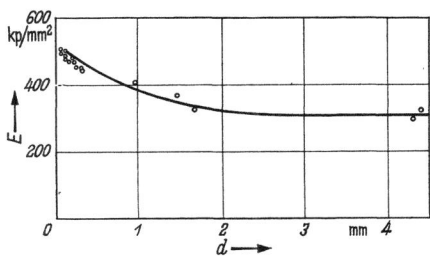

Abb. 105. Elastizitätsmodul E einer Klebstoffschicht in Abhängigkeit von der Klebschichtdicke d [7].

Die behinderte Querkontraktion wirkt sich aber nicht nur auf den E-Modul der Klebschicht aus, sie beeinflußt ferner die Zugfestigkeit der Klebung. In Abb. 106 ist dargestellt, wie die Zugfestigkeit von Rohrklebverbindungen mit zunehmender Klebschichtdicke kleiner wird und sich ebenfalls asymptotisch der Zugfestigkeit der Klebstoffsubstanz nähert, obwohl der Zugspannungs-Dehnungs-Verlauf der Klebschicht und derjenige des Klebstoffs bis zum Bruch keine gleichartige Tendenz aufweisen.

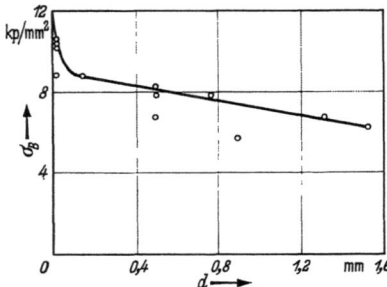

Abb. 106. Zugfestigkeit σ_B von Rohrklebungen in Abhängigkeit von der Klebschichtdicke d [7].

Der Einfluß der Klebschichtdicke auf das elastisch-plastische Verhalten von Klebschichten läßt sich ebenfalls theoretisch begründen. Nach R. T. SHIELD [8] bedarf es für ein ideal-plastisches Verhalten der Klebschicht einer Kraft, die groß genug ist, um in ihr die Trescasche Fließbedingung zu erfüllen. Dies besagt, daß der Werkstoff bei einachsigem Zug zu fließen beginnt, sofern eine größte Hauptschubspannung k erreicht wird, die der Fließspannung bei reinem Schub gleicht. Für kreisförmige Querschnitte und praktische Klebschichtdicken d beträgt die kritische Last, die zum Fließen der Klebschicht führt,

$$P \approx \frac{kr^3}{3d}.$$

Auch bei ideal plastischem Verhalten einer Klebschicht verhält sich somit die Fließlast der Klebschichtdicke gegenüber umgekehrt proportional.

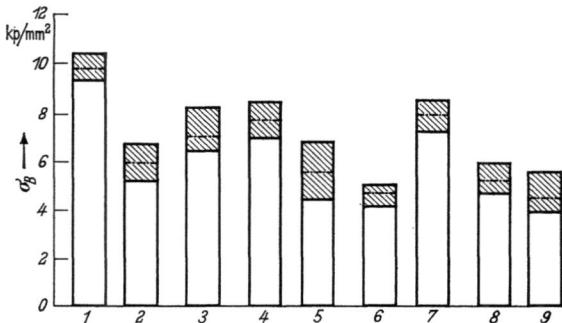

Abb. 107. Zugfestigkeit σ_B von Rohrklebungen mit mehreren Klebstoffen [1].
1 Araldit AT I (Epoxid); *2* Araldit AZ 15 (Epoxid); *3* BN 710 + VA 140 (Epoxid-Polyamid); *4* Redux 775 (Phenol-Polyvinyl); *5* Tegofilm MX II A (Phenol-Polyvinyl); *6* Hidux 1197 A (Epoxid-Phenol); *7* FM 1000 (Epoxid-Nylon); *8* Araldit AW 106 + HV 953 U (Epoxid-Polyamid); *9* BN 710 + VA 125 (Epoxid-Polyamid).

5.1 Die Festigkeit unter zügiger Belastung

Für die meisten Klebverbindungen gleicht die Klebschichtdicke einer verarbeitungstechnischen Konstante und liegt innerhalb relativ enger Grenzen. Bei Klebstoffen, die beim Aushärten eine flüssige Phase durchlaufen, stellen sich z. B. Klebschichtdicken von 0,01 bis 0,05 mm ein; bei pastösen Klebstoffen bewegen sie sich zwischen 0,05 und 0,1 mm, und Klebschichten mit filmförmigen Klebstoffen sind meist 0,1 bis 0,3 mm dick. Infolgedessen nehmen die mit einem bestimmten Klebstoff ermittelten Zugfestigkeiten einen für ihn charakteristischen Wert an.

In Abb. 107 sind solche Zugfestigkeiten eingetragen, die an rohrförmigen Probekörpern aus Aluminium mit mehreren Klebstoffen ermittelt wurden. Vergleicht man die Zugfestigkeit mit der Verdrehscherfestigkeit, dann erkennt man, daß der Zugfestigkeit der meisten Klebstoffe etwa die gleiche Größe zukommt wie der Verdrehscherfestigkeit.

5.1.3 Der Schälwiderstand

Einen wichtigen Bewertungsmaßstab für Klebstoffe bildet ihr Verhalten gegenüber abschälenden Kräften. Eine Klebung gilt als abschälgefährdet, sobald eine Kraft nicht die gesamte Klebschicht gleichmäßig auf Zug oder Schub beansprucht, sondern an einer Begrenzungslinie der Klebfläche senkrecht zur Klebschicht angreift. Abb. 108 stellt diesen Unterschied schematisch dar. Schälbeanspruchungen unterliegen vor allem verklebte Fügeteile unterschiedlicher Steifigkeit, z. B. mit Versteifungsprofilen verbundene Bleche. Beim Belasten eines solchen Bauteils beult das Blech aus, die Beulen enden an den Verbindungsstellen Blech—Versteifungsprofil und beanspruchen dort die Klebschicht auf Abschälen.

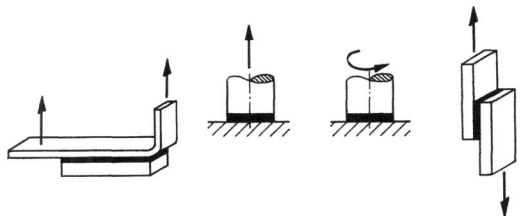

Abb. 108. Beanspruchungsarten von Klebverbindungen.

Für die Spannungsanalyse einer auf Abschälen beanspruchten Klebung muß diese idealisiert werden, Abb. 109. Das abzuschälende Fügeteil wirkt als Biegebalken auf einer elastischen Bettung. Für einen solchen Belastungsfall läßt sich aus der Berechnung der Fügeteilverformung eine Beziehung zur Klebschichtverformung aufstellen, da der Klebstoff der Fügeteilverformung folgen muß. Die Normalspannung verteilt sich entlang der Klebschicht etwa wie in Abb. 110 angegeben, wenn Fügeteil und Klebschicht rein elastisch verformt werden. An der Stelle $x = 0$ erreicht die Normalspannung ein Maximum. Das Abschälen beginnt, sobald σ_{max} den Wert σ_B annimmt und diese Größe entwe-

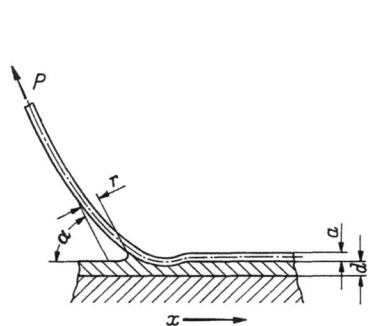

Abb. 109. Verformungen beim Abschälen.   Abb. 110. Normalspannungsverteilung σ entlang der Klebschicht x.

der der Zugfestigkeit des Klebstoffs gleichkommt oder ihr proportional ist. Diesen Voraussetzungen entsprechend, wurde von mehreren Autoren die Anrißkraft bestimmt, [9 bis 14], von denen einige auch den Schälwinkel α berücksichtigen.

Für zwei gleich dicke Fügeteile, die unter $\alpha = 90°$ gegenseitig abgeschält werden und deren Fügeteile sowie die Klebschicht bis zum Bruch dem Hookschen Gesetz folgen, ist nach O. HEISE [14]:

$$P = \frac{\sigma_{max} b}{2\left(\sqrt[4]{B} + r\sqrt{B}\right)} \quad (1)$$

mit

$$B = \frac{E_k b}{2 E_f J_f d} = \frac{6 E_k}{E_f a^3 d}.$$

Hierin sind, zusätzlich zu den schon verwendeten Größen, σ_{max} die Zugfestigkeit des Klebstoffs, wenn $\sigma_{max} = \sigma_B = E_k \cdot \varepsilon$, b die Breite der Klebung, a die Fügeteildicke, r der Abstand des Kraftangriffs von der Abschälstelle, J_F das Trägheitsmoment des Fügeteilquerschnitts.

In Wirklichkeit verformen sich die Fügeteile und Klebschichten bis zum Bruch nicht ideal-elastisch, sondern elastisch-plastisch. Für ein solches Verformungsverhalten besteht noch kein Berechnungsansatz. Bei elastischer Fügeteilverformung und einer Klebstoffkennlinie, die annähernd der Funktion

$$\sigma = E_k (\varepsilon - c\,\varepsilon^2)$$

folgt, Abb. 111, hat jedoch O. HEISE [14] eine Berechnungsmöglichkeit angegeben. Danach errechnet sich für einen bestimmten Klebstoff mit $c = 14{,}1$ und damit $\sigma_{\max} = 2\sigma_B$ die Abschälkraft zu

$$P = \frac{\sigma_B b}{\sqrt[4]{B} + r\sqrt{B}}. \quad (2)$$

Aus Gl. (1) und (2) geht hervor, daß die Abschälkraft für den geprüften Klebstoff bei plastischen Klebschichtverformungen auf den

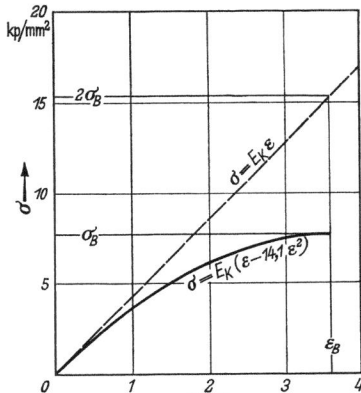

Abb. 111. Zugspannungs-Dehnungs-Diagramm (σ, ε) von Redux 775 [14].

doppelten Wert ansteigt gegenüber einer elastischen Verformung. In Abb. 112 ist für die in Abb. 113 dargestellte Klebverbindung der nach Gl. (1) und (2) errechnete Schälwiderstand $p_A = P/b$ den experimentell ermittelten Werten gegenübergestellt. Das praktisch gefundene Ergeb-

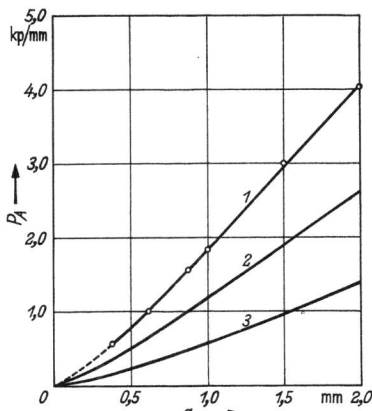

Abb. 112. Schälwiderstand p_A in Abhängigkeit von der Fügeteildicke a, Vergleich zwischen Versuch und Rechnung. *1* Versuch; *2* nach Gl. (2); *3* nach Gl. (1).

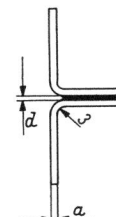

Abb. 113. Schälprobe.

nis übersteigt die Rechenwerte, weil die beim Versuch eingetretene plastische Verformung der Fügeteile in der Rechnung nicht erscheint. Trotz der im Vergleich mit dem Versuch nicht zutreffenden Annahmen beim Berechnen der Abschälkraft nach Gl. (1) und (2) lassen die Gleichungen die einflußnehmenden Faktoren aus Klebstoff und Fügeteil auf die Abschälkraft erkennen; sie werden im folgenden diskutiert.

5.1.3.1 Abhängigkeit des Schälwiderstands vom Klebstoff

Einen hohen Schälwiderstand erzielt ein Klebstoff mit hoher Zugfestigkeit und niedrigem E-Modul. Diese Forderung wird jedoch nur von den wenigsten Klebstoffen erfüllt. Meist fällt bei niedrigem E-Modul auch die Zugfestigkeit gering aus. Wichtiger ist es, daß ein Klebstoff bei relativ hoher Zugfestigkeit bis zum Bruch ein großes Verformungsvermögen aufbringt. Damit vergrößert sich das Verhältnis σ_{max}/σ_B, und die Anrißkraft P steigt ebenfalls an.

In Tab. 12 sind als Beispiel die Kennwerte und der Schälwiderstand von zwei Klebstoffen eingetragen, deren Zugspannungs-Dehnungs-Verhalten sehr unterschiedlich ausfällt. Der Epoxidnylonklebstoff erlaubt extrem große Verformungen, infolgedessen erhöht sich der Schälwider-

Tabelle 12. *Kennwerte und Schälwiderstand von zwei Klebstoffen*

Klebstoff	Kennwerte der Klebstoffsubstanz			Schälwiderstand[1]
	E [kp/mm^2]	σ_B [kp/mm^2]	ε_B [%]	p_A [kp/mm]
Epoxid-Nylon „FM 1000"	$\approx$ 60	5	$\approx$ 150	2,2
Phenol-Polyvinyl „Redux 775"	325	7,7	$\approx$ 3,5	1,0

[1] Winkelschälversuch nach DIN 53282

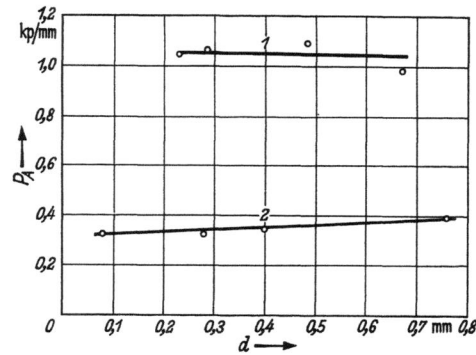

Abb. 114. Schälwiderstand p_A in Abhängigkeit von der Klebschichtdicke d. *1* Redux 775; *2* VA 140 + GM 331.

stand von Verbindungen mit diesem Klebstoff wesentlich gegenüber Verbindungen mit dem Phenolpolyvinylklebstoff.

Die Abschälkraft muß theoretisch mit zunehmender Klebschichtdicke anwachsen. Bei Versuchen ergab sich jedoch nur ein geringer Einfluß der Klebschichtdicke hierauf, Abb. 114. Deshalb muß angenommen werden, daß der mögliche Festigkeitsgewinn bei zunehmender Klebschichtdicke durch die Schrumpfspannungen und die vermehrte Anzahl von Fehlstellen in der Klebschicht wieder aufgehoben wird.

5.1.3.2 Abhängigkeit des Schälwiderstands vom Fügeteil

Die Theorie verlangt, daß der Schälwiderstand mit ansteigendem E-Modul der Fügeteile, größer werdender Fügeteildicke und sich verringerndem Abstand des Kraftangriffspunkts von der Schälstelle zu-

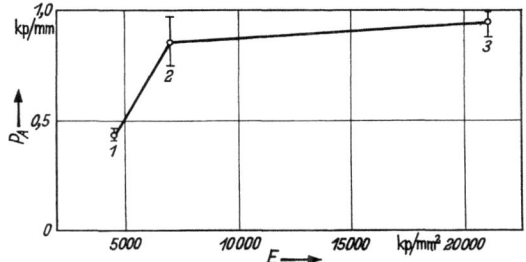

Abb. 115. Schälwiderstand p_A in Abhängigkeit vom E-Modul der Fügeteile. *1* MgAl3Zn; *2* AlCuMg2, weichgeglüht; *3* St 00.23.

nimmt. Versuche bestätigten dies. In Abb. 115 sind Meßwerte des Schälwiderstands in Abhängigkeit vom Elastizitätsmodul des Fügeteilwerkstoffs eingetragen. Die verwendeten Fügeteile besaßen unterschiedliche E-Moduln, jedoch annähernd gleiche Zugfestigkeiten und

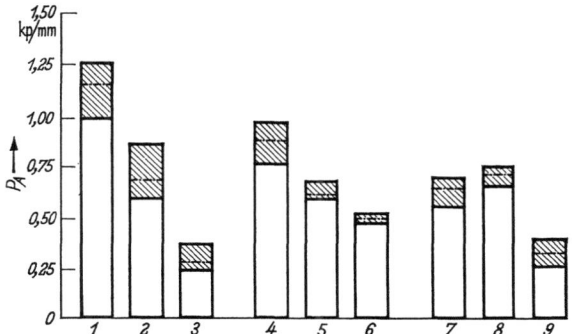

Abb. 116. Schälwiderstand p_A bei Fügeteilen gleichen E-Moduls jedoch unterschiedlicher Festigkeit.
1 — 3 AlCuMg2pl, $\sigma_B = 45$ kp/mm²; *4 — 6* AlCuMg2pl (weichgeglüht), $\sigma_B = 25$ kp/mm²;
7 — 9 Al 99,5, $\sigma_B = 12$ kp/mm².
1, 4, 7 Redux 775; *2, 5, 8* Araldit I; *3, 6, 9* VA 140 + BN 710.

Streckgrenzen. Sobald sich die Festigkeiten und Streckgrenzen nicht entsprechen, macht sich beim Abschälen eine unterschiedliche Fügeteilfestigkeit zusätzlich bemerkbar, Abb. 116. Mit abnehmender Fügeteilfestigkeit vermindert sich auch der Schälwiderstand, weil mit sinkender Festigkeit das plastische Verformen der Fügeteile früher einsetzt.

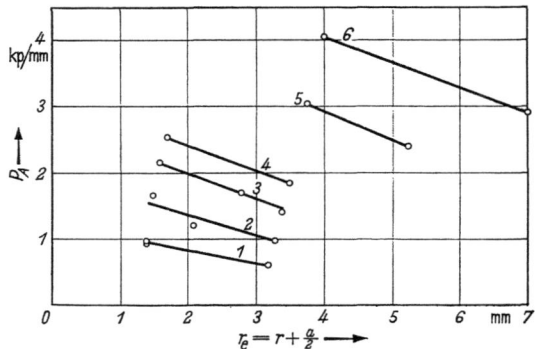

Abb. 117. Schälwiderstand p_A in Abhängigkeit vom Abkantradius r_e.
1 a = 0,4 mm; 2 a = 0,6 mm; 3 a = 0,8 mm; 4 a = 1,0 mm; 5 a = 1,5 mm; 6 a = 2,0 mm.

Der mit zunehmender Fügeteildicke größer werdende Schälwiderstand geht aus Abb. 112 hervor. Mit vermehrtem Abstand des Kraftangriffs von der Schälstelle (Abkantradius) nimmt der Schälwiderstand ab, Abb. 117.

5.1.3.3 Abhängigkeit des Schälwiderstands vom Abschälwinkel

Klebschichten, die unter einem Winkel $\alpha \neq 90°$ abgeschält werden, unterliegen gleichzeitig einem Abscherprozeß. Ein Berechnungsansatz für die Abschälkraft P bei elastischen Fügeteil- und Klebschichtverformungen enthält [12]. Danach beträgt die Abschälkraft für Abschälwinkel zwischen $\alpha = 0°$ und $180°$

$$P \sim \frac{1}{1-\cos\alpha}, \tag{3}$$

d. h. mit zunehmendem Abschälwinkel sinkt die Abschälkraft. Ergebnisse von Schälversuchen mit unterschiedlichen Abschälwinkeln vermittelt Abb. 118. Hier ist zum Vergleich die Funktion Gl. (3) mit $P_{90°} = 1$ angenommen, und es folgt, daß bei Abschälwinkeln zwischen 30 und 120° Theorie und Versuch gut übereinstimmen.

Die bisherigen Betrachtungen über den Schälwiderstand haben erwiesen, daß der Spannungszustand in einer auf Abschälen beanspruchten Klebung äußerst komplex ausfällt. Dadurch ist seine exakte Berechnung nahezu unmöglich. Der Schälwiderstand wird deshalb meist experimentell ermittelt, um festzustellen, ob sich ein ausgewählter Klebstoff für einen bestimmten Anwendungsfall eignet. Abb. 119 gibt als Beispiel den Anrißschälwiderstand nach DIN 53282 für unterschiedliche Klebstoffe in Abhängigkeit von der Fügeteildicke an.

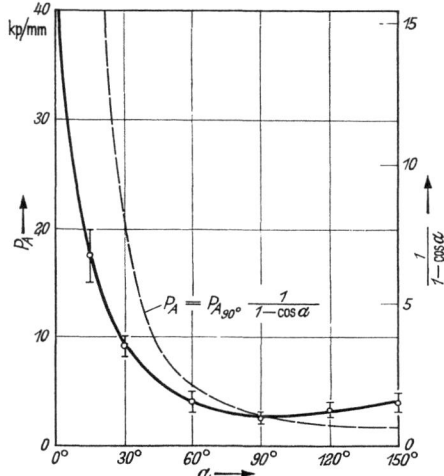

Abb. 118. Schälwiderstand p_A in Abhängigkeit vom Abschälwinkel α [10].

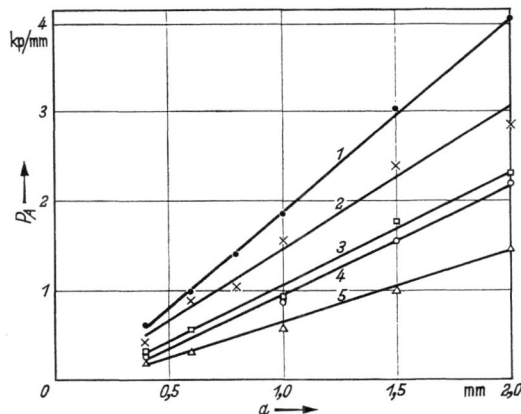

Abb. 119. Schälwiderstand p_A von unterschiedlichen Klebstoffen in Abhängigkeit von der Fügeteildicke a *1* Redux 775; *2* Agomet E; *3* Araldit I; *4* Metallon 130; *5* VA 140 + BN 710.

5.1.4 Die Verdrehscherfestigkeit

Die Schubfestigkeit einer Klebverbindung ist eine Größe, die vom Klebstoff bestimmt wird. Sie kann ermittelt werden, sofern in der Klebschicht ein reiner Schubspannungszustand herrscht und die Schubeigenschaften von den Abmessungen der Fügeteile sowie von der Verbindungsform nicht beeinflußt werden. Bei Überlappklebungen ist dies nicht der Fall.

Die Forderung nach einem reinen Schubzustand in der Klebschicht wird am besten dann erfüllt, wenn sich die Klebschicht zwischen zwei kreis- oder kreisringförmigen Fügeteilen befindet und an den Fügeteilen ein Drehmoment M_t angreift, Abb. 120. In einer solchen Verbindung

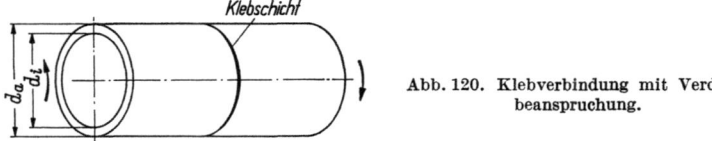

Abb. 120. Klebverbindung mit Verdrehbeanspruchung.

treten nur Schubspannungen auf, und ihre Wirkungslinien verlaufen zentrisch um die Probenachse. Die größte Schubspannung herrscht am Kreisumfang

$$\tau_{\max} = \frac{M_t}{W_p},$$

worin W_p ein polares Widerstandsmoment der Querschnittsfläche ist.

Der Verdrehscherversuch ist zum Bestimmen der Schubfestigkeit eines Klebstoffs gut geeignet. Er wird am vorteilhaftesten an rohrförmigen Proben ausgeführt, bei denen die Rohrwanddicke im Vergleich zum Rohraußendurchmesser möglichst klein ist. Dadurch ergeben sich annähernd gleiche Schubverformungen über der Rohrwanddicke bis zum Bruch der Klebschicht. Im entgegengesetzten Fall und beim Kreisquerschnitt würden die Kleber am Außendurchmesser plastisch und in der Mitte elastisch verformt werden.

Bei rein elastischer Verformung des Klebstoffs bis zum Bruch der Klebung errechnet sich für eine kreisringförmige Klebfläche mit dem Außendurchmesser d_a und dem Innendurchmesser d_i die Schubspannung zu

$$\tau_t = \tau_{t\max} = \frac{M_t \cdot 16 d_a}{\pi(d_a^4 - d_i^4)}. \tag{4}$$

Das Spannungs-Verformungs-Verhalten vieler Klebstoffe ist jedoch bis zum Bruch nicht linear, sondern nimmt den in Abb. 121 für verschiedene Klebstoffe dargestellten Verlauf. Verhält sich die Klebschicht im Bruchzeitpunkt ideal plastisch, so entspricht die Schubspannung nach W. BRAIG [15]

$$\tau_{tpl} = \frac{M_t \cdot 12}{\pi(d_a^3 - d_i^3)}.$$

5.1 Die Festigkeit unter zügiger Belastung

Häufig kennt man das Spannungs-Verformungs-Verhalten eines Klebstoffs nicht. Der mögliche Fehler beim Berechnen der Schubfestigkeit beträgt dann nach G. MÜLLER [16]

$$\varphi = \frac{\tau_{el} - \tau_{pl}}{\tau_{pl}} = \frac{1{,}33 d_a (d_a^3 - d_i^3)}{(d_a^4 - d_i^4)} - 1.$$

Der Fehler hängt somit vom Durchmesserverhältnis d_i/d_a ab, d. h. je kleiner die Rohrwanddicke ist, um so kleiner wird auch der Fehler.

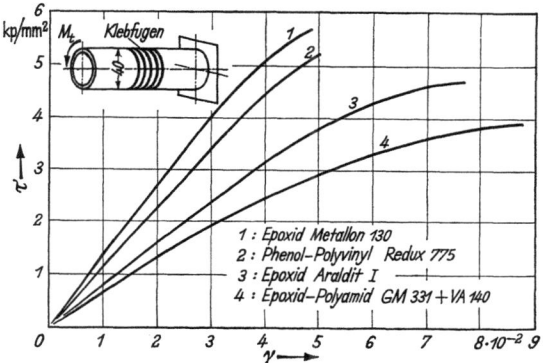

Abb. 121. Schubspannungs-Gleitungs-Diagramme (τ, γ) mehrerer Klebstoffe.

In Abb. 122 sind Verdrehscherfestigkeiten eingetragen, die mit verschiedenen Klebstoffen und rohrförmigen Probekörpern aus einer Aluminiumlegierung ermittelt wurden; diese und die im folgenden mitgeteilten Festigkeitswerte basieren auf Gl. (4). Die Schubfestigkeit eines Klebstoffs bei einem reinen Schubspannungszustand ist so-

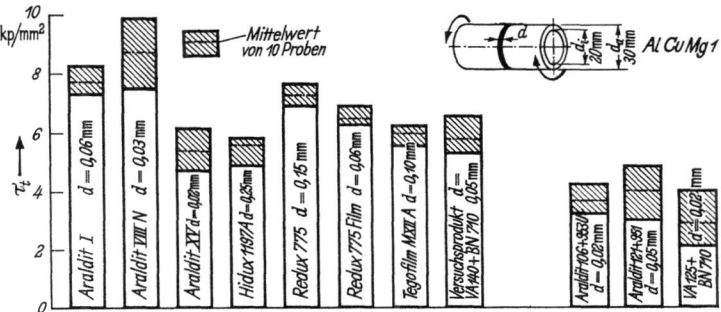

Abb. 122. Verdrehscherfestigkeiten τ_t mehrerer Klebstoffe.

mit um ein Vielfaches höher als die Schubfestigkeit überlappter Klebungen, weil Überlappklebungen einen zusammengesetzten Spannungszustand aus Schub, Zug und Biegung unterliegen und die Schubspan-

15*

228   5 Verhalten von Metallklebverbindungen unter Last   [Lit. S. 342

nungen darüber hinaus nicht gleichmäßig verteilt sind, sondern hohe Spannungsspitzen an den Überlappungsenden aufweisen.

Auf Grund der festigkeitstheoretischen Annahmen beim Berechnen der Verdrehscherfestigkeit kann diese durch den Fügeteilwerkstoff und die Klebschichtdicke nicht beeinflußt werden. Experimente haben dies bestätigt. In Abb. 123 sind Festigkeitswerte von Versuchen mit verschiedenen Fügeteilwerkstoffen eingetragen; eine Abhängigkeit der Verdrehscherfestigkeit von der Werkstoffart ist hieraus nicht erkenn-

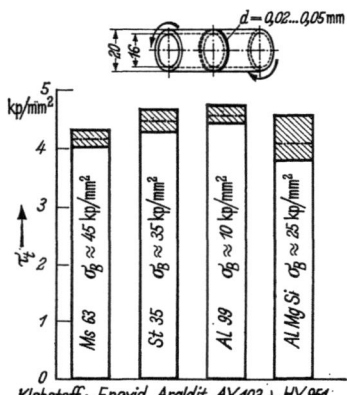

Abb. 123. Verdrehscherfestigkeit in Abhängigkeit vom Fügeteilwerkstoff [16].

bar. Voraussetzung dafür ist jedoch eine ausreichende Haftung des Klebstoffs an der Fügeteiloberfläche und ein Bruch in der Klebschicht. Resultate von Verdrehscherversuchen bei unterschiedlichen Klebschichtdicken sind in Abb. 124 wiedergegeben. Man erkennt, daß die Verdrehscherfestigkeit im Bereich dünner Klebschichten (kleiner als

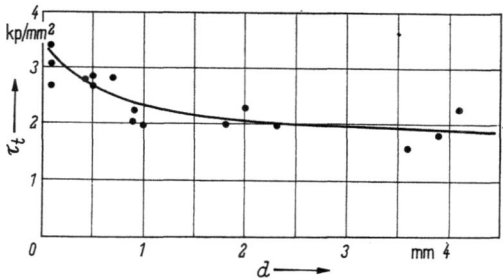

Abb. 124. Verdrehscherfestigkeit τ_t in Abhängigkeit von der Klebschichtdicke d [16].

0,5 mm), wie sie sich beim Kleben ohne Hilfsmittel einzustellen pflegen, nahezu unabhängig von der Schichtdicke bleibt. Erst mit dem Übergang zu dickeren Klebschichten ist ein leichter Festigkeitsabfall zu beobachten, der sich mit der Zunahme von Schrumpfspannungen und vermehrten Fehlstellen in dicken Klebschichten erklären läßt.

Die Verdrehscherfestigkeit ist nicht nur als Klebstoffkennwert bedeutungsvoll, sondern kann nach Berücksichtigen von Sicherheitsfaktoren als Konstruktionsangabe überall dort verwendet werden, wo von geklebten Bauteilen reine Schubkräfte übertragen werden sollen oder zusammengesetzte Spannungen, unabhängig von der Geometrie der Fügeteile, zu erwarten sind.

5.2 Das Langzeitverhalten von Metallklebverbindungen unter statischer Last

Von Heinz Meckelburg, Bremen

5.2.1 Bruchverhalten bei statischer Dauerlast

Über das Verhalten von Metallklebverbindungen bei statischer Kurzzeitbeanspruchung liegen umfangreiche theoretische Erkenntnisse und langjährige experimentelle Erfahrungen vor. Das Langzeitverhalten unter statischer Last, d. h. die Zeitstandfestigkeit, ist erst in neuerer Zeit Gegenstand von eingehenden Untersuchungen geworden. Nach den bisherigen Ergebnissen ist das Verhalten von Klebverbindungen bei diesem Beanspruchungsfall folgendermaßen gekennzeichnet:

Eine Metallklebverbindung verliert im Verlaufe einer zeitlich andauernden statischen Beanspruchung an Festigkeit. Die Zeitstandfestigkeit ist auf Grund der für synthetische, hochpolymere Stoffe charakteristischen Relaxations- und Kriechvorgänge auch bei Raumtemperatur in starkem Maße zeitabhängig. Diese Abhängigkeit erfordert ein Zuordnen der Festigkeit zur Beanspruchungsdauer. Mit zunehmender Last nimmt die Lebensdauer ab. Um einen Bruch durch Zeitstandbelastung einzuleiten, genügt bereits eine erheblich geringere Last als die statische Bruchlast bei Kurzzeitbeanspruchung [17; 18; 19].

Während die meisten metallischen Werkstoffe unter Dauerlast erst bei hohen Temperaturen plastische Formänderungen erleiden, kriechen die Kunststoffe bereits bei Raumtemperatur. Bei Metallklebverbindungen hängen Kriechverlauf und Kriechgeschwindigkeit von Belastungshöhe, Temperatur, Eigenschaften der Fügeteilwerkstoffe und dem Aushärtungszustand der Klebstoffe ab.

Zur Beurteilung des Verhaltens von Klebverbindungen unter zeitlich andauernder, konstanter Belastung ist die Betrachtung der Kriechverformungsvorgänge notwendig [20]. Die Kriechkurven über der Belastungszeit durchlaufen drei unterschiedliche Bereiche, Abb. 125. Die vorliegende Kurve ergibt sich durch das Messen an einer einfach überlappt geklebten Probe. Das primäre oder Übergangskriechen I. kennzeichnet den Anlaufvorgang und ist bei allen Klebstoffen nachweisbar. Das sekundäre oder stationäre Kriechen II wird durch eine konstante Kriechgeschwindigkeit charakterisiert. Das tertiäre oder beschleunigte Kriechen III leitet den Bruchvorgang ein. Der sekundäre Bereich II ist hierbei von zusätzlichem Interesse. Er läßt sich meßtechnisch exakt erfassen. Theoretisches Auswerten und mathematisches Behandeln sind ebenfalls in zufriedenstellendem Maße möglich.

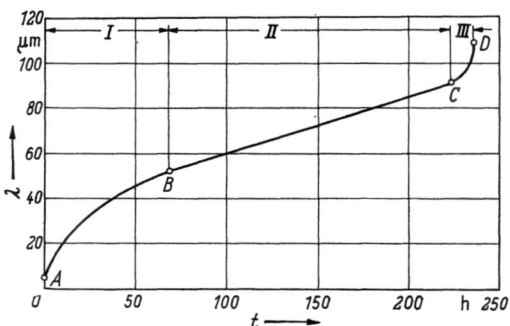

Abb. 125. Kriechverformung λ in Abhängigkeit von der Belastungszeit t, Beispiel einer Versuchskurve.

Der Bruch der Klebverbindung kommt durch ein Erschöpfen der Verformungsmöglichkeiten innerhalb der Klebschicht zustande. Bestimmte kritische Verformungswerte dürfen nicht überschritten werden. Sie können jedoch ein mehrfaches der statischen Kurzzeit-Bruchverformung betragen. Andererseits führen auch kleinste Spannungswerte zum Kriechen und können bei entsprechender Belastungsdauer den Bruch der Klebverbindung auslösen.

5.2.2 Zeitstandfestigkeit verschiedener Klebstoffe

Aus den obigen Gründen ist bei andauernder konstanter Belastung einer Klebverbindung nur mit einer Zeitfestigkeit zu rechnen. Sie kann erheblich unter der statischen Kurzzeit-Bruchfestigkeit liegen. Bei Beanspruchungen, die weniger als 50% der Kurzzeitfestigkeit betragen, ist jedoch eine Lebensdauer bis zu 10000 h zu erwarten.

In Abb. 126 werden die Zeitstandfestigkeiten von schubbeanspruchten, einschnittig überlappten, mit verschiedenen Klebstoffen hergestellten Metallklebverbindungen bei Normalklima angegeben [20]. Die Klebstoffe verhalten sich unterschiedlich, wenn auch ähnlich. Die Zeitstandfestigkeiten bis 10^4 h schwanken zwischen 90 und 60% der Kurzzeitfestigkeit. Auf Grund dieser Tatsache sind keine verallgemeinernden Schlußfolgerungen möglich. Vor der praktischen Anwendung eines Klebstoffes sind daher stets entsprechende Versuche notwendig.

5.2 Das Langzeitverhalten unter statischer Last

In den Teilabbildungen sind neben sämtlichen Versuchspunkten die unteren Streubereichskurven eingezeichnet. Darunger war ein Versagen der Klebverbindungen nicht zu beobachten. Die Streuung der Standzeiten aus den einzelnen Prüfhorizonten ist z. T. sehr groß. Sie

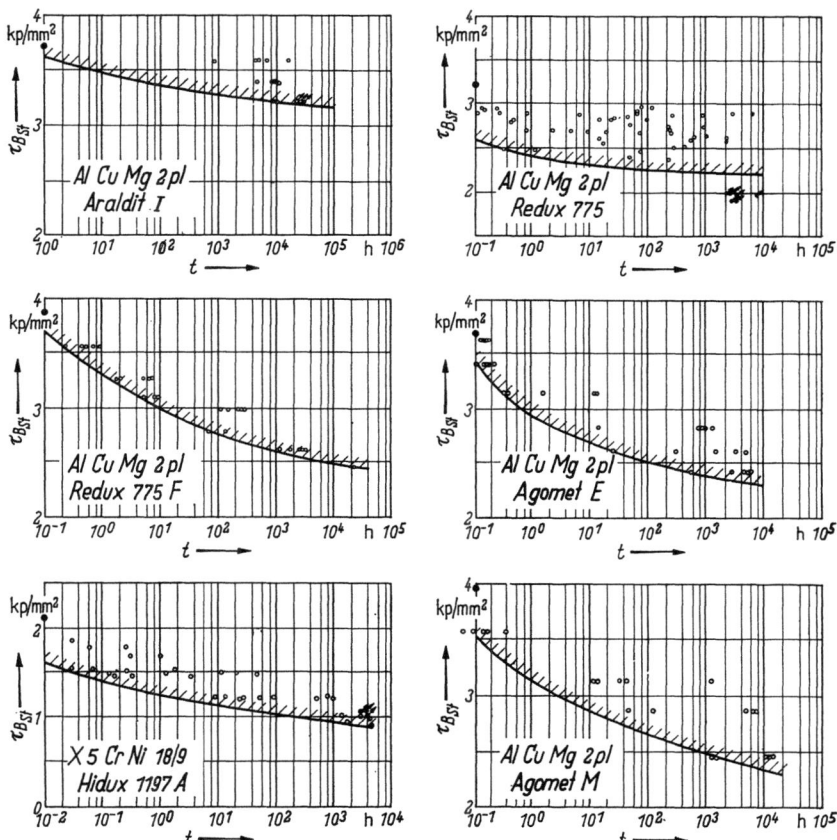

Abb. 126. Zeitstandsfestigkeit τ_{BSt} einschnittig überlappter Klebverbindungen aus unterschiedlichen Fügeteilwerkstoffen mit mehreren Klebstoffen.

ist auf unterschiedliche Klebschichtdicken und ungleiche Anrißvorgänge am Überlappungsende zurückzuführen. Die unteren Streubereichskurven der Versuchsergebnisse können als Grundlage für die Dimensionierung einer Klebverbindung gegen Zeitstandbeanspruchung dienen. Zusätzlich ist aber noch ein Sicherheitsfaktor gegen Bruch zu berücksichtigen.

Aus den Versuchskurven geht jedoch hervor, daß bei einer Versuchsdauer von 10^4 h die Dauerfestigkeitsgrenze noch nicht in allen Fällen erreicht ist. Deshalb empfiehlt es sich, einzelne Kontrollversuche über längere Zeiträume vorzunehmen. Dieser Umstand kennzeichnet die Problematik derartiger Belastungsfälle. Eine zuverlässige Aussage über die Lebensdauer einer Klebverbindung ist praktisch erst nach Vorliegen entsprechender Versuchsergebnisse für den gleichen Zeitraum möglich. Die Forschung hat jedoch inzwischen Wege aufgezeigt, die nachfolgend zur Sprache kommen und eine zufriedenstellende Abhilfe gestatten.

5.2.3 Zeitstandfestigkeit bei besonderen Umweltbedingungen

Bisher wurde lediglich die Zeitstandfestigkeit unter Normalklima betrachtet. Unter abweichenden Umweltbedingungen (z. B. Wärme, Klima, Flüssigkeiten) vermindert sich die Kurzzeitfestigkeit von Klebverbindungen weiterhin [21]. Ähnliche Einflüsse gelten auch für die Zeitstandfestigkeit.

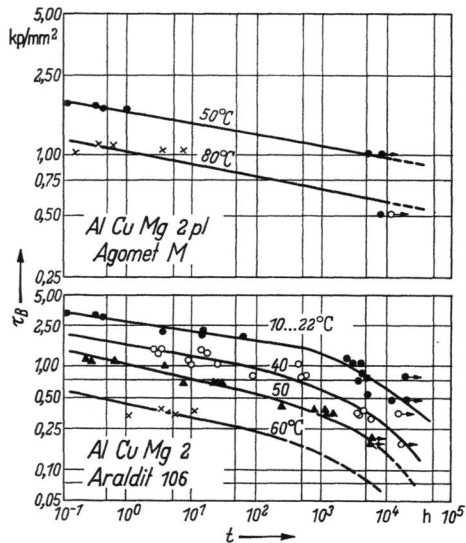

Abb. 127. Zeitstandfestigkeit τ_{BSt} von Klebverbindungen bei erhöhter Temperatur.

Abb. 127 läßt die Zeitstandfestigkeit bei verschiedenen Temperaturen erkennen [22]. Erwartungsgemäß nimmt die Festigkeit mit ansteigender Temperatur ab. Die einzelnen Versuchskurven liegen jedoch annähernd parallel. Der Festigkeitsverlust entspricht etwa dem bei Kurzzeitbeanspruchung in der Wärme. Das Festigkeitsverhalten ist ebenfalls vom Klebstoff abhängig. Bei zusätzlich schädigenden Umwelteinflüssen sind weitere Verminderungen der Zeitstandfestigkeit zu erwarten [22].

Obwohl die hier erläuterten Versuchsergebnisse nur richtungsweisend sein können, liefern sie doch aufschlußreiche Erkenntnisse. Es muß weiteren Untersuchungen vorbehalten bleiben, einen vollständigen Überblick über das Zeitstandverhalten von Klebverbindungen unter komplexen Umwelteinflüssen zu gewinnen.

5.2.4 Prüfmethoden für die Zeitstandfestigkeit

Die Bemessung von geklebten Konstruktionen auf Zeitstandfestigkeit muß sich weitgehend auf Versuchsergebnisse stützen. Daher kommt den Zeitstandversuchen große Bedeutung zu.

Im allgemeinen werden gewichtsbelastete Prüfeinrichtungen mit Hebelübersetzungen verwendet [17]. Die Last wird den ausgewählten Prüfhorizonten entsprechend aufgebracht und die jeweilige Standzeit bis zum Bruch gemessen.

Für Reihenversuche sind auch federbelastete Dauerstandprüfgeräte geeignet [20; 23]. Das Aufbringen der Last erfolgt durch Druck einer gespannten Schraubenfeder. Der Federweg wird an einer Meßskala abgelesen. Die Standzeit ist mit einer elektrischen Kontrolluhr meßbar. Bei Prüfkörperbruch schaltet sie sich durch einen Kontakt automatisch ab. Die Federentlastung als Folge der Probenverlängerung durch das Kriechen der Klebschicht (etwa 0,1 mm) betrug maximal nur 0,5% vom eingestellten Sollwert und konnte daher vernachlässigt werden.

Das Messen der Fügeteilverschiebung und damit der Kriechverformung der Klebschicht erfolgte mit zwei gegenüberliegend angebrachten Huggenberger-Tensometern. Dieses Prüfverfahren hat sich bei umfangreichen Reihenversuchen bewährt und erfordert nur einen geringen versuchstechnischen Aufwand. Dauerstandsversuche bedürfen relativ viel Zeit. Die Ergebnisse streuen beträchtlich. Das Bilden arithmetischer Mittelwerte ist in den meisten Fällen nicht möglich [23].

5.2.5 Statistische Auswertung der Versuche

Die Werkstoffprüftechnik bedient sich in zunehmendem Maße statistischer Methoden zur Auswertung [24; 25], siehe auch DIN 1319 und 53804. Damit ist neben der üblichen Angabe von Durchschnittswerten und prozentualen Streubereichen auch eine Aussage über den Zuverlässigkeitsgrad der Ergebnisse möglich. Da die Meßbereiche jedoch häufig klein sind bzw. mit geringer Probenzahl gearbeitet wird, ist zunächst die Anzahl der notwendigen Stichproben wissenswert [26; 27]. Zur statistischen Auswertung von Dauerstandversuchen an Klebverbindungen eignet sich ein Verfahren von W. WEIBULL [28]. Hierbei werden jeweils neun Versuche auf unterschiedlichen Prüfhorizonten vorgesehen und die Bruchstandzeiten gemessen. Die Meßwerte sind dann zu ordnen und mit einer Ordnungszahl m zu versehen. Mit der

Probenanzahl n ergeben sich die Bruchwahrscheinlichkeiten W_B der Standzeit zu

$$W_B = \frac{m}{n+1} \cdot 100\%.$$

Nach dem Eintragen der Meßwerte in ein logarithmisches Wahrscheinlichkeitsnetz lassen sich die Prüfwerte durch Geraden annähern, Abb. 128. Hieraus können die Bruchstandzeiten für Bruchwahrscheinlichkeiten von 10, 50 und 90% abgelesen werden.

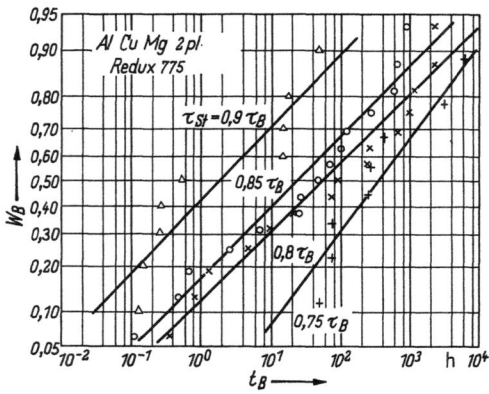

Abb. 128. Statistische Ermittlung der Bruchbelastungszeit t_B.

Das Auftragen dieser Werte, abhängig von der vorgegebenen Belastung, liefert ein Zeitstandschaubild mit statistisch gesicherten Werten für die Bruchstandzeit. Bei doppeltlogarithmischer Darstellung werden die eingetragenen Punkte durch Geraden verbunden, Abb. 129. Die Messungen der Bruchkriechverformung lassen sich auf gleiche Weise auswerten.

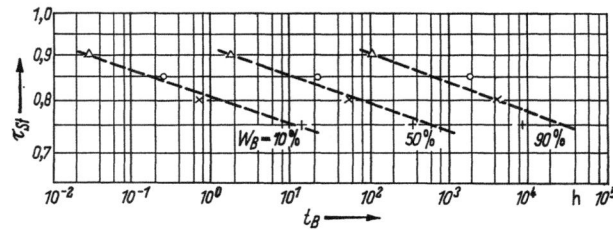

Abb. 129. Zugscherstandfestigkeit τ_{St} in Abhängigkeit von der Bruchbelastungszeit t_B.

5.2.6 Abkürzende Prüfverfahren

Das Verfahren von F. R. LARSON und J. MILLER [29] schließt von kurzzeitigen Versuchen bei erhöhter Temperatur auf die Zeitstandfestigkeit bei Raumtemperatur. Damit wird die Tatsache ausgenutzt, daß Kriechvorgänge durch Wärmezufuhr beschleunigt ablaufen.

Dieses Verfahren erfordert es, die Festigkeit σ_{st} in Abhängigkeit von der Temperatur T und der Standzeit t experimentell zu bestimmen, wobei die Einflußfaktoren in einem sog. K-Faktor zusammengefaßt werden:
$$K = T(20 + \log t).$$
Bei konstanter Belastung soll sein
$$T_1(20 + \log t_1) = T_2(20 + \log t_2).$$
Ein anderes Verfahren von W. J. WORLEY und W. N. FINDLEY [30] schließt ebenfalls von Kurzzeitversuchen auf lange Standzeiten. Hierbei wird vorausgesetzt, daß sich die Bruchvorgänge ähneln und die Bruchkriechverformung konstant ist. Den Bruchzeitpunkt bestimmt man aus einer theoretischen Kurve durch Aufsuchen des Punktes, bei welchem die Kriechverformung der Gleichung
$$\lambda = \lambda_0(1 + t^h) = \lambda_B$$
entspricht, Abb. 130. Obwohl der Bruch rechnerisch in Punkt E ermittelt wird, ereignet er sich jedoch praktisch in Punkt D. Die Zeitabhängigkeit der Kriechverformung von der Belastung läßt sich auf Grund eines 100-h-Versuches und mehrerer 1-h-Versuche bei unterschiedlichen Belastungen erfassen.

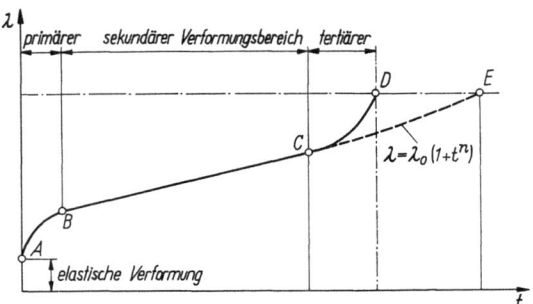

Abb. 130. Erläuterung des Worley-Findley-Verfahrens.

Ein neueres Verfahren zur näherungsweisen Bestimmung der Lebenserwartung von Klebverbindungen bei Dauerstandbelastung wird im folgenden näher erläutert [23]. Hierzu ist die Messung der Standzeit und der Kriechverformung notwendig. Sie erfolgt bei hohen Belastungen auf mindestens drei Prüfhorizonten bis zum Bruch sowie auf einem niedrigeren bis zu einem Grenzwert der Kriechverformung.

In ein doppeltlogarithmisches Netz eingetragen, können die Wertepaare Standzeit—Kriechverformung annähernd durch Geraden verbunden werden, Abb. 131. Die Meßpunkte bei Bruch der Verbindung, d. h. die Standzeiten der Bruchkriechverformung, lassen sich ebenfalls annähernd durch eine Gerade verbinden. Diese Gerade wird extrapoliert und zum Schnitt gebracht mit der ebenfalls extrapolierten Geraden durch die Wertepaare Standzeit-Kriechverformung eines niedrigen

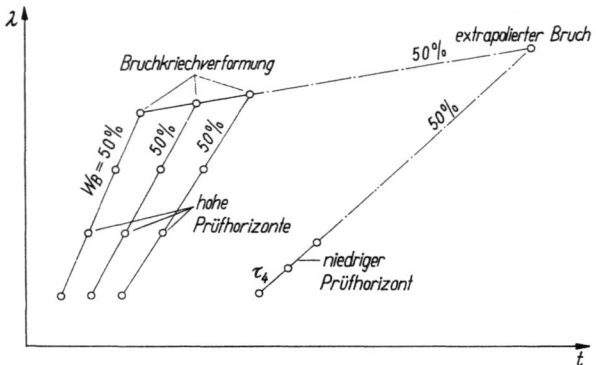

Abb. 131. Abkürzungsverfahren für die Zeitstandfestigkeit von Metallklebverbindungen (λ = Kriechverformung).

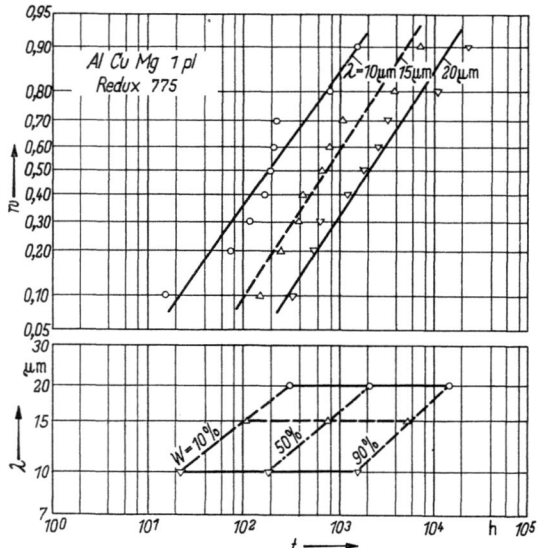

Abb. 132. Statistische Ermittlung der Belastungszeit t für verschiedene Kriechverformungen λ bei $\tau_{St} = 0{,}6\,\tau_B$.

Prüfhorizonts. Der Schnittpunkt ergibt die zu erwartenden Werte für Bruchzeitpunkt und Bruchkriechverformung des niedrigen Prüfhorizonts. Wenn der so ermittelte Bruchzeitpunkt lang genug erscheint, kann der gewählte niedrige Prüfhorizont als Dauerstandfestigkeit an-

5.2 Das Langzeitverhalten unter statischer Last   237

gesehen werden. Anderenfalls ist das Verfahren entsprechend zu wiederholen.

Das Anwenden dieses abkürzenden Prüfverfahrens setzt voraus, daß sich die physikalischen Vorgänge in der Klebschicht bei konstanter Dauerlast bis zum Bruch stets in ähnlicher Weise abspielen. Ferner

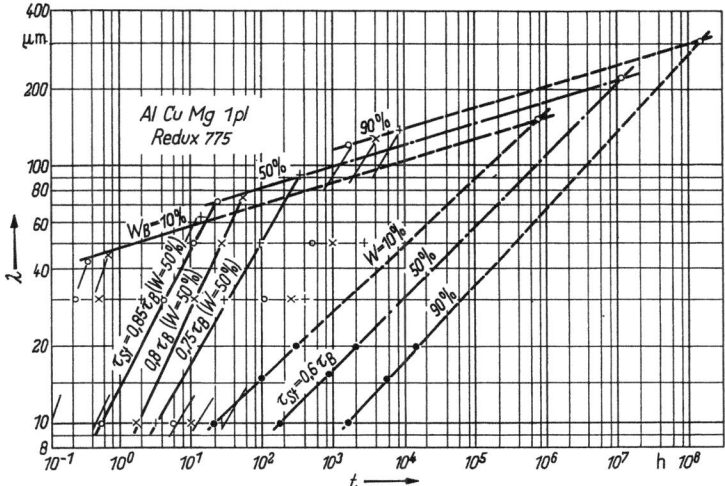

Abb. 133. Kriechverformung λ in Abhängigkeit von der Belastungszeit t.

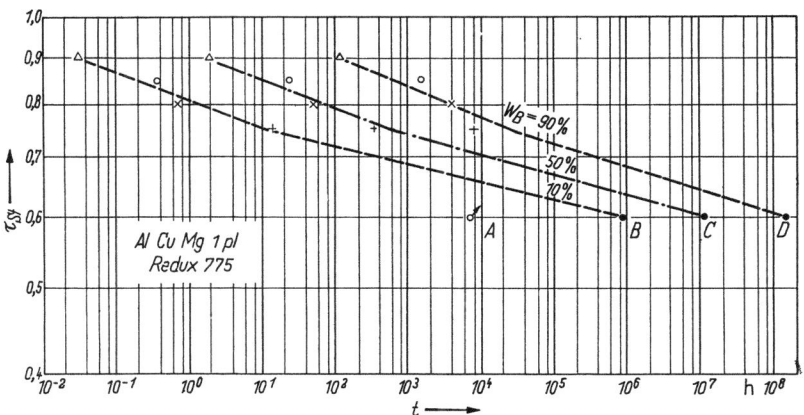

Abb. 134. Zugscherstandfestigkeit τ_{St} in Abhängigkeit von der Belastungszeit t.

muß eine Extrapolation der Standzeit über mehrere Zehnerpotenzen möglich sein. Die folgenden Abbildungen kennzeichnen das Verfahren durch ein Beispiel. In Abb. 132 ist die statistische Ermittlung der Belastungszeit für verschiedene Kriechverformungen dargestellt. Die so bestimmten Versuchspunkte für 10, 50 und 90proz. Wahrscheinlichkeit werden in ein doppeltlogarithmisches Netz eingetragen, Abb. 133. Alle ermittelten Bruchbelastungszeiten der verschiedenen Prüfhorizonte, Abb. 130, lassen sich in einem Festigkeit-Standzeit-Schaubild zusammenfassen, Abb. 134.

Der so zu erwartende Bruchzeitpunkt einer einschnittig überlappten Klebverbindung mit dem Klebstoff Redux 775 liegt demnach z. B. für eine Zeitstandbelastung von 60% der Kurzzeit-Bruchfestigkeit mit einer 10proz. Bruchwahrscheinlichkeit bei etwa 90 Jahren. Der Vorteil dieses Verfahrens ist offensichtlich. Mit einigen relativ rasch ausführbaren Zeitstandversuchen auf hohen Prüfhorizonten ist eine verhältnismäßig zuverlässige Aussage über die Lebensdauer von Klebverbindungen für sehr lange Zeiträume möglich.

5.3 Die Bindefestigkeit von Metallklebverbindungen unter dynamischer Belastung

Von ULRICH DRAUGELATES, Essen

Der Einsatz von Metallklebverbindungen in hochbeanspruchten Teilen, insbesondere von Flugzeugen, Satelliten und Fahrzeugen, erfordert die Ermittlung der Bindefestigkeit unter schwingender Belastung, da diese Bauteile vorwiegend durch Lastschwingungen unterschiedlicher Amplitude und Frequenz beansprucht werden. Die Prüfung der Schwingfestigkeit geklebter Blechproben wird gewöhnlich in Anlehnung an die Vorschriften für den Dauerschwingversuch an Metallen nach DIN 50100 und an die Norm DIN 53285 über die Schwingprüfung von Klebproben vorgenommen. Für die Schwingversuche können die für die Metallprüfung bewährten Maschinen für schwingende Zug- oder Druckbelastung herangezogen werden. Oft sind jedoch erhebliche Umbauten erforderlich, um die notwendige Meßgenauigkeit zu sichern. In erster Linie ist auf einen angemessenen Prüflastbereich der Maschine zu achten, der eine kleinste Amplitude von etwa 5 bis 8% der statischen Bindefestigkeit der Versuchsproben gewährleisten muß.

Die Prüfnorm DIN 53285 schlägt die praxisnahe einfach überlappte Klebverbindung als Probenform für die dynamische Prüfung vor. Als wichtigster Punkt für die Wahl der einfachen Überlappung galt, daß sie bisher für nahezu alle statischen Grundlagenversuche herangezogen wurde und dadurch die Vergleichbarkeit statischer und dynamischer Kennwerte gesichert wird. Gewöhnlich ist es jedoch notwendig, die in der Norm vorgeschlagenen Maße der Proben zu ändern, um die erforderlichen Prüfkräfte und den Lastbereich der zur Verfügung stehenden Maschinen aufeinander abzustimmen. Die freie Einspannlänge ist so zu wählen, daß Eigenschwingungen und Ausknicken der Proben bei mäßiger Druckbeanspruchung vermieden werden.

5.3.1 Auswertungsverfahren für Schwingfestigkeitsversuche

Seit Jahren wird die mathematische Statistik zum Beurteilen von Schwingversuchen herangezogen und ist zu einem unentbehrlichen Hilfsmittel für die Planung der Versuche und die Interpretation der Ergebnisse entwickelt worden [31 bis 37]. Die statistischen Auswertungsverfahren erhöhen einerseits die Aussagefähigkeit, insbesondere bei Großzahlversuchen und beim Bestimmen von Abhängigkeiten mit mehreren Einflußgrößen, und sie ermöglichen andererseits das Anwenden von Abkürzungs- und Stichprobenversuchen mit hoher Aussagesicherheit [38; 39]. Für das Bemessen mit kleinen Sicherheitszahlen im Leichtbau haben sich statistisch gesicherte Lebensdauerwerte als unerläßlich erwiesen [40].

Das Übertragen der statistischen Auswertungsmethoden auf Schwingversuche an Klebverbindungen erfordern den Nachweis, daß für die Versuchswerte eine statistische Zufallsverteilung vorliegt, die für die Gültigkeit des Verfahrens vorausgesetzt wird. Wertet man eine Reihe von statischen Zugversuchen an Klebverbindungen nach den Regeln der Norm DIN 55302 aus, so ergibt sich für die Gesamtheit der Bruchlastwerte eine Gerade im Wahrscheinlichkeitsnetz wie sie in Abb. 135 aufgetragen wurde. Die statische Festigkeitsstreuung ist demnach durch eine Gauß- oder Normalverteilung gekennzeichnet, wobei sich als Mittelwert 1000 kp mit $\pm$ 7% Abweichung für eine Sicherheit von 99% angeben läßt.

Der gleiche Nachweis gelang auch für die Häufigkeitsverteilung der Lebensdauer unter dynamischer Beanspruchung, Abb. 136. Die Bruchlastspielzahlen von 40 Proben, die der gleichen Schwingbelastung ausgesetzt waren, sind in das Gaußsche Wahrscheinlichkeitsnetz mit logarithmisch geteilter Abszisse aufgetragen worden. Durch die Meßpunkte läßt sich eine Ausgleichsgerade legen. Demnach liegt auch hier eine logarithmische Normalverteilung der Lebensdauer vor. Diese Behauptung gilt jedoch nur für den Bereich zwischen 10 und 90% Bruchhäufigkeit. Außerhalb dieses Bereichs erscheint eine Näherung durch eine Gerade nicht mehr ausreichend.

Eine höhere Genauigkeit in den Randbereichen wird durch das Einführen der Weibull-Funktion für die Wahrscheinlichkeit an Stelle der Gauß-Funktion erreicht [41]. Für Klebverbindungen ist die Annahme logarithmischer Normalverteilung zunächst beibehalten worden, da

240   5 Verhalten von Metallklebverbindungen unter Last   [Lit. S. 342

ihre Genauigkeit für die Ermittlung von allgemeinen Bemessungswerten ausreicht. Die Aussagesicherheit beschränkt sich dadurch auf den Bruchwahrscheinlichkeitsbereich von 5 bis 95%. Da man beim Bestimmen der Lebensdauer die Spannungsstreuung nicht kennt, wird die Spannung als durch die Probenabweichungen verursacht angesehen.

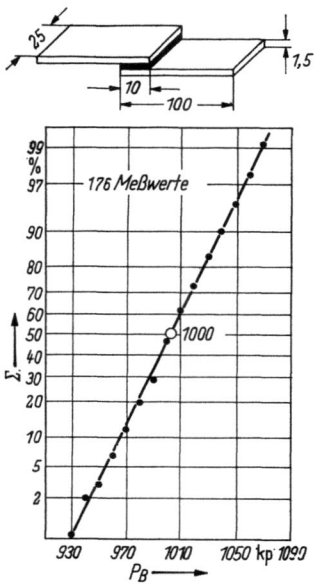

Abb. 135. Häufigkeitsverteilung (Summenprozent Σ) der statischen Festigkeit von Klebverbindungen.

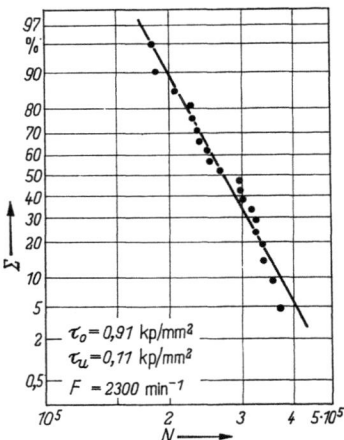

Abb. 136. Normalverteilung (Summenprozent Σ) der Lebensdauer von Klebverbindungen unter gleicher Schwingbeanspruchung im Zeitfestigkeitsbereich.

Durch die logarithmische Normalverteilung der Meßwerte ist die Voraussetzung für statistisch gesicherte Aussagen über die Wöhlerlinie gegeben. Für das Auswerten von Versuchen im Zeitfestigkeitsgebiet hat sich ein Verfahren bewährt, das durch die Einführung der Veränderlichen L als Bruch- oder Überlebenswahrscheinlichkeit derart bestimmt ist, daß jeder Probe — entsprechend ihrer Bruchlastwechselzahl — eine Überlebenserwartung zugeordnet wird [33]. Diese Überlebenswahrscheinlichkeit kann nach

$$L_{ü} = \frac{m}{n+1} \cdot 100\%,$$

worin m die Ordnung der Bruchlastwechselzahl und n die Gesamtzahl der Proben der Spannungsstufe sind, tabellarisch bestimmt und in ein Wahrscheinlichkeitsnetz mit logarithmischer Abszisse eingetragen wer-

5.3 Die Bindefestigkeit unter dynamischer Belastung

den, Abb. 137. Der Vorteil dieses Verfahrens liegt in der Möglichkeit, bei kleiner Probenanzahl mit Hilfe der durch die aufgetragenen Meßpunkte verlaufenden Geraden zu größeren Werten der Wahrscheinlichkeit zu extrapolieren als sie der Anzahl der Versuche entspricht.

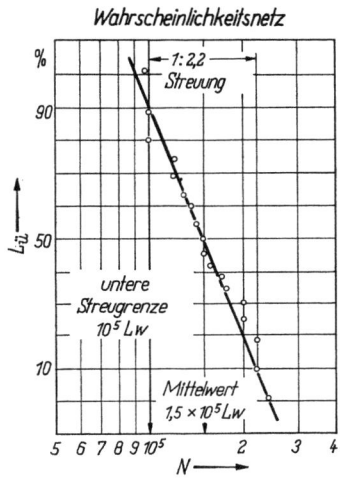

Abb. 137. Verfahren zur statistischen Auswertung von Schwingversuchen im Zeitfestigkeitsgebiet.

Dieses Verfahren gilt nur für den Zeitfestigkeitsbereich der Wöhler-Kurve. Zur Bestimmung der Dauerfestigkeit müssen andere Wege beschritten werden. Als besonders geeignet gilt eine abgewandelte Probitmethode, das Treppenstufenverfahren [37], das sich auch im Zeitschwingbereich bewährt hat. Dieses und andere Verfahren beruhen auf der Annahme einer linearen Schadensakkumulation während des Versuchs. Für das Untersuchen von Klebverbindungen erwiesen sich diese Verfahren entweder als zu aufwendig — bei der Treppenstufenmethode hätten zahlreiche Proben bis zu $5 \cdot 10^8$ Lastspielen geprüft werden müssen — oder ihre Gültigkeit und Zuverlässigkeit konnte für diesen Fall bisher nicht abgeschätzt werden. Nach W. ALTHOFF kann das Protsche-Abkürzungsverfahren [42] durch sinnvolles Anpassen des Exponenten mit dem Einstufen-Wöhler-Verfahren in Einklang gebracht werden, wenn man die an Klebverbindungen ermittelten Bruchspannungen über der 4. Wurzel anstelle der Quadratwurzel der Laststeigerungsgeschwindigkeit aufträgt. Für den Zeitfestigkeitsbereich trifft diese Anpassung zu, wie aus umfangreichen Versuchen hervorgeht. Durch die Existenz eines technischen Dauerfestigkeitswertes, in dem die Wöhler-Kurve als Parallele zur Abszisse verläuft, haben die Abkürzungsverfahren für die Untersuchung von Klebverbindungen jedoch geringere Bedeutung. Nachdem der Nachweis einer technischen Dauerfestigkeit für verschiedene Klebstoffe geführt worden ist, kann man sich damit begnügen, bis zu einer Grenzlastspielzahl zu prüfen [43].

5.3.2 Einstufenversuche nach Wöhler

Die Dauerschwingfestigkeit von Werkstoffen und Verbindungselementen wird gewöhnlich durch den Einstufenschwingversuch mit Zug-, Druck-, Biege- oder Torsionslast ermittelt, den WÖHLER [44] in die Werkstoffprüfung eingeführt hat. Der Versuch ist durch eine dynamische Prüflast mit konstanter Spannungs- oder Verformungsamplitude gekennzeichnet. Der Zusammenhang zwischen Spannungs- bzw. Verformungsausschlag und ertragener Lastwechselzahl wird in geeigneten Koordinatensystemen aufgetragen und ergibt die Wöhler-Kurve. Die auf diese Weise ermittelten Kennzahlen und Lebensdauerwerte, die dem Einfluß konstruktiver und werkstofflicher Faktoren unterworfen sind, gelten streng nur dann als sichere Bemessungsgrundlage, wenn die Betriebslast ebenfalls einstufig, d. h. mit konstanter Amplitude und Mittellast auf das Bauteil wirkt und nur geringe Frequenzabweichung besitzt.

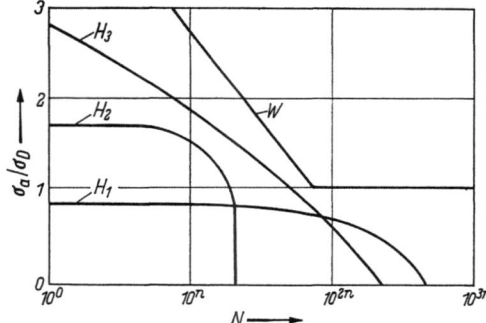

H_1: Dauerschwinglast unter der Dauerfestigkeit
H_2: Schwinglast ausschließlich über der Dauerfestigkeit
H_3: Allgemeiner Belastungsfall betriebsbeanspruchter Teile

Abb. 138. Wöhler-Kurve W und Belastungshäufigkeit H; Verhältnis des Spannungsausschlags σ_a zur Dauerfestigkeit σ_D in Abhängigkeit von der Belastungshäufigkeit bzw. den ertragenen Lastwechseln N (nach GASSNER).

Obwohl diese Forderung meistens nicht erfüllt ist, benutzt der Konstrukteur dennoch die Wöhler-Kurve zum Bemessen und trägt den Betriebsbedingungen durch Einführen berichtigender Erfahrungswerte Rechnung. Teile mit regellos schwankenden Belastungen können vorbehaltlos anhand der Wöhler-Kurve bemessen werden, wenn die Maximallast häufiger als 10^6 mal auftritt, d. h. als Dauerlast angesehen werden kann und die Häufigkeit der übrigen Lasten dagegen zurücktritt, Abb. 138. In diesem Fall genügt die Kenntnis der Wöhler-Kurve im Bereich hoher Lastwechselzahlen bzw. des Dauerfestigkeitswertes.

5.3 Die Bindefestigkeit unter dynamischer Belastung

Treten dagegen veränderliche Lasten ausschließlich oberhalb der Dauerfestigkeit auf, kann auf eine genaue Ermittlung der Wöhler-Kurve im Zeitfestigkeitsbereich nicht verzichtet werden, Abb. 138. Außerdem ist der Einfluß von Anzahl und Schädigungsanteil der einzelnen Lasten beim Bemessen zu berücksichtigen.

Der allgemeine Belastungsfall betriebsbeanspruchter Bauteile, der diese beiden Gruppen einschließt, ist durch eine statistisch verteilte Größe und Häufigkeit der Schwinglast gekennzeichnet und enthält selten auftretende Maximalspannungen in Höhe der zwei- bis dreifachen Dauerfestigkeit bis hin zu kleinen Laststufen mit hoher Lastwechselhäufigkeit, Abb. 138. Als Bemessungsgrundlage für die Belastungskollektive H 1 und H 2 genügt im allgemeinen die Kenntnis der Wöhler-Kurve, während die hiervon abgeleiteten Dimensionisierungsregeln für den allgemeinen Fall H 3 nicht ausreichen. Mehrstufenversuche mit betriebsmäßigen Beanspruchungsverhältnissen haben sich dafür als aussagefähiger erwiesen.

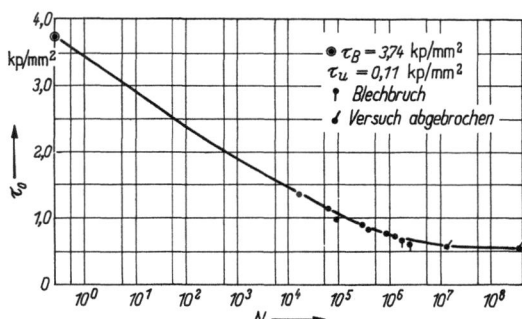

Abb. 139. Wöhler-Kurve für Klebverbindungen aus AlCuMg 2 pl mt Redux 775 Film.

Bei der Untersuchung der Schwingfestigkeit von Werkstoffen und Bauteilen wird gewöhnlich von der Bestimmung der Wöhler-Kurve ausgegangen, um den Einfluß werkstofflicher Faktoren zu bestimmen und einen Überblick über das Schwingverhalten der Proben zu erhalten. Die Wahl der einfach überlappten Klebverbindung als häufigste Verbindungsform in der Praxis legt zugleich den Schwerpunkt der Versuche in den Zugschwellbereich, in dem weder ein Ausknicken noch Eigenschwingungen der dünnen Proben zu befürchten sind. Zugschwellasten entsprechen außerdem der bevorzugten Belastungsart von einfach überlappten Verbindungen und ermöglichen darüber hinaus den unmittelbaren Vergleich mit statischen Festigkeitswerten, die für diese Probenform in großer Zahl vorliegen. Die Ergebnisse von einstufigen Schwingversuchen an geklebten Proben mit Redux-775-Film enthält Abb. 139. Die Unterlast betrug $P_u = 100$ kp, was einer unteren

Scherspannung von $\tau_u = 0{,}11$ kp/mm² entspricht. Mit Rücksicht auf die im Betrieb herrschenden Beanspruchungen erscheint es empfehlenswert, die Schwingamplitude durch Heben und Senken der Oberlast zu verändern und eine konstante Unterlast beizubehalten.

Als Maß für die jeweilige Schwingbelastung ist die Oberspannung auf der Ordinate der Diagramme aufgetragen, die den Schwingungszustand eindeutig festlegt. Die Zahl der ertragenen Lastspiele kann aus der logarithmisch geteilten Abszisse ersehen werden. Die Wöhler-Kurve aus den Mittelwerten der Bruchlastspielzahlen verläuft gekrümmt und mündet in eine technische Dauerfestigkeitsgerade bei $\tau_0 = 0{,}57$ kp/mm². In den Spannungsstufen zwischen $\tau_0 = 1{,}36$ und $0{,}74$ kp/mm² tritt der Bruch der Probe jeweils durch Versagen der Klebschicht ein. Der Riß verläuft innerhalb des Kunststoffklebers, und nur an wenigen Proben ist zusätzlich ein Anriß im Blechwerkstoff zu erkennen. Das Bemühen, durch geeignete Abmessungen Blechbrüche außerhalb oder am Rande der Überlappung zu vermeiden, ist nahezu vollständig gelungen. Nur bei den Prüfspannungen $\tau_0 = 0{,}68$ und $0{,}62$ kp/mm² sind ausschließlich Blechbrüche zu beobachten, und es ergeben sich kleinere Bruchlastspielzahlen als erwartet. Einzelversuche mit einer Oberspannung von $\tau_0 = 0{,}57$ kp/mm² sind bis zu Lastwechselzahlen von $N = 1{,}8 \cdot 10^8$ und $4{,}3 \cdot 10^8$ ausgedehnt worden, um eine ausreichende Aussagesicherheit zu erlangen. Auch nach diesen langen Laufzeiten — etwa 3,5 Monate für $4{,}3 \cdot 10^8$ Wechsel — tritt keine Zerstörung ein. Die Verbindung kann daher bei dieser Spannung als technisch dauerfest bezeichnet werden.

Für technologische Untersuchungen ist als Grenzlastspielzahl $N = 1{,}2 \cdot 10^7$ zu empfehlen. Sie beschränkt den Versuchsaufwand der praktischen Klebstoffprüfung und ihre Aussage kann nach den vorliegenden Ergebnissen bis zu etwa $5 \cdot 10^8$ Lastwechsel extrapoliert werden. Extrapoliert man die Wöhler-Kurve aus dem durch Versuche belegten Bereich mit konstanter Krümmung in das Zeitfestigkeitsgebiet unter $N = 1 \cdot 10^4$, für das wegen der kurzen Lebensdauer der Proben keine Ergebnisse erhalten werden können, erreicht man für $N = 2{,}5 \cdot 10^{-1}$ Lastwechsel, d. h. bei einmaligem Belasten bis zum Bruch, den Wert $\tau_0 = 3{,}74$ kp/mm², der der mittleren statischen Bindefestigkeit der Klebverbindung entspricht. Hieraus ergibt sich ein einfacher Zusammenhang zwischen statischer und dynamischer Festigkeit, der als praktische Bemessungsregel gelten kann.

Die technische Dauerfestigkeit besitzt einen Wert von etwa 14% der statischen Festigkeit oberhalb von $N = 1 \cdot 10^7$ Lastwechseln. Dies gilt nachgewiesenermaßen auch für andere Klebstoffe, deren Dauerfestigkeitswert oft sogar noch höher liegt. R. J. SCHLIEKELMANN [45]

5.3 Die Bindefestigkeit unter dynamischer Belastung

hat zum einfachen Vergleich der Schwingfestigkeit von Klebnähten mit der von Nietverbindungen die relative dynamische Festigkeit

$$\tau_{rel} = \frac{\tau_{dyn}}{\tau_{stat}}$$

eingeführt und erhielt für Phenolharzklebstoffe einen Wert von $\tau_{rel} = 13\%$ bei einer Lastwechselzahl von $N = 10^7$. Hierdurch erwies sich die Klebverbindung gegenüber einer genieteten Blechnaht entsprechender Abmessung als höherwertig. Die Versuchsergebnisse stimmen mit den eigenen gesicherten Ergebnissen überein [43]. Dies gilt auch für die Ergebnisse nahezu aller anderen Arbeiten, die über Schwingfestigkeitsversuche an Klebverbindungen berichten [46 bis 50]. In keinem Fall konnte die Existenz eines Dauerfestigkeitswertes nachgewiesen werden.

Über den Verlauf der Wöhler-Kurve im Zeitfestigkeitsgebiet lagen widersprüchliche Ergebnisse vor, aus denen z. T. auf eine Gerade mit konstanter Steigung ohne Dauerfestigkeit geschlossen werden konnte [46; 49]. Immerhin ist für mehrere Klebstoffe eine Charakteristik des Schwingverhaltens ermittelt worden. Hierbei hat sich jedoch die oft erhebliche Streuung der Meßwerte als nachteilig erwiesen, deren Ursachen nicht genannt werden. Ein Vergleich mit eigenen Werten wurde durch die Unsicherheit der Ergebnisse außerordentlich erschwert, so daß auf diese Angaben nur selten zurückgegriffen werden kann. Eine Ausnahme bilden die Versuche von F. MITTROP [51], deren Ergebnisse nur eine geringe Streuung aufweisen. Eine ausgeprägte Dauerfestigkeit kann auch W. ALTHOFF [52] in einer Arbeit über die Schwingfestigkeit von Klebverbindungen bei unterschiedlichen Temperaturen nicht nachweisen, da er die Versuche bei Lastwechselzahlen von $N = 2 \cdot 10^7$ abbricht. Er wertete jedoch erstmals die Lebensdauer statistisch aus und erhielt dadurch gesicherte Angaben für das Zeitfestigkeitsgebiet der Wöhlerlinien.

Wird die Wöhler-Kurve in einem doppeltlogarithmischen Diagramm für Oberlast- und Bruchlastwechselzahl aufgetragen, so verläuft sie als Gerade durch die Mittelwerte auf den einzelnen Spannungshorizonten, Abb. 140.

Nahezu parallel verlaufen die Linien der Werte mit gleicher Überlebenswahrscheinlichkeit. Deutlich ist ein Unterschied in der Größe des Streubereichs zwischen den Wahrscheinlichkeitsgrenzen 10 und 90% zu erkennen. Dieser alternierende Streubereich ist auch bei Kunststoffen im Gegensatz zu Metallen festgestellt worden [41]. Die Ursache dieser Erscheinung ist bisher noch nicht bekannt. Offensichtlich wird sie durch den Spannungszustand und die Schwingungscharakteristik der Probe hervorgerufen.

Die Wöhler-Kurve läßt sich im doppeltlogarithmischen Koordinatensystem durch die allgemeine Geradengleichung

$$y = a - bx$$

angeben, die hier die folgende Form annimmt

$$\log N = \log C - \varkappa \log \tau_0.$$

Dieser Ausdruck läßt sich vereinfachen zu

$$N = C \tau_0^{-\varkappa}.$$

Die Konstante C kann man aus dem Wöhler-Schaubild entnehmen an der Stelle $\tau_0 = 1{,}0$ kp/mm²; dann wird $N_1 = C = 1{,}5 \cdot 10^5$. Hiermit ergibt sich für einen beliebigen Punkt der Wöhler-Geraden ihre Neigung zu $\varkappa = 7{,}7$. Die Gleichung der Wöhler-Kurve lautet dann

$$N = 1{,}5 \cdot 10^5 \cdot \tau_0^{-7{,}7}.$$

Sie gilt bis zu Lebensdauerwerten von $N = 8 \cdot 10^6$.

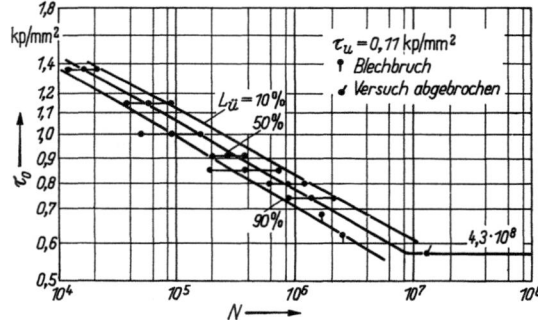

Abb. 140

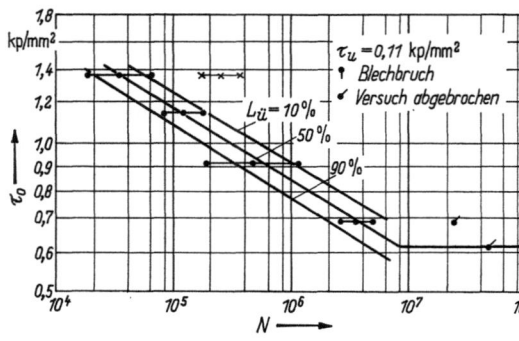

Abb. 141

Abb. 140 und 141. Wöhler-Kurve für Leichtmetallklebverbindungen mit Redux 775 Film (Abb. 140) und Araldit 106 (Abb. 141).

Auch die Wöhler-Kurve für Klebverbindungen mit dem Epoxidharzkleber Araldit 106 verläuft im doppellogarithmischem System als Gerade und besitzt einen alternierenden Streubereich für das Intervall der Überlebenswahrscheinlichkeit, Abb. 141. Die Versuchsergeb-

5.3 Die Bindefestigkeit unter dynamischer Belastung

nisse bestätigen auch hier die Existenz einer ausgeprägten technischen Dauerfestigkeit. Sie beträgt in diesem Falle $\tau_D = 0{,}61$ kp/mm². Die bis zu $N = 8 \cdot 10^6$ gültige Wöhler-Gleichung lautet für die Araldit-Verklebungen

$$N = 3 \cdot 10^5 \cdot \tau_0^{-7{,}25}.$$

Der Neigungsexponent $\varkappa = 7{,}25$ dieser Geraden ist kleiner als der der Wöhler-Kurve von Redux-Klebverbindungen. Die Gerade besitzt also einen steileren Anstieg in Richtung zur Kurzzeitfestigkeit. Da jedoch die statische Bindefestigkeit τ_B von Araldit-Verbindungen geringer ist als die von Redux-Verklebungen, muß die Wöhler-Kurve einen zweiten Knick im Bereich kleiner Lastspielzahlen besitzen, wenn auch hier vorausgesetzt wird, daß sie durch die Spannung $\tau_0 = \tau_B$ läuft. Für das Bemessen in der Praxis sind diese Zusammenhänge vernachlässigbar, wenn man berücksichtigt, daß die Genauigkeit durch diese Abweichungen nur im Bereich der ohnehin vorhandenen Streuung beeinträchtigt wird.

Die äußeren Abmessungen der Proben sowie Kerben und Fehlstellen im Blech und in der Klebschicht können zu einer starken Verfälschung der Versuchsergebnisse führen. Als Beispiel sei der Einfluß des Kehlrandes am Überlappungsende angeführt, der durch austretenden Klebstoff beim Verwenden von pastösen Klebern entsteht, Abb. 142.

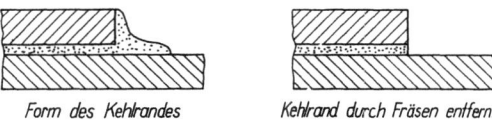

Abb. 142. Überlappungsende von Klebverbindungen.

In Abb. 141 sind deutlich erhöhte Lebensdauerwerte in der Spannungsstufe $\tau_0 = 1{,}36$ kp/mm² zu erkennen, die an Proben mit Kehlrand erhalten werden. Nach dem Entfernen des Kehlrandes durch Fräsen ergaben sich kleinere Bruchlastwechselzahlen im Sinne einer verschärften Kerbwirkung der Überlappung. Aus Gründen der Dimensionierungssicherheit sollte daher für die Ermittlung von Kennwerten die definierte Probenform mit gefrästem Kehlrand gewählt werden, da hierbei der für den praktischen Einsatz ungünstigere Fall gewählt und außerdem die Streuung der Versuchsergebnisse bei hohen Lebensdauerwerten erheblich eingeschränkt wird. Beim Einsatz von Folienklebstoffen tritt die Bildung des Kehlrandes nicht auf, da der für die Festigkeit notwendige Anpreßdruck außerhalb der Überlappung fehlt.

Der Epoxidnylonklebstoff besitzt eine wesentlich höhere Festigkeit, die sich durch eine gesteigerte statische Bindefestigkeit von durchschnittlich $\tau_B = 5{,}0$ kp/mm² äußert. Die Wöhler-Kurve dieses

Klebers verläuft ebenfalls bei höheren Werten, Abb. 143. Mit den gewählten Probenabmessungen, Abb. 144, kann diese Überlegenheit im Bereich mittlerer Lebensdauer nicht ausgenutzt werden, da das Blech zeitlich vor der Klebschicht versagt. Extrapoliert man die Wöhler-

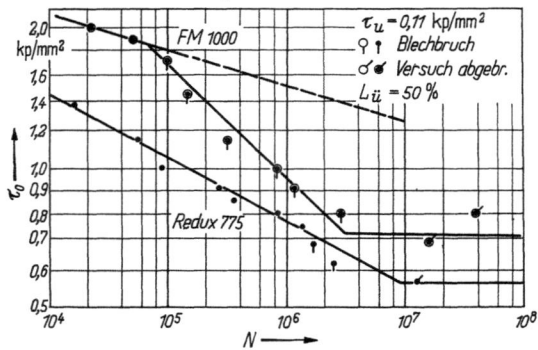 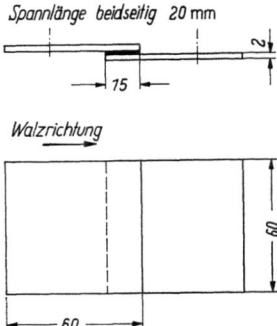

Abb. 143. Wöhler-Kurven von Leichtmetallverbindungen mit verschiedenen Klebstoffen.   Abb. 144. Abmessungen der Klebprobe für die Schwingprüfung.

Kurve für Klebschichtbruch in dieses Blechbruchgebiet bis zur Grenzlastspielzahl $N = 2 \cdot 10^7$ (unterbrochene Linie), so erhält man einen scheinbaren Dauerfestigkeitswert von $\tau'_D = 1,23$ kp/mm². Die Gleichung dieser Wöhler-Kurve heißt

$$N = 2,2 \cdot 10^8 \cdot \tau_0^{-13,1}.$$

Der Konstrukteur hat jedoch mit Rücksicht auf den Blechbruch mit der erheblich kleineren, realen Dauerfestigkeit von $\tau_D = 0,72$ kp/mm² zu rechnen.

Aus einem Vergleich der Wöhler-Kurven der untersuchten Klebstoffe ersieht man, daß Klebstoffe mit geringer statischer Bindefestigkeit eine hohe Tragfähigkeit unter schwingender Last besitzen können, so daß ihre dynamische Festigkeit im Vergleich zu anderen Klebern unverhältnismäßig hoch erscheint [53]. Dies läßt sich, wie nachgewiesen wurde [43], durch die Verformungseigenschaften der Klebstoffe erklären. Hierzu muß man, da sich der Klebstoff in der Fuge zwischen den Blechen dem Beobachten und Messen seiner mechanischen Eigenschaften weitgehend entzieht, vergleichende Versuche zur Ermittlung des Zähigkeits-, Elastizitäts- und Retardationsverhaltens an Klebstoffproben mit größeren Abmessungen durchführen. Das Übertragen quantitativer Werte aus Deformationsversuchen an Klebstoffproben auf die Klebschicht in Verbindungen ist jedoch nicht möglich, da es sich hier um einen frei verformbaren Körper und dort um eine allseitig eingespannte Schicht, d. h. mechanisch unvergleichbare Zustände handelt.

Auskunft über das elastisch-plastische Verhalten in Abhängigkeit von der Temperatur sowie über molekulare Vorgänge kann durch dynamische Elastizitätskennwerte sowie Dämpfungs- und quasistatische Verformungsmessungen gewonnen werden, über die in [43] berichtet wird.

5.3.3 Temperatureinfluß auf Zeit- und Dauerfestigkeit

Die Festigkeit von Klebverbindungen wird maßgeblich von der Betriebstemperatur bestimmt. Als Grenztemperaturen für den Einsatz der hier untersuchten Kleber gelten unter statischer Last 80 bis 120 °C. Hierbei beträgt die Bindefestigkeit nur noch 10% gegenüber Raumtemperatur. Wie erwartet, wirkt sich eine erhöhte Temperatur in gleicher Weise auf die Schwingfestigkeit aus, Abb. 145. Bei einer Prüf-

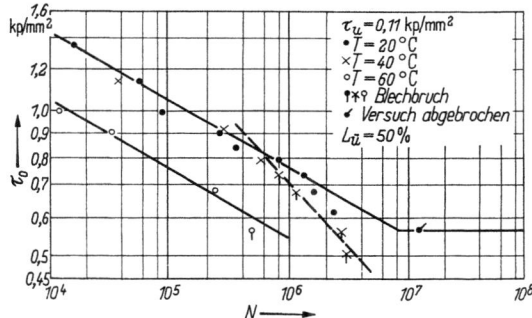

Abb. 145. Schwingfestigkeit von Redux-775-Verklebungen bei erhöhter Temperatur.

temperatur von 40 °C liegen die Meßwerte für 50% Überlebenswahrscheinlichkeit auf der Wöhler-Kurve für Raumtemperatur, und es kann statistisch kein signifikanter Unterschied nachgewiesen werden. Dagegen treten Blechbrüche bereits bei geringeren Lastspielzahlen gegenüber Raumtemperatur auf. Verbindet man die erhaltenen Lastspielzahlen für Blechbrüche, ergibt sich eine Zeitfestigkeitsgerade mit größerer Neigung als der der Wöhler-Kurve für Brüche innerhalb der Klebschicht (unterbrochene Linie).

Bei auf 60 °C gesteigerter Prüftemperatur nimmt die Lebensdauer der Klebverbindungen in jeder Laststufe um etwa 90% ab. Aus den Mittelwerten der Versuchspunkte erhält man eine Parallele zur Wöhler-Kurve bei Raumtemperatur. Der Streubereich zwischen 10 und 90% Überlebenswahrscheinlichkeit ist in allen Laststufen nicht größer als bei Raumtemperatur. Die Abnahme der Festigkeit beträgt bei gleicher Lastspielzahl etwa 30 bis 35%. Auch bei dieser Temperatur zeigt sich ein vorverlegter Beginn des Blechbruchbereichs, und die statistisch nicht belegte Dauerfestigkeit ergab sich bei einer Oberspannung von 0,4 kp/mm².

Die Gründe für die nachlassende Blechfestigkeit sind in der erhöhten Zug- und Biegebeanspruchung des Blechs am Überlappungsende zu suchen, die von den bei erhöhter Temperatur stark veränderten Elastizitäts- und Zähigkeitseigenschaften der Klebschicht verursacht werden.

Die Abnahme der Schwingfestigkeit schon bei mäßig erhöhter Temperatur schränkt das Einsatzgebiet dieser Klebstoffe ein. In erster Linie bestimmt die chemische Zusammensetzung die Warmfestigkeit der organischen Kleber. Neben dem jeweiligen Basisharz hat vor allem das verwendete Härtersystem Einfluß auf die Temperaturbeständigkeit. Dies äußert sich durch die jeweils charakteristische Änderung der Verformungseigenschaften, wie Elastizitätsmodul- und Messungen der mechanischen Dämpfung ergaben.

Die für Klebverbindungen mit dem Epoxidharzklebstoff Araldit 106 erhaltene Schwingfestigkeit bei erhöhter Temperatur, Abb. 146, ist ebenfalls gering. Hier muß bereits bei Temperaturen zwischen 20

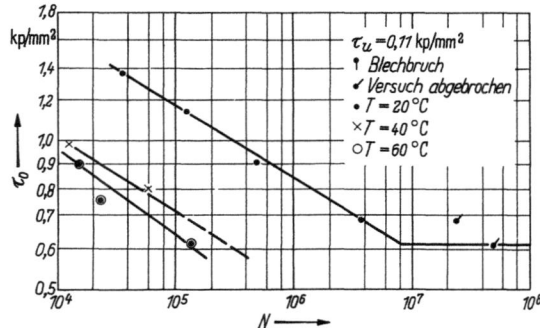

Abb. 146. Schwingfestigkeit von Leichtmetallklebverbindungen mit Araldit 106, warm gehärtet, bei erhöhter Temperatur.

und 40 °C mit erheblicher Festigkeitseinbuße gerechnet werden. Obwohl die Wöhler-Kurven für 40 und 60 °C statistisch nicht belegt, sondern nur durch arithmetische Mittelwerte von je drei Proben bestimmt werden konnten, tritt der Unterschied deutlich hervor. Der Grund hierfür liegt wiederum im mechanischen Deformationsverhalten, zu dessen Kennzeichnung auch in diesem Fall die Temperatur des Beginns der im Torsionsschwingversuch ermittelten Modulstufe, die als Übergangstemperatur bezeichnet wurde, dienen kann. Während bei 40 °C der Kleber Redux 775 noch im hochelastischen Zustand vorliegt, befindet sich Araldit 106 bereits im hohen Erweichungsgebiet beim Höchstwert der Dämpfung. Hiermit bestätigen sich die Feststellungen,

5.3 Die Bindefestigkeit unter dynamischer Belastung

die hinsichtlich der Übergangstemperatur als kennzeichnende Stoffgröße für die Schwingfestigkeit von Klebverbindungen getroffen wurden.

Auf diese Bedeutung der mechanischen Dämpfung zum Beschreiben von Verformung in Klebnähten unter hohen und tiefen Temperaturen wurde schon früher hingewiesen [55; 56], und kürzlich hat W. ALTHOF ebenfalls umfangreiche Ergebnisse über die Zuordnung von statischer Warmfestigkeit und mechanischer Dämpfung angegeben [57].

5.3.4 Frequenzeinfluß auf die Schwingfestigkeit

Entsprechend den Metallen ist auch für Kunststoffe und Metallklebverbindungen ein Einfluß der Frequenz der Lastschwingung auf die Dauer- und Zeitfestigkeit zu erwarten. Da jede Verbindung im Betrieb gewöhnlich Schwingungen mit extremem Frequenzunterschied ausgesetzt ist, sollte die Auswirkung der Frequenz auf die Zeitfestigkeit im Hinblick auf die Betriebsfestigkeitsuntersuchungen untersucht werden. Das Frequenzverhalten von Klebverbindungen mit Redux 775-Film enthält Abb. 147.

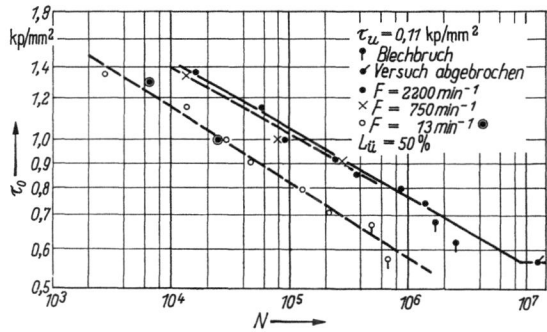

Abb. 147. Schwingfestigkeit von Klebverbindungen bei unterschiedlicher Frequenz.

Den Festigkeitsabfall bei $F = 13$/min bestätigen Ergebnisse an Araldit 106-Verklebungen auf den Spannungsstufen $\tau_0 = 1,3$ und $1,0$ kp/mm². Die geringe Frequenz erzeugt eine Abnahme der Zeitfestigkeit von etwa 20%. Der Festigkeitsunterschied zwischen Lastschwingungen mit $F = 750$ und 2200/min erweist sich als unerheblich und statistisch ungesichert. Zu den festigkeitssenkenden Einflüssen der Frequenz tritt der Effekt der Schwingungsform hinzu, die bei $F = 13$/min als Sägezahnkurve und bei $F = 2200$/min als angenäherte Sinuskurve zu bezeichnen ist. Somit kann die Richtigkeit der vermuteten progressiven Frequenzabhängigkeit der Lebensdauer durch das Experiment als bestätigt gelten.

Aus den Ergebnissen lassen sich zwei wichtige Schlüsse ziehen:

Schwingfestigkeitswerte von Metallklebverbindungen aus Versuchen mit unterschiedlicher Frequenz sind nicht vergleichbar.

In Mehrstufenversuchen zum Bestimmen der Betriebsfestigkeit ist die Frequenz der Laststufen bei der Beurteilung des Schwingverhaltens zu beachten.

In engem Zusammenhang mit dem Frequenzeinfluß steht die Erwärmung der Klebschicht als Folge des mechanischen Wechselfeldes. Die durch die Schwinglast in die Probe eingebrachte Energie ist nicht reversibel und setzt sich zu einem großen Teil in Wärme um. In Kunststoffen, z. B. in glasfaserverstärkten Harzen [58; 59], kann durch die Wechsellast eine Wärmemenge entstehen, die die Probentemperatur unzulässig erhöht. Die innerhalb der Proben entstehende Temperatur ist wiederum abhängig von Lasthöhe, Probenabmessung, Prüffrequenz sowie von Verstärkungseinlage und Harztyp und steht in mittelbarem Zusammenhang mit dem Dauerschwingverhalten, obwohl sie als Folge der inneren Dämpfung anzusehen ist.

Um nachzuprüfen, ob in der Klebschicht von durchschnittlich 0,2 mm Dicke ebenfalls ein Erwärmen unter dynamischer Last stattfindet, können Thermoelemente beim Verkleben zwischen zwei Kleberfilme in die Fuge eingebracht werden [43]. Trotz hoher dynamischer Beanspruchung von $\tau_0 = 1,2$ kp/mm² mit $F = 2200$/min ergibt sich aus den Messungen bis zum Bruch keine Erwärmung. Dies ist auf die bei dem kleinen Klebstoffvolumen verhältnismäßig geringe, entstehende Wärmemenge sowie die Leitfähigkeit der Fügeteilbleche, die im Sinne eines großflächigen Wärmeaustauschers wirken, zurückzuführen. Auch bei niederfrequenter Lastschwingung wird kein Erwärmen beobachtet. Es muß sich allenfalls auf Mikrobereiche beschränken.

5.3.5 Blechbruch und Einfluß der Überlappungslänge

Im hohen Zeitfestigkeitsgebiet treten in einem begrenzten Bereich, der von den Abmessungen der überlappten Verbindung abhängt, bevorzugt Dauerbrüche im Fügeteilblech auf. Sie beginnen an der Blechoberfläche auf der der Klebschicht zugewandten Seite unmittelbar am Überlappungsende. Der Anriß schreitet von der Mitte ausgehend nach beiden Seiten in Richtung der Probenbreite fort und dringt mit geringerer Geschwindigkeit durch das Blech zur Außenseite hin vor. Als Ursache für dieses Versagen ist die hohe Zugbelastung des Blechs an der Oberfläche zu betrachten, die sich aus dem Biegemoment M ergibt, das durch den außermittigen Angriff der Kraft P erzeugt wird. Unter der Annahme, daß sich die Fügeteile im überlappten Bereich nicht

5.3 Die Bindefestigkeit unter dynamischer Belastung

biegen, beträgt das höchste Biegemoment am Überlappungsende

$$M = P\frac{d+s}{2}\frac{1}{1+\lambda a},$$

worin

$$\lambda = \sqrt{\frac{P}{E_f J}}$$

ist. Die übrigen Größen s. S. 370. Hieraus erhält man die größte Zugspannung zu

$$\sigma_{max} = \frac{P}{bs}\left[1 + \frac{3(d+s)}{s + 2a\sqrt{\frac{3P}{Ebs}}}\right].$$

Sie wird an der der Klebschicht zugewandten Blechoberfläche am Überlappungsende beobachtet. Die $\sigma_{0,2}$-Grenze des Blechwerkstoffs (31,4 kp/mm²) wird nach dieser Formel bereits bei einer Oberspannung von $\tau_0 = 1,34$ kp/mm² erreicht.

Als zuverlässige Überprüfung erweist sich der Vergleich der berechneten Spannung und der Blechbruchlastwechselzahlen mit der Wöhler-Kurve des Blechwerkstoffs unter Zugschwellbelastung, Abb. 148.

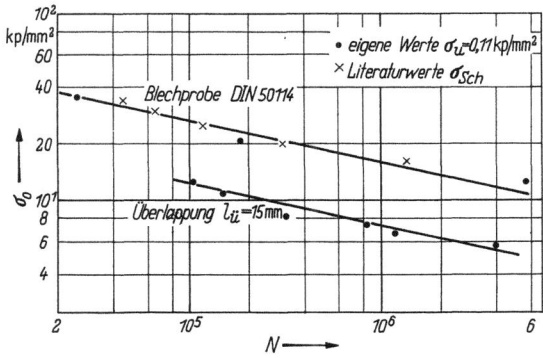

Abb. 148. Wöhler-Kurven für ungekerbte Blechproben nach DIN und geklebte Proben.

Für eine Spannungsstufe von $\tau_0 = 0,68$ kp/mm², bei der die Klebproben ausnahmslos im Blech brechen, errechnet man als höchste Zugspannung im Blech $\sigma_{max} = 17,25$ kp/mm². Aus Abb. 148 kann man dafür eine Zugschwellfestigkeit von etwa $N = 1 \cdot 10^6$ Lastwechseln ablesen, wogegen für die Klebprobe eine Blechbruchlastwechselzahl von $N = 2 \cdot 10^6$ gilt. Die Übereinstimmung ist hinreichend, so daß dieser Weg für Bemessungsrechnungen besonders empfohlen werden kann.

Die Abb. 148 enthält neben der Wöhler-Kurve glatter, ungekerbter Bleche diejenige von geklebten, einfach überlappten Proben, bei denen Blechbruch auftreten. Sie verläuft parallel zur Linie der ungekerbten Stäbe, so daß man zum Kennzeichnen der Überlappung die Kerbwirkungszahl, das Verhältnis der Schwingfestigkeit der glatten zur gekerbten Probe, heranziehen kann. Sie ergibt sich hier zu 2,1 für die Extrapolation auf die Grenzlastspielzahl $N = 2 \cdot 10^7$. Aus der unterschiedlichen Größe des Blechbruchbereichs geht jedoch hervor, daß offensichtlich differenziertere Ursachen für die jeweilige Kerbwirkung der Überlappung vorliegen müssen, da ein Einfluß der Klebschicht auf das Entstehen von Blechbrüchen zu beobachten ist.

D. Y. WANG [53] vermutet als auslösende Ursache die Höhe der jeweiligen Normalspannung am Überlappungsende in der Klebschicht. Diese Annahme kann jedoch mit den hier erarbeiteten Ergebnissen nicht bestätigt werden. Das Verhältnis von Scher- zur Normalspannung wird maßgeblich durch die Verformungseigenschaften der Klebstoffe bestimmt, so daß bei gleicher Last je nach der Höhe der elastischen Moduln die eine oder die andere überwiegt. Ein Höchstwert der Normalspannung zieht jedoch nicht immer das Entstehen von Blechbrüchen nach sich.

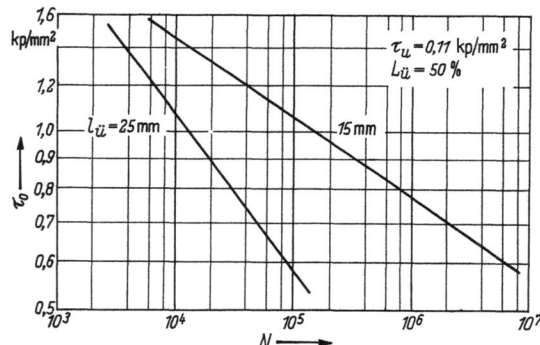

Abb. 149. Einfluß der Überlappungslänge $l_{ü}$ auf die Schwingfestigkeit von Klebverbindungen mit Redux 775 Film.

Die Blechbrüche können, wie eigene Versuche bestätigen, durch Ändern der Probenmaße, insbesondere der Überlappungslänge und der Blechdicke, eingeschränkt werden. Nach einem Verlängern der Überlappung von 15 auf 25 mm brachen die Prüfkörper ausschließlich innerhalb der Klebschicht. Immerhin ist bei einem Vergrößern der Überlappungslänge für gleiche Scherspannungswerte eine kürzere Lebensdauer hinzunehmen, Abb. 149. Eine Begründung dieser Feststellung läßt sich aus der Kenntnis des Spannungsverlaufs in der Klebschicht ableiten: Je länger die Überlappung ist, desto höher und steiler steigt die Scherspannung zu einem Maximalwert am Überlappungsende an, da kein Ausgleich durch Fließen erzeugt wird.

Obwohl die Festigkeit $\tau = P/F$ als Kennzeichen der Werkstoffausnutzbarkeit sinkt, nimmt die übertragbare Last P bei Vergrößern der Klebfläche F zu, jedoch in geringerem Maße als der Flächenzuwachs, so daß sich durch Vergrößern der Klebfläche jeweils kleinere Festigkeitswerte ergeben.

Betrachtet man die Verhältnisse für den Fall gleicher Lebensdauer, so tritt der Nachteil der geringeren Werkstoffausnutzung bei langer Überlappung deutlich hervor. Für eine geforderte Zeitfestigkeit von $5 \cdot 10^4$ Lastwechseln kann z. B. eine Verbindung mit einer Überlappung von 15 mm gemäß Abb. 149 eine zulässige Oberspannung von 1,15 kp/mm² ertragen, entsprechend einer Oberlast von 1035 kp. Für die Überlappung 25 mm kann jedoch nur eine Oberspannung von 0,7 kp/mm² zugelassen werden, was der Oberlast von 1050 kp entspricht. Mit dem Verlängern der Überlappung ist demnach kein Vorteil verbunden. Für den niederen Zeitfestigkeitsbereich und die Dauerfestigkeit fällt dieses Verhältnis ebenfalls ungünstig aus.

Ein ähnliches Ergebnis — geringere Festigkeit infolge gesteigerter Blechdicke — geben D. Y. WANG [53] und W. BRAIG [60] für den Einfluß der Blechdicke an. Ein Bezug auf den Gestaltfaktor f (s. S. 365), der oft den Bemessungsregeln zugrundeliegt, kann nicht empfohlen werden, da er kein mechanischer Ähnlichkeitsfaktor ist und nur für jeweils einen Blechdickenbereich von 1 bis 2 mm zutrifft [61].

5.3.6 Dauerfestigkeitsschaubilder

Die bisher beschriebenen Schwingfestigkeitsversuche beschränken sich auf den Belastungsfall der Zugschwellast mit konstanter Unterspannung von 0,11 kp/mm². Um auch andere Betriebslastverhältnisse beurteilen zu können, ist eine Ergänzung durch Wöhler-Versuche bei hohen Zugschwell- und bei Wechsellasten erforderlich. Diese Versuche gestatten, das Vorhandensein einer ausgeprägten, technischen Dauerfestigkeit zu bestätigen. Daher lag das Schwergewicht der Untersuchung dieser Teilfrage auf der Dauerfestigkeitsermittlung.

Die Wöhler-Kurve für Wechsellast ist demgegenüber auch im Zeitfestigkeitsbereich noch ausreichend belegt, Abb. 150. Sie verläuft — wie erwartet — unter der für reine Zugschwellast und besitzt eine geringere Dauerfestigkeit. Der Belastungszustand ist durch die konstante Unterspannung von 0,11 kp/mm² gekennzeichnet. Die Lastwechselzahl der Probe mit längster Laufzeit von $N = 5 \cdot 10^7$ ist in dem Schaubild als Einzelwert E bezeichnet. Auch in allen anderen, in Abb. 151 verzeichneten Fällen kann eine Dauerfestigkeit im Sinne einer Parallelen zur Abszisse bestätigt werden.

Als übersichtliche Darstellung des Schwingfestigkeitsverhaltens von Klebverbindungen unter einstufiger Lastschwingung ergibt sich aus den zahlreichen Versuchen ein Dauerfestigkeitsschaubild in Anlehnung an

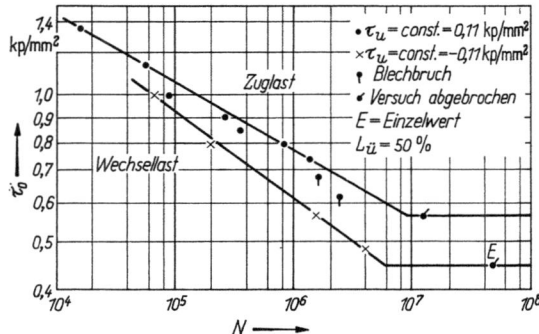

Abb. 150. Wöhler-Kurven für Zugschwell- und Wechsellast von Klebproben mit Redux 775 Film.

das Smith-Diagramm für Metalle, Abb. 151. Es enthält als Grenzlinien die Verbindungsgeraden der Dauerfestigkeitsamplituden, die die Ober- und die Unterspannungen verbinden. Im Gegensatz zum Vorschlag der Norm DIN 50100 dient hier als oberer Grenzwert der Mittelspan-

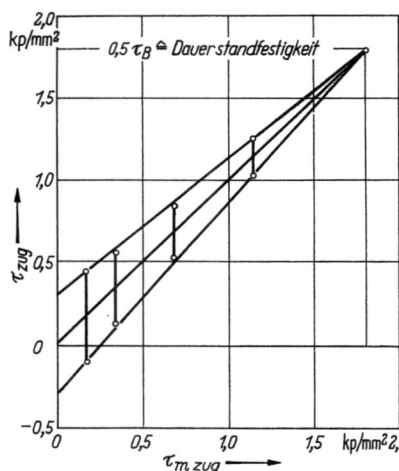

Abb. 151. Smith-Darstellung der Dauerfestigkeit von Klebverbindungen mit Redux 775 Film im Zugschwellbereich.

nung nicht die statische Bindefestigkeit τ_B, sondern die statische Dauerstandfestigkeit, die mit $0{,}5\,\tau_B$ für 10^5 h bei Raumtemperatur ermittelt wurde. Dies wird damit begründet, daß die Dauerstandfestigkeit als die entsprechend der zeichnerischen Wiedergabe wirkliche Mittellast ohne Amplitude anzusehen ist, die von den Klebverbindungen mit langer Lebensdauer ertragen wird.

5.3 Die Bindefestigkeit unter dynamischer Belastung

W. ALTHOFF [52] erhielt aus Versuchen an einfach überlappten Klebverbindungen aus Chrom-Nickel-Stahl einen anderen Zusammenhang. Die extrapolierten Linien der von ihm ermittelten Dauerfestigkeitswerte besaßen einen Schnittpunkt bei einem Spannungswert, der der statischen Bindefestigkeit entsprach, Abb. 152. Entsprechend der Konstruktion des Meßdiagramms von Metallen begrenzte er den nutzbaren

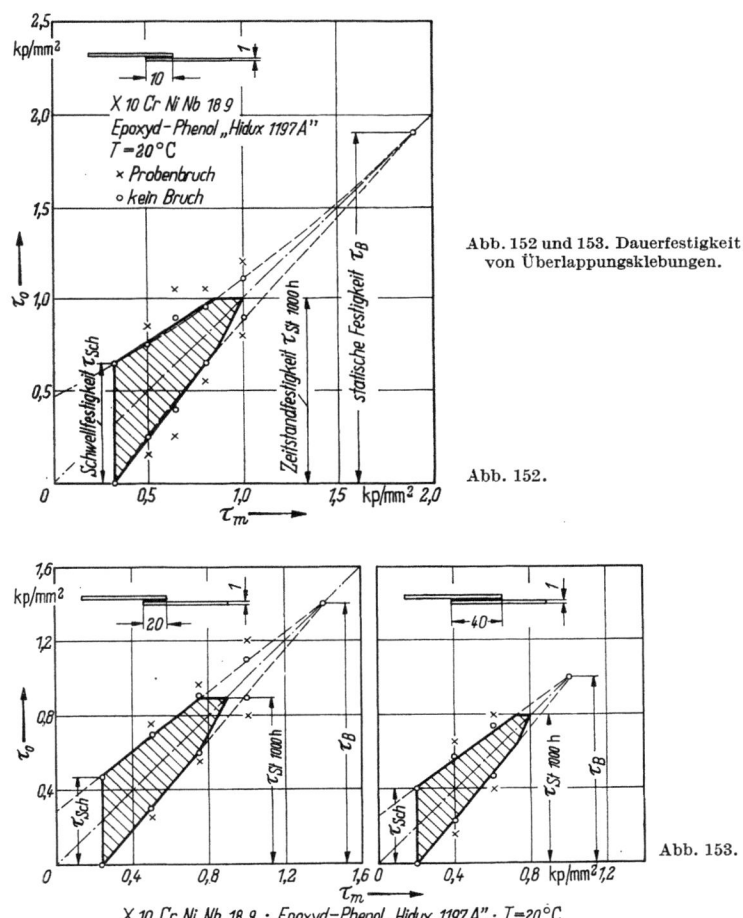

Abb. 152 und 153. Dauerfestigkeit von Überlappungsklebungen.

Bereich der Dauerfestigkeit durch die Zeitstandfestigkeit von 1 000 h. Eine Verlängerung der Überlappung ergab eine Verminderung der Schwingfestigkeitswerte, Abb. 153. Eine Gegenüberstellung dieser Werte mit Schwingfestigkeitsergebnissen aus Versuchen bei einer Prüftemperatur von 500 °C bestätigt die beobachteten Gesetzmäßigkeiten,

Abb. 154. Als Klebstoff diente in beiden Fällen eine Epoxidphenolmodifikation Hidux 1197A. Der Gebrauch dieser Smith-Schaubilder ist einfach und für alle Bemessungsrechnungen von schwingbeanspruchten Klebkonstruktionen zu empfehlen.

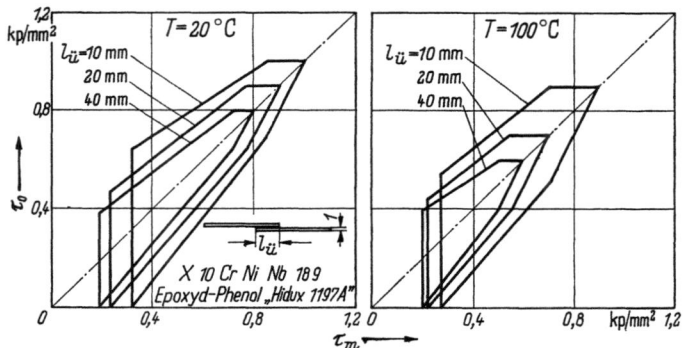

Abb. 154. Smith-Diagramme von Klebverbindungen mit unterschiedicher Überlappungslänge.

5.3.7 Betriebsfestigkeit

Für die Mehrzahl der Bemessungsfälle genügt die Kenntnis der Dauerfestigkeit oder der Lebensdauerwahrscheinlichkeit für schwingende Beanspruchungen mit konstanter Amplitude oberhalb der Dauerfestigkeit nicht. Die Betriebslasten der technischen Konstruktionsteile bestehen vielmehr neben statischen Dauerlasten aus regellosen aperiodischen Schwingkräften unterschiedlicher Amplituden und Schwingformen. Dementsprechend ist die Wöhler-Belastung als ein Sonderfall zu betrachten, dessen Ergebnisse keine allgemeine Gültigkeit besitzen.

Einen der frühesten Versuche, aus Wöhler-Kurven umfassende Aussagen über die Haltbarkeit von Bauteilen unter Betriebslast zu erhalten, hat A. PALMGREN 1924 unternommen [62]. Diese von M. A. MINER [63] für das Auslegen von Flugzeugzellen herangezogene Bemessungsregel stützt sich auf die Hypothese, daß die Schädigung des Werkstoffs zugleich mit der Schwingbelastung beginnt und dann linear fortschreitet. Sie soll sich gemäß dem Verhältnis von aufgebrachten Wechseln n zur Bruchlastwechselzahl N ausdrücken lassen, wobei die für jede der über der Dauerfestigkeit vorkommenden Laststufen getrennt ermittelten Teillastwerte n/N zugleich Ausdruck der partiellen Schädigung sind. Erreicht der Gesamtlastwert den Betrag 1, also

$$\sum_i \frac{n_i}{N_i} = 1,$$

5.3 Die Bindefestigkeit unter dynamischer Belastung

so soll der Bruch eintreten. Die Gültigkeit dieser Schadenshypothese ist umstritten. Immerhin besitzt die Miner-Regel heute trotz ihrer Unzulänglichkeit für das Bemessen in der Praxis, vor allem im Flugzeugbau, große Bedeutung, da sie einfach anzuwenden ist und bei Vorlage von Wöhler-Kurven Schätzwerte für die Lebensdauer bei statistisch wechselnder Schwinglast liefert. Andere Schadenshypothesen [64 bis 67] oder verbessernde Annahmen zur Miner-Regel erbringen weder eine höhere Voraussagegenauigkeit noch besitzen sie den gleichen Vorteil der einfachen Anwendbarkeit.

Als gute Annäherung der Versuchsbedingungen an die praktische Schwingbeanspruchung der Bauteile hat sich der Betriebsfestigkeitsversuch erwiesen, der von E. GASSNER 1939 zum ersten Mal für die Prüfung von Flugzeugbauteilen angewendet wurde. Er ist durch ein statistisches Belastungskollektiv gekennzeichnet. Die reale Schwinglast von Bauteilen kann mit Hilfe von Dehnungsmeßstreifen oder ähnlichen Verfahren gemessen werden. Die ermittelten Werte lassen sich durch eine Digitalisierung des kontinuierlichen Belastungsablaufs erfassen [68; 69], wobei Lastspitzen, Lastbereiche oder Lastschwellenwerte als Klassiergrößen dienen können und in Summenhäufigkeitskurven darzustellen sind. Durch Zuordnen der Summenhäufigkeit der gemessenen Spannungswerte in einem bestimmten Wert der jeweiligen Klasse, z. B. Höchst- oder Mittelwert, erhält man eine kontinuierliche Kurve, die die Häufigkeit jeder beliebigen Spannung anzeigt, Abb. 155.

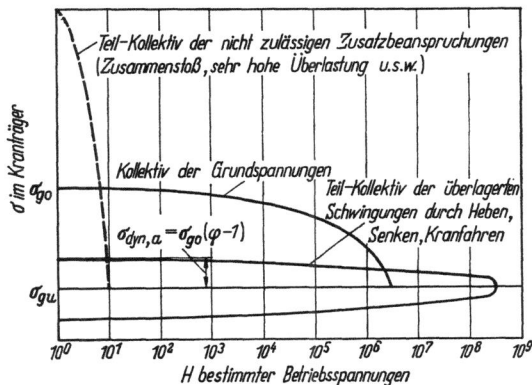

Abb. 155. Belastungskollektiv eines Kranträgers (nach SCHWEER).

Wird die Meßzeit für die Aufnahme der Betriebsbelastung lang genug gewählt, so ergibt sich eine für die Gesamtlebensdauer repräsentative Verteilung der Lasthöhen mit der zugehörigen Häufigkeit ihres Auftretens. Derartige Belastungsaufnahmen sind in den letzten Jahren an zahlreichen Bauteilen und ganzen Konstruktionsgruppen vorgenommen worden. Obwohl sich die erhaltenen Belastungskollektive entsprechend dem jeweiligen Einsatz und der spezifischen Lastart voneinander unterscheiden, wie ein Vergleich von Ergebnissen aus dem Flugzeugbau [71], der Kraftfahrzeugtechnik [72] sowie dem Schiff-, Brücken- und Kranbau [70] nachweist, besitzen sie Ähnlichkeiten, die sich mathematisch durch die gesetzmäßige Beschreibung der Lastverteilungsfunktion ausdrücken lassen. E. GASSNER hat als Einheitskollektiv die Normalverteilung vorgeschlagen, die sich aus den ersten Binominalkoeffizienten der 21. Reihe $(1 + 1)^{21}$ aufbaut und nur unbedeutend von der Gaußschen Summenhäufigkeitsverteilung abweicht, so daß sie im normalen Wahrscheinlichkeitsnetz als Gerade erscheint. Sie hat sich als gute Annäherung der Betriebslastverteilung von Fahrgestellen an Kraftfahrzeugen und Flugzeugen ergeben.

Für die Betriebsfestigkeitsversuche an Klebverbindungen wurde die gleiche Lastverteilungsfunktion zugrunde gelegt. Da die Spannungsänderungen mit den vorhandenen Maschinen nicht kontinuierlich vom Höchst- bis zum Kleinstwert der Verteilungskurve abgefahren werden können, teilt man das Spektrum in treppenförmige Stufen auf. Um dem Nachteil eines vorzeitigen Probenbruchs vor Vollendung des vorgesehenen Lastkollektivs auszuschließen, teilt man die Gesamtfolge der Schwinglasten entsprechend ihrem Verteilungsgrad in Teilfolgen auf. Die Größe der Teilfolge ist so zu wählen, daß Trainier- und Zerrüttungsvorgänge nicht verfälscht und einfaches Auswerten ermöglicht werden.

Die Kennzeichnung eines solchen Lastkollektivs wird nach der höchsten Spannung, die in Stufe 1 auftritt, vorgenommen. Die Spannungshöhe der übrigen Stufen wird hierauf bezogen. Für die Wahl des Spannungsverhältnisses bei der Prüfung von Klebproben gelten wiederum die gleichen Überlegungen wie bei den Einstufenversuchen. Sowohl die im Betrieb bevorzugte als auch wegen des Schlankheitsgrades empfehlenswerte Schwingbeanspruchung von einfach überlappt geklebten Proben erscheint die Zugschwellbelastung mit konstanter Unterspannung. Als kennzeichnende Größe dient auch in diesem Fall die Oberspannung in der ersten Stufe. Die Höhe der Oberspannungen in den Stufen ergibt sich aus der prozentualen Reduktion der Amplituden gemäß der vorgenommenen Stufenteilung über der konstanten Unterspannung von 0,11 kp/mm². Stufenwechselzahlen und Oberspannungen für das Lastwechselprogramm mit einer höchsten Oberspannung von 1,48 kp/mm² sind als Beispiel in Abb. 156 enthalten.

Die jeweilige Frequenz sollte so hoch wie möglich unter Vermeiden der beim Steuern auftretenden Resonanzerscheinungen der Prüfmaschine gewählt werden. Die Zuordnung von Programmstufen zu Maschinensteuerstufen und Lasterzeugungssystemen geht aus der Ab-

5.3 Die Bindefestigkeit unter dynamischer Belastung

bildung hervor. Der Teilfolgenumfang beträgt $5 \cdot 10^5$ Lastwechsel. Das Ergebnis der Betriebsfestigkeitsversuche wird nach E. GASSNER in Koordinatensystemen durch die maximale Oberspannung des Amplitudenkollektivs und die ertragene Gesamtlastwechselzahl bei doppellogarithmischer Teilung erhalten.

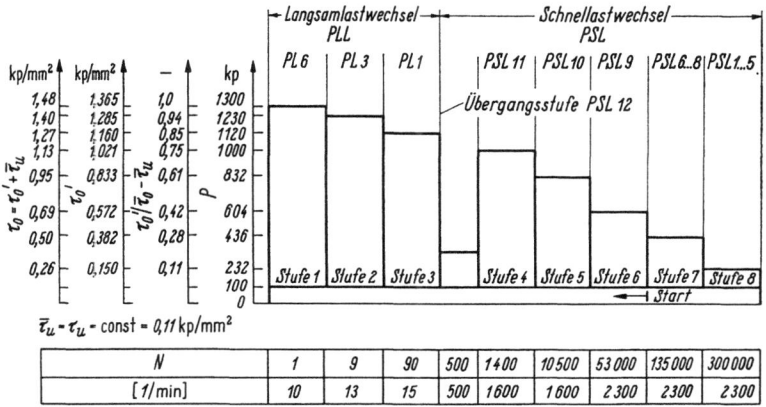

Abb. 156. Beispiel für das normalverteilte Belastungsprogramm für die Betriebsfestigkeitsprüfung von Klebverbindungen.

Das Ergebnis der Betriebsfestigkeitsversuche an Klebverbindungen mit Klebstoffen auf Phenol- und Epoxidharzbasis, Redux 775 Film und Araldit 106, geht aus den Abb. 157 und 158 hervor. Die Neigung

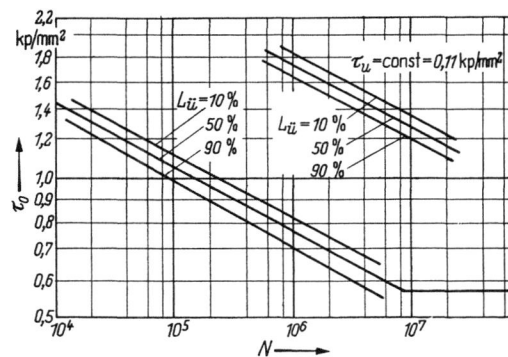

Abb. 157. Wöhler- und Lebensdauerlinie von Leichtmetallklebverbindungen mit Redux 775 Film für drei Werte der Überlebenswahrscheinlichkeit $L_{ü}$.

der Lebensdauerlinie für Redux gleicht der der Wöhler-Kurve. Beide verlaufen parallel. Die Streuung der Meßwerte im Bereich der Überlebenswahrscheinlichkeit von 10 bis 90% kann ebenfalls als gleich groß angesehen werden. Blechbrüche treten in keinem Spannungshorizont auf.

Im Gegensatz hierzu besitzt die Lebensdauerlinie von Araldit-106-geklebten Proben eine wesentlich geringere Steigung von $\bar{\varkappa} = 13,5$ gegenüber $\varkappa = 7,25$ der Wöhler-Kurve. Da außer der Klebstoffzusammensetzung alle anderen Parameter des Versuchs, z. B. Frequenz, Lastkollektiv, Abmessungen und Proben und damit gleichzeitig die

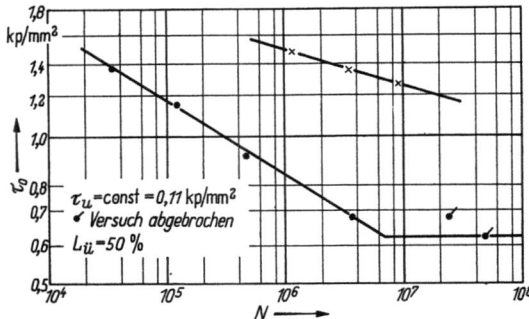

Abb. 158. Wöhler- und Lebensdauerlinie von Leichtmetallklebverbindungen mit Araldit 106 für die Überlebenswahrscheinlichkeit $L_{ü} = 50\%$.

Formzahl und die Änderung des Verhältnisses von Unterspannung zu Oberspannung innerhalb der Teilfolge konstant gehalten wurden, muß die unterschiedliche Lebensdauerfunktion auf die Klebstoffeigenschaften zurückgeführt werden. Diese Annahme erhärten die Ergebnisse von Betriebsfestigkeitsversuchen an Redux-Klebverbindungen bei einer erhöhten Versuchstemperatur von 60 °C, Abb. 159: Die äqui-

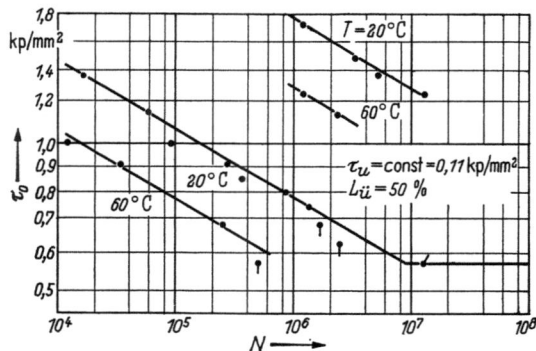

Abb. 159. Wöhler- und Lebensdauerlinien von Leichtmetallklebverbindungen mit Redux 775 Film für zwei Versuchstemperaturen.

distanten Geradenpaare für die Einstufen- und Gaßner-Versuche bei den beiden Prüftemperaturen deuten darauf hin, daß für Klebverbindungen unter Betriebslast ebenfalls die mechanisch-physikalischen Abhängigkeiten zwischen Verformungseigenschaften und (Kohäsions-)Festigkeit, wie sie bei den Einstufenversuchen festgestellt wurden, verantwortlich sind. Die Verformungsfähigkeit allein kann die entscheidende Ursache für die Lage der Lebensdauerlinien nicht sein, Abb. 160.

5.3 Die Bindefestigkeit unter dynamischer Belastung

Die höhere Zeit- und Dauerfestigkeit der Klebverbindungen mit Araldit 106 gegenüber denen mit Redux 775 Film, die die größere statische Festigkeit aufweisen, wurde durch die bessere Verformungsfähigkeit und Festigkeit des Epoxidharzklebers erklärt. Sie findet ihren

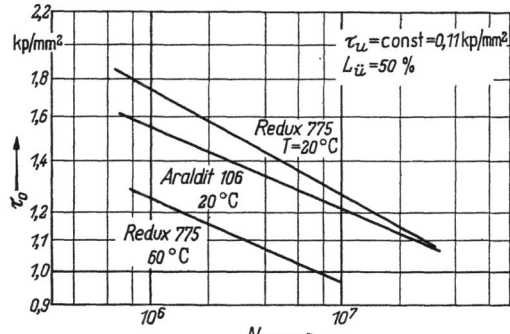

Abb. 160. Lebensdauerlinien von Klebverbindungen mit verschiedenen Klebstoffen und bei unterschiedlichen Temperaturen.

Ausdruck durch die Form der Spannungsdehnungskurve sowie durch die mit Hilfe von Torsionsschwing- und Biegeversuchen festgestellte Übergangstemperatur. Zur Begründung läßt sich der in der Klebschicht herrschende Spannungszustand heranziehen. Die Verformungsfähigkeit hängt von den molekularen Energiezuständen der Hochpolymeren ab. Sie kann durch Energiezufuhr, z. B. in Form von Wärme, erhöht werden. Das Steigern der Temperatur bewirkt aber zugleich ein Nachlassen der molekularen Bindekräfte und schafft die Voraussetzung für das sprunghafte Abgleiten von Kettensegmenten durch die verbesserte Beweglichkeit. Außerdem muß man mit einer statistisch ungleichmäßigen Verteilung der Bindungsenergien rechnen, so daß durch die eingebrachte Energie einige Bindungen gelöst werden, während andere in geringerem Anregungszustand bleiben. Je höher die Temperatur, desto mehr Bindungen fallen aus. Hierdurch wird die Festigkeit geschwächt. Hinzu treten die Auswirkungen von Fehl- und Schwachstellen nach der Hypothese von A. SMEKAL [73] und R. HOUWINK [74] sowie von Lockerstellen infolge der jeweiligen sterischen Anordnung der Moleküle. Als Folge dieser Vorgänge sinkt die Eigenfestigkeit des Klebers bei Temperaturerhöhung.

Das Ineinandergreifen der Deformations- und Bruchprozesse findet seinen Ausdruck in der Lage der jeweiligen Lebensdauerlinien. Der Kleber Araldit 106 besitzt bei Raumtemperatur eine geringe Eigenfestigkeit im Vergleich zu dem Klebstoff Redux 775. Er verursacht in Leichtmetallklebverbindungen eine geringere statische Bindefestigkeit. Bei schwingender Belastung der Klebnähte ist das Festigkeitsverhalten beider Klebstoffe nahezu gleich; unter einstufiger Schwinglast ergibt sich sogar ein höherer Wert für Araldit 106. Ursache hierfür kann nicht allein die größere Verformungsfähigkeit sein, wie sie durch die Übergangstemperatur charakterisiert wird; denn eine Schwingprüfung von Klebverbindungen mit Redux 775 bei dessen äquivalenter Übergangstemperatur von 60 °C läßt eine eindeutige Abnahme der Schwingfestigkeit, Abb. 159, und nicht die auf Grund der erhöhten Verformungsfähigkeit erwartete Zunahme erkennen. Diese Lebensdauerabnahme kann durch das Sinken der Eigenfestigkeit, der Kohäsion des Klebers durch die gesteigerte Temperatur erklärt werden.

Nach W. SCHÜTZ [75] wird der Exponent der Lebensdauerlinien von zahlreichen Werkstoffen, insbesondere der auch hier verwendeten Aluminiumlegierung, W.-Nr. 3 1354, weder vom Spannungsverhältnis noch von der Formzahl beeinflußt. Die Formzahl braucht in diesem Zusammenhang nicht betrachtet zu werden, da sie in allen Fällen wegen der konstanten Probenabmessungen übereinstimmt. Auch das Spannungsverhältnis kann als vergleichbar angesehen werden. Es ist definiert als Quotient aus Unterspannung und Oberspannung der höchsten Kollektivstufe. Es nimmt von Stufe zu Stufe entsprechend dem Verhältnis der abnehmenden Oberspannungen zu. Obwohl sich die Beträge je nach Maximalamplitude des Kollektivs ändern, bleibt das Steigerungsverhältnis seiner Werte innerhalb des Kollektivs konstant. Die Annahme der von W. SCHÜTZ behaupteten Unabhängigkeit ließe den Schluß zu, daß die Steigerung der Lebensdauerlinien von anderen Faktoren, z. B. den mechanischen Verformungseigenschaften der Klebstoffe, abhängt. Dieses Ergebnis kann jedoch mit den vorhandenen Versuchen nicht eindeutig gestützt werden, da die Abweichung der Lebensdauerlinien von Araldit 106 und Redux 775 geklebten Proben nicht über den ganzen Bereich signifikant ist und zufällig aufgetreten sein kann.

Für die Betriebsfestigkeitsuntersuchungen erscheint ein Vergleich mit den Lebensdauerwerten, die sich beim Berechnen nach der Palmgren-Miner-Hypothese ergeben, angebracht. Wie bereits G. JACOBY für Leichtmetallschweißverbindungen festgestellt hat [31], muß auch für geklebte Leichtmetallbleche der nach der Miner-Regel vorausgesagte Lebensdauerwert als unsicher im Vergleich zu den Betriebsfestigkeitswerten bezeichnet werden, Abb. 161.

Die berechneten Werte sind größer als die Bruchlastwechselzahlen unter statistisch veränderlicher Schwinglast. Da sie im Streubereich der Gassner-Linie liegen, kann man sie unter Vorbehalt, bei Zugabe entsprechender Sicherheitslastwechsel, zur Lebensdauerberechnung geklebter Konstruktionen heranziehen. Es wird vorgeschlagen, beim Be-

5.3 Die Bindefestigkeit unter dynamischer Belastung

messen nach der Miner-Regel mit einer Schadenssumme von

$$\sum_i \frac{n_i}{N_i} = 0{,}8 \cdots 0{,}9$$

zu rechnen. Der berechnete Lebensdauerwert sollte durch Stichprobenversuche überprüft werden. Hierfür kommen Einstufenversuche auf dem Spannungshorizont größter Schädigungsintensität (most damaging

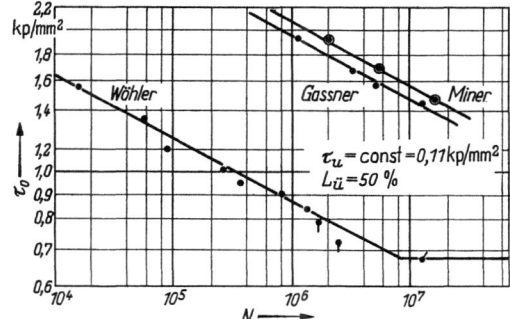

Abb. 161. Schwingfestigkeit von Leichtmetallklebverbindungen mit Redux 775 Film unter einstufiger (WÖHLER) und statistisch veränderlicher (GASSNER) Schwingbelastung sowie nach der Miner-Regel berechnet.

stress level) in Betracht, der die Schadenssumme am stärksten beeinflußt. Diese Spannungsstufe läßt sich durch Nachrechnen des gewählten, normalverteilten Belastungskollektivs bestimmen, wie das Beispiel in Abb. 162 für eine Nennspannung von 1,48 kp/mm² beweist. Trägt man die Lastwechselquotienten n_i/N_i in Höhe der Stufenspannung auf, erhält man die aufgezeichnete Treppenfunktion. Die größte Schädigungs-

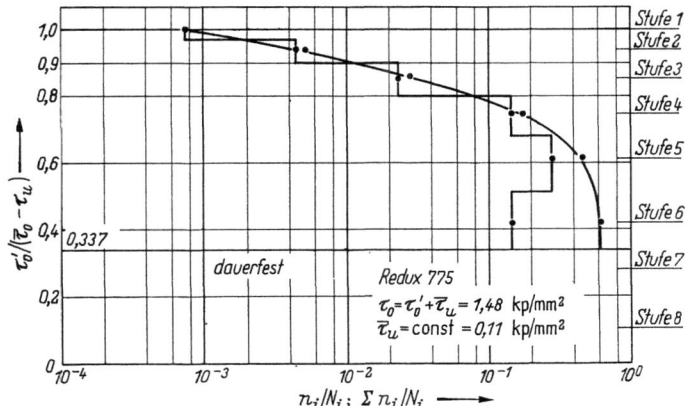

Abb. 162. Schädigungsintensität für das normalverteilte Schwellastkollektiv mit 33,7% der Maximalamplitude für die Nennspannung $\tau_0 = 1{,}48$ kp/mm².

intensität besitzt im vorliegenden Falle die Stufe 6 mit 0,61, d. h. etwa 60% der Maximalamplitude, die in der Nähe der Dauerfestigkeit mit 33,7% der Prüfamplitude für die Stufe 1 liegt. Der Summenkurve der Schädigungsintensität ist zu entnehmen, welcher Fehler bei dieser Art der Bemessungsrechnung durch Vernachlässigen der Stufen geringerer Schädigungsintensität (0,15) und der Stufen unterhalb der Dauerfestigkeit (0,3 bis 0,4) berücksichtigt werden muß, die gemäß der Palmgren-Miner-Hypothese keinen Beitrag zur Schädigung leisten sollen. Die Näherungsrechnung ist nur zu empfehlen, wenn das grundsätzliche Verhalten der zu berechnenden Klebverbindungen unter Ein- und Mehrstufenschwingbelastung als bekannt gelten darf.

Die mit Hilfe von Einstufen- und Betriebsfestigkeitsversuchen ermittelten Festigkeitseigenschaften können durch die Darstellung der im logarithmischen Koordinatensystem linearen Funktion

$$N_G = A N_W^\lambda,$$

worin $A = \bar{C}/C^\lambda$ eine Konstante und $\lambda = \bar{\varkappa}/\varkappa$ das Verhältnis der Neigungsexponenten von Lebensdauerlinie $\bar{\varkappa}$ und Wöhler-Kurve $\varkappa$ bedeuten [75], für gemeinsame Werte $\tau_0 = \bar{\tau}_0$ zu einem Bemessungsdiagramm zusammengefaßt werden, Abb. 163.

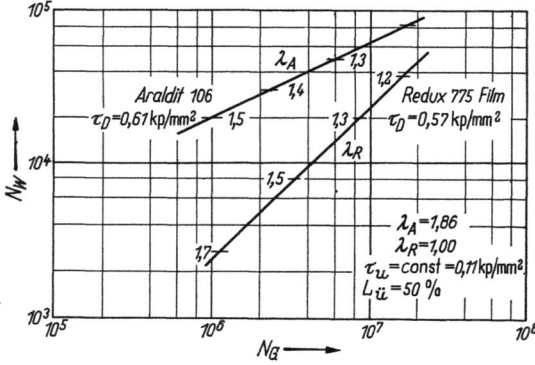

Abb. 163. Gesamtbemessungsdiagramm für Klebverbindungen aus AlCuMg 2 pl mit verschiedenen Klebern unter einstufiger und statistisch veränderlicher Schwinglast.

Auf der Abszisse sind logarithmisch die Bruchlastwechselzahlen aus dem Betriebsfestigkeitsversuch N_G und auf der Ordinate logarithmisch die aus dem Wöhler-Versuch N_W aufgetragen. Für verschiedene Spannungen erhält man Wertepaare, die auf einer Geraden liegen. Diese Gerade wird durch die oben angegebene Gleichung beschrieben. Die Steigung der Geraden ergibt sich aus dem Verhältnis der Neigungsexponenten der Wöhler- und Lebensdauerlinien. Die Bemessungsgerade für Redux 775 hat die Steigung $\lambda_R = 1,0$, da die beiden Linien parallel verlaufen. Für Araldit 106-Verbindungen ergibt sich dagegen ein λ_A von 1,86. Zur einfachen Benutzung sind die Dauerfestigkeitswerte der beiden Metallklebverbindungen angegeben sowie je vier Spannungswerte eingetragen worden. Dieses Schaubild gilt für Schwingbeanspruchungen bei einer Temperatur von 20 °C. Durch Erhöhen der Prüftemperatur, z. B. bei Klebverbindungen mit Redux 775, ändert sich die Konstante A, was sich durch ein Verschieben des Ordinatenmaßstabes äußert. Die Steigung der Bemessungsgeraden bleibt erhalten.

Mit dieser Geraden ist eine einfache, zusammenfassende Darstellung der Versuchsergebnisse möglich, die zugleich das Bemessen von Klebverbindungen erleichtert und Extrapolation auf höhere und tiefere Lastwechselwerte gestattet. Obwohl die dargestellten Zusammenhänge streng nur für Klebproben gelten, kann man doch Auskunft über das Schwingfestigkeitsverhalten von geklebten Bauteilen erhalten. Dies gelingt nach W. Schütz dann, wenn sich durch vergleichende Wöhler-Versuche eine Äquivalenz zwischen der Wöhler-Funktion des Bauteils und einer spezifischen Probe ermitteln läßt, so daß die Festigkeitsprüfungen „stellvertretend" an der Probe für das Bauteil vorgenommen werden können. W. Schütz [75] schlägt als Ähnlichkeitsfaktor die Formzahl α vor, die durch Konstruktion Gestaltung und Fertigung des Bauteils bestimmt wird. Er gibt an, daß sich in dieses System nach bisher vorliegenden Erfahrungen auch ein- und zweischnittige Nietverbindungen einbeziehen lassen. Für Klebverbindungen ist ein Überprüfen dieser Zusammenhänge nicht möglich, da Versuchsergebnisse an geklebten Bauteilen, die eine solche Betrachtung zulassen, nicht bekannt sind.

5.4 Spannungsverteilung und Bruchvorgang in Metallklebverbindungen unter schwingender Last

Von Ulrich Draugelates, Essen

Als Voraussetzung für das Bemessen von Bauteilen und Konstruktionselementen genügt gewöhnlich die Kenntnis der phänomenologischen Erscheinungen, die als Folge der Schwingbelastung auftreten. Sie werden mit Hilfe der gemessenen Kraft und Zeit unter Verändern der äußeren Bedingungen und der Gestalt des Prüfkörpers gemessen und finden ihren Ausdruck in tabellierten Dimensionierungshinweisen und grafischen Verhältnisangaben, wie sie in den vorigen Abschnitten ebenfalls zum Beschreiben des Verhaltens von Klebverbindungen dienen.

Dieses notwendige und unerläßliche Sammeln von Erfahrungswerten ist jedoch nicht das einzige Ziel derartiger Untersuchungen. Vielmehr ist man bestrebt, die Ergebnisse als Ausdruck gesetzmäßiger Vorgänge zu erkennen und mit ihrer Hilfe das grundsätzliche Werkstoffverhalten zu deuten. Das Bemühen um Verständnis der zerstörenden Auswirkung schwingender Last auf die Werkstoffe hält seit den grundlegenden Versuchen von WÖHLER an. Trotz umfassender Versuche und ideenreicher theoretischer Fortschritte ist ein allgemeingültiges, bis in Einzelheiten widerspruchsfreies Deuten der Schwingungsschädigung bisher nicht gelungen.

5.4.1 Schädigung durch Lastschwingungen

H. J. FRENCH [76] und andere haben versucht, mit Hilfe vergleichender Zweistufenversuche Auskunft über die innerhalb der Metalle ablaufenden Schädigungs- und Zerrüttungsvorgänge zu erhalten, indem sie die Folgen einer schwingenden Vorbelastung im Zeitfestigkeitsbereich für die Höhe der Dauerfestigkeit feststellten. Diese Versuche haben zum Aufstellen einer Schadenslinie geführt, die ähnlich wie die Wöhler-Kurve über der Lastspielzahl aufgetragen wird und die Grenze zwischen schädigenden und nicht schädigenden Lastwechseln bildet. Als Ausdruck der Schädigung dient das mit fortschreitenden Lastwechseln charakteristische Ändern einer Werkstoffeigenschaft, z. B. die Abnahme der Dauerfestigkeit, Zugfestigkeit oder Zähigkeit. Durch Erweitern der systematischen Beobachtungen läßt sich im Werkstoff der Schädigungsablauf verfolgen, wie ihn M. S. HUNTER und G. W. FRICKE [77] für AlCuMg 2 vom Beginn der ersten Gleitung bis zum Bruch den Schwinglastspielzahlen zuzuordnen vermochten. In ähnlicher Weise wurde versucht, Schädigungsgrenzen für schwingend beanspruchte Klebverbindungen zu finden, aus denen sich zusammen mit der ermittelten Überlebenswahrscheinlichkeit ein sicheres Beurteilen der zu erwartenden Lebensdauer ergibt. Zugleich wurde eine Antwort auf die Frage nach der sicheren Restbetriebszeit nach Beginn von Schwingrissen erwartet.

Zum Nachweis des Schädigungsgrades schien die statische Zerreißfestigkeit am besten geeignet, da sie sich gegenüber der Dauerfestigkeit und anderen Kennwerten durch geringe Streuung und die Reproduzierbarkeit des Versuchs als überlegen erwies. Je fünf Proben wurden der gleichen dynamischen Last unterworfen, die bei konstanter Unterspannung von 0,11 kp/mm² jeweils durch die Oberspannung gekennzeichnet war. Stufenweise erhielten die Proben eine längere Schwingbelastung, an die sich die Bindefestigkeitsprüfung anschloß. Als Vergleichswert diente die statistisch an etwa 800 Proben ermittelte statische Bindefestigkeit von 3,74 kp/mm², so daß die Schädigung sich durch das Verhältnis τ_d/τ_B der Bindefestigkeit nach dynamischem Vorbelasten zur Standardbindefestigkeit ergab, das als Restfestigkeit bezeichnet werden kann.

5.4 Spannungsverteilung und Bruchvorgang

Abb. 164 enthält die Ergebnisse dieser Versuche für fünf Spannungshorizonte. Jeder der im Schaubild eingezeichneten Versuchspunkte ist als Mittelwert aus fünf Proben zu verstehen. Nach kleinen und mittleren Lastwechselzahlen änderte sich die Bindefestigkeit durch die Vorbeanspruchung nicht. Erst nach Überschreiten eines Schwellwerts von etwa 70 bis 90% der Bruchlastwechselzahl trat ein deutliches Absinken von τ_d ein, das bei hohen Laststufen schnell zunahm.

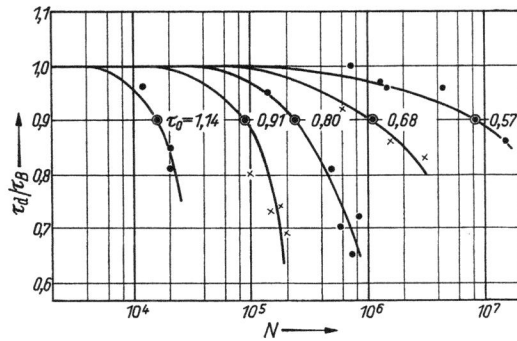

Abb. 164. Restfestigkeit τ_d/τ_B dynamisch vorbelasteter Klebproben mit Redux 775 Film für fünf Spannungshorizonte.

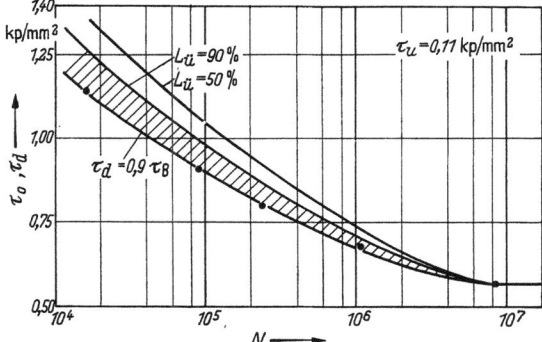

Abb. 165. Wöhler-Kurven für verschiedene Überlebenswahrscheinlichkeiten $P_\ddot{u}$ sowie Restfestigkeitslinie nach dynamischer Vorlast.

Um den Beginn der Schädigung übersichtlich den Bruchlastwechselzahlen zuordnen zu können, werden jeweils die Lastwechselzahlen für eine Restfestigkeit von $0,9\,\tau_B$ einer jeden Spannungsstufe als kennzeichnende und sicher bestimmbare Werte in ein Wöhler-Schaubild übertragen, Abb. 165. Als Kennwert kann ebenso jeder andere waagerechte Schnitt der Schädigungslinien in Abb. 164 dienen, womit sich eine Kurvenschar für das fortschreitende Zerrütten der Klebverbindungen ergäbe. Die entstandene Linie für $\tau_d = 0,9\,\tau_B$ kennzeichnet das beginnende Versagen und schließt mit der Wöhler-Kurve für 90% Überlebenswahrscheinlichkeit den Schadensbereich ein. Sie verläuft mit geringer Steigung und mündet in die Dauerfestigkeitsgerade. Sie besitzt Ähnlichkeit mit der Schadenslinie nach H. J. FRENCH für Stahl [77].

Einige Proben, deren Schwingprüfung nach 10^7 Lastwechseln abgebrochen wurde, gestatteten auch das stichprobenartige Untersuchen des Dauerfestigkeitsbereichs. Es ergaben sich dort ebenfalls, obwohl nicht regelmäßig, Schädigungen bis zu 10 und 15%. Daraus ist zu schließen, daß die Schädigungslinie die Dauerfestigkeitslinie nur tangiert und dann mit zunehmender Lastwechselzahl steiler als diese abfällt. Gleichzeitig muß die Existenz eines Dauerfestigkeitswerts in Frage gestellt werden, da dieser definitionsgemäß bis $N = \infty$ ohne Schädigung ertragen werden sollte.

Die Frage nach der Ursache der Schädigung kann hieraus noch nicht eindeutig beantwortet werden. Offensichtlich entspricht die Lastwechselzahl, bei der sich die Kurve der Restfestigkeit in Abb. 164 von der Bindefestigkeitsgeraden trennt, dem Beginn oder der ersten Auswirkung eines Anrisses am Überlappungsende. Diese Anrisse und ihr Wachstum lassen sich mit einem Mikroskop an der Außenseite der Probe in der Klebschicht erkennen. Sie sind jedoch nicht eindeutig der Schädigungskurve zuzuordnen, da sie nur an der Seite der Klebschicht sichtbar werden und ihr Entstehen und Wachstum in Breitenmitte am Überlappungsende unsichtbar bleibt. In Analogie zu dem beobachteten Entstehen und Fortschreiten des Blechbruchs und dessen Ursache, höchste Zugspannung an der Blechoberfläche in Breitenmitte, ist zu erwarten, daß der erste Anriß gerade dort entsteht und erst nach längerer Zeit bis zur Kante fortschreitet.

5.4.2 Spannungszustand unter Schwinglast

Aus der Kenntnis des Spannungszustands und der Verformungsvorgänge in der Klebschicht kann abgeleitet werden, daß die beobachteten Anrisse am Überlappungsende entstehen. Dort besitzen die Schub- und Zugspannungen ihre höchsten Beträge, so daß nach ausgeschöpfter Deformationsfähigkeit ein sprödbruchähnlicher Anriß entsteht, dessen Kerbwirkung das eigene Wachstum unterstützt.

Die zwischen Ober- und Unterlast wechselnde Prüflast erzeugt in der überlappten Klebverbindung einen entsprechend der Schwinglast sich verändernden Spannungszustand. Der kontinuierliche Spannungswechsel läßt sich für einen beliebigen Zeitpunkt während der Schwingdauer auflösen, indem man eine entsprechende statische Prüflast anlegt und die Auswirkung betrachtet.

Der Verlauf der Schub-, Zug- und Normalspannungen innerhalb der einfach überlappten Klebverbindung kann als bekannt gelten. In neuerer Zeit ist W. BRAIG mit einer Überarbeitung der von M. GO-

5.4 Spannungsverteilung und Bruchvorgang

LAND und E. REISSNER [79] abgeleiteten Gleichungen hervorgetreten, die zusätzlich berücksichtigt, daß Moment und Querkraft durch die Schichtdicke beeinflußt werden [80]. Außerdem setzt er in seinen Betrachtungen voraus, daß die Spannungen in den schmalen, für Versuche eingesetzten Proben eher durch die allgemeinen Beziehungen für die Balken- anstelle der von GOLAND und REISSNER gewählten Plattenbiegung angenähert werden können. Die von ihm angegebenen Gleichungen stellen die bisher vollständigste Lösung der bei theoretischem Ermitteln des Spannungsverlaufs auftretenden Fragen dar.

Aus dem Ansatz von M. GOLAND und E. REISSNER ergibt sich nach W. BRAIG unter der Voraussetzung des Kräfte- und Momentengleichgewichts die eine maßgebende Beanspruchungsgröße für die Klebschicht, die Schubspannung. Die zweite ist die Normalspannung, die sich durch ihre Schälwirkung bemerkbar macht. Sie wird in Anlehnung an E. W. KUENZI [81] und D. Y. WANG [53] bestimmt, deren Ausdrücke den vorliegenden experimentellen Bedingungen besser angepaßt erscheinen als die Lösung von BRAIG. Dies bezieht sich insbesondere auf die Probenabmessungen und die Deformationsreaktionen unter den angegebenen Prüflasten.

Schub- und Normalspannungen können danach für einfach überlappte Klebverbindungen mit den Klebern Redux 775 Film und Araldit 106 unter den Prüflasten von 100 und 900 kp, die Oberspannungen von 0,11 und 1 kp/mm² entsprechen, berechnet werden. Hierfür gelten die Probenbreite von 60 mm, die Überlappungslänge von 15 mm und die Fügeteildicke von 2 mm. Die elastischen Eigenschaften der Fügeteile ergeben sich aus dem E-Modul von 7 000 kp/mm² und der Poisson-Zahl 0,34. Als Verformungskennwerte für die Klebstoffe werden der Elastizitätsmodul und der Schubmodul benutzt, und zwar für Araldit 106 mit einer durchschnittlichen Schichtdicke von 0,14 mm der Elastizitätsmodul 30 kp/mm² und der Schubmodul 70 kp/mm². Für Redux 775 Film mit einer Schichtdicke von 0,2 mm sind die Werte der entsprechenden Moduln 450 kp/mm² und 200 kp/mm².

Die Ergebnisse enthalten die Abb. 166 bis 169. Man erkennt, daß nach der Rechnung in Abhängigkeit von den elastischen Eigenschaften sowohl die Schub- als auch die Normalspannung als kritische Beanspruchung anzusehen sind. Bei dem Klebstoff Redux 775 Film scheint bei hoher Last die Normalspannung maßgeblich am Bruchvorgang beteiligt zu sein, während sich bei kleiner Last die Schubspannung als größere Anstrengung der Klebschicht erweist. Für Araldit 106 findet man das umgekehrte Verhältnis. Diese Ergebnisse stimmen mit den Feststellungen von D. Y. WANG [53] überein. Die Aussagen gelten jedoch nur unter Vorbehalt, da sich bei den betrachteten Lasten die für die Lösung der Gleichungen eingeführten Vernachlässigungen auswir-

272 5 Verhalten von Metallklebverbindungen unter Last [Lit. S. 342

ken können. Vor allem ist die Querkontraktionsbehinderung innerhalb der Klebschicht zu beachten, so daß sich die ohnehin nur angenähert bestimmbaren Verformungskennwerte erheblich ändern. Dies wirkt sich besonders im Falle des Klebers Araldit 106 aus.

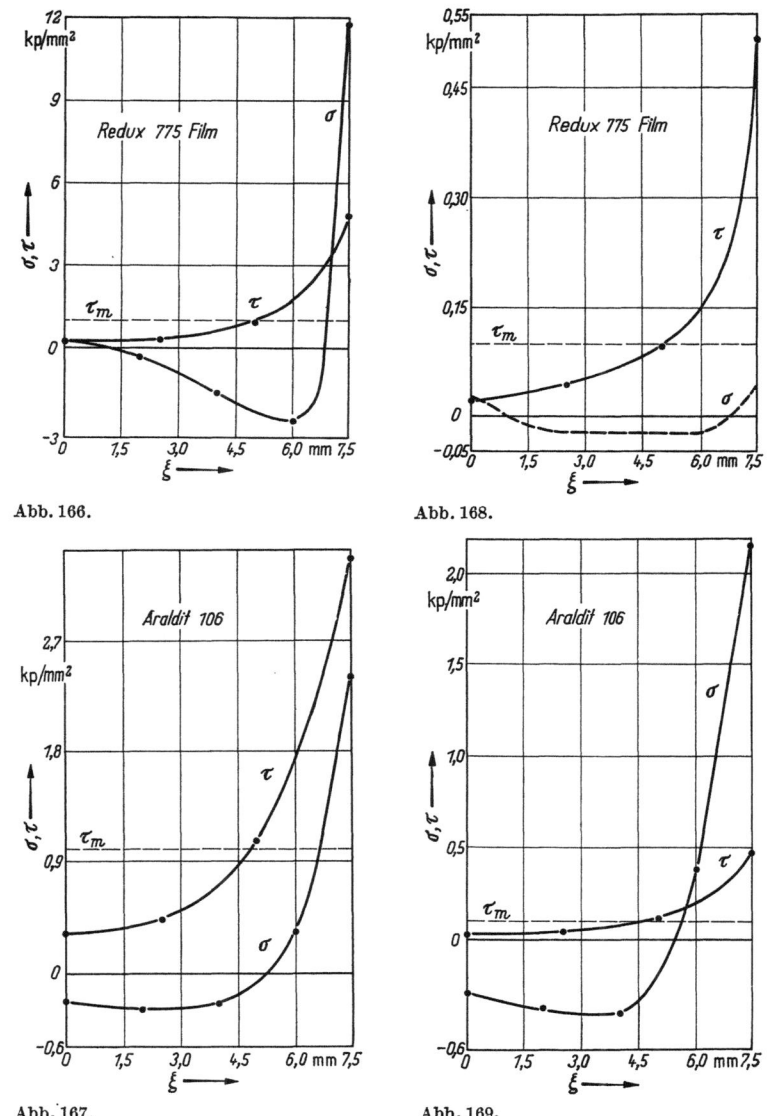

Abb. 166.   Abb. 168.

Abb. 167.   Abb. 169.

Abb. 166 bis 169. Schubspannung σ und Normalspannung τ bei Prüflasten $P = 900$ kp (Abb. 166 und 167) sowie $P = 100$ kp (Abb. 168 und 169).

5.4 Spannungsverteilung und Bruchvorgang

Gerade am Überlappungsende jedoch, an der Stelle höchster Normalspannungen, ist eine Kontraktion möglich, so daß hier die wirklichen Spannungen kleiner sein dürften. Auch die Schubspannungsspitze wird sich in Wirklichkeit nicht so hoch ausbilden, wie es sich aus der Rechnung bei Annahme idealer Verhältnisse ergibt, da mit einem erheblichen Randeinfluß zu rechnen ist. Weiterhin muß neben der zu beachtenden Wölbung der Bleche die Abhängigkeit der Normalspannung von der Höhe der Schubspannung bei Eintreten plastischer Formänderungen erwähnt werden, so daß beide nicht mehr getrennt darstellbar sind. Diese Einschränkungen mindern den Wert der berechneten Spannungsbeträge erheblich. Aus diesem Grunde erscheint es notwendig, die Rechnung durch eine experimentelle Ermittlung der Spannungen zu überprüfen.

Als geeignetes Verfahren, den Schubspannungsverlauf längs der Überlappung zu bestimmen, hat sich das optische Messen der Verschiebung der einander gegenüberliegenden Blechfügeteile erwiesen (s. S. 364). Zu dem bewährten Meßprinzip für statische Last tritt bei den Schwingversuchen der erschwerende Umstand der oszillierenden Verschiebungswege. Mit Hilfe einer Stroboskoplampe, deren Blitzfolge der jeweiligen Prüffreqenz angepaßt wird, ergibt sich im Mikroskop ein ruhendes Bild der Meßstelle für einen beliebigen Zeitpunkt innerhalb der Schwingdauer. Im übrigen erhalten gemäß den statischen Versuchen die polierten Seitenflächen der Überlappung geritzte Meßmarken von 1 μm Dicke, deren Abstand durch eine kalibrierte Teilung in einem Mikroskopokular bei 200facher Vergrößerung zu messen ist.

Die Verschiebungsbeträge an Klebproben mit Araldit 106 und Redux 775 Film ergeben sich für je eine Stelle am Überlappungsende ($x = 0$) und im Abstand von 7 mm ($x = 7$) nahezu in der Mitte der Überlappung während des Schwingversuchs nach Abb. 170 und 172. Bei statischem Belasten vor dem Schwingversuch mit der Oberspannung 1,0 kp/mm² ergibt sich im Durchschnitt ein oberer Verschiebungsbetrag, der halb so groß wie der Wert nach den ersten Wechseln im Schwingversuch ist. Aus einem Vergleich mit den Beträgen in Abb. 171 und 173, die sich bei Schwinglast mit kleiner Frequenz einstellen, ist außerdem die unterschiedliche Zunahme der Verformung zu erkennen. Während bei schneller Lastwechselfolge die Beträge bis zu 25 bzw. 30% der Lebensdauer konstant bleiben und dann kontinuierlich bis zum Bruch anwachsen, stellt man für die geringere Frequenz einen schnellen Verschiebungszuwachs bei etwa 75% der Lebensdauer fest, der danach bis kurz vor dem Bruch wiederum konstant bleibt.

Weiterhin erscheint die Differenz der Beträge zwischen Überlappungsmitte und -ende bemerkenswert. Entsprechend den unterschiedlichen Verformungsfähigkeiten der Kleber wurde in Araldit 106-Verklebungen mit der größeren Dehnung gewöhnlich ein kleinerer Unterschied der Verschiebung entlang der Überlappung festgestellt. Wie erwartet, zeigt sich bei geringer Frequenz eine größere Verformung an beiden Verbindungen, jedoch muß die vergrößerte Verschiebungsdifferenz zwischen Überlappungsende und -mitte trotz der langen, zwischen

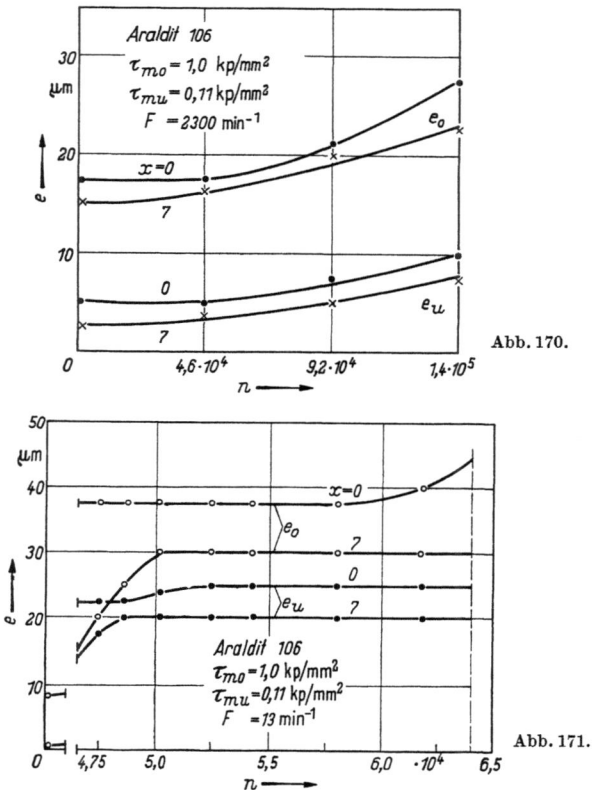

Abb. 170.

Abb. 171.

den Höchst- und Tiefstwerten der Kraftschwingung für den Spannungsausgleich in der Klebschicht zur Verfügung stehenden Zeit als widersprüchlich angesehen werden.

Als Ursache kommt hierfür die mit steigender Frequenz zunehmende Ähnlichkeit des Belastungszustands mit einer zeitlich konstanten Last in Betracht. Infolge der schnellen Wechsel vermag der Kleber mit seiner zeitabhängigen Deformationsreaktion der sich ändernden Kraftwirkung nicht zu folgen, so daß sich ein quasistatischer Verschiebungszustand mit ausgeglichenem Verlauf längs der Überlappung einstellt. Bei geringer Frequenz hingegen bestehen große Verformungsunterschiede zwischen Überlappungsmitte und -ende.

5.4 Spannungsverteilung und Bruchvorgang

Für einzelne Zeitpunkte während des Schwingversuchs, gekennzeichnet durch die jeweilige Lastspielzahl, enthalten die Abb. 174 und 176 die aus Verschiebungsbeträgen und Winkeln gemittelten Gleitungen für die Meßstellen. Mit der mittleren Gleitung γ_m an der Stelle x_m wird ein Maßstab für den wahren Spannungs-Gleitungs-Zusammen-

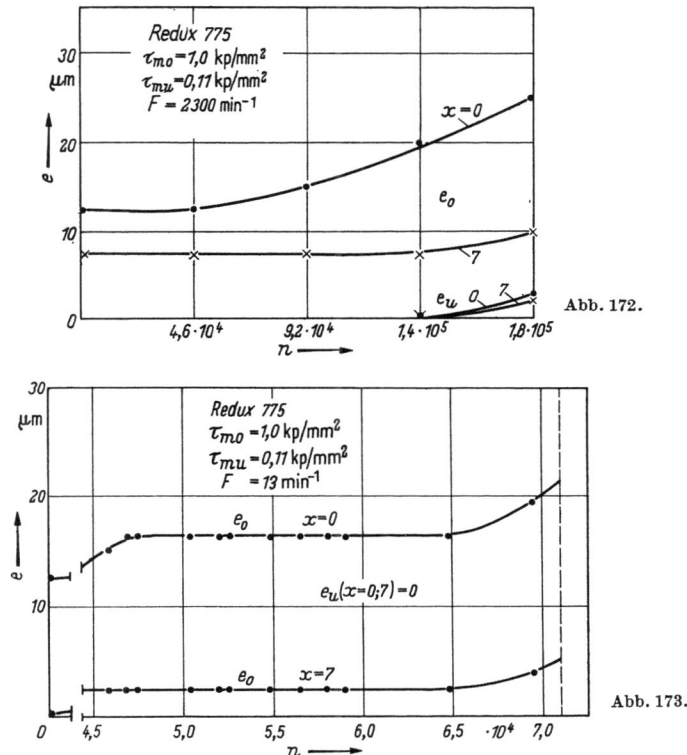

Abb. 172.

Abb. 173.

Abb. 170 bis 173. Verschiebung e während des Schwingversuchs zum Zeitpunkt der Oberlast e und der Unterlast e_U bei verschiedenen Lastwechselzahlen n.

hang $\tau_m - \gamma_m$ gefunden. Mit diesem Maßstab läßt sich aus dem bekannten statischen Schubspannungs-Gleitungs-Verlauf die Verteilung der wahren Schubspannungen bei Ober- und Unterlast ermitteln, Abb. 175 und 177. Die für unterschiedliche Zeitpunkte der Lebensdauer, Kleber und Frequenzen erhaltenen Kurven entsprechen den bereits vorgenommenen Betrachtungen an dem Verlauf der Verschiebungsbeträge.

Die aus den Verschiebungsmessungen erhaltenen Schubspannungen an der Stelle $x = 0$ betragen nur etwa ein Drittel der Werte, die mit Hilfe des Rechenverfahrens von W. BRAIG ermittelt wurden, Abb. 166 bis 169. Die Gründe für die mangelnde Übereinstimmung sind sowohl

276 5 Verhalten von Metallklebverbindungen unter Last [Lit. S. 342

in den angeführten Vernachlässigungen beim Lösen der Spannungsgleichungen als auch in der eingeschränkten Gültigkeit der Verschiebungsmessung zu suchen. Einerseits werden gerade in den Randzonen der Klebfläche die Voraussetzungen über die elastischen Deformationen wegen der hier vorhandenen Kontraktionsmöglichkeiten bei den auftretenden hohen Spannungen nicht zutreffen, und andererseits können

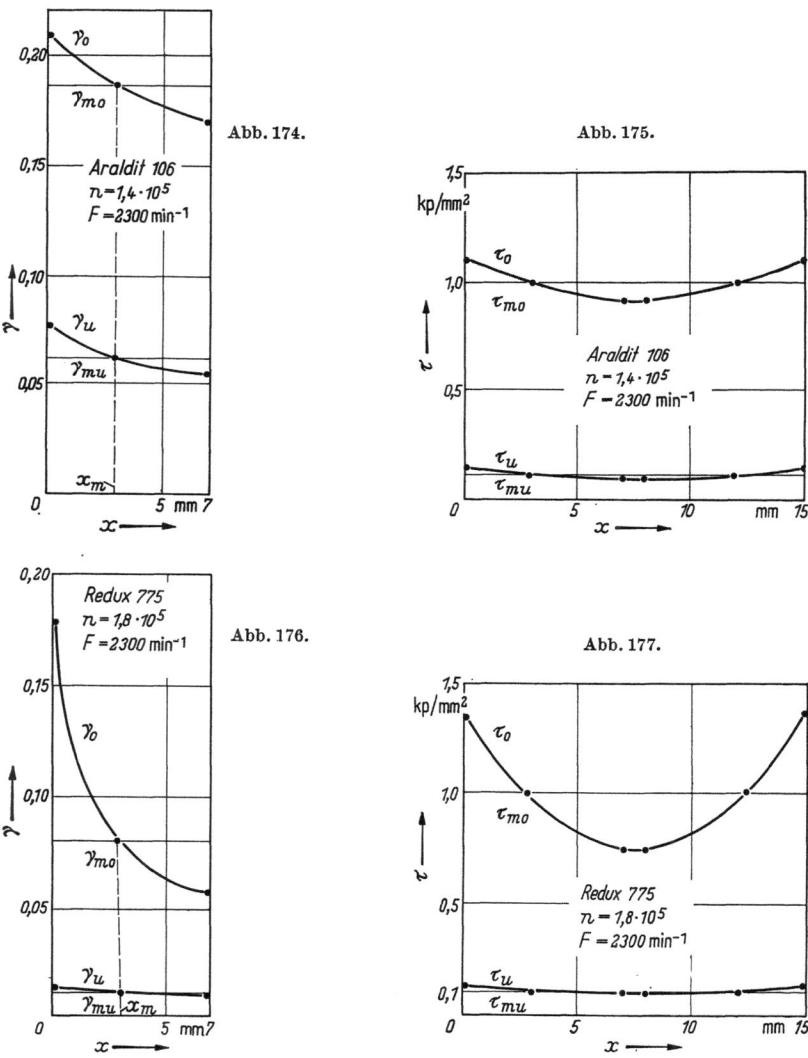

Abb. 174 bis 177. Verschiebungen γ und Schubspannungen τ in der Überlappung während des Schwingversuchs bei verschiedenen Lastwechselzahlen n.

die unter den herrschenden Randbedingungen gemessenen Deformationen nicht für jede beliebige Stelle innerhalb der Überlappung gelten.

Aus den Verschiebungsmessungen ist zu entnehmen, daß bei hoher Frequenz die für das Verformen der Kunststoffklebschicht notwendige Zeit zwischen den Extremwerten der Lastschwingung nicht ausreicht, so daß sie nur in geringem Umfange deformiert wird. Es stellt sich in der Schicht ein quasistatischer Verformungszustand ein, wobei der Unterschied zwischen den Verformungen an den Überlappungsenden und der Mitte weitgehend ausgeglichen wird.

Bei kleiner Frequenz hingegen wird ein größerer Verformungsunterschied beobachtet. Die Ursache hierfür sind die größeren Kriechbeträge, die sich zwischen den Extremwerten der Lastwechsel einstellen. An den Überlappungsenden entstehen dadurch hohe Spannungsspitzen, die im Vergleich zur höheren Frequenz einen ungünstigeren Belastungsfall darstellen, so daß hierbei eine kürzere Lebensdauer erreicht wird.

Der qualitative Verlauf der Verschiebung in Abhängigkeit von der Lastspielzahl gleicht dem bei statischer Belastung. Beschleunigtes Kriechen zu Beginn des Schwingversuchs weist auf das primäre Fließen durch Lösen von Nebenbindungen und Umlagern von Kettensegmenten hin. Anschließend beobachtet man konstante Verformungsbeträge. Während dieser Zeit herrschen innerhalb des Molekülverbands Gleichgewichtszustände hinsichtlich des Lösens und Neubildens von Bindungen. In dieser Periode der Lebensdauer beginnen die Zerrüttungsvorgänge infolge der Wechselverformung, die in einer submikroskopischen Rißbildung bestehen. Als Rißursprung wirken Locker- und Fehlstellen sowie Orte submolekularer Spannungsspitzen. Das Wachstum dieser Initialrisse führt zu einer erhöhten Beanspruchung des Restquerschnitts und verursacht größere Verformung, die in den Diagrammen durch zunehmende Verschiebungswege erkennbar ist und den Bruch der Verbindung einleitet.

Neben der Schubspannung herrscht in der Klebschicht eine hohe Normalspannung, die eine Zugverformung des Klebers verursacht und das Schälen der Verbindung veranlaßt. Das Verhältnis zwischen den beiden Spannungsarten kann mit Hilfe der angegebenen Gleichungen abgeschätzt werden.

5.4.3 Bruchablauf

In welcher Weise sich der kritische Spannungszustand auf die Bewegung der Fügeteile nach dem Bruch einer zügig belasteten, überlappt geklebten Blechprobe auswirkt, darüber geben die Abb. 178 bis 182 Auskunft, die Ausschnitte aus einem Film über den Bruchverlauf enthalten. Die Aufnahmen sind mit einer Hochgeschwindigkeitskamera vom

Typ „Hitachi High Speed Camera" bei einer Bildfolge von etwa 10 000/s erhalten worden. Die ersten fünf Bilder weisen den Bewegungsvorgang im zeitlichen Abstand von 0,12 mm auf, während die Abb. 182 einen späteren Zeitpunkt zeigt. Trotz der Unschärfe infolge Probenschwingung erkennt man, daß sich die beiden Fügeteile sofort nach dem Bruch in Richtung der Normalspannung voneinander wegbewegen. Das Entfernen in Kraftrichtung setzt erst später ein.

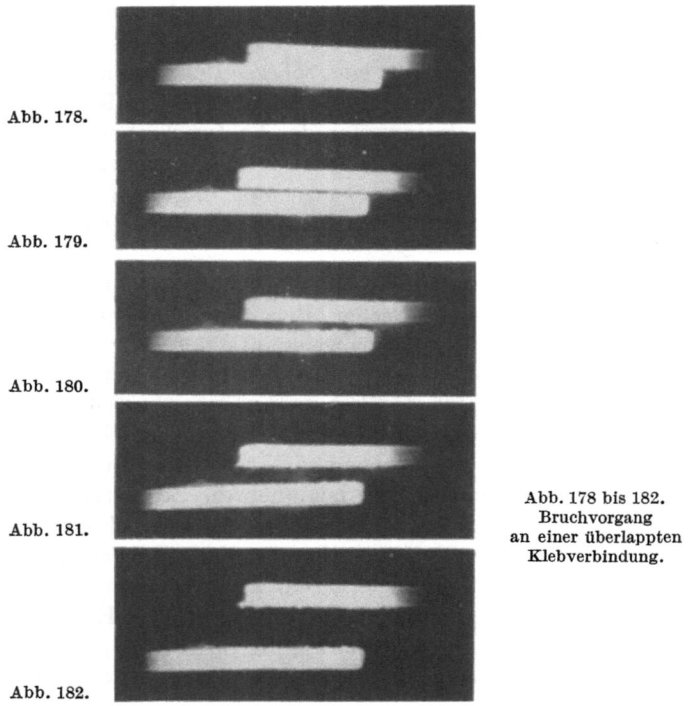

Abb. 178.

Abb. 179.

Abb. 180.

Abb. 181.

Abb. 178 bis 182.
Bruchvorgang
an einer überlappten
Klebverbindung.

Abb. 182.

Das eigentliche Trennen geschieht in weniger als 0,1 ms und entzieht sich auch bei der schnellen Bildfolge dem Nachweis. Es liegt zwischen Abb. 178 und 179. Dieses Ergebnis darf zunächst nicht verallgemeinert werden und gilt nur für den Bruch nach zügigem Belasten. In jedem Falle sind die Beanspruchungsgeschwindigkeit und die elastischen bzw. viskosen Eigenschaften der Probe als ausschlaggebende Faktoren zu beachten.

Einen weiteren Weg, die Bruchvorgänge an Metallklebverbindungen zu klären, bietet ein Betrachten der beim Zerreißen entstehenden Bruchfläche an. Ein typisches makroskopisches Bruchbild, wie es für die Metalle bekannt ist, zeigen zerstörte Klebverbindungen nicht. Vielmehr unterscheiden sich auch Bruchflächen desselben Klebstoffs im

Aussehen, was auf zufällige Vorgänge schließen läßt. Mit wenigen Ausnahmen gilt für die Bruchflächengestalt, unabhängig von Klebstoffzusammensetzung, Fügeteilwerkstoff und Belastungsgeschwindigkeit beim Zugscherversuch an einfach überlappten Proben die folgende Feststellung: Der Riß verläuft bevorzugt innerhalb der Klebschicht auf der Seite des Blechs mit der höheren Zugspannung, das dem Klebstoff seine Formänderung mitteilt.

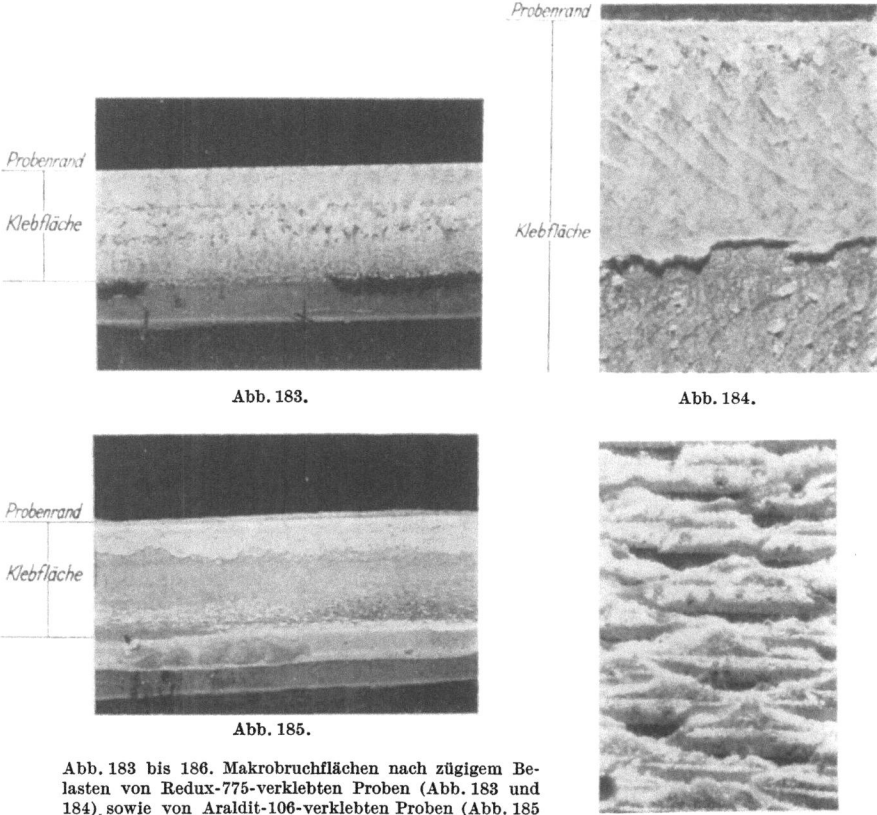

Abb. 183.

Abb. 184.

Abb. 185.

Abb. 183 bis 186. Makrobruchflächen nach zügigem Belasten von Redux-775-verklebten Proben (Abb. 183 und 184), sowie von Araldit-106-verklebten Proben (Abb. 185 und 186).

Abb. 186.

Nach dem statischen Zugversuch zeigt sich bei mäßiger Vergrößerung für jeden Klebstoff ein charakteristisches Aussehen der Bruchfläche. Die auf dem Blech verbliebene Klebstoffschicht von Redux 775 Film erscheint spröde und heterogen. Es können Fließbereiche und gleichgerichtete Risse beobachtet werden, Abb. 183 und 184. Der Kleber Araldit 106 läßt dagegen auch im Bruchbild seine Verformungsfähigkeit erkennen. Die Bruchfläche besteht aus zerklüfteten, schollenartigen, gerichteten Kleberresten, die auf der Blechoberfläche haften, Abb. 185 und 186. Bei höherer Vergrößerung erkennt man eingeschlossene Blasen und Verformungsspuren. Bemerkenswert erscheint die auf allen Bruchflächen nachgewiesene, stellenweise große Menge Aluminium, die aus der Blechoberfläche der Gegenseite herausgerissen war, Abb. 187. Die Aluminiumteilchen sind auf dem „Gipfel" der zerklüfteten

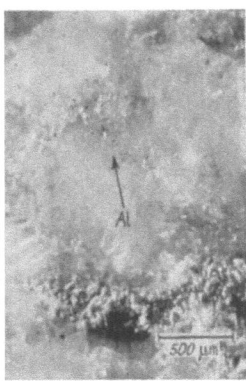

Abb. 187.
Aus der Blechoberfläche
herausgerissene Aluminiumteilchen
auf der Klebstoffbruchfläche
von Redux 775, 40:1.

Kleberreste deutlich zu erkennen und unterscheiden sich durch die Schärfe ihrer fotografischen Wiedergabe von der an mehreren Stellen sichtbaren Blechoberfläche. Dies ist ein Zeichen für die große Haftkraft zwischen Klebstoff und Plattierschicht aus Reinaluminium, die in diesem Falle höher war als die Metallfestigkeit. Die gleiche Erscheinung wird an statischen und dynamischen Bruchflächen beobachtet und ist in einfacher Weise durch polarisiertes Licht, das das Metall schwarz erscheinen läßt, nachzuweisen.

Die Bruchflächen von Klebverbindungen nach dynamischer Belastung zeigen gegenüber statischen Bruchflächen einige Gesetzmäßigkeiten, die Einblick in den Bruchverlauf zu geben vermögen. Die Technik der Mikrofraktografie hat sich in den letzten Jahren als geeignetes Mittel erwiesen, das Fortschreiten des Dauerrisses sowie die Werkstoffreaktion an der Rißfront in Metallen zu verdeutlichen.

Zur Deutung der Bruchvorgänge in amorphen Hochpolymeren liegt ebenfalls eine große Zahl experimenteller und theoretischer Arbeiten vor. Der Zerrüttungsvorgang wird hier oft in Anlehnung an die Hypothesen für Metalle durch örtliche Spannungskonzentrationen an Fehl- und Lockerstellen innerhalb des Molekülverbandes als Ausgang für einen spröden Bruch mit hoher Rißfortschrittsgeschwindigkeit erklärt [82 bis 84].

Einen wesentlichen Unterschied gegenüber den Metallen bildet hierbei der beträchtliche Einfluß der viskoelastischen, zeitabhängigen

5.4 Spannungsverteilung und Bruchvorgang

Verformungseigenschaften der Polymeren auf die stofflichen Trennvorgänge und ihren energetischen Ablauf [85]. Für konstante Last haben F. BUECHE und J. C. HALPIN [86] als unmittelbare Bruchursache das Erschöpfen der Verformungsreserven innerhalb des Molekülverbandes festgestellt. Die molekularen Umlagerungs- und Gleitvorgänge sind zeitabhängig, wobei ebenfalls die Temperatur als maßgeblicher Faktor mitwirkt. Je nach der Höhe der Belastungsgeschwindigkeit vermag der amorphe Körper den durch die äußere Last erzeugten Spannungen mehr oder minder auszuweichen. An Stellen hoher Spannungskonzentration und großer Verformungsbehinderung und bei Belastungszeiten, die höher sind als die zur Deformation erforderlichen Reaktionszeiten, tritt ein spröder Trennbruch ein, dessen höchste Geschwindigkeit sich nach MOTT aus der Fortpflanzungsgeschwindigkeit elastischer Longitudinalwellen ergibt [87]. Es kann jedoch erwartet werden, daß sich aus Untersuchungen über die Schädigung und den Bruchvorgang in Hochpolymeren auch Angaben für Metallklebverbindungen gewinnen lassen, sofern der Bruch innerhalb der Klebschicht verläuft.

Die Bruchflächen der Klebschichten weisen nach dynamischer Beanspruchung einige besondere Merkmale auf, die im folgenden dargestellt werden sollen.

Das Kennzeichen der Redux-Bruchfläche besteht in einer etwa 1 mm breiten Linie, die das Aussehen eines Grabens oder länglichen Grübchens besitzt, das anscheinend durch Abtragen von Metall ent-

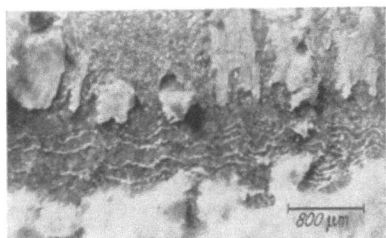
Abb. 188. Linienförmige Kleberreste im Grübchen, 25:1.

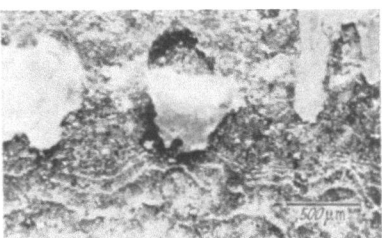
Abb. 189. Bruchfläche im Grübchen, 40:1.

standen ist. Daneben treten die beim statischen Bruch beobachteten Fließzonen in Kraftrichtung hier zahlreicher und deutlich auf. Eine erhöhte Vergrößerung läßt einerseits den Charakter dieser zungenartigen Fließzonen klar heraustreten und löst den Grund des Grübchens als ein feines Muster von Klebstoffresten auf, die sich in der Art von Bruchlinien mit unterschiedlichem Abstand zwischen der „Dauerbruch"- und der „Gewaltbruch"-fläche befinden, Abb. 188.

Als Restbruchfläche kann nach den bisherigen Erfahrungen die schmale Zone zwischen dem Grübchen und der Gegenseite bezeichnet werden. Sie enthält ähnlich dem statischen Bruch zerklüftete Kleberreste. Mit Hilfe von Querschliffen läßt sich eindeutig bestimmen, daß es sich bei dem Grübchen nicht um eine Vertiefung im Blech handelt.

Bei weiterem Vergrößern, Abb. 189, verwischten die Konturen der Linien, und das Überprüfen mit polarisiertem Licht ergibt eine nur an wenigen Stellen unterbrochene Klebstoffschicht auf der Blechoberfläche. Mit Hilfe 200- bzw. 500facher lichtmikroskopischer Vergrößerung tritt in erheblich kleineren Maßstäben ebenfalls ein bruchlinienförmiges Aussehen hervor, Abb. 190.

Während die linienartigen Kleberreste im Grübchen als Ausdruck einer kurzzeitigen Rißrichtungsänderung durch die oszillierende Normalspannung gelten können, muß angenommen werden, daß die senkrecht auf der Blechoberfläche stehenden Rißlinien durch überhöhte Zugspannungen im Kleber, die parallel zur Blechoberfläche in Kraftrichtung wirken, entstehen. Dies bestätigt ebenfalls der zur Restbruchfläche hin zunehmende Linienabstand.

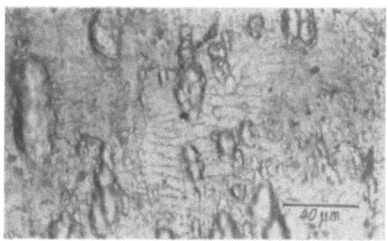 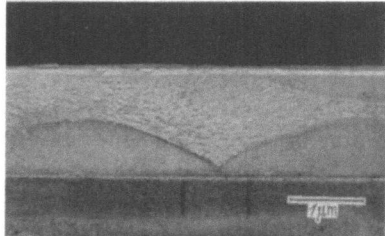

Abb. 190. Bruchlinienförmige Struktur der Klebstoffbruchfläche, 500:1.

Abb. 191. Dynamische Bruchfläche einer Klebprobe mit Araldit 106, 2:1.

Die dritte, in Abb. 190 erkennbare Struktur besitzt ebenfalls ein eigenes Aussehen. Diese Linien setzen sich offensichtlich nicht durch die erhabenen Kleberreste hindurch fort, sondern weichen ihnen aus, was die Annahme bestätigt, daß es sich hierbei um Bruchlinien handelt, wie sie sich durch schrittweises Vorrücken der Rißfront ergeben.

Für die Bruchfläche von Araldit 106 ergibt sich eine Differenzierung bereits bei makroskopischer Betrachtung, Abb. 191. Die rauhe Restbruchfläche gleicht der beim statischen Zugversuch, während der Dauerbruch als glatte Fläche erkennbar ist. Im unteren Teil des Bildes befindet sich analog zum statischen Bruch eine dünne Klebstoffschicht auf dem Blech, während rechts oben die Schicht in nahezu ganzer Fugendicke haftet.

Als Grund für die ungerade Bruchfront kann der am unteren Überlappungsende entstandene Riß in der Blechoberfläche angeführt werden. Er hat den Kleber an dieser Stelle entlastet. Man beobachtet auch

5.4 Spannungsverteilung und Bruchvorgang

hier beim Übergang zwischen Dauer- und Restbruch das für Schwingbrüche typische Grübchen, Abb. 191. Es besitzt in seinem Grund ebenfalls linienförmige Struktur.

Eine Betrachtung der Dauerbruchfläche bei 500- bis 1000facher Vergrößerung läßt zwei überlagerte Erscheinungen erkennen, Abb. 192 und 193. Einerseits findet man wiederum die in Abb. 190 beobachteten

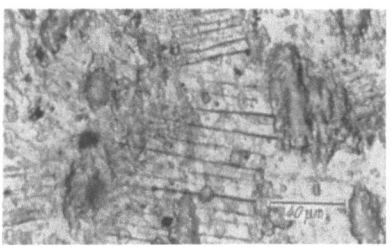 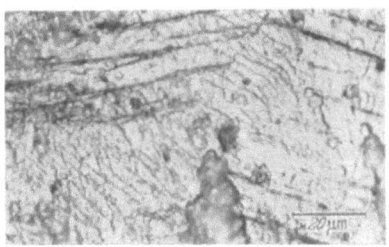

Abb. 192. Gleitbänder in der Plattierung unter der Klebschicht mit Bruchlinien, 500:1.

Abb. 193. Klebstoffbruchlinien und Gleitbänder, 1000:1.

Linien, die hier einen ähnlichen Verlauf nehmen und wie Stufen aussehen. Die Stufenwirkung verstärkt sich, wenn man die Dauerbruchfläche der auf dem Blech zurückgebliebenen Klebschicht (oben in Abb. 191) betrachtet, Abb. 194 und 195, die als Gegenfläche angesehen werden darf. Hier wie dort ist deutlich die terrassenförmige Oberflächengestalt der Bruchfläche auszumachen.

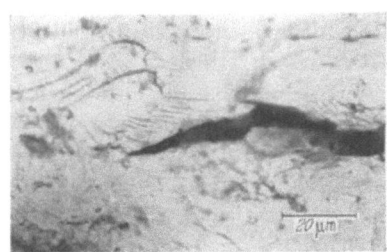 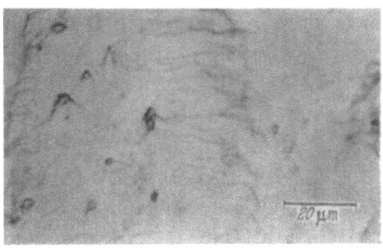

Abb. 194. Bruchlinien auf der dickeren Klebschicht, 1000:1.

Abb. 195. Stufenförmiger Bruchverlauf, 1000:1.

Die zweite Beobachtung, die von den Abb. 192 und 193 ausging, bezieht sich auf den Fügeteilwerkstoff. Durch die dünne Klebschicht hindurch sieht man deutlich Gleitbänder, die infolge der Wechselbeanspruchung in der Plattierschicht aus Reinaluminium entstanden sind (slip bands). Sie haben eine der Kornorientierung entsprechende Richtung. In Abb. 193 erscheinen auch die Korngrenzen, an denen die Gleitbänder enden. Nach P. J. FORSYTH [88] entwickeln sich aus diesen Gleitbändern zum Zerrüttungsbruch führende Anrisse. Man unterscheidet hierbei zwei Stadien der Ausbreitung. Der Riß verläuft zunächst entlang der Bänder und bei hinreichend hohen oder langen Wechselbeanspruchungen richtet sich unabhängig von der Kristallorientierung senkrecht zur wirkenden Kraft aus. Dieser Vorgang liegt offensichtlich in Abb. 192 vor.

Die bisherigen Kenntnisse lassen eine begrenzte Deutung der hier beschriebenen Beobachtungen zu, da einerseits die auf anderen Gebieten, z. B. der Fraktografie an Metallen und der Bruchuntersuchungen an Gläsern, ermittelten Zusammenhänge auf die Vorgänge in Kunststoffklebschichten übertragen werden dürfen. Andererseits fehlt es vor allem an Erfahrungen mit der Präparation der Bruchflächen. Eine eindeutige Zuordnung zwischen den Beanspruchungskennwerten des dynamischen Versuchs, wie Amplitude, Frequenz sowie Stufenfolge, fehlt bisher. Immerhin kann aus den vorliegenden Ergebnissen geschlossen werden, daß es für Klebverbindungen ebenso wie für Schweißverbindungen oder unbeeinflußte Metalle möglich ist, aus dem Bruchflächenaussehen bei geeigneter Vergrößerung Aussagen über das Bruchfortschreiten und die Bruchart zu erhalten. Der Bruchvorgang kann durch schrittweises Vordringen gekennzeichnet werden, und äußert sich durch die hier an Kunststoffen erstmals beobachteten Bruchlinien, die sich als Summe von Haltepunkten des vordringenden Risses ausbilden. Als Ursache für das Halten des Risses muß in den hier beobachteten Bruchflächen die Unterlast angesehen werden, die die Klebschicht ohne Überschreiten kritischer Verformung erträgt. Verformungsspuren, wie sie bei Bruchflächen von massiven Klebstoffproben in Form wallartiger Parabellinien ihren Ausdruck finden, wurden bisher nicht beobachtet. Je nach der Verformungsfähigkeit des Klebstoffs entstehen in der Schicht senkrecht zum Blech Entlastungsrisse parallel zur Bruchfront. Richtungsänderungen der Spannung hinterlassen gemäß dem Modell von F. KERKHOF [89] linienförmige Kleberreste im Grübchen, das die Grenze zwischen Dauerbruch und Restbruch darstellt. Die Restbruchfläche ist entsprechend dem Bruchaussehen nach statischem Belasten zerklüftet und uneinheitlich.

Mit diesen Beobachtungen ist der Nachweis erbracht werden, daß die Schädigung und das Bruchverhalten von Klebverbindungen ebenso wie das von Aluminium und Stahl mit Hilfe mikrofraktografischer Untersuchungsmethoden erforscht und daraus quantitative Angaben über das Betriebsverhalten entnommen werden können. Da es sich bei den hier untersuchten Klebstoffen um organische Werkstoffe handelt, die vielseitigen Einsatz finden, ist darüber hinaus zu erwarten, daß die hier gewonnenen Erkenntnisse auf Kunststoffbauteile übertragen werden können.

5.5 Die Beständigkeit von Metallklebverbindungen gegen Klima, Korrosion und aggressive Medien
Von Friedrich Mittrop, Pirmasens

Die Verwendung von Metallklebstoffen für beanspruchte Bauteile setzt voraus, daß das Festigkeitsverhalten der geklebten Verbindungen über längere Zeit und die Beständigkeit der Klebstelle gegenüber den verschiedensten Umwelteinflüssen bekannt sind. Die zeitabhängigen Eigenschaftsänderungen werden allgemein als Alterung bezeichnet.

Was unter dem Begriff Altern zu verstehen ist, hat Stäger [90] wie folgt definiert: „Das Altern umfaßt alle technoklimatischen, mechanischen, physikalischen, chemischen und elektrischen Einflüsse und Vorgänge, die betriebsmäßig im kollektiv-funktionellen Zusammenwirken von der Oberfläche aus oder vom Innern her durch irreversible Vorgänge zur endgültigen Zerstörung führen."

Einige Arbeiten galten dem Alterungsverhalten geklebter Metallverbindungen beim Einwirken besonderer Umweltbedingungen, wie Bewitterung, Wasser, Öl, Kraftstoffe, erhöhte Temperaturen, harte Strahlen usw. [91 bis 103]. Die Untersuchungen sind vorwiegend an einschnittig überlappten Verbindungen durchgeführt worden. Die Probekörper waren ungeschützt und in den meisten Fällen ohne zusätzliche mechanische Belastung den Einwirkmedien ausgesetzt und wurden nach bestimmten Zeitabständen im Bindefestigkeitsversuch geprüft.

Für die folgenden Ausführungen wird auf Untersuchungen mit handelsüblichen Klebstoffen zurückgegriffen. Die chemische Basis sowie die Verarbeitungs- und Aushärtebedingungen dieser Klebstoffe sind bekannt, Tab. 13. Es können ebenfalls genaue Angaben über die verwendeten Fügeteilwerkstoffe, Tab. 14, die Vorbereitung des Haftgrundes, Tab. 15, und die einwirkenden Umweltfaktoren gemacht werden. Diese Einflußgrößen sind in ihrer Gesamtheit für das Alterungsverhalten der Klebverbindungen verantwortlich und dürfen bei der Beurteilung nicht übersehen werden.

Die ermittelte Streuung der Bindefestigkeit wird durch Abweichungen der Probenmaße und unterschiedliche Verarbeitungsbedingungen hervorgerufen.

Sofern nicht andere Angaben gemacht werden, hatten die Probekörper der in den Abb. 196 bis 237 dargestellten Versuchsreihen einheitliche Klebflächenabmessungen von 20 mm Breite und 10 mm Überlappungslänge, um die Ergebnisse untereinander vergleichen zu können. Die Klebverbindungen boten dadurch auch den Einwirkmedien die gleiche Angriffsfläche, wenn man die Streuungen in der Klebschichtdicke vernachlässigt.

Tabelle 13. *Die Metallklebstoffe und ihre Verarbeitungsbedingungen*

Chemische Basis Komponente I	Komponente II	Kurzbezeichnung	Liefer-form	Mischungs-verhältnis Komp. I/Komp. II	Abbinde-temp. °C	Abbinde-zeit	Anpreß-druck kp/cm²
Epoxidharz (Epoxidwert: 0,50 bis 0,54)	Polyaminoamid 1 (Aminzahl: 210 bis 230)	Epoxidharz–Poly-aminoamid 1	Paste	40/60	140	20 min	0,2
Epoxidharz (Epoxidwert: 0,50 bis 0,54)	Polyaminoamid 2 (Aminzahl: 290 bis 320)	Epoxidharz–Poly-aminoamid 2	Paste	40/60 50/50 60/40	140 oder 20	20 min oder 168 h	0,2
Epoxidharz (Epoxidwert: 0,2)	Dicyandiamid	Epoxidharz–Amid	Pulver	vom Hersteller vor-gegeben	150 (bei 140 °C auf-schmelzen)	5 h	0,2
Phenolharz–Polyvinylacetal		Phenolharz	flüssig – Pulver	aufstreichen aufstreuen	150 (off. Wartezeit: 30 min)	30 min	10
Epoxid–Phenol-harz		Epoxid–Phenolharz 1	Folie	—	150	30 min	4
		Epoxid–Phenolharz 2	Folie	—	175	60 min	3
Methacrylatharz	Benzoylperoxid	Methacrylatharz	Paste	100/3	20	48 h	ohne
Polyimid		Polyimid	Folie	—	260	90 min	2,8

Tabelle 14. *Angaben über die Fügeteilwerkstoffe*

Werkstoff	Zusammensetzung %	$\sigma_{0,2}$ kp/mm²	σ_B kp/mm²	δ_{10} %	E-Modul 10³ kp/mm²	lin. Wärme-dehn. 10^{-6}/grd	Dicke mm	Werkstoffzustand
AlCuMg 2	entspr. DIN 1725,1	32	45	14	7,4	23	1	kaltausgehärtet
AlCuMg 2 pl	entspr. DIN 1725,1	32	45	14	7,4	23	0,5; 1; 1,27; 1,5	kaltausgehärtet

5.5 Beständigkeit gegen Klima, Korrosion und Medien

Werkstoff	Zusammensetzung							Zustand
AlZnMgCu1,5 pl	entspr. DIN 1725,1	46	54	10	7,5	24,3	1	kaltausgehärtet warmausgelagert
Ti6Al4V	Al 6 V 4 C 0,01 H < 0,001 Fe 0,08	92	99	13	11,1	8,6	1,27	warmbehandelt (0,5 h, 815 °C/Luft)
Ziehblech USt 1203 nach DIN 1623	C 0,04 Mn 0,28 P 0,018 S 0,038	25	33	37	21	12,3	2	matt
nichtrostender Stahl X5CrNiMo1810	C < 0,07 Cr 17,5 Mo 2,3 Ni 11,5	28	60	67	17,2	17,5	1,5	kaltgewalzt warmbehandelt gebeizt
nichtrostender Stahl 17–7PH (USA)	C ≤ 0,09 Si ≤ 1,0 Mn ≤ 1,0 P ≤ 0,04 S ≤ 0,03 Al 1,1 Cr 17,0 Ni 7,0	105	126	5	20,3	17,5	1,27	zwischengeglüht, warmausgelagert
SF-Kupfer nach DIN 1787	Cu 99,94 P 0,04	26	30	20	13,3	17	2	walzblank
Messing (Ms 58Pb) nach DIN 17660	Cu 57,6 Pb 2,13 Fe 0,06 Zn Rest	28	46	28	9,5	19,2	2	halbhart, blank

Tabelle 15. *Vorbehandlung der Fügeteile*

Werkstoff-gruppe	Verfahren der Vorbehandlung	Kurzzeichen in den Abbildungen
Aluminium	a) Schwefelsäure—Natriumdichromat-Verfahren entsprechend DIN 53281, Bl. 1, Verfahren A	gebeizt (Pickling)
	b) Anodisieren nach dem Chromsäure-Verfahren (Bengough-Verfahren) entsprechend DIN 53281, Bl. 1, Verfahren G	eloxiert B
	c) Anodisieren nach dem GS-Verfahren entsprechend DIN 53281, Bl. 1, Verfahren H	eloxiert GS
	d) Entfetten mit Tetrachlorkohlenstoff	entfettet
Kupfer	Schwefelsäure—Natriumdichromat-Verfahren entsprechend DIN 53281, Bl. 1, Verfahren A $T_b/t_b = 20\,°C/5\,min$	gebeizt (Pickling)
Messing	s. Kupfer	gebeizt (Pickling)

Titan	1. Abwaschen mit Methyläthylketon
	2. Entfetten in einem Fettlösemitteldampfbad
	3. Beizen in Lösung:
	   15 Vol.-% Salpetersäure,
	   3 Vol.-% Flußsäure,
	   82 Vol.-% Wasser
	   $T_b/t_b = 23\,°C/30\,sec$
	4. Spülen in entsalztem Wasser bei 23°C
	5. Eintauchen in Lösung:
	   50 g/l phosphorsaures Natrium,
	   20 g/l Fluorkalium,
	   26 ml/l Flußsäure
	6. Spülen in entsalztem Wasser bei 23 °C
	7. 15 min lang eintauchen in entsalztes Wasser von 65 °C
	8. Absprühen mit destilliertem Wasser und an der Luft trocknen
		gebeizt (Fluorid)

Ziehblech	Strahlen mit Elektrokorund (Körnung 0,2 bis 0,5 mm) Entfetten in Tetrachlorkohlenstoff	gestrahlt
nichtrostender Stahl	a) siehe Ziehblech	gestrahlt

	b) 1. siehe a)
	2. Beizen in der Lösung:
	   25 Gew.-% Salpetersäure,
	   75 Gew.-% Wasser
	   $T_b/t_b = 20\,°C/20\,min$
	3. Spülen in Wasser
	4. Nachspülen in destilliertem Wasser
		gestrahlt, gebeizt (HNO_3)

5.5 Beständigkeit gegen Klima, Korrosion und Medien

Tabelle 15 (Fortsetzung).

Werkstoff-gruppe	Verfahren der Vorbehandlung	Kurzzeichen in den Abbildungen

nichtrostender Stahl (Fortsetzung)	c) 1. Entfetten in Tetrachlorkohlenstoff
	2. Beizen in der Lösung:
	    100 g Salzsäure ($\gamma = 1{,}18$),
	    20 g Formalin
	    4 g Wasserstoffperoxid,
	    50 g Wasser
	    $T_b/t_b = 65\,°\text{C}/20\,\text{min}$
	3. Spülen in Leitungswasser
	4. Beizen in der Lösung:
	    10 g Schwefelsäure ($\gamma = 1{,}84$),
	    1 g Natriumbichromat
	    20 g Wasser
	    $T_b/t_b = 65\,°\text{C}/10\,\text{min}$
	5. Spülen in Leitungswasser
	6. Nachspülen in destilliertem Wasser
		gebeizt (Formalin)

	d) 1. Spülen in Aceton
	2. Abspülen in Wasser
	3. 15 min lang entfetten in einem Fettlösemittel bei 93 °C
	4. Beizen in der Lösung:
	    4 Vol.-% Schwefelsäure,
	    4 Vol.-% Salzsäure,
	    92 Vol.-% Wasser
	    $T_b/t_b = 23\,°\text{C}/20\,\text{min}$
	5. Beizen in der Lösung:
	    12 Vol.-% Salpetersäure,
	    2 Vol.-% Flußsäure,
	    86 Vol.-% Wasser,
	    $T_b/t_b = 23\,°\text{C}/15\,\text{min}$
	6. Spülen in Wasser
	7. Trocknen bei 65 °C
		gebeizt (Fluorid)

5.5.1 Klebverbindungen bei Klimaeinwirkung oder Wasserlagerung

Für den praktischen Einsatz geklebter Konstruktionen muß vor allem das Verhalten der Klebstelle beim Einwirken der Bewitterung und des Wassers bekannt sein. Die meisten Alterungsversuche wurden daher auch unter diesen Umweltbedingungen durchgeführt. Von Interesse sind weiterhin die Festigkeitsänderungen der Klebverbindungen, die bei Raumtemperatur lagern. Sie vermitteln ein genaueres Bild über den Einfluß der verschärfend einwirkenden Medien.

Die Ergebnisse der folgenden Ausführungen wurden ausschließlich an Probekörpern ermittelt, die den jeweiligen Einwirkmedien unter gleichen Bedingungen ausgesetzt waren:

Bewitterung: Aachener Stadtklima (s. Abb. 220); die Metallklebproben hingen unter einem Winkel von 45° in Südrichtung.

Wasser: Leitungswasser, Härte: 3,1 bis 5,0 DGH, pH-Wert: 8 bis 9; die Glasgefäße mit den eingelagerten Proben standen in einem Raum mit Temperaturschwankungen von (22 $\pm$ 4) °C.

Normalklima: Normalklima 20/65, DIN 50014; die Probekörper lagerten unter Lichtabschluß.

Die Metallklebverbindungen wurden 24 h nach der Entnahme aus dem jeweiligen Medium geprüft. Die Proben lagerten während dieser Zeit im Normalklima 20/65, DIN 50014.

5.5.1.1 Einfluß der Klebstoffeigenschaften und Fügeteilwerkstoffe

Das Alterungsverhalten der Metallklebverbindungen ist je nach chemischer Zusammensetzung des Klebstoffes unterschiedlich.

Klebverbindungen mit dem hier verwendeten Klebstoff auf Phenolharzbasis zeichnen sich durch eine gute Alterungsbeständigkeit aus, wenn sie der Bewitterung oder dem Normalklima 20/65 ausgesetzt sind, Abb. 196. In Versuchen konnte nach 18 Monaten Lagerung unter diesen Umweltbedingungen noch kein eindeutiger Abfall der Zugscherfestigkeit festgestellt werden. Die nach 36 Monaten ermittelte Verringerung der Zugscherfestigkeit um etwa 5% befindet sich im Streubereich der Bindefestigkeit. Der Riß verlief immer in der Klebschicht. Dieses Bruchverhalten gibt zu erkennen, daß auch nach dreijähriger Lagerzeit noch eine unverminderte Adhäsionswirkung zwischen dem Fügeteil und der Klebschicht besteht. Die ausgezeichnete Alterungsbeständigkeit dieses Klebstoffes wurde in der Praxis vielfach bestätigt. Der Flügel eines Flugzeugs, bei dem alle Längsversteifungen durch diesen Klebstoff mit der Flügelhaut verbunden sind, wurde nach 16000 — vorwiegend im tropischen Klima geleisteten — Flugstunden einem Wechselversuch unterworfen [104]. Bei diesen Versuchen trat in keinem Fall ein Versagen der Klebverbindung auf.

Bei Wasserlagerung betrug die mittlere Zugscherfestigkeit nach 18 Monaten — unabhängig vom geklebten Werkstoff — 2,3 kp/mm², Abb. 196. Das entspricht einem Abfall von etwa 35% der vor der Lagerung ermittelten Ausgangswerte. Bei weiterer Lagerzeit bis zu 36 Monaten verringerte sich diese Festigkeit nicht. Durch den langzeitigen Wassereinfluß werden die Adhäsionswirkungen zwischen Haftgrund und Klebstoff geschwächt. Der Bruch verlief nicht in der Klebschicht,

5.5 Beständigkeit gegen Klima, Korrosion und Medien

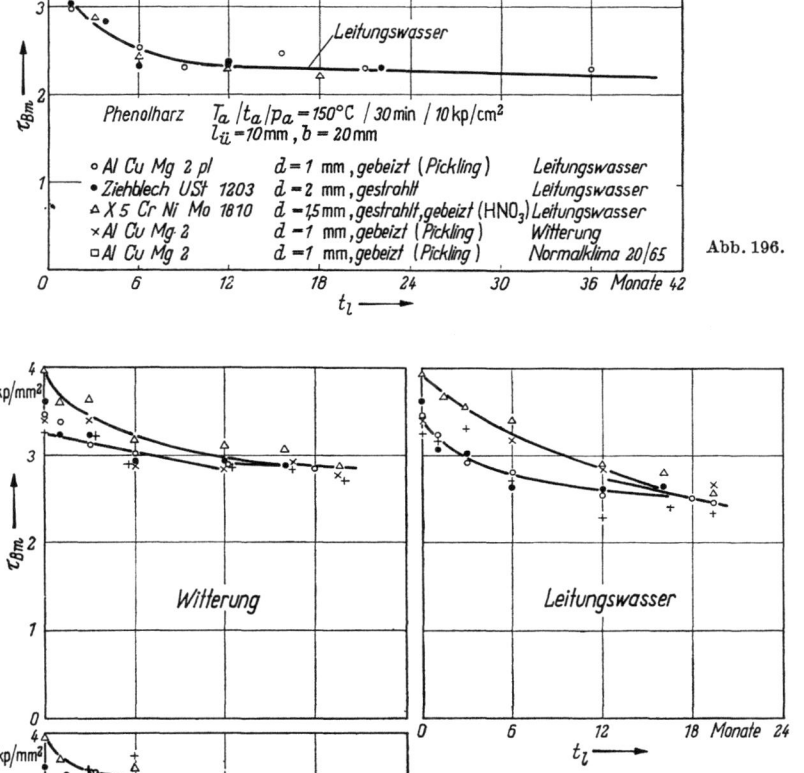

Abb. 196 und 197. Alterungsverhalten von Metallklebverbindungen mit Phenolharz (Abb. 196) und mit Epoxidharz-Amid (Abb. 197) beim Einwirken der Witterung, des Leitungswassers und des Normalklimas 20/65.

sondern die Klebschicht löste sich beim Zerreißen der Probe von den Klebflächen der Fügeteile ab.

Die untersuchten Epoxidharzklebstoffe ließen erkennen, daß der Epoxidwert des Harzes und vor allem die zur Vernetzung der Epoxidharze gewählte Komponente das Alterungsverhalten der Klebung beeinflussen. Nach 18 Monaten Lagerung in der Witterung war bei den Klebverbindungen mit dem Klebstoff Epoxidharz-Amid die Festigkeit um etwa 22% abgefallen, Abb. 197. Die Festigkeitsänderungen wurden mit zunehmender Lagerzeit geringer. Nach dem Kurvenverlauf kann diese Festigkeit aber noch nicht als sicherer Wert für die Beanspruchbarkeit bei längerer Lagerzeit bezeichnet werden. Die im Wasser lagernden Klebverbindungen hatten nach 18 Monaten eine um etwa 30% verringerte Bindefestigkeit. Es ist zu erwarten, daß sich der Festigkeitsabfall bei längerer Wassereinwirkung zwar noch fortsetzt, aber zu einem flacheren Kurvenverlauf führt. Die Klebflächen weisen nach der Prüfung an den Überlappungsenden Grenzschichtbrüche auf. Die Kleb-

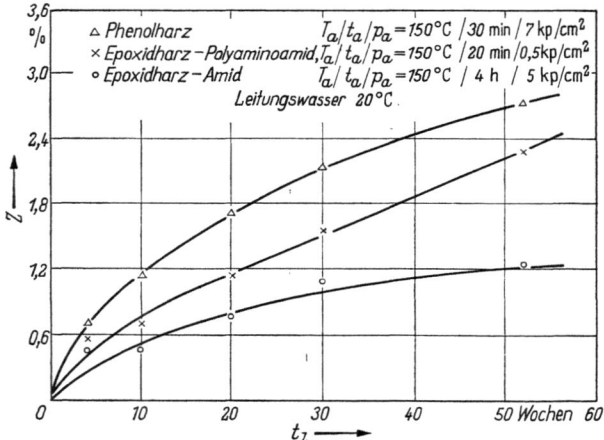

Abb. 198. Gewichtszunahme Z von ausgehärteten Klebstoffharzen bei der Lagerung in Leitungswasser von 20°C.

schicht löste sich am Ende der Überlappung von dem Fügeteil mit der größten Dehnung. In der Mitte der Überlappung traten Brüche innerhalb des Klebstoffes auf. Im Normalklima 20/65 wurde nach 18 Monaten eine Bindefestigkeit von 3,2 kp/mm² ermittelt, Abb. 197. Dieser Wert, um etwa 12% niedriger als der Ausgangswert, scheint auch bei längerer Lagerzeit konstant zu bleiben.

Klebverbindungen mit dem Klebstoff Epoxidharz-Polyaminoamid 1 erfahren beim Einwirken der Witterung, des Wassers und des Normalklimas 20/65 größere Festigkeitsänderungen als die Klebungen mit dem Epoxidharz-Amid. Dieses Verhalten ist auf die größere Wasseraufnahme der Klebstoffe mit der Polyaminoamid-Komponente zurückzuführen, Abb. 198. Die Eigenschaftswerte der Klebschicht werden hierdurch geschwächt, was sich auch im Bruchaussehen der Klebung äußerte. Es wurde nach der Prüfung der gelagerten Klebverbindungen in allen Fällen ein Bruch in der Klebschicht festgestellt. Unter dem Einfluß der Witterung betrug der Festigkeitsabfall nach 18 Monaten etwa 35%, Abb. 199. Die nach dieser Zeit ermittelte Bindefestigkeit fiel aber nach weiteren 18 Monaten Lagerzeit nur noch geringfügig ab, so daß dieser Wert als Unterlage für den praktischen Einsatz der Klebverbindungen dienen kann. Das gleiche Verhalten zeigten auch die unter dem Wassereinfluß stehenden Klebverbindungen, Abb. 200, die nach 18 Monaten 55% und nach 36 Monaten 60% ihrer Bindefestigkeit verloren. Mit einem weiteren Festigkeitsabfall ist nach dieser Zeit auch bei diesen Klebungen nicht mehr zu rechnen, wie es die Ergebnisse nach 41 Monaten andeuten. Im Normalklima 20/65 wurde nach 18 Monaten eine um 25% und nach 36 Monaten um 29% geringere Bindefestigkeit ermittelt, Abb. 201.

Klebverbindungen mit einem kaltausgehärteten Klebstoff auf der Basis von Methacrylatharz bewiesen dagegen ein gutes Alterungsverhalten. Die Zugscherfestigkeit war nach der Wassereinwirkung von 18 Monaten nur um etwa 10% abgefallen, Abb. 202. Die Korrosion der Fügeteile verhinderte längere Versuchszeiten. Einzelwerte lassen aber auch nach 33 Monaten noch die gute Beständigkeit der Klebschicht erkennen. In der Außenatmosphäre war der Festigkeitsabfall der Klebverbindungen größer und betrug nach 18 Monaten etwa 20% vom Ausgangswert, Abb. 203. Die nach dieser Zeit ermittelte Zugscherspannung änderte sich bei weiteren Lagerzeiten bis zu 36 und 41 Monaten nicht mehr wesentlich und stellt somit auch einen Richtwert für den praktischen Einsatz derartiger Klebungen dar.

Der in der Bewitterung ermittelte größere Festigkeitsabfall gegenüber der Wassereinwirkung ist wahrscheinlich eine Folge von ständigen Temperaturwechseln oder Luftsauerstoffeinflüssen oder beiden zusammen, die die Eigenschaften dieses Kunstharzes verändern. Die Annahme, daß auch der Luftsauerstoff von Einfluß sein kann, wird durch die Beobachtung gerechtfertigt, daß sich bei der Lagerung im Normalklima 20/65 ein größerer Festigkeitsabfall als bei der Wasserlagerung einstellt. Nach 33 Monaten ergaben die im Wasser gelagerten Klebungen noch eine Bindefestigkeit von 2,5 kp/mm², während sie im Normalklima 20/65 nach dieser Zeit nur noch Spannungen von 2,0 kp/mm² ertrugen. Nach 18 Monaten wiesen alle dem Normalklima ausgesetzten Klebungen mit dem Methacrylatharz einen Abfall der Bindefestigkeit

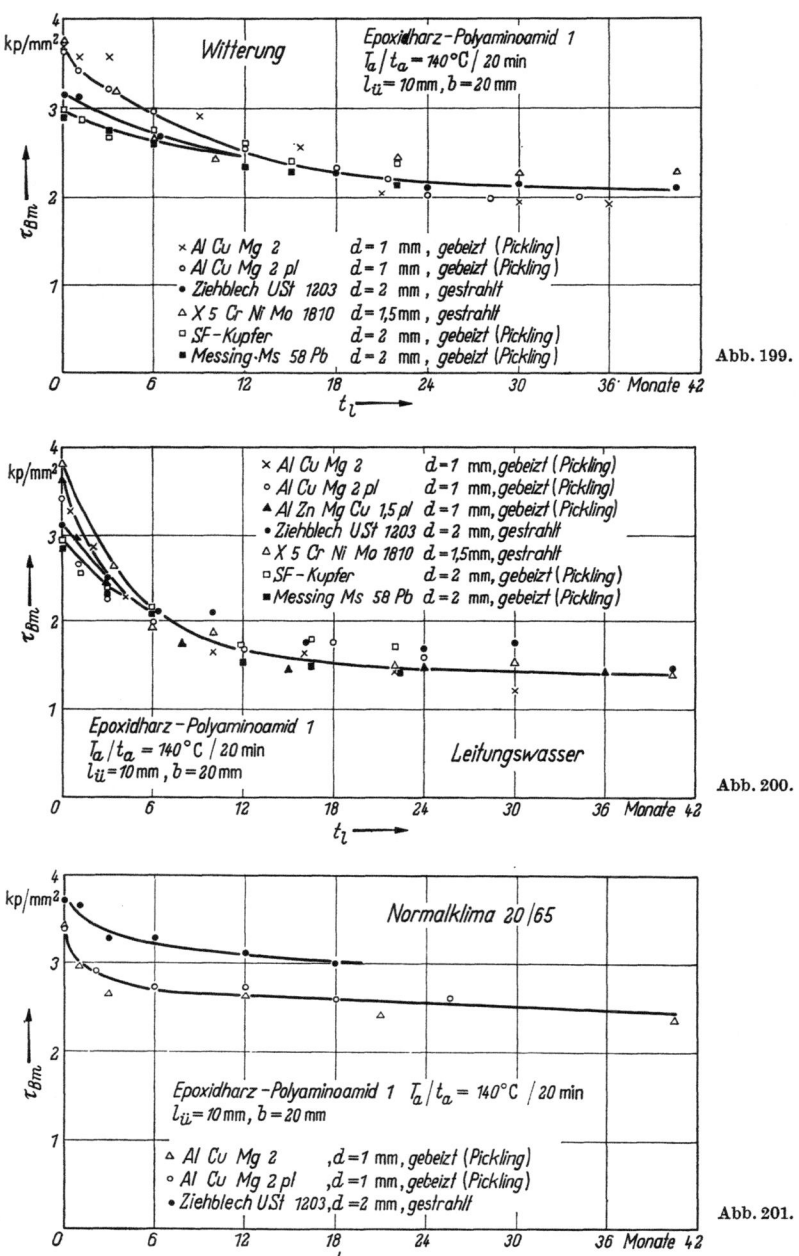

Abb. 199 bis 201. Alterungsverhalten von Metallklebverbindungen mit Epoxidharz-Polyaminoamid 1 beim Einwirken der Witterung (Abb. 199), des Leitungswassers (Abb. 200) und des Normalklimas 20/65 (Abb. 201).

5.5 Beständigkeit gegen Klima, Korrosion und Medien

von 10% auf. Der Bruch verlief auch nach langen Lagerzeiten immer durch die Klebschicht.

Die Abbindetemperatur und das Mischungsverhältnis bestimmen die nach dem Abbindeprozeß vorliegende Molekülstruktur des Harzes und damit die Eigenschaftswerte der Klebschicht. Der Einfluß dieser

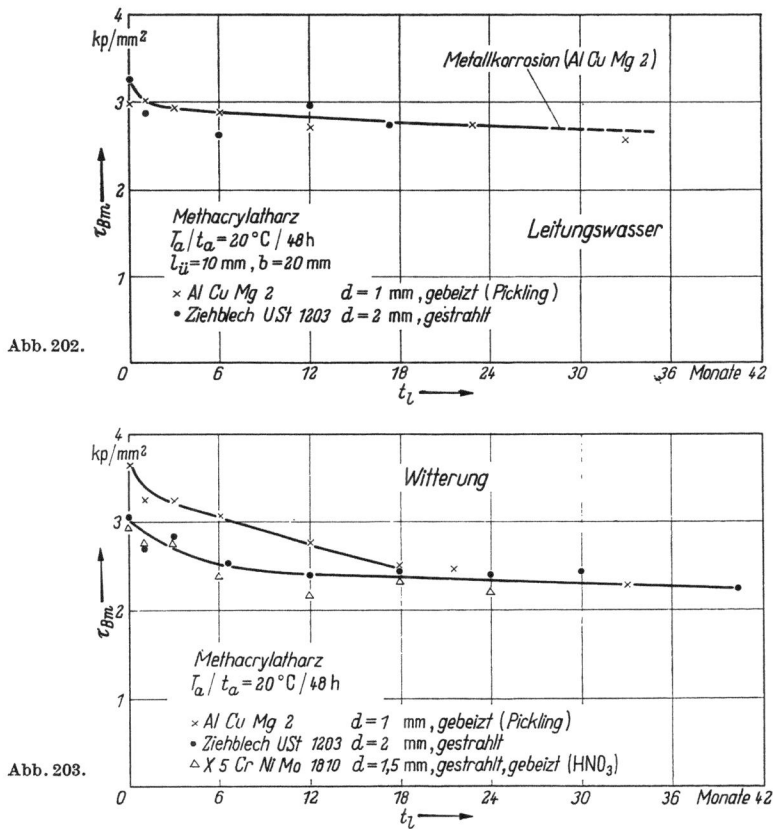

Abb. 202 und 203. Alterungsverhalten von Metallklebverbindungen mit Methacrylatharz beim Einwirken des Leitungswassers (Abb. 202) und der Witterung (Abb. 203).

Faktoren auf das Alterungsverhalten der Klebverbindungen wurde an einschnittig überlappt geklebten Aluminiumblechen mit dem warm- und kaltaushärtbaren Klebstoff Epoxidharz-Polyaminoamid 2 untersucht.

Klebverbindungen mit diesem Klebstoff im Mischungsverhältnis 60/40, 50/50 und 40/60 Gew.-% härteten bei $T_a/t_a = 20\,°C/7$ Tage oder $T_a/t_a = 140\,°C/20$ min aus und wurden anschließend der Witterung,

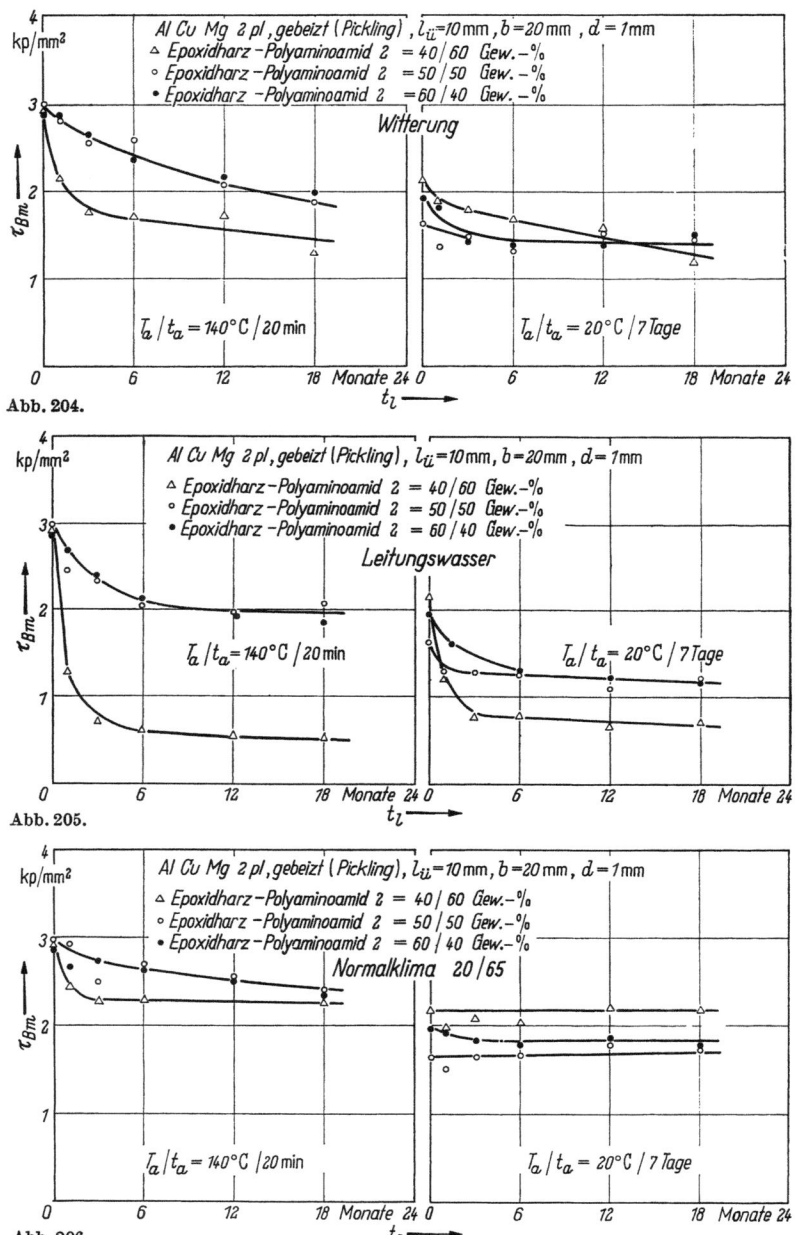

Abb. 204.

Abb. 205.

Abb. 206.

Abb. 204 bis 206. Einfluß des Mischungsverhältnisses und der Aushärtetemperatur des Klebstoffes auf das Alterungsverhalten der Metallklebverbindungen beim Einwirken der Witterung (Abb. 204), des Leitungswassers (Abb. 205) und des Normalklimas 20/65 (Abb. 206).

dem Leitungswasser und dem Normalklima 20/65 ausgesetzt. Das Mischungsverhältnis 60/40 ergibt theoretisch eine vollkommene Vernetzung beider Komponenten, so daß die Klebstoffansätze 50/50 und 40/60 einen Überschuß von $16^2/_3$ bzw. $33^1/_3$ Gew.-% Polyaminoamid 2 aufweisen.

Die Klebverbindungen erreichten nach der Warmaushärtung je nach Epoxid-Polyaminoamid-Kombination erwartungsgemäß eine um 35 bis 45% höhere Bindefestigkeit als nach der Aushärtung bei Raumtemperatur. Die Alterungsbeständigkeit der Klebungen konnte durch die höhere Aushärtetemperatur aber in keinem Fall vorteilhaft beeinflußt werden, Abb. 204 bis 206. Der auf den Ausgangswert bezogene prozentuale Abfall der Zugscherfestigkeit der warmausgehärteten Klebstellen ist bei allen Mischungsverhältnissen und Einwirkmedien größer als bei den kaltausgehärteten. Sie behalten jedoch bei den Mischungsverhältnissen Epoxidharz/Polyaminoamid 2 = 50/50 und 60/40 trotz des größeren prozentualen Festigkeitsabfalles eine höhere Belastbarkeit, die für den praktischen Einsatz entscheidend ist.

Ein Überschuß von $16^2/_3$ Gew.-% des Polyaminoamidharzes, Mischungsverhältnis 50/50, veränderte das Alterungsverhalten der warm- oder kaltausgehärteten Klebstoffe beim Einfluß des Wassers und der Witterung gegenüber dem optimalen Mischungsverhältnis 60/40 nicht nachteilig. Es stellten sich für die Klebungen beider Mischungsverhältnisse je nach Aushärtetemperatur und Einwirkmedium die gleichen Festigkeitswerte ein. Bei den warm- und kaltausgehärteten Klebverbindungen mit dem Mischungsverhältnis 40/60 hatten die überschüssigen Anteile von $33^1/_3$ Gew.-% Polyaminoamid 2 dagegen beim Einwirken der Witterung und insbesondere beim Einfluß des Wassers einen großen Abfall der Zugscherfestigkeit zur Folge. Die Ursache hierfür ist die höhere Feuchtigkeitsaufnahme der Klebharze mit großem Polyaminoamidgehalt.

Das Polyaminoamid gehört zur Gruppe der Polyamide. Diese Kunststoffe neigen sehr zur Wasseraufnahme [105]. Durch den höheren Feuchtigkeitsgehalt werden vermutlich die mechanischen Eigenschaftswerte der ausgehärteten Klebschicht so beeinflußt, daß die Klebverbindung nur noch kleine Lasten übertragen kann. Weiterhin ist mit der Feuchtigkeitsaufnahme im allgemeinen eine Volumenzunahme verbunden, die zu erheblichen Spannungen in der Klebschicht führen kann und dadurch die Bindefestigkeit herabsetzt. Bei den warmausgehärteten Metallklebungen ist der Abfall der Bindefestigkeit besonders deutlich. Die Klebschichten sind durch die erhöhte Aushärtetemperatur vollkommen trocken und nehmen nach dem Abbindeprozeß eine verhältnismäßig große Feuchtigkeitsmenge auf, bis sich ein der Umgebung angepaßter Gleichgewichtszustand eingestellt hat. Sie verändern damit ihre Eigenschaftswerte mehr als die kaltabbindenden Klebungen, die einen gewissen Feuchtigkeitsgehalt schon von Anfang an besitzen.

Epoxidharzklebstoffe sollten nicht mit zu großen Polyaminoamidanteilen, wie es für diesen Klebstoff das Mischungsverhältnis 40/60 darstellt, verarbeitet werden. Geringe Übermengen an Polyaminoamidharz, z. B. das Mischungsverhältnis 50/50 mit einem Überschuß von $16^2/_3$ Gew.-%, wirken sich dagegen nicht nachteilig aus.

Die bei 20 °C ausgehärteten Metallklebungen mit allen Mischungsverhältnissen erfuhren bei der Lagerung im Normalklima 20/65 bis zu 18 Monaten keine wesentliche Festigkeitsänderung, Abb. 206. Die Ergebnisse liegen in einem Streubereich von $\pm$ 10%, wie er bei allen Versuchsreihen gefunden wird. Die Alterung der Klebschicht wird vermutlich durch eine Nachhärtung der Klebharze aufgefangen. Bei den warmabgebundenen Klebverbindungen fällt die Zugscherfestigkeit infolge der Normalklimaeinwirkung jedoch ab. Ursache hierfür sind die bei der Warmaushärtung entstehenden Eigenspannungen in der Klebschicht und eine geringe Feuchtigkeitsaufnahme.

Die Änderung der Bindefestigkeit ist je nach Klebstoff und Einwirkmedium unterschiedlich. Sie ist bei allen Klebstoffen unmittelbar nach Lagerungsbeginn am größten und geht nach längerer Lagerzeit in einen flachen Kurvenverlauf über. Diese Festigkeitsänderung wird aber — unabhängig vom verklebten Werkstoff — nur durch den Klebstoff hervorgerufen. Die Klebschicht altert infolge der Umwelteinflüsse. Die von ihr übertragbaren Belastungen werden mit zunehmender Lagerzeit kleiner. Es stellt sich nach einer längeren Einwirkzeit der Witterung oder des Leitungswassers unabhängig von der Bindefestigkeit vor der Lagerung und vom Fügeteilwerkstoff für jeden Klebstofftyp ein Wert ein, der für alle mit diesem Klebstoff hergestellten Klebungen gleich ist. Bei einer Fortsetzung der Lagerung änderte sich dieser Wert für alle geklebten Werkstoffe in gleichem Maße. Die Einflußgrößen des Fügeteilwerkstoffes — Dicke und Dehnung — werden dann nicht mehr in wahrnehmbarem Maße auf die Festigkeit wirksam.

Diese Erscheinung konnte bei allen Klebstoffen beobachtet werden und war besonders deutlich bei Verbindungen mit den Klebstoffen auf der Basis von Phenolharz und Epoxidharz-Polyaminoamid, Abb. 196, 199, 200. Hierbei waren z. B. für die Lagerversuche in Leitungswasser mit dem Epoxidharz-Polyaminoamid 1 sieben unterschiedliche Werkstoffe eingesetzt, Abb. 200. Die Verbindungen dieser Metalle hatten nach einer Lagerdauer von 6 Monaten gleiche Bindefestigkeit mit einer Streubreite von etwa 0,3 kp/mm², während sich die Werte vor der Lagerung über einen Bereich von 2,90 bis 3,80 kp/mm² erstreckten. Der weitere Festigkeitsverlauf nach dieser Zeit ließ sich für alle eingesetzten Metalle durch einen Kurvenzug angeben. Einheitliche Werte unabhängig vom Fügeteilwerkstoff waren nach 12 Monaten Lagerung auch beim Einfluß der Witterung, Abb. 199, festzustellen.

Der Fügeteilwerkstoff beeinflußt nur dann das Alterungsverhalten der Klebverbindungen, wenn er korrodiert. Die im Leitungswasser lagernden, nicht plattierten Aluminiumbleche, verklebt mit dem Klebstoff auf der Basis von Methacrylatharz, Abb. 202, zeigten nach 24 Monaten Lochfraßkorrosion, die bis in die Klebfläche eindrang und die Festigkeit herabsetzte, Abb. 207. Bei Stahlblechklebungen, die ungeschützt der Witterung ausgesetzt waren, konnte nach längeren Lagerzeiten festgestellt werden, daß die unter die Klebschicht vordringende Rostbildung die Haftung zerstörte und zu einem Festigkeitsabfall führte.

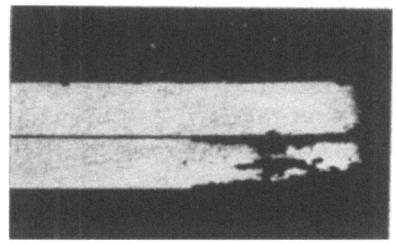

Abb. 207. Korrosion eines Fügeteils aus AlCuMg 2 bis in die Klebflächen nach Lagerung in Leitungswasser, Klebschichtdicke 1 mm.

Die Gründe für das Alterungsverhalten der Metallklebungen sind, abgesehen von der Korrosion der Fügeteile, in den Eigenschaften und der Beschaffenheit der Kunstharzklebschicht zu suchen. Während des Abbindevorganges können in der Klebschicht Strukturunterschiede und unregelmäßige innere Spannungen entstehen, die auf verschiedene Ursachen zurückzuführen sind. Hierzu zählen eine unzureichende Durchmischung von Bindemittel und Härter, die unterschiedlichen linearen Wärmeausdehnungszahlen von Fügeteil und Klebstoff, das Schrumpfen und Nachschwinden des Bindemittels, Fremdkörpereinlagerungen, Blasenbildung usw.

Blasen und Risse in der Klebschicht konnten von C. MYLONAS [106] mit einem photoelastischen Modell nachgewiesen werden. A. MATTING und K. ULMER [107] fanden sie in Klebschichten, die aus Klebverbindungen durch Auflösen der Fügeteile gewonnen wurden. Es ist anzunehmen, daß diese inhomogenen Stellen Spannungskonzentrationen in der Mikrostruktur der Klebschicht hervorrufen, die im Laufe der Zeit zu einem Bruch einzelner Molekülbindungen des Klebstoffes führen und den Molekülverband schwächen. Es entstehen Risse in der Klebschicht, die im Sinne der Schwachstellenhypothese von A. GRIFFITH und A. SMEKAL [73] als Mikrokerbstellen zu betrachten sind und bei der Belastung den Ursprung für einen frühzeitigen Bruch bilden.

Diese zeitabhängigen Vorgänge setzen auch ohne das Einwirken verschärfter Umweltbedingungen ein. Sie sind neben der Feuchtigkeitsaufnahme der Klebschicht in erster Linie die Ursachen für die Festigkeitsminderung der bei Normalklima 20/65 gelagerten Klebverbindungen. Der unter diesen Bedingungen eintretende Abfall der Bindefestigkeit, in der Literatur häufig als natürliche Alterung bezeichnet, ist für die einzelnen Klebstofftypen unterschiedlich. Die prozentualen Festigkeitsänderungen, bezogen auf den Ausgangswert, waren für alle mit einem Klebstoff hergestellten Metallklebungen unabhängig vom Werkstoff gleich.

Temperaturschwankungen, wie sie beim Einwirken der Außenatmosphäre vorliegen, und Feuchtigkeitseinflüsse beschleunigen die Alterung. Von diesen Einflußgrößen wirkt sich insbesondere die in den Molekülverband der Kunstharzklebschicht eindringende Feuchtigkeit auf das Alterungsverhalten der Klebverbindungen aus. Sie verändert die Eigenschaftswerte der Klebschicht am meisten und führt bei den hier behandelten Klebstofftypen immer zu einem Abfall der Festigkeit, wie es die Ergebnisse der Wasserlagerversuche zu erkennen geben.

Zur Bestimmung der Wasseraufnahme wurden Klebverbindungen aus nichtrostendem Stahl mit Epoxidharz- und Phenolharzklebstoffen bei Normalklima 20/65 in destilliertem Wasser gelagert. Eine Wasseraufnahme konnte bei diesen Klebungen selbst nach 18 Monaten Lagerung nicht eindeutig durch Nachwiegen auf einer Analysenwaage bestimmt werden. Die Einwirkzone an den Klebnahträndern ist zu klein, um eindringende Feuchtigkeitsmengen sicher nachzuweisen.

Lagerversuche mit Probekörpern aus der ausgehärteten Klebstoffsubstanz geben aber zu erkennen, daß das Klebharz Feuchtigkeit aufnimmt, Abb. 208. Die eingedrungene Wassermenge ist dabei vom Kunstharz abhängig, was aus Lagerversuchen mit anderen Harztypen hervorging, und von den umgebenden Bedingungen. Die schwankenden Gewichtsänderungen der in der Außenatmosphäre lagernden Klebharzproben sind auf die unterschiedlichen Witterungseinflüsse zurückzuführen. In den Änderungen der Zugscherfestigkeit von Klebverbindungen, die der Witterung ausgesetzt sind, kommen diese Schwankungen aber nicht zum Ausdruck. Es wird hierbei ein gleichmäßiger Kurvenverlauf ermittelt. Auf die Höhe der Festigkeitsänderung und den Streubereich der Ergebnisse hat es ebenfalls keinen merkbaren Einfluß, ob die Probekörper im Sommer oder Winter der Bewitterung ausgesetzt bzw. entnommen werden. Der Festigkeitsabfall wird durch irreversible Änderungen der Klebschicht infolge der ständigen Temperaturwechsel und Feuchtigkeitsunterschiede hervorgerufen.

Bei gleichbleibender Temperatur und Außenfeuchtigkeit, wie sie im Normalklima 20/65 vorliegt, stellt sich nach einer gewissen Zeit ein

5.5 Beständigkeit gegen Klima, Korrosion und Medien

Gleichgewichtszustand zwischen dem Klebharz und der Umgebung ein. Es wird dann keine weitere Feuchtigkeit mehr aufgenommen. Dieser Zustand kann sich bei den im Normalklima 20/65 lagernden Klebverbindungen durch einen geringeren Abfall der Bindefestigkeit ausdrük-

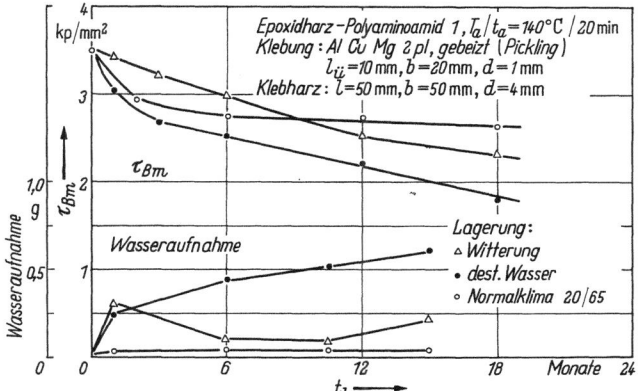

Abb. 208. Feuchtigkeitsaufnahme des Klebharzes im Vergleich zur Festigkeitsänderung der Metallklebverbindungen.

ken. Die der dauernden Wassereinwirkung ausgesetzten Formkörper aus Harz zeigen deutlich, daß die Feuchtigkeitsaufnahme während der ersten Monate der Lagerzeit am größten ist und mit zunehmender Zeit abnimmt, wenn der Sättigungsgrad des Klebharzes erreicht wird. Diese von der Lagerzeit abhängige Wasseraufnahme des Harzes stimmt überein mit dem anfänglich größeren Festigkeitsabfall der im Wasser lagernden Klebverbindungen, der ebenfalls bei längeren Lagerzeiten verflacht.

Die zeitabhängige und je nach Einwirkmedium unterschiedliche Feuchtigkeitsaufnahme der Klebstoffsubstanz gestattet somit einige Erklärungen zum Alterungsverhalten der Klebverbindungen. Die Gewichtsänderung ist jedoch kein geeignetes Maß für die Festigkeitsänderung einer unter gleichen Bedingungen lagernden Metallklebung.

In gleicher Weise lassen Festigkeitsuntersuchungen an Probekörpern aus dem ausgehärteten Klebstoff erkennen, daß auch die Änderungen der mechanischen Eigenschaften der gelagerten Klebharze keine sichere Voraussage über das Alterungsverhalten der denselben Beanspruchungen ausgesetzten Klebverbindungen erlauben, aber zu einer Deutung der Alterung beitragen. W. BRAIG [60] ermittelte an Zugstäben aus dem Klebstoff Epoxidharz-Amid nach einer Wasserlagerung von 3 Monaten eine um etwa 16% geringere Zugfestigkeit, die sich dann bei einer längeren Lagerung bis zu 18 Monaten nicht mehr änderte. Die Zugscherfestigkeit der unbelastet in Wasser lagernden Metallklebungen mit dem genannten Klebstoff ist dagegen nach dieser Zeit bis auf etwa 30% vom Ausgangswert abgefallen und wird — dem Kurvenverlauf nach — bei längeren Lagerzeiten noch weiter abnehmen, Abb. 197. Der an den Probekörpern aus reinem Klebstoff ermittelte Ablauf der Alterung stimmt mit dem der Klebverbindungen nicht überein. Probestäbe dieses Klebstoffes hatten nach einer Lagerzeit von 12 Monaten in Leitungswasser noch den gleichen Elastizitätsmodul wie davor. Die Ursache für den Abfall der Zugscherfestigkeit ist bei den Klebverbindungen mit diesem Klebstoff vermutlich die verminderte Dehnfähigkeit der infolge der Wasserlagerung spröder werdenden Klebschicht.

Der Klebstoff Epoxidharz-Polyaminoamid 1 nimmt dagegen bei der Wasserlagerung einen kleineren Elastizitätsmodul an. Die Probestäbe waren schon nach einer Lagerzeit von 610 Stunden infolge der Wasseraufnahme so weich, daß im Biegeversuch kein Bruch mehr eintrat. Bei den Klebverbindungen mit diesem Klebstoff führt die bei der Wasserlagerung weicher werdende Klebschicht zu dem Abfall der Bindefestigkeit, Abb. 200. Der Bruch verlief bei den Klebungen immer in der Klebschicht und bestätigte die geringer gewordene Kohäsion des Klebstoffes.

Das wirkliche Alterungsverhalten einer Metallklebung läßt sich nur an fertigen Klebverbindungen und nicht an Probekörpern aus dem Klebstoff bestimmen.

Der durch die Feuchtigkeitseinwirkung verursachte Festigkeitsabfall der Klebverbindungen kann durch ein Trocknen der Klebverbindungen, d. h. durch Entziehen der Feuchtigkeit, nicht wieder rückgängig gemacht werden. Dieses Verhalten wurde durch Versuche nachgewiesen, bei denen die Klebverbindungen mit dem Klebstoff Epoxidharz-Amid nach der Entnahme aus dem Wasser vor der Prüfung bis zu 7 Tagen im Normalklima 20/65 lagerten oder bis 100 h bei 70 °C getrocknet wurden. Die Klebschicht erfährt infolge der Wasserlagerung irreversible Eigenschaftsänderungen.

5.5.1.2 Einfluß der Oberflächenvorbehandlung

Auf die im Kurzzeitversuch ermittelte Bindefestigkeit einer Metallklebung hat die Vorbehandlung des Haftgrundes einen wesentlichen Einfluß. Von ihr ist aber auch in großem Maße die Alterungsbeständigkeit einer Klebung abhängig.

Klebverbindungen aus Aluminiumblechen, die vor dem Kleben nach dem Chromsäureverfahren (DIN 53281, Bl. 1) eloxiert, aber nicht nachverdichtet wurden, entsprachen in ihrem Alterungsverhalten den nach dem Pickling-Verfahren optimal vorbehandelten Klebungen, Abb. 209 und 210. Die Ursache für den Festigkeitsabfall war nicht die Beschaffenheit des Haftgrundes, sondern die Änderung der Klebstoff-

5.5 Beständigkeit gegen Klima, Korrosion und Medien

eigenschaften infolge der Lagerbedingungen, denn der Bruch verlief immer in der Klebstoffschicht. Die Adhäsionskräfte waren auch nach einer Lagerzeit von 24 Monaten noch nicht erschöpft.

Das Nachverdichten der nach dem Chromsäureverfahren eloxierten Bleche verringerte die Adhäsionskräfte. Sie waren kleiner als die Kohäsionskräfte, so daß sich die Klebschicht vom Haftgrund ablöste. Durch

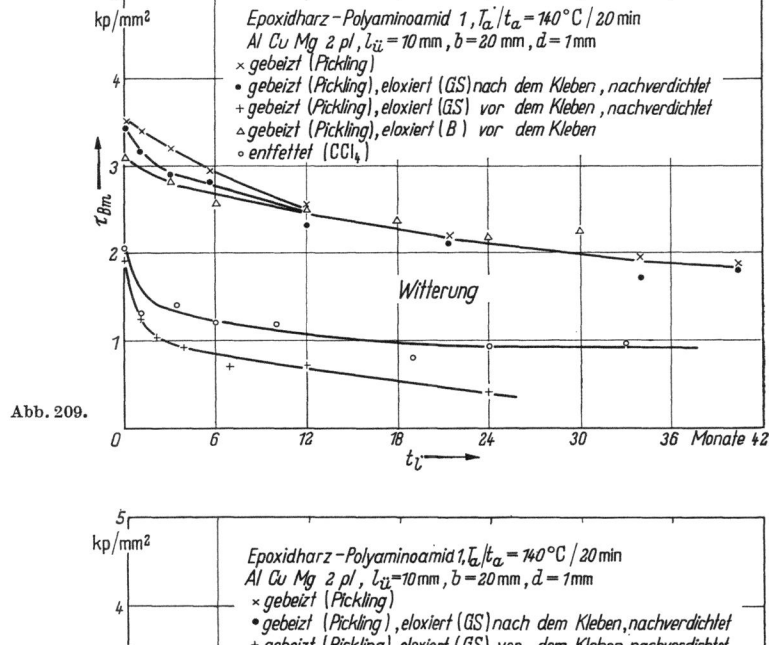

Abb. 209 und 210. Einfluß der Klebflächenvorbehandlung von Aluminiumblechen auf das Alterungsverhalten der Metallklebverbindungen beim Einwirken der Witterung (Abb. 209) und des Leitungswassers (Abb. 210).

die dauernden Witterungs- und Feuchtigkeitseinwirkungen und die damit verbundenen Eigenschaftsänderungen des Klebstoffes wurden die Adhäsionswirkungen noch weiter verringert. Sie ließen bei dem untersuchten Epoxidharzklebstoff und einer Überlappung von 10 mm nur noch Bindefestigkeiten von 1 kp/mm^2 ± 10% erreichen. Dieser Festigkeitswert stellte sich schon nach einem Monat Lagerzeit ein. Er änderte sich dann aber während der ganzen Versuchszeit von 24 Monaten nicht mehr. Diese Klebverbindungen entsprechen in ihrem Alterungsverhalten den Klebungen mit nur entfetteten Klebflächen, die eine natürliche Oxidschicht aufweisen, Abb. 210.

Klebverbindungen, deren Haftgrund vor dem Kleben nach dem GS-Verfahren (DIN 53281, Bl. 1) eloxiert und nachverdichtet wurden, wiesen dagegen neben der niedrigen Festigkeit auch eine äußerst geringe Alterungsbeständigkeit auf. Der Festigkeitsabfall beim Einwirken der Witterung und des Leitungswassers setzte sich bis zum vollständigen Versagen der Adhäsionskräfte fort. Das Ablösen der Klebschicht vom Haftgrund bestätigt das Nachlassen der Grenzflächenkräfte. Dieser Festigkeitsverlauf ist wahrscheinlich darauf zurückzuführen, daß die anodische Oxidschicht die in die Klebschicht eingedrungene Feuchtigkeit aufnimmt, die dann die Bindungen zwischen Metall und Klebstoff aufhebt und ihrerseits die Haftstellen besetzt. Die Fähigkeit, Wasser aufzunehmen, ist bei den dicken Oxidschichten nach dem GS-Verfahren besonders groß [108]. Hinzu kommt weiterhin, daß durch die Warmaushärtung bei 140 °C ein Teil des infolge der Nachverdichtung in der Oxidschicht vorhandenen Adsorptionswassers verlorengegangen ist und jetzt wieder aufgenommen wird.

Fertige Klebverbindungen, die nach dem Kleben einer anodischen Oxydation ausgesetzt werden, überstehen diesen Prozeß ohne Festigkeitseinbußen. Das Alterungsverhalten dieser nachträglich eloxierten Klebungen entspricht auch ganz dem der nicht eloxierten und sonst unter gleichen Bedingungen hergestellten Verbindungen. Die anodische Schutzoxydation der Fügeteile nach dem GS-Verfahren sollte daher nur nach dem Kleben vorgenommen werden.

Das Alterungsverhalten von Klebverbindungen mit unterschiedlich vorbehandeltem Haftgrund ist auch von Klebungen aus nichtrostendem Stahl bekannt. Für die Vorbehandlung der Klebflächen dieses Werkstoffs haben sich mechanische und chemische Verfahren bewährt [109 bis 112]. Bei der Lagerung in der Außenatmosphäre, in destilliertem Wasser oder im Normalklima 20/65 wirkt sich aber bei diesen Stählen die Art der Haftgrundvorbereitung nicht auf das Alterungsverhalten der mit einem Epoxidharz hergestellten Klebverbindungen aus, Abb. 211. Nach 3 Monaten Lagerzeit erreichten alle Klebungen je nach Einwirkmedium die gleiche Bindefestigkeit und erfahren bei weiterer

Lagerung, unabhängig von der Vorbehandlung, nur noch eine vom Klebstoff abhängige Änderung. Bei einem Vergleich der Abb. 197 und 211 stellt man weiterhin fest, daß das Alterungsverhalten der in Leitungswasser oder in destilliertem Wasser lagernden Klebverbindungen gleich ist.

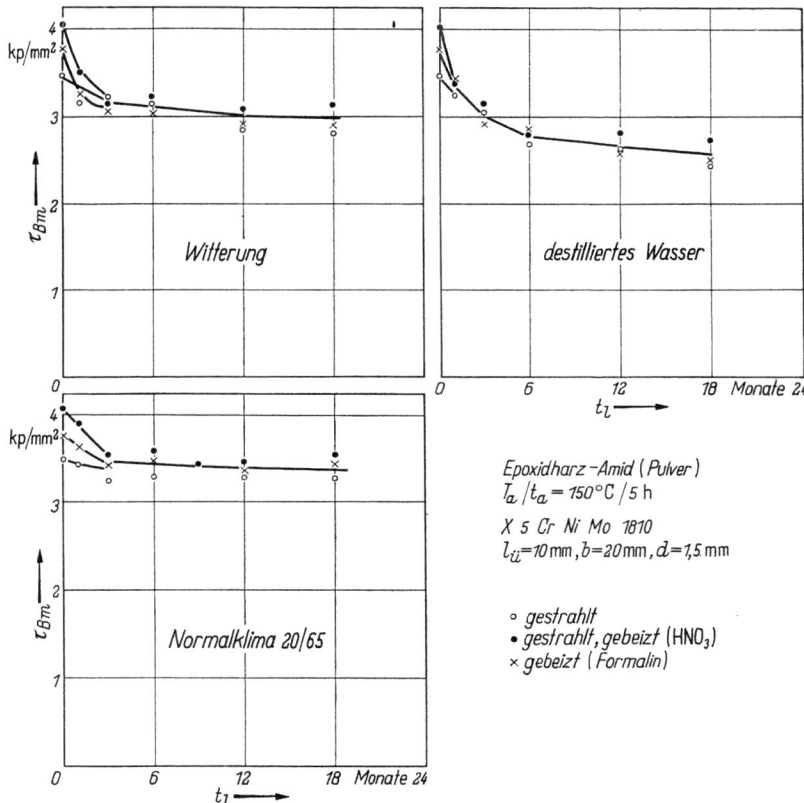

Abb. 211. Einfluß der Klebflächenvorbehandlung von nichtrostendem Stahl auf das Alterungsverhalten der Metallklebverbindungen beim Einwirken der Witterung, von destilliertem Wasser und des Normalklimas 20/65.

5.5.1.3 Einfluß der Klebflächenabmessungen

Die bisher angegebenen Alterungsversuche wurden an Klebverbindungen mit einer Fläche von 2 cm² durchgeführt. Die Klebnähte waren an allen Seiten dem dauernden Einfluß der umgebenden Medien ausgesetzt. Gegenüber den in der Praxis vorliegenden großen Klebstellen, die häufig auch eine geringere, den Einwirkmedien zugängliche Klebnahtfläche besitzen, bedeutet dies eine verschärfte Prüfung.

Untersuchungen an großflächigen Klebverbindungen mit gleicher Überlappungslänge ergaben aber, daß die an den kleinen Klebflächen ermittelte Festigkeitsänderung infolge von Umwelteinflüssen bei großen Klebflächen in gleichem Maße eintritt. Sie stellt sich allerdings während der ersten Zeit der Lagerung zeitlich verzögert ein. Für diese Versuche wurden Stahlbleche mit einer Klebbreite von 210 mm in Leitungswasser gelagert, Abb. 212.

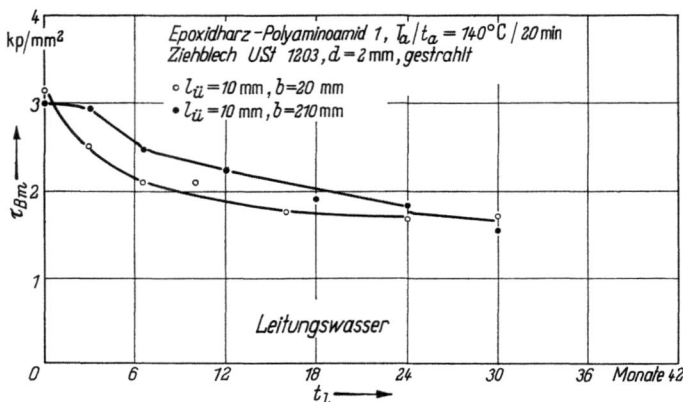

Abb. 212. Einfluß der Klebflächengröße auf das Alterungsverhalten der Metallklebverbindungen beim Einwirken von Leitungswasser.

Das Fixieren der großen Bleche während der Aushärtung erfolgte in einfacher Weise durch Punktschweißen [113]. Die beiden Fügeteile wurden nach dem Klebstoffauftrag überlappt zusammengelegt und an den Enden der Klebbreite punktgeschweißt, so daß der ganze überlappte Bereich zwischen den Punkten als reine Klebnaht erhalten blieb. Sie wurden nach der Lagerung in Probekörper mit einer Breite von 20 mm zersägt und auf ihre Zugscherfestigkeit geprüft.

Die zeitlich verzögerte Festigkeitsänderung infolge der Wasserlagerung ist darauf zurückzuführen, daß bei den Probekörpern, die erst nach der Lagerung aus den Blechen gesägt wurden, die Klebnaht längs der Überlappungslänge während der Lagerzeit nicht als Einwirkzone für die umgebenden Medien vorlag. Bei diesen Verbindungen erfaßt daher die eindringende Feuchtigkeit innerhalb der gleichen Zeit einen kleineren Teil der Klebflächen als bei den Klebungen mit einer von allen Seiten zugänglichen Klebnaht. Sie verändert damit innerhalb dieser Zeit auch die Eigenschaften der Klebschicht, von denen die Festigkeit der Verbindung abhängt, in geringerem Maße.

Sind die Ursachen für die Eigenschaftsänderungen der Klebschicht nicht das Eindiffundieren eines Mediums, sondern vorwiegend andere

5.5 Beständigkeit gegen Klima, Korrosion und Medien

äußere Einflüsse, wie z. B. die in der Außenatmosphäre sich in ihrer Stärke und Dauer ändernden Temperatureinwirkungen, dann stellt sich bei gleicher Überlappungslänge bei den breiten Klebflächen in Abhängigkeit von der Zeit der gleiche Festigkeitsabfall ein, wie er bei den schmalen Probekörpern eintritt. Die Temperaturwechsel wirken sich auf die ganze Klebfläche — unabhängig von ihrer Größe — aus. Dieses Verhalten wurde an den in der Witterung gelagerten Klebverbindungen mit großer und kleiner Klebfläche, aber gleicher Überlappungslänge, festgestellt.

Klebverbindungen, die im praktischen Einsatz der Bewitterung, der Feuchtigkeit usw. ausgesetzt sind, erfordern infolge des Alterns der Klebstoffe große Überlappungslängen. Die Verbindungen erreichen dadurch vor dem Einsatz Bruchlasten, die weit oberhalb der Streckgrenze der Fügeteilwerkstoffe liegen können. Diese Belastbarkeit der Klebstelle wird technisch nicht ausgenutzt und bildet eine Reserve an Festigkeit, die durch das Altern der Klebschicht aufgebraucht werden kann, ohne die Verbindung für ihren Einsatz zu schwächen.

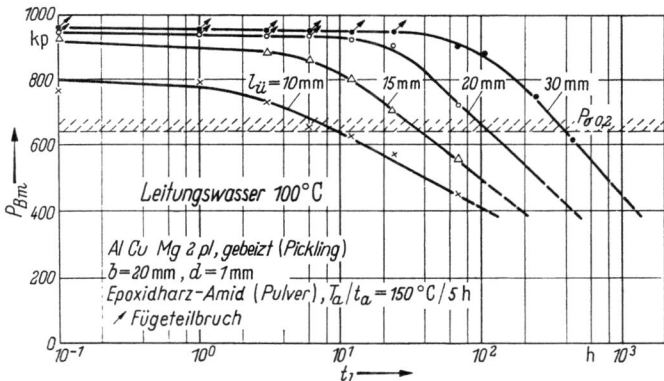

Abb. 213. Alterungsverhalten von Metallklebverbindungen in Abhängigkeit von der Überlappungslänge bei Lagerung in Leitungswasser.

Der Einfluß der Überlappungslänge auf die Beständigkeit der Klebungen wurde an einschnittig überlappten Probekörpern mit einer Überlappungslänge von 10, 15, 20 und 30 mm nachgewiesen, die Leitungswasser von 100 °C ausgesetzt waren, Abb. 213. Für Klebverbindungen mit dem hierbei verwendeten Klebstoff auf der Basis von Epoxidharz-Amid bedeutet diese Kurzzeitprüfung ein vergleichbares Abkürzverfahren für die Dauerlagerung in Leitungswasser von $(22 \pm 4)\,°C$, Abb. 214. Die zweistündige Lagerung in kochendem Wasser verursacht dabei den gleichen Festigkeitsabfall wie die einmonatige Lagerung in Wasser von $(22 \pm 4)\,°C$.

20*

Infolge der ungleichmäßigen Spannungsverteilung in der einschnittig überlappten Klebverbindung und der auftretenden plastischen Verformung des Fügeteilwerkstoffes ist mit der steigenden Überlappungslänge kein proportionaler Anstieg der übertragbaren Last verbunden. Die Zugscherfestigkeit fällt mit größer werdender Überlappungslänge ab. In der Abb. 213 ist daher statt der Bindefestigkeit die mittlere Bruchlast aufgetragen, da sie die Belastbarkeit der Klebverbindungen in Abhängigkeit von der Überlappungslänge deutlicher wiedergibt.

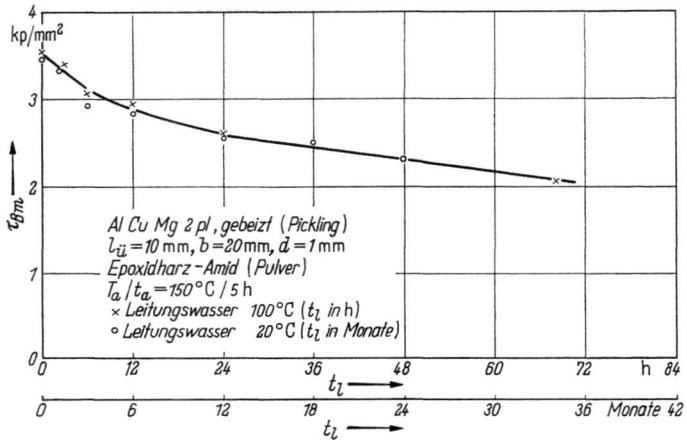

Abb. 214. Alterungsverhalten von Metallklebverbindungen bei Lagerung in Leitungswasser.

Bei den Klebverbindungen mit einer Überlappungslänge von 10 mm war nach einer Kochzeit von 8 h — entsprechend einer Lagerzeit von 4,5 Monaten in Wasser von Raumtemperatur — die Festigkeit der Klebschicht so weit geschwächt, daß sie keine Belastungen oberhalb der Streckgrenze des Fügeteilwerkstoffes mehr aufnehmen konnte. Klebungen mit einer Überlappungslänge von 30 mm ertrugen dagegen diese Belastungen bis zu Kochzeiten von 400 h, die einer Lagerung von etwa 200 Monaten (16,5 Jahren) in Wasser von $(22 \pm 4)\,°C$ gleichkommen. Bei den Klebverbindungen mit den Überlappungslängen von 15 und 20 mm liegen die entsprechenden Werte bei Kochzeiten von 36 und 110 h, die mit einer Dauerlagerung von 18 und 55 Monaten in Wasser von Raumtemperatur vergleichbar sind.

5.5.1.4 Kurzzeitprüfverfahren

Zu den Korrosionsprüfmethoden zählen zahlreiche Laboratoriumsversuche mit künstlichen und in ihrer Stärke regelbaren Angriffsbedingungen [114]. Die Vergleichbarkeit ihrer Ergebnisse mit dem Verhalten

5.5 Beständigkeit gegen Klima, Korrosion und Medien

der Werkstoffe, die den praktisch vorkommenden, natürlichen Korrosionsbedingungen ausgesetzt sind, ist häufig umstritten. Zur Bestimmung der Alterungsbeständigkeit einer Metallklebung sind viele dieser Verfahren schon auf Grund ihrer Zielsetzung nicht geeignet. Sie wurden für die Korrosionsprüfung von Metallen und Oberflächenschutzmitteln entwickelt. Die für das Alterungsverhalten einer Klebung maßgebenden Eigenschaftsänderungen in der Klebschicht werden von ihnen nicht erfaßt.

Durch den Sprühnebelversuch mit künstlichem Meerwasser, entsprechend DIN 50907, wird bei Metallklebverbindungen mit den bisher untersuchten Klebstoffen die Versuchsdauer gegenüber dem Lagerversuch in der Außenatmosphäre oder im Leitungswasser nicht abgekürzt. Das gleiche gilt auch für Dauertauchversuche in künstlichem Meerwasser. Die Salzbestandteile des Wassers führen in vielen Fällen zu einer Korrosion der Metallfügeteile, schädigen aber nicht die Klebschicht. Bei Klebverbindungen mit korrosionsbeständigen Werkstoffen entsprechen der Sprüh- oder Dauerlagerversuch in Salzwasser allgemein der Dauerlagerung in Wasser. Die Ergebnisse weisen jedoch häufig größere Streuwerte auf, da sich an den Klebnahträndern Salzkrusten bilden, die einen gleichmäßigen Angriff des Wassers verhindern. Auch der Wechseltauchversuch erbringt keine zeitraffende Wirkung auf die Beständigkeit der Klebverbindungen gegenüber der dauernden Lagerung im Wasser [102].

In amerikanischen Prüfrichtlinien werden bestimmte Lagerungsfolgen in kochendem oder kaltem Wasser und trockenem, warmem Klima als Kurzzeitversuch für den Feuchtigkeitseinfluß auf geklebte Fügeteile aus Holz, Metall usw. vorgeschlagen [115]. Für die Prüfung von Metallklebungen erwiesen sich diese Laboratoriumsversuche aber nicht als geeignet.

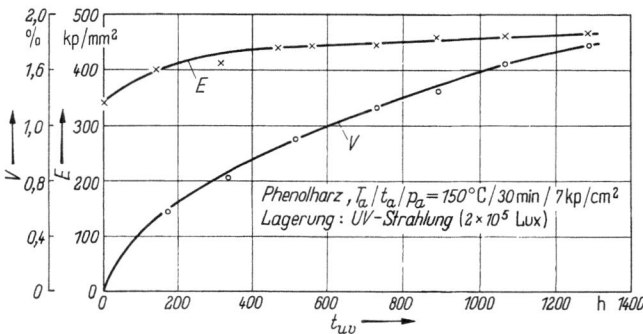

Abb. 215. Elastizitätsmodul E und Gewichtsverlust V des ausgehärteten Klebstoffes beim Einwirken einer UV-Strahlung.

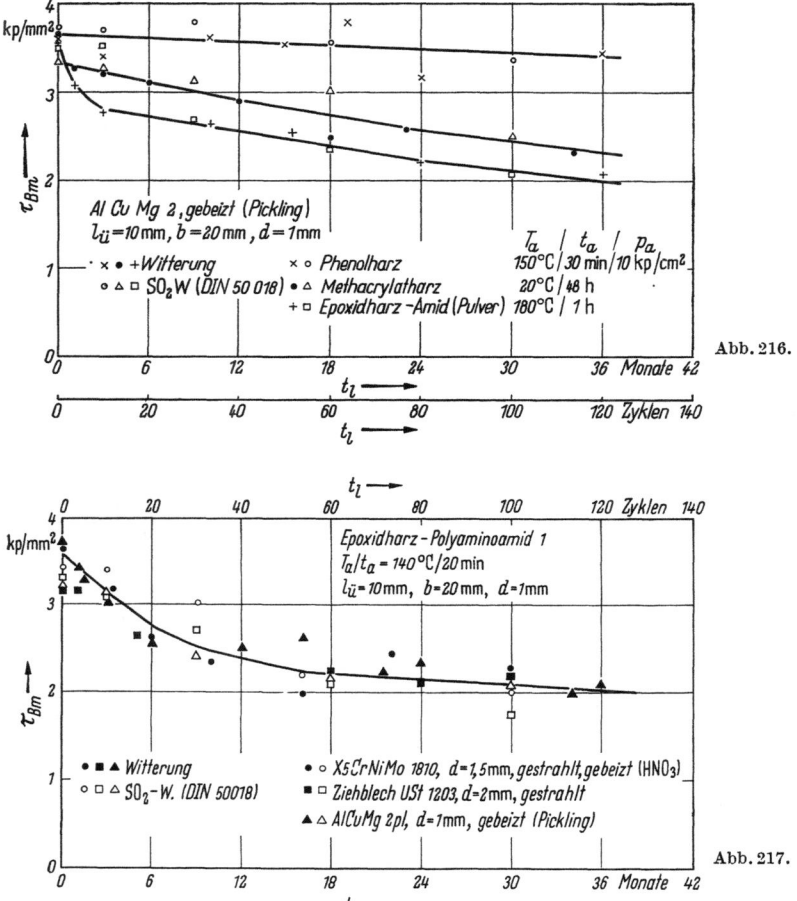

Abb. 216.

Abb. 217.

Für die Beurteilung der Wasserbeständigkeit glasfaserverstärkter Kunststoffe wird häufig der Kochtest in Anlehnung an DIN 53471 durchgeführt. K. A. F. SCHMIDT [116] vergleicht die Ergebnisse einiger Forscher und stellt sowohl gute als auch schlechte Übereinstimmungen dieser Kurzzeitprüfung mit der langzeitigen Wasserlagerung bei Normalklima fest. Die gleiche Feststellung konnte auch nach Kochversuchen an Metallklebverbindungen gemacht werden. Für einige Klebstoffe war eine gute Vergleichsmöglichkeit der Ergebnisse dieser Kurzzeitprüfung mit den Ergebnissen der Dauerlagerung in Leitungswasser gegeben. Bei der Prüfung einschnittig überlappter Aluminiumverklebungen mit dem Epoxidharz-Amid entsprachen 2 h Kochzeit einer Was-

5.5 Beständigkeit gegen Klima, Korrosion und Medien

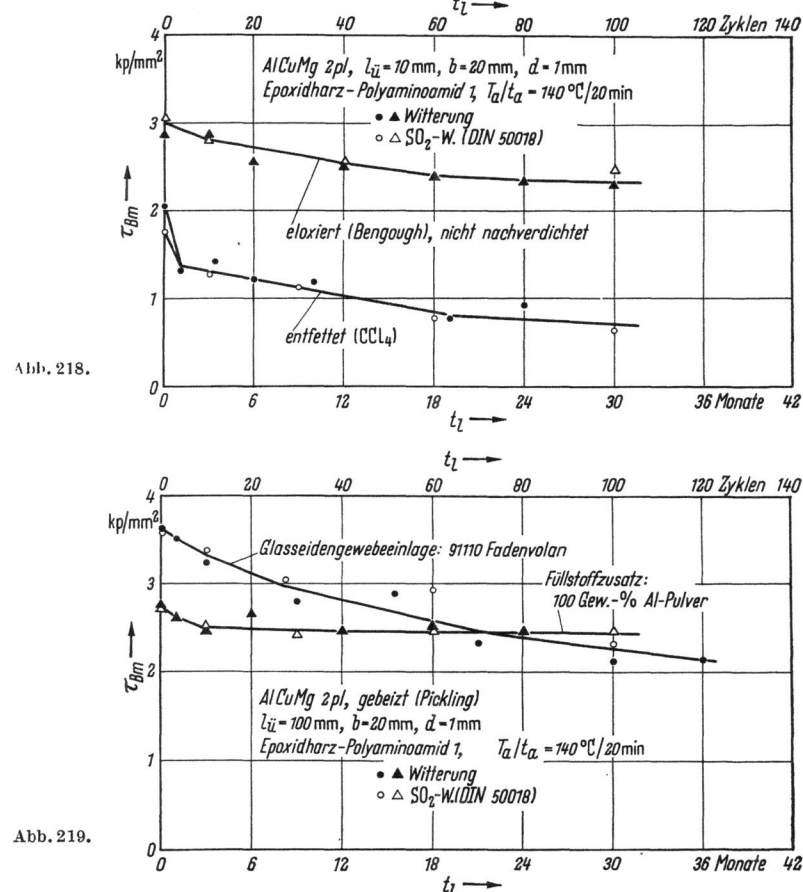

Abb. 218.

Abb. 219.

Abb. 216 bis 219. Alterungsverhalten von Metallklebverbindungen mit verschiedenen Klebstoffen (Abb. 216), aus verschiedenen Fügeteilwerkstoffen (Abb. 217), nach unterschiedlicher Vorbehandlung der Klebflächen (Abb. 218) und mit Füllstoffzusätzen zum Klebstoff (Abb. 219) bei Lagerung und Bewitterung im SO_2-CO_2-Wechselklima.

serlagerung von einem Monat bei $(22 \pm 4)\,°C$, Abb. 214. Die nach der Lagerung in Leitungswasser von $100\,°C$ ermittelten Festigkeitsänderungen wurden durch Ergebnisse aus Langzeitversuchen in kaltem Wasser bis zu 24 Monaten bestätigt. Klebverbindungen mit dem Epoxidharz-Polyaminoamid 1 wiesen nach 2 h Kochzeit einen Festigkeitsabfall auf, der mit der Änderung der Festigkeit nach der Lagerung von 3 Monaten in kaltem Wasser gleichgesetzt werden kann. Bei anderen Klebharzen löste der Kochversuch jedoch einen stärkeren Abfall der Bindefestigkeit aus als der Lagerversuch bei Raumtemperatur und ließ keine Relation zu. Die beim Kochen vorherrschenden Temperaturen können Reaktionen in der Klebschicht hervorrufen, die den Alterungsvorgängen in kaltem Wasser nicht entsprechen. Der Kochversuch stellt in jedem Fall gegenüber der Lagerung in Leitungswasser von Raumtemperatur eine erheblich schärfere Prüfung dar.

Ein wichtiges Ziel der Korrosionsprüfung im Laboratorium ist das Nachahmen der atmosphärischen Bedingungen. Für diese Versuche wurden u. a. spezielle Geräte mit Lichtquellen entwickelt, deren spektrale Energieverteilung derjenigen der Globalstrahlung nahekommt (Xenotestgerät, Weatherometer usw.). Durch Verändern des Luftstroms läßt sich die Temperatur in diesen Geräten regeln, und es können durch Luftbefeuchtungsdüsen relative Luftfeuchten zwischen 20 und 95% erzeugt werden. Für Kurzzeitversuche an Metallklebverbindungen wurden derartige Prüfvorrichtungen bisher aber nur vereinzelt eingesetzt. H. MECKELBURG und Mitarbeiter stellten fest, daß der E-Modul eines Klebharzes infolge der Einwirkung von UV-Strahlung bzw. Globalstrahlung ($2 \cdot 10^5$ Lux) vergrößert wird, wenn Probekörper aus der Klebstoffsubstanz diesen Beanspruchungen ausgesetzt werden, Abb. 215 (S. 309). Das Klebharz verliert an Gewicht und versprödet. Bei Metallklebverbindungen wurden die Klebschichten jedoch durch die für energiearme Strahlen undurchdringlichen metallischen Fügeteile geschützt und entsprechen in ihrem Alterungsverhalten den im Normalklima 20/65, DIN 50014, lagernden Klebungen. Für Laboratoriumsversuche, die die Witterung nachahmen sollen, kann eine verstärkte UV-Strahlung daher vernachlässigt werden.

In zahlreichen Versuchen mit unterschiedlichen Klebstoffen sowie Stahl- und Aluminiumwerkstoffen konnte nachgewiesen werden, daß die Prüfung in einem feuchten, warmen Wechselklima mit künstlicher Industrieluft nach DIN 50018 (Kesternich-Gerät) die Festigkeitsänderungen von Klebverbindungen, die der Witterung ausgesetzt sind, in vergleichbarer Weise wiedergibt, Abb. 216, 217 (S. 310). Die Probekörper hingen bei den Untersuchungen abwechselnd 8 h bei $(40 \pm 3)\,°C$ in einer künstlich geschaffenen SO_2-CO_2-Atmosphäre (Kurzzeichen SO_2W, DIN 50018) mit einer relativen Luftfeuchte von 100% und 16 h in einem Raumklima von $(22 \pm 4)\,°C$. Dieser sich stetig wiederholende Klimawechsel wird als ein Zyklus bezeichnet. Am Wochenende standen die Proben unter der Einwirkung des Raumklimas, was aber bei der Angabe der Zyklen nicht als Unterbrechung berücksichtigt wird.

Es entsprechen bei allen untersuchten Klebverbindungen 10 Zyklen in der künstlichen Industrieatmosphäre 3 Monaten Lagerung in der Aachener Witterung. Die aus Langzeitversuchen vorliegenden Ergebnisse ermöglichen einen Vergleich der beiden Prüfverfahren über einen Zeitraum von 36 Monaten. Mit den Aluminium- und insbesondere den

Stahlklebverbindungen konnten die Kurzzeitversuche nicht weiter ausgedehnt werden, da die Metallkorrosion die ungeschützten Fügeteile zerstörte. Die Abweichungen der im Kurzzeit- und Langzeitversuch gefundenen Ergebnisse liegen in einem auf die Festigkeit bezogenen zulässigen Streubereich von etwa ± 15%.

Mit diesem Laboratoriumsversuch konnte unter anderem schon frühzeitig der Einfluß der unterschiedlichen Vorbehandlung des Haftgrundes, Abb. 218, oder der Einfluß von Füllstoffzugabe zum Klebstoff, Abb. 219, auf das Alterungsverhalten der Klebung festgestellt und ausgewertet werden. Das im Schwitzwasserklima mit einer $SO_2 - CO_2$-Atmosphäre ermittelte Alterungsverhalten dieser Klebverbindungen wurde erst nachträglich durch Ergebnisse aus Langzeitversuchen bestätigt.

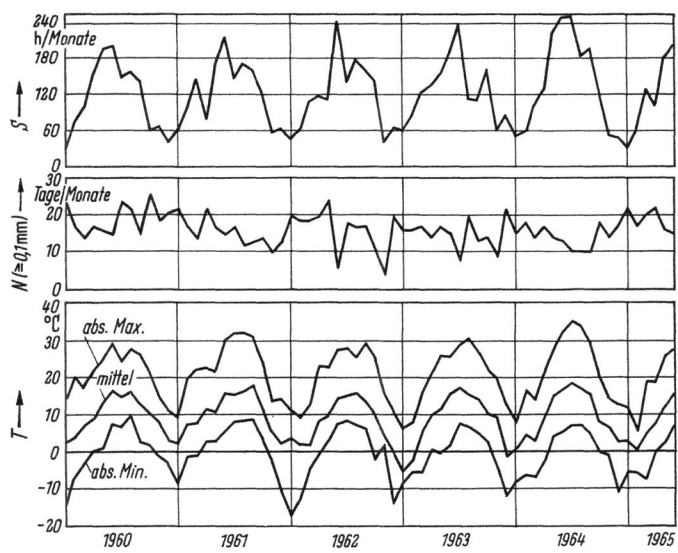

Abb. 220. Sonnenscheindauer S, Niederschläge N und Temperaturen T der Stadt Aachen von Januar 1960 bis Juni 1965.

Die gute Vergleichsmöglichkeit der bei der Kurzzeitprüfung im Kesternich-Gerät gefundenen Festigkeitsänderungen mit den Ergebnissen der Langzeitversuche läßt sich wie folgt erklären: Das Alterungsverhalten der Klebverbindungen beim Einwirken der Witterung wird in erster Linie durch die in ihrer Höhe und Dauer sich ständig ändernden Temperatur- und Feuchtigkeitseinwirkungen bestimmt. Für frei im Aachener Klima lagernde Klebungen können die größten Temperaturunterschiede innerhalb von 24 h ungefähr 25 °C betragen, Abb. 220.

Die relative Luftfeuchte pendelt zwischen etwa 30 und 100%. Hinzu kommen die Einflüsse von Regen, Tau, Schnee usw. Bei der Lagerung in der künstlichen Industrieatmosphäre sind die Klebverbindungen diesen wesentlichen Einflußgrößen in einem ständigen Zyklus ausgesetzt. Die Versuchsbedingungen schließen bei jedem Zyklus die in der Außenatmosphäre vorkommenden extremen Temperaturschwankungen und Feuchtigkeitseinflüsse mit ein.

5.5.2 Festigkeit beim Einwirken von Ölen, Kraftstoffen oder Chemikalien

Die Metallklebverbindungen finden im Fahrzeug- und Flugzeugbau vielseitige Einsatzgebiete, wo sie den Angriffen von Ölen, Fetten und Kraftstoffen ausgesetzt sind. In den amerikanischen Abnahme-Vorschriften für Metallklebstoffe, die für Flugzeugbauteile verwendet werden sollen, sind daher auch Untersuchungen über das Festigkeitsverhalten an einschnittig überlappten Klebungen, die bei Raumtemperatur und erhöhten Temperaturen in Schmierölen, Hydraulikölen, Kraftstoffen usw. gelagert werden, vorgeschrieben. Die empfohlenen Versuchszeiten sind kurz und sollen Vergleichswerte für die einzelnen Klebstofftypen ergeben. Erreichen die Klebverbindungen nach den vorgegebenen Lagerzeiten nicht die geforderten Mindestwerte der Zugscherfestigkeit, so werden sie für den Flugzeugbau nicht zugelassen.

Ein Einfluß des Fügeteilwerkstoffes auf das Alterungsverhalten von Metallklebverbindungen, die mit Ölen, Fetten und Kraftstoffen in Berührung kommen, ist im allgemeinen nicht zu befürchten. Bei einer klebgerechten Vorbehandlung des Haftgrundes sind die unterschiedlichen Bindefestigkeiten vor und nach der Lagerung in diesen Medien auf Änderungen der Klebschichteigenschaften zurückzuführen. Die Klebstoffe sind als organische Kunstharze je nach ihrer chemischen Zusammensetzung gegenüber den ebenfalls als organische Verbindung vorliegenden Kraftstoffen und Ölen oder deren Zusätzen nicht immer beständig.

An Klebverbindungen mit Klebstoffen auf unterschiedlicher chemischer Basis, die bis zu 36 Monaten in einem handelsüblichen Turbinentreibstoff, Gleitöl oder Getriebeöl lagerten, konnte daher auch ein vom Klebstoff abhängiges Alterungsverhalten ermittelt werden, Abb. 221 bis 223. Den geringsten Festigkeitsabfall wiesen die mit einem Klebstoff auf der Basis von Phenolharz hergestellten Klebungen auf. Bei den Klebverbindungen mit den Klebstoffen Epoxidharz-Amid und insbesondere Epoxidharz-Polyaminoamid 1 waren die Festigkeitsverluste größer. Diese Reihenfolge entspricht genau dem Alterungsverhalten der unter klimatischen Umwelteinflüssen stehenden geklebten

Bleche. Typisch ist auch hier wieder der mit zunehmender Lagerzeit flacher werdende Kurvenverlauf.

H. NIEMANN und J. GÜNTHER [117] untersuchten das Alterungsverhalten von Klebverbindungen mit Klebstoffen auf der Basis von Epoxidharz-Polyaminoamid, die in Dieselöl, Benzol oder Äthanol lagerten. Sie stellten fest, daß Äthanol und insbesondere Benzol auf Grund ihres größeren Lösungsvermögens einen stärkeren Festigkeitsabfall verursachen als das Dieselöl. Sie fanden weiterhin, daß unmodifizierte Epoxidharze gegenüber diesen Medien eine bessere Beständigkeit aufweisen als z. B. mit einem Butylglycidäther modifizierte Epoxide.

Das für die Versuchsreihen in Abb. 222 und 224 verwendete Voltol Gleitöl V enthält einen neutralen und einen sauren Fettstoff. Es besitzt eine höhere Viskosität als das Getriebeöl Aeroshell Fluid 5 L, Abb. 223 und 225, das mit chemisch reagierenden Hochdruckzusätzen versehen ist, die bei hohen Zahnflankenbelastungen wirksam werden. Ein Einfluß der Viskositätsunterschiede oder der im Öl vorhandenen verschiedenartigen Additive auf das Beständigkeitsverhalten der Metallklebverbindungen wurde jedoch nicht ermittelt. Es konnte auch, ebenso wie bei den Lagerversuchen in Kraftstoffen, in keinem Fall mit bloßem Auge festgestellt werden, daß die Klebschicht durch diese Medien zerstört wurde oder daß diese in die Klebschicht bzw. die Grenzschicht Klebstoff—Metall eingedrungen waren. Das gilt auch für Klebverbindungen, die bei 70 °C in den schon genannten Ölen lagerten. Infolge der zusätzlich einwirkenden hohen Temperatur war aber bei diesen Verbindungen der Festigkeitsabfall erwartungsgemäß größer. Nach 24 Monaten deutete sich noch kein flacher werdender Kurvenverlauf an. Weiterhin unterschieden sich die Klebungen mit den Klebstoffen Epoxidharz-Amid und Epoxidharz-Polyaminoamid im Gegensatz zur Lagerung bei Raumtemperatur nicht mehr in ihrem Alterungsverhalten. Das warme Öl beeinflußt diese Epoxidharze unabhängig von der Härterkomponente in gleichem Maße. Der anfängliche Festigkeitszuwachs der Klebverbindungen mit dem Klebstoff Phenolharz ist durch ein Nachhärten der Klebschicht zu erklären.

Alterungsversuche unter der Einwirkung von Ölen, Kraftstoffen usw. an Probekörpern mit kaltausgehärteten Klebstoffen sind bisher nicht bekannt geworden. Es ist aber anzunehmen, daß die kaltabgebundenen Klebschichten infolge ihres geringeren Vernetzungsgrades diesen Einwirkmedien einen geringeren Widerstand entgegensetzen als die warmabgebundenen und damit einen größeren Festigkeitsabfall der Klebverbindungen herbeiführen.

Untersuchungen über das Alterungsverhalten von Metallklebverbindungen, die stark korrodierend wirkenden Chemikalien oder organischen Lösungsmitteln ausgesetzt sind, werden nur vereinzelt beschrie-

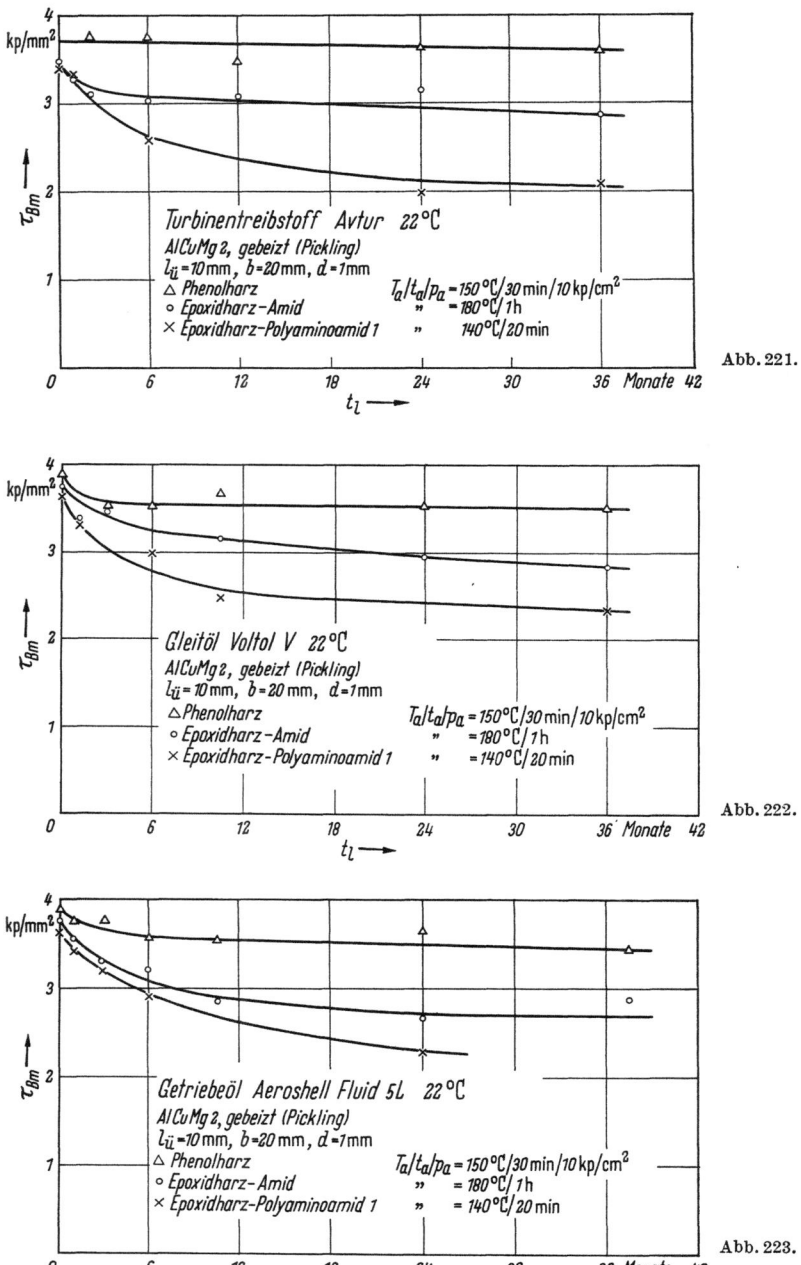

Abb. 221.

Abb. 222.

Abb. 223.

5.5 Beständigkeit gegen Klima, Korrosion und Medien

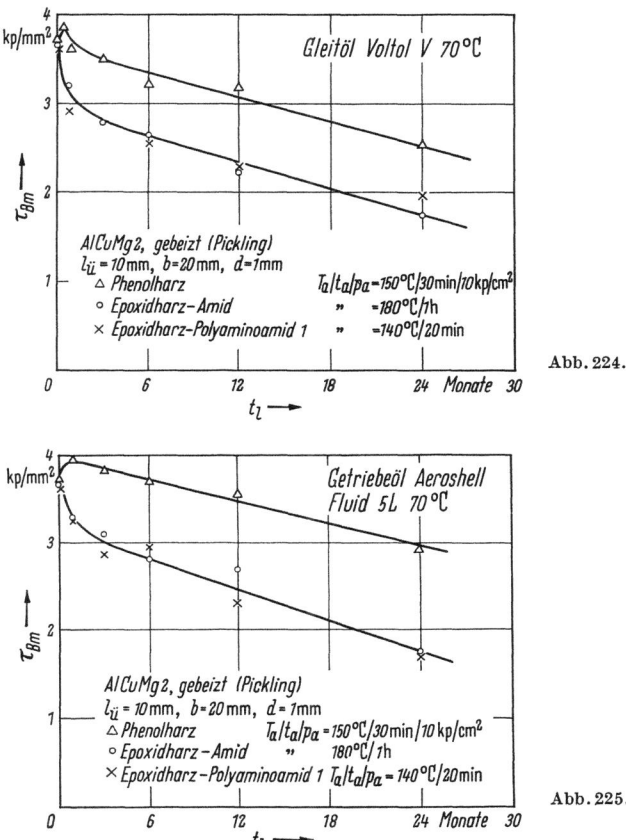

Abb. 224.

Abb. 225.

Abb. 221 bis 225. Alterungsverhalten von Metallklebverbindungen bei Lagerung in einem Turbinentreibstoff (Abb. 221), in Ölen von 22 °C (Abb. 222 und 223) sowie in Ölen von 70 °C (Abb. 224 und 225)

ben [102]. Einen Überblick über die Widerstandsfähigkeit der Klebungen gegenüber diesen aggressiven Medien vermitteln aber die in der Literatur [118] angegebenen Werte über die chemische Resistenz der einzelnen Kunstharztypen. Die Beständigkeit der Kunstharze ist derjenigen der Metalle weit überlegen, so daß der Festigkeitsabfall in vielen Fällen durch die Korrosion des Fügeteilwerkstoffs hervorgerufen wird.

Die Chemikalienbeständigkeit der Kunststoffe ist in gleicher Weise, wie es von anderen Korrosionswerkstoffen bekannt ist, von verschiedenen Einflußgrößen abhängig: der Konzentration des einwirkenden Mediums, der Beanspruchungstemperatur, der Einwirkdauer und der zusätzlichen mechanischen Belastung. Diese Einflüsse wirken sich je nach Konstitution der Kunstharze unterschiedlich auf die chemische

Beständigkeit aus. Die Phenolharze sowie die kalt- und warmgehärteten Epoxidharze, auf deren Basis viele Metallklebstoffe entwickelt sind, werden als vernetzte Kunststoffe von verdünnten Säuren und Laugen sowie von Kohlenwasserstoffen kaum angegriffen, während sie gegenüber konzentrierten Laugen und Säuren eine große Anfälligkeit zeigen. Bei erhöhten Temperaturen wirken sich die je nach Kunstharz unterschiedlichen Formbeständigkeiten in der Wärme aus. Daher sind z. B. die mit Aminen kaltgehärteten Epoxidharze bei höheren Temperaturen weniger beständig als die mit Anhydriden warmgehärteten Typen. Die chemische Beständigkeit der Klebstoffe kann auch durch eine Modifizierung der Bindemittelkomponente oder durch Füllstoffzusätze ungünstig beeinflußt werden.

5.5.3 Verhalten beim Einwirken der Temperatur

Die Metallklebstoffe besitzen als hochpolymere, organische Werkstoffe Eigenschaftswerte, die in hohem Maße von der Temperatur bebeinflußt werden. Die Temperaturgrenzen, innerhalb derer noch kurzzeitig eine zusätzliche mechanische Belastung möglich ist, liegen in einem Bereich von 70 bis 550 °C. Diese Grenzen werden bestimmt durch die chemische Zusammensetzung und Molekülstruktur des Klebharzes. Die Grundstoffe der Metallkleber sind vernetzend aushärtende Kunststoffe. Durch einen hohen Vernetzungsgrad werden bei diesen Polymeren die Molekülbewegungen verhindert, so daß sich bei erhöhten Temperaturen kein thermoelastischer Zustand ausbildet. Thermoplastische Anteile im Klebharz führen bei erhöhter Temperatur zu einer Lockerung des Molekülverbandes und verringern die zulässige Temperaturbeanspruchung der Klebverbindung. Dies trifft z. B. zu für den Phenolharzklebstoff mit Zusätzen aus Polyvinylacetal. Auf Grund der geringen thermischen Beständigkeit der Polyaminoamide besitzen Epoxidharze mit dieser Komponente ebenfalls eine geringere Warmfestigkeit als die mit einem Amid ausgehärteten Epoxide. Auf die thermische Alterung ohne mechanische Beanspruchung wirken sich jedoch die bei höheren Temperaturen erweichenden Bestandteile nicht aus, wenn die Klebungen dann nach der Lagerung bei Raumtemperatur geprüft werden. Sie erstarren beim Erkalten wieder.

Aus den Ergebnissen der Lagerversuche bei 70 °C geht hervor, daß die einzelnen Klebstofftypen auch bei einer dauernden Temperatureinwirkung ein unterschiedliches Alterungsverhalten aufweisen, Abb. 226. Nach 25 Monaten Lagerung ist die Zugscherfestigkeit der mit einem Phenolharzklebstoff hergestellten Klebungen um etwa 30% geringer geworden. Bei den Klebverbindungen mit dem amidgehärteten Epoxidharzklebstoff beträgt der Festigkeitsabfall nach dieser Zeit 50%. Die Klebungen mit dem Epoxidharz, das mit einem Polyaminoamid ver-

5.5 Beständigkeit gegen Klima, Korrosion und Medien

netzt wurde, hatten nach 25 Monaten eine um 63% geringere Zugscherfestigkeit. Eine gute thermische Beständigkeit bewiesen die kaltausgehärteten Klebverbindungen mit dem Klebstoff auf der chemischen Basis von Methacrylatharz. Nach 18 Monaten betrug der Festigkeitsabfall erst 10%. Er liegt in der gleichen Größenordnung wie bei der

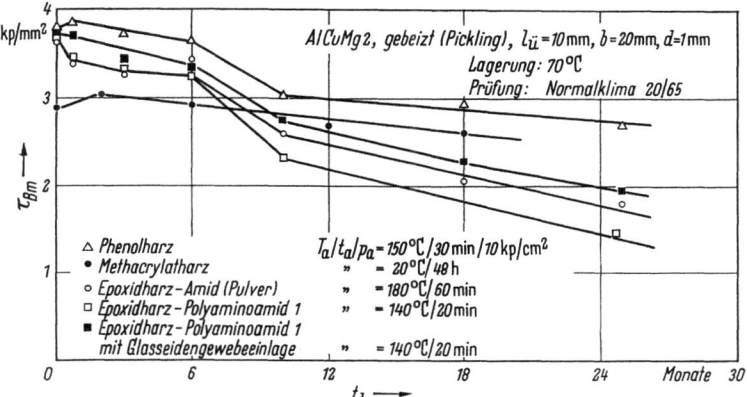

Abb. 226. Einfluß der Temperaturlagerung auf die Zugscherfestigkeit τ_{Bm} von Metallklebverbindungen.

Lagerung im Normalklima 20/65. Dieser Klebstoff erfährt durch die erhöhte Temperatur eine Nachhärtung, die den Festigkeitsabfall ausgleicht. Bei den Klebungen mit den anderen untersuchten, warmausgehärteten Klebstoffen ist dagegen der Festigkeitsabfall infolge der Temperatureinwirkung von 70 °C bedeutend größer als bei der Lagerung im Normalklima 20/65.

Die Festigkeitsänderung der Metallklebverbindungen bei einer langzeitigen Temperaturlagerung ist auf irreversible physikalische und chemische Ursachen zurückzuführen. Die Kunstharze können beim Einwirken erhöhter Temperaturen Härter oder niedermolekulare Harzanteile abspalten, die eine Entnetzungsreaktion hervorrufen [119]. Weiterhin führt der Kettenabbau der Moleküle zu einer langsamen Zersetzung der Kunstharzklebschicht. Physikalische Ursachen für die Festigkeitsänderungen sind zudem die unterschiedlichen Ausdehnungskoeffizienten von Klebstoff und Metall, die inneren Umlagerungen des Molekülverbandes, Strukturänderungen des Fügeteils und das eventuelle Entweichen flüchtiger Substanzen. Diese temperaturabhängigen Erscheinungen äußern sich in einer Verschlechterung von Adhäsion und Kohäsion. Die Änderung ist äußerlich erkennbar an der Braunfärbung des Klebstoffs, die an den Klebnahträndern beginnt und mit zunehmender Lagerzeit immer weiter in die Klebschicht eindringt.

Anfängliche Festigkeitssteigerungen, wie sie der kaltausgehärtete Klebstoff aus Methacrylatharz aufweist, Abb. 226, können infolge der Temperatureinwirkung durch das Nachhärten des Klebstoffs eintreten. Sie können bei erhöhten Temperaturen aber auch durch das Ausgleichen innerer Spannungszustände oder die Veränderung der elastischen Eigenschaften der Klebschicht verursacht werden. Aus Abb. 226 kann weiterhin entnommen werden, daß Klebverbindungen mit Glasseidengeweben in der Klebschicht nach 25 Monaten Lagerung bei 70 °C eine um 40% höhere Festigkeit aufweisen als die Klebungen ohne Gewebeeinlagen. Ein entsprechendes Verhalten zeigten auch geklebte Fügeteile mit und ohne Glasfaserzusätze zum Klebstoff in einem auf 70 °C aufgeheizten Maschinenöl, Abb. 227. Der geringere Abfall der Zugscher-

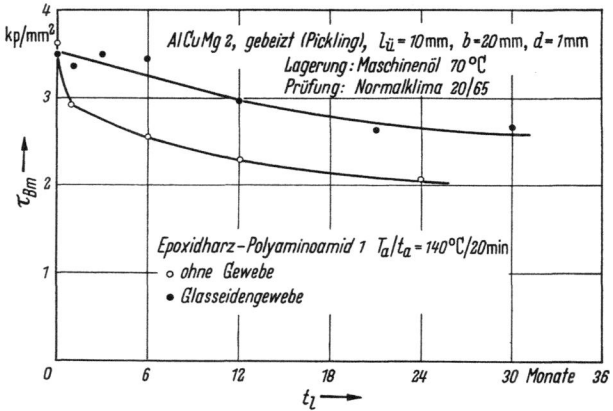

Abb. 227. Einfluß gewebeverstärkter Klebschichten auf die Temperaturbeständigkeit von in Maschinenöl lagernden Metallklebverbindungen.

festigkeit bei den Klebverbindungen mit gewebeverstärkten Klebschichten ist wohl darauf zurückzuführen, daß die im Harz eingebetteten Glasfasern während der Temperaturlagerung infolge ihrer geringen Wärmeausdehnung dem zeit- und temperaturabhängigen Schwinden der Klebstoffsubstanz entgegenwirken und dadurch Eigenspannungen und Risse in der Klebschicht vermeiden.

Die gleichen Vorteile können auch durch die Zugabe geeigneter Füllstoffe, besonders Aluminiumpulver, erreicht werden. Die in Lagerversuchen bei erhöhter Temperatur untersuchten Klebverbindungen mit Füllstoffzusätzen besitzen nach einem Jahr Lagerung bei 70 °C noch eine gleichbleibende Festigkeit gegenüber einem Festigkeitsabfall von 25% der Klebungen mit dem reinen Harz, Abb. 228.

Das Alterungsverhalten der bei erhöhten Temperaturen lagernden Klebverbindungen ist auch maßgeblich von der Kombination Kleb-

5.5 Beständigkeit gegen Klima, Korrosion und Medien

stoff—Fügeteilwerkstoff abhängig. Der unterschiedliche Einfluß der Fügeteilwerkstoffe auf die Wärmebeständigkeit von Klebungen mit demselben Klebstoff ist zwar bei Temperaturbeanspruchungen von 70 °C noch nicht zu befürchten. Er wird aber schon bei Temperaturen

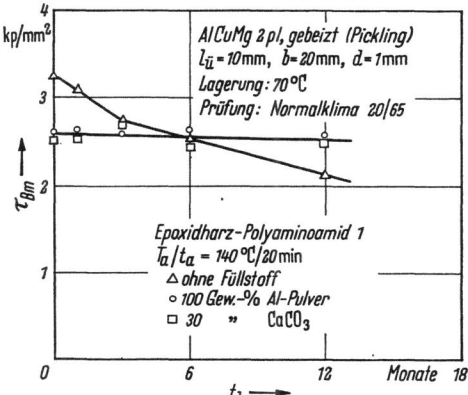

Abb. 228. Einfluß der Temperaturlagerung auf die Zugscherfestigkeit τ_{Bm} von Metallklebverbindungen mit Füllstoffzusätzen zum Klebstoff.

von 100 oder 150 °C sichtbar, Abb. 229. Ein grundsätzlich abweichendes Verhalten von dem der übrigen Klebverbindungen zeigten die mit dem Epoxidharzklebstoff verbundenen Kupferfügeteile und die Stahlblechklebungen mit dem Klebstoff auf Methacrylatharzbasis. Die Ursache für den hohen Abfall der Bindefestigkeit bestand in beiden Fällen in einer Oxydation der Metalle unter der Klebschicht. Sie führte zu einem Ablösen der Klebschicht vom Haftgrund. Die Klebverbindungen mit dem Klebstoff Epoxid-Phenolharz ließen nach 3000 h noch kein unterschiedliches Verhalten der verschiedenen Fügeteilwerkstoffe erkennen. Aus der Literatur [120] ist aber bekannt, daß auch Klebstoffe auf der Basis von Epoxid-Phenolharz sehr empfindlich gegenüber Oxydationseinflüssen sind, wenn sie Temperaturen von 250 °C und mehr ausgesetzt werden, Abb. 230. Diesem Diagramm kann weiterhin entnommen werden, daß in jedem Falle der Sauerstoff der Luft an diesem vom Fügeteilwerkstoff abhängigen Verhalten beteiligt ist. Die der warmen Luft ausgesetzten Klebverbindungen aus nichtrostendem Stahl besaßen nach 100 Stunden keine Bindefestigkeit mehr, während sie der Warmlagerung in einer Stickstoffatmosphäre bis zu 500 h ohne Festigkeitsabfall standhielten.

Auch J. M. BLACK und R. F. BLOMQUIST [121; 122] fanden bei Klebverbindungen aus Aluminium und nichtrostendem Stahl mit Klebstoffen auf der Basis von Phenol-, Epoxid-, Polyamid- und Polybutadienacrylnitrilharzen eine unterschiedliche thermische Beständigkeit, wenn Temperaturen von 288 °C oder 315 °C einwirkten. Sie führen die je nach chemischer Zusammensetzung des Klebstoffes unterschiedlichen Warmfestigkeiten der Klebverbindungen in Abhängigkeit vom

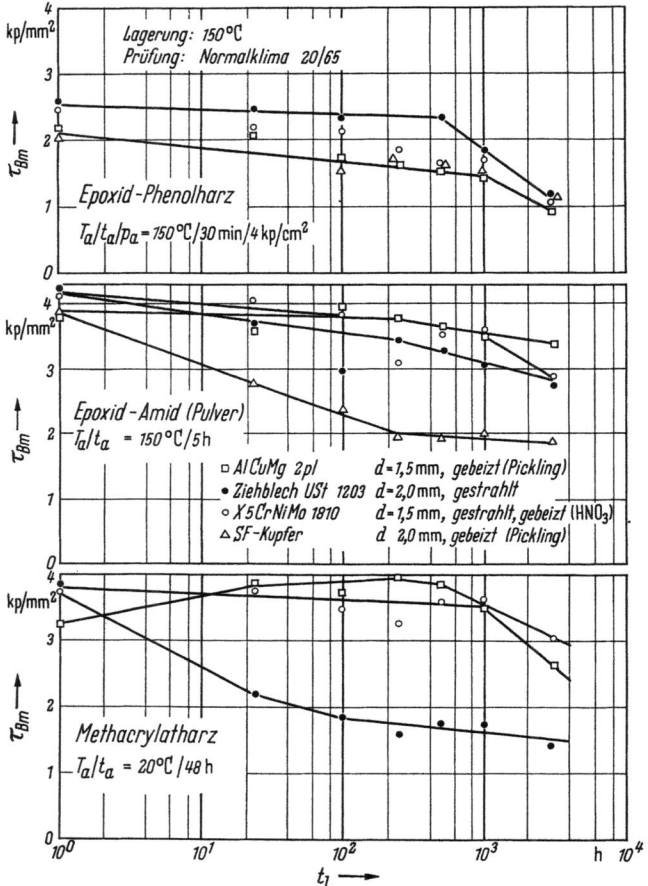

Abb. 229. Einfluß des Fügeteilwerkstoffs auf die Temperaturbeständigkeit von Metallklebverbindungen.

Fügeteilwerkstoff auf katalytische Wirkungen zwischen dem Kunstharz und dem Metall zurück. Sie vermuten weiterhin, daß die Oxydationsvorgänge an der Oberfläche der geklebten Werkstoffe nicht ohne Wirkung auf die Temperaturbeständigkeit der Klebung bleiben, da sich die Zusammensetzung der Oxide während der Temperatureinwirkung ändern kann.

R. B. KRIEGER und R. E. POLITI [120] berichten über das Alterungsverhalten von Titanklebverbindungen mit Klebstoffen auf der chemischen Basis der Polyimide, die als organische Kunstharze selbst

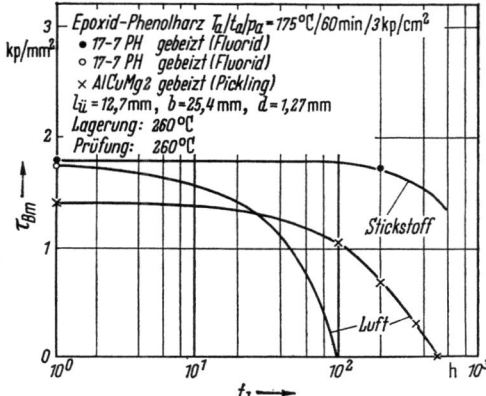

Abb. 230. Einfluß des Fügeteilwerkstoffs und der einwirkenden Atmosphäre auf die Temperaturbeständigkeit von Metallklebverbindungen.

bei Temperaturen von 288 °C noch eine außergewöhnlich hohe Beständigkeit aufweisen, Abb. 231. Bei Temperaturen von 315 °C konnte jedoch nur von den Polyimidharzklebstoffen, die mit Arsen stabilisiert waren, eine ausreichende thermische Beständigkeit erhalten werden.

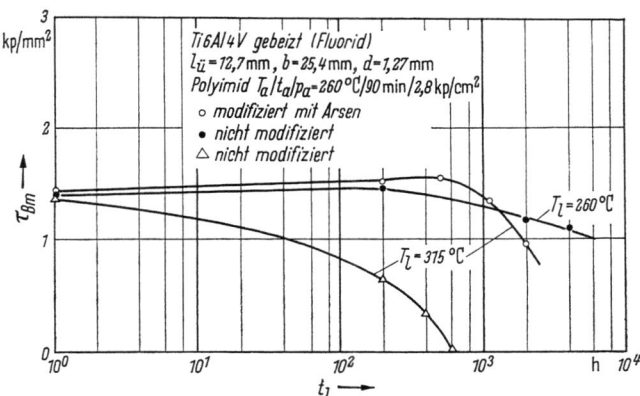

Abb. 231. Temperaturbeständigkeit von Metallklebverbindungen mit Polyimidharzklebstoffen mit und ohne Arsenzusatz. Prüfung bei 260 °C.

Ausgehend von den bisher bekannt gewordenen Versuchen kann allgemein noch gesagt werden, daß beim Einwirken erhöhter Temperaturen Klebverbindungen aus Aluminiumblechen eine bessere Wärmebeständigkeit aufweisen als Klebungen aus z. B. nichtrostendem Stahl oder Titan.

5.5.4 Festigkeitseinfluß harter Strahlen

Aus dem Schrifttum ist bekannt [123; 124], daß γ-Strahlen das Gefüge der Metalle nicht wesentlich zu verwandeln vermögen, im hochpolymeren Gefüge einiger Kunststoffe dagegen die räumliche Vernetzung nachweisbar beeinflussen [125; 126], die beispielsweise einem Verfestigen gleichkommt. So konnten bei Bestrahlungsversuchen die Härte, die Kalt- und Warmfestigkeiten sowie die Elastizitätsmoduln bestimmter Kunststoffe z. T. beträchtlich erhöht werden. Alles dies ist die Folge einer verminderten Verschieblichkeit der einzelnen Ketten gegeneinander, wodurch die veränderten Gütewerte gegenüber dem unbestrahlten Stoff herbeigeführt werden.

Bei anderen Polymeren tritt beim Behandeln mit energiereichen Strahlen das Gegenteil ein, und die mechanischen Werte verschlechtern sich. Zum Teil sind es äußere Bedingungen, die beim gleichen Stoff zum Vernetzen oder zum Spalten der Ketten führen. Eine günstige Wirkung hängt für jeden Stoff von einer spezifischen Strahlendosis ab.

A. MATTING und K. F. HAHN [127] untersuchten den Einfluß energiereicher Strahlung auf das Festigkeitsverhalten von Metallklebverbindungen. Die Probekörper wurden an einem ^{60}Co-Isotop von 1500 Curie drei verschiedenen Bestrahlungsdosen von $1 \cdot 10^6$; $2 \cdot 10^6$ und $4 \cdot 10^6$ ν ausgesetzt. Die Bestrahlungszeiten der Proben lagen bei einer Dosisleistung der Quelle von $3{,}0 \cdot 10^5$ ν/h bei $3^1/_3$; $6^2/_3$ und $13^1/_3$ h. Jeweils wurde eine Versuchsreihe während des Aushärtens, eine andere nach der Aushärtung bestrahlt [128].

Von vier untersuchten kaltaushärtenden Klebstoffen auf der Basis von Epoxidharz, ungesättigtem Polyesterharz und Vinylmischpolymerisat hatte sich äußerlich nur das erstgenannte Klebharz verändert. Die ursprünglich grüne Farbe des ausgehärteten Klebers hatte sich unter dem Einfluß der Bestrahlung nach gelb verschoben, wobei sich die Strahlendosis als Einflußgröße deutlich bemerkbar machte. Am stärksten hatten sich diejenigen Proben verfärbt, die während der Aushärtung bestrahlt worden waren. Der Farbumschlag nahm mit steigender Dosis zu. Aber auch die nach der Aushärtung bestrahlten Proben wiesen eine leichte Farbänderung auf.

Die Bindefestigkeit der während der Aushärtung und nach dem Aushärten bestrahlten Klebverbindungen mit diesem Klebstoff wurde dagegen nicht wesentlich beeinflußt. Dies läßt darauf schließen, daß die ausgehärteten Kunststoffe offenbar einer höheren Strahlendosis auszusetzen sind, um Veränderungen hervorzurufen.

Bei den Probekörpern mit den anderen Klebstofftypen führten die energiereichen Strahlen dagegen je nach Klebstoffsorte zu einer Steigerung oder Minderung der Zugscherfestigkeit. Dabei erlitten die während der Aushärtung bestrahlten Klebverbindungen stärkere Veränderungen als solche, die nachträglich bestrahlt wurden. Bei einem sprödaushärtenden Klebstoff nahm die Bindefestigkeit infolge der während des Aushärtens einwirkenden Strahlung ab, wogegen sie sich bei einem nach normalem Aushärten zähharten Kleber als Folge einer stärkeren Vernetzung besserte.

Aus den Ergebnissen ist zu schließen, daß die Strahlen im wesentlichen die Kohäsion der Klebharze beeinflussen, innerhalb der verwendeten Strahlendosis aber nicht zu einer Veränderung der Adhäsionskräfte führen.

Durch das Behandeln mit energiereichen Strahlen kann bei einigen Klebstoffen auch eine bessere Warmfestigkeit erzielt werden. Bei bestrahlten Klebverbindungen mit einem Klebstoff auf der Basis von Vinylmischpolymerisaten trat bei einer Prüfungstemperatur von 100 °C eine deutliche Steigerung der Zugscherfestigkeit um 25 bis 30% auf.

Albert F. Martin [129] hat den Einfluß von Gammastrahlen auf die Bindefestigkeit einschnittig überlappter Aluminiumklebungen mit Klebstoffen auf der Basis von Epoxidharz und Acrylnitril-Phenolharz untersucht. Die Probekörper hingen in wasserdichten Kanistern und waren nur Gammastrahlen mit einer Energie von annähernd $0{,}75 \cdot 10^6$ Elektronen-Volt (1 e.V. = $1{,}6 \cdot 10^{-12}$ erg) ausgesetzt. Die Dosis variierte zwischen 1,0 und 0,1 megarad/Stunde (1 rad ist als die Absorption von 100 erg/Gramm Material definiert).

Nach der Bestrahlung konnte auch bei diesen Klebstoffen eine bemerkenswerte Versprödung des organischen Materials mit anwachsender Strahlenaufnahme festgestellt werden, wobei nicht untersucht wurde, ob diese Erscheinung auf eine Verkürzung oder eine zunehmende Vernetzung der Molekülketten zurückzuführen ist. Ein Abfall der Bindefestigkeit erfolgte nach einer Bestrahlung ab 200 megarads. Ab einer Strahlendosis von 500 megarads brachen die Klebungen infolge Bruchs in der versprödeten Klebschicht. Bei Schälversuchen konnte nach einer Bestrahlung von ungefähr 900 megarads eine schichtenweise Veränderung der Klebkraft ermittelt werden. Die Ursache hierfür kann darin liegen, daß der organische Klebstoff durch die Bestrahlung ionisiert wird, wodurch gewisse Teile des Molekülverbandes in Gasform abgetrennt werden. Die Möglichkeit, daß an der Grenzfläche Gas entsteht, wird durch die Versprödung der Klebschicht noch bekräftigt. Gleichzeitig wurde festgestellt, daß die Bestrahlungsmenge auf eine Klebverbindung mit zunehmender Klebschichtdicke größer sein muß, bevor die Bindefestigkeit zu fallen beginnt.

5.5.5 Verhalten unter Zeitstandbelastung

Die Kenntnisse über das Alterungsverhalten von Klebverbindungen, die unbelastet den verschiedenartigen Umwelteinflüssen ausgesetzt sind, reichen nicht aus, um dem Anwender sichere Einsatzgrenzen für die einzelnen Klebstofftypen anzugeben. Für die Dimensionierung von Klebkonstruktionen muß in vielen Fällen die Zeitstandfestigkeit der Klebstelle bekannt sein.

Für das Langzeitverhalten der Klebverbindungen sind die Eigenschaften der Kunstharzklebschicht ausschlaggebend, da die mechanischen Eigenschaften der Kunstharze unvergleichbar mehr von der Beanspruchungszeit abhängig sind als die der Fügeteilwerkstoffe. Die Kunststoffe können je nach Molekülstruktur schon bei geringen Belastungen unter der Einwirkung des Normalklimas 20/65 einen zeitabhängigen Abfall der Bruchspannung besitzen [130]. Die Ergebnisse aus den Lagerversuchen mit unbelasteten Klebverbindungen lassen zudem erwarten, daß dieser Einfluß der mechanischen Belastung noch verstärkt wird, wenn zusätzlich verschärfende Bedingungen, z. B. Feuchtigkeit oder Temperatur, auf die Klebverbindung einwirken.

Zeitstandversuche bei Normalklima sind aus der Literatur zahlreich bekannt [131; 132]. Über das Verhalten von Metallklebverbindungen, die unter Last und zusätzlich vom Normalklima abweichenden Bedingungen stehen, erhöhten Temperaturen und/oder Feuchtigkeit ausgesetzt sind, sollen im folgenden weitere Angaben gemacht werden.

5.5.5.1 Zeitstandfestigkeit beim Einwirken des Klimas

F. MITTROP ermittelte die Zeitstandfestigkeit von einschnittig überlappten Klebverbindungen mit Klebstoffen auf der Basis von Epoxidharz-Amid und Epoxidharz-Polyaminoamid 1 in einem Raum, dessen Temperatur sich während der Versuchsdauer je nach Jahreszeit zwischen 10 und 22 °C änderte. Die relative Luftfeuchtigkeit schwankte während der Versuchszeit zwischen 60 und 100% und lag im Mittel bei etwa 90%.

Werden die Zeitstandwerte im doppellogarithmischen Koordinatensystem über der Versuchszeit aufgetragen, so ergibt sich ein zunächst geradliniger, bei langer Belastungszeit aber abknickender Kurvenverlauf, Abb. 232 und 233, mit einer je nach Klebstofftyp unterschiedlichen Streubreite der Ergebnisse. Der Streubereich ist bei den Klebverbindungen mit dem amidgehärteten Epoxidharz geringer als bei den Klebungen mit dem Klebstoff auf der Basis von Epoxidharz-Polyaminoamid. Die teilweise großen Streuungen der Ergebnisse in einer Belastungsstufe werden bei den Zeitstandversuchen an Metallklebungen allgemein festgestellt.

5.5 Beständigkeit gegen Klima, Korrosion und Medien

Bei einer Spannung von 0,75 kp/mm², die 20% der Kurzzeitfestigkeit entspricht, war bei den Klebverbindungen mit dem amidgehärteten Klebstoff nach 10 400 h (14 Monaten) noch kein Bruch eingetreten. Die Probekörper wurden nach dieser Zeit entlastet und im Kurzzeitversuch bei Normalklima 20/65 geprüft. Die ermittelte Zugscherfestigkeit von 3,00 kp/mm² lag um 20% niedriger als der Ausgangswert von 3,75 kp/mm² vor der Zeitstandbeanspruchung. Der geringe Festigkeitsabfall läßt darauf schließen, daß die Klebungen mit der relativ kleinen Belastung gegenüber der Kurzzeitfestigkeit noch längere Zeit den Beanspruchungen im Zeitstandversuch standgehalten hätten.

Die Standzeiten von Klebverbindungen aus einem Klebstoff auf der Basis von Epoxidharz-Polaminoamid 1, Abb. 233, sind bei gleicher

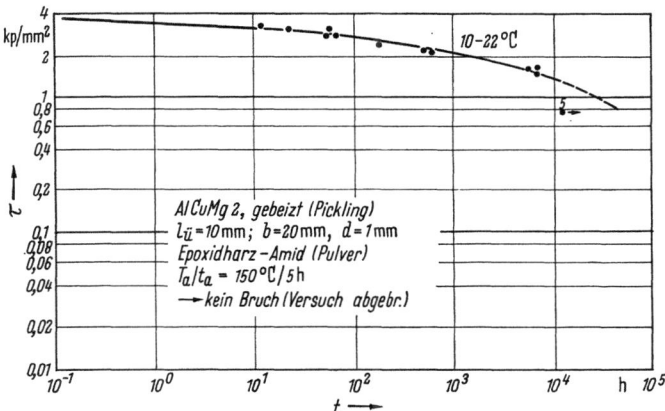

Abb. 232. Zeitstandverhalten bei Raumtemperatur von Metallklebverbindungen mit Epoxidharz-Amid.

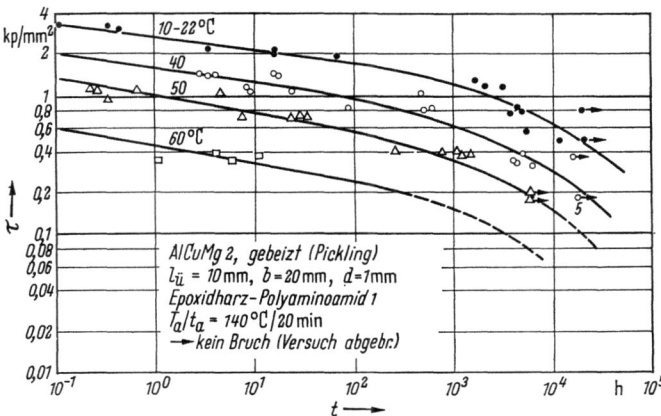

Abb. 233. Zeitstandverhalten bei Raumtemperatur und bei erhöhten Temperaturen von Metallklebverbindungen mit Epoxidharz-Polyaminoamid 1.

Belastung kleiner als bei Klebungen mit dem amidgehärteten Epoxid. Dieses Verhalten erklärt sich aus der unterschiedlichen chemischen Zusammensetzung der Klebharze. Die mit einem Polyaminoamid ausgehärteten Epoxidharzklebstoffe sind auf Grund ihrer Molekülstruktur flexibler und besitzen einen geringeren Elastizitätsmodul und eine niedrigere Streckgrenze, so daß insbesondere bei Zeitstandbeanspruchungen größere plastische Verformungen auftreten, die zu den kürzeren Standzeiten beitragen. Weiterhin haben die Klebverbindungen mit dem Klebstoff Epoxidharz-Polyaminoamid 1 im unbelasteten Zustand eine geringere Alterungsbeständigkeit als die Klebungen mit dem amidgehärteten Epoxid. Es ist daher schon auf Grund der geringeren Alterungsbeständigkeit mit kürzeren Standzeiten dieses Klebstoffs zu rechnen.

5.5.5.5.2 Zeitstandfestigkeit beim Einwirken erhöhter Temperaturen

Bei erhöhter Temperatur wurden Zeitstandversuche an Klebverbindungen mit den Klebstoffen auf der Basis von Epoxidharz-Amid, Epoxidharz-Polyaminoamid 1 und Methacrylatharz ausgeführt. Die Prüftemperaturen betrugen 40, 50, 60 und 80 °C.

Das Zeitstandverhalten der Klebverbindungen bei erhöhten Temperaturen ist je nach dem verwendeten Klebstoff unterschiedlich. Die Zeitstandfestigkeitskurven zeigen deutlich die geringe Warmfestigkeit des mit einem Polyaminoamid ausgehärteten Epoxidharzklebstoffs, Abb. 233, und den wesentlich größeren Wärmebereich, der von den Klebungen mit dem amidgehärteten Epoxidharz überdeckt wird, Abb. 234. Das amidgehärtete Epoxidharz ist im Zeitstandversuch bei erhöhten Temperaturen auch den Klebstoffen auf der Basis von Methacrylatharzen, Abb. 235, überlegen.

Klebverbindungen mit dem kaltausgehärteten Methacrylatharz-Klebstoff wurden im Zeitstandversuch bei 50 und 80 °C untersucht. Sie können bis zu diesen Temperaturen Zugscherspannungen von 0,5 kp/mm² über einen Zeitraum von mindestens 9000 h (12 Monate) aufnehmen. Die gemessenen Fügeteilverschiebungen erwiesen aber, daß bei dieser Belastung im Zeitstandversuch bei 80 °C das Verformungsvermögen der Klebschicht nahezu erschöpft war. Die zulässige Belastungszeit der Klebungen wird somit für diese Zeitstandbedingungen nicht weit oberhalb 9000 h liegen. Nach der Entlastung hatten diese bei 80 °C belasteten Probekörper im Kurzzeitversuch bei Normalklima 20/65 noch eine mittlere Bindefestigkeit von 1,65 kp/mm². Der Festigkeitsabfall gegenüber der Ausgangsfestigkeit von 2,60 kp/mm² beträgt damit 35%. An den mit 0,5 kp/mm² belasteten Klebverbindungen bei 50 °C wurde nach der Versuchszeit von 9000 h erst ein kleiner Kriechweg ermittelt, der auf längere Belastungszeiten hindeutet. Dieses be-

5.5 Beständigkeit gegen Klima, Korrosion und Medien

stätigt auch der geringere Festigkeitsabfall der nach dieser Belastungszeit im Kurzzeitversuch zerrissenen Klebverbindungen, der bei einer mittleren Bindefestigkeit von 2,00 kp/mm² 22% betrug.

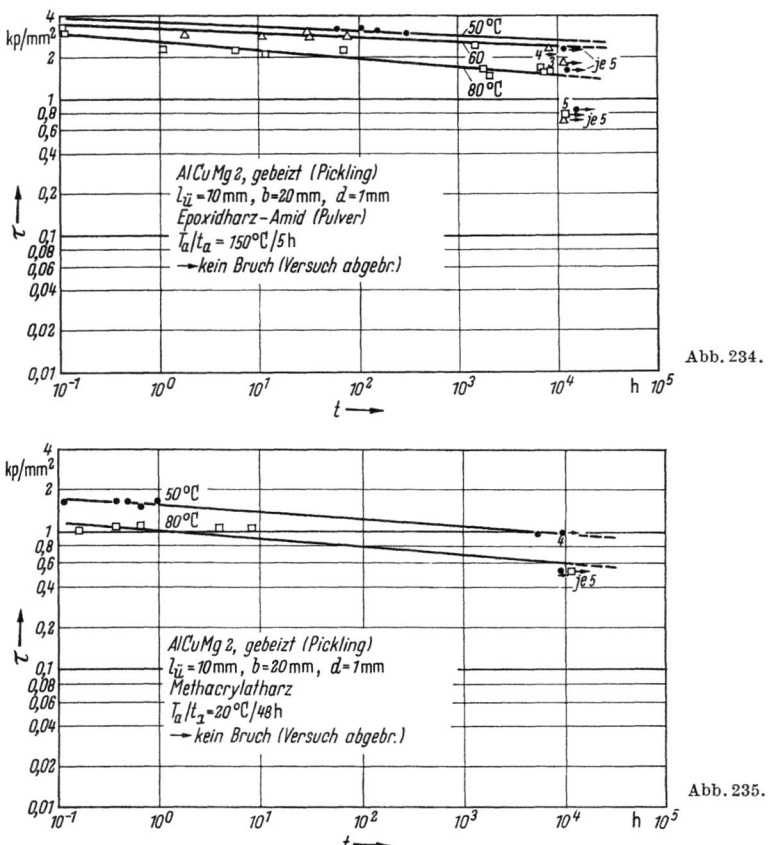

Abb. 234 und 235. Zeitstandverhalten von Metallklebverbindungen mit Epoxidharz-Amid (Abb. 234) und mit Methacrylatharz (Abb. 235) bei erhöhten Temperaturen.

Eine hohe Fließfestigkeit bei erhöhten Temperaturen und damit ein gutes Zeitstandverhalten bewiesen die Klebverbindungen mit dem amidgehärteten Epoxidharz. Sie können als einschnittig überlappte Verbindungen mit einer Überlappungslänge von 10 mm bei 50 und 60 °C Zugscherspannungen in Höhe von 2,25 kp/mm² (450 kp) — das sind für den hier eingesetzten Fügeteilwerkstoff AlCuMg 2 etwa 70% der Streckgrenze — bis zu 10500 h (14 Monate) mit Sicherheit ertragen. Für Temperaturbeanspruchungen von 50 °C ist die zulässige Belastungszeit nach 10500 h aber noch nicht erreicht. Es wurden nach dieser Zeit erst kleine Fügeteilverschiebungen ermittelt. Die Klebschicht kann noch größere Verformungen aufnehmen, wie aus den gemessenen Fügeteilverschiebungen der mit 3,00 kp/mm² belasteten und gebrochenen Klebungen zu erkennen war. Auch die nach der Entlastung im Kurzzeitversuch ermittelte Bruchspannung von 3,40 kp/mm² — sie lag nur um etwa 10% niedriger als der Ausgangswert von 3,75 kp/mm² — deutet auf eine lange Belastungszeit hin. Bei 80 °C liegen erwartungsgemäß die ertragbaren Lasten niedriger. Standzeiten von 11300 h (15,5 Monaten) wurden unter dieser Temperaturbeanspruchung bei einer Zugscherspannung von 0,75 kp/mm² nachgewiesen. Die Festigkeit der Klebverbindungen war nach dieser Zeit um 40% von 3,75 kp/mm² auf 2,3 kp/mm² abgefallen. Sie hätte unter diesen Umständen noch längere Standzeiten zugelassen. Dies bestätigten auch die geradlinigen und kleinen Fügeteilverschiebungen der untersuchten Proben.

Die Metallklebungen mit dem amidgehärteten Epoxidharzklebstoff ertrugen unter gleicher Belastung bei Temperaturen bis zu 60 °C längere Standzeiten als bei einem feuchten Raumklima mit Temperaturschwankungen zwischen 10 und 22 °C. Dies ist vor allem darauf zurückzuführen, daß bei den erhöhten Temperaturen eine trockene Luft mit einer relativen Luftfeuchte von nur 15 bis 20% auf die Klebstelle einwirkte. Weiterhin können bei erhöhter Temperatur die Eigenspannungen des Harzes und die Kerbspannungen an inhomogenen Stellen in der Klebschicht leichter durch Molekülorientierungen ausgeglichen werden. Auch die Spannungsspitzen an den Überlappungsenden der einschnittig überlappten Klebungen werden durch das bei hoher Temperatur größere Verformungsvermögen des Klebharzes abgebaut. Die Belastung wird dadurch gleichmäßiger über die ganze Überlappungslänge verteilt.

Alle hier angegebenen Zeitstandwerte wurden an einschnittig überlappten Klebverbindungen mit einer Überlappungslänge von 10 mm ermittelt. Die Zeitstandfestigkeit der überlappten Klebverbindungen wird durch Vergrößerung der Überlappungslänge wesentlich verbessert.

5.5.5.3 Zeitstandfestigkeit beim Einwirken von erhöhter Temperatur und Wasser

Das Zeitstandverhalten der Metallklebungen kann durch den Temperatureinfluß allein nicht genügend beurteilt werden, da im praktischen Einsatz das Einwirken anderer Umweltbedingungen hinzukommt. Von erhöhter Bedeutung ist in diesem Fall der Einfluß des Wassers, das schon bei unbelasteten Klebungen zu einem gesteigerten Abfall der Bindefestigkeit führt.

5.5 Beständigkeit gegen Klima, Korrosion und Medien

Eingesetzt wurden für die Zeitstandversuche unter Einwirkung des Wassers Klebverbindungen aus nichtrostendem Stahl mit den Klebstoffen auf der Basis von Epoxidharz-Amid sowie Methacrylatharz. Die Versuchsgeräte für diese Zeitstandversuche waren für Belastungen bis zu 200 kp ausgelegt. Die in den Diagrammen eingetragenen Standzeiten sind das arithmetische Mittel aus mindestens fünf Einzelwerten. Die Streubreite dieser Ergebnisse beträgt ± (15 bis 30)% vom angegebenen Mittelwert.

Aus den in Abb. 236 und 237 eingetragenen Ergebnissen dieser Zeitstandversuche geht hervor, daß die Zeitstandfestigkeit der Metallklebverbindungen durch eine dauernde Wassereinwirkung gegenüber der Standzeit bei trockener Luft wesentlich herabgesetzt wird. Diese Fest-

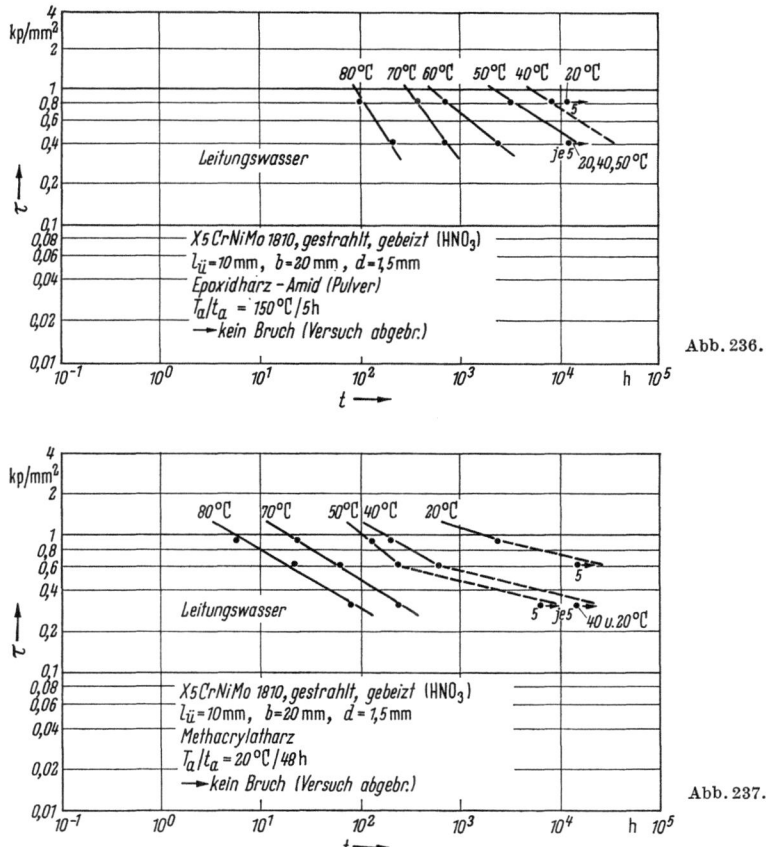

Abb. 236 und 237. Zeitstandfestigkeit von Metallklebverbindungen mit Epoxidharz-Amid (Abb. 236) und mit Methacrylatharz (Abb. 237) unter der gleichzeitigen Einwirkung von Wasser und Temperatur.

stellung gilt für die hier untersuchten Klebstoffe in allen Temperaturbereichen und ist besonders deutlich bei höheren Temperaturen.

Die Auswirkungen des eindiffundierten Wassers konnten am Bruchaussehen der Klebflächen beobachtet werden. Vor der Lagerung verlief der Bruch durch die Klebschicht, und es hafteten auf beiden Fügeflächen noch Klebstoffreste. Nach längeren Versuchszeiten ging dieser Kohäsionsbruch aber infolge des eindiffundierten Wassers in einen Adhäsionsbruch über. Die Klebschicht löste sich ohne Rückstände von einer Klebfläche ab. Der Adhäsionsbruch begann an den Überlappungsenden der Verbindung, denn die Klebschicht ist an diesen Stellen infolge der Spannungsspitzen gegenüber den eindringenden Medien am meisten gefährdet.

Die Versuchsergebnisse gaben weiterhin zu erkennen, daß die Klebverbindungen mit dem amidgehärteten Epoxidharzklebstoff, Abb. 236, bei gleicher Last und Temperatur auch unter dem Einfluß des Wassers längere Standzeiten ertragen als die Klebungen mit dem Klebstoff aus Methacrylatharz. Dies stimmt überein mit dem Zeitstandverhalten bei erhöhten Temperaturen und ist auf die geringere Fließfestigkeit und Temperaturbeständigkeit des Methacrylatharzes zurückzuführen.

Bei der Beurteilung der Ergebnisse aus den Zeitstandversuchen unter dem gleichzeitigen Einfluß von Wasser und Temperatur ist wiederum zu berücksichtigen, daß alle Versuche an einschnittig überlappten Klebungen mit der kleinen Überlappungslänge von 10 mm durchgeführt wurden. Größere Überlappungslängen werden auch bei diesen Beanspruchungen zu besseren Zeitstandfestigkeiten führen, wie es bei den Zeitstandversuchen unter dem Einfluß der Temperatur schon erwähnt wurde.

5.6 Die Festigkeit von Metallklebverbindungen mit organischen und keramischen Klebern unter tiefen und hohen Temperaturen

Von WERNER WITT, Hannover

Die zunehmende Bedeutung der Klebtechnik nicht nur für den Leichtbau, sondern auch im Apparatebau sowie bei Flugzeugkonstruktionen hat zu Klebstoffen geführt, die nicht nur bei Raumtemperatur, sondern auch bei tiefen und hohen Temperaturen ausreichend sichere Verbindungen liefern. Bedingt durch den molekularen Aufbau der Klebstoffe, ist ihr Verhalten oft schon innerhalb kleiner Temperaturbereiche unterschiedlich, was — im Zusammenwirken mit den Fügewerkstoffen — erhebliche Eigenschaftsänderungen zur Folge haben kann.

Als maßgebende Größe für den Konstrukteur ist die Bindefestigkeit anzusehen. Aber auch die Schäl- und Zugfestigkeiten geben Aufschluß über das Temperaturverhalten der Klebstoffe.

Der Faktor Zeit wird in Dauerversuchen berücksichtigt. Gerade im Hinblick auf den Einsatz bei ansteigenden Temperaturen, bei denen die Klebstoffe infolge abnehmender innerer Festigkeit zu kriechen beginnen, ist die Kenntnis der Zeitstandfestigkeit unerläßlich.

5.6.1 Festigkeit unter tiefen Temperaturen

Für den Bereich tiefer Temperaturen sind bisher nur wenig Festigkeitswerte bekannt. Darin ist auch der Grund zu sehen, weshalb noch keine Spezifikationen oder Normen vorliegen mit Vorschriften für das Kleben solcher Verbindungen, die bei tiefen Temperaturen beanspruchbar sind.

Zu berücksichtigen ist auf jeden Fall die zunehmende Versprödung der organischen Klebstoffe. Spannungsspitzen infolge unterschiedlicher Ausdehnungskoeffizienten von Fügeteilwerkstoff und Kleber heben sich nicht mehr auf [133]. Die Klebstoffe werden glasartig, die mikro- und makrobrownschen Bewegungen „frieren ein". Dies ist verbunden mit einem erhöhten Elastizitätsmodul. Der Spannungs-Dehnungs-Verlauf gehorcht dem Hookeschen Gesetz, [134]. Zu den bekanntesten Tieftemperaturklebstoffen gehören die Polyurethane und die Epoxid- sowie Phenolharzkombinationen [135].

Die Polyurethane weisen nach den bisherigen Kenntnissen die besten Eigenschaften auf. Ihr Einsatzbereich liegt zwischen -250 und $+130\,°C$. Jedoch verhalten sie sich gegenüber Feuchtigkeit empfindlich. Ein derartiger Zweikomponentenkleber läßt sich bei Raumtemperatur aushärten. Die Schälfestigkeit liegt bei 4 kp/cm und steigt bei $-250\,°C$ auf 4,7 kp/cm. Polyurethankleber, wie Narmco-Resin 7343 (mit Härter 7139), vermögen 6,5 kp/mm² bei $-250\,°C$ und rund 1,5 kp/mm² bei Raumtemperatur zu ertragen. Hohe Festigkeitswerte bei Raumtemperatur zeichnet die Epoxid—Nylon-Kombinationen aus. Ihre Belastbarkeit verringert sich jedoch zu tieferen Temperaturen, Abb. 238. Derartige Kleber besitzen nur geringe Schälfestigkeiten, ihr Einsatz bei höheren Temperaturen als 85 °C ist bedenklich.

Einen Klebstoff mit gutem Festigkeitsverhalten bei erhöhten und tiefen Temperaturen stellt die Epoxid—Phenolharz-Kombination HT 424 dar, Abb. 239. Zu beanstanden ist die geringe Schälfestigkeit selbst bei mäßig niedrigen Temperaturen. Mit dem Klebstoff Metlbond 404 ist ein modifiziertes Phenolharz vorhanden, das zwischen $-75\,°C$ bis $-200\,°C$ eine hohe Scherfestigkeit besitzt.

Weitere Kombinationen, die auf Grund befriedigender Eigenschaften im Tieftemperaturbereich Einsatz gefunden haben, sind mit Polyamid ausgehärtete Epoxide oder die Vinylacetat-Phenolkleber. Die letzteren empfehlen sich auf Grund ihrer hohen Schälfestigkeit bei — 70 °C mit 3,5 bis 4,5 kp/cm.

Füllstoffe, wie Al_2O_3 im Epoxidharz, steigern die Bindefestigkeit nicht. Sie beeinflussen dagegen den thermischen Ausdehnungskoeffizienten und verschieben die Grenzen der thermischen Belastbarkeit.

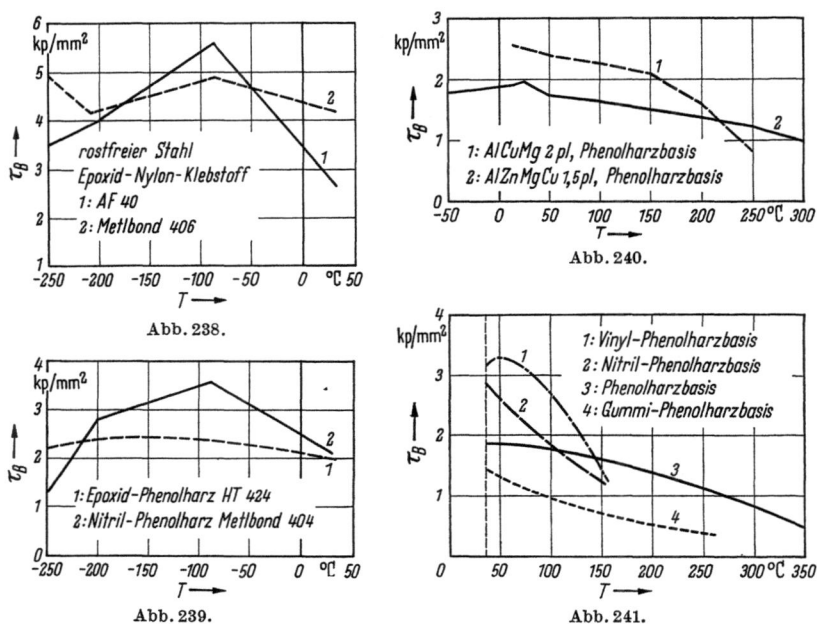

Abb. 238 bis 241. Bindefestigkeit τ_B von Metallklebverbindungen.

Derartige Füllstoffzusätze, die die Festigkeit in weiten Temperaturbereichen nur erniedrigen, ergeben bei Klebstoffen auf Phenolharzbasis bei — 50 °C noch eine ausreichende Bindung, Abb. 240 [136]. Den günstigen Einfluß von Füllstoffen bestätigt ein warmaushärtendes Epoxidharz mit 55% Zusatz eines Aluminium—Asbest-Pulvergemischs. An Kupfer sind genügende Festigkeitswerte bis — 250 °C ermittelt worden [137].

Die in Deutschland vertriebenen Bindemittel, wie Araldit I oder 123 B, ebenfalls Epoxidharze, liefern in dem weiten Bereich von — 50 bis — 200 °C eine Scherfestigkeit $\tau_{Bm} \geqq 1$ kp/mm² [138].

5.6.2 Festigkeit unter mäßig erhöhten Temperaturen

Viele der organischen Klebstoffe lassen sich nur an Verbindungen verwenden, die bei Raum- und mäßig erhöhter Temperatur — bis 150 °C — Einsatz zu finden vermögen. Modifikationen mit anorganischen Komponenten oder speziell gewählte Aushärtebedingungen verschieben diese Grenze auf 250 °C. Die Scherfestigkeit ist dann jedoch gering, Abb. 241 [139].

Höhere Temperaturen werden von derartigen Klebverbindungen nur deswegen ertragen, weil der Zersetzungsprozeß und die weitere Vernetzung einander entgegenwirken. Eine befriedigende Dauerstandfestigkeit dagegen ist von den organischen Klebstoffen für den Temperaturbereich oberhalb 300 °C heute noch nicht zu erwarten.

Auch im Bereich der im technischen Sinne noch nicht hohen Temperaturen von 150 bis 300 °C ist die über eine größere Zeit ertragbare Scherfestigkeit nur gering. Das Kriechen des Klebstoffs führt bald zum Versagen der Verbindung.

Oberhalb 300 °C läßt sich nur eine Zeitstandfestigkeit angeben. Dabei handelt es sich um diejenige Festigkeit, die über Zeiträume von über 10 sec bis zu mehreren Stunden ertragen wird. Dies ist die einzige Größe, die es einem Konstrukteur erlaubt, die Eignung organischer Klebstoffe abzuschätzen.

Für die bei mäßig erhöhten Temperaturen statisch ermittelte Festigkeit kann im Gegensatz zu der bei Raumtemperatur nicht vorausgesetzt werden, daß sie für einen beliebig langen Zeitraum gilt.

Bei den unter mäßig erhöhten Temperaturen thermisch und mechanisch belastbaren Klebstoffen handelt es sich bisher um Kombinationen aus Phenolharz. Der modifizierte Phenolharzklebfilm AF 10 der Minnesota Manufacturing & Mining Company ist hier als typisch anzusehen, zumal er auch kurzzeitig bis zu rund 680 °C belastet werden kann, Abb. 242 [140]. Die Aufheizzeit abgerechnet, erträgt eine solche Verbindung über einen Zeitraum von 2 min eine Spannung von 25 kp/cm². Nach dieser Zeit verbrennt der Klebstoff. Neben Phenolharzen sind noch Modifikationen der Epoxidharze und der Polyaromate zu nennen, die ebenfalls kurzzeitig über 300 °C belastet werden können, Abb. 243.

Die mit Phenol kombinierten Epoxidharze bilden derzeit die größte Gruppe der HT-Kleber. Sie sind in der Regel bis 180 °C haltbar und kurzzeitig bis 540 °C zu belasten, Abb. 243.

Typische, kommerziell vertriebene Klebstoffe sind Metlbond 302, Epon 422 und Hidux 1197A. Mit diesem lassen sich bei 400 °C an AlCuMg noch Scherfestigkeiten von 1 kp/mm² erreichen.

Der Entwicklung aromatischer Polymeren liegt der Gedanke zugrunde, die Kettenteile der Harze durch ringförmige Strukturen so zu „verspannen", daß sie keine thermische Bewegungsenergie aufnehmen können. Typische Vertreter aromatischer Harze sind die Polybenzimidazole und die Polyimide. Von Polybenzothiazolen wird eine thermische Beständigkeit bis zu 600 °C, von Polyphenylensulfiden bis 900 °C erwartet [141].

Der Klebstoff Imidate 850 behält 75% seiner Scherfestigkeit bis zu 372 °C, kurzzeitig sogar bis zu 540 °C. Bis 300 °C ist das Langzeitverhalten ebenfalls beachtlich. Mehr als 1 kp/mm² für 800 h thermischer Belastung werden von keinem der bekannten Harzkombinationen erreicht.

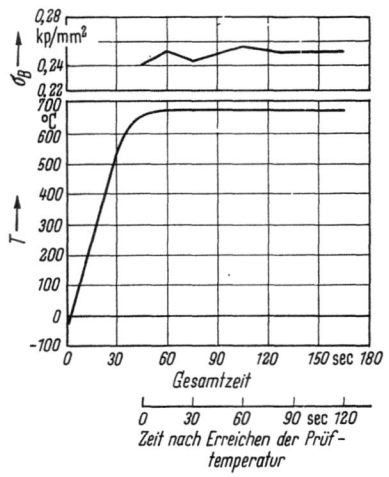

Abb. 242. Festigkeitsverhalten des Werkstoffs 17−7 PH bei thermischer Belastung.

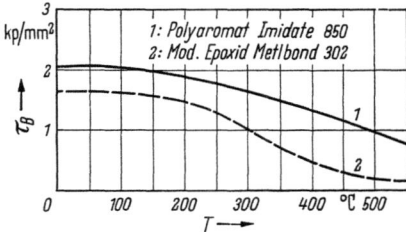

Abb. 243. Klebstoffmodifikationen für höhere Temperaturen.

Als weitere Möglichkeit, Klebstoffe thermisch belastbar zu machen, kommt die Kombination von Epoxidharzen mit Arsenverbindungen in Betracht. Ein Epoxid−Novolac-Harz mit Arsensulfid ergibt Scherfestigkeitswerte von 0,8 kp/mm² nach 1000 h bei 260 °C und 0,6 kp/mm² nach 10 min bei 550 °C. Die Verbindung benötigt zusätzlich ein Glasgewebe und muß zum Aushärten von Raumtemperatur auf 320 °C in 60 min aufgeheizt, drei Stunden gehalten und in der Presse unter Druck von rund 5,3 kp/cm² auf Raumtemperatur abgekühlt werden [142].

Eine so aufwendige Behandlung der Klebverbindung ist in der Regel nicht möglich, doch lassen die ersten Ergebnisse eine Weiterentwicklung der organischen Klebstoffe aussichtsreich erscheinen. Vor allem für Bauteile, die kurzzeitig eine hohe thermische Belastung erfahren, ist das Kleben zu empfehlen, wenn auch das Langzeitverhalten oberhalb 250 °C auf Grund der Kriechvorgänge und — bei weiter erhöhten Temperaturen — auf Grund von Zersetzung und Oxydation im Regelfalle nicht befriedigt.

5.6.3 Festigkeit unter hohen Temperaturen

Bereits heute steht fest, daß für Temperaturbereiche oberhalb 300 °C neue Wege gefunden werden müssen, damit sich das Kleben als Fügeverfahren behaupten kann. Solche Möglichkeiten dürften neben

5.6 Festigkeit unter tiefen und hohen Temperaturen

den Polyaromaten den Gruppen der glaskeramischen Klebstoffe zu verdanken sein, mit denen bereits brauchbare Ergebnisse zu erzielen waren.

Typisch für die keramischen Klebstoffe ist die Zunahme der Festigkeit zu höheren Prüftemperaturen. Bei den einschnittig überlappten Verbindungen treten bis 500 °C Prüftemperatur Mischbrüche auf. Das schwächste Glied im Glas—Metall-Aufbau ist somit nicht das Glas, sondern der Übergang vom Glas zum Metall mit oder ohne oxidische Zwischenschichten. Ein gleichmäßiges Bruchaussehen zeugt jedoch nicht von einer gleichmäßigen Tragarbeit über die ganze Fläche. Vielmehr kann man annehmen, daß Glas, ausgestattet mit einer Viskosität von etwa 10^{19} P bei Raumtemperatur, über ein zu geringes Fließvermögen verfügt, um Dehnungsunterschiede auszugleichen und angreifende Kräfte gleichmäßig über die gesamte Fläche zu verteilen. So werden zunächst nur die dem Lastangriff nächstliegenden Bereiche beansprucht. Erst mit zunehmender Temperatur, gleichbedeutend mit abnehmender Viskosität, gleichen sich die Kräfte innerhalb der Klebschichten aus.

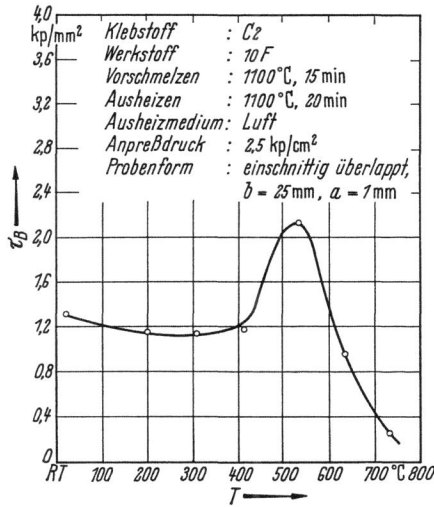

Abb. 244. Bindefestigkeit τ_B in Abhängigkeit von der Prüftemperatur T.

Mit zunehmender Temperatur, etwa an der unteren Grenze des Transformationsbereichs, erhöht sich so mit die Bindefestigkeit, Abb. 244. Oberhalb einer Grenztemperatur, bei der das Maximum an Festigkeit liegt, reicht die Viskosität des Glases nicht mehr aus, um den angreifenden Kräften einen ausreichenden Verformungswiderstand entgegenzusetzen. Die Grenze der thermischen Belastbarkeit verschiebt sich durch die im Glas vorhandenen ungelösten Oxidinseln, die die „effektive Viskosität" heraufsetzen zu höheren Temperaturen. Diese

Oxidinseln oder Nadeln fanden sich in Verbindung mit dem Stahl X 10 CrAl 18 bevorzugt in den Klebstoffen C 3 und C 4. Die Temperaturgrenze ihrer mechanischen Belastbarkeit lag daher etwa um 100 bis 150 °C höher als die der übrigen Klebstoffe. Bei dem Klebstoff C 3 wirkte sich darüber hinaus eine starke Entglasung günstig aus, die die thermischen Eigenschaften ebenfalls verbessert.

Für die Verbindung der Klebstoffe C 1, C 2, C 5 und C 6 (s. S. 145 f.) mit dem Stahl X 10 Cr Al 18 werden als Haftträger primäre und Nebenvalenzkräfte angenommen, da zwischen Glas und Metall keine Oxidschicht entsteht.

Nur in wenigen Fällen werden in der Praxis Klebverbindungen kurzzeitig belastet. Ausschlaggebend ist daher weniger die maximal erreichbare Kurzzeitfestigkeit, als vielmehr das langzeitabhängige Verhalten unter gleichbleibender Last bei höheren Temperaturen.

Wegen ihrer Ähnlichkeit im Aufbau gelten für eine Reihe von organischen Werkstoffen und anorganischen Gläsern die gleichen physikalischen Gesetze. Zum Beispiel liegen die gleichen elastisch-plastischen Verhältnisse beim Verformen des isotropen Glases im Transformationsbereich vor. Außer dem viskosen Fließen macht sich eine elastische Deformation bemerkbar, die sich aus zwei Anteilen zusammensetzt: die elastische Formänderung beim Belasten und diejenige infolge elastischer Nachwirkung.

Diese Nachwirkung ist mit der Textur des Netzwerks zu erklären, die das Glas unter Belastung annimmt. Nach Entlastung versucht das Netzwerk wieder in die ursprüngliche Lage zurückzukehren. Diese Verformungsstruktur friert bei schneller Abkühlung ein. Dieses Einfriervermögen ist von den organischen Verbindungen bekannt. Es erlaubt, Spannungen in polarisiertem Licht sichtbar zu machen.

Auch in Klebverbindungen bleiben erhebliche Spannungen zurück, die erst im Transformationsbereich durch viskoses Fließen abgebaut werden. Dieses setzt bereits bei geringen Spannungen ein, weshalb für eine belastete Verbindung nur eine niedrige Dauerstandfestigkeit zu erwarten ist. Dies trifft für die glaskeramischen Klebstoffe zu, sobald sie die Temperatur ihrer größten Festigkeit überschritten haben. Unterhalb dieser Temperatur wird als Folge des elastischen Anteils im Glas eine Teillast beliebig lange hingenommen, ohne daß es zum Bruch kommt, Abb. 245. Eine X 10 CrAl 18/C 1-Klebkombination überträgt bei 455 °C etwa 65 kp/cm² in Dauerlast und bei 500 °C angenähert 40 kp/cm² über 40 min.

Für 500 °C ist nicht anzunehmen, daß sich ein Dauerfestigkeitswert ermitteln läßt. Unterhalb 400 °C besitzen die Klebverbindungen keinen Zeitstandbereich, d. h. die Anfangslast leitet auch über einen beliebig langen Zeitraum hin kein Versagen ein. Oberhalb 500 °C führt dagegen

5.6 Festigkeit unter tiefen und hohen Temperaturen

jede Last zum Bruch. Die hierfür erforderliche Zeit hängt allein von der Klebschichtdicke ab. Als Ursache ist die Stützwirkung der Fügeteile anzusehen, deren Einfluß sich mit zunehmender Schichtdicke vermindert.

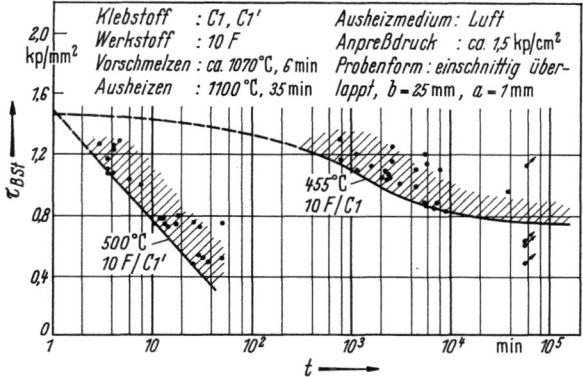

Abb. 245. Zeitstandfestigkeit τ_{BSt} bei verschiedenen Temperaturen.

Eine Schichtdicke von 0,1 mm (Kr 2) ergibt eine Kriechzeit von 6 h bis zum Bruch, Abb. 246. Eine Schichtdicke von 0,3 mm besitzen die Proben, die die Last von 100 kp über 1 h ertragen (Kr 1 und Kr 3).

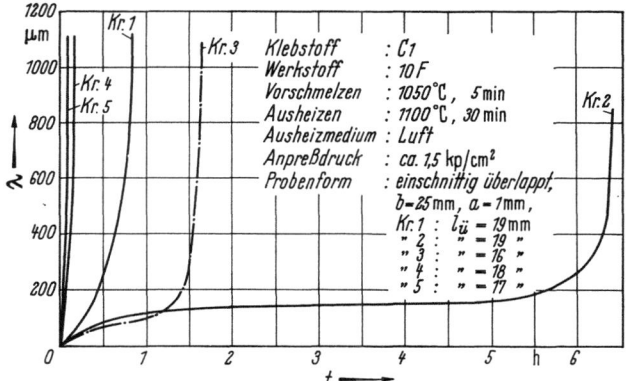

Abb. 246. Kriechweg λ in Abhängigkeit von der Zeit t.

Ohne Bedeutung sind die Ergebnisse der Proben Kr 4 und Kr 5 mit Schichtdicken zwischen 0,4 und 0,5 mm. In ihrem Bruchbild erscheinen deutlich Fließlinien, Abb. 247.

Die Kurvenzüge Kr 3 und Kr 1 kann man in drei Abschnitte einteilen, wie sie — ähnlich von A. MATTING — auch an Klebverbindungen mit organischen Bindemitteln gemessen wurden. Im ersten Bereich hat kein plastisches Fließen stattgefunden, sondern nur ein elastisches Nachverformen. Dieses Übergangskriechen bezeichnet man als Fließen erster Art. Das stationäre Kriechen im Mittelfeld hängt deutlich von der Klebschichtdicke ab, die die Kriechgeschwindigkeit bestimmt. Als Ursache ist das einander folgende Beanspruchen von starken und schwachen Bindebereichen anzusehen, unterbrochen von neu eingegangenen Bindungen. Das beschleunigte Kriechen bis zum Bruch ent-

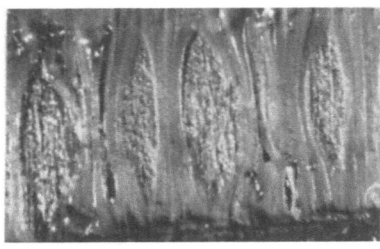

Abb. 247. Fließlinien in Proben mit Klebschichtdicken zwischen 0,4 und 0,5 mm.

zieht sich der direkten Deutung. Vermutlich nimmt beim Fließen das verformbare Volumen auf Grund der sich verringernden Klebfläche ab, wodurch sich die flächenbezogene Spannung und damit die Kriechgeschwindigkeit erhöhen.

Die hohe Sprödigkeit bei Raumtemperatur machen die glaskeramischen Verbindungen schlagempfindlich. Biegekräfte lassen sich kaum übertragen. Gegenüber Schälen versagen sie völlig. Es hat daher nicht an Bemühungen gefehlt, durch Modifikationen die mechanisch-technologischen Eigenschaften der Verbindungen zu verbessern.

Zu diesen Versuchen gehörte das Einlegen von Siebnetzen in die Klebschicht ebenso wie die Zugabe von Metallen in Pulverform zum Klebstoff Kupfer und Mangan steigerten die Festigkeit erheblich, wobei sich gleichzeitig die Grenze der Belastbarkeit zu höheren Temperaturen verschob. Diesen Erfolg erbrachte auch das Mischen von Klebstoffen mit metallischen Loten. Die Zugabe von metallischen Komponenten setzte die Beständigkeit gegen schwingende Beanspruchung herauf.

Nach den heute vorliegenden Erfahrungen lassen sich die metallischen Zusätze in Pulver- oder Siebform in zwei Gruppen einordnen:

I. Metallzusätze zum glaskeramischen Klebstoff, deren Schmelzpunkt unter der Fügetemperatur liegt, übernehmen die Funktion von Loten. Sind sie in ausreichendem Maße vorhanden, bilden sie Brücken zwischen den beiden Fügeteilen.

a) Die Gläser treten in diesem Falle an die Stelle von Flußmitteln, sofern sie ausreichend Bor und Natrium enthalten. Da die Glasur auf Grund ihrer hohen Viskosität in der Lotschicht verbleibt, erreicht diese nicht die Festigkeit seiner Verbindungen, die in Schutzgas oder Vakuum ohne Flußmittel gelötet wurden.

b) Die Lote reagieren mit dem Fügeteilwerkstoff und bilden z. B. infolge von Diffusion spröde Phasen oder sie werden leicht erodiert.

c) Die Festigkeit bei höheren Temperaturen leitet sich aus den Hochtemperatureigenschaften des jeweiligen Lots ab.

II. Metallzusätze zum glaskeramischen Klebstoff, die oberhalb der Fügetemperatur schmelzen, wandeln die Eigenschaften der Klebschicht in gleicher Weise ab wie eingelagerte Oxide, Träger der Festigkeit ist das Glas.

a) Zusätze von Metalloxiden wirken sich auf die Grenzschicht-Reaktionen zwischen Glas und Metall aus. Sonst nicht zu erwartende Oxidschichten beeinflussen den Glas—Metall-Verbund. Eine verringerte Bindefestigkeit ist die Folge, Abb. 248.

b) Der glaskeramische Klebstoff reduziert die zugemischten Metalloxide.

c) Die Temperaturgrenze für mechanische Beanspruchungen verschiebt sich zu höheren Werten. Die Zeitstandgrenze entspricht derjenigen modifizierter Gläser, Abb. 249.

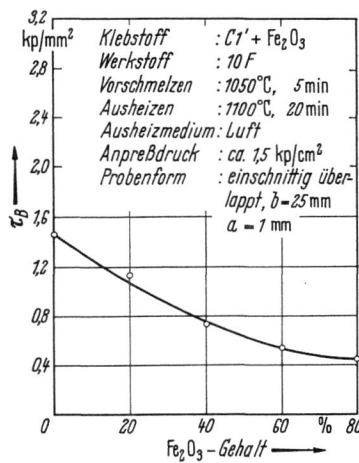

Abb. 248. Bindefestigkeit τ_B in Abhängigkeit vom Fe_2O_3-Gehalt.

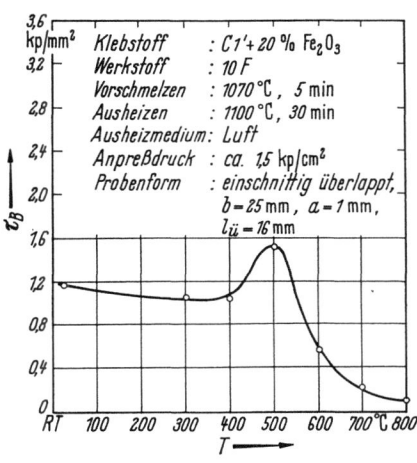

Abb. 249. Bindefestigkeit τ_B in Abhängigkeit von der Prüftemperatur T.

Da das Löten nicht als Vorteil im Sinne der Klebtechnik anzusehen ist und nichtaufschmelzende Metallzusätze nur die thermische Stabilität, nicht aber die Festigkeit verbessern, sind andere Möglichkeiten auszuschöpfen, um höher belastbare Verbindungen zu schaffen. Eine dieser Lösungen besteht darin, in den Gläsern ein Mehr an Haftkräften freizumachen als dies z. B. in den ungefritteten Klebstoffen C 1 bis C 6 gelang. Die Gläser wären dazu nicht in Wasser abzugießen, sondern im Tiegel abzukühlen und dann zu mahlen. Dies mag eine solche Möglichkeit sein, die Leistungsgrenzen dieser Klebstoffe auszuweiten. Für C 1 z. B. beträgt die Zunahme der Bindefestigkeit unter diesen Umständen 25%.

Es läßt sich feststellen, daß die maximale Bindefestigkeit keramisch geklebter Verbindungen zwischen 450 und 550 °C erreicht wird. Darüber hinaus lassen sich geringe Kräfte nur kurzzeitig übertragen. Die Grenze der thermischen Belastbarkeit läßt sich durch Zugaben aus nichtschmelzenden Metallpulvern erhöhen. Derartige Zugaben verbessern jedoch nicht die mechanisch-technologischen Eigenschaften bei Raumtemperatur.

Aufgeschmolzene Metallpulver betätigen sich als Lote und die glaskeramischen Klebstoffe als Flußmittel.

Literatur zum Kap. 5

1. Arbeitsblätter für das Metallkleben, Düsseldorf: Aluminium Verlag 1962.
2. DRAUGELATES, U., u. W. BROCKMANN: Adhäsion 10 (1966) 11.
3. Das Kleben von Stahl, Merkbl. Nr. 382 Beratungsst. Stahlverwend., Düsseldorf 1965.
4. MATTING, A., u. W. BROCKMANN: Metall 20 (1966) 1249.
5. DRAUGELATES, U., u. W. BROCKMANN: Mitt. Forschungsges. Blechverarb. 1966, S. 231.
6. BIKERMANN, J. J.: The Science of Adhesive Joints. New York/London: Academic Press 1961.
7. MÜLLER, G.: Dissertat. TU Berlin 1959.
8. SHIELD, R. T.: ONR-Techn. Rep., Brown University 1956.
9. BIKERMANN, J. J.: J. Appl. Phys. 28 (1957) 1484.
10. LJUNGSTRÖM, O. L.: Design Aspects of Bonded Structures, Duxford: CIBA A. R. L. 1957.
11. BIKERMANN, J. J.: J. Appl. Polymer Sci. 2 (1959) 216.
12. INONE, Y., u. Y. KOBATAKE: Appl. Sci. Res. A 8 (1959) 321.
13. KAELBLE, D. H.: Adhesive Age (1960) 37.
14. HEISE, O.: Die Ermittlung der spezifischen Anrißkraft beim Winkelschälversuch. DFL-Ber. 196, Braunschweig 1963.
15. BRAIG, W.: Dissertat. TH Stuttgart 1964.
16. MÜLLER, G.: Dissertat. TU Berlin 1959.
17. HAHN, K. F.: Metall 12 (1958) 811.
18. MATTING, A., u. K. F. HAHN: VDI-Z. 101 (1959) 1448.
19. MATTING, A., u. K. ULMER: Ind.-Anz. (1961) S. 372.
20. ALTHOF, W., u. G. HENNIG: Aluminium 40 (1964) 435.
21. MECKELBURG, H., H. SCHLOTHAUER u. G. NEUMANN: DFL-Ber. 179, Braunschweig 1962.
22. MITTROP, F.: Dissertat. TH Aachen 1965.
23. MECKELBURG, H., u. W. ALTHOF: DFL-Ber. 229, Braunschweig 1963.
24. GRAF, U., u. H. J. HENNING: Statistische Methoden bei textilen Untersuchungen. Berlin/Göttingen/Heidelberg: Springer 1960, S. 291.
25. LINDER, A.: Schweiz. Arch. angew. Wiss. u. Techn. 26 (1960) 257.

26. HENNING, H. J., u. R. WARTMANN: Z. ges. Textilind. 60 (1958) 19.
27. MARTIN, H.: Z. wirtsch. Fertig. 56 (1961) 226.
28. WEIBULL, W.: Trans. Roy. Inst. Technol. Stockholm, 27 (1949) 51.
29. LARSON, F. R., u. J. MILLER: Trans. ASME 75 (1952) 765.
30. WORLEY, W. J., u. W. N. FINDLEY: ASTM Proc. 50 (1950) 1399.
31. JACOBY, G.: Dissertat. TH Hannover 1961.
32. NEITZEL, M.: Dissertat. TH Hannover 1965.
33. WEIBULL, W.: Fatigue Testing and Analysis of Results. New York 1961.
34. FREUDENTAHL, A. M., u. E. J. GUMBEL: Proc. Roy. Soc., Ser-A 216 (1953), 309.
35. GUMBEL, E. J.: Mitt. Math. Statist. 8 (1956) 97.
36. A Tentative Guide for Fatigue Testing and the Statistical Analysis of Fatigue Data. ASTM Spec. Techn. Publ. No 91—A, 1958.
37. BÜHLER, A., u. W. SCHREIBER: Arch. Eisenhüttenw. 27 (1956) 201.
38. DAEVES, K., u. A. BECKEL: Großzahlforschung und Häufigkeitsanalyse. Berlin 1948.
39. GRAF, U., u. H. J. HENNING: Statistische Methoden bei textilen Untersuchungen, Berlin 1952.
40. ERKER, A.: MAN-Forschungsh. Nr. 7, 1958.
41. Mitt. Dr.-Ing. G. JACOBY.
42. ALTHOF, W.: DFLR-Bericht 66—67, 1966.
43. DRAUGELATES, U.: Dissertat. TH Hannover 1967.
44. WÖHLER, A.: Z. BAUWES. 20 (1967) 73.
45. SCHLIEKELMANN, R. J., u. J. COOLS: Rep. No. R—26 N. V. K. N. Vliegtiugenfabrik Fokker, 1952.
46. EICKNER, H. W.: FPL Rep. No. 1836, 1959.
47. GUNN, N. J. F.: Roy. Aircraft Est., Techn. Note No. Met. 227 (1958).
48. WINTER, H., u. H. MECKELBURG: DFL-Ber. F 59-01, Braunschweig 1959.
49. SHVETSOV, J. T., u. G. J. BUYANOV: In: Bonding Agents and the Technology of Adhesive Bondings. Wright—Patterson (1963) S. 339.
50. CORNELIUS, E. A., u. W. MEHL: Aluminium 36 (1961) 699.
51. MITTROP, F.: Schweiß. u. Schneid. 14 (1962) 394.
52. ALTHOF, W.: DFLR-Ber. FB 66—47, Braunschweig 1966.
53. WANG, D. Y.: Exper. Mech. (1964) 173.
54. OBERST, H. u. a.: Elastische und viskose Eigenschaften von Werkstoffen, Berlin 1963.
55. DRAUGELATES, U.: MFB (1965) 54.
56. MARTIN, A. F.: WGLR-Ber. (1964) 1.
57. ALTHOF, W.: Kunststoffe 56 (1966) 750.
58. HAFERKAMP, H., u. G. W. EHRENSTEIN: Schiff u. Hafen 16 (1964) 867.
59. MATTING, A.: Materialprüf. 8 (1966) 49.
60. BRAIG, W.: Dissertat. TH Stuttgart 1964.
61. DRAUGELATES, U., u. W. BROCKMANN: Adhäsion 10 (1966) 483.
62. PALMGREN, A.: Z. VDI (1924) 339.
63. MINER, M. A.: J. Appl. Mech. 12 (1945) A 159.
64. VALLURE, S. R.: A Theory of Cumulative Damage in Fatigue. Office of Technical Services, Washington AD 2 75383.
65. GATTS, R. R.: Applications of a Cumulative Damage Concept to Fatigue, ASME, Pap. No. 60 Wa—144.
66. FREUDENTHAL, M. M., u. R. A. HELLER: On Stress Interactions in Fatigue and a Cumulative Damage Rule, WADC Techn. Rep. 58—69, Part I, ASTIA Doc. No. 155687.

67. DUCINSKIJ, B.: Methode du Calcul à la Fatigue des Constructions Compte Tenu de L'Instabilité du Régime des Contraintes Variables, IIW-Doc. XIII, 227/60.
68. FINK, K.: Grundlagen und Anwendungen des Dehnungsmeßstreifens, Düsseldorf 1952.
69. SVENSON, O.: Unmittelbare Bestimmung der Größe und Häufigkeit von Betriebsbeanspruchungen, Trans. Instrum. a. Measurem. Conf., Stockholm 1952.
70. SCHWEER, W.: Stahl u. Eisen 84 (1964) 138.
71. GASSNER, E.: Effect of Variable Load and Cumulative Damage in Vehicle and Airplane Structures. Int. Conf. Fatigue of Metals, London 1956.
72. GASSNER, E.: ATZ 53 (1951) 286.
73. SMEKAL, A.: Glastechn. Ber. 13 (1935) 141.
74. HOUWINK, R.: Trans. Faraday Soc. 32 (1936) 122.
75. SCHÜTZ, W.: Labor für Betriebsfestigkeit, Ber. Nr. FB—69, 1966.
76. FRENCH, H. J.: Trans. Amer. Soc. Steel Treat. 21 (1933) 899.
77. HUNTER, M. S., u. G. W. FRICKE Proc. ASTM (1954) 717.
78. DRAUGELATES, U.: Adhäsion 10 (1966) 337.
79. GOLAND, M., u. E. REISSNER: J. Appl. Mech. 11 (1944) A 17.
80. EICHHORN, F., u. W. BRAIG: Materialprüf. 2 (1960) 79.
81. KUENZI, E. W.: FPL-Rep. No. 1851, 1956.
82. BUECHE, F.: Rubber Chem. Technol. 32 (1959) 1269.
83. AVERBACK, B. L., D. K. FELBECH, G. T. HAHN u. D. A. THOMAS: Fracture, New York 1959.
84. BERRY, J. P.: Brittle Behavior of Polymeric Solids In: B. Rosen: Fracture Processes in Polymeric Solids, New York 1964.
85. BUECHE, F.: J. Appl. Phys. 29 (1958) 123.
86. HALPIN, J. C.: J. Appl. Phys. 35 (1964) 3133.
87. MOTT, N. R.: Engineering 165 (1948) 16.
88. FORSYTH, P. J., u. D. A. RYDER: Metallurgia 63 (1961) 117.
89. KERKHOF, F.: Vorgänge beim Bruch, In: R. Nitsche u. K. A. Wolf: Kunststoffe Berlin 1962.
90. STÄGER, H.: Kunststoffe 49 (1959) 589.
91. KREKELER, K., H. PEUKERT u. O. SCHWARZ: Forschungsber. Nordrhein-Westfalen Nr. 639, Köln/Opladen: Westdeutscher Verlag 1958.
92. HENNING, A. H., H. PEUKERT u. F. MITTROP: Forschungsber. Nordrhein-Westfalen Nr. 934, Köln/Opladen: Westdeutscher Verlag 1961.
93. KREKELER, K., G. MENGES u. W. DALHOFF: Forschungsber. Nordrhein-Westfalen Nr. 682, Köln/Opladen: Westdeutscher Verlag 1967.
94. MEYERHANS, K.: Metall 6 (1952) 229.
95. REMBOLD, U.: Dissertat. TH Stuttgart 1957.
96. BURSZTYN, I.: Plaste u. Kautsch. 4 (1957) 250.
97. MATTING, A., u. K. F. HAHN: Kunststoffe 48 (1958) 445.
98. SCHWARZ, H., u. H. SCHLEGEL: Plaste u. Kautsch. 6 (1959) 3.
99. BUSER, K.: Plaste u. Kautsch. 6 (1959) 184.
100. MITTROP, F.: Ind.-Anz. 83 (1961) 360.
101. MITTROP, F.: Mitt. Forschungsges. Blechverarb. 1962, S. 328.
102. MECKELBURG, H., H. SCHLOTHAUER u. G. NEUMANN: DVFL-Bericht 179, Braunschweig: 1962.
103. MITTROP, F.: Dissertat. TH Aachen 1966.
104. TRIETSCH, F. K.: Die Metallverklebung, Stuttgart: Deva Fachverlag 1960.
105. HOPFF, H.: Die Polyamide, Berlin/Göttingen/Heidelberg: Springer 1954.

106. DE BRUYNE, N. A., u. R. HOUWINK: Klebtechnik — Die Adhäsion in Theorie und Praxis; Mylonas, C., u. N. A. de Bruyne: Statik der Leimverbindungen, Stuttgart: Berliner Union 1957, S. 99/150.
107. MATTING, A., u. K. ULMER: Kautsch. u. Gummi, Kunstst., Asbest 16 (1963) 213; 280; 334; 387.
108. SCHENK, M.: Werkstoff Aluminium und seine anodische Oxydation. Bern: Francke 1948.
109. DIN 53281, Bl. 1: Prüfung von Metallklebstoffen und Metallklebungen, Probekörper, Vorbehandlung der Klebflächen, 1965.
110. WINTER, H., u. H. MECKELBURG: Schweiß. u. Schneid. 10 (1958) 423.
111. MITTROP, F.: Mitt. Forschungsges. Blechverarb. 1964, S. 104.
112. WINTER, H., u. H. MECKELBURG: Stahlbau 30 (1961) 16.
113. HENNING, A. H., K. KREKELER u. F. MITTROP: Forschungsber. Nordrhein-Westfalen Nr. 1564, Köln/Opladen: Westdeutscher Verlag 1965.
114. WIEDERHOLT, W.: Materialprüf. 3 (1961) 137.
115. GUTTMANN, W. H.: Concise Guide to Structural Adhesives, London: Reinhold Publishing Corp., Chapman & Hall 1961.
116. SCHMIDT, K. A. F.: Kunstst.-Rdsch. 7 (1960) 83.
117. NIEMANN, H., u. J. GÜNTHER: Adhäsion 5 (1961) 449.
118. CARLOWITZ: Kunststofftabellen für Typen, Eigenschaften, Halbzeugabmessungen, F. Schiffmann, Bensberg-Frankenforst.
119. EICHENBERGER, W.: Dissertat. ETH Zürich 1960.
120. KRIEGER, R. B., u. R. E. POLITI: Mitt. Amer. Cyanamid Comp., Bloomingdale Dep. Havre de Grace, Maryland.
121. BLACK, J. M., u. R. F. BLOMQUIST: Industr. a. Engng. Chem. 50 (1958) 918.
122. BLACK, J. M., u. R. F. BLOMQUIST: Adhesives Age, Part I: Februar 1962; Part 2: März 1962.
123. RIETZLER, W.: Stahl u. Eisen 76 (1956) 14.
124. HANLE, W.: Metall 11 (1957) 91.
125. CHARLESBY, A.: Nucleonics 12 (1954) Nr. 6, S. 18.
126. MAGAT, M. M.: Kunstst. 47 (1957) 409.
127. MATTING, A., u. K. F. HAHN: Technik 12 (1957) 297.
128. MATTING, A.: Atomkernenergie 2 (1957) 486.
129. MARTIN, A. F.: WGLR-Bericht Nr. 1/1964.
130. KREKELER, K., u. R. TAPROGGE: Forschungsber. Nordrhein-Westfalen Nr. 1535, Köln/Opladen: Westdeutscher Verlag 1965.
131. MEHL, W.: Dissertat. TU Berlin 1960.
132. MECKELBURG, H., u. W. ALTHOF: DFL-Ber. 229, Braunschweig 1963.
133. WINTER, H., u. H. MECKELBURG: Metall 16 (1962) 962.
134. SPÄTH, H.: Aluminium 35 (1959) 576.
135. KAUSEN, R. C.: Mat. in Design Engng. 60 (1964) 94, 104 u. 144.
136. MINTROP, F.: Schweiß. und Schneid. 14 (1962) 394.
137. MECKELBURG, H.: Luftfahrttech.-Raumfahrttech. 9 (1963) 237.
138. MATTING, A.: Mitt. Forschungsges. Blechverarb. 1960, S. 2.
139. LICORI, J. J.: Product Eng. 35 (1964) 102.
140. MARTIN, A. F.: Konstruktionsklebstoffe, Stand 1963, Minesota Mining and Manufacturing Comp., St. Paul.
141. MATTING., u. W. BROCKMANN: Angew. Chem. 80 (1968) 641.
142. RUETMAN, H., u. H. H. LEVINE: N 6 Z 10322—1962. NASA, Techn. Publ. Announcement.

6 Klebgerechtes Konstruieren

6.1 Die Spannungsverteilung in Metallklebverbindungen

Von Walter Brockmann, Hannover

Metallklebverbindungen sind technologisch als Verbundkörper aufzufassen. Ihre Verbundpartner, metallische Fügeteile und Klebstoff, besitzen unterschiedliche Festigkeits- und Verformungseigenschaften, die das Verhalten des Verbundes unter Last bestimmen.

In einer Klebverbindung tritt zwischen den Werkstoffen der Verbundpartner makroskopisch betrachtet keine Vermischung ein. Das bedeutet, daß die Festigkeits- und Verformungseigenschaften der metallischen Fügeteile und makromolekularen Klebstoffe durch das Herstellen der Verbindung nicht verändert werden. In der Klebung sind Fügeteile und Klebschicht eindeutig voneinander getrennt zu betrachten.

Das Verhalten eines derartigen Verbundkörpers unter Last ist nur in wenigen Fällen allein eine Funktion der Festigkeit der Verbundpartner sowie der Haftung zwischen beiden. Zu diesen zählt etwa eine Stumpfverklebung zweier metallischer Stäbe mit dicker Klebschicht, deren Festigkeit senkrecht zur Klebschicht nahezu ausschließlich von der Zugfestigkeit der Metalle oder des Klebers oder der Haftfestigkeit zwischen ihnen abhängig ist. Eine solche Verbindung bricht unter Last im Verbundpartner geringster Festigkeit oder bei geringer Haftung in der Grenzschicht Kunststoff—Metall.

Derartige Stumpfverklebungen mit ausschließlich senkrechter Belastung zur Klebfuge sind jedoch in der Metallklebtechnik selten, weil die Eigenfestigkeit der organischen und anorganischen Klebstoffe etwa um eine Größenordnung geringer ist als die der Metalle. Die Festigkeit der verklebten Metalle ist dann nur in geringem Maße ausnutzbar.

Man ist bestrebt, Verbindungsformen für das Metallkleben zu schaffen, in denen sich bei gegebenen Fügeteilquerschnitten die Größe der Klebflächen und damit die übertragbare Last bei gegebener Klebstofffestigkeit beliebig wählen lassen. Das ist zu erreichen, wenn man die Klebfuge in Richtung der zu übertragenden Kraft legt. Wie solche Verbindungsformen konstruktiv auszubilden sind, wird in Kap. 6.3 beschrieben.

6.1 Spannungsverteilung in Metallklebverbindungen

Bei diesen Verbindungsformen genügt es nicht mehr, die Eigenfestigkeit der Verbundpartner und die Haftfestigkeit als Kriterien für die Belastbarkeit zu betrachten. Metallische Fügeteile und Klebschicht verformen sich unter Last, wobei sowohl die Art der Verformung, elastisch oder plastisch, als auch ihre Größe sehr unterschiedliche Werte annehmen kann.

Da die Verbundpartner über die Grenzschicht fest miteinander verbunden sind, sich jedoch unter gleicher Last unterschiedlich verformen, stellt sich in der Verbindung ein heterogener Verformungs- und damit Spannungszustand ein. Die Widerstandsfähigkeit des Verbundes hängt dann nicht mehr von der aus Last und Querschnitt errechenbaren mittleren Festigkeit des schwächsten Verbundpartners, sondern von der Höhe örtlicher Spannungskonzentrationen ab. Ein Bruch kann dort schon eintreten, wenn die mittlere Belastung noch verhältnismäßig niedrig liegt.

Geht man davon aus, daß die Festigkeit und Verformbarkeit der Fügeteile für eine Klebverbindung gegeben sind, und nimmt man an, daß die Haftung zwischen Kleber und Metall sehr hoch ist, dann läßt sich die Spannungsverteilung und damit die Festigkeit der Klebverbindung auf zwei Wegen beeinflussen. Einmal ist die Verbindungsform so zu wählen, daß eine möglichst gleichmäßige Spannungsverteilung in der Klebfuge erreicht wird und für den Kleber ungünstige Beanspruchungen, wie beispielsweise das Schälen, vermieden werden. Zum anderen gelingt es, dem Klebstoff Eigenschaften zu erteilen, die einen Ausgleich größerer Spannungsunterschiede durch plastisches Verformen herbeiführen.

Um diese Wege erfolgreich beschreiten zu können, ist es notwendig, die für die wichtigsten Verbindungsformen der Klebtechnik charakteristischen Spannungsverteilungen kennenzulernen und zu ermitteln, inwieweit die Verformungseigenschaften der Fügeteile und der Klebschicht die Spannungsverteilung beeinflussen.

Erst wenn diese Einflußgrößen bekannt sind, ergibt sich die Möglichkeit, ein Verfahren zur Dimensionierung von Klebverbindungen zu entwickeln, das es gestattet, aus den Größen Festigkeit und Verformbarkeit aller Verbundpartner sowie den geometrischen Abmessungen der Verbindung deren Festigkeit im voraus zu berechnen.

Bei den grundlegenden Arbeiten zur theoretischen und praktischen Ermittlung des Spannungsverlaufs beschränkte man sich zunächst auf zwei sehr gebräuchliche Verbindungsformen der Metallklebtechnik, die einschnittige und die zweischnittige Überlappung, Abb. 250. Die hieran gewonnenen Erkenntnisse lassen sich teilweise auf andere Verbindungsarten übertragen, z. B. ist die einschnittige Laschung als zwei hintereinanderliegende einschnittige Überlappungen anzusehen. Ähnliches gilt für zweischnittige Laschungen. Schäftungen sind wegen des hohen fertigungstechnischen Aufwandes selten, ebenso abgeschrägte und gefalzte Überlappungen.

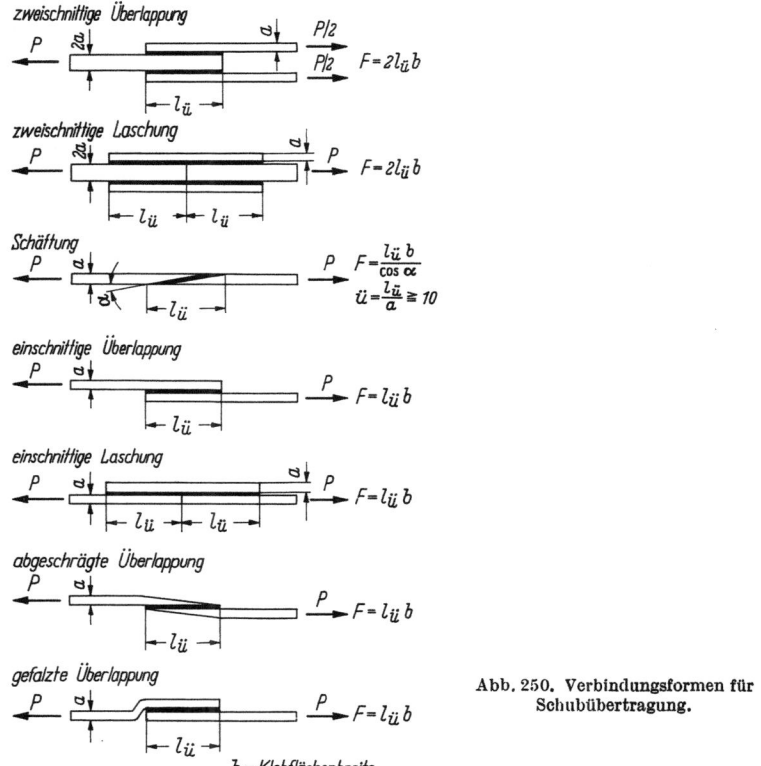

Abb. 250. Verbindungsformen für Schubübertragung.

Im folgenden werden zunächst die beiden wichtigsten theoretischen Methoden erläutert, mit denen sich die Spannungsverteilung in Klebverbindungen berechnen läßt.

Ziel der Berechnungen ist das Bestimmen der Spannungsverteilung in Richtung der zu übertragenden Last. Bei nahezu allen Betrachtungen des Spannungsverlaufs geht man davon aus, daß die Spannungen quer zur Lastrichtung, also über die Breite der Fuge, gleichmäßig verteilt sind. Abgesehen von Randeinflüssen scheint diese Annahme berechtigt. Aus der Praxis ist bekannt, daß beim Ändern der Breite überlappter Verbindungen zwar die übertragbare Last sich ändert, die aus Last und Fügefläche errechnete Festigkeit jedoch nicht. Daraus kann unmittelbar auf eine gleichmäßige Spannungsverteilung über die Verbindungsbreite geschlossen werden.

Anders verhält sich dagegen die mittlere Festigkeit einer Überlappung in Abhängigkeit von der Überlappungslänge. Aus den Ergebnissen, sinkende mittlere Festigkeit bei zunehmender Überlappungslänge, ist auf eine ungleichmäßige Verteilung der Spannungen in dieser Richtung zu schließen.

6.1.1 Berechnung des Spannungsverlaufs nach Volkersen und Goland / Reißner

Als grundlegende Arbeit zur Ermittlung des Spannungsverlaufs in einschnittigen Überlappungen ist die von O. VOLKERSEN [1] aus dem Jahre 1938 anzusehen. Sie hatte zum Ziel, die Nietkraftverteilung in Nietverbindungen mit konstanten Laschenquerschnitten zu ermitteln. Diese Untersuchung ist für die Klebtechnik wichtig, weil VOLKERSEN, um die Berechnung zu vereinfachen, die Niete durch eine gleichmäßig zwischen den Fügeteilen liegende, ,,ideelle" Verbindungsschicht ersetzt, die elastische Eigenschaften besitzt. Weiterhin wird angenommen, daß in der Verbindung, die gemäß Abb. 251 belastet ist, die Querschnitte

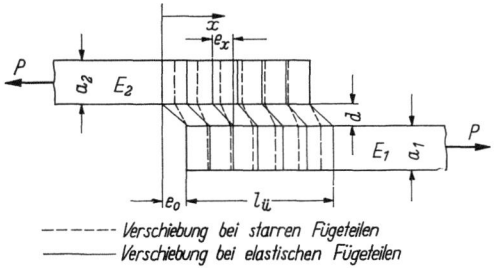

Abb. 251. Dehnung e der Fügeteile einer einfachüberlappten Klebung unter Last P.

der Fügeteile eben und konstant bleiben und sich Fügeteile und Zwischenschicht rein elastisch verformen. Darüber hinaus wird das in der Verbindung auf Grund des außermittigen Kraftangriffs P wirkende Moment M, das zu einer Verformung der Fügeteile und zu Normal- und Schälspannungen in der Klebschicht führt, vernachlässigt.

Die Verschiebungen werden entlang der Koordinate x von $x = 0$ an einem Überlappungsende bis zu $x = l_{ü}$, d. h. dem anderen Ende der Überlappung, betrachtet. Die Verschiebung e der Klebschicht wird durch

$$e(x) = e(0) + l \int_0^x \varepsilon_1 \, dx - l \int_0^x \varepsilon_2 \, dx$$

beschrieben. Die Voraussetzungen sind:

$$(a_1 + a_2 + d)b = \text{const},$$
$$E_1; E_2 = \text{const},$$
$$M = \text{const}$$

mit a_1, a_2 als Dicke der Fügeteile, d als Dicke und b als Breite der Klebschicht und E_1, E_2 als E-Moduln der Fügeteile. Ihre Dehnungen sind:

$$\varepsilon_2(x) = \frac{l}{E_2 a_2 b}\left(P - bl\int_0^x \tau(x)\,\mathrm{d}x\right),$$

$$\varepsilon_1(x) = \frac{l}{E_1 a_1}\, l\int_0^x \tau(x)\,\mathrm{d}x.$$

Durch Einsetzen dieser Gleichungen in die erste und zweimaliges Differenzieren des Ausdrucks ergibt sich eine lineare Differentialgleichung 2. Ordnung, in der τ entsprechend der Annahme elastischer Klebstoffverformung durch einen Ausdruck für die Verformung ersetzt wird.

Als spezielle Lösung für das Spannungsproblem ergibt sich

$$\frac{e(x)}{e_m} = \frac{\sqrt{\frac{\varDelta}{\omega}}}{\sinh\sqrt{\varDelta\omega}}\left[(\omega - 1)\cosh\left\{\sqrt{\varDelta\omega}\,\frac{x}{l_{\ddot{u}}}\right\} + \cosh\left(\sqrt{\varDelta\omega}\left\{1 - \frac{x}{l_{\ddot{u}}}\right\}\right)\right].$$

Darin sind die mittlere Dehnung

$$e_m = \frac{l}{l_{\ddot{u}}}\int_0^{l_{\ddot{u}}} e(x)\,\mathrm{d}x,$$

der Steifigkeitsbeiwert

$$\varDelta = \frac{G^2 l_{\ddot{u}}^2}{E_2 a_2 d}$$

und

$$\omega = \frac{E_1 a_1 E_2 a_2}{E_1 a_1}.$$

Die Verschiebung ist demnach hyperbolisch über die Überlappungslänge verteilt und erreicht an den Stellen $x = 0$ und $x = l_{\ddot{u}}$ ein Maximum

$$\frac{e_{\max}}{e_m} = \sqrt{\frac{\varDelta}{\omega}}\,\frac{(\omega - 1) + \cosh\sqrt{\varDelta\omega}}{\sinh\sqrt{\varDelta\omega}}.$$

Da es sich nach Voraussetzung um elastische Verschiebungen handelt, ist

$$\frac{e_{\max}}{e_m} = \frac{\tau_{\max}}{\tau_m} = n$$

der Spannungsspitzenfaktor mit

$$\tau_m = \frac{P}{bl_{\ddot{u}}}.$$

Sind weiterhin die Fügeteile der Verbindung aus gleichem Werkstoff und haben sie die gleiche Dicke, so vereinfacht sich der Ausdruck zu

$$n = \sqrt{\frac{\varDelta}{2}}\,\coth\sqrt{\frac{\varDelta}{2}}.$$

6.1 Spannungsverteilung in Metallklebverbindungen

Mit diesen Gleichungen lassen sich die Schubspannungsverteilungen einfach überlappter Verbindungen berechnen und, wie in Abb. 252 für drei verschiedene Überlappungslängen unter gleicher Belastung graphisch darstellen. Daraus geht bereits hervor, daß lange Überlappungen, in diesem Falle 20 mm, gegenüber kurzen, hier 5 mm, eine wesentlich

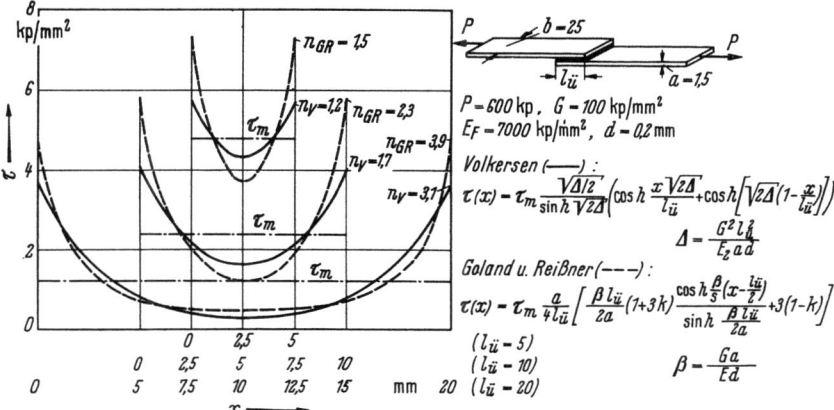

Abb. 252. Spannungsverteilung τ in einfach überlappten Klebverbindungen nach VOLKERSEN, GOLAND und REISSNER.

ungünstigere Spannungsverteilung aufweisen, da die Spannungsspitzen im Verhältnis zur mittleren Spannung wesentlich höher liegen, während in der Mitte der Fuge fast keine Schubspannung übertragen wird. Da der beginnende Bruch im Bereich dieser Spannungsspitzen das Versagen der gesamten Verbindung wesentlich fördert, ist schon hier zu erkennen, daß die Ergebnisse der Volkersen-Rechnung mit experimentell gewonnenen Erkenntnissen offensichtlich übereinstimmen.

Es ist zu erwarten, daß die Berechnung nach VOLKERSEN ein zu günstiges Bild des Spannungsverlaufs ergibt, da als eine wesentliche Voraussetzung angenommen wurde, daß die Verbindung unter Last eben bleibt. Das ist jedoch auf Grund des außermittigen Kraftangriffs nicht der Fall. Das durch die Exzentrizität der angreifenden Kräfte vorhandene Moment verformt bei zunehmender Belastung die Verbindung, wie in Abb. 253 schematisch angedeutet. Das bedeutet, daß sich einerseits die Schubspannungen vorzüglich an den Überlappungsenden gegenüber den rechnerischen Werten noch erhöhen werden und sich ihnen außerdem Schäl- bzw. Normalspannungen überlagern, die das Bindemittel zusätzlich beanspruchen und die errechnete Festigkeit herabsetzen. Mit zunehmender Verbiegung der Fügeteile jedoch vermindern sich Biegemoment und Schälspannungen.

Diese Erscheinungen berücksichtigen M. GOLAND und E. REISSNER [2], die die Verformung der Fügeteile außerhalb der Klebfuge in die Rechnung mit einbeziehen, indem sie einen Abminderungsfaktor K einführen, der sich nach folgender Formel errechnen läßt:

$$\frac{1}{K} = 1 + 2\sqrt{2} \tanh\left[\frac{l_ü}{2a}\sqrt{\frac{3\varepsilon}{2}(1-\mu^2)}\right].$$

Verformt sich ein Fügeteil wegen seiner Starrheit nicht, so wird $K = 1$. Bei zunehmender Biegung kann K dem Grenzwert 0 zustreben.

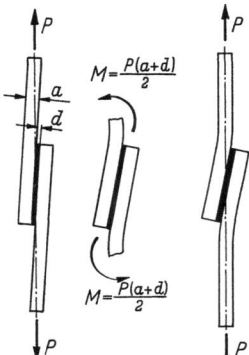

Abb. 253. Verformung einfach überlappter Klebungen infolge außermittigen Kraftangriffs.

Die Autoren kommen dann über die Lösung einer Differentialgleichung 3. Ordnung für gleiche Fügeteildicken zu einem Ausdruck für das Spannungsspitzenverhältnis der folgenden Form

$$n = \frac{1 + 3K}{4}\sqrt{2\Delta} \cdot \coth\sqrt{2\Delta}\,\frac{3}{4}(1-K).$$

Formt man diesen Ausdruck entsprechend um, so läßt sich daraus, ähnlich wie bei der Volkersen-Gleichung, für eine gegebene Belastung der Verbindung die örtliche Schubspannung für jeden Ort entlang der Überlappung berechnen. In Abb. 252 sind die Ergebnisse einer solchen Rechnung zusammen mit denen aus der Volkersen-Gleichung dargestellt. Es wird deutlich, daß ein Berücksichtigen der Biegung zu einer noch ungünstigeren Spannungsverteilung führt als die Berechnung ohne Biegemoment.

Die Berechnungen von M. GOLAND und E. REISSNER für einfach überlappte Verbindungen sind zweifellos vollständiger, da sich aus ihnen nicht nur der Scherspannungsverlauf, sondern auch der Verlauf der Normalspannungen und der Biegemomente entlang der Überlappung ergibt, eine Tatsache, die bei Betrachtungen über die dynamische Festigkeit in Abhängigkeit von den Verformungseigenschaften der Klebstoffe noch Bedeutung gewinnt.

6.1 Spannungsverteilung in Metallklebverbindungen

Die Berechnung des Normalspannungsverlaufs wird in gleicher Weise durchgeführt wie der die Scherspannungen. Das Ergebnis ist auch hier ein Normalspannungsspitzenfaktor

$$n_2 = \frac{\sigma_{max}}{\sigma_m} \cong \frac{1}{2} K \gamma^2$$

mit

$$\gamma^4 = 6 \frac{Ea}{E_K d}.$$

Die beiden hier kurz angedeuteten Berechnungsverfahren für den Spannungsverlauf in Klebverbindungen geben die tatsächlichen Verhältnisse nicht vollständig wieder. Aus der Berechnung nach VOLKERSEN ergibt sich zunächst, daß die Festigkeit einer Verbindung proportional der Klebschichtdicke steigen soll und daß die Bruchlast von der Überlappungslänge unabhängig ist. Beide Folgerungen stehen im Gegensatz zu experimentellen Erkenntnissen.

Außerdem wird bei beiden Verfahren vorausgesetzt, daß der Klebstoff und die Fügeteile sich rein elastisch verformen. Dies trifft jedoch für Kunststoffkleber und auch für die Fügeteile nicht zu. Kunststoffe sind durch ein viskoelastisches Verhalten gekennzeichnet, d. h. sie verformen sich unter Last elastisch und plastisch zugleich. Die Verformungsanteile lassen sich nicht eindeutig voneinander trennen. Ihr Spannungs-Dehnungs-Verhalten ist nicht linear und darüber hinaus abhängig von der Belastungsgeschwindigkeit. Eine Berechnung der Spannungsverteilung wird dadurch erheblich erschwert.

In einer umfangreichen Arbeit hat sich W. BRAIG [3] darum bemüht, das viskoelastische Verhalten der Klebstoffe in die Spannungs- und damit Festigkeitsrechnungen einzuführen. Darüber hinaus werden die bereits erwähnten Berechnungsverfahren erweitert und können auch auf zweischnittige Überlappungen angewendet werden. Die Ergebnisse, teilweise Übereinstimmungen mit experimentellen Daten, rechtfertigen jedoch den rechnerischen Aufwand für die Anwendung nicht, auch wenn es gelingt, durch die vereinfachende Annahme, daß sich die Fügeteile im überlappten Bereich nicht biegen, zu wirklichkeitsnahen Ergebnissen zu gelangen.

Nach dieser kurzen Darstellung der wesentlichen Versuche, die Spannungsverteilung in Klebverbindungen theoretisch zu bestimmen um daraus die Festigkeit vorausberechnen zu können, wird bereits deutlich, daß derartige Ergebnisse in jedem Falle gewisse Unsicherheiten enthalten, die auf vereinfachende Annahmen beim Durchführen der Rechnungen zurückzuführen sind.

Um das zu veranschaulichen, sind in Abb. 254 rechnerische den experimentellen Ergebnissen von H. WINTER und H. MECKELBURG [4] gegenübergestellt. Aufgetragen ist die Bindefestigkeit einfach überlappter Klebungen in Abhängigkeit von der Überlappungslänge. Daß die Bindefestigkeit mit steigender Überlappungslänge sinkt, wurde bereits

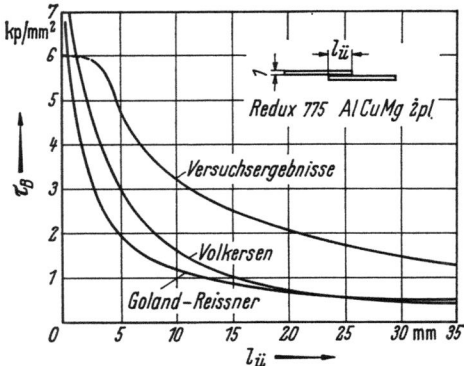

Abb. 254. Bindefestigkeit τ_B in Abhängigkeit von der Überlappungslänge $l_{\ddot{u}}$, rechnerisch und versuchstechnisch ermittelt.

gezeigt. Hier ist nur wesentlich, daß die experimentell bestimmten Festigkeitswerte bis zu 100% größer sind als die errechneten, wogegen der charakteristische Verlauf der Kurven etwa übereinstimmt. Dieses Beispiel läßt die Notwendigkeit erkennen, sich mit der Spannungsverteilung in Klebverbindungen versuchstechnisch zu befassen.

6.1.2 Spannungsmessungen an einfach überlappten Metallklebverbindungen

Einen wesentlichen Beitrag zur Lösung dieses Problems lieferten A. MATTING und K. ULMER im Jahre 1963 [5]. Bei der meßtechnischen Ermittlung der Spannungsverlaufs bilden Verschiebungsmessungen der Fügeteile die Grundlage. Wie bereits in Abb. 250 schematisch dargestellt, muß eine solche Meßtechnik gestatten, das Verschieben der Fügeteile gegeneinander unter Last an mehreren Stellen der Klebfuge nahezu gleichzeitig zahlenmäßig festhalten zu können.

Dazu eignet sich ein optisches Verfahren, bei dem mit einem Mikroskop die Seitenfläche der Klebverbindung beobachtet werden kann. Diese Seitenflächen werden nach dem Kleben poliert und an mehreren Stellen der Überlappung mit einem Diamanten etwa 2 µm breite Strichmarken eingeritzt. An jeder Meßstelle befinden sich zwei Stichmarken im Abstand von 10 µm.

Um einen Abbildungsmaßstab zu erhalten, der Verschiebungen der Strichmarken gegeneinander bis zu 2 µm eindeutig erkennen läßt, ist ein kleines Bildfeld des Mikroskops als Nachteil in Kauf zu nehmen.

6.1 Spannungsverteilung in Metallklebverbindungen

Das Mikroskop muß daher an der Belastungsvorrichtung so angebracht werden, daß es entlang der Überlappung und senkrecht dazu bewegt werden kann. An der unbelasteten Probe liegen sich die Strichmarken auf den Fügeteilen einander gegenüber. Die jeweilige Verschiebung gegeneinander unter Last kann mit Hilfe eines geeichten Okularmikrometers direkt abgelesen oder fotografisch festgehalten werden. Da mit dem Mikrometer auch die Dicke der Klebschicht an der Meßstelle zu bestimmen ist, läßt sich die Gleitung aus der Verschiebung, dividiert durch die Schichtdicke, bestimmen. Zur Kontrolle wurde der Gleitwinkel außerdem direkt gemessen.

Die photooptischen Messungen wurden durch mechanische Verschiebungsmessungen mit Hilfe eines umgebauten Huggenberger-Tensometers ergänzt. Bei diesem Tensometer liegen zwei Festschneiden einander so gegenüber, daß es an den Seiten eines Fügeteils der Klebung angesetzt werden kann. Parallel zu einer Festschneide ist die bewegliche Schneide angeordnet, die auf dem gegenüberliegenden Fügeteil aufliegt. Eine Hebelübersetzung des Tensometers von 1:1000 gestattet ein Bestimmen der Fügeteilverschiebungen bis zu 1 μm, während Verschiebungen von 0,2 μm noch geschätzt werden können.

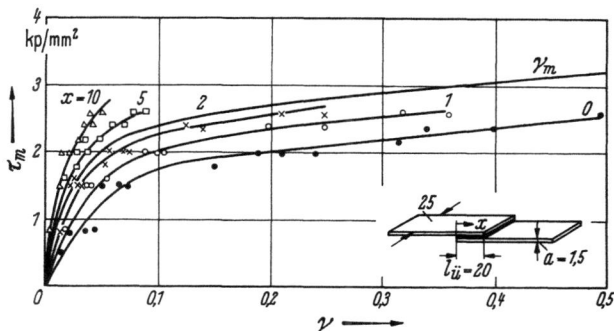

Abb. 255. Gleitungen γ an den Meßstellen x entlang der Überlappungslänge bei verschiedenen mittleren Belastungen τ_m.

Mit Hilfe dieser Meßeinrichtungen lassen sich die Gleitungen an mehreren Stellen der Überlappung bei unterschiedlichen Belastungen der Fugen ermitteln. Aus den Ergebnissen werden für die Meßstellen $x = 0$ bis $x = 0.5\,l_{\ddot{u}}$ Diagramme aufgestellt, Abb. 255, in denen die Gleitungen γ an jedem Ort der jeweils wirkenden Belastung, hier ausgedrückt durch τ_m, zugeordnet sind. Der Buchstabe x kennzeichnet den Abstand der Meßstelle vom Überlappungsende in mm. Da der Verlauf der Verschiebungen zur Mitte der Überlappung symmetrisch verläuft, sind diese nur bis zur Mitte $x = 0.5\,l_{\ddot{u}}$ aufgezeichnet.

Nur für kleine Spannungen verlaufen die Spannungsgleitungskurven geradlinig. Mit zunehmender Last steigen die Gleitungen stark an, vorzüglich am Überlappungsende $x = 0$, während die Verformungen zur Mitte hin ($x = 10$) wesentlich kleiner bleiben.

Um nun aus diesen Diagrammen die wahren Scherspannungen τ_x für jeden Ort bei einem bestimmten τ_m zu ermitteln, werden die Gleitungen γ für mehrere Spannungshorizonte über der Überlappungslänge aufgetragen, Abb. 256 links. Durch Planimetrieren dieser Kurven ist die mittlere Gleitung am Ort x_m zu erhalten, deren Werte in das Scherspannungs-Gleitungs-Diagramm, Abb. 255, zurückübertragen werden. Die damit erhaltene Kurve γ_m in Abhängigkeit von τ_m ergibt den wahren Zusammenhang dieser Größen in der Klebfuge, in dem die Verformungseigenschaften des Klebers enthalten sind.

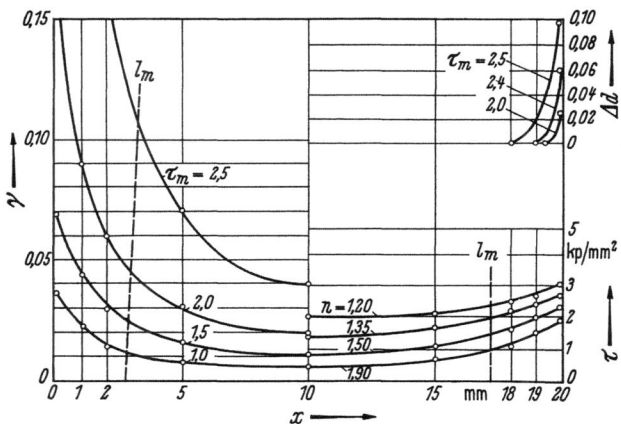

Abb. 256. Gleitungs- und Scherspannungsverteilung (γ, τ) über der Länge x der Überlappung.

Setzt man voraus, daß der Klebstoff an allen Orten der Überlappung dem gleichen Verformungsgesetz gehorcht, so ist die Spannungsverteilung nunmehr graphisch zu bestimmen, da jedem Wert einer Gleitung nur eine Spannung zuzuordnen ist, die sich an der Kurve $\tau_m - \gamma_m$ ablesen läßt.

Das Ergebnis, die Spannungsverteilung entlang der Überlappung, ist in Abb. 256 rechts dargestellt. Erwartungsgemäß steigen die Schubspannungen zum Überlappungsende hin an. Der Spannungsverlauf ist hyperbolisch und entspricht bei kleinen Belastungen der Gleitungsverteilung. Bei höheren Belastungen gewinnt das plastische Verformungsvermögen des Klebers Einfluß. Dem sehr steilen Anstieg der Verformung entspricht nur noch ein geringer Anstieg der Spannungen. Oben

6.1 Spannungsverteilung in Metallklebverbindungen

rechts in der Abb. 256 ist neben der Spannungsverteilung noch die Zunahme der Klebschichtdicke am Überlappungsende infolge der Normalkräfte eingetragen.

Charakterisiert man, wie bereits bei den Berechnungsverfahren, den Verlauf der Scherspannungen durch den Spannungsspitzenfaktor n, so ist festzustellen, daß dieser Faktor mit zunehmender Belastung sinkt, Abb. 257. Bei kurzen Überlappungslängen, die sich bei kleinen Belastungen hinsichtlich des Spannungsspitzenfaktors günstiger verhalten als lange, ist dieser Abfall geringer als bei langen Überlappungen. Im Bereich von $\tau_m = 2{,}5$ kp/mm² ist in allen Verbindungen bereits ein starker Spannungsabbau abgelaufen, das Spannungsspitzenverhältnis beträgt etwa 1,25.

In den Diagrammen sind die nach den Verfahren von O. VOLKERSEN, M. GOLAND und E. REISSNER errechneten Spannungsspitzenfaktoren eingezeichnet. Da bei ihrer Berechnung rein elastisches Verformen des Klebstoffs angenommen worden ist, ändern sich diese Faktoren mit zunehmender Beanspruchung nicht. Das bedeutet, daß eine derart rechnerisch ermittelte Verteilung zu einem wesentlich ungünstigeren Spannungsverlauf führen muß, als er tatsächlich in der Klebschicht vorhan-

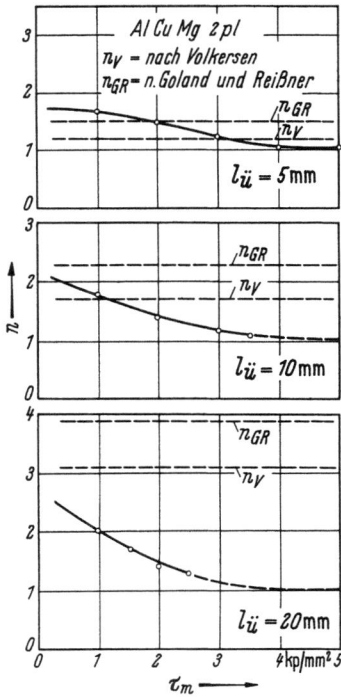

Abb. 257. Spannungsspitzenverhältnisse $n = \tau_{max}/\tau_m$ als Funktion von τ_m für verschiedene Überlappungslängen $l_{ü}$.

Tabelle 16

Klebstoff	Spann.-Sp.-Faktor n
Araldit 106	1,07
Agomet	1,3
Redux 775 F	1,5
Tegofilm	1,4
Fügeteilwerkstoff	AlCuMg 2 pl
$l_{ü}$	20 mm
b	25 mm

den ist. In Abb. 258 sind die errechneten und gemessenen Verteilungskurven zusammengestellt.

Im folgenden soll nunmehr an Hand der Tab. 16 beschrieben werden, wie sich die Verformungseigenschaften der Klebstoffe auf den Spannungsverlauf, gekennzeichnet durch den Spannungsspitzenfaktor n, aus-

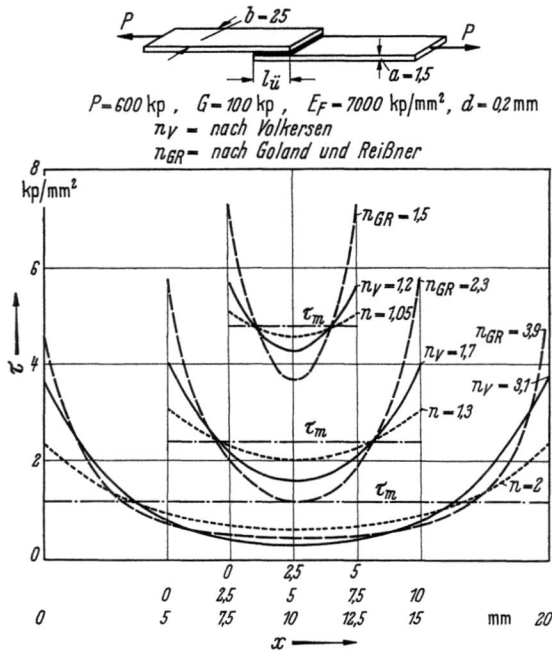

Abb. 258. Vergleich der nach VOLKERSEN sowie nach GOLAND und REISSNER berechneten und der gemessenen Scherspannungsverteilung.

wirken. Um den Vergleich zu erleichtern, wird jeweils der Spannungszustand bei $\tau_m = 2{,}0$ kp/mm² betrachtet. Daraus wird deutlich, daß der Art des Klebstoffs, insbesondere seinen Verformungseigenschaften für das Verhalten von Klebverbindungen, große Bedeutung zukommt, während ihre Eigenfestigkeit offensichtlich einen geringeren Einfluß besitzt. In Tab. 17 sind die Eigenfestigkeit und die Bruchdehnung der Klebstoffe Araldit 106 und Redux 775 F der Bindefestigkeit von Metallklebungen und der Spannungsspitzenfaktor einander gegenübergestellt.

Der gegenüber Araldit 106 wesentlich höheren Festigkeit von Redux 775 F steht seine geringere Verformbarkeit, hier gekennzeichnet durch geringere Bruchdehnung und geringeres Spannungsausgleichsvermögen in der Klebfuge, entgegen. Die mit Redux 775 F erzielbare Bindefestigkeit liegt daher nicht wesentlich höher als bei Araldit 106.

6.1 Spannungsverteilung in Metallklebverbindungen

Noch weitergehend wirken sich die Verformungseigenschaften der Klebstoffe bei dynamischer Beanspruchung auf die Schwingfestigkeit

Tabelle 17

Klebstoff	Bruchfest. σ_B kp/mm²	Bruchdehn. ε_B %	Spann.-Sp.-Faktor n	Bindefest. τ_B kp/mm²
Araldit 106 warmgehärtet	1,75	2,9	1,07	2,5
Redux 775 F	7,0	1,8	1,5	2,9

Fügeteilwerkstoff: AlCuMg 2pl, $l_{ü} = 20$ mm, $b = 25$ mm.

der Verbindungen aus, wie aus Abb. 259 ersichtlich ist [6]. Der Einfluß der hohen plastischen Verformbarkeit von Araldit 106 führt unter schwingender Last zu größeren Festigkeiten als sie mit Redux 775 F erreicht werden, obwohl sich dieser bei statischer Last als fester erweist.

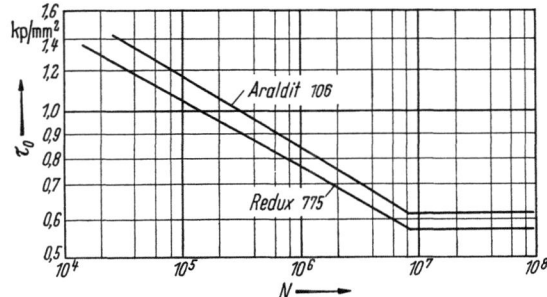

Abb. 259. Wöhler-Kurven von Aluminiumklebungen.

Zu ähnlichen Ergebnissen gelangt auch D. Y. WANG [7], der Klebverbindungen bei dynamischer Beanspruchung untersuchte und feststellte, daß Bindemittel großer Verformbarkeit (Metlbond 4021) zu größeren Festigkeiten der Verbindungen unter dynamischer Beanspruchung führen, als Klebstoffe geringer Verformbarkeit (FM 47), die nur unter statischer Beanspruchung größere Lasten ertragen. Mit Hilfe der Formeln von M. GOLAND und E. REISSNER wurde daraufhin für beide Verbindungen die Scher- und Normalspannungsverteilung errechnet. Daraus geht hervor, daß beim Klebstoff FM 47 die Scherspannung am Überlappungsende auf das Vierfache der mittleren Scherspannung ansteigt. Auch bei der Normalspannung ist ein steiler Anstieg festzustellen. Der Klebstoff Metlbond 4021 dagegen gleicht die Spannungsspitzen weitgehend durch Verformen aus. Die maximalen Scherspannungen liegen nur 10% über den mittleren.

6 Klebgerechtes Konstruieren [Lit. S. 423]

Ein wesentlicher Einfluß des Verformungsverhaltens der Klebstoffe ist auch dann zu berücksichtigen, wenn die Klebungen über längere Zeit statisch beansprucht werden. Das geht aus dem Beispiel einer 20 mm

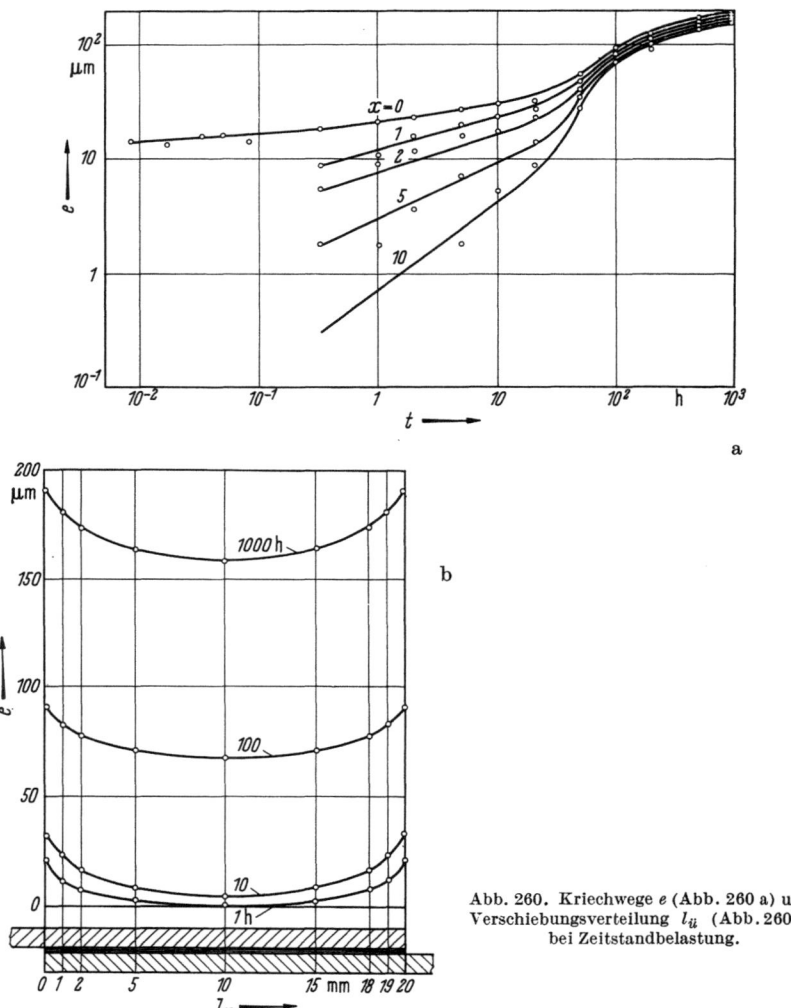

Abb. 260. Kriechwege e (Abb. 260 a) und Verschiebungsverteilung $l_{ü}$ (Abb. 260 b) bei Zeitstandbelastung.

überlappten Verbindung von AlCuMg 2 pl Blechen mit Redux 775 F hervor, die über einen Zeitraum von 1 000 h mit der halben Bruchlast, d. h. 0,5 τ_B, beansprucht wurde. In Abb. 260 sind oben die Gleitungen an den Meßstellen $x = 0, 1, 2, 5$ und 10 über der Belastungsdauer aufgetragen, während unten die Verschiebungsverteilung für einige Belastungszeiten über der Überlappungslänge eingezeichnet ist. Man kann erkennen, daß nach 1 h Verschiebungen nur zu den Überlappungsenden hin auftreten, während nach längerem Belasten die Fügeteile sich insgesamt gegeneinander verschieben. Außerdem wird die Verteilung der Verschiebungen gleichmäßiger, wenn man das Verhältnis l_{max} am Überlappungsende zu l_{min} in Überlappungsmitte berücksichtigt.

Neben den Verformungseigenschaften der Klebstoffe beeinflussen, wie aus der Praxis bekannt, auch die Überlappungslänge, die Verformungen der Fügeteile, abhängig von Fügeteildicke und -werkstoff, sowie die Dicke der Klebschicht den Spannungsverlauf und damit das Festigkeitsverhalten der Verbindungen. Das sei an Hand einiger Spannungsspitzenfaktoren kurz angedeutet. Die mittlere Scherspannung sei in allen betrachteten Fällen wiederum $\tau_m = 2$ kp/mm².

An 5 mm überlappten Verbindungen mit Agomet M ergibt sich bei einer Schichtdicke von etwa 280 μm $n = 1,3$, während eine dünnere Klebschicht zu größeren Unterschieden, gekennzeichnet durch $n = 1,5$, führt. Die daraus folgende Annahme, daß mit dickeren Klebschichten und daher bei gegebenen Fügeteilverschiebungen kleineren Gleitwinkeln des Klebers eine gleichmäßigere Spannungsverteilung und höhere Festigkeit zu erreichen sind, ist unrichtig. Mit dickerer Klebschicht nehmen das Biegemoment in der Verbindung und damit die Schälspannungen zu. Weiterhin nimmt mit steigender Dicke die Scherbruchfestigkeit des Klebers infolge geringerer Verformungsbehinderung ab und die Wahrscheinlichkeit von Fehlstellen, an denen sich Spannungsspitzen bilden, zu. Außerdem können sich in dickeren Schichten Eigenspannungen durch Schrumpfen und Wärmeeinwirkungen bilden, die die Festigkeit herabsetzen. Diese Faktoren wirken einer Steigerung der Bindefestigkeit durch geringere Gleitungen entgegen und können als Erklärung dafür dienen, daß Schichtdicken von 0,1 bis 0,3 mm sich als optimal erweisen.

Betrachtet man den Einfluß der Überlappungslänge auf die Spannungsverteilung, so ist festzustellen, daß in kurzen Überlappungen hauptsächlich bei höheren Beanspruchungen ein besserer Spannungsausgleich zu erzielen ist als in langen. Für Redux 775 ergibt sich an 5 mm überlappten Proben bei $\tau_m = 2,0$ kp/mm² $n = 1,35$, während bei 20 mm überlappten Proben $n = 1,5$ gemessen wird. Bringt man auf die 5 mm überlappten Proben eine Spannung $\tau_m = 4$ kp/mm², so ist ein nahezu gleichmäßiger Verlauf der Scherspannungen mit $n = 1,04$ festzustellen, während 20 mm überlappte Fugen bereits bei $\tau_m = 2,9$ kp/mm² zerstört werden, ohne daß ein Spannungsausgleich stattgefunden hat.

Schließlich sei noch der Einfluß der Fügeteilverformung angeführt. 20 mm überlappte Klebungen mit Redux 775 und AlCuMg 2 pl Fügeteilen lassen sich bei $\tau_m = 2{,}0$ kp/mm² durch $n = 1{,}5$ kennzeichnen. Bestehen die Fügeteile aus Stahl RSt 1003, so ergibt sich $n = 1{,}25$.

Aus dieser Übersicht über einige Ergebnisse der experimentellen Spannungsermittlung mit Hilfe optischer und mechanischer Verschiebungsmeßverfahren geht hervor, daß eine große Zahl von Einflußgrößen die Spannungsverteilung bestimmt. Sie lassen sich in theoretischen Berechnungsmethoden kaum alle berücksichtigen. Darüber hinaus wurde bisher nur der Verlauf der Scherspannungen entlang der Überlappungslänge betrachtet, unter der Voraussetzung, daß die Spannungen über die Breite der Klebfuge etwa gleichmäßig verteilt sind. Ob diese Annahme tatsächlich zutrifft, läßt sich mit spannungsoptischen Methoden nachprüfen.

6.1.3 Spannungsoptisches Ermitteln der Spannungsverteilung

Spannungsoptische Untersuchungen an Metallklebverbindungen lassich auf zwei Wegen durchführen. Der eine ist dadurch gekennzeichnet, daß die Klebschicht in Modellversuchen durch einen optisch aktiven Werkstoff ersetzt wird, an dem mit Hilfe von Polarisatoren dann die Spannungsverteilung an Hand des Isochromatenverlaufs bestimmt werden kann. Dieses Verfahren wandten E. A. CORNELIUS und G. STIER [8] bei der Untersuchung einiger wichtiger Klebverbindungsarten an. Sie gelangten zu grundsätzlich ähnlichen Ergebnissen, wie sie bereits angedeutet sind. Der Vorteil dieses Verfahrens besteht darin, daß nicht nur eine mittlere Verformung festgestellt wird, sondern daß die Beanspruchungsunterschiede der Schicht von Fügeteil zu Fügeteil festzustellen sind. Der Nachteil des Verfahrens jedoch besteht darin, daß bei den Modellverbindungen dicke Kunststoffschichten an Stelle der Klebschichten eingefügt werden müssen, die sich hinsichtlich ihrer Verformbarkeit anders verhalten als dünne Schichten. Darüber hinaus ist eine geometrische Ähnlichkeit mit tatsächlichen Klebverbindungen wegen der großen Schichtdicke nicht gegeben. Außerdem läßt sich mit diesem Verfahren die Spannungsverteilung über die Breite der Verbindung nicht messen.

Dies ist durch die zweite Methode zu erreichen, bei der auf metallischen Fügeteilen von einfach überlappten Klebungen spannungsoptisch aktive Folien aufgeklebt werden. Man betrachtet hier also wieder den Verformungszustand der Fügeteile als Meßgröße für die Spannungsverteilung.

Aus derartigen Untersuchungen ergibt sich nun eindeutig, daß eine gleichmäßige Verteilung der Zug-, Biege- und Scherspannungen über die Breite einer Klebverbindung nicht vorliegt. Das ist vor allem darauf zurückzuführen, daß bei Biegung der Fügeteile einer einfachen Überlappung infolge des außermittigen Kraftangriffs, schematisch dargestellt in Abb. 251, die Querschnitte nicht eben bleiben, wie dies die Festigkeitstheorie voraussetzt. Vielmehr entstehen durch die Randwölbung Zug- und Druckspannungen, die sich den eingebrachten Zugspannungen überlagern.

Dies wird deutlich sichtbar, wenn man auf die Außenseite eines Fügeteils spannungsoptische Folie aufbringt und den Verlauf der Isochromaten unter verschiedenen Belastungen beobachtet, Abb. 261 [5]. Auf

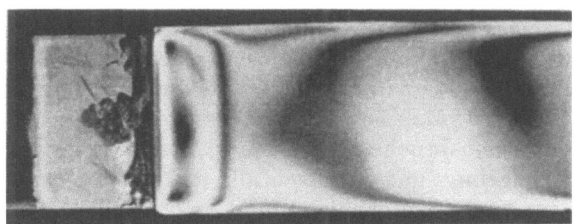

Abb. 261. Spannungsverteilung quer zur Lastrichtung, im Photo-Stress-Verfahren aufgenommen.

ein quantitatives Auswerten des Isochromatenverlaufs soll hier verzichtet werden. Es mag der Hinweis genügen, daß im Bereich der Fügeteilbiegung am Überlappungsende auf der Außenseite des Fügeteils die Druckspannungen in der Mitte der Probe höher sind als am Rand. Dementsprechend sind auf der Klebschichtseite am Rand des Blechs höhere Zugspannungen vorhanden, die eine größere Dehnung erzwingen als in Blechmitte.

Aus Abb. 261 ist weiterhin ersichtlich, daß die Zugspannungserhöhung am Fügeteilrand im Bereich der Klebfuge schnell abklingt, da diese steifer als das Fügeteil ist und durch das Biegemoment wenig verformt wird.

Schließt man also aus Verschiebungsmessungen am Rande der Fügeteile auf den Spannungsverlauf für die gesamte Probe, so entsteht ein Fehler durch große Verschiebungen nur am Überlappungsende. Seine Größe, d. h. die Spannungsüberhöhung am Rande, beträgt etwa $n = \sigma_{Rand}/\sigma_{Mitte} = 1,2$. Darüber hinaus beweisen diese Untersuchungen, daß die vereinfachenden Voraussetzungen in den Spannungsberechnungen nach W. BRAIG [3], s. S. 353, daß die Klebfuge infolge größerer Steifheit sich gegenüber der Biegung starr verhält, mit den tatsächlichen Verhältnissen in guten Einklang zu bringen ist.

In den vorhergehenden Abschnitten wurde dargestellt, inwieweit die Spannungsverhältnisse in Klebverbindungen ermittelt werden können. Da sich sowohl theoretische wie auch experimentelle Arbeiten, von denen nur die wichtigsten erwähnt wurden, vorzüglich mit einfach überlappten Klebfugen als der wichtigsten Verbindungsform der Metallklebtechnik befassen, ist auf die Beschreibung der Spannungsverhältnisse anderer Verbindungsformen verzichtet worden.

Ergebnisse aus Spannungsuntersuchungen an doppelt überlappten Klebungen sind in [3] dargestellt. Doppelte Laschungen werden in [8] und [9] behandelt, einige Versuche an Stumpfklebungen in [9] beschrieben. Eine umfassende Darstellung der Spannungsverhältnisse bei Schälbeanspruchung findet sich in [10]. Ein rechnerisches Bestimmen des Schälwiderstandes gelingt unter der Voraussetzung, daß die Verbindung in der Klebschicht getrennt wird, also Kohäsionsbruch eintritt. Damit ist die Verwendbarkeit dieses Verfahrens eingeschränkt, da schälende Beanspruchung besonders in der Prüftechnik zum Bestimmen der Haftkräfte gewählt wird. Man ist also bemüht, durch extreme Schälbeanspruchung Adhäsionsbrüche zu erzwingen, was durch geeignete Wahl der Probenform gelingt und zu aufschlußreichen Ergebnissen führt [11]. Aus derartigen Versuchsergebnissen müssen Einflußgrößen, wie Schälradius, Schälgeschwindigkeit, Klebschichtdicke und Verformbarkeit der Fügeteile auf den Schälwiderstand rechnerisch zu eliminieren sein, um vergleichbare Werte über die Haftfestigkeit unterschiedlicher Klebstoffe an verschiedenen Fügeteilwerkstoffen zu erhalten. Das gelang jedoch bisher nicht.

6.1.4 Folgerungen

Zusammenfassend ist festzustellen, daß sich die Spannungsverteilung und damit die Beanspruchbarkeit von Metallklebungen theoretisch nicht exakt darstellen lassen, weil man gezwungen ist, bei Ansätzen von Rechenverfahren vereinfachende Annahmen zugrundezulegen, um den mathematischen Aufwand in erträglichen Grenzen zu halten. Experimentelle Untersuchungen ergaben, daß neben der Geometrie der Verbindungen und der Art der Grundbeanspruchung, Zug-Schub- oder Schälspannungen, in besonderem Maße das Verformungsverhalten der Klebstoffe entscheidenden Einfluß auf das Festigkeitsverhalten der Klebverbindungen besitzt. Die plastisch-elastische Verformung der Klebschichten führt, im Gegensatz zu theoretischen Voraussetzungen, zu einem Abbau von Spannungsspitzen, der von der Gesamtbelastung abhängig ist. Diese für Kunststoffe charakteristischen Eigenschaften lassen sich zwar mit geeigneten Meßverfahren an Klebstoffsubstanzproben als technologische Werte bestimmen, ein direkter Zusammenhang zwischen diesen Meßgrößen und den Eigenschaften dünner, in der freien Verformung behinderter Schichten ist jedoch bisher nicht gefunden und damit ein Berechnen des Spannungsverlaufs nicht möglich.

Aufschlußreich ist jedoch, neben diesem Einfluß der Klebstoffeigenschaften auf die Festigkeit der Verbindungen den der geometrischen Abmessungen, wie Fügeteildicke und Überlappungslänge, zu betrachten,

6.1 Spannungsverteilung in Metallklebverbindungen

die ebenfalls den Spannungszustand und die Festigkeit weitgehend beeinflussen. Es ist deshalb nicht möglich, für einen Klebstoff und bestimmte Fügeteilwerkstoffe eine allgemeingültige Bindefestigkeit für einfach überlappte Klebungen anzugeben.

Man hat daher versucht, auf Grund von Ähnlichkeitsbetrachtungen Beziehungen aufzustellen, die es zumindest für einen bestimmten Klebstoff und Fügeteilwerkstoff gestatten, Festigkeitswerte gleichartiger Verbindungsformen unterschiedlicher Abmessungen miteinander vergleichen zu können. Die bekannteste und häufig verwendete Beziehung ist der sog. Gestaltfaktor

$$f = \frac{\sqrt{a}}{l_{ü}},$$

den N. A. DE BRUYNE 1944 für einfach überlappte Klebverbindungen einführte [12]. Ausgangspunkt für diesen Gestaltfaktor ist die Gleichung des Spannungsspitzenfaktors, s. S. 350,

$$n = \frac{\tau_{max}}{\tau_m} = n(\varDelta, K).$$

Betrachtet man darin den Steifigkeitsfaktor, s. S. 350,

$$\varDelta = \frac{G\, l_ü}{E\, a\, d}$$

unter der Voraussetzung, daß G, E und d konstant sind, so ist n ausschließlich von $l_ü$ und a abhängig.

Demnach müssen Klebungen gleichen Fügeteilwerkstoffs und Klebstoffs dann eine gleiche Spannungsverteilung und Festigkeit aufweisen, wenn ihr Gestaltfaktor gleich groß ist. Unter dieser Annahme ist der Gestaltfaktor zu einer häufig verwendeten Kenngröße in der Klebtechnik geworden, und auf S. 368 ist dargestellt, daß er einigen Dimensionierungsverfahren als Gesetzmäßigkeit zugrundeliegt.

Da in dieser einfachen geometrischen Beziehung die Auswirkungen des komplexen Spannungsverlaufs auf die Festigkeit der Verbindungen nicht vollständig erhalten sind, wie Vergleiche der theoretischen und experimentellen Ergebnisse beweisen, Abb. 258, wurden Versuche durchgeführt, um die Gültigkeit des Faktors zu prüfen. Sie bestanden darin, an einfach überlappten Klebverbindungen aus verschieden dicken Blechen die Bindefestigkeit zu ermitteln. Die Überlappungslänge war so gewählt, daß sich jeweils der gleiche Gestaltfaktor ergab. In Abb. 262 sind die Ergebnisse dieser Versuche für zwei Gestaltfaktoren dargestellt [13]. Es wird deutlich, daß Verbindungen unterschiedlicher Abmessungen, als Bezugsgröße ist die Blechdicke angegeben, und gleichen Gestaltfaktors nicht die gleiche Bindefestigkeit aufweisen. Das bedeutet, daß der Gestaltfaktor, streng genommen, nicht als Grundgröße für Festigkeitsvergleiche und Voraussagen herangezogen werden darf.

Die große Zahl der Einflußgrößen, die den Spannungsverlauf meßbar beeinflussen, läßt es wenig hoffnungsvoll erscheinen, zu einer mathematisch exakten und allgemeingültigen Formulierung der Spannungsverteilung und damit der Festigkeit bestimmter Verbindungsformen zu

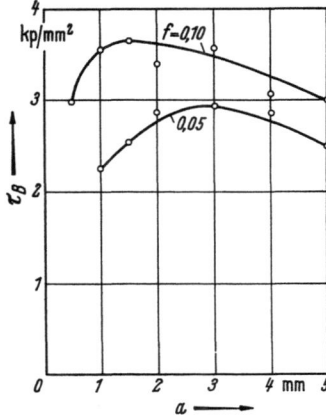

Abb. 262. Bindefestigkeit τ_B von einfach überlappten Klebungen mit zwei Gestaltfaktoren f in Abhängigkeit von der Fügeteildicke a.

gelangen. Immerhin gestattet die Kenntnis des Spannungsverlaufs und der ihn bestimmenden Faktoren dem Konstrukteur, durch geeignete Formgebung der Fügeteile zu Festigkeitssteigerungen zu gelangen. Weiterhin ist es möglich, durch gezieltes Formulieren der Klebstoffe, besonders hinsichtlich ihrer Verformbarkeit, Festigkeitsgewinne zu erzielen.

6.2 Berechnen und Bemessen von Metallklebverbindungen

Von Walter Brockmann, Hannover

Das Metallkleben findet zum Herstellen hochbeanspruchter Verbindungen vorzugsweise in Blechkonstruktionen Verwendung. Erwähnt seien hier nur der Luftfahrzeugbau, der sich die Vorteile des Fügeverfahrens in vielen Fällen zunutze macht, und der Kraftfahrzeugbau, in dem das Kleben, wenn auch zögernd, Eingang findet.

Gerade beim Verbinden dünner Fügeteile ist, wie im vorigen Kapitel dargestellt, für ein Berechnen der Festigkeit der unter Last stehende Spannungsverlauf von entscheidender Bedeutung, während beim Fügen massiver Bauteile die Kenntnis der maximalen Schub- und Zugfestigkeit der Klebstoffe genügt, mit der die Belastbarkeit der Klebung zu bestimmen ist.

6.2 Berechnen und Bemessen von Klebverbindungen

Es wurde bereits erwähnt, daß man große Klebflächen schaffen muß, da die Eigenfestigkeit der Bindemittel um etwa eine Größenordnung unter der der Metalle liegt. Das führt zwangsläufig zu Klebflächen, die in Richtung der zu übertragenden Lasten liegen. Beansprucht werden Klebschichten dann hauptsächlich durch Schub.

Die Festigkeit dieser Verbindungen hängt von der Verformungseigenschaften der Fügeteile, den Abmessungen der Verbindung, Fügeteildicke, Überlappungslänge und der Klebschichtdicke sowie in starkem maße von der Festigkeit und den Vorformungseigenschaften der Klebstoffe ab. Sie bestimmen die Verteilung der Spannungen in der Klebfuge. Kriterium der Festigkeit ist nicht eine errechnete mittlere Spannung, sondern die Größe örtlicher Spannungskonzentrationen, bei überlappten Verbindungen an den Überlappungsenden.

Der Konstrukteur ist gezwungen, aus Gründen der Wirtschaftlichkeit und der Gewichtsersparnis die Festigkeit der Werkstoffe und ihrer Verbindungen möglichst weitgehend auszunutzen. Da er nicht in allen Fällen in der Lage sein wird, eine seinen Forderungen entsprechende Klebverbindung in Versuchen zu entwickeln, müssen ihm Berechnungs- und Bemessungsverfahren vorliegen, die ihm gestatten, aus der Kenntnis der Eigenschaften von Klebstoff und Fügeteilwerkstoff die Festigkeit der Klebung zu bestimmen, oder, wie in der Praxis üblich, eine bestimmten Festigkeitsforderungen genügende Verbindungsform zu entwickeln.

Voraussetzung für Festigkeitsberechnungen und das Dimensionieren von Klebverbindungen ist, daß ein oder mehrere Klebstoffe durch eigene Versuche nach den entsprechenden Normen ermittelt worden sind, die auf dem Fügeteilwerkstoff unter Umständen nach spezieller Vorbehandlung ausreichende Haftung besitzen. Bei der Auswahl der Klebstoffe müssen darüber hinaus entsprechend den an die Konstruktion gestellten Forderungen Fragen der Langzeitfestigkeit, Temperaturbeständigkeit und Alterungsbeständigkeit und Verarbeitbarkeit berücksichtigt werden, über die in anderen Kapiteln nähere Aufschlüsse vermittelt werden.

Das Berechnen von Klebverbindungen setzt voraus, daß ein Klebstoff zur Verfügung steht, der unter der angenommenen maximalen Last an den Fügeteilen so fest haftet, daß die Verbindung in der Klebschicht selbst oder im Fügeteil versagt. Die Kenntnisse über den Mechanismus der Adhäsion reichen heute noch nicht aus, um zuverlässige Voraussagen über das Festigkeitsverhalten der Adhäsionszone machen zu können. Immerhin kann aber gesagt werden, daß erfahrungsgemäß bei geeigneter Kombination von Fügeteilwerkstoff und Klebstoff sowie ausreichender Oberflächenvorbehandlung und Herstellungsqualität der Klebfuge ein Versagen der Adhäsion selten ist.

6.2.1 Berechnungsverfahren

Ähnlich wie für das Ermitteln des Spannungsverlaufs steht auch beim Aufstellen von Berechnungsverfahren die einfach überlappte Klebverbindung als am meisten angewendete Fugenart im Vordergrund der Betrachtungen.

In der Erkenntnis, daß das Festigkeitsverhalten von Klebungen mathematisch exakt nicht zu erfassen ist, war man bestrebt, bei den Rechenansätzen zwar die theoretischen Formeln zugrunde zu legen, die Gültigkeit für die Praxis jedoch durch Einführen empirisch gewonnener Faktoren oder Modifikationen der Gleichungen zu verbessern.

6.2.1.1 Verfahren von Frey

Einfachstes Beispiel für ein derartiges Vorgehen ist das Berechnungsverfahren von K. FREY [14]. Er legt seinen Arbeiten den Gestaltfaktor von W. DE BRUYNE (s. S. 365) zugrunde, der aus dem Verfahren von M. GOLAND und REISSNER abgeleitet ist. In umfangreichen Versuchen wird dann die Bindefestigkeit von einfach überlappten Leichtmetallklebungen mit zwei Klebstoffen, Redux 775 und Araldit I, ermittelt und in zwei Diagrammen als Funktion des Gestaltfaktors f aufgetragen.

In der einfach logarithmischen Darstellung erscheint die Funktion

$$\tau_m = \tau_m(f)$$

annähernd als Gerade, die durch

$$\tau_m = \alpha \log \frac{\lambda \sqrt{a}}{l_ü}$$

zu beschreiben ist.

Aus den Diagrammen lassen sich die Konstanten α und λ an Hand der Regressionsgeraden bestimmen. Es ergeben sich daraus für die beiden Klebstoffe

$$\tau_{m \text{ Araldit}} = 3{,}65 \log \frac{63{,}1 \sqrt{a}}{l_ü},$$

Fügeteilwerkstoff Anticorodal B, und

$$\tau_{m \text{ Redux}} = 3{,}12 \log \frac{83{,}2 \sqrt{a}}{l_ü},$$

Fügeteilwerkstoff AlCuMg 2 pl. Mit diesen Gleichungen errechnete mittlere Bindefestigkeiten stimmen mit den gemessenen Werten gut überein.

Bereits K. FREY berücksichtigt beim Dimensionieren von Klebverbindungen das Verhältnis der Belastbarkeit der Fuge zu der der Fügeteile, das im günstigsten Falle 1 sein sollte. Nach Frey werden die Werkstoffe am höchsten ausgenutzt, wenn die Fügeteildicke a und die Überlappungslänge $l_ü$ in Abhängigkeit von der Streckgrenze σ des Metalls nach folgenden Gleichungen gewählt werden:

$$a_{\text{optimal}} = \frac{1}{\sigma_s^2} \psi x^2$$

$$l_{ü\ \text{optimal}} = \frac{1}{\sigma_s} \psi x.$$

Darin sind

$$\psi = \left(\frac{\lambda}{e}\right)^2; \quad x = \alpha \log e.$$

Das Berechnungsverfahren von K. FREY setzt voraus, daß für den zu verwendenden Klebstoff und Fügeteilwerkstoff die Werte α und λ bestimmt worden sind. Eine gewisse Vereinfachung ergibt sich, wenn man die Frey-Formel nach dem Vorschlag von H. MÜLLER [15] abgewandelt in

$$\tau_{mB} = B\left(1 + M \log \frac{\sqrt{a}}{l_ü}\right),$$

worin $M = 0{,}55$ für alle Werkstoffe und Bindemittel gilt. Der Faktor B wird aus Zugscherversuchen nach der Regressionsgleichung zu

$$B = \alpha \sigma_{0,2} + \beta$$

bestimmt.

6.2.1.2 Verfahren von Tombach

Ähnlich wie K. FREY und H. MÜLLER legt auch H. TOMBACH [16] seinen Berechnungsvorschlägen die Ergebnisse von O. VOLKERSEN sowie M. GOLAND und E. REISSNER zu Grunde, deren Anwendbarkeit er durch empirisch gewonnene Faktoren zu erweitern versucht. Er gelangt zu folgender Formel für die Bindefestigkeit einfach überlappter Verbindungen:

$$\tau_B = a\left(\frac{l_ü}{a}\right)^{-b} = \frac{U}{\frac{1}{c}\coth\frac{1}{c}},$$

worin

$$\frac{1}{c} = l_ü = \sqrt{\frac{G_e}{2Ead}}.$$

Der Wert U ergibt sich aus einer Darstellung von τ_B in Abhängigkeit von $l_ü$ als Wert von τ_B an der Stelle $l_ü = 0$. G_c ist ein graphisch zu ermittelnder Schubkennwert für die Klebschicht.

Schließlich kommt TOMBACH zu dem Berechnungsvorschlag

$$\tau_B = \frac{U}{\left(\frac{1+3K}{4}\right)\frac{2}{c}\coth\frac{2}{c}\frac{3(1-K)}{4}}.$$

Darin ist

$$\frac{1}{K} = 1 + 2\sqrt{z}\ \tanh \frac{l_{ü}}{2a} \sqrt{\frac{3\varepsilon}{2}(1-\nu^2)}\ .$$

Besonders diese Gleichung erfordert bereits einen beträchtlichen rechnerischen Aufwand, ohne gegenüber einfacheren Formeln wesentliche Fortschritte zu erbringen.

Der Einsatzbereich der bisher beschriebenen Bemessungsverfahren ist außerordentlich begrenzt. Sie können nur angewendet werden, wenn die notwendigen Faktoren aus bereits vorliegenden Versuchsergebnissen bestimmbar sind. Der dazu erforderliche Aufwand ist nicht geringer als der zum empirischen Ermitteln geeigneter Verbindungsformen.

6.2.1.3 Verfahren von Eichhorn und Braig

Um allgemeingültige Methoden zur Festigkeitsberechnung einfach und doppelt überlappter Metallklebungen bemühten sich F. EICHHORN und W. BRAIG [17] im Jahre 1960. Ausgehend von den Volkersen-Gleichungen entwickelten sie ein Verfahren, mit dem sich Nomogramme zeichnen lassen, in denen die Abmessungen der Verbindungen bei gegebener Belastung einfach ablesbar sind.

Dem Berechnungsverfahren liegt die Annahme zugrunde, daß sich der Klebstoff unter Last rein elastisch verformt, was mit den tatsächlichen Verhältnissen nicht in Einklang steht, s. S. 364. Ein Dimensionieren mit diesem Rechenverfahren führt zu Klebverbindungen, die hinsichtlich der Klebstoffestigkeit nicht voll ausgelastet sind.

Das Verfahren von F. EICHHORN und W. BRAIG ist jedoch insofern von Interesse, als in dem rechnerischen Ansatz nicht nur die Klebfuge und ihr Festigkeitsverhalten, sondern auch die Beanspruchung der Fügeteile berücksichtigt wird. Wie bereits mehrfach erwähnt, wirkt in der einfach überlappten Klebfuge ein Biegemoment, das auf der Klebschichtseite der Fügeteile zu Zugspannungen führt, die sich den eingebrachten Zugspannungen überlagern. Die Größe dieses maximalen Biegemomentes, das am Überlappungsende auftritt, kann nach folgender Formel berechnet werden:

$$M_{b\,\max} = \frac{Pa}{2 + l_{ü}\sqrt{\frac{12P}{Eba^3}}}\ .$$

Daraus ergibt sich eine maximale Zugspannung in der äußeren Schicht der Fügeteile von

$$\sigma_b = \frac{M_{\max}}{W_b} = \frac{6M_{\max}}{ba^2}\ .$$

Mit der eingebrachten Zugspannung $\sigma_z = P/ab$ ergibt sich dann eine maximale Beanspruchung des Fügeteils von

$$\sigma_{\max} = \sigma_z + \sigma_b.$$

Um unerwartetes Versagen des Fügeteils zu vermeiden, ist diese maximale Beanspruchung bei Auswahl eines Fügeteilwerkstoffs oder beim Bemessen der Verbindung zugrunde zu legen. Schließlich sei an Hand eines Diagramms angedeutet, wie sich nach dem Verfahren von F. EICHHORN und W. BRAIG für eine gegebene Last die Blechdicke und die Überlappungslänge einer einfach überlappten Verbindung ermitteln läßt, Abb. 263.

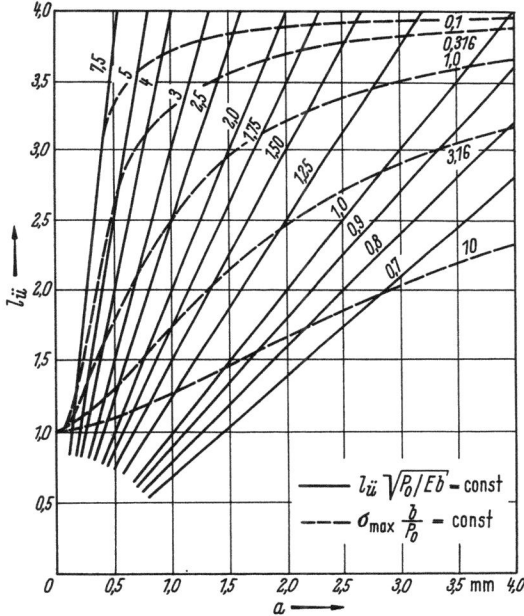

Abb. 263. Diagramm zum Ermitteln von Blechdicke a und Überlappungslänge $l_{\ddot{u}}$ einfach überlappter Klebungen bei gegebener Last P.

Aus der zu übertragenden Last P, der vorgesehenen Verbindungsbreite b und der maximal zulässigen Spannung im Fügeteilwerkstoff $\sigma_{\max}$ sucht man in Abb. 263 eine Gerade mit dem Parameter $\sigma_{\max} b/P$. Bei einer wählbaren Überlappungslänge $l_{\ddot{u}}$ ergibt sich eine weitere Kurve mit dem Parameter $l_{\ddot{u}} \sqrt{P/Eb}$, deren Schnittpunkt mit der Geraden über der Blechdicke a liegt, die dem gewählten $l_{\ddot{u}}$ zuzuordnen ist.

Eine derartige Bemessung gilt nur hinsichtlich der Fügeteilfestigkeit. Die maximale Beanspruchbarkeit des Klebstoffs ist darin nicht berücksichtigt. Damit beschränkt sich seine Anwendbarkeit auf einige Sonderfälle der Bemessung.

6.2.1.4 Verfahren von Winter und Meckelburg

Das wohl umfassendste und vollständigste Bemessungsverfahren für überlappte Klebungen entwickelten H. WINTER und H. MECKELBURG [4] im Jahre 1960. Sie legen ihren Berechnungen ebenfalls die Theorien von O. VOLKERSEN, M. GOLAND und E. REISSNER zu Grunde, die jedoch nur qualitative Zusammenhänge der Einflußgrößen auf die Bindefestigkeit wiedergeben. Die quantitativen Beziehungen zwischen den Größen Fügeteildicke, Überlappungslänge und Verformungs- sowie Festigkeitseigenschaften von Klebstoffen und Fügeteilwerkstoffen bestimmen sie an Hand von umfangreichen Versuchen empirisch. Die daraus gewonnenen Ergebnisse werden im Berechnungsverfahren in Form von Korrekturfaktoren berücksichtigt.

Der Ausgangspunkt für die Rechnungen ist wiederum der Gestaltfaktor f. Zunächst wird an einer großen Zahl von Probekörpern unterschiedlicher Abmessungen mit Hilfe statistischer Methoden ermittelt, welchen Einfluß die geometrischen Größen Fügeteildicke und Überlappungslänge, die in diesem Faktor enthalten sind, auf die Bruchfestigkeit

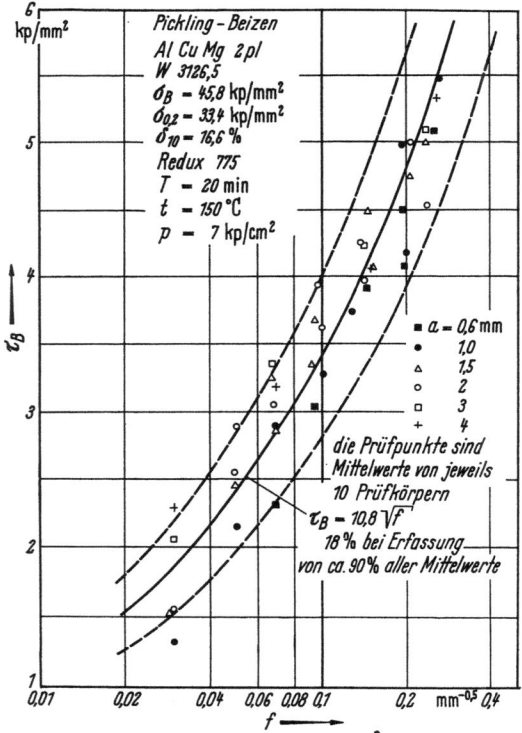

Abb. 264. Bindefestigkeit τ_B in Abhängigkeit vom Gestaltfaktor f.

6.2 Berechnen und Bemessen von Klebverbindungen

überlappter Klebungen besitzen, Abb. 264. Die im Diagramm enthaltenen Meßwerte lassen sich mit einer Genauigkeit von ± 18% durch

$$\tau_B = g\sqrt{f}$$

beschreiben, wenn 90% aller Mittelwerte erfaßt werden. Der Faktor ergibt sich für den Klebstoff Redux 775 F beispielsweise zu 10,7.

Ein ähnlicher Zusammenhang ist dann an zweischnittigen Überlappungen gemessen worden. In allen Rechnungen und Messungen unterscheiden H. WINTER und H. MECKELBURG symmetrische und unsymmetrische Verbindungsformen, für die das Verfahren getrennt durchgeführt wird. Als Symmetrie ist die Lage der Klebfugen zur Kraftangriffsebene gemeint, aus der sich die Art der Beanspruchung ergibt. Symmetrische Verbindungen sind demnach doppelte Überlappungen und doppelte Laschungen, in denen nahezu reine Scherbeanspruchung auftritt. Unsymmetrisch dagegen sind alle Verbindungen, in denen die Biegemomente durch außermittige Krafteinleitung oder eine besondere Form der Klebfuge Schälbeanspruchungen hervorrufen. Zu den unsymmetrischen Verbindungen zählen einfache Überlappungen und einfache Laschungen. Im folgenden werden aus Raumgründen nur die unsymmetrischen Verbindungen behandelt.

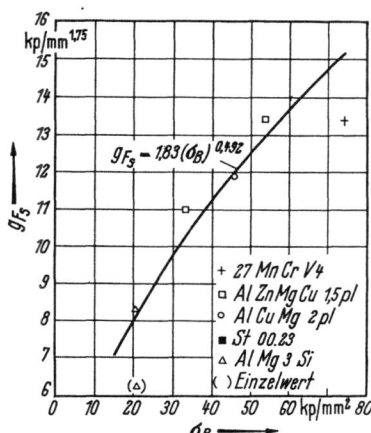

Abb. 265. Einfluß der Zugfestigkeit σ_B der Fügeteilwerkstoffe auf den Faktor g.

Um nun zu bestimmen, wie sich unterschiedliche Fügeteilwerkstoffe auf die Bindefestigkeit auswirken, werden Klebungen unterschiedlicher Werkstoffe geprüft und der aus Bindefestigkeit und geometrischen Abmessungen errechnete Faktor g über der Zugfestigkeit der Fügeteilwerkstoffe aufgetragen, Abb. 265. Ein Zusammenhang zwischen den Größen ist deutlich erkennbar.

Voraussetzung für die Gültigkeit dieser Darstellung ist, daß in allen Verbindungen gleichartige Grenzschichtverhältnisse vorliegen. d. h. daß die Haftfestigkeit zwischen Kleber und Metall größer ist als die Eigenfestigkeit der Klebschicht und der Bruchmechanismus nur von der Verformungs- und Festigungseigenschaften der Verbundpartner bestimmt wird. Diese Voraussetzung ist, wie später erläutert, eine unzutreffende Vereinfachung.

Die in Abb. 265 dargestellte Kurve läßt sich wiederum als Funktion von σ_B beschreiben. Für den Klebstoff Redux 775 F ergibt sich beispielsweise aus dem Diagramm die Funktion

$$g_{\mathrm{Fu}} = 0{,}934\, \sigma_B^{0,635} \mathrm{\ kp/mm^{+1,75}}.$$

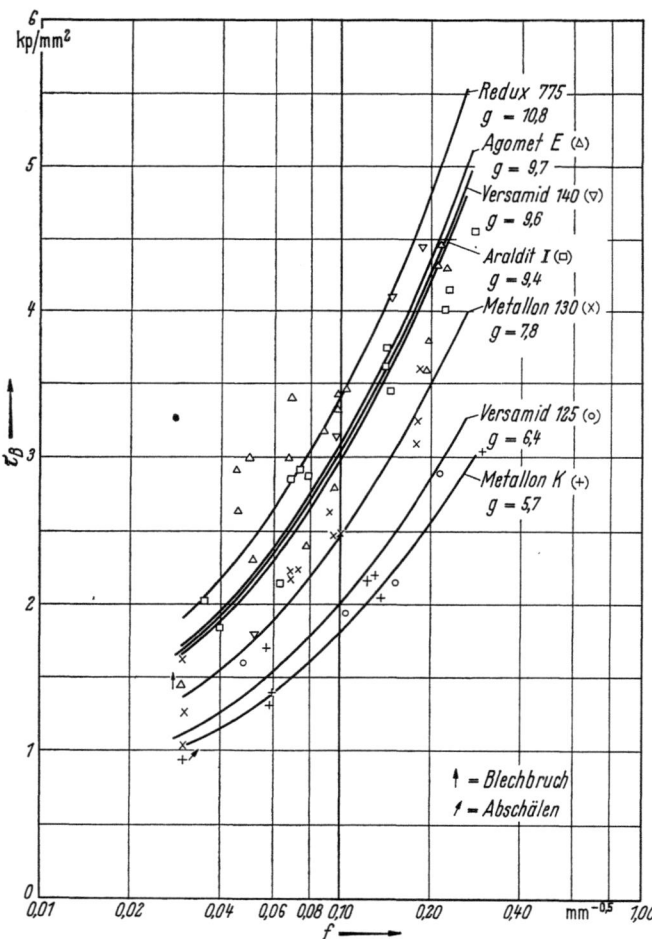

Abb. 266. Bindefestigkeit τ_B in Abhängigkeit vom Gestaltfaktor f bei verschiedenen Klebstoffen.

Es verbleibt schließlich noch, den Einfluß des Klebstoffs auf die Bindefestigkeit zu bestimmen, der in Abb. 266 deutlich zu erkennen ist.

Da die Kurven τ_B für die verschiedenen Klebstoffe eindeutig ähnlich verlaufen, so wird ein Kennwert für den Klebstoffeinfluß mit Hilfe der abgewandelten Volkersen-Gleichung, s. S. 350, dargestellt als

$$n = \frac{\tau_{max}}{\tau_m} = \sqrt{\frac{\Delta}{2}}$$

da

$$\coth \sqrt{\frac{\Delta}{2}} \triangleq 1.$$

In dieser Gleichung bedeutet

$$\Delta = \frac{K l_ü^2}{E a},$$

mit

$$K = \frac{G}{d}$$

woraus folgt, daß
$\tau_m \sim \sqrt{d}$. Das bedeutet, daß die mittlere Bindefestigkeit mit zunehmender Schichtdicke beliebig steigt, eine Voraussetzung, die den Tatsachen nicht entspricht. Daher setzen H. WINTER und H. MECKELBURG für K einen Ausdruck

$$K_1 = \frac{d}{G} = \frac{1}{K}.$$

Daraus folgt

$$\tau_m \sim = \frac{1}{\sqrt{d}}.$$

Die Volkersen-Gleichung lautet dann:

$$n = \frac{\tau_{max}}{\tau_m} = z \sqrt{\frac{\Delta}{2}},$$

worin z eine Konstante ist.

Betrachtet man in dieser Gleichung nur die Abhängigkeit der mittleren Scherfestigkeit in Abhängigkeit vom Schubmodul G des Klebers, so läßt sich die Beziehung vereinfachen zu

$$\tau_m \sim \tau_{max} \sqrt{G}.$$

Als Klebstoffkennwert ergibt sich dann

$$K_{\tau s} = \tau_{max} \sqrt{G} \; [\text{kp}^{1,5}/\text{mm}^3],$$

wenn die Fugen gemäß der Volkersen-Annahme nur durch Schub beansprucht sind, was für symmetrische Verbindungen etwa zutrifft.

Für unsymmetrische Verbindungen, in denen Schäl- und Normalspannungen die Scherbeanspruchung überlagern, wird ein empirischer Erweiterungsfaktor in die Formel eingeführt. Sie lautet dann

$$K_{\tau u} = \tau_{max} \sqrt{G \; \frac{\sigma_{max} \cdot 10^4}{E^2}} \; [\text{kp}^{0,5}/\text{mm}].$$

Nunmehr kann die Bruchfestigkeit der Klebung, ausgedrückt durch den Faktor g, in Abhängigkeit vom Klebstoff bzw. vom Klebstoffkennwert K_τ als

$$g = g(K_\tau)$$

bestimmt werden, wie in Abb. 267 für unsymmetrische Verbindungen dargestellt. Die Funktion der Geraden lautet für den Fügeteilwerkstoff AlCuMg 2 pl

$$g_{Ku} = 0{,}272 \, K_{\tau u} - 0{,}7 \; \text{kp/mm}^{1,75}.$$

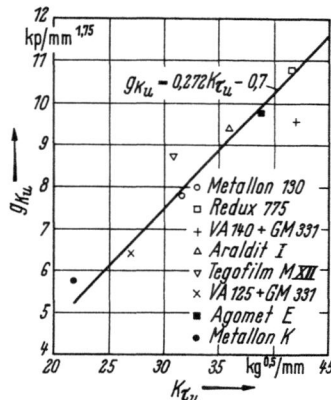

Abb. 267. Abhängigkeit des Faktors g_{Ku} vom Klebstoffkennwert K_{Tu}.

Der Faktor K_τ wird aus den für den Klebstoff charakteristischen Werten der Schubfestigkeit τ_{max} und des Gleitmoduls G errechnet. G, τ_{max} und σ_{max} sind Größen, die an der ausgehärteten Klebstoffsubstanz gemessen werden müssen. Da die Verformungsverhältnisse in Substanzproben mit denen in dünnen Schichten nicht übereinstimmen, müssen die Meßwerte nach der Elastizitätstheorie umgerechnet werden, was nach W. KUENZI [18] zulässig ist.

Nachdem nunmehr alle Einflußgrößen für die Bindefestigkeit in einzelnen Faktoren bestimmt sind, werden diese nach folgender Gleichung zusammengefaßt:

$$\frac{g_F g_K}{g_N} = g_A \, .$$

Dann folgt die Bindefestigkeit aus der Gleichung

$$\tau_B = g_A \sqrt{f} \pm 18\%.$$

6.2 Berechnen und Bemessen von Klebverbindungen

Der Faktor g_A ist für unsymmetrische Verklebungen von AlCuMg 2 pl mit Redux 775 gleich 10,7.

Die Ergebnisse der gesamten, von H. WINTER und H. MECKELBURG erarbeiteten Versuchsprogramms sind in Abb. 268 für unsymmetrische Verbindungen zusammengestellt. An Hand dieses Diagramms läßt sich

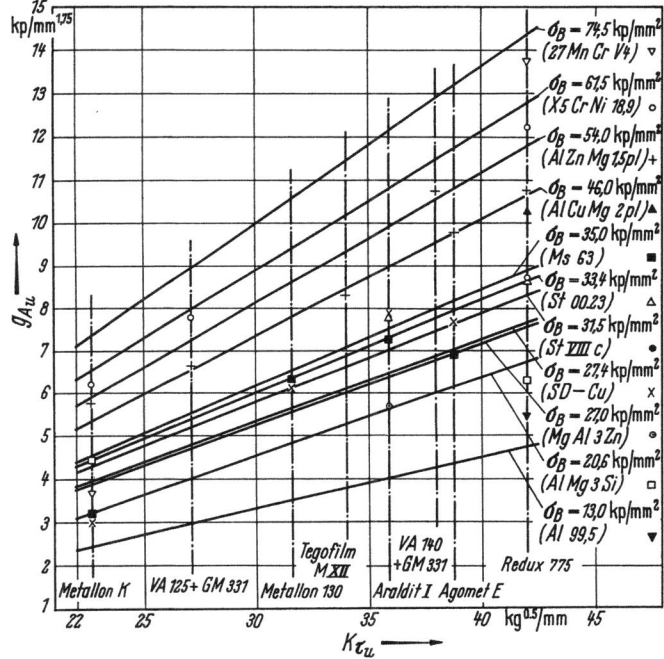

Abb. 268. Abhängigkeit des Faktors g_A vom Klebstoffkennwert $K_{\tau u}$ und der Fügeteilfestigkeit σ_B.

der Faktor g_{A_u} bestimmen, wenn der Klebstoffkennwert und die Festigkeit des Fügeteilwerkstoffs bekannt sind. Mit Hilfe des Faktors g_{A_u} läßt sich dann die Bindefestigkeit τ_B für Verbindungen verschiedener geometrischer Abmessungen bestimmen.

Um die praktische Anwendung des Verfahrens zu vereinfachen, wurden entsprechend dem dargestellten Rechengang Leitertafeln entwickelt, die die Funktionen

$$f = \frac{\sqrt{a}}{l_{\ddot{u}}} \; ; \quad g_{A_u} = g_{A_u}(K_\tau, \sigma_B) \quad \text{und} \quad \tau_B = g_{A_u} \sqrt{f}$$

enthalten. Aus diesen Leitertafeln, Abb. 269, können nunmehr die erforderliche Überlappungslänge und die Bindefestigkeit bestimmt werden, wenn die Größen Bruchlast P_B, Blechdicke a, Festigkeit des Fügeteilwerkstoffs σ_B, maximale Festigkeit des Klebers $\tau_{\max}$ und $\sigma_{\max}$ sowie sein Gleitmodul G und Elastitzitätsmodul E bekannt sind. Das Nomogramm gilt für symmetrische und unsymmetrische Verbindungen, für die unterschiedliche Beziehungen bei

$$g_K = g_K(K_\tau)$$

und

$$g_F = g_F(\sigma_B)$$

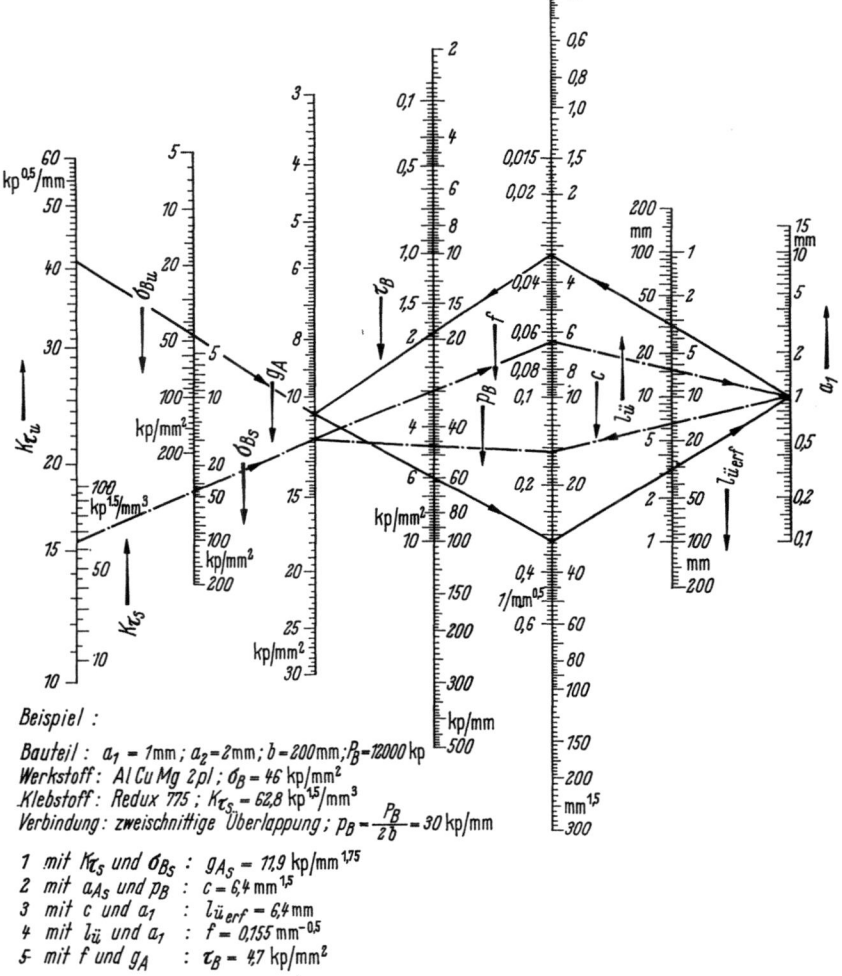

Beispiel:
Bauteil: $a_1 = 1$ mm; $a_2 = 2$ mm; $b = 200$ mm; $P_B = 12000$ kp
Werkstoff: AlCuMg 2pl; $\sigma_B = 46$ kp/mm²
Klebstoff: Redux 775; $K_{\tau_S} = 62{,}8$ kp^{1,5}/mm³
Verbindung: zweischnittige Überlappung; $p_B = \frac{P_B}{2b} = 30$ kp/mm

1 mit K_{τ_S} und σ_{B_S} : $g_{A_S} = 11{,}9$ kp/mm^{1,75}
2 mit a_{A_S} und p_B : $c = 6{,}4$ mm^{1,5}
3 mit c und a_1 : $l_{\ddot{u}\,erf} = 6{,}4$ mm
4 mit $l_{\ddot{u}}$ und a_1 : $f = 0{,}155$ mm$^{-0,5}$
5 mit f und g_A : $\tau_B = 4{,}7$ kp/mm²

Abb. 269. Diagramm von WINTER-MECKELBURG zum Bestimmen der Bindefestigkeit τ_B von Metallklebungen.

gelten. Es ist also vor dem graphischen Bemessen zu entscheiden, welche Verbindungsform zu wählen ist.

Ein in Abb. 269 aufgeführtes Beispiel erläutert den Gebrauch des Nomogramms.

6.2.1.5 Der Ausnutzungsfaktor

Sowohl für das hier beschriebene Bemessungsverfahren als auch für das Auslegen von Verbindungsformen auf empirischem Wege ist eine wesentliche Forderung zu berücksichtigen, die bereits bei dem Berechnungsverfahren von K. Frey angedeutet wurde: Die Bruchlast der Klebfuge sollte der Bruchlast der Fügeteile möglichst entsprechen, um die Festigkeit der Verbundpartner weitgehend auszunutzen. Man kann diese Bruchlasten in einem sogenannten Ausnutzungsfaktor zusammenfassen, indem man die bei Klebfugenbruch im Fügeteil wirkende Zugspannung zur Werkstoffdehnungsgrenze ins Verhältnis setzt. Mit Hilfe dieses Ausnutzungsfaktors, der im günstigsten Falle etwa 1 betragen soll, läßt sich dann kontrollieren, ob die rechnerisch oder empirisch bestimmte Überlappungslänge einer Verbindung richtig ist.

Beim Aufstellen des Ausnutzungsfaktors für unsymmetrische Verbindungen ist es zweckmäßig, die im Fügeteil vorhandene Zugspannung nicht nach der einfachen Formel

$$\sigma_z = \frac{P_B}{ab}$$

zu errechnen, sondern die Spannungsüberhöhung infolge Biegung zu berücksichtigen und die Formel von F. Eichhorn und W. Braig, s. S. 370, zu verwenden.

Der Ausnutzungsfaktor ist auch dann von Bedeutung, wenn Vergleiche zwischen Klebverbindungen unterschiedlicher Metalle angestellt werden. Das erläutert ein Beispiel.

Einfach überlappte Klebungen aus Messingblechen Mg 63 F 38 mit dem Bindemittel Araldit 106 besitzen eine Bindefestigkeit von etwa 3 kp/mm^2, wenn die Blechdicke 1,5 mm und die Überlappungslänge 15 mm beträgt. Demgegenüber lassen sich mit dem gleichen Klebstoff an 1 mm dicken Zinkblechlebungen (STZ-Band) nur Festigkeitswerte von etwa 1,3 kp/mm^2 erreichen. Die Folgerung, daß sich Zinkblech weniger gut verkleben lasse als Messing, ist jedoch irreführend. Betrachtet man nämlich die Ausnutzung der Fügeteilfestigkeit der Verbindungen, indem man als Ausnutzungsfaktor das Verhältnis der Bruchlast der Klebfuge zur Bruchlast der Fügeteile wählt, so ergibt sich für die Messingsverklebung eine Ausnutzung von 87%, für die Zinkblechverklebung eine solche von 94%. Damit wird klar, daß sich Zinkblech mit höherer Güte verkleben läßt als Messing, wenn die Klebfugen etwa die gleichen Abmessungen aufweisen [13].

Da sich der Ausnutzungsfaktor durch Ändern der Verbindungsform frei wählen läßt, wird außerdem deutlich, daß für unterschiedliche Werkstoffe unterschiedliche Abmessungen der Klebfugen zweckmäßig sind, die sich mit Hilfe dieses Ausnutzungsfaktors leicht finden lassen.

6.2.2 Anwendbarkeit von Berechnungsverfahren

Die Bedeutung der Berechnungsverfahren für die Praxis des Metallklebens wird durch einige wesentliche Gesichtspunkte eingeschränkt. Zunächst ist hervorzuheben, daß die Verfahren aus Versuchsergebnissen empirisch entwickelt worden sind und daß aus einigen charakteristischen Daten Gesetzmäßigkeiten für alle Klebstoff-Metall-Kombinationen abgeleitet werden, deren Gültigkeit nicht zu beweisen ist. Bereits aus S. 365 geht hervor, daß Größen wie der Gestaltfaktor, der allen Rechnungsverfahren zu Grunde liegt, nur bedingte Gültigkeit besitzen. Das gleiche gilt auch für andere Annahmen, die in den Berechnungsansätzen enthalten sind.

Um diese Problematik zu verdeutlichen, sie wiederum an einem Beispiel dargestellt, welchen Einfluß bestimmte Faktoren auf die Festigkeit von Klebungen besitzen, ohne daß sie in einem Berechnungsverfahren berücksichtigt sind. Man ist bei Rechnungen gezwungen, Fügeteile und Klebschicht getrennt zu betrachten, und nimmt an, daß die Eigenschaften der Klebschicht durch die Fügeteile bzw. deren Oberflächenzustand nicht beeinflußt werden. Das ist jedoch, wie sich einfach beweisen läßt, nicht der Fall. Der Nachweis besteht darin, an Klebverbindungen gleicher Abmessungen, gleicher Fügeteilwerkstoffe und gleicher Klebstoffe, jedoch mit unterschiedlicher Oberflächenvorbehandlung der Fügeteile die Bindefestigkeit zu bestimmen. Die Oberflächenvorbehandlung bestand für die Fügeteile aus AlCuMg 2p in 30minütigem Pickling-Beizen. Variiert wurde die Beiztemperatur.

In Abb. 270 ist die Bindefestigkeit für zwei Klebstoffe über der Beiztemperatur aufgetragen. Es ist deutlich, daß die unterschiedliche Vorbehandlung einen wesentlichen Einfluß auf die Festigkeit besitzt.

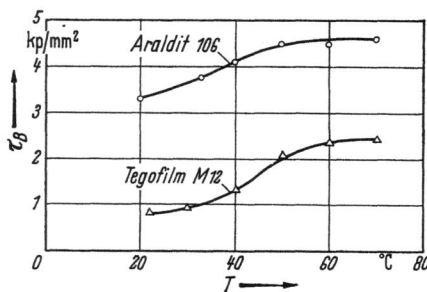

Abb. 270. Bindefestigkeit τ_B von Leichtmetallklebungen in Abhängigkeit von der Beiztemperatur T.

In nahezu allen Fällen verläuft der Bruch der Verbindung im Klebstoff, d. h. es liegen gemäß der Definition von H. WINTER und H. MEKKELBURG „optimale Adhäsionsverhältnisse" vor, da die Grenzschicht nicht versagt. Dennoch steigt bei dem Klebstoff Tegofilm mit zunehmender Beiztemperatur die Bindefestigkeit um über 100%, bei Araldit 106 um etwa 30% [11]. Das bedeutet, daß die Eigenschaften der metallischen Oberflächen die Festigkeit von Klebungen über den Bereich der Grenzflächen hinaus in einem Maße beeinflussen, das jedes Berechnungsverfahren in Frage stellt, in dem dieser Einfluß nichtberücksichtigt ist.

Ähnliche Erfahrungen, z. B. der entscheidende Einfluß der Herstellungsbedingungen auf die Güte der Verklebungen, bringen zusätzliche Unsicherheiten in jedes rechnerische Vorausbestimmen der Festigkeit von Klebungen, da sich auch diese Faktoren in der Rechnung nicht berücksichtigen lassen.

Eine weitere Schwierigkeit beim Anwenden rechnerischer Verfahren ist darin zu erblicken, daß die Rechenverfahren auf Versuchen mit statischer Kurzzeitbelastung basieren. Daß sich die Ergebnisse nicht auf statische und dynamische Langzeitbelastung übertragen lassen, ist naheliegend und am Beispiel der Wöhler-Kurven von Klebungen mit Redux 775 und Araldit 106 auf S. 359 bereits angedeutet worden.

Man muß daher feststellen, daß Rechenverfahren nur in einigen Fällen für Klebfugen mit gleichartigen Herstellungsbedingungen zuverlässig verwendbar sind. Berechnungsverfahren allgemeiner Gültigkeit stehen bisher nicht zur Verfügung.

6.2.3 Bemessen von Klebverbindungen in der Praxis

Aus dem Vorhergesagten geht deutlich hervor, daß für den Einsatz des Metallklebens in der Praxis auf versuchstechnische Vorarbeiten nicht zu verzichten ist.

Soll zunächst ermittelt werden, welche Klebstoffe zum Verbinden bestimmter Metalle geeignet sind und welche thermische und klimatische Beständigkeit zu erwarten ist, so genügt die Herstellung von Probekörpern und deren Prüfung entsprechend DIN 53281 bis 53286. Dabei ist es jedoch zweckmäßig, als Fügeteilwerkstoff nicht die in den Normen empfohlenen Speziallegierungen zu verwenden, sondern den Werkstoff, der in der Praxis verarbeitet werden soll.

Hinsichtlich der Oberflächenvorbehandlung sollte man sich damit begnügen, metallisch blanke und fettfreie Klebflächen herzustellen, die in fast allen Fällen hinsichtlich der Haftfestigkeit genügen.

Die Art der Belastung derartiger Probeklebungen ist möglichst praxisnah zu wählen. Für das Ermitteln der dynamischen Festigkeit im Wöhler-Versuch genügt es, jeweils sechs Proben in einer oder in zwei

Laststufen zu prüfen. Aus der statischen Bindefestigkeit und den Mittelwerten der dynamischen Versuchsergebnisse läßt sich eine Wöhler-Kurve extrapolieren (s. Kap. 5.3). Dabei ist jedoch hinsichtlich der Fügeteilwerkstoffe mit der Formel für die maximale Spannung im Fügeteil in mehreren Lastniveaus zu kontrollieren, ob nicht die Fügeteile bereits zu Bruch gehen, bevor die Festigkeit der Klebschicht erschöpft ist. Dazu muß das Schwingfestigkeitsverhalten der Fügeteilwerkstoffe bekannt sein.

Besondere Aufmerksamkeit bei dem versuchstechnischen Entwickeln von Klebverbindungen hat deren Widerstandsfähigkeit gegenüber schlagartiger Beanspruchung zu gelten, da sich Kunststoffe gegenüber Belastungen großer Lastzunahmegeschwindigkeit spröde verhalten.

Bisweilen wird man auf Vorversuche an Probekörpern verzichten können, vor allem dann, wenn bereits gewisse Erfahrungen auf dem Gebiet der Klebtechnik vorliegen. In nahezu keinem Fall jedoch ist auf ein Erproben der Klebverbindungen im Bauteil zu verzichten, da die Beanspruchung im Bauteil fast immer von der im genormten Probekörper abweicht. Die Klebfugen im Bauteil sind entsprechend den konstruktiven Hinweisen im Kap. 6.3 auszubilden; die Größe der Klebflächen läßt sich an Hand von Richtwerten für die Festigkeit ungefähr vorausbestimmen.

Bei statischer Schubbeanspruchung kann als Richtwert eine Festigkeit von 1 bis 2 kp/mm^2 zu Grunde gelegt werden, die statischen Zugfestigkeiten liegen je nach Klebstoff zwischen 2 und 8 kp/mm^2. Über größere Zeiträume ertragen Klebstoffe etwa 50 bis 60% dieser Belastungen, bei dynamischer Belastung ist mit 10 bis 20% der statischen Festigkeit zu rechnen. Diese Angaben gelten für Raumtemperatur und sind für erhöhte Temperaturen oder Schädigung infolge korrosiver Umweltbedingungen entsprechend zu verkleinern.

Die geklebten Bauteile sollten während der Erprobung betriebsmäßiger Beanspruchung unterworfen werden. An einem möglichen Versagen der Klebverbindungen ist dann häufig bereits zu erkennen, in welcher Art ein Erhöhen der Festigkeit zu geschen hat. So lassen z. B. Adhäsionsbrüche, d. h. Trennungen in der Grenzschicht Kleber-Metall, auf unzureichende Oberflächenvorbehandlung schließen, während bevorzugte Bruchstellen durch Vergrößern der Klebflächen, Versteifen der Fügeteile oder zusätzliche Entlastung der Klebschicht von Schälbeanspruchungen vermieden werden können. Schälbeanspruchungen und schlagartiges Belasten ertragen zähe, d. h. verformbare Klebstoffe, z. B. auf Epoxid-Nylon-Basis, in höherem Maße als spröde Klebstoffe, z. B. Phenolharze, obwohl diese in einigen Fällen durch größere Bindefestigkeit gekennzeichnet sind. Es ist daher durchaus möglich, durch geeignete Auswahl der Klebstoffe hinsichtlich gewisser spezifischer Eigenschaften, die wiederum in vergleichenden Versuchen nach DIN durchgeführt werden, die Klebverbindungen den Festigkeitsforderungen anzupassen.

6.3 Verbindungsformen für geklebte Konstruktionen
Von Gerhard Hennig, Düsseldorf

Die Metallklebtechnik eröffnete dem Ingenieur neue Wege und Möglichkeiten in konstruktiver und fertigungstechnischer Hinsicht. Sie stellt ihn gleichzeitig vor die Aufgabe, ,,klebgerecht" zu gestalten. Wie eine Nietkonstruktion vom Schweißer nicht ohne weiteres übernommen werden kann, müssen Verbindungen, die bisher genietet, geschweißt oder gelötet wurden, meist in veränderter Form geklebt werden. Das macht es notwendig, sich mit den Eigenarten und den Leistungsgrenzen von Klebverbindungen vertraut zu machen. Um Fehlschläge zu vermeiden, sind grundsätzliche Erkenntnisse zu beachten, sowie verschiedene Einflüsse zu berücksichtigen. Erst dann können Vorteile von der Klebtechnik erwartet werden. Die folgende Gegenüberstellung der unterschiedlichen Verbindungsarten, Nieten, Schweißen, Löten und Metallkleben, läßt ihre Vor- und Nachteile erkennen.

Das Nieten ist eine noch gebräuchliche Verbindungsart für mechanisch beanspruchte Teile. Hochfeste, ausgehärtete Aluminiumlegierungen werden in der Regel kalt genietet, da sie durch Schweißen oder Löten eine Festigkeitseinbuße im Bereich der Wärmeeinflußzone erleiden. Auch für die Feinbleche aus Aluminiumwerkstoffen ist das Kaltnieten wichtig.

Im übrigen sind Nietverbindungen anderen Fügeverfahren gegenüber häufig unterlegen. Durch die erforderliche Bohrung vermindert sich der Querschnitt des Fügeteils, und der ungleichmäßige Kraftfluß bewirkt eine ungleichförmige Spannungsverteilung, Abb. 271 [19]. An den Rändern der Bohrung treten Spannungsspitzen auf, die durch den Lochleibungsdruck der Niete noch erhöht werden und die Dauerfestigkeit herabsetzen. Es ist daher nicht möglich, die Festigkeitseigenschaften der Fügeteilwerkstoffe im ungeschwächten Querschnitt auszunutzen.

Bei einer einschnittig überlappten Verbindung entsteht durch den außermittigen Kraftangriff ein Biegemoment, das zusätzliche Spannung in den Fügeteilen erzeugt. Nachteilig sind weiterhin die Neigung dünner Bleche auszubeulen sowie die Gefahr einer Spaltkorrosion.

Beim Schweißen werden die Kanten des Werkstücks verflüssigt und mit oder ohne Zusatz verschmolzen. Die Temperatur des Schmelzbades liegt dabei über der Schmelztemperatur des Grundwerkstoffs. Durch örtliches Überhitzen sind Gefügeveränderungen unvermeidbar.

Damit sind Schrumpfungen und verminderte Festigkeit verbunden. Auch ist mit ungleichmäßigen Spannungen innerhalb der Verbindung zu rechnen, Abb. 271. Durch Schweißen können im Regelfalle nur gleiche Werkstoffe miteinander verbunden werden. Hinsichtlich der Werkstoffausnutzung bietet das Schweißen dagegen gute konstruktive Möglichkeiten.

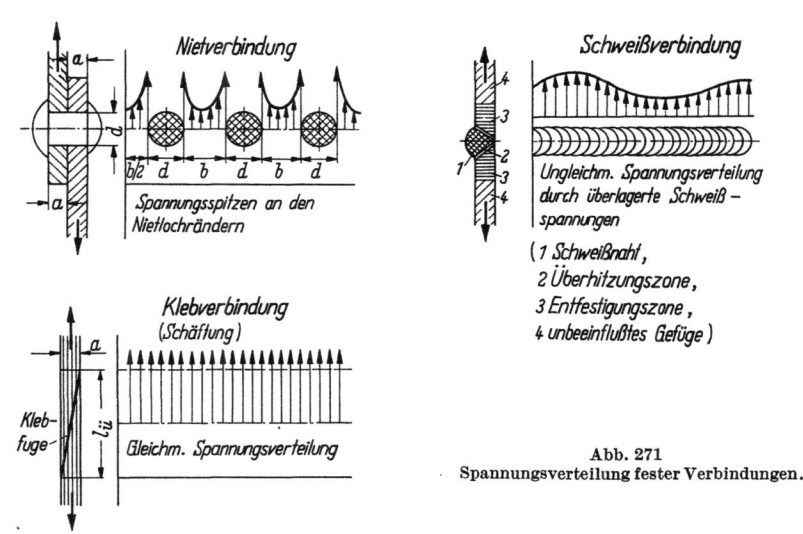

Abb. 271
Spannungsverteilung fester Verbindungen.

Die Festigkeit einer Lötverbindung ist durch das Lot bestimmt. Durch den niedrig liegenden Schmelzpunkt des Lotes wird der Baustoff thermisch weniger beansprucht als beim Schweißen. Trotzdem ist vor allem beim Hartlöten mit Gefügeveränderungen und Schrumpfungen zu rechnen. Durch Löten können auch ungleichartige Metalle und Querschnitte miteinander verbunden werden. Die Oberfläche der Fügeteile bleibt hierbei praktisch unverändert.

Das Metallkleben vermag im Gegensatz zum Punktschweißen oder Nieten die gesamten Flächen anzuschließen, ohne den Werkstoff zu beschädigen oder zu schwächen. Dabei bleiben die glatten Oberflächen der Fügeteile erhalten. Die Last ist gleichmäßig verteilt. Das gleiche gilt von den in der Klebfuge entstehenden Spannungen, Abb. 271.

6.3.1 Geklebte Überlappstöße mit geraden, nicht verformten Fügeteilen

Die einschnittige Überlappung ist die einfachste und gebräuchlichste Form großflächiger Klebverbindungen, bei der die Klebschicht in Beanspruchungsrichtung liegt, Abb. 272. Die Tragfähigkeit der ein-

6.3 Verbindungsformen für geklebte Konstruktionen

schnittig überlappten Klebverbindung ist von der Überlappungslänge abhängig. Mit zunehmender Überlappungslänge steigt die übertragbare Last. Sie kann so groß gewählt werden, daß sie der Fügeteilfestigkeit entspricht.

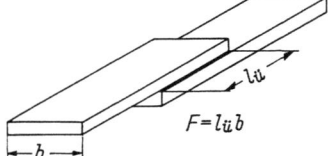

Abb. 272. Einschnittige Überlappung.

Bei einschnittiger Überlappung werden durch die in der Verbindungsebene angreifenden äußeren Zugkräfte in den Fügeteilen Zugspannungen und in der Klebschicht Schubspannungen erzeugt. Infolge der ungleichmäßigen Dehnung der nicht starren Fügeteile ist die Spannung in der Klebschicht ungleichförmig verteilt. Sie verläuft hyperbelförmig derart, daß die Spannungsspitzen an den Überlappungsenden erheblich über der mittleren Spannung liegen können. Der unsymmetrische Kraftangriff hat ein zusätzliches Biegemoment zur Folge, Abb. 273 [20]. Durch dieses werden in der Klebschicht im Bereich der

Abb. 273. Verformung der einschnittig überlappten Verbindung infolge außermittigen Kraftangriffs.

Überlappungsenden Normalspannungen hervorgerufen, die sich der vorhandenen Schubspannung überlagern und bei längerer Überlappung ein Abschälen der Fügeteilenden auszulösen vermögen. Dieses Biegemoment läßt sich durch eine zweischnittige Überlappung vermeiden, Abb. 274. Ihr Nachteil besteht in den beiden, parallel angeordneten Klebfugen.

Beide Überlappungen müssen aufeinander abgestimmt werden, weil die Fügeteile sonst unterschiedlich belastet sind und dadurch ein Biegemoment entsteht. Um den Fügeteilwerkstoff ausnutzen zu können, sind die beiden gemeinsam tragenden Fügeteile einzeln nur halb so dick zu wählen wie das Einzelfügeteil.

Die zweischnittige Laschung verbindet zwei gleichartige Fügeteile durch zwei Laschen, Abb. 275. Hier genügt es, die Laschen halb so dick wie die Fügeteile zu dimensionieren. Die Überlappungslänge muß der Belastung entsprechen, die sich biegemomentfrei übertragen läßt. Nachteilig sind die beidseitig vorstehenden Laschen, die die glatte Oberfläche unterbrechen. Das kann sich bei großen Flächen störend auswirken. Die einschnittige Laschung ist dann zu bevorzugen.

Die einschnittige Laschung herrscht dort vor, wo die Oberfläche einerseits glatt bleiben soll, Abb. 276. Diese Verbindung erfährt dadurch eine zusätzliche Belastung, daß abschälende Kräfte wirksam werden. Die Klebflächen sind deshalb genügend groß zu wählen.

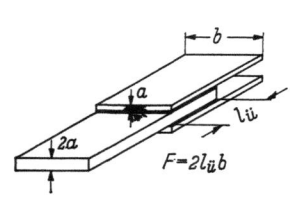

Abb. 274. Zweischnittige Überlappung.

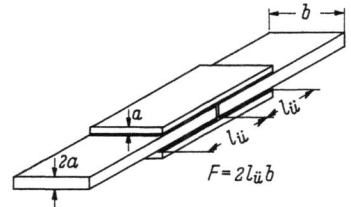

Abb. 275. Zweischnittige Laschung.

Ein geklebter Stoß mit glatten Oberflächen ist auch durch Schäften zu erreichen, Abb. 277. Ein Nachteil der Schäftverbindung liegt in der Notwendigkeit, die Fügeteile mechanisch zu bearbeiten. Aus wirtschaftlichen Gründen sollte die Überlappung nicht weniger als 10 mm betragen und die Fügeteildicke 2 mm nicht unterschreiten. Die Schäftverbindung ist frei von Biegemomenten. Die Beanspruchung des Klebstoffs vollzieht sich unter günstigen Bedingungen.

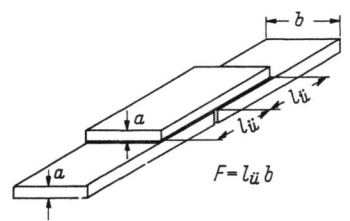

Abb. 276. Einschnittige Laschung.

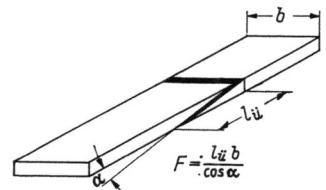

Abb. 277. Schäftverbindung.

6.3.2 Nahtformen für Metallklebverbindungen mit verformten Fügeteilen

Neben unverformten Fügeteilen bedarf die Praxis verformter Bleche, die sich ebenfalls durch Kleben verbinden lassen. Dünnen Blechen kann durch Sicken, Falze oder abgewinkelte Kanten die nötige Steifigkeit verliehen werden.

Aus verformten Blechen sind durch Kleben hochfeste und biegesteife Bauteile herstellbar. Sie finden vielseitige Verwendung.

Eine einfache Verbindungsform, bei der nur ein Fügeteil verformt wird, ist die gekröpfte Überlappung. Sie ähnelt der einschnittigen Überlappung, Abb. 278. Sie weist aber den Vorteil einer glatten Seite auf. Ihre Tragfähigkeit nimmt mit vergrößerter Überlappungslänge zu. Durch den Falz wird das Bauteil senkrecht zur Klebfuge versteift. Eine aufwendigere Falzverbindung gibt Abb. 279 wieder [21]. Sie ist bei Zugbeanspruchung in Richtung der Klebfugen selbsttragend. Ein Nachteil besteht darin, daß insgesamt drei Klebschichten vorhanden sind. Durch das Falzen ist die Klebschichtdicke festgelegt. Wäh-

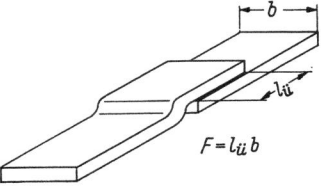
Abb. 278. Gekröpfte Überlappung.

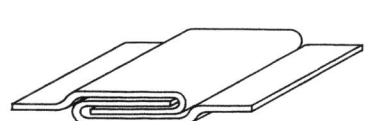
Abb. 279. Falzverbindung, bei Zugbeanspruchung selbsttragend.

rend des Aushärtens vermag das Fügeteil dem Schrumpfen einiger Klebstoffe nicht zu folgen, so daß dann mit Eigenspannungen in der Klebschicht zu rechnen ist. Deshalb eignen sich für derartige Verbindungen nur solche Klebstoffe, die während des Aushärtens nicht zu stark schrumpfen.

Die Materialanhäufung im Bereich der Verbundstelle versteift eine derartige Verbindung auch senkrecht zur Klebnaht. Durch veränderte Abstände mehrer im Falz verklebter Segmente lassen sich aus Feinblechen beulfeste Bauteile herstellen.

Zur Gestaltung von Eckverbindungen besitzt die Klebtechnik viele Möglichkeiten. Ausgehend von der einfach überlappten Verbindung, bewirkt das Hinzufügen einzelner Bausegmente die Herstellbarkeit von Eckverbindungen, die sich der jeweiligen Belastung anpassen lassen. Schälbeanspruchungen sind konstruktiv zu verhindern oder einzuschränken. Angreifende Kräfte sollen nach Möglichkeit in der Ebene der Klebnaht liegen.

Die vielfältige Gestaltbarkeit geklebter Eckverbindungen gestattet es, unterschiedlichen Anforderungen an die Form und Steifigkeit der Bauteile gerecht zu werden. In Abb. 280 [22] sind zahlreiche Anwendungsbeispiele zusammengestellt, die den Anforderungen an derartige Verbindungen entsprechen. Die einfachsten Formen beruhen auf geklebten Eckverbindungen aus abgewinkelten Blechen. Sie lassen sich mit geringem Aufwand herstellen und sind durch die Länge der Überlappung den zu erwartenden Belastungen anzupassen. Steifere Eckverbindungen sind mit einfachen Mitteln herstellbar. Aufgeklebte, glatte Bleche, abgewinkelte Bleche, Falz- und Kröpfverbindungen vermögen die Steifigkeit einer einfachen Eckverbindung um ein Vielfaches zu erhöhen.

Zusätzliche Bedeutung kommt der Gestaltung von Eckverbindungen für eine räumliche Tragfähigkeit zu, Abb. 281 [22]. Hierbei handelt es sich um die Kombination mehrerer einfacher Blechteile, die ihr in

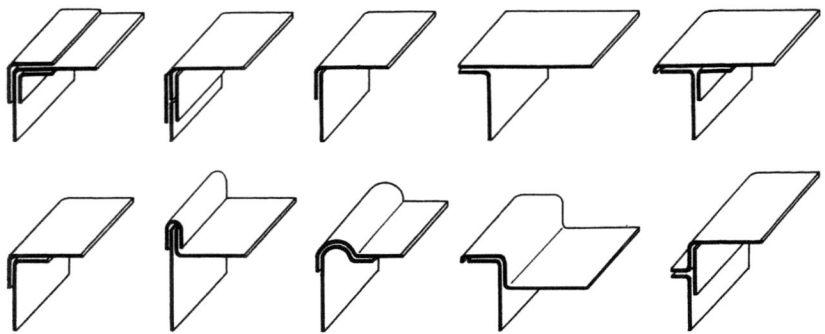

Abb. 280. Eckverbindungen durch Kombination unterschiedlich geformter Fügeteile.

ihrer Gesamtheit nach dem Verkleben eine beträchtliche Steifigkeit in mehreren Beanspruchungsrichtungen verleihen. Auch in diesem Falle läßt sich der Baukörper durch geschickte Anordnung einzelner Segmente den unterschiedlichen Belastungen anpassen.

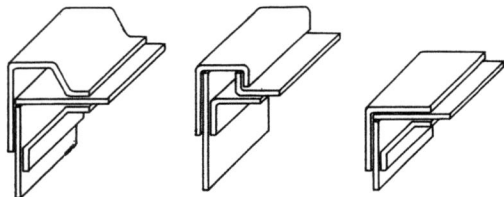

Abb. 281. Eckverbindungen mit räumlicher Tragwirkung.

In ähnlicher Weise sind Steganschlüsse herstellbar, Abb. 282 [22]. Je nach Anforderung und Belastungsart können sie aus einfach geformten Blechteilen gefertigt werden. Für höhere Belastungen ist eine Gestaltung mit räumlicher Tragfähigkeit zu bevorzugen. Durch den doppelten Dreiecksverband dieser Konstruktionen erhält man Bauteile von hoher Biegesteifigkeit. Als weiterer Vorteil geklebter Steganschlüsse ist die glatte Oberfläche der Flanschaußenseite hervorzuheben, die durch den Klebprozeß keinen Eingriff erfährt, wie es z. B. beim Nieten oder Punktschweißen der Fall ist.

Durch Falzen und Abkanten lassen sich aus Blechen Rohre unterschiedlicher Formen und Querschnitte herstellen, deren Nähte durch Kleben kraftschlüssig verbunden und gleichzeitig abgedichtet sind, Abb. 283. Dabei kann das Widerstandsmoment der Rohre durch die

Lage des Falzes und der Klebstelle heraufgesetzt werden, um damit der jeweiligen Belastung entgegenzuwirken. Durch zusätzlich aufgeklebte Verstärkungen wird das Widerstandsmoment vergrößert und

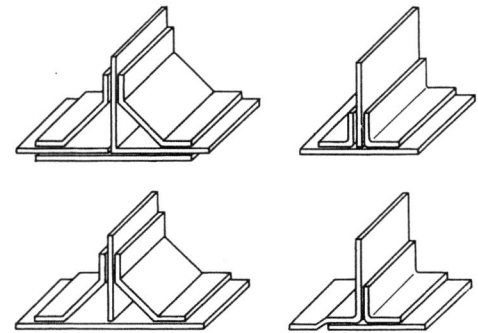

Abb. 282. Steganschlüsse.

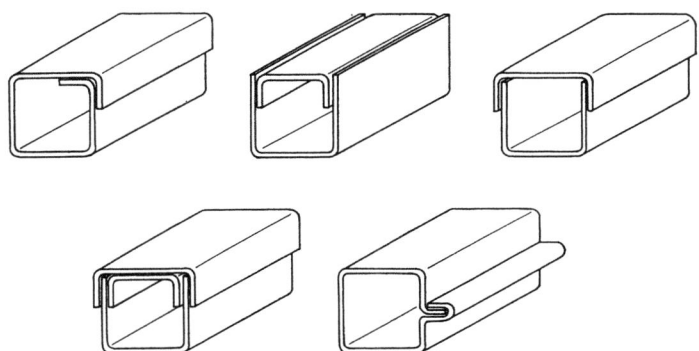

Abb. 283. Herstellen von Rohren aus unterschiedlich geformten Blechen.

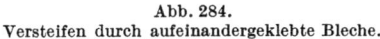
Abb. 284.
Versteifen durch aufeinandergeklebte Bleche.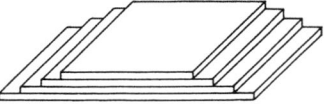

die Klebnaht vor Schälbeanspruchungen geschützt. Um maximale Bauteilsteifigkeit zu erzielen, stehen dem Konstrukteur mehrere Wege offen: Das Versteifen der Elemente kann durch aufgeklebte Bleche erreicht werden, Abb. 284. Dabei entstehen Materialanhäufungen, die zwangsläufig das Gewicht der Bauteile erhöhen. Auch Mehrlagenversteifungen erfordern übereinanderliegende Klebschichten, und damit einen erhöhten Aufwand an Klebstoff und Fertigungskosten.

Wenn es die Konstruktion zuläßt, ist das Verwenden von Profilen, die sich aus Blechen durch Abkanten herstellen lassen, eine bessere Methode, Abb. 285 [22]. Derartige Versteifungselemente bedürfen in

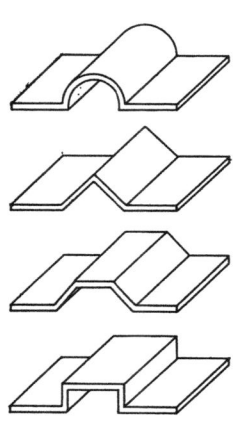
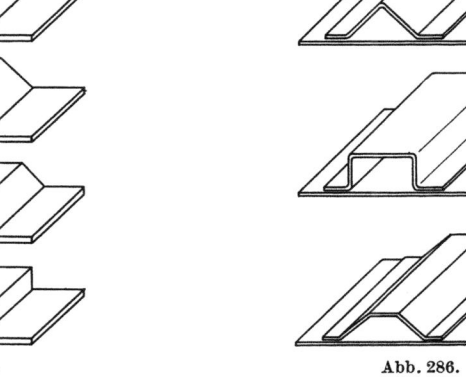

Abb. 285.
Versteifen durch unterschiedlich geformte Bleche.

Abb. 286.
Versteifen durch abgewinkelte Bleche.

den meisten Fällen nur einer Lage. Damit genügt eine Klebung. Außerdem läßt sich Material und Gewicht einsparen, ohne Festigkeitseinbußen gegenüber den durch ebene Platten versteifte Bauteilen hin-

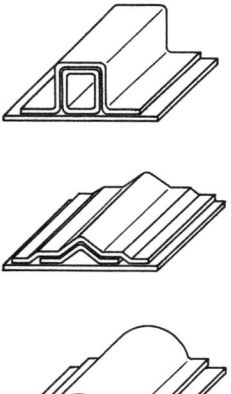

Abb. 287. Mehrfach versteifte Bauteile.

nehmen zu müssen, denn das Widerstandsmoment eines abgekanteten Profils ist wesentlich größer als das einer ebenen Platte. Als weiterer Vorteil ergibt sich aus dieser Versteifungsart eine hohe räumliche Tragfähigkeit, die das Ausknicken verhindert. Durch die Form der Profile lassen sich die Festigkeitseigenschaften der ausgesteiften Bauteile beeinflussen, Abb. 286 [22]. Die Klebungen sind mit geringem Aufwand herzustellen, weil es sich im Regelfalle um ebene Flächen handelt.

Aufwendiger wird das Kleben, wenn ein Versteifungsprofil nicht ausreicht und zwei oder mehrere übereinandergeklebt werden müssen, Abb. 287 [22]. Dabei entstehen Klebfugen, die in räumlich unterschiedlichen Ebenen liegen. Das Kleben erfolgt dann in einer Zwangslage, d. h. die Klebschichtdicke ist in verschiedenen Richtungen festgelegt. Das bedingt einen Klebstoff, der während des Aushärtens kaum schrumpft, weil es sonst zu unerwünschten Eigenspannungen in der Klebschicht kommen kann, die die Bindefestigkeit herabzusetzen vermögen.

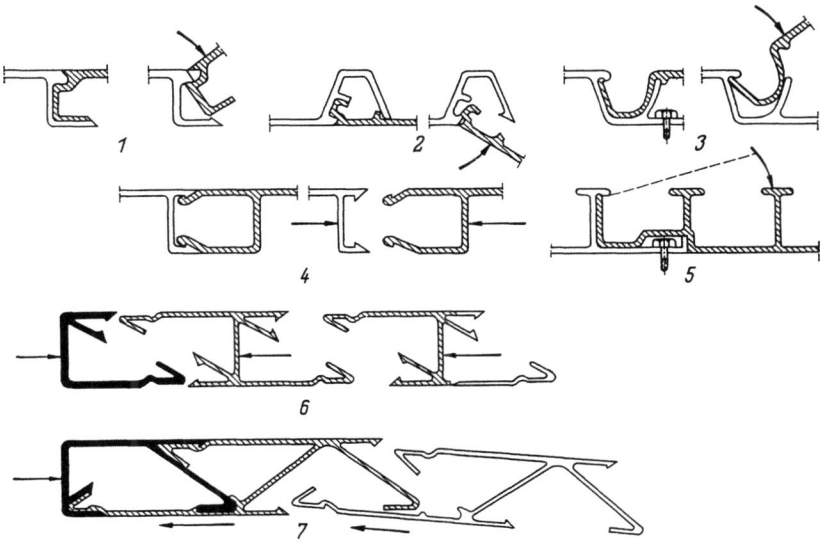

Abb. 288. Verklammerte Preßprofile.

In jüngster Zeit wendet man sich zunehmend der Herstellung von Preßprofilen zu, die in beliebiger Form durch Verklammern zusammengesetzt werden. Sie sind für das Verkleben gut geeignet, Abb. 288 [23]. Die Profile sind kraftschlüssig verbunden und ein Aufspringen der Verbindung erscheint nicht möglich.

6.3.3 Schichtbauweise

Stellen, an denen Kräfte eingeleitet werden oder eine maximale Biegespannung zu erwarten ist, sollen zum Spannungsausgleich eine Verstärkung durch aufgeklebte Blechlagen erhalten. Auf diese Weise können Bauteile mit einem Widerstandsmoment ausgestattet werden, das der jeweiligen Belastung entgegenwirkt und im gesamten belasteten Querschnitt eine gleichmäßige Spannung hervorruft. Diese Methode hat sich industriell bewährt und ist als Schicht- und Laminierbauweise bekannt. Ähnliche Bauweisen sind nur durch mechanisches Bearbeiten oder chemisches Abtragen möglich. Sie sind jedoch wesentlich kostspieliger, auch schreibt man ihnen ungünstigere Festigkeitseigenschaften zu.

Für die Schichtbauweise sollen nach Möglichkeit ebene oder abgewinkelte Verstärkungselemente verwendet werden. Sie lassen sich

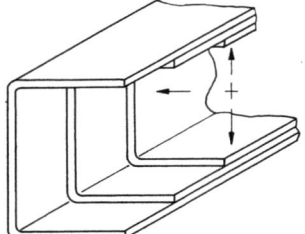

Abb. 289. U-Profile in Schichtbauweise.

leichter verbinden als U-förmige Profile, weil sich bei einigen Klebstoffen der erforderliche Anpreßdruck nicht in drei Richtungen gleichmäßig aufbringen läßt, Abb. 289.

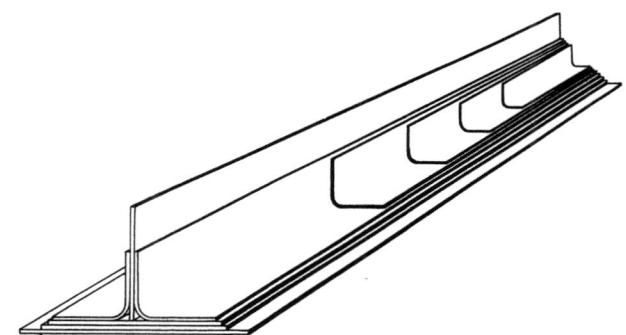

Abb. 290. Dem Spannungsverlauf angepaßter, geklebter T-Träger.

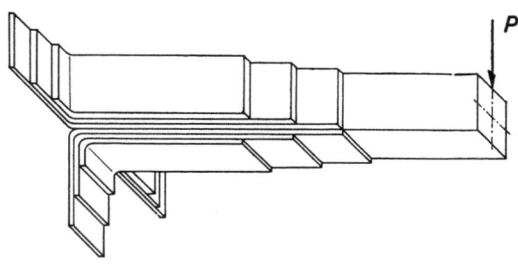

Abb. 291. Geklebter Freiträger mit gleicher Biegespannung.

6.3 Verbindungsformen für geklebte Konstruktionen

Diese Bauweise bedingt einen Klebstoff, der ohne Druck aushärtet und während der Aushärtung nur unwesentlich schrumpfen darf, weil die Klebschichtdicke durch die beiden Fügeteile bestimmt ist. Bei der Gestaltung von Trägern gleicher Biegefestigkeit bietet die Schichtbauweise gute Möglichkeiten, Abb. 290, 291 [24; 25]. Sie eignet sich auch zur Krafteinleitung, da sich hierdurch Spannungssprünge an unterschiedlich dimensionierten Bauteilen vermeiden lassen. Mit Hilfe der Schichtbauweise war es möglich, die Lebensdauer hochbeanspruchter Rotorblätter um mehr als das Zehnfache gegenüber genieteten oder geschweißten Ausführungen zu steigern.

6.3.4 Klebgerechtes Gestalten von Rohrverbindungen und Drehteilen

Das Verkleben von Rohren beliebiger Wanddicke gelingt in vielfacher Hinsicht. Ohne mechanische Bearbeitung, von der Klebflächenvorbehandlung abgesehen, geschieht der Zusammenbau häufig über einfache Steckverbindungen. In Anlehnung an Überlappstöße ebener Fügeteile erlaubt das Ineinanderstecken der Rohrenden abwandelbare Lösungen, Abb. 292. Die einfachste und gebräuchlichste Form entspricht der einschnittigen Überlappung. Sie wird durch Ineinanderschieben zweier Rohrenden unterschiedlicher Durchmesser erreicht.

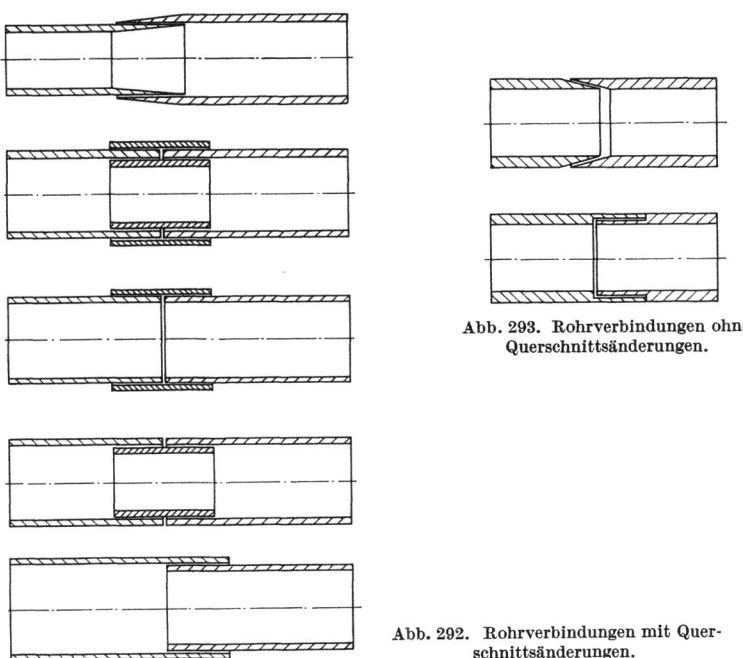

Abb. 293. Rohrverbindungen ohne Querschnittsänderungen.

Abb. 292. Rohrverbindungen mit Querschnittsänderungen.

Durch die jeweilige Überlappungslänge ist die Festigkeit der Verbindung beeinflußbar. Bei Rohren großer Wanddicken ist es ratsam, die Enden abzuschrägen, um einen allmählichen Querschnittsübergang zu erzielen. Die Spannung verläuft dann gleichmäßiger, d. h. die Spannungssprünge an den Querschnittsübergängen sind gering. Das Abschrägen bedeutet jedoch einen Mehraufwand durch das Spanen.

Rohre gleichen Durchmessers lassen sich durch Muffen, die über die Rohrenden geschoben werden, oder durch ein eingeschobenes Rohrende geringeren Durchmessers verbinden. Bei der Muffenverbindung bleibt der Durchflußquerschnitt erhalten, dafür weist der Rohrmantel einen veränderten Querschnitt auf, der unerwünscht sein kann. Bei der Verbindung mit dem eingeklebten Rohrende behält das Rohr seine glatte Oberfläche, aber der innere Querschnitt verengt sich. Ist keine der beiden Methoden angebracht, so ist das Schäften zu bevorzugen, Abb. 293. Die spanende Bearbeitung ist jedoch mit zusätzlichem Aufwand verbunden und setzt eine Mindestwanddicke der Rohre voraus. Die gleichen Gesichtspunkte gelten für das Fügen von Rohren mit Zapfen und Bohrung.

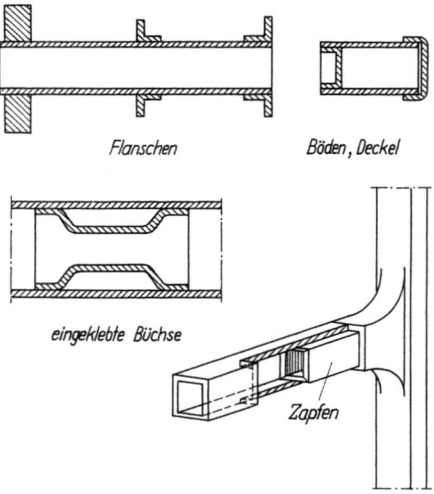

Abb. 294. Rohrklebverbindungen.

Neben dem Kleben ineinandergesteckter Rohre bietet das Ein- und Aufkleben von Flanschen, Deckeln, Böden, Zapfen und Buchsen weitere konstruktive Möglichkeiten, Abb. 294 [26]. Dies beschränkt sich nicht nur auf runde Querschnitte. Eckige Rohre und Strangpreßprofile sind in gleicher Weise zum Kleben geeignet. Durch Einlegen von Winkeln lassen sich mit Hilfe solcher Profile Eckverbindungen herstellen, die neben ausreichender Festigkeit ohne Nacharbeit eine glatte Oberfläche aufweisen. Der Leichtbau bedient sich dieser Fügeart gern.

Für das Einkleben von Zapfen bieten sich grundsätzlich zwei Wege: Bei glatten, durchgehenden Zapfen ist das aufnehmende Werkstück den Anforderungen einer Klebverbindung entsprechend zu gestalten, Abb. 295.

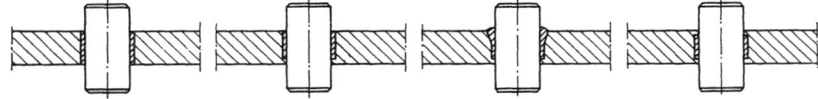

Abb. 295. Möglichkeiten für das Einkleben von Zapfen.

Die einfachste Form einer solchen Verbindung besteht aus einem Zapfen und einer Bohrung im Werkstück, deren Durchmesser — entsprechend der Klebschichtdicke — etwas größer zu bemessen ist. Ein derartiger Arbeitsgang birgt jedoch Fehlerquellen. Einmal kann der in die Bohrung eingebrachte Klebstoff beim Einsetzen des Zapfens herausgedrückt werden und dort Luftblasen zurücklassen. Der zweite Nachteil besteht darin, daß ein konzentrisches Ausrichten nur mit Hilfe einer Vorrichtung gelingt.

Ein Bund am Ende der Bohrung vermag in diesem Falle Hilfe zu leisten. Der Klebstoff kann dann nicht mehr durch den Zapfen aus der Bohrung gedrückt werden. Gleichzeitig fixiert der Bund den Zapfen, so daß nur ein Ausrichten in axialer Richtung verbleibt. Um zu verhindern, daß trotzdem Luft eindringt, kann die Bohrung an einer Seite kegelförmig auslaufen. Auf diese Weise entsteht eine Fuge, die eine größere Klebstoffmenge aufnehmen kann, die etwa vorhandene Luftblasen verdrängt. Durch Bunde beiderseits der Bohrung läßt sich der Zapfen genau zentrieren. Derartige Verbindungen erfahren jedoch zusätzliche Belastung durch das mechanische Bearbeiten. Das Einbringen einer ausreichenden Klebstoffmenge gestaltet sich schwieriger. Während des Aushärtens kann der Klebstoff jedoch nicht ausfließen.

Günstige Nahtformen lassen sich dadurch erzielen, daß sowohl Zapfen als auch Werkstück mechanisch bearbeitet werden. Als Beispiel kann das Aufkleben eines Zahnrades auf ein Wellenende dienen, Abb. 296. Ausgehend von der glatten Form des Zapfens und einer einfachen Bohrung sind weitere konstruktive Möglichkeiten gegeben. Bei einer zylindrischen Bohrung und einem ebenfalls zylindrischen — um die Klebschicht — dünneren Zapfen, besteht wieder die Gefahr, daß der Klebstoff beim Zusammenstecken beider Teile teilweise abgestreift wird und keine vollständige Verbindung zustande kommt. Außerdem benötigt das konzentrische und axiale Ausrichten der Vorrichtungen. Das Zentrieren läßt sich durch einen Bund am Zapfen und eine entsprechende Passung am Zahnrad leichter vornehmen. Dabei besteht jedoch immer noch die Gefahr, daß Klebstoff beim Fügen ab-

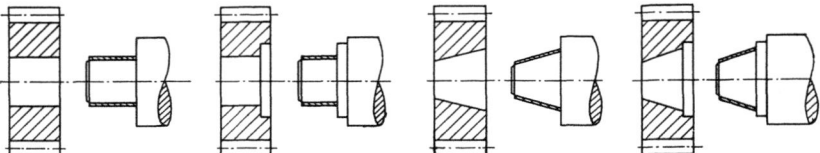

Abb. 296. Nahtformen für das Aufkleben von Maschinenteilen auf Zapfen.

gestreift wird. Das Abstreifen des Klebstoffs läßt sich verhindern, wenn Zapfen und Bohrung kegelförmig gestaltet werden. Beide Teile lassen sich dann verlust- und blasenfrei zusammenstecken. Wenn zusätzlich ein Bund am Zapfen und eine entsprechende Passung in der Zahnradbohrung vorgesehen werden, erleichtert dies das Zentrieren weiterhin. Die Verbindung genügt hohen Ansprüchen an die Bearbeitungsqualität und die Fertigungstoleranz.

6.3.5 Schalenbauweise

Die zunehmenden Anforderungen an Bauteile jeder Art haben Werkstoffauswahl und Bauweisen beeinflußt. Mit der Schalenbauweise gelang es, tragende Bauteile mit hoher Verwindungssteifigkeit mit geringem Eigengewicht herzustellen. Die Schalenbauweise vereinigt Gerüst und Hülle zu einer tragenden Einheit, Abb. 297. Die Hülle wird, um Gewicht zu sparen, verhältnismäßig dünn gehalten. Das verstei-

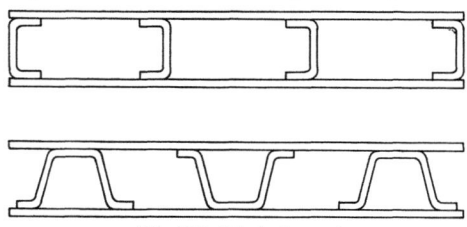

Abb. 297. Schalenbauweise.

fende Gerüst soll bei Schub- und Druckbelastung ein Ausbeulen oder Knicken verhindern. Das Verbinden der einzelnen Bauelemente bedarf eines gewissen fertigungstechnischen Aufwands. Durch das Metallkleben konnten die Verbindungsprobleme weitgehend gelöst werden. Gegenüber dem bisher gebräuchlichen Nieten stieg die Dauerfestigkeit aufgeklebter Schalen durch die fehlende Kerbwirkung der Bohrungen beträchtlich an.

Die Anforderungen an Schalenbauelemente könnten auf andere Weise nicht immer erfüllt werden. Gleichmäßige Spannungsverteilung,

Formsteifigkeit, hohe Festigkeit gegen Ausbeulen und Knicken, Oberflächengüte, hohe Betriebsfestigkeit, gute Isolierfähigkeit und Schwingungsdämpfung, geringes Gewicht und eine möglichst wirtschaftliche Fertigung sind die Kennzeichen neuzeitlicher Leichtbaukonstruktionen, die sich erst durch die Schalen- und Stützkernbauweise verwirklichen ließen.

6.3.6 Stützkernbauweise

Als Stützkernbauweise bezeichnet man Verbundkonstruktionen aus dünnwandigen Hautwerkstoffen mit einer Zwischenschicht aus wabenförmigen Elementen. Durch einen im Verhältnis zum Hautwerkstoff

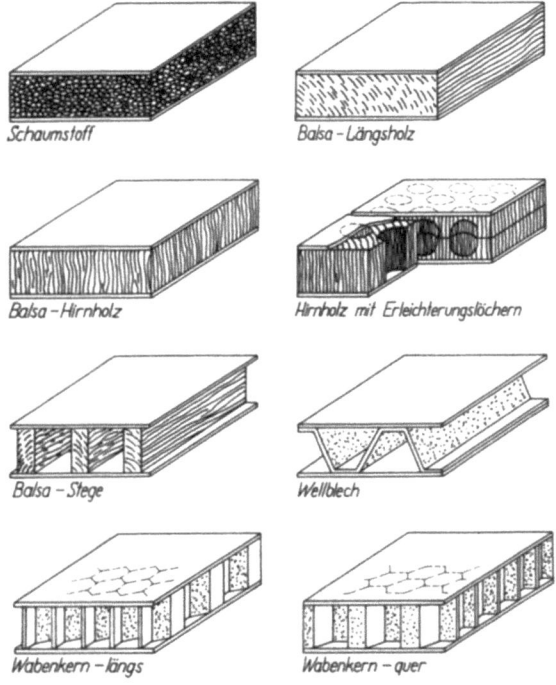

Abb. 298. Kernformen für Stützkernbauweisen.

spezifisch leichten Kern ist es möglich, die Hautbleche in ihrer Lage zueinander zu fixieren, zu stützen und zu stabilisieren. Die Füllstoffe oder Kerne können unterschiedlich steif sein und beeinflussen damit die Stützwirkungen der durch Kleben gefertigten Bauteile, Abb. 298 [27].

Die Wabenkerne bestehen häufig aus dünnwandigen Aluminiumwerkstoffen. Die Wabenstege stehen senkrecht zu den Häuten und können keine Spannungen von den Deckblechen übernehmen. Damit unterbleibt ein Ausbeulen durch Lastaufnahme. In Abb. 299 sind Hexagonalwaben (Grundform) und deren Abwandlungen dargestellt [28].

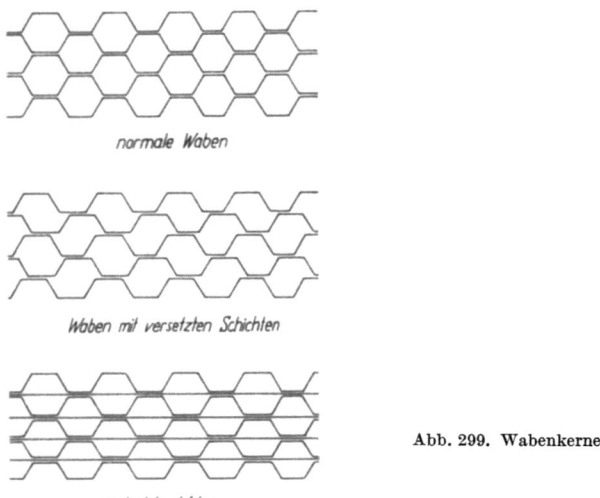

Abb. 299. Wabenkerne.

Durch Verändern der Foliendicke, der Wabengröße und des Werkstoffs können Wabenkörper mit verschiedenem Raumgewicht und unterschiedlichen mechanischen Eigenschaften erzeugt werden. Wird eine ebene, hexagonale Wabenplatte ohne Hautbleche in einer Richtung gebogen, so wölbt sie sich auch quer zur gewollten Biegung, Abb. 300 [27].

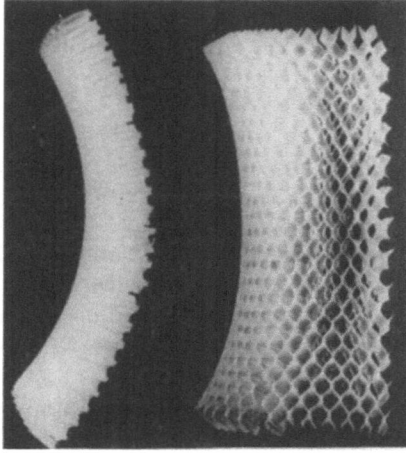

Abb. 300. Gegenelastisch verformter Wabenkern.

Lit. S. 423]   6.3 Verbindungsformen für geklebte Konstruktionen   399

Dieses „gegenelastische" Verhalten verhindert, daß Wabenplatten an Formen angeschmiegt werden können. Die Platten sind nur durch mechanisches oder chemisches Bearbeiten der gewünschten Form anzupassen. In vielen Fällen genügt das Bearbeiten vor dem Aufziehen. Bei hohen Genauigkeiten ist ein Bearbeiten nach dem Aufziehen unerläßlich. Die dünnen Wabenstege müssen dazu gestützt werden. Man füllt die Waben mit Wasser und läßt es gefrieren oder mit Kunststoff, der den Wabenstegen nach dem Verfestigen den nötigen Halt verleiht. In Abb. 301 [29] ist ein kopiergefräster Wabenkern dargestellt,

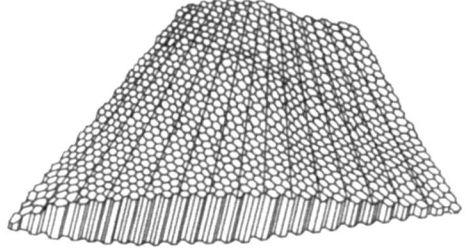

Abb. 301. Kopiergefräster Wabenkern.

der während der Bearbeitung mit Paraffin gefüllt war. Bei einer Vorschubgeschwindigkeit von 1 m/min und 6000/min des Fräsers konnte eine Schnittiefe von 8 mm erreicht werden. Damit erhält die Wabenplatte

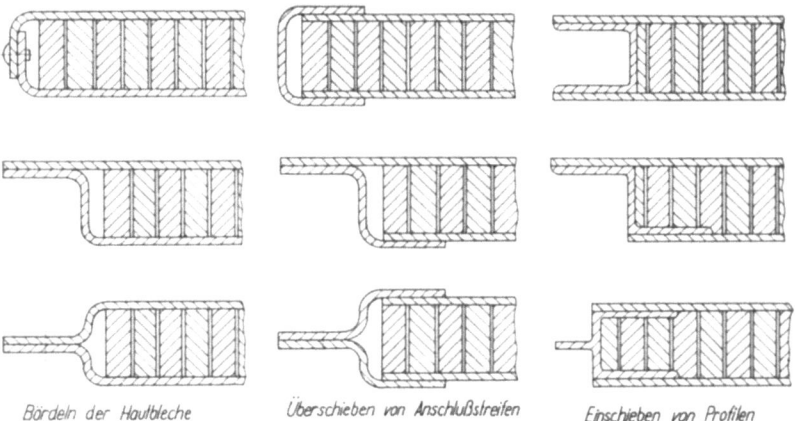

Abb. 302. Unterschiedliche Randabschlüsse von Stützkernbauteilen.

die gewünschte Form. Der erstarrte Füllstoff wird nach dem Bearbeiten wieder aufgelöst und entfernt. Um die empfindlichen Kerne der Stützkernplatten zu schützen, werden geschlossene Konstruktionen bevorzugt. Geeignete Ausführungen der Randabschlüsse führen zu unterschiedlichen Krafteinleitungen, Abb. 302. Abb. 303 weist auf Konstruktionen mit örtlich differenzierten Krafteinleitungen hin [27]. An Stoßstellen mit großen Querkräften ist es unerläßlich die Zellen durch

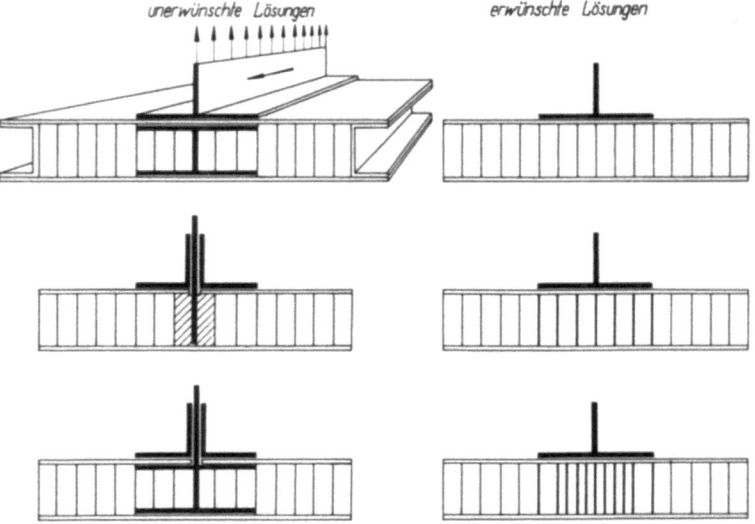

Abb. 303. Querkrafteinleitungen an Stützkernbauteilen.

Kleben zu verbinden, Abb. 304 [27]. Biegefeste Eckanschlüsse lassen sich in Verbindung mit Strangpreßprofilen derart herstellen, daß die Klebnaht nicht auf Zug, sondern auf Scheren beansprucht wird, Abb. 305 [27].

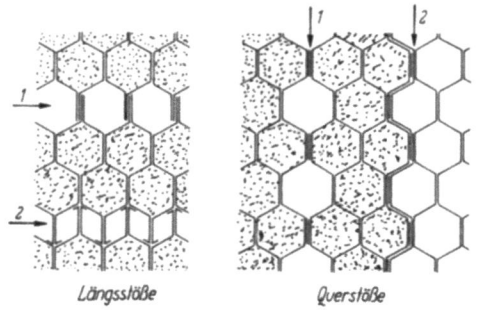

Abb. 304. Geklebte Wabenkernstöße.

Die wirtschaftliche Ausnutzung der Festigkeitseigenschaften der beteiligten Fügeteile bedarf gleichartiger Werkstoffe, z. B. Aluminiumwaben mit Aluminiumdeckblechen und -anschlüssen. Die Vorteile ergeben sich aus dem gleichen E-Modul.

Die Stützkernbauteile bilden ein Sondergebiet der Klebtechnik mit noch nicht übersehbaren konstruktiven Konsequenzen. Umfassendere Darstellungen der hauptsächlichsten Bauformen sind dem Schrifttum zu entnehmen [27 bis 36].

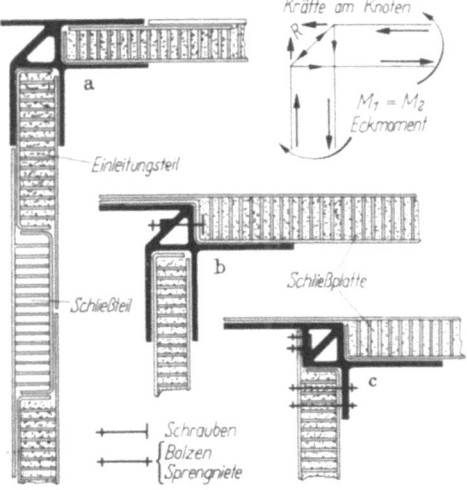

Abb. 305. Biegesteife Eckanschlüsse für Stützkernkonstruktionen.

6.4 Anwendungsbeispiele für Metallklebverbindungen

Von ALEXANDER MATTING, Hannover

Anwender der Metallklebtechnik bedürfen noch überzeugender Leistungsbeweise, dargestellt an ausführbaren und bewährten Klebkonstruktionen. Einige Zusammenstellungen konkreter Beispiele liegen bereits vor [37 bis 39]. Sie vermitteln jeweils einen aktuellen Querschnitt, der jedoch nicht vollständig sein kann, solange sich das Metallkleben in der Entwicklung befindet. Von ihnen gehen aber Anregungen aus: Sie weisen auf die charakteristischen Merkmale geklebter Bauweisen hin und können insofern dazu dienen, aufzuklären und Bedenken zu überwinden.

Das Zusammentragen von Anwendungsbeispielen erwies sich als schwierig, da offenbar Erfahrungen immer noch ungern preisgegeben werden oder Unsicherheiten darüber bestehen, ob das Kleben in speziellen Fällen tatsächlich mit technischen oder wirtschaftlichen Vorteilen verbunden und ob der Auftraggeber damit einverstanden ist. Oft wird es zwar gelingen, im Metallkleben eine ergänzende Zusatzlösung zu erblicken, die gegenüber den konventionellen Verfahren Teilerfolge zuläßt. Den Ingenieur werden in erster Linie konstruktive Argumente beeinflussen, denen deshalb mit erhöhter Sorgfalt nachgegangen wurde.

Bedenken, die einzelne Anwender dem Metallkleben entgegenbringen, sollen nicht verschwiegen werden: Von dieser neuen Technik wird vorausgesetzt, daß ein Abgehen von anderen Fügeverfahren für eine Industrie nur dann von Interesse ist, wenn sich die Fertigung hierdurch verbilligen und beschleunigen läßt. Es kann darüber hinaus behindernd wirken, daß über die Verträglichkeit von Klebern beim unmittelbaren Kontakt mit der Haut oder beim Einatmen austretender Gase von den Herstellerwerken keine genügenden Auskünfte zu erhalten sind. Im Betriebe entstehen unter solchen Umständen Mißstimmungen, die das Einführen des Klebens erschweren.

Eine solche Aufforderung an die Hersteller von Klebstoffen erscheint dringend geboten. Das Verschweigen von Nachteilen sowie ungenügende Schutzanleitungen können sich tatsächlich auf die Verbreitung des Metallklebens hemmend auswirken.

Die Umstellung auf das Metallkleben ist in allen Fällen sorgfältig vorzubereiten. Die Kenntnis seiner Leistungsgrenzen ist ausschlaggebend. Spezifische Investitionen erweisen sich als unerläßlich, und finanzielle Vorteile werden häufig erst als Funktion der Zeit zu erwarten sein. Das Umschulen von Arbeitskräften bedeutet eine zusätzliche Belastung während der Anlaufperiode und auch eigene hygienische Forderungen sind zu erfüllen.

Der Fertigungsablauf in der Klebtechnik unterscheidet sich deutlich von dem anderer Fügeverfahren, was bereits für die vorbereitenden Arbeiten gilt und sich bis zur Fertigkontrolle hinzieht. Angestrebt wird, diese spezifische Note des Metallklebens in den folgenden Beispielen anschaulich zum Ausdruck zu bringen.

6.4.1 Flugzeugbau

Der Flugzeugbau hat vom Metallkleben als erster Industriezweig umfassenden Gebrauch gemacht, was sich in einer überzeugenden Entwicklungsreihe widerspiegelt. Dies überrascht um so mehr, als gerade er hohen Sicherheitsanforderungen zu genügen hat. Werden aber die Voraussetzungen der Technologie und der klebtechnischen Gestaltung beherrscht, so ergeben sich verminderte Baugewichte, glatte Oberflächen, geringere Fertigungskosten und -zeiten sowie erhöhte statische und dynamische Beanspruchbarkeiten als greifbare Vorteile von ausschlaggebender Bedeutung, durch die sich ein günstigeres Verhältnis zwischen Antrieb und Zelle herstellen ließ. Die aerodynamischen Eigenschaften verbesserten sich zugunsten der Fluggeschwindigkeit. Waren es zunächst einzelne Bauteile, Höhenruder, Seitenruder, Sturzflugbremsen, Flügelspitzen usw., so folgten später Bodenplatten und

Rumpfelemente, um heute auch innere Längsversteifungen der Haut, Schotten, Spanten, Flügelholme und andere hochbelastete tragende, aus Einzelteilen gefügte Konstruktionselemente zu erfassen.

Zwei neue Bauweisen sind es vor allen Dingen, die allein der Klebtechnik zuzuschreiben sind und dem Flugzeugbau zugute kamen: Die Stützkern- und die Schichtbauweise.

Bei der Stützkern- (oder Sandwich-)Bauweise wird ein wabenartiger Kern mit einer oberen und unteren Deckschicht versehen, Abb. 298. Auf diese Art entsteht ein leichtes, aber beul- und verwindungssteifes Bauelement. Die Schicht- (oder Laminier-)Bauweise ist durch ihre veränderlichen Querschnitte gekennzeichnet, die sich der Krafteinleitung und dem jeweiligen Kraftfluß dadurch anpassen lassen, daß sie aus einer hiervon abhängigen Anzahl aufgeklebter Lamellen bestehen. Diese Bauweise erlaubt es ferner, dünne Bleche, gestreckt oder gebogen, entlang von Nietbohrungen, Durchbrüchen, Ausschnitten, Aussparungen u. ä. schichtweise aufeinander zu kleben, um die Dauerbeanspruchbarkeit dieser gefährdeten Bereiche nachweislich fühlbar heraufzusetzen, die unter Betriebsanspruchung nunmehr nicht den Ausgang von Rissen zu bilden vermögen, da die Spannungen durch diese konstruktive Maßnahme unkritisch zu verteilen sind.

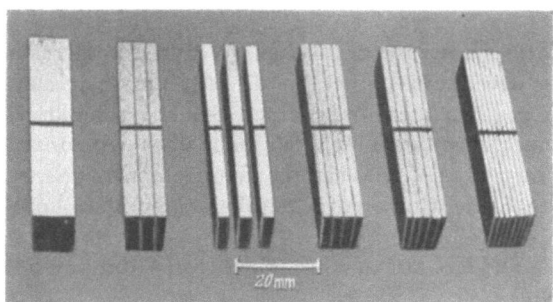

Abb. 306a. DVM-Kerbschlagproben aus geschichteten Blechen.

Die Schichtbauweise bietet besonders interessante Aspekte gegenüber Massivteilen, wenn kaltversprödende Werkstoffe (z. B. Stahl) verwendet werden. Versprödung wird im allgemeinen im Kerbschlagbiegeversuch festgestellt. Die Kerbschlagzähigkeit der meisten Werkstoffe ist eine Funktion der Temperatur. Kriterium des Versprödens ist der Steilabfall der Kerbschlagzähigkeitstemperaturkurve. Die Temperatur, bei der für ein Bauteil Versprödungsgefahr besteht, läßt sich durch Einsatz der Schichtbauweise herabsetzen, wie sich durch Kerbschlagzähigkeitsuntersuchung massiver und geschichteter Probekörper, Abb. 306a, aus Oxygenstahl R 37 beweisen läßt.

Der Steilabfall bei DVM-Proben aus verklebten Schichten verschiebt sich mit zunehmender Schichtzahl zu tieferen Temperaturen, Abb. 306 b, d. h., in geschichteten Bauelementen besteht verringerte Sprödbruchgefahr. Als Ursache dafür ist ein verringerter Räumlichkeitsgrad der Spannungen mit abnehmender Schichtdicke, also mit

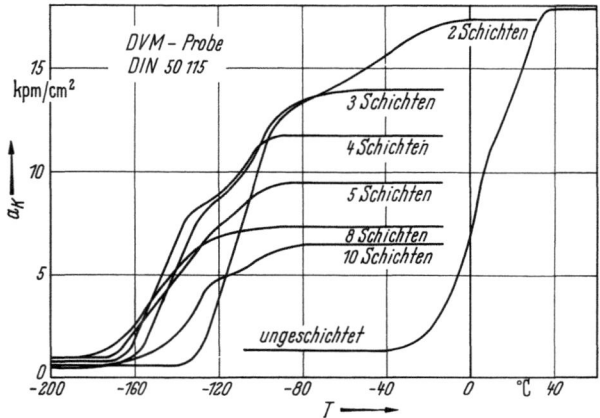

Abb. 306 b. Kerbschlagzähigkeitstemperaturkurven geschichteter R-37-Bleche.

zunehmender Schichtzahl anzusehen. Wegen geringerer Verformungsbehinderung der Schichten liegen die Absolutwerte der Kerbschlagzähigkeit in der Hochlage bei dünnen Schichten niedriger. Ein räumlicher Spannungszustand bildet sich nicht über den ganzen Querschnitt des Schichtkörpers aus, sondern nur in einzelnen Lagen, wie am Bruchaussehen von Schichtkörpern gegenüber einer Massivprobe zu erkennen ist. [40]

Der Klebstoff hat auf das Zähigkeitsverhalten von Schichtkörpern keinen Einfluß.

Die Metallklebtechnik findet einen konsequenten Ausdruck in den Erzeugnissen der Königlich Niederländischen Flugzeugwerke Fokker, wofür das Fracht- und Passagierflugzeug des Typs F-27 „Friendship" als Beleg dienen kann. Insgesamt sind etwa vierhundert Bauteile mit dem Kleber Redux 775 und dem Redux-Film der Fa. Bonded Structures Ltd., Duxford bei Cambridge (Großbritannien), klebtechnisch miteinander verbunden, Abb. 307. Im einzelnen handelt es sich hierbei um:

die Verbindung überlappter oder über einen Rahmen gelegter dünner Rumpfbauteile,

die Verstärkung von Rumpf- und Flächenbauteilen durch Schichten von Flächen, die Laminierung von tragenden Profilen bis zu einem solchen Querschnitt, der den am Bauteil auftretenden Beanspruchungen gerecht wird und

die Befestigung der Hautbleche auf dem Wabenkern bei der Stützkernbauweise.

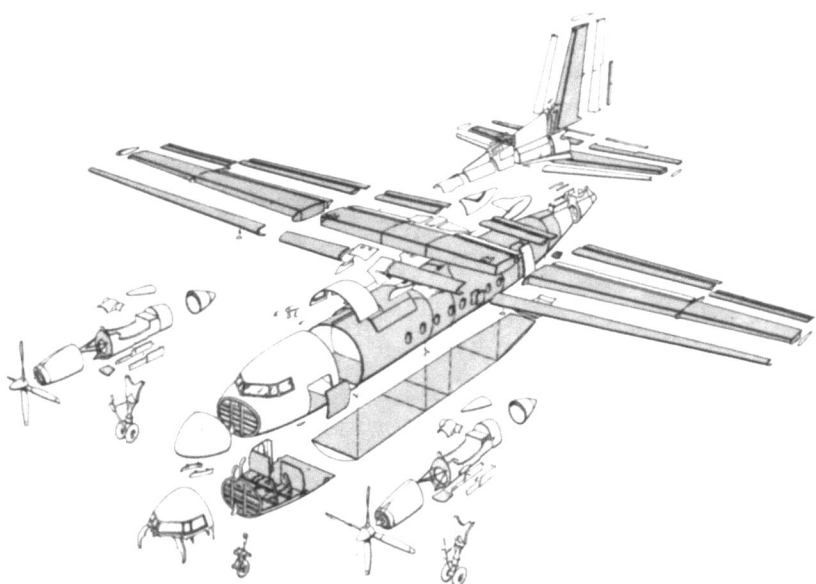

Abb. 307. Explosionsdarstellung des Flugzeugs „Friendship"; die getönten Flächen stellen die geklebten Bauteile dar (Fokker Flugzeugwerke).

Als Hauptgründe werden genannt:
herabgesetzte Spannungskonzentration,
gesteigerte Festigkeit der Gesamtkonstruktion,
geringere Schwierigkeiten beim Abdichten des Integralkraftstofftanks und der Druckkabine sowie
verminderte Fertigungskosten.

Die beiden ersten Gründe führten außerdem zu Gewichtseinsparungen, die ein vermehrtes Zuladen erlauben. Alle räumlich gekrümmten Hautteile an Rumpf- und Tragflächen wurden mit Hutprofilen versteift. Alle Ausschnitte für Türen, Fenster, Mannlöcher und Wartungsöffnungen sind im Sinne der Schichtbauweise verstärkt worden, um dort Dauerbrüche auszuschließen.

Der Rahmen der Cockpitverglasung besteht aus Einzelprofilen, die zunächst flach verklebt und nachträglich verformt wurden. Der achtteilige Kabinenfußboden ist als Stützkern gefertigt. Die AlCuMg-Deckbleche sind mit Filmen auf den Wabenkern geklebt worden. Die Hauptholme der drei Tragflächensektionen sind als Kastenträger ausgebildet. Mit Hilfe geschichtet aufgeklebter, vorher oder nachher verformter Bleche ließen sich die Querschnitte den jeweiligen Belastungen anpassen.

Eine Reihe weiterer Bauteile, Querschotten, Versteifungsprofile, Wartungsklappen, Ruderblätter und Flügelkanten, sind verklebt und nur wenige Stellen zusätzlich genietet worden, um Schälbeanspruchungen von auslaufenden Blechen oder Profilen fernzuhalten.

Das Frachtflugzeug ,,Argosy" der Armstrong Whitworth Aircraft Ltd. enthält achthundert geklebte Einzelteile mit einer Gesamtfläche von rund 280 m². Dies entspricht etwa dem doppelten der Tragflächen. Die Klebstoffe Redux 775, Redux 775 R für die Stützkerne und der für Ecken verwendete, aus zwei Komponenten bestehende Kaltkleber Araldit 121 N entstammen der Ciba AG, Basel.

Abb. 308. Hautelement für das Leitwerk des Flugzeugs ,,Argosy" mit aufgeklebten Hutprofilen (Armstrong Whitworth Aircraft).

Öffnungen und Ausschnitte sind ein- oder mehrschichtig randverstärkt. Das äußere Hautblech ist 1,1 mm dick, die erste Verstärkung 0,8 mm und die zweite 2,0 mm dick. Die Rumpfspanten sind ähnlich aufgebaut. Die Spantenanschlüsse erforderten eine fünffache Verstärkung der gegen Abschälen durch Nieten zusätzlich gesicherten Enden. Eine durch aufgeklebte Profile versteifte Haut und ein Kastenhauptholm verleihen der Hecktragfläche neben den glatten Konturen eine erhöhte Festigkeit, Abb. 308. Eine Stützkernkonstruktion bildet den Boden des Rumpfes, deren Lebensdauer um ein Vielfaches höher liegt als die einer genieteten Bodenplatte.

Die von der De Havilland Aircraft Company Ltd. serienmäßig gebaute ,,Comet" besitzt heute aufgeklebte Fensterversteifungen, um

Nietlochrisse im Bereich der Fensteröffnungen zu vermeiden. Mit auslaufenden Hutprofilen sind ebenfalls die eingeklebten Notausstiege verstärkt, Abb. 309.

Abb. 309. Aufgeklebte Notausstiegsverstärkung mit Auslauf der versteifenden Hutprofile bei dem Flugzeug „Comet IV A" (De Havilland).

Die Firma Societé National de Constructeurs Aéronautique du Sud-Ouest klebt an ihrem Flugzeug „Vantour" auch hochbeanspruchte Verbindungen mit Stoffen der Ciba AG. Hierzu gehören Tragflächenbeplankungen, Höhen- und Seitenruder, Türen u. a., deren zerstörungsfrei geprüfte Nähte sich bei der Fertigkontrolle und im Wartungsdienst als einwandfrei erwiesen.

Geklebt sind ferner 98% der Gesamtoberfläche des Überschall-Atombombers Convair „Hustler". Ähnliches trifft für das schwedische Überschalljagdflugzeug Saab J 35 „Draken" zu sowie für andere, von dieser Firma hergestellte Typen.

Geklebt ist ferner das einmotorige Reiseflugzeug Bl 500, das von dem Ingenieurbüro Blume, Duisburg, aus der Arado 78 entwickelt wurde, dessen Flügelkonstruktion als bemerkenswert gilt: Über das aus Haupt-, Hinterholm und Rippen bestehende Tragwerk wird eine 0,6 mm dicke, vorgespannte Leichtmetallhaut mit Redux 775 der Ciba AG geklebt.

Ohne eine vollständige Übersicht über das Kleben im Flugzeugbau geben zu können, erscheinen noch folgende Typen erwähnenswert, an deren Fertigung das Kleben maßgeblich beteiligt ist:

die Passagierflugzeuge Bristol „Britannia", Convair 880, Lockheed „Electra",
das Passagier- und Frachtflugzeug Handley Page „Herald",
das Transportflugzeug Nord Aviation „Transall",

die Jagdflugzeuge Chance Vaught „Cutless", Convair F 102, Lockheed F 104, Sabre 100,
das Wasserflugzeug Martin 202,
das Verbindungsfluzeug Dornier Do 27.

6.4.2 Hubschrauberbau

Die Rotorblätter von Hubschraubern stellen eine gelungene Anwendung der Metallklebtechnik dar. Nur auf diese Weise gelang es, die Lebensdauer der hochbeanspruchten Rotorblätter gegenüber den genieteten Ausführungen um ein Vielfaches zu steigern. Als Klebstoffe haben sich in dieser Hinsicht Produkte der Minnesota Mining & Manufacturing Company bewährt.

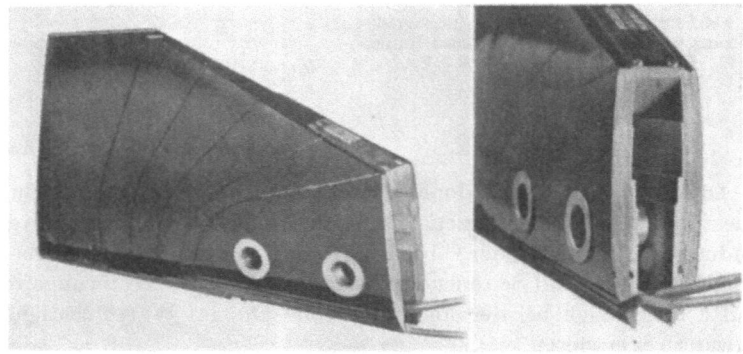

Abb. 310. Unterschiedliche Bauformen für Rotorblätter des Hubschraubers „Bell 47" (Sikorski).

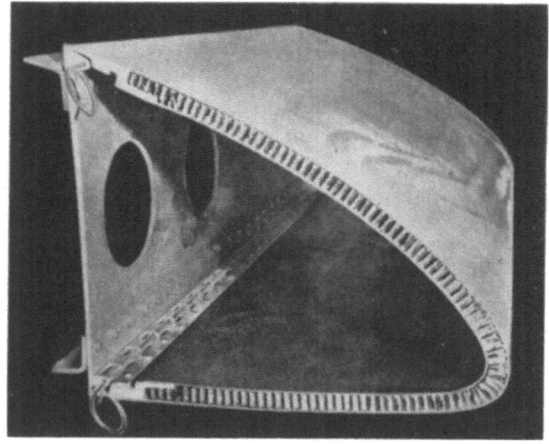

Abb. 311. Tragflächenelement in Wabenkernbauweise.

Beispiele für geklebte Rotorblätter liefern die Fabrikate der Sud-Aviation ,,Alouette", der Fokker ,,Kolibri" sowie der Sikorski-Hubschrauber Bell 47. Bei ihrer Fertigung werden die Stützkern- und die Schichtbauweise einzeln oder gemeinsam angewendet. Die Blattwurzel wird im allgemeinen so verstärkt, daß die Kräfte von der Welle über die Verbindungsbolzen gleichmäßig und ohne Spannungssprünge in das Blatt eingeleitet werden, Abb. 310. Den Profilen wird durch einen Wabenkern in Verbindung mit den Deckblechen die nötige Steifigkeit und Beulfestigkeit verliehen, wie in Abb. 311 an einem Tragflächenelement zu erkennen ist. Für das Heckrotorblatt des Bell 47 wählte man einen Aufbau aus Hauptholmstütze, vorgespannter Aluminiumbeplankung und Stahlvorderkantenverkleidung. Als Klebstoff diente der Filmkleber AF 10 der Minnesota Mining & Manufacturing Company, St. Paul.

6.4.3 Raumfahrzeugbau

Um Gewichte einzusparen und die Festigkeit der Körper zu erhöhen, werden zum Bau von Raumflugkapseln und Beobachtungssatelliten ebenfalls Metallklebstoffe verwendet. Vom Wetterbeobachtungssatelliten ,,Tiros II" ist bekannt, daß Epoxidharze als Schutzüberzüge, Dichtstoffe, Vergußmassen und Klebstoffe dienten. Die Fügearbeiten an den Zellen erfolgten mit dem Bindemittel Epon der Shell Chemical Corporation. Diese Bauteile wurden wiederum mit dem Epoxid-Filmkleber FM 97 der Bloomingdale Rubber Company auf Aluminiumtragplatten geklebt, die die Mantel- und Stirnfläche des Satelliten bilden.

Das europäische Gemeinschaftswerk der Weltraumforschung, der Forschungssatellit ESRO II, ist ein weiteres Beispiel. Seine Gestaltung und Herstellung hat die Hawker Siddeley Dynamics Ltd. übernommen, unterstützt von anderen europäischen Unternehmen. Die Trägervorrichtung für die Sonnenzellen sowie die Zwischenböden für die Meß- und Kontrollgeräte werden in Stützkernbauweise aus Blechen einer Magnesiumlegierung und Aluminiumwaben ,,Aeroweb" mit Hilfe des warmhärtenden Klebstoffs Redux der Bonded Structures Ltd., Duxford, hergestellt. Damit wird das Gewicht des Satelliten auf weniger als 80 kg zu senken sein.

6.4.4 Fahrzeugbau

Fertigungsmethoden und Konstruktionsgrundsätze im Fahrzeugbau stimmen mit denen der Luftfahrtindustrie weitgehend überein. Darüber hinaus sind ihm Klebstoffe längst geläufige Verbindungsmittel, wenn sie auch im Zuge der Entwicklung beträchtliche Veränderungen erfahren haben. Ihre Funktionen reichen vom Dichten über das Fugenfüllen zum Befestigen von Textilien und Folien, ohne zunächst die kraftschlüssigen Verbindungen zu berücksichtigen.

Die Vielseitigkeit klebtechnischer Verbindungsarbeiten im Verkehrswesen ist beträchtlich. Dies geht bereits aus dem Auftrag hervor, für ein Gleiskettenfahrzeug des amerikanischen Heeres ein geklebtes Laufrad zu entwickeln, womit die Neodyne Corporation, Wankesha, Wisc., betraut wurde. Die vorzuschlagende Lösung mußte dem genormten 32″-Rad entsprechen. Die damit verbundene Forderung, eine Radlast von 3,6 Mp aufzunehmen und eine Seitenlast von 1,15 Mp ertragen zu können, wurde mit einer Neukonstruktion erreicht, die nur einhalb soviel wiegt wie die konventionelle Ausführung. In Stützkernbauweise werden 38 je 0,8 mm dicke, radial gewellte Scheiben aus AlMg 3 Si-Blech durch Kleben zu einem Wabenkern verbunden. Auch die Nabe aus G—AlSi5Cu 1 und die Felgenbänder sind geklebt. Als Verschleißteile zum Schutz vor der Reibung durch die Raupenkette sind gehärtete Stahlringe eingeklebt worden. Konische Aluminiumscheiben, auf beide Seiten des Kerns geklebt, bewahren die dünnen Kernbleche vor Beschädigung, halten Staub fern und verbessern die Seitensteifigkeit. Dem Kraftfluß entsprechend, verengen sich die Naben zur Nabenmitte hin. Dieses Ergebnis hatte ein günstigeres Verhältnis von Bauteilfestigkeit zum Eigengewicht zur Folge und erwies sich zugleich, verglichen mit anderen Fügeverfahren, als wirtschaftlich überlegen. Den Klebstoff, einen glasfaserverstärkten Filmkleber auf Phenolgrundlage, Metlbond 302, der sich durch seine leichte Verarbeitbarkeit auszeichnete, lieferte die Narmco Resins & Coatings Company, Costa Mesa, Cal.

Das Chassis des von der Norris Bros. Ltd. entwickelten Rennwagens „Bluebird" weist zwei geklebte, durchlaufende Längsträger sowie zwei Querträger in Stützkernbauweise auf, hergestellt mit Redux-Filmen der Bonded Structures Ltd., Duxford, die ferner zum Kleben von Fahrersitzverkleidungen, Getriebe- und Maschinenabdeckplatten Verwendung fanden. Nur der hintere Wagenteil bedurfte wegen der von der Gasturbine und ihrer Abgasleitung ausgehenden Wärme eines temperaturbeständigeren Filmklebers Hidux des gleichen Herstellerwerks.

Querschotten verleihen dem Wagen die erwünschte Steifigkeit, wie sich bei Unfällen bestätigte. Auch in der weniger aufwendigen Serienfertigung von Personenkraftwagen vermag das Kleben Vorteile nach sich zu ziehen. Bei Karosserien für Sportwagen werden Türsäulen, Querverbindungen an Armaturenbrett und andere Bauteile gelegentlich aus Aluminiumguß bezogen und untereinander oder mit dem Längsträger durch Kleben und zusätzliches Sichern mittels einer oder zweier Schrauben verbunden. Gleiches gilt für das Befestigen der Beplankungsbleche aus Stahl oder Aluminium an den Gußkörpern, wobei einige Stifte die zusätzliche Sicherung übernehmen, wohingegen die geklebte Verbindung die Kräfte überträgt. Derartige Stöße bedürfen keiner sorgfältigen Bearbeitung, weil der Klebstoff Unebenheiten und geringe Passungsfehler ausgleicht. Außerdem gewährt er Korrosionsschutz und trägt zur Schalldämmung bei.

Als gut geeignet erweist sich das Kleben zum Anbringen von Versteifungen unter Blechflächen von Karosserien. So kann ein Verbeulen der Dachfläche am Personenwagen Daimler-Benz 600 W 100 beim Ofendurchgang nach dem Lackieren durch Einkleben von Stützblechen, Abb. 312, wirkungsvoll vermieden werden. Die Stützbleche sind über

Abb. 312. Eingeklebte Vertiefungen im Dach des „Mercedes 600" (der Sandsack dient zum Anpressen der Klebflächen (Daimler-Benz).

einen Streckziehstempel vorgeformt, zugeschnitten und mit dem Klebstoff Araldit AW 106, der bei Raumtemperatur aushärtet, auf die Innenflächen des Daches geklebt. Um dichtes Anliegen der Klebflächen zu erreichen, werden die Versteifungsbleche während des Aushärtens mit Sandsäcken beschwert. Ähnliche eingeklebte Verstärkungen bewähren sich auch an den beim Schließen beanspruchten Stellen des Kofferraumdeckels.

An einem anderen Beispiel läßt sich verdeutlichen, daß Kleben auch in der Großserienfertigung von Kraftfahrzeugen erfolgreich einzusetzen ist, wenn die Härtezeiten durch Erhöhen der Härtetemperaturen herabgesetzt werden. Eine einfache Heizvorrichtung ermöglicht das Kleben der Handschuhkastendeckel des Personenwagens Daimler-Benz 190 SL, Abb. 313. Diese Vorrichtung gestattet ein Aushärten des Klebers Araldit 123 B der Ciba AG in 10 min.

Eine umfassende Anwendung hat das Aufkleben von Bremsbacken gefunden, nachdem die General Motors Corporation, Detroit, und Daimler-Benz, Stuttgart, dieses Verfahren aufgegriffen haben. Durch Wegfall der Nietbohrung erhöht sich die Bremsfläche. Der Belag läßt sich ganz abfahren, was seine Lebensdauer heraufsetzt. Er kann mit bestmöglichen Bremseigenschaften ausgestattet werden, weil seine Eigenfestigkeit geringer sein kann als bei aufgenieteten Bremsbelägen. Das Verkleben ist inzwischen zu einer Serienfertigung geworden. Nach Durchlauf von Behältern zum Reinigen und Entfetten erfolgt der

Abb. 313. Geklebter Handschuhkastendeckel des „Mercedes 190 SL" und elektrisch beheizte Aushärtevorrichtung (Daimler-Benz).

Kleberauftrag von Hand. Belag und Backe werden dann zusammengefügt und paarweise in eine Vorrichtung gespannt. Anschließend passieren sie den Aushärteofen. Stichprobenweise wird zur Kontrolle eine Ecke abgemeißelt, um die Haftgüte zu überprüfen. Die Bremswärme beeinträchtigt die Klebverbindung wegen der geringen Wärmeleitfähigkeit der Bremsbeläge nicht. Die Ciba AG hat für das Aufkleben von Bremsbelägen den Klebstoff Redux 64 entwickelt.

Einen selbsttragenden Tankwagenaufbau herzustellen gelang der Firma A. D. Strüver, Hamburg, mit Hilfe der Klebtechnik. Die ursprüngliche Wanddicke eines Tankaufliegers wurde von 6 auf 3 mm herabgesetzt und als Werkstoff die hochfeste Legierung AlZnMg 1 gewählt, zusätzlich mußten jedoch äußere Versteifungen in Form von Hutprofilen angeklebt werden, um örtliches Durchbiegen zu vermeiden. Der Übergang der Längsaussteifung in die Querstützen erfolgte schweißtechnisch.

Um die Oberflächengüte äußerer Teile nicht zu beeinträchtigen, müssen großflächige Klappen ausgesteift werden, Abb. 314. Der Klebstoff Araldit 106 wird mit dem Härter 953 U nach dem Vorbereiten des Haftgrundes von Hand aufgetragen. Das Spachteln und die damit verbundene Trockenzeit fallen fort, wodurch sich Ersparnisse gegenüber der früheren Arbeitsweise einstellten.

Die Linde AG, Werksgruppe Güldner, Aschaffenburg, klebt Verschlußstutzen aus Stahlblech an Kraftstoffbehälter aus Aluminiumguß, die für Ackerschlepper bestimmt sind. Zunächst wird der Verschlußstutzen nach DIN 73400 an seiner Klebfläche geschliffen und das Gußteil dort mit einer Nitrolösung gereinigt. Für das Kleben in Serie hat sich der Klebstoff Agomet U 4 der Degussa, Wolfgang, bewährt. Er

Abb. 314. Bedienungsklappe eines Straßentankwagens mit aufgeklebten Hutprofilen (A. D. STRÜVER).

wird mittels Spachtel aufgetragen. Den Ausschlag für das Kleben gaben die geringeren Fertigungskosten gegenüber dem Anschrauben. In die Graugußkurbelgehäuse ihrer luftgekühlten Dieselmotoren kleben die Güldner-Werke den Öleinfüllstutzen ebenfalls mit Agomet U 4 ein. Der Klebstoff erfüllt zwei Aufgaben: Er verbindet den Stutzen verdrehfest mit dem Kurbelgehäuse und verschließt die Fuge öldicht. Auf zusätzliche Sicherungen gegen Herausdrehen des Stutzens konnte verzichtet werden.

6.4.5 Leichtbau

Die umfassendste Anwendung hat das Metallkleben bei der Verarbeitung dünner Bleche aus Reinaluminium und Aluminiumlegierungen gefunden. So entwickelte die Firma Weikert, Leichtmetallbau, Elze/Han., eine klebgerechte Leichtmetalltür. Verschweißte Doppel-T-Profile bilden den tragenden Rahmen, auf den eloxierte Sonder-U-Profile mit Agomet E kalt aufgeklebt werden. Das so gebildete Kastenprofil trägt seinerseits zur Festigkeit der Gesamtkonstruktion bei. Die geklebte Ausführung verhindert das Eindringen von Staub und Wasser. Türen und Tore dieser Bauart verhalten sich befriedigend. Die Fertigungskosten haben sich — geschätzt — um 20% vermindert.

Vereinfachtes Herstellen von Fensterrahmen, z. B. aus AlMgSi 0,5-Strangpreßprofilen, ist durch beschleunigtes Aushärten von Metallklebverbindungen mit Hilfe induktiven Erwärmens (DBP 1210304) zu erreichen. Um die auf Gehrung geschnittenen Profile an den Rahmenecken zu verbinden, setzt man in das Hohlkastenprofil einen Winkel von 50 · 50 · 6 mm Größe ein, der das Übertragen der Kräfte übernimmt. Der Klebstoff, ein Zweikomponentenepoxidharz, wird durch

Bohrungen mit einer preßluftbetriebenen Auftragspistole in die Eckverbindung gedrückt. Eine Vorrichtung fixiert die Verbindung während des Aushärtens. Als Induktionsspule dient ein 4 mm dickes, einmal gewundenes Vierkantrohr aus Kupfer, das dem Profil angepaßt sein muß, um ein gleichmäßiges Erwärmen zu erzielen. Die Hochfrequenzenergie liefert ein handelsüblicher Röhrengenerator mit einer Ausgangsleistung von 1 kW. Nach 2 min ist die Klebverbindung ausgehärtet. Als höchste Temperatur wurden 180 °C gemessen. Bei Zerreißprüfungen in Richtung eines Schenkels ertrug die Verbindung durchschnittlich eine Zuglast von 2 Mp. Die Bruchursache bestand stets in der erschöpften Festigkeit des eingelegten Winkels. Die Klebstellen hielten der Beanspruchung stand.

Die 168 Fensterrahmen aus Aluminium des italienisch-schweizerischen Zollhauses auf dem Sankt Bernhard sind von der Schweizerischen Industrie-Gesellschaft, Neuhausen, mit Einkomponentenklebstoff auf Epoxidharzbasis der Ciba AG einwandfrei geklebt worden.

In Zusammenarbeit der Olin Mathieson Chemicals Corporation und der Fairchild Aircraft & Engine Division, Hagerston, Mass., entstand eine zum Patent angemeldete Bauweise für Stahlleichtmasten. An Stelle der aus hohlen Strangpreßprofilen hergestellten und anschließend durch Drücken verjüngten Masten, ging man zu den billigeren, offenen Strangpreßprofilen über, von denen man je zwei C-förmige an den beiden Längskanten durch Metallkleben, z. B. mit dem Klebstoff Bondmaster N 688 der Rubber and Asbestos Company, Bloomfield, N. Y., bei Raumtemperatur verband. Diese verhielten sich gegenüber Klima und Korrosion in Seeluft und in Industrieatmosphäre beständig und widerstanden Windgeschwindigkeiten bis zu 200 km/h.

Die Wepco Division der Weatherproof Company, Litchfield, Ill., hat das Metallkleben für die Serienfertigung von Leichtmetallsturmtüren übernommen. Diese erhalten einen Rahmen aus Aluminiumstrangpreßprofilen mit eingesetzten Glasscheiben. Der untere Rahmenteil nimmt ein Sockelblech als Trittschutz auf. Die Vorteile dieser Bauweise bestehen auch hier in guter Dämpfung, staub- und feuchtigkeitsdichten Verbindungen, dem Fortfall festigkeitsmindernder Bohrungen und örtlicher Spannungsspitzen sowie in der hohen Dauerbeanspruchbarkeit, unabhängig von klimatischen Einflüssen. Als Kleber empfahl sich das bei Raumtemperatur aushärtende, mit Aluminiumpulver gefüllte Epoxidharz Bondmaster G 568 der Rubber and Asbestos Company, das seine Endfestigkeit nach 24 h erreicht.

Von der Zero Man Company, Burbank, Cal., in verschiedenen Größen hergestellte Leichtmetalltransportbehälter zum Schutz empfindlicher Güter, wertvoller Meßinstrumente usw. müssen raumsparend und stapelfähig sein. Sie sollen bei ausreichender Festigkeit eine hohe

Lebensdauer besitzen. Die wesentlichen Bestandteile dieser glattflächigen und handlichen Konstruktion sind stranggepreßte Aluminiumprofile sowie gegossene, dreischenklige Eckstücke und Blechwände aus dem gleichen Werkstoff. Nach dem Zuschneiden der Rahmenprofile wird der Klebstoff, ein Einkomponentenkleber der Minnesota Mining & Manufacturing Company, auf die Eckstücke gestrichen und hierüber die Profile geschoben. Als nächste Arbeitsgänge folgen das Einspritzen des Klebstoffs in die zur Aufnahme der Seitenwände vorgesehenen Nuten und das Einsetzen. Zum Aushärten werden die Teile mit Stahlbändern zusammengehalten und bei etwa 180 °C in 60 min ausgehärtet. Ein um 25% verminderter Aufwand machte sich gegenüber früheren Arbeitsweisen geltend.

6.4.6 Feinwerktechnik und Gerätebau

Erzeugnisse der Feinwerktechnik und des Gerätebaus bestehen häufig aus unterschiedlichen Werkstoffen. Ferner macht sich die Tendenz geltend, ihre Abmessungen zu minimalisieren. Diese Gründe haben den Übergang zum Metallkleben begünstigt, das sich als wärmearmes Verfahren durch leichte Arbeitsvorbereitung bei einfacher Ausführbarkeit von anderen Fügeprozessen bemerkenswert unterscheidet.

So verließ die Westinghouse Motor Division, Newark, N. J., bei der Produktion ihrer schreibenden elektrischen Leistungsmesser die konventionellen thermischen Fügeverfahren Schweißen und Löten und befestigt Alnico-Magnete auf einem Stahlkern durch Metallkleben. Verzug und verschlechterte magnetische Eigenschaften ließen sich hierdurch vermeiden, das Fehlen der Flußmittelreste vermied Korrosionen. Das Auftragen des Einkomponenten-Epoxidharzklebers Bondmaster M 620 der Rubber und Asbestos Company geschieht mit einer Handwalze. Dem Fügen der Teile folgt das Aushärten. Der Kostenvergleich fiel ebenfalls zugunsten des Klebens aus.

Mängel an Atemschutz- und Tauchgeräten sollten über eine verbesserte Werkstoffwahl und geeignetere Fügeverfahren abgestellt werden. In beiden Fällen erwies sich das Kleben der ausreichend dimensionierten, bevorzugt auf Schub beanspruchten Klebflächen und aus eloxiertem Aluminium bestehenden Bauelemente als die beste Lösung. Das Herstellerwerk, die AGA Aktiengesellschaft, verwendete hierzu einen Araldit-Zweikomponentenklebstoff der Ciba AG.

Auch bei dem Bau des Bedarfsreglers eines Preßluftgerätes verfolgte die Firma dieses Prinzip, wodurch sich gleichzeitig das Gewicht dieses Teils um 50% herabsetzen ließ. In das Gehäuse aus Aluminiumspritzguß werden die vier Bolzen, die den Deckel befestigen, der Stutzen für die Verschraubung und der Düsenstock sowie die Gabel im

Kipphebel eingeklebt und bei 90 °C im Ofen ausgehärtet. Mit Ausnahme der Federn bestehen alle inneren Teile aus Aluminium.

Die Halterung für die Glühlampe einer Lichtschranke wurde früher aus Einzelteilen zusammengeschraubt. Inzwischen hat es sich für die Firma Weitmann & Konrad, Stuttgart, als vorteilhafter erwiesen, sie einschließlich der Plexiglaslinse auf dem Rohrstutzen mit Uhu-plus zu verkleben, Abb. 315.

Abb. 315. Halterung der Glühlampe in einer Lichtschranke, alle Teile miteinander verklebt (Weitmann & Konrad).

Das Metallkleben kann auch dort Vorteile bringen, wo Aluminium nicht in erster Linie wegen seines geringen Gewichts verwendet wird. Dies gilt beispielsweise für kleinere, in Serie hergestellte, komplizierte Formen, deren Erzeugung auf andere Weise unwirtschaftlich wäre. So werden der Ventilkörper eines doppelstufigen Druckminderers sowie Nippel und Stutzen aus gezogenen Aluminiumstangen gedreht und mit Araldit verklebt. Das Hartlöten von Messingteilen hatte sich wegen ihrer unterschiedlichen Größe schwieriger gestaltet.

Das Befestigen und Abdichten der Rohreinführungen aus Aluminium in Aluminiumgußflanschen kann schweißtechnisch selbst unter Schutzgas zur Porigkeit führen. Befriedigende Ergebnisse ließen sich durch Einkleben mit einem warmaushärtenden Araldit-Klebstoff in Pulverform der Ciba AG erzielen. Das aluminiumfarbene Bindemittel wird bei Raumtemperatur in den Flansch gefüllt und durch Vibration verteilt. Die Bohrungen für die durchgeführten Rohre sind konisch ausgebildet, um das Eindringen des Klebstoffs zu erleichtern. Das Aushärten geschieht bei 180 °C während einer Stunde. Die Klebnähte unterscheiden sich äußerlich nicht von der übrigen Konstruktion. Die Verbindung hat sich bei Betriebstemperaturen bis 90 °C bewährt.

Die A. D. Strüver AG, Hamburg, stellte fünfzig Überdruckventile für Flugfeldtankwagen her. Um eine Schweißkonstruktion zu vermeiden, die erhebliche Spanarbeit erfordert hätte, und da Gußkörper aus wirtschaftlichen Gründen entfielen, entschied man sich für eine Klebkonstruktion, die am schnellsten und billigsten herzustellen war. Aus Blechen und Rohren einer Aluminiumlegierung wurden die Einzelteile gefertigt und mit Araldit AW 106, einem Klebstoff der Ciba AG, verbunden. Das Aushärten des Kaltklebers konnte durch Infrarotstrahlen beschleunigt werden. Nur die Stege des sternförmigen Mittelteils waren durch Schweißen einfacher zu befestigen als durch Kleben.

In Kippventile für Straßentankwagen ist der Sitzring ebenfalls mit Araldit AW 106 eingeklebt, von denen bereits mehrere tausend Stück vorliegen. Das Kippventil dient der Belüftung beim Entleeren und der Entlüftung beim Auffüllen. Es schließt sich beim Umkippen des Fahrzeugs durch das Niederfallen eines Gewichts auf den eingeklebten Sitzring. Aus wirtschaftlichen und funktionstechnischen Gründen bestehen der Ventilkörper aus Leichtmetall und das Gewicht aus Rotguß, dagegen mußte für den Sitzring Messing verwendet werden.

Abb. 316. Eingeklebte Pfanne für die Schneidenlagerung einer Analysenwaage (P. BUNGE).

Abb. 317. Eingeklebte Saphierschneide der Analysenwaage (P. BUNGE).

Die Deutsche Tecalemit GmbH, Windelsbleiche, setzt das Metallkleben für die Fertigung einer Schaltstange ein, um Material zu sparen und das Gewicht zu senken. In das Rohr aus einer Aluminiumlegierung werden die Zapfen mit einem Klebstoff der Firma Dr. K. Herberts eingeklebt. Schweißen oder Löten scheiden hier aus, um dem Wärme-

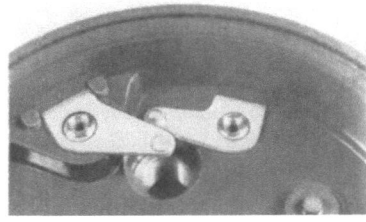

Abb. 318. Schaltergehäuse aus Hartkunststoff mit eingenieteten Metallkontakten; um Verdrehen der Kontakte zu verhindern, sind sie mit Klebstoff fixiert (W. Holzer & Co.).

verzug zu entgehen. Das Einschrauben der Zapfen erfordert einen höheren Aufwand als das Kleben, das die geringsten Anforderungen an Bearbeitungsqualität und Herstellungstoleranz stellt und auch ungleichartige Werkstoffe ohne Bedenken zu verbinden gestattet.

Die Firma Paul Bunge, Hamburg, klebte Pfanne und Schneide einer Präzisionsanalysenwaage aus Saphiren serienmäßig in die Metallführungen mit Uhu-plus, Abb. 316 u. 317. Desgleichen konnte ein kleiner Magnet mit dem Magnetkern, der aus zwei Rohren und einem Stift bestand, zusammengeklebt werden.

Bei Gehäusen aus Hartkunststoff mit angenieteten Kontakten für Dreifachschalter, vornehmlich für Waschmaschinen, besteht die Gefahr, daß sich die Metallkontakte nach kurzem Gebrauch lockern. Deshalb pflegt die Firma W. Holzer & Co., Meersburg, zusätzlich Uhuplus in die Durchbrüche zu geben, um diesen Fehler abzustellen, Abb. 318.

6.4.7 Maschinenbau

Die Döring GmbH, Maschinen- und Armaturenfabrik Sinn/Dillkreis, hat in ihr Fertigungsprogramm einen Absperrschieber aufgenommen, dessen gußeiserne Einzelteile durch Metallkleben zusammengesetzt sind. Der geklebte Absperrschieber ist mit einer wartungsfreien Spindel ausgerüstet, Abb. 319. Einem Schieber in Flanschbauweise

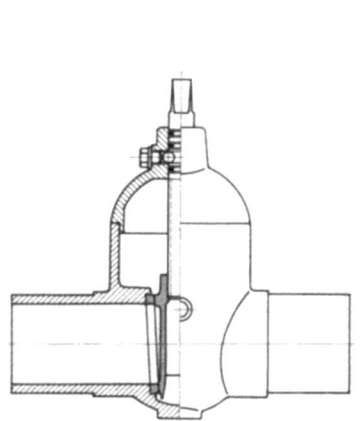

Abb. 319. Absperrschieber in geklebter Ausführung (Döring).

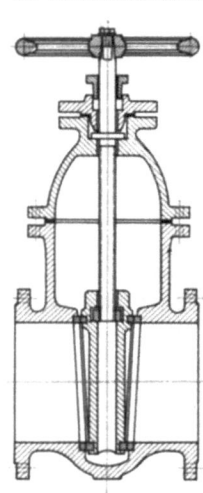

Abb. 320. Ausführung eines gleichartigen Schiebers in konventioneller Bauweise (Döring).

gegenübergestellt, fällt zunächst die glattere Form des geklebten Exemplars auf, Abb. 320. Sie war für die Umkonstruktion maßgebend, um starke Korrosionen nach kurzer Zeit an Ecken und Spalten sowie an den Flanschschrauben der unterirdisch verlegten Schieber zu vermeiden. Mit der vereinfachten Konstruktion war ein um 44% vermindertes Gewicht verbunden. Der verwendete Klebstoff 4392 ist ein Erzeugnis der Teroson-Werke GmbH, Heidelberg, der bei 100 °C in einem Ofen innerhalb von 2 h aushärtet. Die Fertigungskontrolle besteht in einem

Wasserdruckversuch bei 1,6fachem Betriebsdruck mit Funktionsprüfung. Instandzusetzende Schieber erwärmt man auf 300 °C. Der Klebstoff zerfällt dabei, und die Verbindung löst sich. Nach dem Reinigen folgt ein erneutes Verkleben.

Die Collet & Engelhard GmbH, Offenbach, berichtet über Klebarbeiten in ihrer Produktion von Werkzeugmaschinen. Sie stellt schwere Waagerechtbohr- und -fräswerke her. Die Gleitbahnen der Ständerunterteile bestehen aus einzelnen Platten von 600 · 200 mm Größe und 10 mm Dicke. Diese Platten werden als Führungsbahnen auf das Maschinenbett geklebt, Abb. 321. Früher befestigte man sie mit je

Abb. 321. Aufgeklebte Gleitbahnen am Ständerunterteil eines Waagerecht-Bohr- und Fräswerks (Collet & Engelhard).

acht Senkkopfschrauben M 10, d. h. die Platten mußten gebohrt und gesenkt werden. Hinzu trat das Gewindeschneiden im Graugußbett. Allein das Anschrauben erfordert mehr Zeit als das Kleben. Das Kleben der Platten brachte eine Verbilligung von 75% gegenüber dem Schrauben.

In ähnlicher Weise werden Unterstützungsprismen aus verschleißfesten Stählen auf Unterteile aus Werkzeugstahl geklebt. Die Prismen sollen das Durchbiegen von Wellen mit kleinen Durchmessern beim Rundschliff mit Wellenschleifmaschinen verhindern. Die klebgerechte Konstruktion mit Nut und Feder gewährleistet einen parallelen Sitz. Als Klebstoff hat sich ein kalthärtendes Bindemittel der Firma Gussolit, Hajek & Co., München, bewährt.

Das Herstellen von Achslagergehäusen für Lokomotiven läßt sich durch Metallkleben vereinfachen, Abb. 322. Die Schwierigkeit beim Zusammenbau des Gehäuses besteht im Ausrichten der beidseitig parallel angebrachten Gleitplatten mit der Lagerschale. Nach dem Ausrichten soll ganzflächiger Sitz der Gleitflächen gewährleistet sein. Ersetzt man das mechanische Befestigen durch einen asbestgefüllten Polyesterharzkleber, können Gleitplatten und Lagerschale vor dem Aushärten des Klebers mit Hilfe von Schablonen ausgerichtet und fixiert werden.

Hierbei hat sich ein Bindemittel der Firma Henkel, Düsseldorf, bewährt. Es erleichtert den Zusammenbau und führt zu ausreichender Festigkeit.

Die Fryma-Maschinenbau GmbH, Rheinfelden, benutzt das Metallkleben zum Herstellen von Lüfterrädern. Bisher wurden die Einzelteile durch Verlappen und Schrauben mechanisch verbunden. Aufwendiges

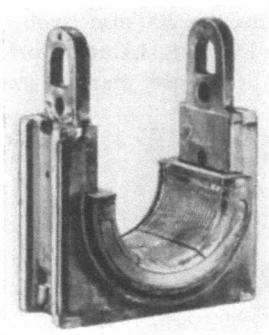

Abb. 322.
Geklebtes Achslagergehäuse für Lokomotiven.

Schlitzen der Radscheiben und Bearbeiten der Schaufeln sowie das Bohren und Gewindeschneiden zum Befestigen der Nabe fallen beim Kleben fort. Nach einem erheblichen Zeitgewinn besitzt das mit einem Araldit-Bindemittel der Ciba AG geklebte Lüfterrad glatte Oberflächen, die die aerodynamischen Eigenschaften verbessern.

Im Stahlrohrgriff für schwere Bohnermaschinen der Firma Hawig, Berlin, ist der Lagerflansch mit Querbohrung serienmäßig mit Uhuplus eingeklebt, Abb. 323 und 324.

 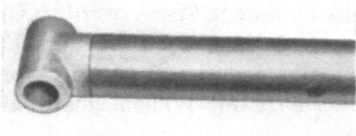

Abb. 323. Stahlrohrgriff einer schweren Bohrmaschine mit Lagerflansch vor dem Zusammenbau (Hawig).

Abb. 324. Stahlrohrgriff nach dem Kleben (Hawig).

Die Zinken der Pick-up-Haspel eines Mähdreschermodells sind von der Maschinenfabrik Gebr. Claas, Harsewinkel, ebenso wie viele andere Teile mit Uhu-plus eingeklebt, Abb. 325.

In Magnetplatten zum Festsetzen von Werkstücken in Bohr-, Fräs- und Hobelmaschinen befinden sich Metallstutzen mit den Anschnitten für die elektrischen Leitungen. Bei der Montage muß die seitliche Bohrung des Stutzens oben stehen; zur Vereinfachung werden die eingeschraubten Stutzen umständlich durch Unterlegscheiben in die rich-

Abb. 325. Modell eines Mähdreschers im Maßstab 1:10 (Gebr. Claas).

tige Lage gebracht. Die Firma Binder-Magnete, Villingen, bewältigt dies nunmehr mit Hilfe von aufgetragenem Uhu-plus an der Kante zur Magnetplatte und sichert die Stutzen damit in der gewünschten Lage.

6.4.8 Instandsetzungen

Es liegt nahe, das Metallkleben auch für die Instandsetzung metallischer Gegenstände heranzuziehen, um zum mindesten ihre behelfsmäßige Wiederherstellung herbeizuführen und dadurch Zeit für umfangreichere Reparaturen zu gewinnen. Die Leistungsgrenzen der Klebtechnik sind unter diesen Umständen besonders sorgfältig zu beachten, zumal von einem defekten Stück — selbst nach einer gelungenen Reparatur — nur ausnahmsweise das gleiche betriebliche Verhalten vorausgesetzt werden kann wie von einem einwandfreien Bauteil. Aber auch endgültige Wiederherstellungen sind der Klebtechnik zu verdanken, die trotzdem einer Dauerbeobachtung zu unterziehen sind, sofern nicht ausreichende Erfahrungen vorliegen, die eine Milderung der Kontrollen zulassen.

Die Pacific Fruit Express Company, San Francisco, Cal., repariert die Gehäuse von Kühlgebläsen ihrer Transportfahrzeuge mit einem Einkomponentenepoxidharzklebstoff. Bei den schadhaften Teilen handelt es sich um Lagerdeckel von Gebläsen, die die Flügelradwelle tragen. Sind die Lager ausgelaufen, so schleifen die Flügelräder an den Deckeln und beschädigen die Oberfläche. Früher wurden die schadhaften Deckel durch neue ersetzt.

Mit dem Metallkleber EC — 2 086 der Minnesota Mining & Manufacturing Company lassen sich die Schäden unmittelbar beheben. Die beschädigten Deckel werden entfettet und mit Phosphorsäure und Alkohol gebeizt. Der Klebstoff wird aufgespachtelt und bei 180 °C eine Stunde lang im Wärmeschrank ausgehärtet. Der ausgehärtete Klebstoff läßt sich mechanisch bearbeiten, Abb. 326.

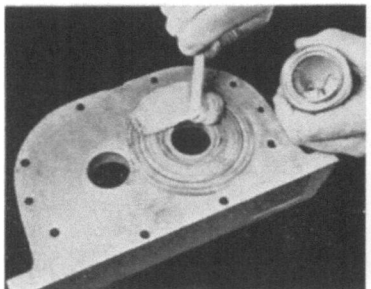 

Abb. 326. Kavitationsschäden an einer Turbine mit Kunstharz ausgebessert.

Die Firma Gussolit, Hajek & Co., München, empfiehlt das ihr patentierte Gupa-Metall, ein mit Organopolysiloxan modifiziertes Bindemittel, für Instandsetzungsarbeiten. Diese Methode wird als Chemoweldverfahren bezeichnet, dürfte aber dem Metallkleben entsprechen.

Abb. 327. Reparatur eines Gußrohres; der abgebrochene Stutzen wird durch Schweißen angeheftet und mit Bindemittel abgedichtet (Gussolit).

Abb. 328. Verschiedene Reparaturen an einem Gußrohr mit Klebstoff (Gussolit).

Den Pressemitteilungen des Herstellerwerks wird der Beschreibung praktischer Beispiele sinngemäß entnommen: Der abgebrochene Stutzen eines Gußrohres wurde zunächst schweißtechnisch angeheftet und die Lücken dann mit Gupa-Metall Fe normal ausgefüllt. Nach dem

Aushärten verhielt sich die Naht dicht, Abb. 327. In gleicher Weise konnten andere Schäden an Gußrohren behoben werden, Abb. 328. Auch sollen Risse in gußeisernen Zylindern, Erosions-, Kavitations- und Korrosionsschäden an Turbinenwänden und -leitschaufeln sowie an Schiffsschrauben usw. nach diesem Verfahren beseitigt worden sein. Schließlich gelang der Ersatz von ausgebrochenen Stücken durch pastöses Ausfüllen des Bindemittels im Bruchbereich mit Hilfe einer Verschalung, gegebenenfalls unter Einlage von verstärkenden Stahlstiften und nachträglichem Aushärten und Bearbeiten. Auf diese Weise ließ sich bedingt die Lebensdauer beschädigter Maschinenteile heraufsetzen.

Literatur zum Kap. 6

1. Volkersen, O.: Luftfahrtforsch. 15 (1938) 41.
2. Goland, M., u. E. Reissner: J. Appl. Mech. 11 (1944) A 17.
3. Braig, W.: Dissertat. TH Stuttgart 1964.
4. Winter, H., u. H. Meckelburg: DFL-Ber. F 60—13, Braunschweig 1960.
5. Matting, A., u. K. Ulmer: Kautsch. u. Gummi, Kunstst. 16 (1963) 213, 280, 334, 387.
6. Draugelates, U.: Dissertat. TH Hannover 1967.
7. Wang, D. Y.: Exper. Mech. (1964) 173.
8. Cornelius, E. A., u. G. Stier: Aluminium 39 (1963) 305.
9. Cornelius, E. A., u. G. Stier: Ber. Inst. f. Maschinenelem. Forschungsarbeiten, TU Berlin 1962.
10. Keim, M., W. Knappe, A. Puck u. H. Schönewald: Materialprüf. 9 (1967) 253.
11. Matting, A., u. W. Brockmann: Adhäsion 12 (1968) 343.
12. de Bruyne, N. A.: Aircr. Engng. (1944) 115.
13. Draugelates, U., u. W. Brockmann: Adhäsion 10 (1966) 483.
14. Frey, K.: Schweiz. Arch. 19 (1953) 33.
15. Müller, H.: Fertigungstechn. u. Betr. 11 (1961), 40.
16. Tombach, H.: Machine Design (1957) 113.
17. Eichhorn, F., u. W. Braig: Materialprüf. 2 (1960) 79.
18. Kuenzi, W.: FPL-Report No. 1851 (1956) 1.
19. Trietsch, F. K.: Die Metallverklebung, Stuttgart: Deva-Fachverlag 1962.
20. Arbeitsblätter für das Metallkleben, Düsseldorf: Aluminium-Verlag.
21. VDI-Richtl. 2229. Metallklebverbindung, Hinweise für Konstruktion und Fertigung.
22. Reinhardt, K. G.: Plaste u. Kautsch. 12 (1965) 489.
23. de Ridder, E. J.: Aluminium 37 (1960) 449.
24. Schliekelmann, R. J.: AERO Res. Techn. Notes No. 184, April 1958.
25. van Beek, E.: AERO Res. Techn. Bull. No. 158, 1956.
26. Verbinden von Aluminium durch Klebstoffe, Merkbl. V 6 Aluminium-Zentr., Düsseldorf.
27. Hertel, H.: Leichtbau, Berlin/Göttinen/Heidelberg: Springer 1960, S. 410.
28. Litz, E.: Luftfahrttechn. 4 (1958) 194.
29. Teale, K.: Aircr. Product. 19 (1957) 410.
30. Noton, B. R.: Aluminium 34 (1958) 446, 522, 591, 719; 35 (1959) 36 u. 266.

31. Tangermann, E. J.: Metalworking Product. (1957) 835, 891, 937, 979.
32. Pleines, E. W.: Luftfahrttechn. 4 (1958) 230.
33. Blume, W. Forschungsber. Nordrhein-Westfalen Nr. 487, Köln/Opladen: Westdeutscher Verlag 1958, S. 88.
34. Noton, B. R.: Teknisk Tidskrift 89 (1959) 513.
35. Noton, B. R.: Ind.-Anz. 83 (1961) 580.
36. Litz, E.: Aluminium 38 (1962) 647.
37. Matting, A., u. K. Ulmer: Ind.-Anz. 85 (1963) 11, 259, 435.
38. Ulmer, K., u. U. Draugelates: Ing. Digest 3 (1964) 45.
39. Matting, A., K. Ulmer u. G. Hennig: MFB (1964) 85.
40. Draugelates, U.: MFB (1965) 331.

Sachverzeichnis

Abbindung 37
Abdichten 405
Abklingzeit 154
Abkürzverfahren 307
Ablösenergie 19
Ablüftung 106
Abschälen 219
Abschälkraft 222, 224
Absperrschieber 418
Ackerschlepper 413
Achslagergehäuse 419
Adhäsion 18, 31, 34, 52
Adhäsionsenergie 41, 42, 43, 44, 48, 49
Adsorption 18, 21, 34, 48, 53
— aus Lösungen 36
— in Schlaufen 46
— makromolekularer gelöster Stoffe 46
— makromolekularer Kettenmoleküle 46
— von Gasen 33, 36
Adsorptionsisothermen 34
Adsorptionswärme 18
Aktivator 78
Aktivierung 10, 16
Aktivierungsenergie 16, 19
Akustische Prüfverfahren 187
Akzeleratoren 77
Altern 20, 285
Alterungsverhalten 290
Aminoplast 81
Analysenwaage 417
Anodisieren 129
Anorganische Reinigungsmittel 124
Anpreßdruck 153
Anrißkraft 220
Anwendungsbeispiele 401
Arbeitsvorbereitung 415
Arbeitsvorschriften 114
ARRHENIUSsche Gleichung 111
ASTM-Richtlinie D 897—49 165
ASTM D 903—49 169

ASTM-Richtlinie D 950—54 180
— — D 1002—53 T 162
— — D 1184—55. 172
— — D 1781—60 T 169
— — D 1876—61 T 169
Atemschutz 415
Auftragspistole 414
Ausdehnungskoeffizienten 147
Aushärten 416
Aushärteofen 412
Ausheiztemperatur 155
Ausheizzeit 158
Ausnutzungsfaktor 379

Baugewicht 402
Begriffsbestimmungen 76
Beilby-Schicht 23
Beizen 26, 154
Beizhaut 26
Belastungshäufigkeit 242
Belastungskollektive 259/260
Belegungsfaktor 46
Bengough-Verfahren 129
Bemessungsgerade 267
Benetzung 18, 35, 36
Benetzungsarbeit 43
Benetzungsenergien 42
Benetzungsverhalten 148
Beobachtungssatelliten 409
Berechnungsverfahren 358, 368, 372
Beschleuniger 77
Betriebsfestigkeit 258/259
Bewitterung 290
Biegung der Fügeteile 362
Biegemoment am Überlappungsende 253
Biegeschälversuch 171
Biegescher-Versuch 172
Biegeversuch 172
Bildkräfte 33
Bindenergie 17
Bindefestigkeit 122, 161, 206, 354, 162

Birkenharz 1
Blasen 299
Blattwurzeln 409
Blechbrüche 244
Bohnermaschine 420
Bondcheck-Verfahren 200
Bremsbacken 411
Bruch-ablauf 277
—-dehnung 358
—-festigkeit 14
—-flächengestalt 279
—-häufigkeit 239
—-linien 282

Chassis 410
Chemikalien 315
Chemisch abbindende Kleber 51
Chemisorption 30
Chemische Vorbehandlung 26, 125
Chemoweldverfahren 422
Chromsäureverfahren 302
Climbing Peel Test 169
Coinda-Scope 192
Cyanacrylsäure 94

Dampfbad 124
Dauer-beanspruchung 403
—-bruch 408
—-bruch im Fügeteilblech 252
—-bruchfläche 283
—-festigkeitsschaubilder 255
—-standbelastung 235
Deckblech 409
Deckel 422
Dextrin 2
Diagramm v. Winter-Meckelburg 378
Dichten 409
Dicke der Klebschicht 208
Differentielle Adsorptionswärme 34
Dimensionierung 347
DIN 53281/Bl. 1 302, 304
DIN 53281/Bl. 2 159, 160
DIN 53281/Bl. 3 160
DIN 53282 168
DIN 53283 161, 176
DIN 53284 173
DIN 53285 176
DIN 53286 163, 163
DIN 53287 163
DIN 53288 165
Dipole 32, 45
Dipol-flüssigkeit 42
—-kräfte 29

Dipol-moleküle 44
—-moment 45
Dispersionskräfte 29, 39
Dissoziationsenergie 67
Druck 138
Druckscherversuche 163
Druckschwellversuch 177
Durchmischung 104
Dynamische Beanspruchung 359
Dynamische Festigkeit 381
Dynamische Prüfverfahren 175

Echobilder 196
Eckanschlüsse 400
Eckverbindung 387
Einfluß der Fügeteilwerkstoffe auf die Wärmebeständigkeit 321
— der geometrischen Abmessungen 206
— der Oberflächenvorbehandlung 209
— von Seitenketten 72
Einfriertemperatur 63
Eigenfestigkeit 358
Eigenspannungen 157, 298, 361
Einheitskollektiv 260
Einkleben von Zapfen 395
Einkomponentenklebstoffe 76
Einkomponenten-Reaktions-Systeme 77
Einschnittige Laschung 386
Einschnittige Überlappung 384
Einstufenversuche 242
Einwirken des Klimas 326
Einwirken der Temperatur 318
Elektronengase 17
Eloxal-Verfahren 129
Energieniveau 18
Energie der Oberfläche 17
Energiezustand 17
Enthalpie-Elastizität 57
Entropie-Elastizität 57
Epitaxie 24
Epoxidaequivalent 86
Epoxidharze 4, 85
Epoxidwert 86
Erwärmen unter dynamischer Last 252
Erweichungstemperatur 147
Exoelektronenemission 23
Exzentrizität 351

Falzverbindung 387
Fayalite 151

Fehlstellen 19
Fehl- und Schwachstellen 263
Feinwerktechnik 415
Fensterrahmen 413, 414
Fertigkontrolle 402
Fertigungsablauf 402
Fertigungskosten 402, 405
Fertigungskontrolle 185
Festigkeitsberechnung 366
Festigkeitsstreuung 239
Fett 314
Fischleim 2
Fixieren 135
Fixieren durch Punktschweißen 306
Fließbereiche 279
Fluoreszenzthermographie 200
Flußmittel 152
Flugzeugbau 402
Fokker-Bond-Tester 189
Form und Abmessungen der Probekörper 159
Formzahl 264
Friedel-Crafts-Katalysator 87
Frequenzabhängigkeit der Lebensdauer 251
Fügen 135
Fügeteilwerkstoffe 208
Fügeteilverformung 361
Fügeteilverschiebung 173
Fügezeit 158
Füllstoffe 65, 320
Füllstoffzugabe 313
Funktionsprüfung 419

Gauß-Funktion 239
Gaußsches Wahrscheinlichkeitsnetz 239
Gekröpfte Überlappung 386
Gelatinierung 50
Gerätebau 415
Gesamtbemessungsdiagramm 266
Gestaltfaktor 161, 365, 368
Gestaltung 402
Gewichtseinsparung 405
Gewichtszunahme 292
Gibbssche Differentialgleichung 21
Glasseidengewebe 320
Gleichung der Wöhler-Kurve 246
Gleitbänder 283
Gleitung 355
Glutinleim 2

Grenzflächen 31, 32, 34
—-energie 35, 37, 39
—-kräfte 33
—-spannung 35, 37
Grenzlastspielzahl 244
Grübchen 281
GS-Verfahren 304
Gummiarabicum 2
Gußrohr 422

Härter 77
Härtetemperatur 138
Härtezeit 138
Härtung 107
Härtungsdiagramm 108
Härtungs-Schrumpfung 110
Haft-fähigkeit 122
—-festigkeit 153
—-güte 412
—-kleber 52, 53
—-mechanismen 29
—-vermögen 122
Handwalze 415
Harter Stahl 324
Hauptvalenzbindung 66
Hausenblasenleim 3
Heizvorrichtung 411
Heteropolare Bindung 66
Hohlkastenprofil 413
Holzverleimung 52
Homöopolare Bindung 66
Hutprofil 405 407, 412
Hubschrauber 408

Immersionsenergie 41
Impuls-Echo-Geräte 194
Induktionskräfte 29
Induktionsspule 414
Infrarotkamera 200
Infrarotstrahlen 417
Infrarotverfahren 200
Instandsetzung 421, 422
Integrale Adsorptionswärme 34
Insertionsverbindung 49
Isocyanate 84
Isochromaten 363
Isolierkitt 145

Kalthärten 139
Kapillarkondensator 34
Kaseinleim 2

Kastenprofil 413
Kastenträger 406
Katalysator 77
Katalyse 18
Kehlrand 247
Kenndaten des Klebevorgangs 121
Keramische Klebstoffe 145, 332
Keramische Metallkleber 12
Kettenmolekül 47
Kettensegmente 48
Klebebänder 51
Klebfilm 133, 54
Klebflächenabmessungen 305
Klebkonstruktion 401
Klebschichtdicke 216, 228
Klebstoffauftrag 105, 131
Klimaeinwirkung 289
Kochtest 310
Kohäsion 39, 55
Kohäsionsenergiedichte 40
Kokatalysatoren 77
Konstruktionsgrundsätze 409
Kontaktkleben 139
Kontaktkleber 51, 78
Korrekturfaktoren 372
Korrosion 18, 414, 293
Korrosionsschutz 411
Krafteinleitungen 400
Kraftfluß 410
Kraftstoff 314
Kraftstoffbehälter 412
Kriechen 173
Kriechgeschwindigkeit 230
Kriechverformungsvorgänge 229
Kriechvorgänge 14
Kristalle 17
Kristallflächen 20
Kühlgebläse 421
Kunststoffbeschichten 12
Kurzzeitprüfverfahren 308

Längsversteifung 402
Lagerbedingungen 160
Lagerdeckel 421
Lagerung in Flüssigkeit 163
Laminierung 405
Langmuir-Isotherme 21
Laschung 347
Lastwechselquotienten 165
Lastzunahmegeschwindigkeit 382
Laufrad 410
Lebensdauer 423

Lebensdauerlinie 261/262
Leichtbau 413
Leichtmetalltür 413
Leistungsgrenze 402, 421
Leistungsmesser 415
Lichtschranke 416
Lochfraßkorrosion 299
Lösungskleber 51
Lösungsmittel 123
London-Kräfte 32
Lüfterräder 420
Luftfahrtindustrie 409
Luftsauerstoffeinflüsse 293

Mähdrescher 420
Magnetische Prüfverfahren 186
Masten 414
Mechanisches Aufrauhen 125
Mechanische Vorbehandlung 23
Mehrkomponenten-Reaktionsklebstoffe 76
Meßinstrumente 414
Mindestablüftzeit 78
Miner-Regel 259
Mischungsverhältnis 295
Molekültyp 63
Molekulargewichtsverteilung 60
Molkohäsion 40
Monomer 93

Nietlochrisse 407
Normalspannung 271
Normalverteilung 239
Novolak 81

Oberflächen-energie 35, 37, 38, 39, 40, 42
—-kräfte 33, 36, 37, 39, 53
—-oxid 18
—-spannung 17, 20, 35, 36, 37, 38, 39 147
—-vorbehandlung 122, 302
Öl 314
Offene Zeit 78
Organosol 94
Oxidhaut 22
Oxidische Zwischenschicht 151

Passivität 18
Passungsfehler 411

Sachverzeichnis

Peel or Stripping Strengh 169
Personenkraftwagen 410
Phenolharze 9, 81
Phosphatieren 212
physikalisch abbindende Kleber 51
Pickling-Prozeß 27
Plastisol 50, 94
Polarisation 32
Polyaddiditon 74
Polyamine 89
Polyaminoamide 90
Polyaromaten 12, 95
Polybenzimidazol 12, 95
Polycarbonsäure 88
Polyimid 12, 95
Polykondensation 75
Polymerisation 74
Polyole 84
Polyrethan 83
Polysiloxan 91
Polysulfid 92
Polythiol 93
Potentialverlauf 44
Potlife 79
Preßdruck 110/111
Preßluftgerät 415
Profil 390
Prot-Abkürzungsverfahren 241
Prüfbericht 160
Prüfen mit Ultraschall 187

Qualitätskontrolle 201
Quasistatischer Verformungszustand 277
Querkontraktion 216
Querkontraktionsbehinderung 217

Randabschlüsse 399
Randwinkel 36, 38, 39
Raumflugkapsel 409
Raumluft 114
Reaktionskinetik 107
Reaktionsgeschwindigkeit 108
Reaktivierung 78
Realstruktur 25
Redoxsystem 83
Relative dynamische Festigkeit 245
Rennwagen 410
Restfestigkeit 269
Resonanzfrequenzmessung 188
Richtwerte für die Festigkeit 382
Risse 279

Rißfront 280, 282
Rißlinien 282
Rißursprung 277
Röhrengenerator 414
Röntgenprüfung 198
Rohr 388
Rohrverbindungen 393
Rollenschälversuch 167
Rotorblätter 408

Säuberung 16
Satelliten 409
Sauerstoff 321
Schädigungs- u. Zerrüttungsvorgänge 268
Schäl-beanspruchung 406
—-widerstand 219, 364
—-wirkungen 14
—-versuch 166
Schadenshypothesen 259
Schadenslinie 268
Schaftverbindung 386
Schalenbauweise 396
Schallkopfanordnung 188
Schallsichtgeräte 197
Schaltwaage 417
Schellack 4
Schichtbauweise 9, 392, 403, 409
Schichtkörper 404
Schiffsschrauben 423
Schäummittel 155
Schlagscherversuch 180
Schlagzugscherversuch 181
Schlagzugversuch 183
Schub 14
Schubspannung 271, 351
Schutzanleitungen 402
Schwitzwasserklima 313
Segmentmodell 47
Sicherheitsanforderungen 402
Silikon 91
Spantenanschlüsse 406
Spannungsabbau 357
Spannungsleitungskurven 356
Spannungshorizont, größter Schädigungsintensität 265
Spannungskonzentration 405
Spannungsoptik 362
Spannungsspitzenfaktor 350, 357
Spannungsspitzenverhältnis 352
Spannungsverteilung 346, 356
Spannungszustand 404

Spannungs-Verformungs-Verhalten 226
Spinell 151
Sprühnebelversuch 309
Steganschlüsse 388
Statistisches Auswertungsverfahren 239
Steifigkeitsfaktor 365
Steigerung der Haftfähigkeit 122
Sterischer Einfluß 63
Stoffe hoher Oberflächenenergie 40
Stoffe niedriger Oberflächenenergie 40
Strahlungsprüfverfahren 186
Strangpreßprofile 413, 414
structural adhesives 50
Struktur 17
Stub-Meter 194
Stützkern 9, 409
Stützkernbauweise 397, 403, 409, 410

Tankwagen 412/417
Tauchbad 124
Technische Dauerfestigkeit 244
Teilfolgenumfang 261
Temperaturen 111, 162
Temperatureinfluß 249
Temperaturstufen 163
Theorien der Klebung 50
Thioplast 92
Topfzeit 79
Torsionsschwingungsversuche 179
Torsionsversuche 164
T-Peel-Test 169
Transformationspunkte 147
Transportbehälter 414
Transportfahrzeuge 421
Treppenstufenverfahren 241
Turbinen 423

Überlappung 347
Überlappungslänge 208
Überlebenswahrscheinlichkeit 240
Umlaufbiegeversuch 177
Umschulung 402
Umstellung 402
Ungesättigter Polyester 83
Unterlast 243
US Air Force Specification 14164 172
UV-Strahlung 312

van der Waalssche Formel 32, 33
van der Waals-Kräfte 29, 69

Ventil 417
Ventilkörper 416
Verarbeitungstemperatur 147
Verbindungsarten 383
Verdrehscherfestigkeit 225
Verdrehscherversuch 164
Verdübelungstheorie 52
Verfahren 129
Verformung 347
Verkehrswesen 410
Verschiebung 273
Verschlußstutzen 413
Versetzungen 19
Versprödung 403
Verstärker 78
Versteifungen 411
Versteifungselemente 390
Verträglichkeit 402
Verzinkter Stahl 109, 147
Viskosität 353
Viskoelastisches Verhalten 353
Viskositätszunahme 111
Vorbehandlung 288
Vorbrennzeit 158
Volkersen-Gleichung 352
Vorrichtung 412, 414
Voroxydation 154
Vulkanisation 8

Wabenkern 410
Wärmeflußprüfverfahren 200
Wärmeschrank 422
Wärmetönung 16, 108
Warmhärten 140
Waschmaschine 418
Wasseraufnahme 293, 297, 300
Wasserdruckversuch 419
Wasserlagerung 289
Wasserstoffbrückenbindung 71
Wasserstoffverbindung 32
Wechselbiegeversuch 178
Wechselklima 312
Weibull-Funktion 239
Werkzeugmaschine 419
Wiederherstellung 421
Winkelschälversuch 168
Wirbelstromprüfverfahren 186

Zeitstand-belastung 326
—-festigkeit 229, 326, 330
—-festigkeit beim Einwirken erhöhter Temperatur 328

Sachverzeichnis

Zeitstand-verhalten 173
—-versuch 173, 233
Zelluloid 6
Zelluloseklebstoff 2
Zerrüttungsbruch 284
Zerstörende Prüfung 159
Zerstörungsfreie Prüfverfahren 183
Zugfestigkeit 215

Zugscherversuch 161
Zugschwellbereich 243
Zugschwellversuch 176
Zugversuch 168
Zweischnittige Laschung 385
Zweischnittige Überlappung 385
Zwischenmolekulare Bindungen 69
Zwischenmolekulare Kräfte 32, 33

MIX
Papier aus verantwortungsvollen Quellen
Paper from responsible sources
FSC® C105338

If you have any concerns about our products,
you can contact us on
ProductSafety@springernature.com

In case Publisher is established outside the EU,
the EU authorized representative is:
**Springer Nature Customer Service Center GmbH
Europaplatz 3, 69115 Heidelberg, Germany**

Printed by Libri Plureos GmbH
in Hamburg, Germany